인공지능기술

Machine Learning & Deep Learning

남상엽 · 이규대 · 안병구 · 강민구 공저

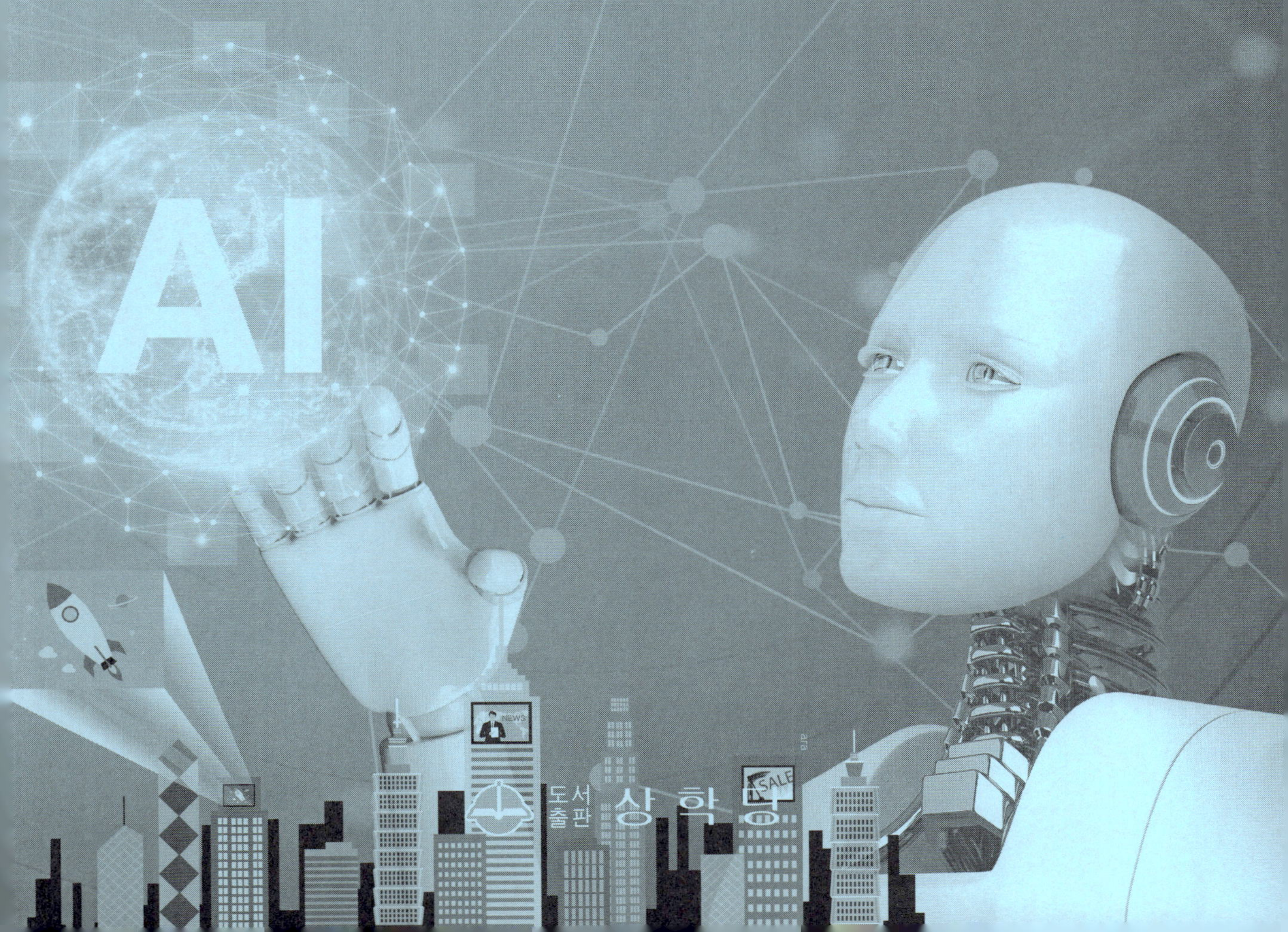

도서출판 상학당

欲爲大者 當爲人役

크고자 하거든 남을 섬기라

학습 모듈코드	2001080105_18v1

대분류	중분류	소분류	세분류	능력단위
정보통신/20	정보기술/01	인공지능/07	인공지능플랫폼구축/01 인공지능서비스기획/02	인공지능 플랫폼 설계/03 인공지능서비스모델설계/04

인공지능기술

머리말

인공지능(人工知能, AI : Artificial Intelligence)이란 인간처럼 학습하고 생각할 수 있는 컴퓨터 시스템이다.

인공지능은 사전적 의미로 '기계로부터 만들어지는 지능'으로 '컴퓨터 공학에서 이상적인 지능을 갖춘 존재, 혹은 시스템에 의해 만들어진 지능'을 의미한다. 즉 인공지능은 컴퓨터 기술을 이용하여 특별한 업무수행에 인간의 학습능력, 추론능력, 지각능력, 자연어의 이해능력, 인간의 대체, 인지능력의 제고, 자연스러운 인간의 의사소통 통합, 복잡한 콘텐츠의 이해, 결론을 도출하는 과정 등 모든 지능적인 행동들을 모방함으로써 문제를 해결할 수 있는 기술이다. 인공지능은 4차 산업혁명의 핵심기술이다.

인공지능과 데이터 분석 소프트웨어 모두 다량의 데이터를 쉽게 분석하기 위한 도구일 뿐이지 결과를 만들어 줄 수는 없다. 도구들이 산출해낸 결과를 해석하고 가치 있는 통찰력을 만들어 내는 것은 결국 사람의 영역이다. 다만 데이터 관련 소프트웨어 기업들은 인공지능, 딥러닝, 머신러닝 같은 기술들을 적극적으로 도입하여 미래를 준비할 것이다.

인공지능은 인간의 지능(인지, 추론, 학습 등)을 컴퓨터나 시스템 등으로 만든 것, 또는 만들 수 있는 방법론이나 실현 가능성 등을 연구하는 기술 또는 과학으로서 인공지능의 목표에 따라 4가지, 실제 사고해결 유무에 따라 2가지로 구분할 수 있다.

인공지능의 목표에 따라 인간과 같은 행동(Acting Humanly) 시스템, 인간과 같은 사고(Thinking Humanly) 시스템, 논리적 행동(Acting Rationally) 시스템, 논리적 사고(Thinking Rationally) 시스템을 목표로 분류한다. 최근 인공지능 분야에서는 인간과 같이 특정 목표달성을 위한 논리적 사고를 위하여 정확하게 추론하기 위한 다양한 연구가 진행되고 있다. 궁극적으로 인공지능에서 나아갈 방향은 '인간과 같은 사고(Thinking Humanly)'가 가능한 단계라고 볼 수 있다.

인공신경망(Artificial Neural Network)의 개념은 뇌를 구성하는 신경세포, 즉 뉴런(Neuron)의 동작원리에 기초한다.

인공지능(머신러닝)의 성능은 얼마나 예측(Predict Future)을 잘하는 모델(Model)을 잘 만드느냐에 달려 있다. 그리고 모델은 얼마나 풍부한 데이터를 갖고 있는지, 얼마나 우수한 학습 알고리즘을 사용하고 있는지로 결정된다.

많은 인공지능 관련 연구자들은 축적된 데이터를 이용해 좋은 학습 알고리즘을 만드는 데 시간을 많이 투자했고, 가장 간단한 선형회귀(Liner Regression)부터 인간 뇌의 뉴런 구조를 모방한 뉴럴 네트워크(Neural Network)까지 만들어둔 상태이다.

인공지능 동작과정은 공통적으로 데이터 수집(Collect data) 및 전처리 과정(Preprocessing)을 거친 후에 특징 선택 및 추출(Feature Design)을 하고 알고리즘 선택(Choose and Design Model)을 한다. 그리고 학습(Train Classifier) 과정을 통하여 최종평가하는 과정으로 동작한다.

인공지능(AI) 플랫폼이란 사용자와 인공지능 플랫폼을 매개하는 인터페이스일 뿐이다. 실제 사용자의 요구를 처리하는 것은 클라우드 컴퓨팅 기반의 플랫폼에서 이뤄지며, 이 플랫폼을 구성하는 주요 기술이 '음성인식', '시각 인식', '자연어 처리', '추천' 등에서 성능향상을 가지고 온 인공지능 기술을 바탕으로 하는 클라우드 컴퓨팅 플랫폼이다.

인공지능 플랫폼은 인공지능 스피커나 인공지능 비서와는 구분되는 개념이다. 스피커와 비서는 사용자와의 접점에서 사용자의 명령을 접수하고, 처리한 결과물을 들려주거나 보여주는 역할을 맡는다.

개별기업이 인공지능 자체 기술확보를 위해서는 클라우드 컴퓨팅, 데이터 등 큰 비용이 소요되지만, 인공지능 플랫폼을 활용하면 벤처, 중소기업들도 인공지능 기반의 제품, 서비스 개발이 가능하다. 아이디어만 있으면 적은 연구개발 비용으로 신뢰성 있는 제품, 서비스를 신속하게 만들 수 있는 등 파괴적인 확장성을 가지고 있기 때문에 인공지능 플랫폼은 차세대 혁신 원천으로 주목받고 있다. 즉 인공지능 기술이 미래를 열고 성공을 가져다주는 핵심기술로 인식되면서 마이크로소프트, 구글, 애플과 같은 글로벌 기업뿐만 아니라 네이버, 카카오와 같은 내로라하는 국내 IT기업들은 앞 다투어 인공지능 플랫폼을 구축하고 기능을 향상시키기 위한 노력에 사활을 걸고 있다.

인공지능 기술의 발전배경으로는 ① 딥러닝 알고리즘의 향상으로 진화, ② 컴퓨팅 정보처리(연산, 저장) 능력의 성능향상, ③ 빅 데이터의 발달, ④ 인공지능 반도체 등장, ⑤ 클라우드 기반 환경조성 등을 꼽을 수 있으며 산업적 활용에도 가속화를 초래할 것이다.

세계 인공지능 시장규모를 2020년 2650억 달러(약 300조 원) 규모로 전망했는가 하면, 마켓앤마켓(Market&market)은 2020년 이후에 광고, 미디어 서비스 분야에서의 활용으로 인공지능 시장은 약 100억 달러(약 12조 원)에 이를 것으로 추정했다.

일본의 EY종합연구소는 커머스, 광고, 금융, 유통, 자동차 등 모든 산업분야에 인공지능이 도입된다고 가정해 2020년에는 23조 엔, 2030년에는 87조 엔의 인공지능 관련 시장이 창출될 것이라고 전망했다.

국내의 경우 인공지능과 관련한 정확한 기준이나 데이터가 없어 시장 규모를 산출하기가 쉽지는 않다. 다만 로봇산업 수치에 기초해 향후 다양한 산업군으로의 적용을 가정해 산출해보면 2030년경에는 약 27~30조 원의 시장규모가 될 것으로 전망된다. 인공지능으로 인해 미래 우리 사회는 편리하게 될 것으로 예상되는 한편 인간 대체라는 우려도 존재한다. 미래학자 레이 커즈와일은 2045년에 인공지능이 인간지능을 뛰어넘는 특이점(Singularity)에 도달, 그 이후로는 통제 불가능한 상황이 전개될 것이라고 예측했고, 모셰 바르디 미국 라이스대 컴퓨터과학과 교수는 2045년이면 인간이 할 수 있는 일의 매우 중요한 부분을 기계가 직접 수행할 것이라고 전망하며, 기계가 인간이 할 수 있는 일을 대신하게 되면 인간은 무엇을 할 것인가가 중요한 질문으로 떠오르게 될 것이라고 했다.

정부는 알파고 충격 전후 2015년부터 제4차 산업혁명 패러다임 변화에 대응하기 위한 정책적 노력을 하고 있다. 국내에서는 국민들의 높은 교육수준과 최신 기술 수용성, 세계 최고의 ICT 인프라, 반도체 및 제조기술 등 우리의 강점을 극대화할 수 있는 전략수립에 중점을 두고 있다.

인공지능 기술은 IT 기술뿐만 아니라 자동차, 제조 등 산업 전반적인 분야로 확산되어 차별적 부가가치를 창출하고 있으며, 심층 질의응답, 자율 로봇, 지능형 가상비서 등이 시장을 이끌 것으로 전망이다.

인공지능 플랫폼 구축을 위하여 인공지능 플랫폼에 대한 동향과 기술을 파악하여 그 목표와 범위를 정의하며, 이를 구축하기 위한 일정과 비용을 계획하고 인공지능 플랫폼 구축을 위한 요구사항을 정의하고, 이를 명세화한 후 검증할 수 있고 인공지능 서비스의 요구사항을 실현하기 위한 인공지능 플랫폼의 인프라, 기능, 인터페이스, 지식화를 구현하고 최적화 하며, 인공지능 플랫폼 인프라 설계에 따라 하드웨어, 소프트웨어, 네트워크 환경을 구현할 수 있고 구축하기 위하여 기능설계에 따라 학습, 추론, 인지, 모델링, 플랫폼 관리 기능을 구현할 수 있으며, 인터페이스 설계서에 따라 휴먼머신 인터랙션, 내·외부 인터페이스를 구현할 수 있고, 지식화 구현 설계서에 따라 데이터의 수집, 처리, 저장, 지식화를 구현할 수 있으며, 인공지능 플랫폼의 요구사항과 구현된 기능을 검증하기 위해 단계별로 테스트를 수행할 수 있고, 품질 목표를 달성하기 위한 품질관리 계획을 수립하고, 수립된 계획에 따라 품질보증 활동을 수행, 통제할 수 있는 것을 학습목표로 하고 있다.

이 교재는 컴퓨터, 정보통신, 인공지능, 콘텐츠, 핀테크 엔지니어링, 보안 등 4차산업 관련 공학, 금융 및 경영 분야의 입문자를 대상으로 인공지능기술에 대한 기본적인 지식이 없어도 단계별 필요지식 및 수행과정을 꾸준히 따라오면 인공지능기술에 관련 지식을 얻어

이해하는 단계로 발전하여 능력향상이라는 숲을 볼 수 있도록 눈높이를 맞추는 데 1차적인 목표를 두었다.

이 교재의 주요구성은 다음과 같다.

학습 1. 인공지능의 개요, 학습 2. 인공지능의 종류, 학습 3. 인공지능의 동작 메커니즘, 학습 4. 인공지능의 플랫폼, 학습 5. 인공지능의 기술, 학습 6. 인공지능의 응용, 학습 7. 인공지능의 정책 동향, 학습 8. 머신러닝의 개요, 학습 9. 머신러닝의 기술활용, 학습 10. 딥러닝의 개요, 학습 11. 딥러닝의 기술활용, 학습 12. 인공지능 시장현황 등으로 구성되어 있다.

특히 각 장에서는 수행순서에 따른 수행질문에 따라 임의적으로 해법을 제시하여 창의적인 사고를 학생들이 추가로 작성하고, 제시된 수행과제를 보다 많은 지식을 상호간 문제점에 대하여 토론하고 확인할 수 있다.

이 교재가 출간되기까지 가장 많은 지원과 아낌없는 격려를 보내주신 도서출판 상학당 남승우 사장님 및 인공지능기술 활용 관련 자문 및 논문, 보고서 사이트 등 자료 제공을 해주신 관련 교수님, 기업 및 단체에 대하여 지면을 빌려 깊은 감사의 말씀을 드리고, 특히 인공지능기술 관련 자료를 인터넷 블로그 및 관련 연구소 자료집에 올려주신 저자들 등 관련 관계자 여러분에게 감사의 마음을 전합니다. 이 책에서 부족했던 점이나 기타 문의사항과 관련한 자료 제공 및 지원은 도서출판 상학당을 통해 지속적으로 지원할 계획이며, 수행에 필요한 자료 등, 기타 보충자료 또한 지속적으로 업데이트할 예정이므로 독자 여러분의 따뜻한 질책과 조언을 부탁드립니다

저자 씀

차 례

차 례

인공지능기술 학습모듈 위치

대분류	20. 정보통신
중분류	01. 정보기술
소분류	07. 인공지능

세분류	능력단위
1. 인공지능플랫폼구축	01. 인공지능 플랫폼 구축 계획
	02. 인공지능 플랫폼 요구사항
	03. 인공지능 플랫폼 설계
2. 인공지능서비스 기획	01. 인공지능 서비스 환경분석
3. 인공지능모델링	02. 인공지능 서비스 요구사항 분석
	03. 인공지능 서비스 모델설계
	04. 인공지능 서비스 시나리오 기획
	05. 인공지능 서비스 활용 기획
	06. 인공지능 서비스 실행계획 수립

1. 학습 모듈의 목표

인공지능 플랫폼 구축을 위하여 인공지능 플랫폼에 대한 동향과 기술을 파악하여 그 목표와 범위를 정의하고, 이를 구축하기 위한 일정과 비용을 계획하고 인공지능 플랫폼 구축을 위한 요구사항을 정의하고 이를 명세화한 후 검증할 수 있고 인공지능 서비스의 요구사항을 실현하기 위한 인공지능 플랫폼의 인프라, 기능, 인터페이스, 지식화를 구현하고 최적화 하고 인공지능 플랫폼 인프라 설계에 따라 하드웨어, 소프트웨어, 네트워크 환경을 구현할 수 있고. 구축하기 위하여 기능 설계에 따라 학습, 추론, 인지, 모델링, 플랫폼 관리 기능을 구현할 수 있고 인터페이스 설계서에 따라 휴먼머신 인터랙션, 내·외부 인터페이스를 구현할 수 있고 지식화 구현 설계서에 따라 데이터의 수집, 처리, 저장, 지식화를 구현할 수 있고 인공지능 플랫폼의 요구사항과 구현된 기능을 검증하기 위해 단계별로 테스트를 수행할 수 있고 품질 목표를 달성하기 위한 품질 관리 계획을 수립하고, 수립된 계획에 따라 품질 보증 활동을 수행, 통제할 수 있는 것을 학습 목표로 하고 있다.

2. 선행 학습

인공지능 플랫폼 구축 계획, 인공지능 플랫폼 요구사항 분석, 정보기술 환경분석, IT프로젝트 범위 관리, IT프로젝트 일정 관리, IT프로젝트 원가관리, 인공지능 플랫폼 구축 계획, 인공지능 플랫폼 요구사항 분석, 인공지능 플랫폼 설계, 근거리통신망(LAN)설계 등 관련 기초학습

3. 핵심 용어

인공지능 플랫폼, 인공지능 하드웨어, GPU, 하드웨어 규모 산정, 성능 엔지니어링, 시스템 용량 산정, 기술 동향 조사, 시장 수요 조사, 범위 계획, 일정 계획, 비용 계획, 클라우드 컴퓨팅, 설치형(On-Premise), 분산처리 시스템, 데이터 수집, 데이터 저장, 데이터 분석, 인공지능 알고리즘, 인공지능 모형, 지식화 서비스, 가시화 서비스, 학습, 추론, 인지, 모델링, 학습 데이터/검증 데이터, 초매개 변수(Hyper Parameter), 환류, 평가, 재학습(Retraining), 모델 재구성(Remodeling), 플랫폼 관리 등

4. 교육과정 학점 및 이수시간

학 습	교육과정 학점 및 이수시간	
	학점	이수시간
1. 인공지능의 개요	3	3
2. 인공지능의 종류	3	3
3. 인공지능의 동작 메커니즘	3	3
4. 인공지능의 플랫폼	3	3
5. 인공지능의 기술	3	3
6. 인공지능의 응용	3	3
7. 인공지능의 정책 동향	3	3
8. 머신러닝의 개요	3	3
9. 머신러닝의 기술활용	3	3
10. 딥러닝의 개요	3	3
11. 딥러닝의 기술활용	3	3
12. 인공지능 시장현황	3	3

인공지능기술 학습모듈 명세서

학습명	학습내용명
1. 인공지능의 개요	1-1 인공지능의 정의 1-2 인공지능과 데이터 관계 1-3 인공지능 기술의 발전 및 확산 1-4 인공지능 주요 기술들 1-5 인공지능의 장단점 및 한계/극복과 미래 1-6 인공지능의 활용분야
2. 인공지능의 종류	2-1 인공지능의 발전단계 및 목표에 따른 분류 2-2 인공지능의 사고 해결 유무에 따른 분류 2-3 인공지능의 기술에 따른 분류 2-4 인공지능의 구현방법에 따른 분류
3. 인공지능의 동작 메커니즘	3-1 뉴런과 신경망의 원리 3-2 인공지능의 기본 동작 3-3 인공지능의 학습원리
4. 인공지능의 플랫폼	4-1 인공지능 플랫폼의 개요 4-2 인공지능 플랫폼의 정의 4-3 인공지능 플랫폼의 특징 4-4 인공지능 플랫폼의 종류 4-5 해외 인공지능 플랫폼 현황 4-6 국내 인공지능 플랫폼의 현황
5. 인공지능의 기술	5-1 인공지능 기술의 발전 배경 5-2 인공지능 기술의 구분 5-3 인공지능 기술 개발 동향
6. 인공지능의 응용	6-1 인공지능의 국방 분야 응용 6-2 인공지능의 의료 및 헬스케어 분야 응용 6-3 인공지능의 생활, 교육 및 게임 분야 응용 6-4 인공지능의 보안 분야 응용 6-5 인공지능의 금융 분야 응용 6-6 인공지능의 자동차 분야 응용
7. 인공지능의 정책 동향	7-1 인공지능의 국내 정책 동향 7-2 인공지능 해외 주요국의 정책 내용 7-3 인공지능 해외 주요국가 정책동향

학습명	학습내용명
8. 머신러닝의 개요	8-1 머신러닝의 개요 8-2 머신러닝의 과정 8-3 머신러닝의 학습 종류 8-4 머신러닝의 중요성 8-5 머신러닝의 구성 요소 8-6 머신러닝의 알고리즘 선택 8-7 머신러닝 오픈 플랫폼 8-8 머신러닝의 발전 및 활용
9. 머신러닝의 기술활용	9-1 머신러닝 학습 알고리즘의 개요 9-2 머신러닝 시스템의 지도학습 9-3 머신러닝 기술의 비지도 학습 9-4 머신러닝 기술의 준지도 학습 9-5 머신러닝 기술의 강화학습
10. 딥러닝의 개요	10-1 딥러닝의 개론 10-2 딥러닝의 혁신 및 부활 10-3 머신러닝과 딥러닝의 차이점 10-4 딥러닝의 과정 10-5 딥러닝의 주요 알고리즘 10-6 딥러닝의 향후 발전 전망
11. 딥러닝의 기술활용	11-1 인공신경망 알고리즘 기술 11-2 딥러닝의 CNN 알고리즘 기술 11-3 딥러닝의 RNN 알고리즘 기술 11-4 딥러닝의 GAN 알고리즘 기술
12. 인공지능 시장현황	12-1 인공지능의 해외시장 동향 12-2 인공지능의 국내시장 동향 12-3 인공지능의 부문별 동향

학습 1	인공지능의 개요
학습 2	인공지능의 종류
학습 3	인공지능의 동작 메커니즘
학습 4	인공지능의 플랫폼
학습 5	인공지능의 기술
학습 6	인공지능의 응용
학습 7	인공지능의 정책 동향
학습 8	머신러닝의 개요
학습 9	머신러닝의 기술활용
학습 10	딥러닝의 개요
학습 11	딥러닝의 기술활용
학습 12	인공지능 시장현황

학습 목표

1. 인공지능의 개요를 이해할 수 있다.

1-1 인공지능의 정의

인공지능(人工知能, AI : Artificial Intelligence)이란 인간처럼 학습하고 생각할 수 있는 컴퓨터 시스템이다.

인공지능은 사전적 의미로 '기계로부터 만들어지는 지능'으로 '컴퓨터 공학에서 이상적인 지능을 갖춘 존재, 혹은 시스템에 의해 만들어진 지능'을 의미한다. 즉, 인공지능은 컴퓨터 기술을 이용하여 특별한 업무 수행에 인간의 학습능력, 추론능력, 지각능력, 자연어의 이해능력, 인간의 대체, 인지능력의 제고, 자연스러운 인간의 의사소통 통합, 복잡한 콘텐츠의 이해, 결론을 도출하는 과정 등 모든 지능적인 행동들을 모방함으로써 문제를 해결할 수 있는 기술이다. 인공지능은 4차 산업혁명의 핵심 기술이다.

결론적으로는 인공지능이라는 의미는 '인간을 대체할 수 있는 기계 또는 지능을 갖춘 존재로부터 의사소통, 상황의 상관관계 이해 및 결론 도출 등 인간의 행동을 모방할 수 있는 기술'이라고 정리할 수 있다.

〈표 1-1〉 인공지능의 다양한 정의

구 분	개 념
존 매카시(1956)	지능적인 기계를 만드는 과학 및 엔지니어링
마쓰오 유타카(2015)	인간의 인지 · 추론 · 학습 능력 등을 기계(컴퓨터)로 모방하는 기술
ETRI(2017)	기계(컴퓨터)가 인간수준의 인지, 이해, 추론, 학습 등의 사고 능력을 모방하는 기술
Gartner(2018)	사람과 자연스러운 대화를 나누고, 인간의 인지 능력을 향상 시키거나, 반복적인 작업 수행 시 사람들을 대체함으로써 인간을 모방하는 기술
과학기술정보통신부 (2018)	인지, 학습 등 인간의 지적능력(지능)의 일부 또는 전체를 컴퓨터를 이용해 구현하는 지능

[그림 1-1]처럼 인공지능의 응용은 1950년대 튜링 테스트(Turing Test)로 시작으로 전문가 시스템(Expert System), 신경망(Neural Network), 딥러닝(Deep Learning)으로 발전해서, 최근에는 구글(Google)의 알파고(AplahGo)나 의료, 가상개인비서(Virual Personal Assistants)로 범위가 확대되어 최근에는 인공지능 스피커, 챗봇, 쇼봇, 외국어 자동번역기, 자율 주행 자동차, 인공지능 로봇 등 인공지능 기반의 다양한 서비스와 제품이 출시되고 있다.

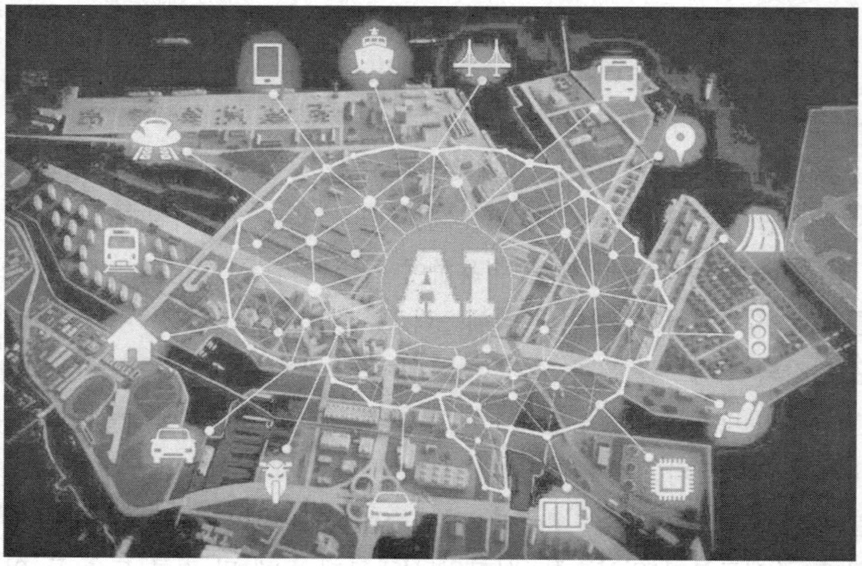

[그림 1-1] 인공지능의 응용분야

인공지능은 사고(Thought)과정, 추론 과정, 행동(Behavior), 합리성(Rationality) 중점을 두고 인공지능을 인간처럼 생각하는 시스템, 합리적으로 생각하는 시스템, 인간처럼 행동하는 시스템, 합리적으로 행동하는 시스템으로 정의하였다.

1-2 인공지능과 데이터 관계

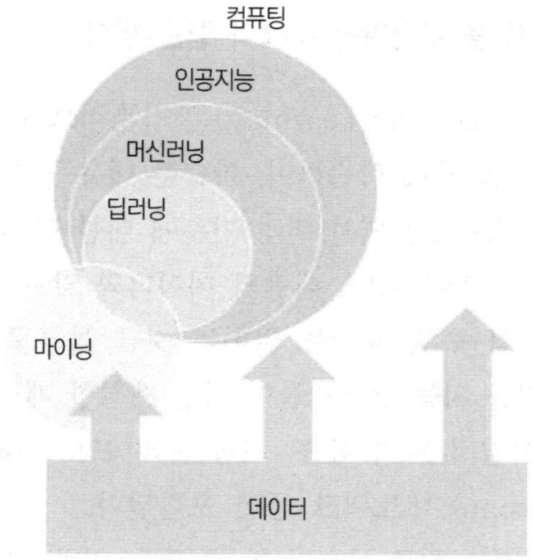

[그림 1-2] 인공지능과 데이터 관계

[그림 1-2]을 보면 인공지능(AI)은 컴퓨터 과학과 데이터 과학의 일부분이고 그 다음이 머신러닝이 있고 현재의 인공지능 붐을 주도하는 딥러닝이 가장 작은 원이라고 할 수 있다.

인공지능과 데이터 분석 소프트웨어 모두 다량의 데이터를 쉽게 분석하기 위한 도구일 뿐이지 결과를 만들어 줄 수는 없다. 도구들이 산출해낸 결과를 해석하고 가치 있는 통찰력을 만들어 내는 것은 결국 사람의 영역이다. 다만 데이터 관련 소프트웨어 기업들은 인공지능, 딥러닝, 머신러닝 같은 기술들을 적극적으로 도입하여 미래를 준비할 것이다.

1. 인공지능 : 인간의 지능을 기계로 구현

1956년 당시 인공지능(人工知能, AI : Artificial Intelligence)의 선구자들이

꿈꾼 것은 최종적으로 인간의 지능과 유사한 특성을 가진 복잡한 컴퓨터를 제작하는 것이다.

이렇듯 인간의 감각, 사고력을 지닌 채 인간처럼 생각하는 인공지능을 '일반 AI(General AI)'라고 하지만, 현재의 기술 발전 수준에서 만들 수 있는 인공지능은 '좁은 AI(Narrow AI)'의 개념에 포함된다.

좁은 AI는 소셜 미디어의 이미지 분류 서비스나 얼굴인식 기능 등과 같이 특정 작업을 인간 이상의 능력으로 해낼 수 있는 것이 특징이다.

2. 머신러닝 : 인공지능을 구현하는 구체적 접근 방식

머신러닝(기계학습 : Machine Learning)은 기본적으로 알고리즘을 이용해 데이터를 분석하고, 분석을 통해 학습하며, 학습한 내용을 기반으로 판단이나 예측을 한다. 따라서 궁극적으로는 의사 결정 기준에 대한 구체적인 지침을 소프트웨어에 직접 코딩해 넣는 것이 아닌, 대량의 데이터와 알고리즘을 통해 컴퓨터 그 자체를 '학습'시켜 작업 수행 방법을 익히는 것을 목표로 한다.

머신러닝은 초기 인공 지능 연구자들이 직접 제창한 개념에서 나온 것이며, 알고리즘 방식에는 의사결정 트리 학습, 귀납 논리 프로그래밍, 클러스터링, 강화학습, 베이지안(Bayesian) 네트워크 등이 포함된다.

그러나 이 중 어느 것도 최종 목표라 할 수 있는 일반 AI를 달성하진 못했으며, 초기의 머신러닝 접근 방식으로는 좁은 AI조차 완성하기 어려운 경우도 많았던 것이 사실이다.

현재 머신러닝은 컴퓨터 비전 등의 분야에서 큰 성과를 이뤄내고 있으나, 구체적인 지침이 아니더라도 인공지능을 구현하는 과정 전반에 일정량의 코딩 작업이 수반된다는 한계점에 봉착하기도 했다.

가령 머신러닝 시스템을 기반으로 정지 표지판의 이미지를 인식할 경우, 개발자는 물체의 시작과 끝 부분을 프로그램으로 식별하는 경계 감지 필터, 물체의 면을 확인하는 형상 감지, 'S-T-O-P'와 같은 문자를 인식하는 분류기 등을 직접 코딩으로 제작해야 한다.

이처럼 머신러닝은 '코딩'된 분류기로부터 이미지를 인식하고, 알고리즘을 통해 정지 표지판을 '학습'하는 방식으로 작동된다.

머신러닝의 이미지 인식률은 상용화하기에 충분한 성능을 구현하지만, 안개가 끼거나 나무에 가려서 표지판이 잘 보이지 않는 특정 상황에서는 이미지 인식률이 떨어지기도 한다.

최근까지 컴퓨터 비전과 이미지 인식이 인간의 수준으로 올라오지 못한 이유는 이 같은 인식률 문제와 잦은 오류 때문이다.

3. 딥러닝 : 완전한 머신러닝을 실현하는 기술

초기 머신러닝 연구자들이 만들어 낸 또 다른 알고리즘인 인공신경망(Artificial Neural Network)에 영감을 준 것은 인간의 뇌가 지닌 생물학적 특성, 특히 뉴런의 연결 구조였다.

그러나 물리적으로 근접한 어떤 뉴런이든 상호 연결이 가능한 뇌와는 달리, 인공신경망은 계층(Layer)연결 및 데이터 전파 방향이 일정하다.

예를 들어 이미지를 수많은 타일로 잘라 신경망의 첫번째 계층에 입력하면, 그 뉴런들은 데이터를 다음 계층으로 전달하는 과정을 마지막 계층에서 최종 출력이 생성될 때까지 반복한다.

그리고 각 뉴런에는 수행하는 작업을 기준으로 입력의 정확도를 나타내는 가중치가 할당되며, 그 후 가중치를 모두 합산해 최종 출력이 결정된다.

정지 표지판의 경우, 팔각형 모양, 붉은 색상, 표시 문자, 크기, 움직임 여부 등 그 이미지의 특성이 잘게 잘려 신경망에서 '검사'되며, 신경망의 임무는 이것이 정지 표지판 인지 여부를 식별하는 것이다. 여기서는 충분한 데이터를 바탕으로 가중치에 따라 결과를 예측하는 '확률 벡터(Probability Vector)'가 활용된다.

딥러닝은 인공신경망에서 발전한 형태의 인공지능으로, 뇌의 신경망과 유사한 정보 입출력 계층을 활용해 데이터를 학습한다. 그러나 기본적인 신경망조차 굉장한 양의 연산을 필요로 하는 탓에 딥러닝의 상용화는 초기부터 난관에 부딪혔다.

그럼에도 토론토대학교의 제프리 힌튼(Geoffrey Hinton) 교수 연구팀과 같은 일부 기관에서는 연구를 지속했고, 슈퍼컴퓨터를 기반으로 딥러닝 개념을 증명하는 알고리즘을 병렬화하는데 성공했다.

그리고 병렬 연산에 최적화된 GPU의 등장은 신경망의 연산 속도를 획기적으로 가속하며 진정한 딥러닝 기반 인공지능의 등장을 불러왔다.

신경망 네트워크는 '학습' 과정에서 수많은 오답을 낼 가능성이 크다. 정지 표지판의 예로 돌아가서 기상 상태, 밤낮의 변화에 관계 없이 항상 정답을 낼 수 있을 정도로 정밀하게 뉴런 입력의 가중치를 조정하려면 수백, 수천, 어쩌면 수

백만 개의 이미지를 학습해야 할지도 모른다. 이 정도 수준의 정확도에 이르러서야 신경망이 정지 표지판을 제대로 학습했다고 볼 수 있다.

2012년, 구글과 스탠퍼드대 앤드류 응(Andrew NG) 교수는 1만6,000개의 컴퓨터로 약 10억 개 이상의 신경망으로 이뤄진 '심층신경망(Deep Neural Network)'을 구현했다. 이를 통해 유튜브에서 이미지 1,000만 개를 뽑아 분석한 뒤, 컴퓨터가 사람과 고양이 사진을 분류하도록 하는데 성공했다. 컴퓨터가 영상에 나온 고양이의 형태와 생김새를 인식하고 판단하는 과정을 스스로 학습하게 한 것이다.

딥러닝으로 훈련된 시스템의 이미지 인식 능력은 이미 인간을 앞서고 있다. 이밖에도 딥러닝의 영역에는 혈액의 암세포, MRI 스캔에서의 종양 식별 능력 등이 포함된다. 구글의 알파고는 바둑의 기초를 배우고, 자신과 같은 AI를 상대로 반복적으로 대국을 벌이는 과정에서 그 신경망을 더욱 강화해 나갔다.

4. 딥러닝으로 밝은 미래를 꿈꾸는 인공지능

딥러닝의 등장으로 인해 머신러닝의 실용성은 강화됐고, 인공지능의 영역은 확장됐다. 딥러닝은 컴퓨터 시스템을 통해 지원 가능한 모든 방식으로 작업을 세분화한다. 운전자 없는 자동차, 더 나은 예방 의학, 더 정확한 영화 추천 등 딥러닝 기반의 기술들은 우리 일상에서 이미 사용되고 있거나, 실용화를 앞두고 있다. 딥러닝은 공상과학에서 등장했던 일반 AI를 실현할 수 있는 잠재력을 지닌 인공지능의 현재이자, 미래로 평가받고 있다.

1-3 인공지능 기술의 발전 및 확산

1. 인공지능의 발전

인공지능이라는 용어는 [그림 1-3]처럼 1956년 디지털 역사에 지대한 공헌을 한 사람들이 참여한 미국의 다트머스 회의(Dartmouth Conference)에서 처음 언급되었다. 이 회의에서 인공지능이라는 분야를 확립하였다. 이 회의를 개최한 존 매카시(John McCarthy) 교수는 인공지능을 인간의 지능으로 할 수 있는 학습, 사고, 행동, 자기계발 등을 컴퓨터가 할 수 있도록 연구하는 것이라고 정의했다.

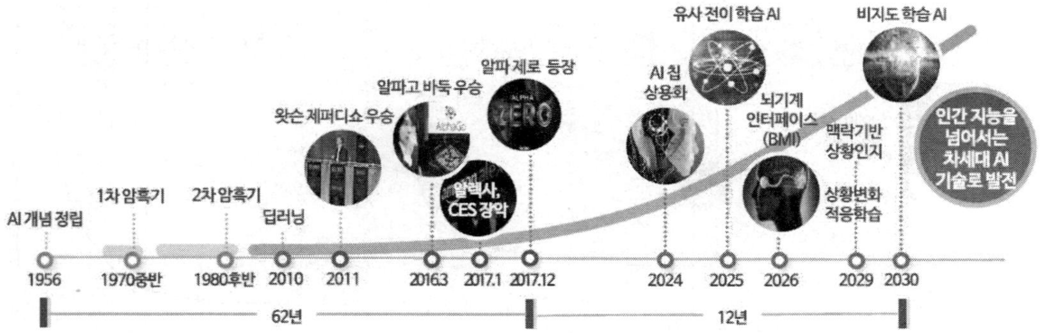

[그림 1-3] 인공지능 발전 전망

인공지능이 처음 확립된 1950년대부터 1980년대까지 〈표 1-2〉처럼 2번의 AI 암흑기에도 불구하고 데이터의 축적, 컴퓨터 파워, 발전된 알고리즘(딥러닝) 진화 등으로 최근에 인간의 모든 지능을 기계에 부여할 수 있다는 믿음을 기반으로 여러 연구자들이 이 분야에 뛰어들어 인공지능 연구는〈표 1-3〉처럼 AI의 발전기를 맞이하였다.

〈표 1-2〉 2번의 AI 암흑기

AI 암흑기	이 유
1차(70년대)	메모리 처리속도 등이 미구축 실패로 AI에 대한 지원 중단
2차(00년대)	전문가시스템의 고유지 비용 업데이트 한계 오류 등으로 AI 회의론 확산

〈표 1-3〉 AI 발전기(2020~)

AI 발전기(2020~)	전망 내용
AI 칩의 상용화	웨어러블 등 초소형 디바이스 자체에 인공지능 구현 전망
차세대 AI 알고리즘	현재 딥러닝 기반 인공지능의 한계 돌파하는 알고리즘 개발
비지도/전이학습 AI	원시데이터 자체로 학습이 가능한 비지도 인공지능 및 분야별 상호 학습이 가능한 전이학습 등

캐나다 토론토 대학교의 제프리 힌튼(Geoffrey Hinton) 교수 연구팀이 딥러닝(Deep Learning) 기술을 활용해 인간의 뇌를 닮은 심층신경망을 안정적으로 훈련하는 데 성공했다. 딥러닝은 원래는 사물이나 데이터를 분류하는데 사용하는 기술이었다.

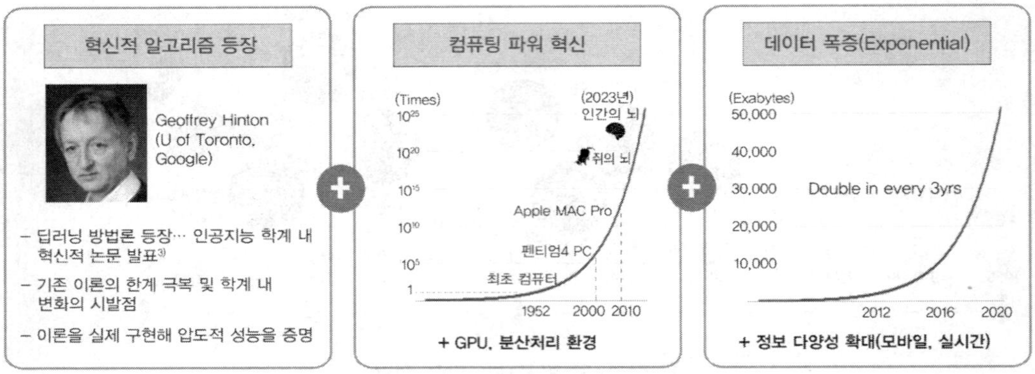

[그림 1-4] 인공지능 발전의 핵심 요소

딥러닝 방식이 인공지능 연구의 다양한 분야에 적용되면서, 인공지능이 제4차 산업혁명의 핵심기술로 발전하는 핵심요소는 [그림 1-4]처럼 혁신적인 알고리즘 등장, 컴퓨터 파워 향상, 데이터의 폭등 등으로 발전할 가능성이 보이며, 인공지능 연구 전성시대가 다시 시작되었다.

1950년 튜링에 의하여 제시된 인공지능 개념은 '인간과 인공지능의 대결과' 같은 기술 이슈에 의하여 급속히 관심을 끌게 되어서 사업화가 시작되었다.

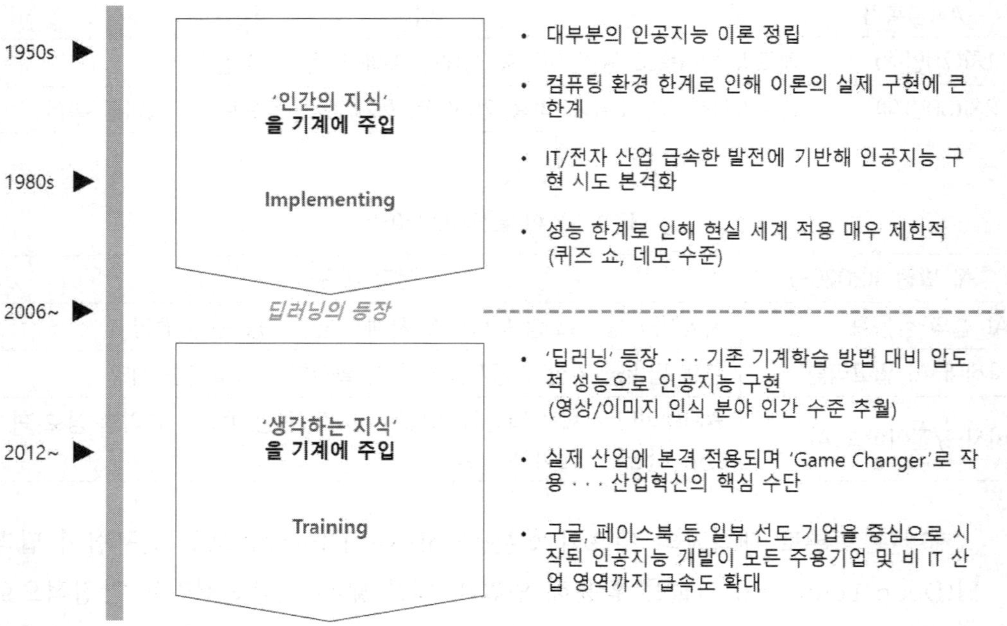

[그림 1-5] 인공지능 구현 방법론의 전환

[그림 1-6]처럼 처음 인공지능의 이슈화 계기는 1997 IBM의 슈퍼컴퓨터 DEEP BLUE 체스챔피언 카스파로프 대결 승리, 2011년 왓슨이라는 인공지능 컴퓨터 도입 및 2012년 퀴즈쇼 출연을 통해 '제퍼디' 우승 등이다. 2003년 Game Over : Kasparov and the Machine라는 다큐멘터리는 딥 블루의 승리가 IBM의 마케팅 전략이었다고 평가하고 있다.

[그림 1-6] 인공지능의 처음 이슈화 계기(퀴즈 쇼 Jeopardy 출연)

[그림 1-7]처럼 두번째 이슈화 계기는 인공지능이 한국에 널리 알려진 계기는 2016년 3월 세계 최강 바둑기사 이세돌 9단과 알파고(AlphaGo)의 대결이었다. 인공지능이 발전해도 인간의 두뇌는 따라갈 수 없다고 생각했던 사람들은 이 대결에서 이세돌이 4:1로 패배하자 큰 충격을 받았다.

[그림 1-7] 인공지능의 두번째 이슈화 계기(이세돌 9단과의 대결)

근래에는 일상생활 곳곳에 인공지능을 기반으로 한 다양한 서비스와 제품들이 출시되고 있다. 인공지능 스피커가 아침마다 알람과 함께 날씨와 뉴스를 알려주고 번역이 필요하면 자동으로 번역해주며 냉장고에서 요리의 레시피를 알려주기도 한다. 이런 생활형 인공지능에는 LG전자의 인공지능 브랜드인 씽큐(ThinQ)의 가전제품, KT의 기가지니(GiGA Genie), 네이버의 클로바(Clova) 등이 있다.

1-4 인공지능 주요 기술들

인공지능을 구성하는 주요 기술을 분류하는 방식은 보고(시각기능), 듣고(음성인식/이해지능) 생각하고 표현하고(추론/표현지능), 배우고(학습기능) 즉, 〈표 1-4〉처럼 인간처럼 생각/행동, 합리적으로 생각/행동하는 인공지능의 구현을 위하여 가장 필요한 4개 주요 기술요소라고 볼 수 있다.

〈표 1-4〉 인공지능 주요 기술 요소

인공지능 구현방식	기 술 요 소
① 합리적으로 생각하기 ② 인간처럼 생각하기 ③ 인간처럼 행동하기 ④ 합리적으로 행동하기	① 학습지능 : 기계가 새로운 환경에 적응하고 패턴들을 감지하고 추정한다.
	② 추론/표현지능 : 기계가 아는 것, 들을 것을 저장한다. 질문에 답하거나 새로운 결론을 유도하기 위핻 저장된 정보를 사용한다.
	③ 음성인식/이해지능 : 기계가 대화하는 것을 가능하게 한다.
	④ 시각지능 : 기계가 물체를 지각한다.

1. 학습지능 구현 기술

머신러닝(기계학습 : Machine Learning) 분야에서 오랫동안 데이터로부터 특정 업무를 수행하기 위한 정보를 학습시키려는 연구들이 진행되어 왔으며 다양한 학습모델과 알고리즘들이 개발되었다.

2000년 후반부터 인간 뇌의 정보처리 과정을 수학적으로 모델링을 통해 모사한 모형인 딥러닝(Deep Learning) 기술이 발전하며 다양한 벤치마크 테스트에서 다른 방법들을 압도하는 높은 성능을 보이며 응용 분야를 넓혀가고 있다.

주로 깊은 신경망을 이용해 구현하는데 탁월한 성능을 보이고 알파고 이후 학습의 경쟁으로 강화학습이 등장하여 기존의 정적인 머신러닝(지도/비지도/준지도/강화학습)에서 필요한 데이터를 수집하며 학습을 진행하는 동적인 학습으로 전개되고 있다.

1) 머신러닝

머신러닝은 명시적으로 프로그램하지 않고, 스스로 학습할 수 있는 능력을 컴퓨터에게 부여하기 위한 기술이다. 질문에 입력 데이터를 특정 조건으로 분류하여 스스로 답을 내도록 하는 방식이다.

이는 인공지능을 가능케 하는 방법 가운데 하나이다. 컴퓨터가 데이터를 분석하고 스스로 학습하는 과정을 거치면 패턴을 인식할 수 있는 능력을 갖추는데, 이때 컴퓨터는 입력하지 않은 정보도 판단·결정을 한다. 이것이 머신러닝이며 이러한 학습은 컴퓨터에 사람이 데이터를 입력해 학습을 하는 것이다

예를 들어 컴퓨터는 사진만으로 개와 고양이를 구분하지 못한다. 하지만 사람은 아주 쉽게 구분할 수 있다. 이를 위해 '머신러닝(Machine Learning)'이라는 방법이 고안됐다. 많은 데이터를 컴퓨터에 입력하고 비슷한 것끼리 분류하도록 하는 기술이다. 저장된 개 사진과 비슷한 사진이 입력되면, 이를 개 사진이라고 컴퓨터가 분류하도록 한 것이다.

또 다른 예를 들어보면 8명의 키가 있을 때 "키가 큰 사람은 누구인가?"라는 질문을 할 경우 각각의 값을 비교하고 최적의 답을 내는 기술이다.

2) 인공신경망

인간의 뇌에서는 감각기관에서 받아들인 정보가 뉴런을 통해 뇌에 전달된다. 이후 뇌는 종합, 판단해 다시 명령을 내린다. 이 과정에서 여러 개의 뉴런이 연결되면서 복잡한 연산 등을 수행한다. 이와 같은 두뇌의 정보처리 과정을 모방해서 만든 알고리즘이 인공신경망이다.

인공신경망은 인간이 사고하는 것처럼 개체의 대략적인 특징값을 산출하며 이를 반복하면 기계는 스스로 특징값을 산출해 정보를 늘려 간다.

또한 세세한 규칙을 지정해 줄 필요 없이 스스로 특징들을 학습하기에 인간의 번거로움을 덜어 준다.

데이터를 어떻게 분류할 것인가를 놓고 이미 많은 머산러닝 알고리즘이 등장했다. '의사결정 나무'나 '베이지안망', '서포트 벡터머신(SVM)', '인공신경망' 등이 대표적이다. 이 중 딥러닝은 인공신경망의 후예다.

3) 딥러닝

딥러닝(Deep learning)은 머신러닝에 포함된 개념으로 사물이나 데이터를 군집화하거나 분류하는 데 사용하는 기술로써 '고층 신경망에 잘 작동하는 학습 방법론'의 총칭이다. 딥러닝은 인공신경망의 한계를 극복하기 위해 제안된 기계학

습법이다.

인공신경망에 별도로 훈련된 은닉층(입력과 출력 사이에 가중치와 특징추출을 위한 데이터 학습 단계)을 층층이 쌓아 학습하는 방식이다.

입력값을 입력한 후 입력값과 가까운 수준의 단계에서는 저 수준의 특징을 인식하고 출력값과 가까운 고수준으로 갈수록 입력값에 대한 특성을 추상화하여 적은 양의 데이터로 효과적인 학습이 가능하게 된다.

(1) 표현/추론/예측지능 구현기술

표현/추론/예측지능 분야는 어떤 사실이나 정보를 기계와 인간이 모두 이해할 수 있는 형태로 나타내고 이들 정보를 바탕으로 새로운 정보를 유도해 내는 것과 관련된 기술이다.

지식표현 분야는 규칙, 프레임, 의미망 등 기존개념들을 모두 통합한 온톨로지(Ontology)라는 체계가 대표적으로 활용하고 있다.

추론은 인공지능과 일반 SW를 구분하는 것으로 문제해결에 필요한 정보를 자체적으로 조합하여 추론에 활용하여 인간의 개입 필요가 최소화하는 딥러닝의 등장과 함께 가장 빠르게 발전하는 분야이다.

예측 분야는 문자 정보 및 다양한 주변 사물을 인식하고 서로 간의 상대적 관계를 추론하는데 더 나아가 다음에 올 상황을 예측하는 인공지능 기술들이 제안되었다. 인공지능이 매 순간의 행동이 미래에 미칠 영향을 예측하여 최적의 행동을 선택하고 장기적으로 계획하고 행동하는 인간의 행동 패턴을 닮은 인공지능 구현의 시작이라는 점에서 큰 의미가 있다.

최근 이 분야에서 각광받고 있는 인공지능 기반의 커뮤니케이션인 챗봇(CharBot)은 관련 다양한 정보를 제공할 수 있도록 자연어처리, 질의 의도 분석, 답변 생성 부분 등 탑재한 지능형 상담시스템이다.

① 패턴인식

패턴인식(Pattern Recognition)은 인지과학(Cognitive Science)과 인공지능(Artificial Intelligence) 분야에 속하는 문제 중 하나이다. 인지과학은 심리학, 컴퓨터 과학, 인공지능, 신경생물학과 언어학, 철학을 이용하여 지능과 인식의 문제를 다루는 포괄적인 학제적 과학 분야를 말하며, 인공지능은 인간의 학습능력과 추론능력을 인공적으로 모델링하여 외부 대상을 지각하는 능력, 나아가 자연언어와 같은 구문적 패턴까지 이해하는 능력 등을 컴퓨터 프로그램으로 구현하는 기술이다.

인공지능에 관한 연구는 현재 지능형 시스템(Intelligence System)이라는 인공지능에 기반한 정보 시스템 분야로까지 발전하고 있다. 정보화 시대에 쉽게 얻을 수 있는 수 많은 데이터들을 적절히 가공하는 것은 물론 정보의 표현과 처리에도 지능형 시스템이 적용되고 있으며 금융, 제조, 스포츠, 서비스 분야 등의 비정보기술 부문에까지 널리 이용되고 있다.

패턴인식은 공학적 접근법을 이용하여 인공지능의 실제 구현 문제인 센싱된 대상을 인식하는 문제를 주로 다룬다. 패턴인식을 여러 방식으로 정의할 수 있겠지만 "계산이 가능한 기계적인 장치(컴퓨터)가 어떠한 대상을 인식하는 문제를 다루는 인공지능의 한 분야"라고 정의한다.

② 서포트 벡터 머신

서포트 벡터 머신(SVM : Support Vector Machine)은 기계학습의 분야 중 하나로 패턴인식, 자료 분석을 위한 지도 학습모델이며, 주로 분류와 회귀 분석을 위해 사용한다.

두 카테고리 중 어느 하나에 속한 데이터의 집합이 주어졌을 때, SVM 알고리즘은 주어진 데이터 집합을 바탕으로 하여 새로운 데이터가 어느 카테고리에 속할지 판단하는 비확률적 이진 선형 분류 모델을 만든다.

만들어진 분류 모델은 데이터가 매핑된 공간에서 경계로 표현되는데 SVM 알고리즘은 그 중 가장 큰 폭을 가진 경계를 찾는 알고리즘이다. SVM은 선형 분류와 더불어 비선형 분류에서도 사용될 수 있다. 비선형 분류를 하기 위해서 주어진 데이터를 고차원 특징 공간으로 사상하는 작업이 필요한데, 이를 효율적으로 하기 위해 커널 트릭을 사용하기도 한다.

③ 인지 컴퓨팅

IBM 왓슨이 인지 컴퓨팅(Cognitive Computing)이라는 개념을 사용하여 인간과의 효율적 의사소통에 중점을 두었다. 즉 사람이 일반적으로 사용하는 말, 글씨, 그림 등 비정형 데이터를 컴퓨터가 인식하는 자연어처리를 통하여 지식축적 및 답을 제공하는 개념이다.

(2) 음성인식/이해지능 구현기술

음성인식 분야는 오랫동안 진행되어 왔는데 기존은 온톨로지 언어 모델 방법으로 확장성이 한계인데 딥러닝의 적용으로 사람에 의존하지 않고 인공지능이 데이터에 기반한 학습을 통해 스스로 언어를 이해하는 방식으로 전환하여 좋은 성능을 보이고 있다. 기계번역은 자연어처리 분야에서 중요한 기술이고 통계기반 SMT(Statistical Machine Translation)와 전혀 다른 인공신경망 기반의 기계번역인 NMT(Neural Machine Translation)는 문장 전체 정보를 문장 벡터로 변환하고 번역하기 때문에 연속적이고 전체적 결정에 기반한 선택이 가능하다. NMT의 품질 개선을 위해 어텐션 모델, 새로운 번역 프레임워크, 인공신경망 기본 구조 변환 등 빠른 속도로 기술이 발전하고 있다. 이 분야는 자동 통역 기술로써 헤드셋을 착용 후 한국어로 말하면 상대방 헤드셋에는 번역된 언어로 들리도록 하는 기술이다.

(3) 시각지능 구현기술

시각지능은 사물은 인지하고 시공간적으로 상황을 파악할 수 있는 기술로써 학습(경험)에 의한 사물의 특징과 내용을 이해하는 직관적으로 사물은 인식하는 능력과 낯선 장면이나 감춰진 사물을 인식하기 위해 주변 상황으로 유추하는 능력인 심층적 사고에 의한 인지 능력 기술로 구분된다.

딥러닝 이후 행동인식 분야 연구의 활발한 진행으로 영상인식을 위해 합성곱신경망(CNN : Convolutional Neural Network)의 행동인식 분야로 사용되었고 과거 정보기반을 현 상태를 판단하는데 적합지 않은 합성곱신경망(CNN)의 약점을 보안하여 순환신경망(RNN : Recurrent Neural Network), LSTM(Long Short Term Memory), 생성적대적 신경망(GAN : Generative Adversarial Network) 등의 새로운 알고리즘이 제안하여 행동인식 기능이 개선되고 있다. 이 기술은 품질검사, 질병진단, 범죄/사고 감시등 산업 전반에 걸쳐 활용이 가능하다.

① 퍼지논리

퍼지논리(Fuzzy Logic)는 불분명한 상태, 모호한 상태를 참 혹은 거짓의 이진논리에서 벗어난 다치성으로 표현하는 논리 개념이다. 퍼지논리는 근사치나 주관적 값을 사용하는 규칙들을 생성함으로써 부정확함을 표현할 수 있는 규칙 기반기술(Rule-based Technology)이다.

퍼지 집합의 개념은 각 대상이 어떤 모임에 속한다. 또는 속하지 않는다는 이진법 논리로부터 벗어나, 각 대상이 그 모임에 속하는 정도를 소속함수(Membership Function)로 나타내고 그 소속함수를 대응되는 대상과 함께 표기하는 집합이다.

퍼지이론은 확률 이론과 근본적으로 다르다. 어떤 사람이 부엌과 침실 사이의 문간에 서 있다고 할 때, "그 사람은 50% 부엌, 50% 침실에 서 있다" 라고 말하는 것과 "그 사람은 50%의 확률로 부엌에 있거나 50% 확률로 침실에 있다"라고 말하는 것은 다르다.

퍼지이론은 '회색 이론'이라는 별명으로도 불린다. 왜냐하면 흑백 사이의 수많은 회색을 상정하기 때문이다. 그리고 이 개념을 표현하는 방식으로 '매우', '조금', '약간', '보통의'라는 언어적 형용사를 사용한다. 그렇기 때문에 퍼지이론을 '비수학적'이라고 생각하는 사람도 있다.

최근 퍼지이론을 응용하여 인간의 사고 능력에 가까운 기능을 구현하는 연구가 활발하게 진행되고 있으며, 가전제품, 자동제어 분야에 응용한 제품이 출현하였다. 주요 응용분야인 퍼지제어기는 퍼지화기(Fuzzifier), 규칙 베이스(Rule base), 퍼지추론기(Fuzzy Inference Engine), 비퍼지화기(Defuzzifier)로 구성되어 있다. 퍼지제어기는 복잡한 비선형 시스템의 제어시 퍼지집합을 분할하여 각 영역에 따른 규칙 베이스를 구성하면 기존의 비선형 제어기에 비해 훌륭한 성능을 얻을 수 있다.

1-5 인공지능의 장단점 및 한계/극복과 미래

1. 장 점

1) 인간 개입 최소화

인공지능은 지식에 대한 학습 시간이 필요한 인간과 달리, 학습 시간이 거의 필요 없다. 인공지능을 도입하면, 인간의 개입을 최소화하여 기계가 자동으로 인식하고 판단할 수 있다. 국민은행, 롯데그룹 등 국내 대기업 채용 시험에서도 인공지능이 활용된다.

인공지능이 면접을 보는 일명 '인공지능 면접관'을 도입하고 있다. 인공지능 면접관은 주관적인 평가가 있을 수 있는 인간과 달리, 객관적으로 공정한 평가를 할 수 있다. 이는 인간의 개입을 최소화하며 효율적으로 공정하게 인재를 채용할 수 있다는 점에서 큰 주목을 받고 있다.

2) 비용 절감 효과

제조업뿐만 아니라 다양한 업종에서 인공지능이 사용되고 있는 가장 큰 이유는 비용절감 때문이다. 인공지능을 도입할 경우, 눈에 띄는 비용절감 효과를 나타내기 때문에 인공지능을 혁신의 도구로 활용하고 있다. 인공지능에게 알맞은 알고리즘을 작성해 데이터 입력 등을 제외한 모든 과정이 자동화되므로 노동 비용이 절감된다.

예를 들면 KT의 에너아이즈는 전국 모든 건물에 인공지능 기반의 에너지 건강검진을 실시하고, 인공지능과 빅데이터를 이용해 에너지 사용 패턴을 분석하고, 에너지 비용 절감 방안을 제공하는 서비스이다.

실제로 대구의 한 아파트에서 이 서비스를 통해 연간 아파트 공용 전기요금의 약 70%를 절약했다.

2. 단 점

1) 인공지능의 한계

인공지능은 철저히 학습된 상황에서 가장 좋은 결과를 도출해 낸다. 따라서 학습되지 않은 상황에서는 어떤 결과가 맞는지, 틀리는지 판단할 수 없다는 단점이 있다.

인공지능은 주어진 문제를 해결하는 능력은 인간보다 뛰어나다고 할 수 있지만, 문제를 판단하는 것은 아직까지는 인간만이 할 수 있는 능력이다.

또한, 인공지능은 인간과 달리 주변에서 영감을 얻거나 자신이 느낀 감정을 표현하기 어렵다.

2) 인공지능의 법적 책임

인공지능 알고리즘의 실수로 불법 행위나 피해가 발생했을 경우, 알고리즘 작성자에게 피해를 물어야 할지, 아니면 해당 인공지능 시스템을 이용한 사람이 문제인지, 법적인 책임소재 문제가 있다.

예를 들면 인공지능의 의료행위 중 오진이 발생하거나 자율 주행 자동차를 이용하던 중 교통사고가 발생할 경우, 피해와 사고에 대한 책임의 대상에 대한 명확한 법의 규제가 없다. 따라서 이에 대한 세밀한 법제화가 필요하지만, 인공지능의 자율성과 인간의 통제권을 어떻게 조화해 법을 규제시킬 것인지에 대해선 현행 법률의 체계로는 답을 정할 수 없다는 것이 전문가들의 입장이다.

3) 인공지능의 공포와 위험성

인공지능이 모든 영역으로 확대되어 발전하면서 편리함은 늘어났지만 무분별한 인공지능의 발전이 인간에게 점점 위협이 될 가능성이 있다. 인간은 새로운 기술들이 올바른 궤도로 나아가지 않을 수 있음을 항상 경계해야 한다. 영화《터미네이터》에 등장하는 스카이넷을 보면, 기계가 인간에게 반기를 들면 어떤 끔찍한 일이 일어나는지 알 수 있다.

영화 속에서 스카이넷은 가상의 시스템으로 스스로 학습하고 생각하는 인공지능이다. 스카이넷은 인간이 자신의 발전에 두려움을 느껴 자신의 시스템을 셧다운 하려고 하자, 인류를 적으로 간주해 공격한다. 이는 최악의 시나리오가 반영된 기계 공포론을 대변한다.

3. 한계와 극복

딥러닝으로 인해 인공지능 분야가 빠르게 혁신되고 있지만, 딥러닝은 엄청난 양의 데이터와 컴퓨팅 파워를 요구한다. 2012년 구글이 구현한 인공지능은 유투브 영상 속의 고양이를 스스로 구분해 내며 혁신을 시작하였으나 이것은 약 1,000만개의 동영상을 학습한 결과였다.

2016년 이세돌 9단과 대결에서 승리한 알파고는 약 3000만 개의 착점 정보와 16만개의 프로 바둑 기사의 기보를 필요로 했다. 이러한 데이터 학습과정을 거쳤을 뿐 아니라 실제 바둑 대결에는 클라우드 기반으로 연결된 약 1202개의 CPU와 176개의 GPU를 동시에 가동하여 약 3억 4천번의 반복 학습을 통해 구현한 결과물이었다.

따라서 현재까지의 인공지능 혁신을 이루어 내고 있는 기업들은 엄청난 데이터와 컴퓨팅 파워를 확보한 거대 IT 기업이 중심이 되고 있다. 학계, 선도 연구단체를 시작으로 이러한 한계를 극복하기 위한 노력이 시도되고 있다. 다양한 선행연구가 진행 중으로 크게 두 가지로 나눈다. 즉, 인공지능 학습의 인위적 생성과 사람처럼 생각하는 인공지능(Computing Like Human)으로 구분할 수 있다.

4. 인공지능의 미래

인공지능은 매우 빠르고 급진적으로 진화하고 있어서 인공지능의 미래, 인류의 미래를 예측하기는 점점 더 어려워지고 있다. 수학/컴퓨터 과학 분야를 중심으로 제안되어온 이론이 2010년 이후 기하급수적으로 발전해 온 전자/IT 기술에 힘입어 빠르게 구현되고 있다. 게다가 최근에는 뉴로사이언스, 뇌과학 등과 같은 새로운 기술들이 함께 융합되며 인공지능 분야의 새로운 전환기가 도래할 가능성도 높아지고 있다.

더욱이 최근의 이러한 연구 결과들은 오픈소스의 활성화를 통해 더욱 빠르게 구현되며 확산되고 있다.

누구나 쉽게 이해하고 활용 가능한 형태로 연구 결과물들이 공개되면서 많은 사람들의 참여로 인공지능의 성능 향상은 더욱 가속되고 있다.

DeepMind, OpenAI 등에서 혁신적인 논문으로 새로운 연구 분야를 개척하면 다양한 연구 기관들이 후속 연구를 통해 단지 몇 달 만에 높은 완성도의 인공지능으로 구현해 내고 있는 상황이다. 뿐만 아니라 주요 기업들은 이러한 연구 결과들을 자신들의 제품과 서비스에 빠르게 적용해 상용화해 내고 있다.

이러한 측면에서 선도 기업들과 우리나라의 격차는 더욱 심화되고 있는 상황이다. 국내 기업들은 실리콘밸리의 기업들에 비해 상대적으로 소프트웨어 역량과 데이터 측면에서 상당히 열위에 있다.

아무리 인공지능의 연구 결과물이 오픈소스로 공개되고 인공지능 구현의 난이도가 낮아진다 하더라도 인공신경망 자체를 설계하고 학습 알고리즘을 구현하는 것이 인공지능 성능의 결정적 요인으로 작용하기 때문이다.

하지만 국내에는 글로벌 경쟁력을 갖춘 연구 논문을 발표하거나 제품/서비스를 출시하는 연구자, 기업이 매우 소수에 불과하다.

또한 기업들이 축적한 데이터의 양도 글로벌 선도 기업들에 비해 매우 적을 뿐만 아니라 데이터의 질적 측면(다양성, 기계학습 가능 형태)도 매우 미흡한 상황이다. 구글, 페이스북, 아마존과 같은 빅데이터를 확보한 기업들이 최근 인공지능 분야를 선 도하고 있는 것이 방대한 양의 데이터에 기반한 측면도 있지만 데이터의 초기 수집 단계부터 질적인 측면이 함께 고려되어 축적되었기 때문이다. 향후 이러한 양질의 데이터를 확보하는 것은 단순히 많은 양의 데이터를 확보하는 것 보다 더욱 많은 시간과 노력이 필요할 지도 모른다.

단기적으로는 Tensorflow 등과 같은 오픈소스 기반의 개발 및 참여를 통한 역량 축적이 시급하며 보다 근본적으로는 중장기적인 관점의 양질의 데이터 확보, 경쟁력있는 인공지능의 개발 역량을 높이기 위한 노력이 병행되어야 할 것이다

1-6 인공지능의 활용분야

1. 인공지능의 타 산업과 지능형 융합 활용

인공지능(AI)은 다양한 분야에 적용되어 문제 해결에 기여하고 있다. 인공지능은 여러 요소 중 문제 해결에 필요한 기술을 분야에 맞게 활용할 수 있는 도구로 활용된다. 도입 단계의 AI기술이 실험실 연구수준을 넘어 상용화 단계로 발전하면서, 폭발적 시장 성장과 他산업의 지능형 융합을 견인하고 있다.

[그림 1-8]처럼 인공지능의 활용은 언어, 시각, 청각 등 인지, 해석 및 상황 이해 등 추론이 가능한 인공지능은 타 분야와 융합하여 새로운 부가가치를 창출하고 있다.

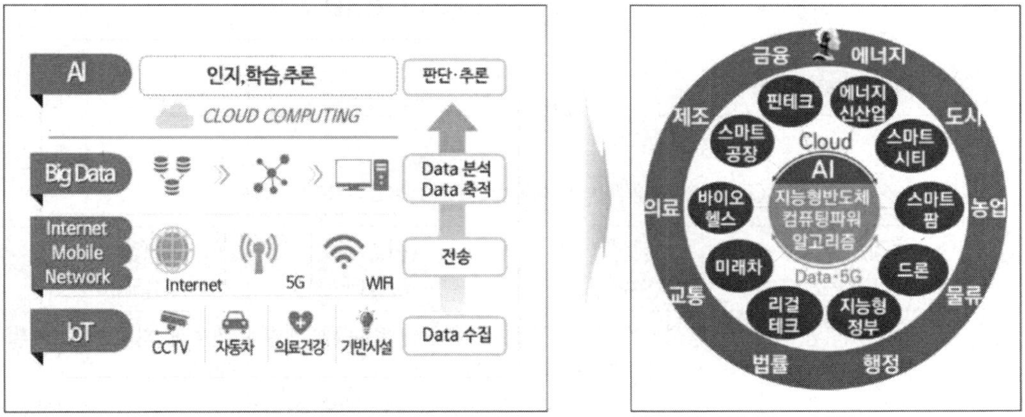

[그림 1-8] 인공지능의 활용

글로벌 ICT기업은 AI 플랫폼을 기반으로 타 산업과의 협력을 통해 개방형 생태계 구축에 주력하고, 핵심시장 선점을 가속화하고 있다. 즉 아마존 알렉사는 가전제품, 자동차 등의 지능형 융합을 통해 전방위적으로 시장 확대되고 있다.

제조, 자동차 등 他 산업과의 지능형 융합으로 차별적 부가가치 창출은 물론, 기존 산업 분야의 획기적 변화를 촉발하고 있다.

인공지능 기술은 자체의 기술혁신을 넘어 과학기술과 산업기술 영역의 성장을 가속하는 혁신의 조력자(Enabler) 역할을 수행한다.

〈표 1-5〉 AI의 산업별 활용 분야

산업분야	발전 전망	적용 사례	
자동차 	부분 자율주행 → 완전 자율주행	(테슬라) 오토파일럿 (자율주행 3단계) 구현('16)	(벤츠) 자율주행 5단계 AV 상용화('21)
제조 	공장 내 자동화 → 공장 간 연계 자동화	(아디다스) 신발 주문-제작까지 1일 소요('16)	(보쉬) 전세계 250개 공장 연결('20)
에너지 	건물 에너지 효율화 → 국가 전력망 효율화	(딥마인드) 구글 데이터센터 냉각효율 40% 개선('16)	(GE) 전력망의 전력배분 효율성 제고('17~)

〈표 1-6〉 인공지능의 장기간 연구기 필요한 분야 활용

(물리) 美 페르미연구소	(천문학) NASA-구글	(신소재) 도요타	(신약) 아톰와이즈
중성자 물리연구 분석('15) (분석시간 : 수개월→하루) 	외계행성 탐색 적용('17) (제2의 태양계 발견) 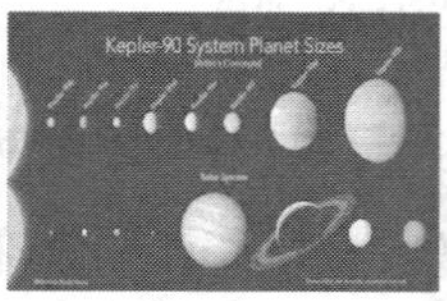	연료전지 촉매제 개발('17~) (신형차 CO_2배출량 감축) 	에볼라 치료약 후보 발굴('17) (소요기간 : 수년→하루) 

장기간 연구가 필요분야(물리실험, 신약개발 등)에 AI를 활용하여 시간 비용을 획기적으로 단축, 新제품 서비스의 연구개발 촉매제 역할을 수행하고 있다.

2. 인공지능의 플랫폼 구축 및 공통활용

1) 글로벌 시장에서 범용 플랫폼 지배력 강화

우수 인재와 데이터의 양 질적 차이에 따른 AI 핵심 기술력은 시간 흐름에 따라 가속화(자가학습)되어, 후발주자가 따라가기 어려운 구조로 진화하고 있다.

외국의 선도기업은 공통활용(범용)하여 AI 플랫폼을 선점하여, 자생적 데이터 생성 유통 구조를 확보하며 네트워크 효과를 달성하고, AI 기술의 발전과 정교화 촉진하고 있다. 예를 들면 IBM Watson의 자연어처리 언어지능, 구글 클라우드 비전의 시각지능, 아마존 알렉사의 음성지능 등이다.

특히 공통활용(범용)하는 AI 플랫폼의 개방 제휴를 통해 사업영역을 확대하거나 사업자간 연합생태계를 조성하고 있고, 시장 지배력 강화 및 가속화하고 있다.

아마존은 7,00여 기업과 제휴하고 페이스북은 챗봇 API 공개 후 34,00여개 챗봇 개발하고 IBM은 왓슨이 금융 의료 등에 적용되면서 해당 전문지식을 지속 축적, 왓슨 생태계 구축하고 있다.

아마존-MS 연합은 알렉사 검색에 MS Bing 검색엔진에 활용하고, 알렉사를 통한 MS 오피스에 접근과 동시에 MS 코타나를 통한 아마존 전자상거래 플랫폼으로 활용을 기대하고 있다.

2) 글로벌 시장에서 신시장 기회 공존 활용

[그림 1-9]처럼 의료 유통 금융 등 응용산업(Vertical Industries)에서는 분야별 데이터와 공통활용 (범용)하여 AI 플랫폼을 이용하여, 응용산업별 특화 AI 서비스를 개발하고, 신시장 창출 본격화하고 있다.

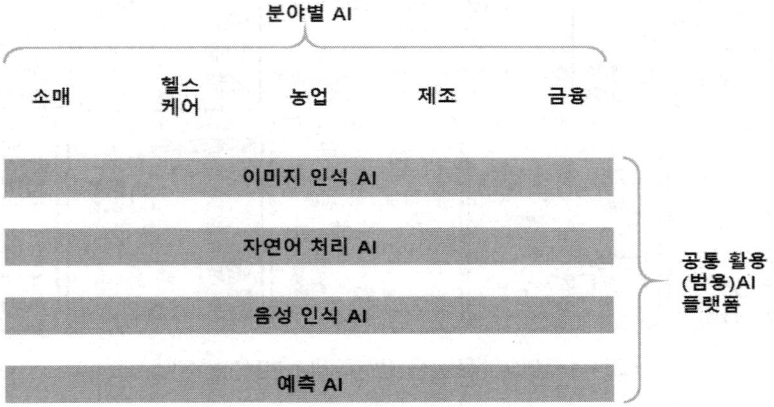

[그림 1-9] 분야별 데이터와 공동활용 플랫폼

〈표 1-7〉 인공지능의 금융, 농업. 법률, 의료 등의 응용산업 활용

(금융) 켄쇼	(농업) 블루리버 테크놀러지	(법률) 로스 인텔리전스	(의료) iCarbonX
10분 내 금융솔루션 제공('18.3 S&P글로벌 인수(5.5억$)  	잡초 제거 상추로봇(美 상추 10% 생산에 적용)  	파산 특화 판례 법령 분석(美대형 로펌 도입)  	유전체 · 진료 · 식습관 기반 질병 예측 iCarbonX 碳云智能

국가안보와 국민 사생활에 직결되는 데이터(국방 안전 의료 등)를 활용한 사업 분야는 보안 우려가 일부 존재한다.

스노든는 구글 개인정보의 美정보기관 제공 주장('14)하였고 페이스북은 8,70 만명 고객정보를 유출하였다.

⇨ AI는 이미지인식, 음성인식 등 공통 활용되는 범용 AI플랫폼 시장과 의료, 유통 등 분야별 특화시장이 공존하는 바, 전략적 접근이 중요하다.

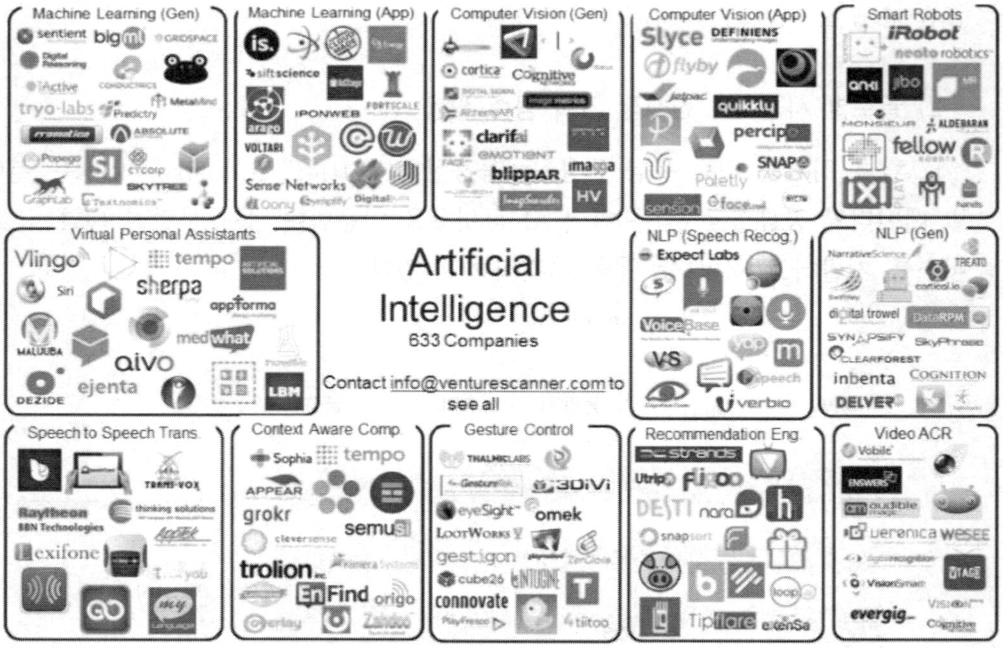

[그림 1-10] 인공지능을 생산하거나 활용하는 기업

수행 내용

재료 · 자료

- 인공지능 관련 자료

기기(장비 · 공구)

- 컴퓨터, 프린터, 주변기기

안전 · 유의사항

- 컴퓨터 및 주변기기의 전원을 관리한다.

수행 순서

01 인공지능의 정의 중 사고 과정, 추론 과정, 행동, 합리성 중점에 관련하여 분석하라.

인공지능의 정의는 사고(Thought)과정, 추론 과정, 행동(Behavior), 합리성(Rationality) 중점을 두고 있다.

〈표 1-8〉 인공지능에 관한 정의

인간처럼 생각하는 시스템	합리적으로 생각하는 시스템
• 컴퓨터를 생각하게 만들기 위해 재미있는 새로운 노력, 즉 말 그대로 "마음을 가진 기계"(Haugeland 1985) • 의사결정, 문제해결과 같은 행동, 즉 인간의 사고와 관련된 활동의 자동화(Bellman 1978)	• 계산적 모델(Computational Model)의 사용을 통한 정신적 능력(Mental faculties)에 대한 연구(Charniak and McDermott 1985) • 지각, 추론 행동을 가능하게 하는 계산들(Computations)에 대한 연구(Winston 1992)
인간처럼 행동하는 시스템	**합리적으로 행동하는 시스템**
• 인간처럼 지능을 필요로 하는 그러한 기능(Function)을 수행하는 기계를 창조하는 기술(Kurzwell 1990) • 인간이 더 잘 하는 것(Things)을 어떻게 하면 컴퓨터가 하게 만들지를 연구하는 것(Rich and Knight 1991)	• 계산 지능(Computational Intelligence)은 지능적 에이전트를 설계하는 것에 대한 연구이다(Pool et al 1998). • AI는 인공들에서의 지능적 행동(Behavior)과 관련 된다.(Nilsson 1998)

인공지능을 인간처럼 생각하는 시스템, 합리적으로 생각하는 시스템, 인간처럼 행동하는 시스템, 합리적으로 행동하는 시스템으로 정의하였다.

02 인공지능 붐의 3가지 요인에 대하여 분석하라.

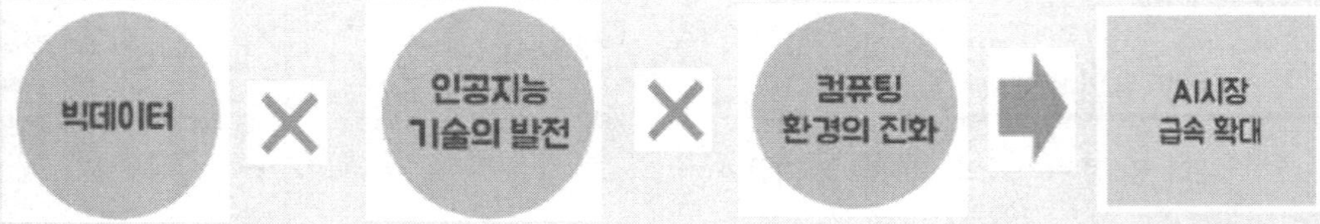

- 센서 및 통신모듈의 소형화, 저비용화 등으로 IoT산업진전
- 수집가능한 데이터의 증대

- 딥러닝의 등장
- 구글 등의 인공지능SW공개로 기술발전 가속화

- GPU등에 의해 연산처리 가속화
- 클라우드 접속에의한 실시간 데이터 실현

- 성능향상
- 개발 난이도 저하

[그림 1-11] 인공지능 붐의 3가지 요인

빅데이터의 등장과 알고리즘의 발전으로 인공지능은 본격적으로 시장이 확대되기 시작했다. 머신러닝, 딥러닝 등의 알고리즘이 진화했고 이를 뒷받침할 충분한 데이터가 확보되었다. 방대한 양의 데이터가 인공지능의 실현 가능성 및 연구의 가능성을 높여주게 되었다.

03 인공지능의 관련 기술 분야에 대하여 분석하라.

인공지능 관련 기술 분야는 〈표 1-9〉처럼 광범위하고 다양하다. 이중 패턴인식, 자연어처리, 머신러닝 등 데이터 분석 및 처리를 위한 핵심기반 기술들도 여러 종류 기술이 있다.

〈표 1-9〉 인공지능 관련기 술 분야

관련 기술 분야	주요내용
패턴인식 (Pattern Recognition)	기계에 의하여 도형, 문자, 음성 등을 식별시키는 것
자연어 처리(Natural Language Processing)	인간이 보통 쓰는 언어를 컴퓨터에 인식시켜 처리하는 일, 정보검색, 질의응답, 시스템 자동번역, 통역 등이 포함
자동제어 (Automatic control)	제어 대상에 미리 설정한 목표 값과 검출된 피드백신호를 비교하여 그 오차를 자동적ㅇ로 조정하는 제어
로봇틱스(Robotics) /인지 로봇공학	로봇에 관한 과학이자 기술학으로 로봇의 설계, 제조, 응용분야를 다룬다. 인지 로봇공학은 제한된 계산차원을 사용해 복잡한 환경의 복잡한 목표를 달성하도록 하는 인식능력을 로봇에게 부여하는 기술
컴퓨터 비전 Computer vision)	컴퓨터 비전은 로봇의 눈을 만드는 연구분야로 컴퓨터가 실세계 정보를 취득하는 모든 과정을 다룬다.
양자컴퓨터 (Quantum Computer)	양자역학의 원리에 따라 작동되는 미래형 첨단 컴퓨터 양자역학의 특징을 살려 병렬처리가 가능해지면 기존의 방식으로 해결할 수 없었던 다양한 문제를 해결가능
자동추론 (Automated Reasoning)	계산기 과학의 한 분야로 추론의 다양한 측면을 이해함으로써 컴퓨터에 의한 완전한 자동추론을 가능하게 하는 소프트웨어 개발을 목표로 함 인공지능 연구의 일부로 이론 계산기 과학 및 철학과도 깊은 관계가 있음
사이버네틱스 (Cybermetics)	생물 및 기계를 포함하는 계(系)에서 젱와 통신 문제를 종합적으로 연구하는 학문
데이터마이닝 (Data mining)	많은 데이터 가운데 숨겨져 있는 유용한 상관관계를 발견하여 미래에 실행 가능한 정보를 추출해 내고 의사결정에 이용하는 고정
지능엔진 (Intelligent Agent)	인공지능적 기능을 가진 소프트웨어 엔진, 사용자를 보조하고 반복된 컴퓨터 관련 엄무를 인간을 대신하여 실시하는 엔진
시멘틱 웹 (Sematic web)	컴퓨터가 정보자원의 뜻을 이해하고 논리적 추론까지 할 수 있는 차세대 지능형 웹
텍스트 마이닝 (Text Mining)	비정형 텍스트 데이터에서 새롭고 유용한 정보를 차아내는 과정 또는 기술
상황인식 컴퓨팅 (Context Aware Computing)	가상공간에서 현실의 상황을 정보화하고 이를 활용하여 사용자 중심의 지능화된 서비스를 제공하는 기술

04 인공지능의 긍정적인 면과 부정적인 면에 대한 평가에 대하여 분석하라.

1. 긍정적 평가

스카이프의 공동설립자 얀 탈린(Jaan Tallinn)은 현재 인공지능에 대해 그렇게 걱정하지 않아도 된다고 하면서, 인공지능을 통해 수익을 창출한다는 점에서 인공지능을 긍정적으로 평가했다. 또한 "현재는 업계와 학계에서 인공지능에 대해 공포심을 자극하는 것이 무엇인지 합의해가는 것이 중요하다고 본다."라고 말했다. 스티브 잡스와 함께 애플의 공동 창업자인 스티브 워즈니악(Steve Wozniak)은 "인공지능이 미래에 인류에게 나쁜 결과를 초래할 수도 있다고 생각한다. 미래에 기계가 사람보다 똑똑해질 것이나 인류보다 더 똑똑해진다면 인류가 필요하다는 사실도 깨달을 것"이라고 말하며, 인공지능에 대해 그렇게 걱정할 필요가 없다는 의견을 내보였다.

2. 부정적 평가

스페이스엑스의 설립자이자 테슬라 CEO인 일론 머스크(Elon Musk)는 "인간인 독재자는 죽음을 피할 수 없지만 인공지능에겐 죽임이란 없으니 인공지능은 영원히 살 것이며, 인간이 피할 수 없는 불멸의 독재자를 접하게 된다는 것이다."라고 말했다. 또한 그는 인공지능형 무기가 테러리스트나 독재자에게 악용되어 범죄에 이용될 수 있다며 인공지능의 위험성을 경고했다.

05 IBM 왓슨과 구글 알파고의 차이점에에 대하여 분석하라.

1. IBM 왓슨

IBM 왓슨의 기술적 특성의 경우는 자연어 처리 기반 문제해결을 통한 해답제공한다. IBM 왓슨은 인지컴퓨팅(Cognitive Computing)이라는 개념을 사용하여, 인간과의 효율적 의사소통에 중점을 둔다. 즉 사람이 일반적으로 사용하는 말, 글씨, 그림 등 비정형 데이터를 컴퓨터가 인식(자연어 처리), 지식축적 및 답을 제공한다. 왓슨은 클라우드 기반으로 API를 개발자에게 개방해 왓슨을 이용해 서비스 개발 가능토록 지원한다. 즉 API를 통해 데이터와 명령을 제공하고 그 분석결과를 보게 된다. IBM의 자연어 처리기술은 아이폰 시리, 마이크로소프트의 코타나 아마존 알렉사에 활용한다.

2. 구글 알파고

구글은 영국의 'Deep Mind' 라는 스타트업을 인수해 바둑에 특화된 인공지능이다. 최고라는 뜻의 알파와 바둑의 고 합성어로 바둑을 위한 최고의 인공지능이라는 의미를 지니고 있다. 머신러닝 기반으로 기존 바둑기보를 바탕으로 스스로 학습하는 자가학습이 가능하다. 현재는 바둑에 특화되어 있으나 AI 엔진 자체는 다른 분야에 확대해 사용이 가능하다.

구글이 개발한 AI 엔진 '텐서플로(Tensor Flow)'를 오픈소스로 공개하여 AI 솔루션을 개발할 수 있도록 하고 딥마인드랩을 추가 공개하여 솔루션 검증에도 이용토록 한다.

구글 자체적으로는 구글 번역기, 구글 포토, 음성 검색, 지도 및 자율주행 자동차를 개발하는 데 활용하고 있다. 추가로 AI 기술 외부 공개를 통하여 의료, 금융, 교육 등 각 산업분야의 데이터와 노하우를 습득하고 있다.

〈표 1-10〉 IBM 왓슨과 구글 알파고의 차이점

구 분	왓 슨	알파고
우수성	상용화 측면	학술적 우수
목 적	• 인간 '의사결정 지원' • MRI, CT 분석을 통한 치료법 제안 • B2B(특정목적)	• 기계 '자체 의사결정' • 스스로 바둑을 두는 의사결정 • B2C(범용)
운 영	하나의 슈퍼컴퓨터	소형컴퓨터 여러 대를 연결하는 '분산 컴퓨터'
학습방식	머신러닝 중 딥러닝	머신러닝 중 딥러닝
자 료	인간이 정리한 전문 자료나 논문	인터넷 자료 기반
장단점	DB화 되어 있지 않으면 활용불가	

자료 : KEIT, (2017) 이수상 재 분류 및 수정

06 인공지능의 새로운 도전 전망에 대하여 분석하라.

4차 산업혁명 시대가 도래하면서 인공지능은 인간이 따라갈 수 없는 속도로 빠르게 발전하여 조만간 인간보다 탁월한 능력으로 인공지능이 인간을 대체하게 되는 것이 아니냐는 우려의 목소리도 나온다. 일부 학자들은 약인공지능, 강인공지능을 넘어 인간보다 더 우월한 존재인 초인공지능 시대도 가능하다고 말한다. 초인공지능이 실현되었을 때 발생되는 윤리적, 도적적인 문제로 부정적인 평가와 우려가 나오지만, 인공지능은 미래 산업의 핵심 기술이 될 것이 확실하다. 따라서 빠르게 발전하고 있는 인공지능을 마냥 두려워하기보다 올바른 방향으로 어떻게 활용하면 인간의 삶의 풍요롭게 해줄지 고민해야 할 시점이다. 인공지능은 앞으로 활용 가능성이 무궁무진하다. 향후 어떤 나라가 빠르게 변화하는 인공지능 기술에 적응하고 적극 활용하여 주도하느냐에 따라 그 나라가 향후 미래의 주역이 될 것은 명백하다.

1. 새로운 시도의 시작

최근 5년간 인공지능은 엄청난 발전을 이루었다. 하지만 현재 구현되고 있는 인공지능 방식으로 인간의 지능을 완벽하게 구현하는 데는 한계가 있다. 인공지능 구현에 엄청난 양의 데이터와 연산 과정이 요구된다. 인식/학습 분야에서는 인간 수준의 지능을 갖추었지만 추론/행동과 같은 분야에서는 매우 초기적 단계에 머무르고 있다. 자율적인 상황 판단과 능동적인 행동을 기반으로 하는 인간의 지능 수준과 큰 차이가 있는 것이다.

현재 구현되고 있는 인공지능 기술이 [그림 1-12]처럼 오래전부터 제안되어 온 수학/과학 분야의 이론과 모델링에 기반한 '인간처럼 계산(Computing like Human)'하는 지능을 구현한 것이기 때문이다. 이와 달리 '인간처럼 생각(Thinking like Human)'하는 지능을 구현하기 위한 다양한 연구가 요구되는 상황이다.

이런 한계를 극복하기 위한 노력은 크게 두 분야로 나눈다.

첫째는 기존 인공신경망 구현 방식을 하드웨어, 소프트웨어적으로 고도화시키려는 노력이다. 인간의 신경망을 추상화한 인공신경망을 더욱 정교하게 모델링하거나 컴퓨터의 하드웨어적 구조의 한계 극복을 위해 전혀 새로운 개념의 컴퓨터 구조를 제안하기도 한다.

둘째는 기존 과학, 공학 분야의 연구가 아닌 신경과학(Neuroscience), 뇌과학(Brain Science)과 같은 분야의 연구를 기반으로 인공지능을 구현하려는 시도이다.

오래전부터 인간의 신경망 원리를 이해하고, 인간과 컴퓨터를 연결하려는 시도들이 지속되어 왔으며, 최근 발전한 인공지능 기술을 접목해 새로운 혁신을 만들어 가려는 움직임이 시작되고 있는 것이다.

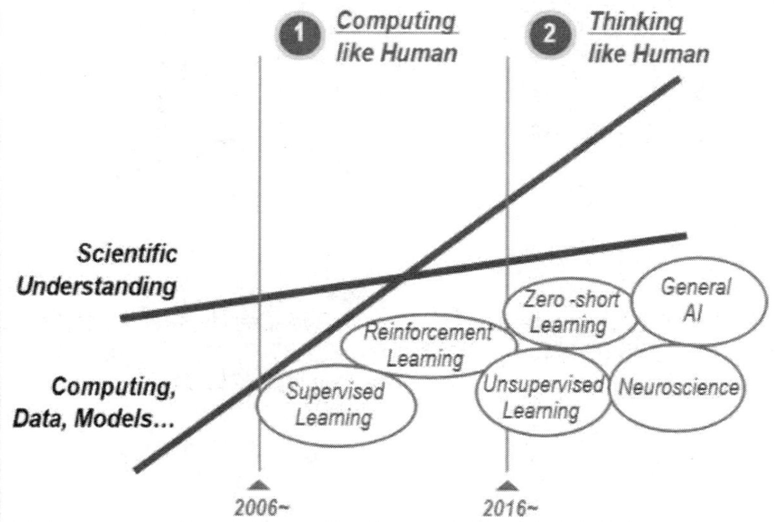

[그림 1-12] 인공지능 이론 연구와 구현 환경 간 발전 관계

2. 인공신경망의 진화(HW/SW)

인간의 뇌 신경망을 모델링한 인공신경망 기반의 인공지능이 혁신적인 발전을 이루고 있지만 인간의 실제 뇌와 인공신경망은 근본적으로 큰 차이가 있다. 인공신경망은 인간의 신경망을 추상화, 단순화를 통해 소프트웨어적으로 구현한 것으로 [그림 1-13]과 같이 인간 신경망과 매우 큰 차이가 있다.

이와 같은 근본적인 차이는 인공지능이 인간 수준의 지능으로 구현되는데 한계 요인으로 작용하기도 한다. 이러한 한계를 극복하기 위해 소프트웨어, 하드웨어 측면에서 현재의 인공신경망 구조를 개선하기 위한 연구, 개발이 진행 중이다.

첫째 소프트웨어 측면에서는 현재 매우 단순화된 구조의 인공신경망을 더욱 정교화하기 위해 노력하고 있다. 현재 주로 구현되고 있는 인공지능의 인공신경망 구조는 2세대 모델이다.

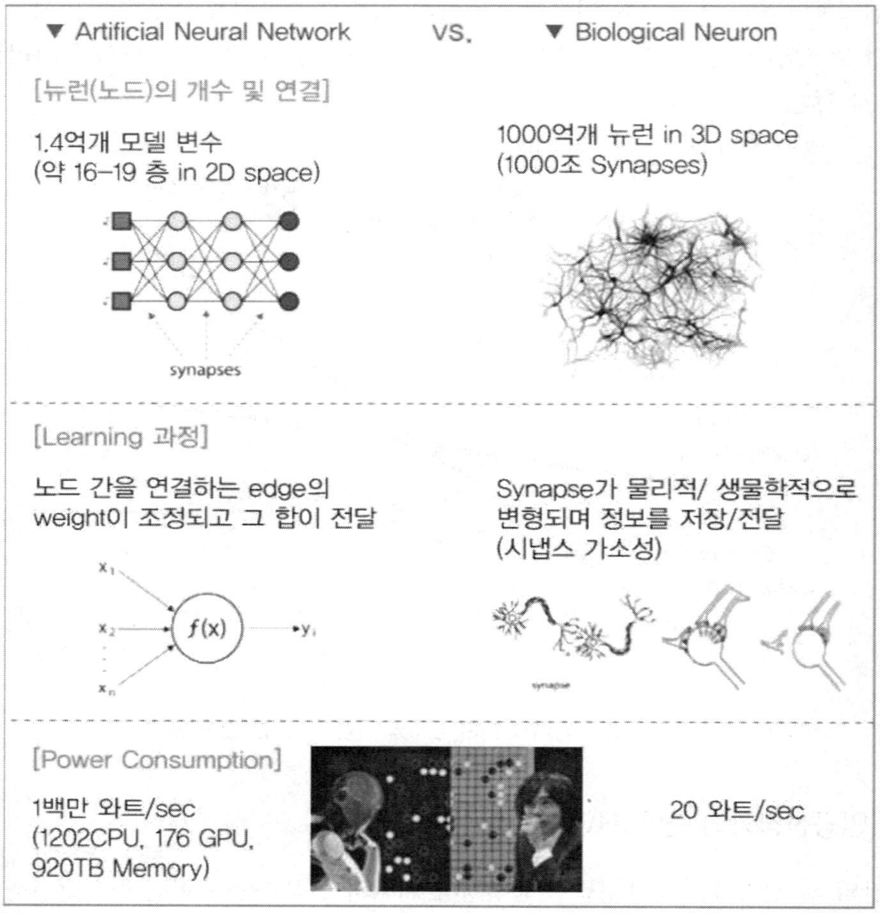

[그림 1-13] 인공신경망과 인간의 신경망과 차이

[그림 1-14](a)와 같이 연관된 뉴런들이 서로 연결되며 학습 과정을 반복하며 연관성의 정도가 수치 값으로 계산된다. 이 수치 값들의 합(Weighted Sum)이 활성화 함수(Activation Function)를 통해 다음 단계의 뉴런으로 전달된다. 뇌의 뉴런과 시 냅스간 연결 구조를 모델링한 것이다. 이러한 2세대 모델은 모델링이 비교적 단순하면서도 높은 성능의 인공지능으로 구현될 수 있다는 장점을 갖지만 인 간 뇌 신경망의 구동 원리를 정교하게 반영하지는 못한다.

따라서 현재의 인공신경망 구조를 더욱 정교하게 모델링한 3세대 인공신경망 모 델이 연구되고 있다. Spiking Neural Networks(SNN)은 인간의 뉴런과 냅스 간 정보 전달 과정을 2세대 모델보다 더욱 정교하게 반영한다.

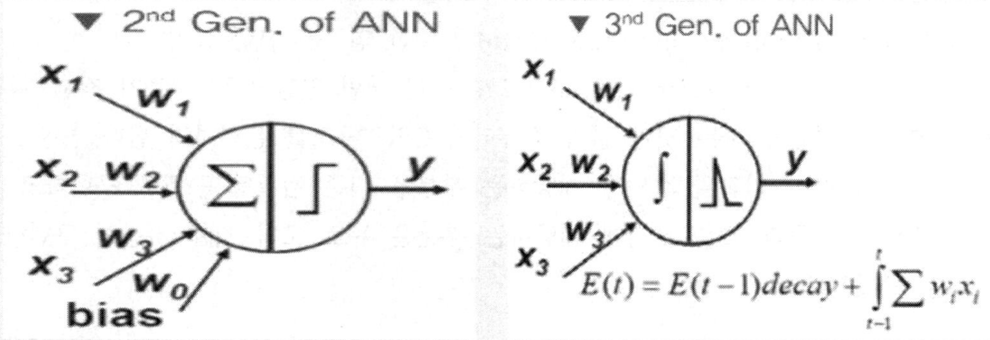

- 모델링이 비교적 쉽고
- Human-level 성능 구현 가능(일부 영역)

(a)

- 인간의 뉴런을 흡사하게 묘사, 뉴런 간 값의 강도, 시간 등 반영
- 모델링이 어려움

(b)

[그림 1-14] 인공신경망 구조의 진화

출처 : M, Wolfgang(1997)

인간의 뉴런 간 정보 전달은 전 기적 신호에 기반한다. 발생된 전기적 신호가 시간의 흐름에 따라 강도가 조절되며 시냅스를 통해 다음 뉴런으로 전달되는 것이다. 이 과정을 2세대 뉴런에서는 단순히 연결 가중치의 합으로 단순화하였지만 SNN에서는 [그림 1-14](b)와 같이 시간에 따라 변화하는 전기적 신호의 강도를 계산해 뉴런 간 정보 전달 과정에 구현함으로써 인간 신경망 구조와 매우 흡사하게 모델링하려고 하는 것이다. 이러한 모델은 향후 인공신경망 기반의 인공지능의 새로운 혁신을 만들어 낼 것으로 기대되지만 모델 자체의 복잡도 및 높은 구현 난이도로 인해 아직은 선행 연구단계에 머무르고 있다.

소프트웨어뿐만 아닌 하드웨어 측면에서도 기존 한계 극복을 위한 연구가 진행 중에 있다. IBM, 스탠포드, HBP(Human Brain Project 등과 같은 연구 기관에서는 컴퓨터의 구조적 한계를 혁신하려 한다.

현재 사용되는 거의 모든 컴퓨터는 폰노이만 구조(Von Neumann Architecture)에 기반하고 있다. CPU를 통해 연산된 결과를 메모 리에 기억하고 하드디스크와 같은 저장장치에 기록하는 구조인 것이다. 하지만 이러한 컴퓨팅 구조는 연산, 기억, 저장이 하나의 공간에서 이루어지는 인간의 뇌구조와 비교해 볼 때 매우 상이하다. 특히 CPU, 메모리, 하드디스크의 정보가 버스(Bus)라고 불리는 연결 부위를 통해 전달되는 구조로 이루어져 있기 때문에 개별 부품이 하드웨어적으로 급속도로 발전하고 있어도 버스의 한계로 인한 성능 저하가 전체 성능을 결정할 수 있다.

따라서 주요 선도 기관에서는 인간의 뇌 구조를 하드웨어적으로 구현하는 뉴로모픽 컴퓨팅칩(Neuromorphic Computing Chip)에 대한 연구를 진행 중이다.

IBM이 제안한 TrueNorth Chip은 [그림 1-15]처럼 인간의 뇌 구조가 좌뇌, 우뇌로 구분되어 역할을 하는 것과 같이 컴퓨터의 CPU 구조를 분리하려 한다. 언어, 분석적 사고와 같이 인간의 좌뇌에 해당하는 부분은 기존 컴퓨팅 구조로 구현하고 감각, 패턴 인식 등과 같은 우뇌에 해당하는 부분은 뉴로 모픽 칩에 기반해 구현하고 서로를 연결한다.

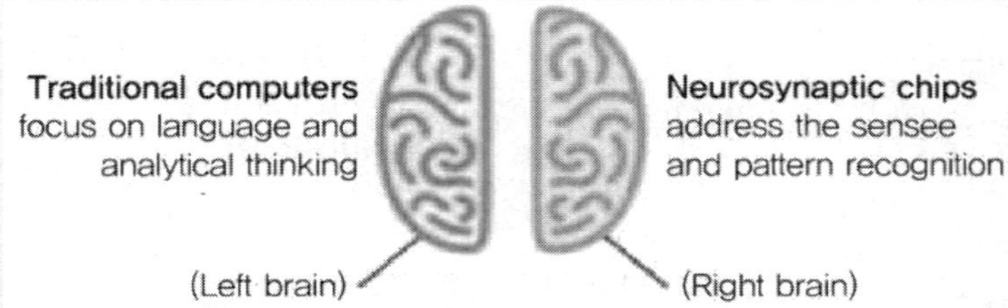

[그림 1-15] IBM의 인공지능 칩

현재까지 IBM의 연구결과에 따르면 단일 TrueNorth Chip에 약 1000만개의 뉴런과 2억 5,600만개의 시냅스의 연결을 구현하였으며 약 4,096개의 개별 칩을 서로 연결해 40억개의 뉴런과 1조개의 시냅스로 구현했다고 한다.

〈표 1-11〉 주요 뉴로모픽 컴퓨팅 칩 비교

연구 그룹	개발연도	뉴런개수	시냅스 개수	공정(nm)
Standford Neurogrid	2009	1×10^6	8×10^9	180
HBP SpiNNaker	2012	2×10^7	2×10^{10}	130
HBP HICANN	2012	1.2×10^7	3×10^8	65
HRL Neuromorphic chip	2014	2304	292000	90
IBM TrueNorth	2014	1.6×10^7	4×10^9	28

〈표 1-11〉과 같이 다양한 연구기관이 서로 경쟁하며 하드웨어에 기반한 뇌 구조를 구현하려는 노력이 진행 중이지만 설계, 공정, 구현 등 하드웨어적 구현의 난이도로 인해 소프트웨어 분야의 연구에 비해 혁신의 속도가 빠르지는 않다.

하지만 이러한 하드웨어적, 소프트웨어적인 연구결과가 함께 융합되어 진보된 인공지능 구현에 활용된다면 현재의 성능을 월등하게 뛰어넘는 인공지능으로 구현될 가능성도 있다.

3. 뇌과학 기반의 연구들

딥마인드의 창업자 하사비스는 최근 발표한 논문에서 뉴로사이언스와 컴퓨터과학 분야의 융합을 통해 인공지능이 한 단계 더 진보할 수 있다고 강조하고 있다. 오랜 시간 동안 두 분야에서 인간의 뇌, 지능과 관련된 연구를 진행해 왔었지만 각 분야의 전문가들이 함께 논의하고 서로의 기술을 융합시키려는 노력이 부족했음을 지적하고 있는 것이다.

하지만 최근 딥러닝을 시작으로한 인공신경망 분야의 급속한 발전에 힘입어 컴퓨터 과학 분야의 연구자들의 신경과학, 뇌 과학 분야 연구에 대한 관심이 급속하게 높아지고 있다.

실제 테슬라의 CEO 일론머스크는 2017년 3월 뉴럴링크(Neuralink)라는 스타트업을 발표하며 인간의 뇌와 기계를 연결해 인간의 지능을 자유롭게 저장하거나 이식하는 기술을 개발하겠다고 한다. 즉 오래전부터 연구되어 온 신경과학, 뇌 과학 분야의 연구에 IT/전자 기술분야를 접목하려는 시도로서 아직은 SF 수준으로 보일 수도 있지만 새로운 방식으로 인공지능이 발전되는 계기가 될 수도 있을 것이다.

일찍이 신경과학, 뇌과학 분야에서는 인간이 정보를 인식하고 이해해 지식화하는 과 에 대한 연구를 시작해 왔다. UC버클리대의 연구팀은 1999년에 이미 고양이의 뇌 신경망을 분석해 시각 영상을 재구성하는 데 성공했다. 연구팀은 우선 특정 시각 자극에 대해 특정한 신경 세포가 반응하며 사물을 인식한다는 것을 발견하고, 역으로 반응하는 신경 세포를 분석하면 시각 자극을 구성하는 것이 가능하다는 것을 논문을 통해 발표했다.

(a) 실제 이미지

(b) 신경 반응에서 재구성된 이미지

[그림 1-16] 뇌 신경 반응에 기반한 사람 얼굴 재구성

출처 : L. Chang(2017)

신경세포를 통해 재구성한 이미지와 원본 이미지가 유사한 윤곽선을 보이는 것을 알 수 있다.

이러한 뇌 신경의 반응에 대한 연구는 이후 지속되고 있으며 최근에는 매우 높은 수준으로 실현되고 있다. 지난 5월 캘리포니아 공대(CalTech)의 연구팀이 발표한 논문은 뇌 신경 신호의 분석만으로 사람의 얼굴을 재구성하는 데 성공했다.

[그림 1-17]와 같이 실제 얼굴과 뇌 신경 신호를 통해 재구성된 얼굴이 거의 일치하는 것을 알 수 있다. 마치 언어, 기호적으로 표현해 몽타주를 그리 는 과정이 향후에는 뇌파 분석만으로도 가능해질 수도 있는 것이다.

또한 생물체의 신경 세포 전체를 분석해 신경망의 작동 원리를 분석하고 인공적으로 구현하기도 한다. 예쁜 꼬마 선충(C. Elegans)은 약 1mm의 선충으로 약 302개의 신경 세포로 구성되어있다.

단일 생물체의 신경세포가 모두 파악된 유일한 생명체로 뇌, 신경계 분야의 연구에 자주 활용된다.

뉴로 로보틱스(Neuro Robotics) 분야의 전문가인 Timothy Busbice는 예쁜 꼬마 선충의 움직임에 따른 신경망의 변화를 관찰했다.

특히 장애물을 발견하거나 충돌 시 반응하는 신경세포간의 관계를 분석했다. 그 후 분석된 모델을 실제 로봇에 적용해 로봇이 스스로 움직이고 동작하는 기능으로 구현해 냈다. 매우 초기 단계이지만 구현된 로봇은 스스로 방향을 전환해 장애물을 피하거나 충돌 후 원래의 진행 방향으로 복귀하기도 한다(그림1-17).

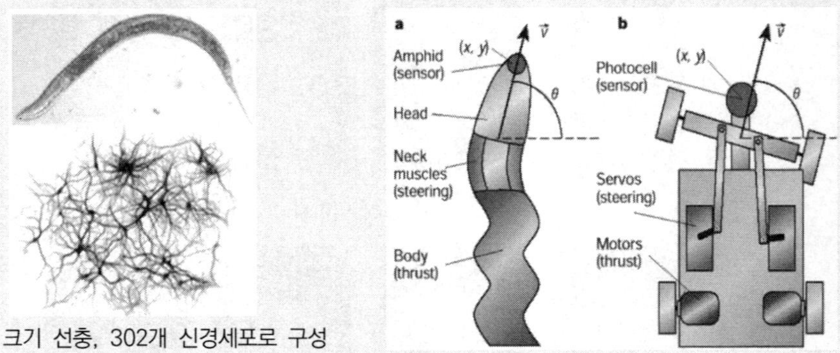

1mm 크기 선충, 302개 신경세포로 구성

[그림 1-17] C.Elegans 신경망의 로봇 적용

출처 : Lockery Lab, University of Oregon

이와 같은 신경 과학계의 선행 연구로 뇌과학(Brain Science)에 기반한 인공지능의 구현 가능성이 점차 가시화되면서 주요 혁신가들의 스타트업 및 주요 기업들 또한 이 분

야에 뛰어들고 있다.

인간의 뇌와 컴퓨팅 칩의 연결을 구현하려고 하는 뉴럴 링크는 의학전문 법인으로 등록된 데서 나타나듯이 단기적으로는 인간의 뇌와 관련된 질병의 치료에 목적을 두고 있다. 그러나 장기적으로는 인간의 지능, 기억 등을 컴퓨팅 칩에 저장하거나 혹은 반대로 저장된 정보를 인간의 뇌에 주입해 손상된 뇌 기능을 복원하고 다른 사람의 지능을 이식하는 것도 구현할 것이라고 한다. 여러 사람의 지능을 하나의 칩에 저장하며 높은 지능을 갖는 칩으로 구현해 다양한 사람들에게 이식하는 것도 가능할지 모른다. 뉴럴 링크는 실제 이러한 목표를 달성하기 위해 관련 분야의 최고 전문가를 영입하고 있다. BMI(Brain Machine Interface)의 전문가인 Flip Sabes, MIT 신경외과 및 컴퓨터공학 박사인 Ben Rapoport 등 뇌과학, 컴퓨터 공학, 전자공학 분야의 전문가를 영입해 연구를 시작 중에 있다.

또 다른 스타트 업인 커널(Kernel)은 뉴럴링크와 유사한 개념을 목표로 한다. 실리콘밸리의 사업가 Bryan Johnson이 설립한 이 기업은 인간의 뇌와 컴퓨팅 칩을 연결해 뇌 손상과 관련된 치료를 단기적인 목표로 한다. 신경과학계 및 소프트웨어 분야의 전문가 20여명으로 구성된 연구팀은 연구, 개발을 시작한지 10개월 만에 프로토타입을 개발해 실제 뇌 손상 환자에 실험 중에 있다.

뉴멘타(Nument)는 인간의 대뇌의 신피질(Neocortex)을 소프트웨어적으로 모델링해 인공지능을 구현하려 한다. 2005년 일찍이 설립된 이 기업은 뇌 관련 분야의 선도 기업 중 하나이다. 인간의 뇌 중 가장 바깥 부분에 해당하는 신피질은 고등 생물의 지능을 관장하는 것으로 알려졌다. 의지/의욕/판단과 같은 주로 지능과 관련된 기능의 수행과 관련된 부분으로서 포유류 이상의 동물에서만 신피질이 발달하며 고등 동물일수록 넓은 범위를 갖는다고 한다. 특히 뉴멘타는 인공지능이 스스로 문제를 인식하고 판단/행동하는 강 인공지능(Strong AI)의 단계로 발전하기 위해 신피질의 동작 원리의 구현이 필수적이 라고 말한다. 실제 이 기업은 신피질의 구동원리를 모델링한 HTM(Hierarchical Temporal Memory)을 오픈소스화 하며 다양한 개발자들과 함께 기술을 발전시켜 가고 있다.

페이스북도 인간의 뇌 신호를 분석해 인간과 기계간의 인터페이스를 혁신하겠다고 한다. 키보드, 터치와 같은 매개체를 통해 인간이 컴퓨터에 입력을 하는 것이 아니라 컴퓨터가 인간의 뇌 신호를 통해 의도를 분석해 내는 것이다. 약 80여명에 이르는 연구자들이 페이스북의 선행 연구소인 Building 8에 참 여하고 있으며 UC버클리, 존스홉킨스 대학과 같은 주요 대학과 협업 중에 있다. 페이스북은 지난 4월 개발자 컨퍼런스인 F8에서 인간의 뇌 신호에 기반해 타이핑을 하는 'Brain Typing'을 시현하였다.

신체가 자유롭지 못한 환자의 뇌를 초당 약 100회로 스캔해 뇌 신호만으로 타이핑 기능을 구현한 것이다. 향후 2년 내 분당 100단어 이상 타이핑이 가능한 수준까지 구현하는 것을 목표로 하고 있다. 이러한 페이스북의 인간의 뇌와 기계 사이의 인터페이스(BMI)에 관한 연구는 단순히 인간의 의사 표현 방식이나 입력 수단을 대체하는 것 이상의 의미를 갖는다. 장기적인 관점에서 인간의 지능을 컴퓨터로 저장하거나 반대로 이식하는 등의 인공지능 구현을 위해서는 인간과 기계 간의 연결이 우선적으로 해결되어야 하기 때문이다.

학습활동.1 교수 · 학습 방법

교수 방법

- 인공지능의 개요에 대한 관련 용어, 구성, 방식 이해 정도를 파악한 후 수업을 진행한다.
- 교수자의 주도로 인공지능의 개요 등의 내용을 PPT 자료로 제시한 후 설명한다.
- 가능하면 사전에 개인별 학습 자료를 준비하여 모든 학생이 참여할 수 있는 문제 해결식 수업, 협력 수업이 가능하도록 한다.
- 인공지능의 개요 전 과정을 작업의 순서에 따라 단계적으로 실습이 이루어질 수 있도록 지도한다.
- 교재를 통해 수업을 준비하는데 있어서 필요한 모든 정보나 팁, 힌트 등 도움이 될 만한 내용들을 확인할 수 있다.
- 학생들이 만들게 될 각 모델들은 수업시간에 중점적으로 다뤄질 부분과 어휘, 질문, 답을 포함하고 있으며 또한 탐구할만한 추가적인 아이디어들도 포함하고 있다.

학습 방법

- 인공지능의 개요에 대한 관련 용어를 숙지하고, 인공지능의 개요에 대해 이해한다.
- 인공지능의 개요의 각 단계별 중점 사항을 체계적으로 학습한다.
- 인공지능의 개요의 수행순서의 전 과정을 실습한다.
- 인공지능의 개요의 내용을 이해한다.
- 인공지능의 개요를 이해하고 숙달이 될 때까지 학습한다.

학습활동.1 평가 및 피드백

평가 준거

- 평가자는 피평가자가 수행 준거 및 평가 내용에 제시되어 있는 내용을 성공적으로 수행할 수 있는 지를 평가해야 한다.

학습내용	평가항목	성취수준		
		상	중	하
인공지능의 개요	인공지능의 개요를 이해할 수 있다.			

평가 방법

• 작업 포트폴리오

학습내용	평가항목	성취수준		
		상	중	하
인공지능의 개요	인공지능의 개요를 이해할 수 있다.			

• 필기시험

학습내용	평가항목	성취수준		
		상	중	하
인공지능의 개요	인공지능의 개요를 이해할 수 있다.			

• 체크리스트를 통한 관찰

학습내용	평가항목	성취수준		
		상	중	하
인공지능의 개요	인공지능의 개요를 이해할 수 있다.			

• 피드백

1. 작업 포트폴리오
   - 제출한 보고서를 평가한 후 주요 사항에 대하여 표시하여 돌려준다.
2. 필기시험
   - 평가 결과 성적이 저조한 학생은 보고서 제출 기회를 부여한다.
3. 체크리스트를 통한 관찰
   - 실습 과정에서 평가한 후 개선해야 할 사항 등을 정리하여 돌려둔다.

참 | 고 | 문 | 헌

1. http://wiki.hash.kr.
2. Glenn McDonald, 〈현실로 다가온 영화 터미네이터 속 기술들〉, 《CIO코리아》, 2015.7.15.
3. Clint Boulton, 〈AI에 제동을 걸어야 하는 6가지 이유〉, 《CIO코리아》, 2018.4.11.
4. 블로터 채반석 기자, 〈인공지능 -'스카이넷'의 시대가 올까?〉, 《네이버 캐스트》, 2016.3.17.
5. 지재원, 〈인공지능의 장점과 한계〉, 《이글루시큐리티》, 2017.6.7.
6. 이은표 목사, 〈인공지능(AI.)의 전망과 기독교 세계관적 평가〉, 《네이버 블로그》, 2018.8.20.
7. 한국지식재산연구원, 인공지능(AI) 기술 및 정책 동향.
8. 정보통신기술진흥센터, 주간기술동향, 인공지능 기술 동향 및 발전 방향.
9. 소프트웨어정책연구소, 기계학습의 원리, 능력과 한계.
10. 데이터전문가 지식포털, 머신러닝 및 딥러닝.
11. 과학기술정책연구원, 인공지능 시대의 법적·윤리적 쟁점.
12. 연세대학교-정보대학원 UX Lab, 인공지능의 학습 어떻게 이뤄지나.
13. 휴넷, 메타인지의 정의.
14. 박승규, 인공지능 기술동향, iitp.

학습 목표	1. 인공지능의 종류를 이해할 수 있다.

2-1 인공지능의 발전단계 및 목표에 따른 분류

1. 인공지능의 성격과 발전단계

인공지능은 그 성격이나 발전단계에 따라 크게 4단계로 구분할 수 있다.

1) 첫번째 단계

전자제품에 탑재된 단순 제어 프로그램 수준이며, '제어공학'이나 '시스템 공학' 등의 학문 분야와 일부 유사한 성격을 지닌다.

㉰ 전자레인지, 세탁기 등의 전자제품의 자동화 기능이다.

2) 두번째 단계

입력과 출력의 수가 극단적으로 많은 경우를 의미하며, 적절한 판단을 위해 추론 및 탐색을 하거나, 기존에 보유한 지식을 기반으로 판단이 가능하다.

㉰ 간단한 퍼즐 해결, 진단 프로그램

3) 세번째 단계

추론의 구조나 지식이 데이터를 바탕으로 예측이 이루어지는 경우를 의미하며, 전형적으로 머신러닝의 알고리즘을 이용한다.

4) 네번째 단계

머신러닝보다 발전하여 판단을 위한 특징(Feature) 자체를 학습하는 수준의 인공지능을 의미하며, 현재의 딥러닝 기술이 이에 해당한다.

[그림 2-1]처럼 인공지능의 본질은 알고리즘으로 지능적 행동을 컴퓨터 상에 구현하는 것이다. 컴퓨터는 단지 Computation을 한 것뿐인데 이를 인지. 이해, 사고. 의사결정, 계획수립 심지어는 창작(Creation) 등의 용어로 의인화한 것이다.

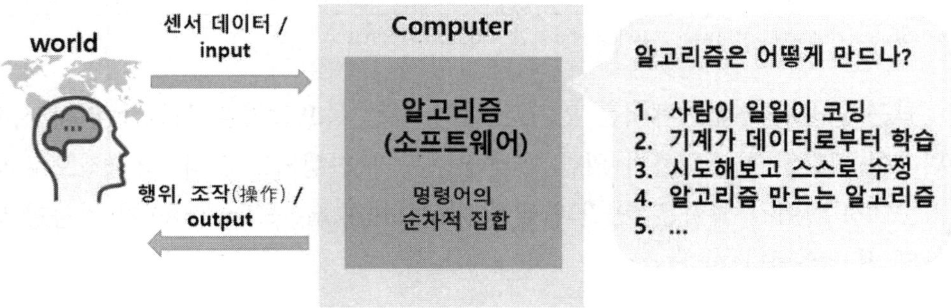

[그림 2-1] 인공지능의 본질은 알고리즘

2. 인공지능의 목표에 따른 구분

인공지능은 인간의 지능(인지, 추론, 학습 등)을 컴퓨터나 시스템 등으로 만든 것 또는 만들 수 있는 방법론이나 실현 가능성 등을 연구하는 기술 또는 과학으로써 인공지능의 목표에 따라 4가지, 실제 사고해결 유무에 따라 2가지로 구분할 수 있다.

인공지능의 목표에 따라 〈표 2-1〉처럼 인간과 같은 행동(Acting Humanly)시스템, 인간과 같은 사고(Thinking Humanly)시스템, 논리적 행동(Acting Rationally) 시스템, 논리적 사고(Thinking Rationally)시스템을 목표로 분류한다.

먼저 인간과 같은 행동(Acting Humanly)의 사례로는 계단을 오르는 '아시모'나 춤을 추는 '휴보'와 같이 인간과 유사한 행동을 하는 로봇이 있다.

인공지능의 목표 시스템의 네 가지 중 한 가지만 만족해도 인공지능을 가지고 있다고 말할 수 있으며, 현재의 인공지능이 가장 발전된 인공지능 분야는 '인간과 같은 행동(Thinking Humanly)이다.

〈표 2-1〉 인공지능의 목표에 따른 분류

	← 강한 인공지능	약한 인공지능 →
생각	인간과 같은 사고(Thinking Humanly)	논리적 사고(Thinking Rationally)
	• 인간과 유사한 사고 및 의사결정을 내릴 수 있는 시스템 • 인지 모델링 접근 방식	• 계산 모델을 통해 지각, 주론, 행동 같은 정신적 능력을 갖춘 시스템 • 사고의 법칙 접근 방식
행동	인간과 같은 행동(Acting Humanly)	논리적 행동(Acting Rationally)
	• 인간의 지능을 필요로 하는 어떤 행동을 기계가 따라 할 수 있는 시스템 • 튜링테스트 접근 방식	• 계산 모델을 지능적 행동을 하는 에이전트 시스템 • 합리적인 에이전트 접근 방식

출처 : Stuart Russell, Artificial Intelligence : A Modern Approach

최근 인공지능 분야에서는 인간과 같이 특정 목표달성을 위한 논리적 사고를 위하여 정확하게 추론하기 위한 다양한 연구가 진행되고 있다. 궁극적으로 인공지능에서 나아갈 방향은 '인간과 같은 사고(Thinking Humanly)'가 가능한 단계라고 볼 수 있다.

2-2 인공지능의 사고 해결 유무에 따른 분류

인공지능의 사고해결 유무에 따라서 〈표 2-2〉처럼 크게 약인공지능(Weak AI), 강인공지능(Strong AI), 초인공지능(Super AI)의 3가지의 종류로 분류된다.

1. 약한 인공지능

약한 인공지능은 어떤 문제를 실제로 사고하거나 해결할 수 없는 컴퓨터 기반의 인공적인 지능을 만들어 내는 것에 대한 연구로써 학습을 통해서 미리 정의된 규칙에 의해 인지 능력을 필요로 하지 않는 정도의 특정영역의 문제를 해결 할 수 있는 기술이다.

약한 인공지능(Weak AI)의 대표적인 사례로는 구글의 알파고(AlphaGo)와 사진 검색 서비스, 기계 자동번역기, 스팸메일 필터링 등이 있다.

그 중 알파고는 엄청난 데이터베이스를 통해 바둑에서 이길 수 있는 확률을 계산해 착수를 결정한다. 사람들은 알파고의 엄청난 성능을 보고, 강인공지능일 것이라고 생각하지만 알파고는 인간의 통제가 가능하고 바둑이라는 특정 분야에서만 인간을 앞서기 때문에 약인공지능으로 분류된다.

또 다른 약한 인공지능에는 IBM의 왓슨(Watson), 자율 주행 자동차 및 텐서플로(TensorFlow), 아마존의 알렉사(Alexa) 에코(Echo), 애플의 시리(Siri), 페이스북의 자동 얼굴인식, 마이크로소프트의 코타나(Cortana), 소프트뱅크의 페퍼(Pepper), 엔비디아(nVIDIA)의 무인 자율 주행 자동차, SK㈜ C&C의 에이브릴(Aibril) 등이 있다.

2. 강인공지능

실제로 사고하거나 해결할 수 있다는 저에서 약한 인공지능과 차이가 있으며 인간의 사고와 같은 컴퓨터 프로그램이 행동 및 사고하는 인간형 인공지능과 인간과 다른 형태의 사고능력을 발전시키는 컴퓨터 프로그램인 비인간형 인공지능으로 구분한다. 약인공지능과 대비되는 강한 인공지능은 기계가 진짜 인간과 같은 지성과 감정, 자의식과 인지능력을 가지고 문제를 해결할 수 있는 인간형 인공지능을 말한다.

강인공지능(Strong AI)은 바둑이나 외국어 번역과 같은 특수한 분야뿐 아니라, 모든 분야에서 인간과 동등하거나 우월한 능력을 가진 인공지능이다. '범용 인공지능'이라고도 한다. 공상 과학 소설(SF)이나 영화 속에 자주 등장하는 인공지능 로봇들이 대표적인 예다. 영화 《터미네이터》에 등장하는 스카이넷이 대표적인 강인공지능이다.

3. 초인공지능

초인공지능(Super AI)은 모든 면에서 인간의 능력을 훨씬 초월하는 인공지능이다.

인공지능은 특정 분야에서 인간보다 우수한 지능을 가진 약인공지능 단계에서 시작하여, 모든 분야에서 인간과 동일한 지능을 가진 강인공지능 단계를 거쳐, 궁극적으로 모든 면에서 인간을 능가하는 초인공지능 단계로 발전할 것으로 예측하고 있다.

인공지능이 일단 강인공지능 단계에 접어들면, 계속하여 자체 기능 개선을 통해 초인공지능 단계로 이행할 것으로 예측하고 있다. 초인공지능의 능력의 한계는 현재 인간의 상상을 초월하는 범위로서, 인간은 초인공지능에 대해 이해하기 어렵다고 한다. 초인공지능이 구현될 경우, 인류는 초인공지능의 도움으로 영생을 누리거나 아니면, 열등한 종으로 분류되어 멸종될 가능성도 있다고 한다.

〈표 2-2〉 사고에 따른 인공지능의 종류

종 류	특 징
약한 인공지능 (Weak AI)	스스로 사고하여 문제를 해결할 수 있는 능력이 없는 컴퓨터 기반의 AI, 구글 알파고, IBM 왓슨 등과 같이 지능적인 행동을 함
강한 인공지능 (Strong AI)	스스로 사고하여 문제를 해결할 수 있는 컴퓨터 기반의 AI, 스스로를 인식하여 지각력, 독립성을 갖췄음.
초인공지능 (Super AI)	인간보다 1000배 이상 뛰어난 지능을 가진 AI. 효율, 자기보존, 자원획득, 창의성 등의 원초적 욕구를 기반으로 끊임없이 자기 발전함

2-3 인공지능의 기술에 따른 분류

1. 학 습

인공지능의 3대 주요기술인 '학습'을 이해하기 위해 먼저 인간의 뇌를 이해하는 것이 중요하다. 수많은 데이터를 컴퓨터에 입력한 뒤 비슷한 것들끼리 분류해서 개를 개로, 고양이를 고양이로 정확히 분류를 판독하도록 훈련하는 방식이다. 인간의 뇌를 단순화하여 구현한 것이 신경회로망이며, 이것이 학습 데이터를 구분하는 층을 많이 만들어서 그 정확도를 올리는 방법을 딥러닝(Deep Learning)이다. 딥러닝은 처음에는 단순하게 선이나 색을 구별한다면 나중에는 모양을 인식하고 다음엔 추상적인 레벨까지 구별할 수 있게끔 한다.

2. 추 론

학습을 마친 신경망은 추론을 시작한다. 추론은 소량의 데이터만으로도 무엇이 정답인지 정확하게 예측하는 것이다. 이처럼 거대한 신경망에서 애플리케이션의 속도를 높이고 지연을 해소하기 위한 방법에는 크게 두 가지가 있다.

첫번째 방식은 우선 신경망을 학습한 뒤, 활성화되지 않는 부분을 우선 찾는 것이다. 이러한 부분은 필요가 없으므로 바로 '쳐내는' 것이다.

두번째 방식에서는 신경망의 여러 계층(레이어)를 연산 단계 하나로 융합할 방법을 찾게 된다.

학습이 완료된 네트워크는 현장에 배포되어 '추론'을 하며 '추론 대상' 데이터를 분류한다. 이 때에 학습된 네트워크를 기반으로 수십억 번의 연산을 실행하여 알려진 패턴이나 물체를 식별할 수 있는 GPU(그리고 병렬 컴퓨팅 기능)가 활용되는 것이다.

추론방법 여러 가지 있지만 가장 기본적이며 많이 사용하는 것은 Max-Min CRI 방법으로 Mamdani가 제안한 최소 연산법칙(Mini-Operation)을 사용하며, 합성 기호로 Max, Min 연산을 이용하는 방식이다. Max-Min CRI 방법은 직접법(Direct Method) 또는 Zadeh의 추론 방법이라고도 한다.

신경회로망과 퍼지이론은 융합구조에 따라 뉴로퍼지시스템으로 융합되며, 뉴로 퍼지시스템 모델의 기본 구조를 신경회로망을 기본 틀로 볼 것이냐 퍼지이론을 기본 틀로 볼 것이냐에 따라 분류할 수 있다.

3. 인 지

인식은 학습을 바탕으로 새로운 자료나 불확실한 자료가 주어졌을 때 추론을 통해 알아차리는 과정이며 그 결과를 표출하는 과정까지 포함한다.

인공지능에서는 다양한 인식기술들이 있으며, 기본적으로 인식을 위한 단위를 패턴(Pattern)이라고 하고, 하나의 패턴은 하나의 유니트나 개념을 표현한다.

대표적인 패턴으로는 글자인식, 영상인식, 음성인식, 개인성향인식, 상황인식, 위치인식 등이며 미래예측, 결과예측 등과 같은 패턴도 인식의 범위에 포함시킬 수 있다.

학습과 추론을 바탕으로 불확실한 패턴을 인식하여 표현한다. 인식의 한 예로 구글에서 사용자의 성향을 파악하여 서비스의 차별화를 시도하는 것은 이미 잘 알려진 바와 같다.

2012년을 기점으로 본격적으로 발전하고 있는 인지 분야의 지능은 이미 인간 능력 이상의 수준으로 구현되고 있다. 지능 발전의 가장 큰 걸림돌이었던 인지 분야의 해결은 인공지능이 현실 세계를 인간처럼 인식하는 것을 가능하게 하였고 이에 기반한 학습/추론/행동 분야의 연구가 매우 활발하게 진행되고 있다.

단순히 이미지 속의 사물의 종류를 인식하는 것을 뛰어넘어 인공지능은 이제 영상/이미지 속의 상황을 이해하게 된다. 시각 지능을 통해 이미지를 인식하고 이해하게 된 인공지능은 이미지 속 상황에 대한 물음에 대해 정확히 답을 하기도 한다.

요소 기술

- 보고, 듣고 (Perception)
- 추론 및 상황 이해 (Inference, Comprehending)
- 의사결정, 최적화 (Decision Making, Optimization)
- 스스로 배움 (Learning)

추구하는 능력

[그림 2-2] 인공지능은 컴퓨터를 인지기능을 보유

2-4 인공지능의 구현방법에 따른 분류

인공지능의 구현방법에는 인공지능의 지식공학(합리주의/이성주의), 머신러닝/기계학습(경험주의) 딥러닝으로 나눌 수가 있다.

1. 인공지능, Symbolic AI와 GOFAI

인공지능의 대부 John McCarthy는 인공지능을 '지능형 기계를 만드는 과학 및 공학'으로 정의했다.

인공지능의 다른 정의들을 살펴 보면,

- 컴퓨터에서 지능적인 행동을 시뮬레이션하는 컴퓨터 과학 분야
- 지능적인 인간의 행동을 모방하는 기계의 전문가 능력

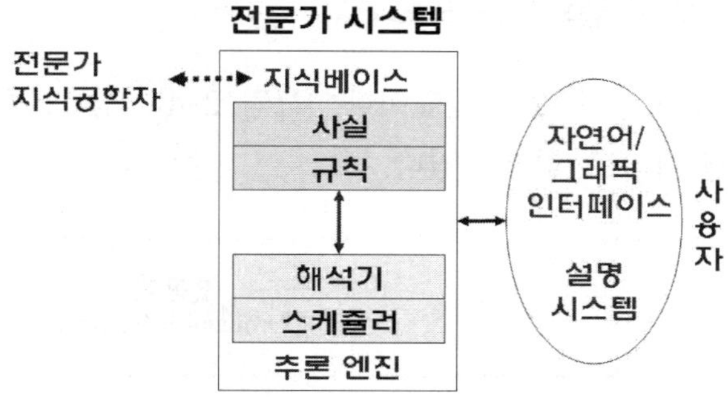

[그림 2-3] 전문가 시스템이 인공지능 구현

- 일반적으로 사람의 지능을 필요로 하는 작업을 수행할 수 있는 컴퓨터 전문가 시스템(㉮ 시각적 인식, 음성 인식, 의사결정, 언어 간의 번역)

지식공학은 특정한 존재가 대상에게 제공한다. 룰베이스의 Top-down 방식으로 1980년대 전문가 시스템이 이러한 인공지능으로 구현되어 있다.

인공 지능은 if - then 구문의 더미이거나 미가공 센서 데이터를 심볼릭(Symbolic) 카테고리로 매핑하는 복잡한 통계 모델이 될 수 있다.

if - then 구문은 간단히 말하자면 사람이 직접 정의한 명시적인 규칙이다.

종합하면 이러한 if - then 구문들은 룰 엔진, 전문가 시스템, 지식 그래프, 또는 심볼릭 인공지능이라고 불리며 이것들을 통틀어서 Good Old-Fashion AI(GOFAI)라고 한다.

[그림 2-3]처럼 전문가 시스템 중 가장 중요한 요소는 지식 베이스이다. 이 지식베이스는 사실 베이스와 규칙 베이스로 이루어진다. 여기서 추론 엔진이라는 것이 지식베이스를 어떻게 다루느냐에 따라 지식을 저장하고 활용하는데 있어서 성능이 달라진다.

추론 엔진은 저장된 지식을 이해하고 해석하는 해석기, 지식이나 규칙을 적용하는 것을 제어하는 스케줄러로 구성된다.

또한 전문가 시스템은 자연어나 그래픽을 통한 인터페이스와 어떤 추론 과정을 거쳐 그와 같은 결론에 도달하게 됐는지 설명해주는 설명 시스템을 제공한다. 전문가 시스템에 있어서는 전문가와 지식공학자도 참여하게 된다. 즉 전문가가 가지고 있는 지식 중에서 지식공학자가 사실이나 규칙들을 뽑아내어 어떻게 지식베이스를 구축할 것인가 하는 것이 바로 전문가 시스템을 구축하는데 있어서 중요한 요소 중 하나이다.

2. 머신러닝 : 스스로 변화하는 프로그램

머신러닝은 인공지능의 부분 집합이다. [그림 2-4]처럼 '인공지능 〉 기계학습 〉 신경망 〉 딥러닝'이라고 할 수 있다.

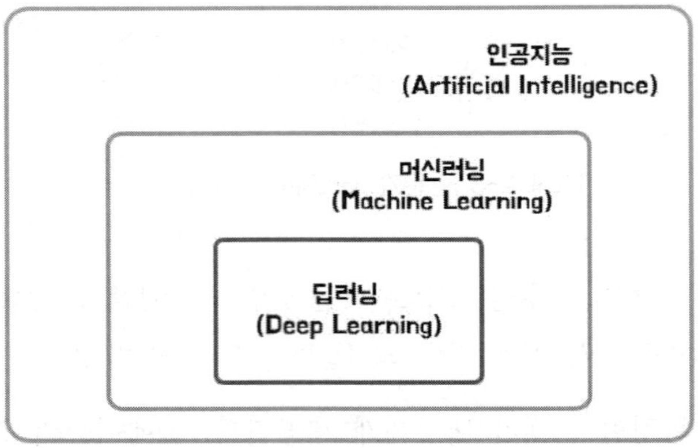

[그림 2-4] 인공지능, 머신러닝, 딥러닝의 관계도

즉, 모든 머신러닝은 인공지능으로 간주되지만, 모든 인공지능이 머신러닝으로 여겨지는 것은 아니다.

예를 들면, 전문가 시스템과 같은 심볼릭 로직은 모두 인공지능이라고 말할 수 있지만 이것들을 머신러닝이라고 할 수는 없다.

머신러닝을 지식 그래프 및 전문가 시스템과 구분하는 특징 중 하나는 더 많은 데이터를 접했을 때 스스로를 수정하는 능력이다. 다시 말해서 머신러닝은 동적으로 동작하며 특정한 변화를 하기 위해 인간의 개입이 필요하지 않다. 이 점이 머신러닝 시스템의 불안정성을 줄여주고 전문가에 대한 의존성을 줄여준다.

머신러닝(기계학습 : Machine Learning)의 핵심 요소는 데이터. 러닝 모델(러닝 알고리즘), 특징 추출(Feature Extraction)이다. 인공지능을 SW적으로 구현하는 머신러닝은 컴퓨터가 데이터를 학습하고 스스로 패턴을 찾아내 적절한 작업을 수행하도록 학습하는 알고리즘이다.

즉, 성공적인 학습을 위해서는 우선 데이터를 면밀히 조사하고 그 특징을 파악한 뒤, 이에 적합한 러닝 모델을 잘 골라야 하며 원래 데이터를 그대로 사용하는 것보다 효과적인 요인을 새로 정의하여 이를 추출한 뒤 러닝 모델에 입력해 주는 것이 좋다.

머신러닝(기계학습)은 크게 지도학습(Supervised Learning), 비지도학습(Unsupervised Learning), 강화학습(Reinforcement Learning) 등으로 분류된다.

신경망은 데이터로부터 우리 대뇌가 데이터를 학습하는 방법을 모사한 방법이고 신경망은 기계학습의 한 종류이다.

머신러닝의 "러닝" 파트는 ML알고리즘이 특정 차원에 따라 최적화를 시도하는 것이라고 할 수 있다. 즉 오류를 최소화하거나 예측이 사실일 가능성을 극대화하려는 것이다.

이것을 오차 함수(Error Function), 손실 함수(Loss Function)나 목적을 가진 알고리즘이라는 뜻의 목적 함수(Objective Function)라고 부른다. 누군가가 머신러닝 알고리즘을 가지고 작업하고 있다고 말하면 당신은 이 질문을 함으로써 핵심을 파악할 수 있다. "목적 함수는 무엇인가?"

그렇다면 어떻게 오류를 최소화할까? 일반적으로 초기의 추측 값은 정답과는 상당한 거리가 있는데, 추측 값과 실제 정답 값(Ground Truth 레이블)을 대조하여 오류 값을 측정할 수 있다. 그러고 나서 해당 오류 값을 사용하여 알고리즘을 수정한다. 이것이 바로 신경망이 학습을 하는 방법이다.

이것들을 간단히 말하면 최적화 알고리즘이다. 최적화 알고리즘을 올바르게 설정하면 위 과정을 반복하여 오류를 최소화 한다.

3. 딥러닝 : 정확도, 수학 및 컴퓨팅 기능 향상

딥러닝은 머신러닝의 부분 집합이다. 즉 일반적으로 사람들이 딥러닝 용어를 사용할 때, 심층 강화 학습보다는 심층 인공신경망을 의미하는 경우가 많다.

딥러닝은 새로운 개념이 아니라 오래전부터 있어 오던 인공신경망(Artificial Neural Network : ANN)과 크게 다를 바 없는 것으로 신경망의 깊이가 깊은 모델을 말한다.

심층 인공신경망(Deep Artificial Neural Networks)은 이미지 인식, 음성 인식, 추천 시스템, 자연어 처리와 같은 여러 가지 중요한 문제들에 대한 정확도에 새로운 기록을 세운 알고리즘이다.

딥러닝이란, 본질적으로 머신러닝의 세부 방법론을 통칭하는 개념에 불과하다. 즉 선형 맞춤(Linear Fitting)과 비선형 변환(Nonlinear Transformation or Activation)을 반복해 쌓아올린 구조이다. 이 말은 인공신경망은 데이터를 잘 구분할 수 있는 선들을 긋고 이 공간들을 잘 왜곡해 합하는 것을 반복하는 구조이라고 말할 수 있다.

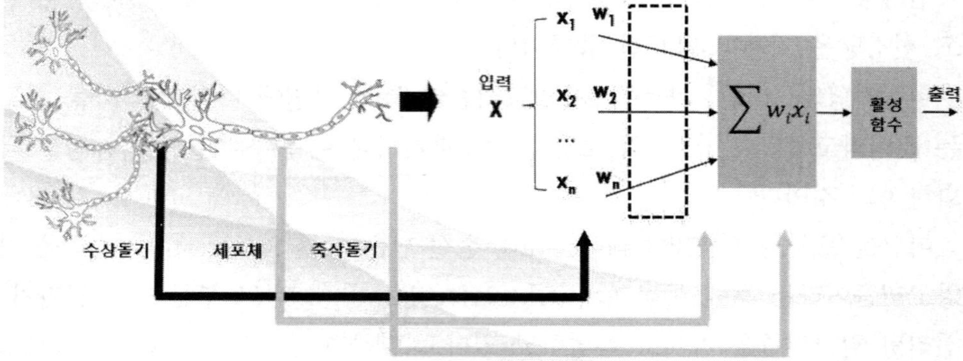

[그림 2-5] 인간의 뇌신경에서 인공신경망과의 관계

예를 들면 컴퓨터 사진 속에서 고양이를 검출해 내야 한다고 생각해보자. 고양이라는 추상적인 이미지는 아마 선, 면, 형상, 색깔, 크기 등 다양한 요소들로 조합된 결과물 일 것이다. 이것은 아마도 선 30cm 이상은 고양이, 이하는 고양이 아님, 도는 갈색은 고양이, 빨간색은 고양이 아님처럼 간단한 선형 구분으로는 식별해 낼 수 없는 문제이다.

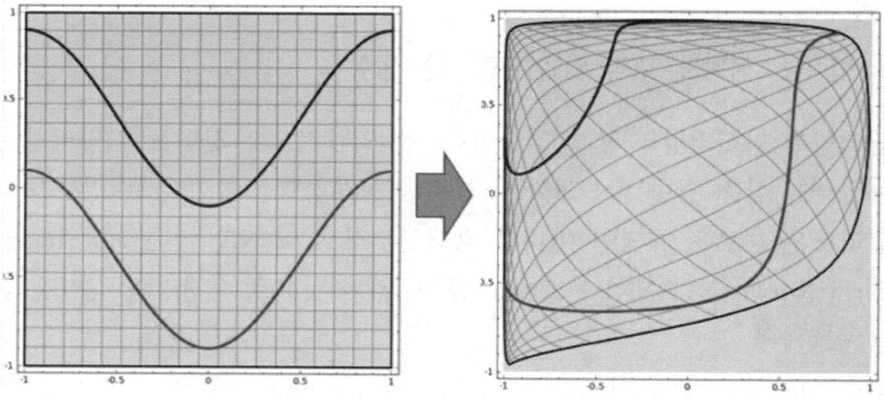

[그림 2-6] 복잡한 공간 속에서의 최적의 구분선

딥러닝은 이 과제에서 선 긋고 왜곡하고 합하고를 반복하며 복잡한 공간 속에서의 최적의 구분선을 만들어 내는 목적을 가지고 있다.

[그림 2-6]에서 파란선과 빨간선의 영역을 구분한다고 생각해보자. 그냥 구분선을 긋는다면 아마 왼쪽처럼 불완전하게 그을 수 있을 것이다. 하지만 공간을 왜곡하면 오른쪽 같이 아름답게 구분선을 그릴 수 있다. 이처럼 인공신경망은 선 긋고, 구기고, 합하고를 반복하여 데이터를 처리한다.

그럼 어떠한 규칙으로 선을 긋고 공간을 왜곡하는가?

바로 데이터에 근거하는 것이다. 일단 대충 선을 긋고 그것들을 살살살살 움직여가며 구분 결과가 더 좋게 나오도록 선을 움직이는 것이다. 이러한 과정을 최적화(Optimization)이라고 한다. 딥러닝은 아주 많은 데이터와 아주 오랜 시간의 최적화를 통해 데이터를 학습한다.

'퍼셉트론을 빌딩 블록으로 하여 쌓아 올린, 심층 신경망을 러닝 모델로 사용하는 머신러닝 방법론'이 바로 딥러닝이다.

오늘날 주로 사용되는 대표적인 딥러닝은 인공신경망을 성공적인 딥러닝으로 환골탈태하게 한 요인을 연구 방법에 따라 크게 4가지 부류로 나눈다.

1) 좋은 피쳐를 찾기 위한 RBM, Autoencoder 등의 비지도학습방법을 이용한 Pre-training

힌톤 교수가 2006년에 제안했던 것이 바로 이 방법이다. 비지도학습방법(Unsupervised Learning)이라고 하면 간단하게 정리하면 '이건 사과', '이건 고양이', '이건 사람' 이런 '가르침' 없이 그냥 사과, 고양이, 사람을 다 던져놓고 구분하라고 시키는 학습 방법이다. 그렇게 되면 아무래도 컴퓨터는 비슷한 것끼리 군집(Cluster)을 찾게 된다. 알고리즘은 군집화하는 과정 속에서 특이한 놈들은 과감하게 완전 무시하고 결과적으로 노이즈 감소의 효과를 얻게 된다.

이렇게 비지도 학습(Unsupervised Learning)방법으로 데이터를 고르게 잘 손질할 수 있고, 이것을 깊은 인공신경망(딥러닝망)에 넣으면 앞서 제기한 함정들에 훨씬 적게 빠진다는 것이다. 이것이 바로 딥러닝의 최초 진일보라고 한다.

2) 이미지 인식, 자연어 처리 등 다양한 분야에서 혁신적 성과를 얻고 있는 CNN(Convolutiontional Neural Network)의 진화

기계학습은 데이터(Data) → 인식(Knowledge)으로 바로 학습을 진행할 수도 있지만 보통 중간 단계인 특징 추출(Feature Extraction)을 거쳐 데이터(Data) → 특징추출(Feature) → 인식(Knowledge)의 단계로 학습하는 것이 보통이다.

예를 들어 사진 속에서 사물을 인식하기 위해 픽셀 값에서 먼저 특징적인 선이나 특징적인 색 분포 등을 먼저 추출한 후 이를 기반으로 '이건 사과다' '이건 바나나다'라는 판단을 내리는 것이다. 이러한 중간 표현단계를 특징 지도(Feature Map)이라고 한다. 기계학습의 성능은 얼마만큼 좋은 특징들을 찾아내느냐에 따라 그 성능이 매우 크게 좌지우지 된다. 이것은 이미지 처리뿐만 아니라 음성 인식, 자연어 분석 등 대부분의 기계학습에 적용되는 이야기이다.

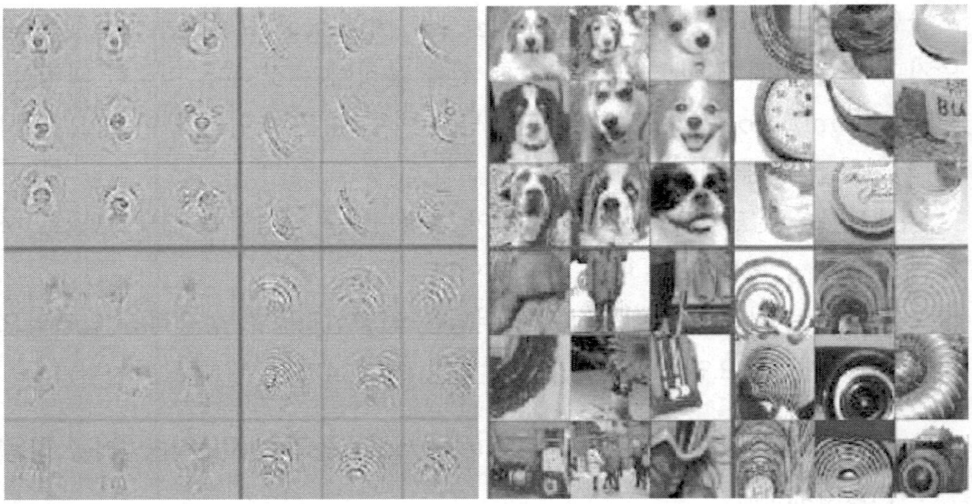

[그림 2-7] 원본 이미지(우측)와 Convolutional Network에 의해 추출된 특징 지도(좌측)

딥러닝의 성공 요인 중 하나를 꼽자면, 예전엔 사람의 예측에 의해 뽑히던 이 특징들을 지금은 이것마저도 기계학습을 이용해 뽑는다는 것이다.

다시 말해, 예전에는 선들을 추출해서 학습시키면 사물인식이 잘 되는 것처럼 사람이 먼저 이 선들을 추출하는 알고리즘을 만들어 주었는데, 이제는 특징 추출과 학습 모두가 딥러닝 알고리즘 안에 포함되었다는 것이다.

다단계로 특징을 추출해 학습하는 Convolutional Neural Network은 현재 딥러닝의 대세로서 특히 이미지 인식에서 큰 발전을 이룩하고 있다.

3) 시퀀스 데이터에 적합한 시계열 데이터를 위한 순환신경망

딥러닝 알고리즘을 크게 세 분류로 나누면 다음과 같이 나눌 수 있다.

① Unsupervised Learning을 기반으로 한 방법
(e.g., Deep Belief Network, Deep Auto-encoder)
② Convolutional Neural Network의 다양한 변형들
③ 시계열 데이터를 위한 Recurrent Neural Network와 게이트 유닛들
(e.g. Long-Short Term Memory : LSTM)

시계열 데이터(Time-series Data)란 시간의 흐름에 따라 변하는 데이터를 말한다. 예를 들면 주가도 시간에 따라 변하고, 사람의 움직임도 시간에 따라 변하고, 비디오도 시간에 따라 변하고 이러한 시계열 데이터에서 탁월한 성능을 보여주는 딥러닝 방법이 바로 순환신경망(RNN : Recurrent Neural Network)이다.

RNN은 매 순간마다의 인공신경망 구조를 쌓아 올렸다고 생각하면 된다. 그림 2-8]처럼 예를 들면 100초면 100개의 인공신경망을 쌓아 올린 것이다. 그래서 딥러닝 중에 가장 깊은 구조라고도 불린다.

예전의 RNN은 인공신경망이 너무 깊어서 오랜 시간 전의 데이터들을 까먹는 현상(Vanishing Gradient Problem) 때문에 학습이 힘들었다.

Jurgen Schmidhuber 교수의 Long-Short term Memory(LSTM)이란 게이트 유닛을 각 노드마다 배치하여 이러한 문제를 극복, 현재는 Convolutional Network의 가장 강력한 경쟁 상대로 자리매김하고 있다.

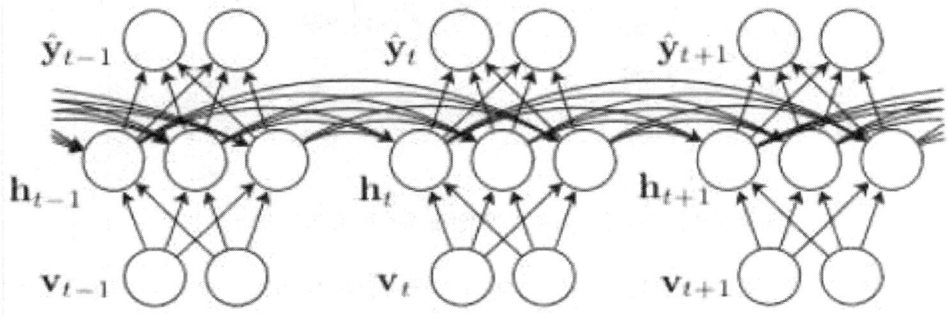

[그림 2-8] 매 순간의 인공신경망을 쌓아 올린 Recurrent Neural Network

4. GPU 병렬 컴퓨팅의 등장과 학습 방법의 진보

사실 예전엔 '많은 데이터로 가지고 이렇게 저렇게 하면 아마 잘 될 것다.'라는 생각들은 가지고 있더라도 그것을 구현하는 것이 쉽지 않았다.

잘 될 것인지 안될 것인지도 모르는데 수십 대의 컴퓨터를 몇 달간 돌리고 있을 수는 없는 노릇이다. 하지만 GPGPU(General-Purpose computing on Graphics Processing Units)이란 개념이 개발되며 저렴한 가격으로 CPU와 병렬처리를 할 수 있는 GPU 제품들이 출시되었고, 이를 효율적으로 이용하는 언어구조(e.g. CuDA)들이 개발되며 딥러닝은 그 컴퓨팅 시간이 수십분의 일로 줄어 들었다.

연구에 사용할 수 있는 데이터 풀도 많아져 예전엔 기껏해야 몇 만개의 손 글씨 데이터(e.g. MNIST)가 전부이던 것이 지금은 천 만장의 고해상도의 사진들(e.g. ImageNet)은 물론, 필요하다면 구글이나 유튜브에서 자료를 끌어올 수도 있다.

그리고 인공신경망 알고리즘적인 문제로는 비선형 변환에 쓰이는 Rectified Linear Unit(ReLU)의 개발과 거대 망을 선택적으로 학습하는 Drop-out의 발견이 딥러닝의 성능을 크게 향상 시켰다. 이러한 기본 기술에 대해서는 10장이나 11장의 딥러닝에서 자세히 언급하겠다.

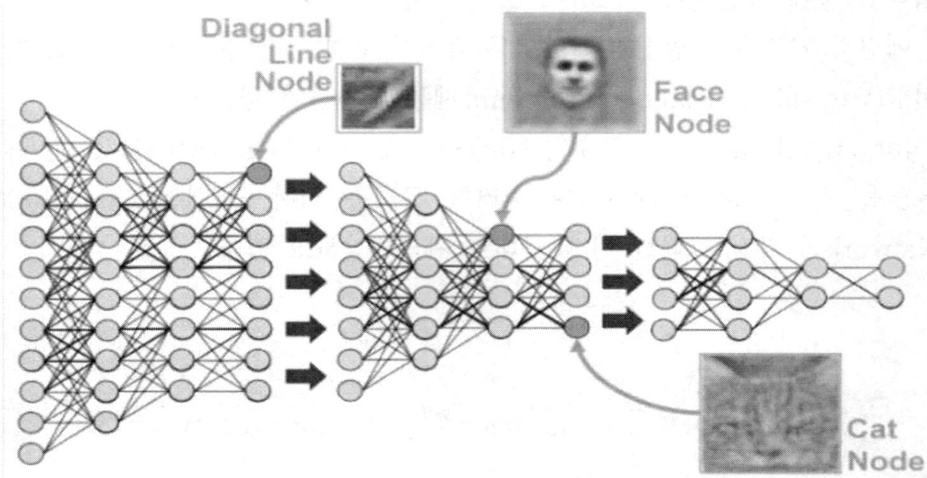

[그림 2-9] 구글 컴퓨터로 1000만개 유튜브 이미지 딥러닝 분석

[그림 2-9] 구글은 2012년 1000대의 컴퓨터로 1000만 개의 유튜브 이미지를 딥러닝으로 분석해 사람과 고양이를 구분해 냈다.

요약하자면 딥러닝은 사실 오래 전부터 있어오던 인공신경망과 크게 다를 바 없지만 알고리즘적인 발전과 하드웨어의 발전, 그리고 빅데이터의 힘에 의해 현재 최고 성능을 가진 기계학습 방법으로 평가받고 있으며, 미래 인공지능의 희망으로 떠오르고 있다는 이야기였다.

딥러닝의 최대 강점은 요인 표현을 스스로 학습할 수 있는 능력이며, 이로 인해 요인 추출을 자동으로 수행한다는 것이다.

이러한 경향은 심층 신경망의 은닉층의 개수를 늘릴수록(더 깊게 만들수록) 극대화된다. 그 결과 기존에 어렵게 느껴졌던 머신러닝 문제들에 대한 해결 성능이 비약적으로 상승하였으며, 산업 속 제품의 자동화에 있어서 손쉽고 신속한 커스터마이징을 가능하게 하였다.

그러나 딥러닝 모델은 충분한 학습을 위해 매우 많은 양의 데이터를 요구하고, 그 거대한 몸집 때문에 속도가 느린 편이며, 그와 동시에 높은 수준의 컴퓨팅 리소스를 요구한다.

그렇다면 딥러닝 말고 다른 기계학습 방법들은 모두 사라져야 하는 걸까?

물론 그것은 아니다. 일단 딥러닝은 많은 양의 데이터와 많은 컴퓨팅 자원을 필요로 한다. 따라서 핸드폰이나 웨어러블과 같은 포터블 기기는 이러한 컴퓨팅이 불가능하니 간 딥러닝을 적용하기 쉽지 않다. 또한 로봇과 같이 실시간성(Real-Time)이 보장되어야 하는 분야 역시 다른 기계학습 방법을 선택하는 것이 좋을 수도 있다. 이것은 마치 컴퓨터엔 윈도우, 핸드폰엔 안드로이드와 같은 맥락이라 할 수 있다.

하지만 그렇다고 딥러닝이 이들 분야와 무관하냐 하면 꼭 그렇지만은 않다.

컴퓨터가 좋아서 구글 검색 결과가 좋나? 다 구글 서버에서 알아서 처리해주니 그런 것이다. 딥러닝도 마찬가지로 만약 디바이스가 사물인터넷을 이용해 머리 좋은 서버와 잘 교신한다면 포터블 디바이스 역시 딥러닝의 은총을 받을 수 있을 것이라 생각한다. 특히 구글이 로봇의 미래라 생각하는 클라우드 로보틱스를 구현한다면 여러 로봇이 집단 지성을 발휘하며 문제를 해결해 나가는 것을 미래에 볼 수도 있다.

딥러닝, 인공지능의 가장 희망적인 미래임은 분명하다.

이미지 인식, 음성 인식 등 이제까지 구글 같은 거대기업에 돈을 벌어 준 딥러닝 기술은 컨볼루셔널 신경망(CNN)이나 순환신경망(RNN) 같은 지도학습 기술이었다. 하지만 올해 나온 많은 논문들이 보여주는 것처럼, 미래의 딥러닝을 이끌 기술은 생성적 적대 신경망(GAN : Generative Artificial Neural Network)과 같은 비지도 학습이 그 주인공이 될 것이다

기존의 CNN과 RNN은 이미지를 구별하고 음성을 인식하지만 이미지나 음성을 만들지는 못했다.

하지만 미래의 생성 모델을 활용하면 직접 이미지와 음성을 만들어낼 수 있다. 단순히 알아보기만 하던 것에서 한 발 나아가 직접 그림을 그릴 수 있는 것으로의 진보, 그 중심에는 2014년 처음 발표된 생성적 적대 신경망이 있다.

생성적 적대 신경망(GANs)이란 2개의 네트워크로 구성된 심층 신경망 구조이다. 한 네트워크가 다른 네트워크와 겨루는 구조이기 때문에 적대적(Adversarial)이라는 의미가 이름에 포함되었다.

어떠한 분포의 데이터도 모방하는 학습을 할 수 있기 때문에 GAN의 잠재능력은 엄청나다고 할 수 있다. 즉 GAN은 이미지, 음악, 연설, 산문 등의 모든 분야에서 실제 우리의 세계와 놀랍도록 비슷한 새로운 세계를 창조하도록 학습될 수 있다. 상세한 GAN의 내용은 11장에서 서술하겠다.

수행 내용

재료 · 자료

- 인공지능의 종류 관련 자료

기기(장비 · 공구)

- 컴퓨터, 프린터, 주변기기

안전 · 유의사항

- 컴퓨터 및 주변기기의 전원을 관리한다.

수행 순서

01 인지 컴퓨팅에 대하여 분석하라.

1. 인지컴퓨팅의 기술

인지컴퓨팅(Cognitive Computing)은 자연어 처리, 음성/영상 인식을 포함한 인공지능 전반에 관련된 기술 플랫폼이다.

1) 자연어(Natural Language)

① 컴퓨터를 이용하여 사람 언어의 이해, 생성 및 분석을 다루는 인공지능 기술이다.

② 자연어는 한 단어가 복수의 의미를 가졌거나, 단어와 단어가 상호 관계를 가지기 때문에 처리가 어렵다.

③ 자연어를 이용한 대화, 기계 번역, 감정 분석, 내용 분석 등의 영역이 포함된다.

2) 음성인식(Speech Recognition)

① 컴퓨터가 마이크와 같은 센서를 통해 얻은 음향학적 신호(Acoustic Speech Signal)을 단어나 문장으로 변환시키는 기술이다. (Speech to Text)

② 그리고 문자를 바로 소리로 바꾸어 전달하는 기술(Text to Speech)을 포함한다.

3) 컴퓨터 비전(Computer Vision)

컴퓨터가 이미지나 영상 정보를 받아들인 후 주변 물체와 환경 속성에 대한 이미지를 분석해 유용한 정보를 생성하는 기술이다.

2. 인지컴퓨터의 활용

딥러닝(Deep Learning)이 발전함에 따라 인지 컴퓨팅은 괄목할만한 성장을 진행하고 있다. 예를 들면 인공신경망 기반의 기계 번역, 자율 주행에 필요한 Computer Vision 기술 등이다.

IBM Watson은 Cognitive Computing 서비스를 IBM Bluemix Cloud를 이용해서 제공한다.

Google Cloud는 다양한 Machine Learning 서비스를 제공한다. Google은 사용자가 직접 Machine Leaning 모델을 수행할 수 있는 Ecosystem 구축에 강점이 있다. Google은 6개의 상용화된 API 서비스를 제공한다.

Microsoft Azure에서는 인공지능을 활용한 Cognitive 서비스를 제공 중이다. Azure에서는 Cognitive Service를 시각, 음성, 언어, 지식 등으로 알고리즘을 분류 후 서비스 한다.

02 인공지능, 머신러닝 및 딥러닝의 차이점에 대하여 분석하라.

인공지능과 머신러닝, 딥러닝은 모두 밀접한 관련이 있으며, 이를 도식화 하면 아래와 같다.

인공지능이 나머지 두 개념을 아우르는 가장 큰 개념이며, 딥러닝이 그에 속하는 가장 작은 개념이다.

1. 인공지능

인공지능(Artificial Intelligence)이란 기계 혹은 시스템에 의해 만들어진 지능을 의미한다. 세계적인 관심을 받은 알파고부터, 사진을 보고 사물을 판단하는 소프트웨어, 영화 AI에 나오는 로봇까지 모두 인공지능의 종류들이다. '인공지능'이라는 용어 그대로 인간이 지닌 지적 능력을 인공적으로 구현한 것들 모두 인공지능에 포함된다.

2. 머신러닝

우리말로 "기계학습"인 머신러닝은 인공지능의 하위 분야다. 이는 기계가 직접 데이터를 학습(러닝)함으로써 그 속에 숨겨진 일련의 규칙성을 찾는다. 즉 우리가 가지고 있는 사례 형식의 데이터를 컴퓨터가 학습해, 그를 기반으로 새 데이터를 평가, 예상하고 이를 우리가 활용할 수 있게 한다. 감기에 걸린 환자들의 체온과 건강한 사람들의 체온 데이터를 컴퓨터에게 학습시킨 후 특정 체온을 제시했을 때 그 체온을 가진 사람이 감기에 걸렸는지의 여부를 판독하게 하는 것이 기계학습의 예시이다.

3. 딥러닝

딥러닝(심층학습)이란 기계학습의 일부로 기계학습과 대부분의 것들이 매우 비슷하지만 일반적인 기계학습과 구별되는 두가지 큰 특징을 뽑으면 다음과 같다.

① 데이터의 특징을 사람이 추출하지 않는다(데이터 전체를 학습시킨다).

'데이터의 특징을 사람이 추출하지 않는다.' 라는 것은 데이터에서 일부 특징들만 사람이 뽑아서 기계에게 전달해 학습시키는 것이 아니라, 데이터 자체를 컴퓨터에게 전달한다는 것이다.

예를 들면 컴퓨터에 개와 고양이 사진을 학습시켜 특정사진의 동물이 개인지 고양이인지 분류하도록 한다면, 일반적인 기계학습의 경우 개와 고양이의 구별되는 큰 특징들만 뽑아 컴퓨터에게 전달시키지만 딥러닝은 개, 고양이 사진 자체를 컴퓨터가 학습하도록 하는 것이다.

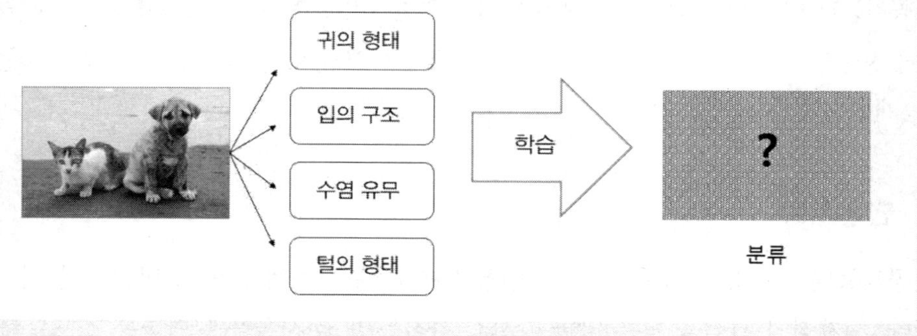

[그림 2-10] 머신러닝을 통한 개와 고양이 분류

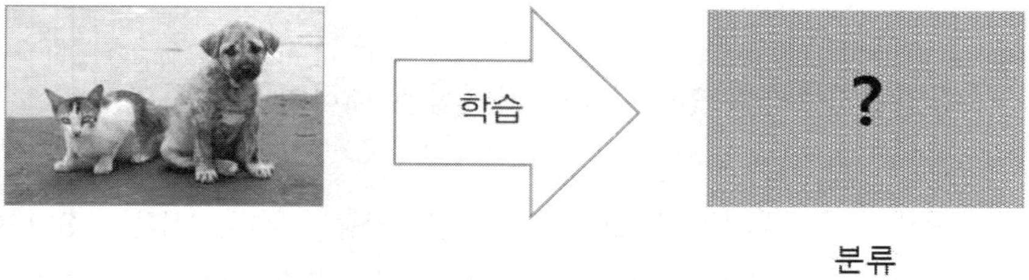

[그림 2-11] 딥러닝을 통한 개와 고양이 분류

② 주로 인공신경망 구조를 사용하여 학습한다.

주로 인공신경망 구조를 통해 학습한다는 것은 딥러닝이 데이터를 학습할 때 인간의 뇌에서 일어나는 의사결정 과정을 모방한 인공신경망(Artificial Neural Network) 구조를 통해서 학습한다는 것이다.

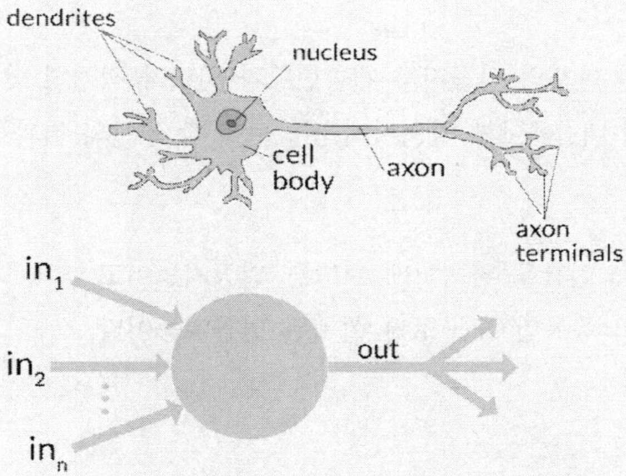

[그림 2-12] 인공신경망

출처 : https://appliedgo.net/media/perceptron/neuron.png)

인공신경망이란 간략히 말해 뇌에서 수많은 뉴런들이 모여 신호를 전달하는 과정을 모델링하여 만든 것이다.

03 강인공지능과 약인공지능의 차이점에 대하여 분석하라.

인공지능 종류인 약인공지능(Weak AI)과 강인공지능(Strong AI)은 1980년에 존 설 John R. Searle(1932~) 교수가 그 유명한 중국어 방 논변을 제안하면서 최초로 사용한 개념이다.

인간의 마음을 복잡한 정보처리로 구현한 것을 강한 인공지능, 단순히 인간의 능력 일부를 시뮬레이션 하거나 그런 작업을 목적으로 하는 것을 약한 인공지능이라고 편리하게 구분한다. 그러나 존 설 교수의 본래 의도는 인간의 마음을 컴퓨터 소프트웨어와 같은 관점으로 보고 행하는 인공지능 연구를 '강한 인공지능 연구', 반대로 인간의 마음과는 별개로 단지 유용한 도구의 개발을 위해 행하는 인공지능 연구를 '약한 인공지능 연구'로 정의하여 철학적 관점에서 인간의 마음을 컴퓨터와 소프트웨어와 같이 보는 연구를 비판하고자 한 것이다.

이 개념이 묘하게 현재의 인공지능 개발현황과 의미가 적절히 맞아 떨어지다 보니 내용을 살짝 비틀어서 대중들에게 알려지게 되었는데 각 연구의 결과물을 그대로 대입하면 된다. 즉

강인공지능 = 인간을 완벽하게 모방한 인공지능이고
약인공지능 = 유용한 도구로써 설계된 인공지능이다.

1. 약인공지능

약인공지능(Artificial Narrow Intelligence)은 사진에서 물체를 찾거나 소리를 듣고 상황을 파악하는 것과 같이 기존에 인간은 쉽게 해결할 수 있으나 컴퓨터로 처리하기에는 어려웠던 각종 문제를 컴퓨터로 수행하게 만드는데 중점을 두고 있다. 한참 막연한 인간 지능을 목표로 하기보다는 더 현실적으로 실용적인 목표를 가지고 개발 되고 있는 인공지능이라고 할 수 있으며, 지능을 가진 무언가라기보다는 특정한 문제를 해결하는 도구로써 활용되는 경향이 매우 강하다.

현재까지 인간이 만들어낸 모든 인공지능은 약인공지능이라고 볼 수 있다. 지금까지의 인공지능은 개발된 물건들은 미리 정의된 알고리즘, 방대한 데이터를 토대로 비교적 지능적으로 보이는 행동이나 결정을 할 수 있게끔 구현한 수준이다, 인공지능이 스스로 규

칙을 찾아내서 문제를 해결할 수 있어도 왜 그렇게 해결했는지를 알 수가 없으며. 제한된 범위에서만 문제를 해결할 수 있을 뿐이다.

현재는 입력과 시간에 따라 더 나은 출력을 내는 '학습'이 구현되면서 제한적인 분야에서 인간을 능가하거나 유사한 성능을 보이는 프로그램이 속속 등장했지만 이것도 결국 인간의 학습 능력의 극히 일부를 구현해낸 것에 불과하므로 이런 물건들을 인간과 같이 바라보는 것은 매우 곤란하다. 예를 들면 프로 기사보다도 훨씬 바둑을 잘 두는 알파고도 결국 '바둑 두기'와 '바둑 더 잘 두기'라는 인간의 능력 극히 일부를 흉내 냈을 뿐이며 학습 범위와 활용력도 대단히 제한적이라서 장기를 두게 할 수도 없고 바둑의 룰을 조금이라도 변경하면 이에 적응하지 못한다. 결국 알파고의 능력도 프로그래머가 설계한 것 이상으로 뻗어 나가지는 못한다는 한계가 있는 것이다.

하지만 많은 사람들이 잘못 생각하는 점으로, '도구'라는 특징은 그렇게 얕볼만한 것이 아니다. 약인공지능의 발전 방향은 굉장히 긍정적인 방향으로 생각될 수 있는데, 왜냐하면 인공지능이 반드시 인간의 모방에 사로잡힐 이유는 없기 때문이다. 이는 비행기의 탄생을 생각해보면 이해하기 쉽다. 사람이 하늘을 난다는 발상은 자유롭게 하늘을 나는 새를 보며 생겨났고 그래서 초기에는 새를 모방하려고 했지만 지금의 항공기들은 전혀 새를 모방한 모습이 아니다. 현대 항공기는 나무에 앉을 수도 없고 강에서 생선을 잡아먹을 수도 없으며, 바람을 타고 제자리에서 날아오르지도 못하지만 어떤 새도 상공 수천미터에서 수 백명의 사람과 수 십톤의 화물을 싣고 음속으로 날 수는 없다. 지금의 항공기들이 새의 모방을 포기했기에 얻을 수 있었던 비행의 또 다른 가능성인 것처럼, 약인공지능 역시 강인공지능보다 모자란 무언가가 아니라 방향의 차이일지도 모르는 일이다.

현재의 약인공지능들은 자신이 할 수 있는 기능으로는 이미 인간의 능력을 한참 초월하고 있으며, 이 인공지능들이 하는 일 중에는 인간이 할 수 없는 일도 많다. 인간을 모방하지 않았기에 인간적이지 않고, 그래서 인간을 초월할 수 있었던 것이다. 단순히 주어진 문제를 해결하는 능력은 강인공지능보다도 뛰어날 수 있다. 이것은 강인공지능이 아직 나타나지 않았어도 어느 정도 예측할 수 있는 사실인데, "인간의 지성을 모방했다는 것이 어떠한 문제를 해결하는 데에 있어 특출난 장점이 되는가?" 라는 질문에 확실하게 "그렇다"고 말할 수는 없기 때문이다.

2. 강인공지능

강인공지능(Artificial General Intelligence)은 인간의 지성을 컴퓨터의 정보처리능력으로 구현한 시스템이다. 인간과 동일한 지성을 가진 프로그램이건, 뇌를 통째로 스캔을 떠서 컴퓨터로 돌리건 상관 없다. 당연히 아예 하나의 인간으로 보아도 무방한 수준의 지적 능력을 가지고 있다는 의미가 되는데 이 때문에 현재 논란이 되는 인공지능의 문제도 대부분 강인공지능으로부터 비롯되고 있다.

강인공지능이라고 불릴만한 수준의 인공지능은 지금도 개발되지 않았으며 개발 시도는커녕 개념조차도 모호한 상태다. 애초에 인간의 지성 전체를 구현한다고 하는데 이게 뭔지, 어떻게 정의해야 하는가도 명확히 정해진게 없다. 기계가 어느 정도의 일을 할 수 있어야 인간과 동등하다고 볼 수 있을까? 과거에는 체스를 둘 수 있거나 바둑을 잘 둘 수 있으면 사람하고 비슷하지 않을까 하고 정의가 모호하게 붕 떠 있었지만 사람의 지성을 어떤 일을 할 수 있고 없고 나눌 수 없다는건 예나 지금이나 수없이 증명되어 왔다. 왜냐하면 그림을 보는 것이나 소리를 듣는 등등 기존에 사람만이 가능하다고 생각되던 일을 이제는 대부분 컴퓨터로도 얼마든지 처리할 수 있기 때문이다.

사람과 비슷한 수준의 일을 할 수 있게 되었다고 해도 강인공지능이 탄생하기 위한 장벽은 많다.

예컨대 의식이나 마음, 생각이 어떻게 발생하는지는 여전히 미지의 영역에 있으며, 당사자인 사람도 이게 물리적으로 존재하는 것인지, 뇌 이외의 인공물에 의식을 부여할 수 있는지 없는지도 모른다. 이와 관련하여 심신문제라고 하는 것이 있는데 하드웨어로 볼 수 있는 뇌와 소프트웨어라고 볼 수 있는 정신을 서로 떼어놓고 생각할 수 있는지 없는지에 대한 논제다. 육체와 영혼과 같이 서로 별개의 존재로 보는 관점을 이원론, 하나로 보는 관점을 일원론이라고 한다.

강인공지능의 개발 가능 여부는 곧 정신을 뇌가 아닌 컴퓨터에 구현할 수 있느냐의 여부인데, 이게 가능하려면 뇌만 인위적으로 재현해도 정신이 나타나야 한다. 따라서 강인공지능을 가능하다고 보는 것은 심신 일원론적인 시각과 부합된다. 현재 과학계에서는 당연히 심신 일원론의 입장을 취하고 있고 각종 실험으로 증명도 했지만 "어떻게?" 라는 질문에는 아직 더 연구가 필요하다.

애초에 위에서 언급된 중국어방 논변이 이런 문제를 들고 인공지능의 지능 유무를 판정하는 튜링 테스트를 디스하기 위한 논변인데, 이 논변의 내용을 한마디로 요약하면 정보처리기계는 정보처리만 잘 하면 되지 전혀 문제 자체를 이해할 필요가 없다는 것이다.

즉, 인공지능이라고 주장하는 물건이 겉보기에는 사람처럼 말과 행동을 할 수 있더라도 결국 그것은 철저한 계산과 정보처리를 통한 결과일 뿐이므로 그것이 마음을 가지고 있다고 볼 수는 없다는 것. 이는 많은 반박을 받았는데, 실제로 시간이 흘러서 2014년에 튜링 테스트를 통과한 인공지능이 나타나긴 했으나 결국 인공지능의 향상이 아닌 알고리즘의 부족함을 심리학으로 때워서 통과해버렸다. 이런 사례처럼 모로 가도 서울로만 가면 되기 때문에 앞으로 지능 유무를 판정하기 위해 어떤 문제를 만들더라도 무의미해질 가능성이 높아졌다. 이는 강인공지능에도 상당히 의미 있는 문제점인데 강인공지능(이라고 주장하는 물건)이 개발 되었을 때 얘가 인간과 같은 의식이 있을 수도 있지만 단지 의식이 있는 것처럼 기가 막히게 연기를 잘하는 프로그램으로 볼 수도 있기 때문이다. 그렇다면 결국 이 차이를 무엇을 기준으로 어떻게 판단할 것인가?

게다가 이게 끝이 아니라 더욱 근본적인 문제도 있다. 사람들은 일반적으로 자유의지를 가진 인간의 의식을 알고리즘에 따라 반응하는 프로그램과는 다른 별개의 무언가로 생각하지만 사실 자유의지의 존재 자체도 아직 증명되지 않았다. 쉽게 말해 위에서 언급된 것처럼 '인간처럼 진짜 의식이 있는 것'과 '프로그램처럼 외부에서 볼 때 의식이 있는 것처럼 보일 뿐인 것'을 구분하고자 한다면, 먼저 '인간처럼 진짜 의식이 있는 것'이 무엇인지부터 증명해야 하는데, 이게 아직 증명되지 않았다는 것이다. 따라서 어쩌면 인간의 의식 = 그냥 좀 많이 복잡한 프로그램이라는 공식이 사실일 수도 있다. 이에 대해서는 중국어 방, 자유의지, 결정론 항목 등을 참고하자.

위의 내용 말고도 머리 터지는 문제가 산재해 있기 때문에 지금의 강인공지능 연구라는 것은 이론을 토대로 만들기보다는 뇌의 동작방식을 직접 뜯어서 연구하거나 아니면 시뮬레이션을 목표로 연구가 진행 되고 있다. 하지만 어떤 방법이건 근시일내에 결과물을 보기 어렵다는 점은 확실하다. 결국 인간의 지성이라는 것은 무엇인가? 에 대한 물음의 해답이 아직도 나오지 않은 것이 가장 큰 장애물인 셈이다.

최근에는 강인공지능이라는 개념이 더 구체화 되어 인공 일반 지능(Artificial General Intelligence)과 인공 의식(Artificial Consciousness)이라는 개념으로 분리되었다.

04 강인공지능에서 분류되는 인공의식에 대하여 분석하라.

인공의식은 강인공지능(strong AI)이라고 분류되는 인공지능 중의 하나로 기계의식(Machine Consciousness : MC), 인조의식(Synthetic Consciousness)이라고도 불린다. 인공일반지능(Artificial General Intelligence)의 다음 형태라고도 할 수 있다. 일반적인 인공지능이 평범한 사물의 분석, 이해 등을 한다면 인공의식은 그것을 뛰어넘어 감정, 자아, 창의성 등을 흉내내거나 아예 갖추어 받아들이고, 자기자신을 조작하며 환경에 알맞다고 판단하면 해당 요소를 적극적으로 이용해 명령받지 않은 일도 스스로 필요하다고 생각해서 판을 벌일 수 있는 인공지능이라고 할 수 있다.

따라서 인공의식은 인간과 유사하게 작동하는 의식과 인간과 비슷하거나 그를 뛰어넘는 지성을 가진 존재이므로, 단순히 주어진 것을 실행하는 컴퓨터, 기계에 불과한 약인공지능과는 달리 도구가 아니라 인간과 동일한 지성체라고 판단할 수 있는 셈이다.

다만, 지능=의식이 아니므로 꼭 의식이 있다고 인간과 같은 지성체라고 판별할 수 없기는 하다. 요컨대 의식을 가진 인공지능이라도 꼭 인간을 초월한 지성을 지닌 존재뿐만 아니라, 동물 수준의 의식을 지닌 인공지능도 만들기에 따라 충분히 가능하다. 인간의 뇌보다 구조상으로 단순하고 지능이 크게 떨어지기는 하지만, 유사한 메커니즘으로 작동하는 생물학적 뇌를 지닌 동물들 역시 자의식을 가지고 있기 때문이다. 이러한 동물들이 의식을 가지고 있다고는 해도 그 의식은 인간의 의식에 비해 굉장히 단순한 편이며, 단순하기 짝이 없는 단순한 동물 수준의 의식 구조가 도출하는 결과물 정도는 현재의 인공지능 기술로도 결과적으로 구현이 가능하다.

하지만 이는 외부에서 보이는 결과물만 같다 뿐이지 그 과정까지 같다곤 볼 수 없는데, 현재의 뇌과학 연구에서는 근래에 들어서 의식의 형성 구조를 상당 수 파악하기는 했어도 아직 인간은 물론 동물의 뇌 구조조차도 아직 완전히 해석하지 못했으며, 원본 자체의 구조도 아직 이해하지 못했기 때문에 따라서 구조적으로 인간, 생명체의 뇌에 존재하는 자아를 인공적으로 구현하기 위한 방법은 미지의 영역이라 현 시점에서는 실현 가능한 단계는 아니라고 할 수 있다. 현대에 들어서 인공지능에 대한 연구가 굉장히 발전하기는 했어도, 인간-생물체와 같은 구조의 의식이 존재하는 인공지능의 구현엔 상당한 난항을 겪고 있다.

일단 인간의 의식이 어떻게 구성되는지에 대한 여부와는 별개로 여러가지 방법론으로 인공지능에 대한 연구가 이루어지고 있고 이러한 인공지능들이 발달하면 인공의식에 도달할 수 있다고 생각되기도 한다. 물론 이 역시 현대의 시점에서는 가설의 영역이다.

05 강인공지능에서 분류되는 일반 인공지능에 대하여 분석하라.

인공일반지능(Artificial General Intelligence)은 흔히 강인공지능(Strong AI)이라고 분류되는 인공지능 중의 하나이다.

인공일반지능이라는 용어에서 일반(General)의 의미는 '일반적이다'라는 단어의 평범한 의미보다는 특수 상대성 이론을 일반화시킨 일반 상대성 이론에서 '일반'의 의미처럼, 말 그대로 '범용' 혹은 '통상'의 뜻으로 이해하면 좋다(이 때문에 일본 등 일부 국가에서는 인공 일반 지능을 '범용 인공지능'이나 '인공 범용 지능' 등의 보다 직관적인 명칭으로 호칭하기도 한다). 즉 특정한 조건 하에서만 적용할 수 있는 약인공지능과 달리 모든 상황에 일반적으로 두루 적용할 수 있는 AI를 말한다. 인공 일반 지능은 약인공지능과 달리 한 번도 해보지 않은 꽃꽂이를 남들이 하는 것을 보고 배워서 한다든가, 방범 업무를 경찰에게 인수인계 받아서 학습하여 한다든가 하는 것도 가능하다.

약인공지능이 신경덩어리라면 이건 그 신경 덩어리의 집합이라 일컬을 수 있고, 현실에서 인공지능 연구가들이 목표 삼는 인공지능이 바로 이 인공 일반 지능이다.

인공일반지능보다 더 뛰어난 것이 인공의식이다. 물론 만들어진 것을 의식이라고 일컫는 것에 대한 거부감은 순전히 떨쳐낼 수 있을 것이라고 믿지 않는 사람들도 많고, 아직까지도 이런 기술을 개발하는데 진전이 몹시 더디기 때문에 실제로 구현될 때에는 이름이 바뀔 수도 있다.

06 강인공지능에 대한 철학적인 주장과 반론에 대하여 분석하라.

강인공지능에 대한 철학적인 주장과 반론은 존 설이나 허버트 드레이퍼스와 같은 몇몇 철학자들은 몸이 아닌 기계에 인간의 지능이나 의식을 구현하는 작업의 실현 가능성에 대한 철학적 바탕을 두고 논쟁을 벌였다.

튜링 테스트의 통과 여부는 사람의 기준으로 볼 때 기계가 의식을 갖추었다는 판단의 필요 조건이 되지 못한다는 중국어 방(Chinese Room)에 대한 논증으로 유명하다.

드레이퍼스는 그의 저서 ≪컴퓨터가 할 수 없는 것들 : 인공적인 추론에 대한 비평≫에서 의식이라는 것은 룰이나 논리 기반 시스템 또는 물리적인 형태를 가지고 있지 않은 시스템에서 찾을 수 없으나, 신경망(Neural Network)이나 그 유사한 메커니즘을 이용하는 로보틱 시스템은 인공지능을 실현할 수 있는 가능성이 있다고 주장했다.

다른 철학자들은 엇갈린 관점을 고수한다. 많은 사람들이 약한 인공지능 정도는 가능하다고 보지만, 또한 많은 사람들이 강한 인공지능을 지지하고 있는 것도 사실이다.

대니얼 C. 데닛은 그의 '의식에 대한 설명'에서 만일 마법의 불꽃이나 영혼이 없다면 인간은 기계에 불과하다며, 지능에 대해서만 인간이라는 기계가 다른 실현 가능한 모든 기계와 다르게 특별 취급을 받아야 할 이유가 무엇인가 묻고 있다.

어떤 철학자들은 우리가 약한 인공지능을 가능한 것으로 받아들인다면, 강한 인공지능 역시 받아들여야 한다고 주장한다. 지능은(외견상) 보이는 것이지, 진정한 무엇이 아니라는 약한 인공지능의 입장은 많은 비판을 받고 있다. 그러나 이에 반하는 손쉬운 예를 사이먼 블랙번의 철학 입문서 "생각"에서 찾을 수 있다. 블랙번은 당신이 지능적으로 보이지만, 그 지능이 진정한 것인가에 대해서 말할 수 있는 방법이 없다고 지적한다. 그는 우리는 단지 믿음 또는 신념 위에서 그것을 다룰 뿐이라고 이야기한다.

강한 인공지능을 지지하는 사람들은 인공지능에 반대하는 사람들의 논증이 결국은 아래와 같은 주장을 조합한 것이라고 주장한다.

① 특권에 바탕을 둔 오만함으로 인해 인간에게는(기계에는 없는) 마법의 불꽃(영혼)이 있다는 주장(예를 들면, 신에 의해 주어진)
② 지능은 기계로는 성취될 수 없는 그 무엇이라는 주장

강한 인공지능을 뒷받침하는 논증(따라서 반대하는 사람은 이 논증을 논박해야 한다)은 다음과 같다.

① 인간의 마음은 유한 상태 기계(Finite State Machine)이고, 따라서 처치-튜링 이론은 뇌에 적용 가능하다
② 뇌는 순수한 하드웨어이다(말하자면 고전적인 컴퓨터처럼 동작한다)
③ 인간의 마음은 오로지 뇌를 통해서만 존재한다.

로저 펜로즈를 포함한 몇몇 사람들은 처치-튜링 명제의 적용이 가능하지 않다고 논박한다. 어떤 이들은 인간의 마음은 물리적인 속성을 뛰어넘는 무엇이 있다고 이야기한다. 로저 펜로즈의 주장은 우리의 우주 안에서 고도연산(Hypercomputation)이 가능하다는 논증에 바탕을 두고 있다. 양자역학과 뉴턴 역학에 따르면 이러한 고도연산은 가능하지 않지만, 특별한 시공간(Space Time)에서는 가능한 것으로 생각되기도 한다. 그러나 일반적으로는 우리의 우주는 그와 같은 고도연산이 가능할 정도로 꼬이지 않았다는 합의가 존재한다.

07 알파고의 딥_강화학습에 대하여 분석하라.

현재 구글의 힌톤, 페이스북의 르쿤, 바이두의 응은 각각의 기업에서 딥러닝의 현실세계 적용을 이끌고 있으며, 이들 못지않게 현재 딥러닝의 발전에서 큰 역할을 하고있는 사람이 바로 알파고의 충격을 던져준 구글 딥마인드의 데미스 하사비스(Demis Hassabis)이다.

[그림 2-13] 구글 딥마인드의 데미스 하사비스

하사비스가 추구하는 딥러닝은 기존 주류의 딥러닝과 결을 약간 달리하고 있다. 현재 딥러닝의 주류라고 하면 르쿤이 1998년 최초 주창한 컨볼루셔널 뉴럴 네트워크(Convolutional Neural Network, 이하 CNN)를 개량한 방법들을 꼽을 수 있다. 이 방법들은 원래 이미지 인식을 위해 고안된 방법으로서 깊은 신경망을 통한 단계적 추상화에서 탁월한 능력을 보이는데, 현재에는 데이터의 추상화를 통한 특징점(Feature) 추출을 원하는 많은 분야에서 기본적인 딥러닝 방법으로서 활발하게 활용되고 있다.

뛰어난 프로그래머이자 인지신경과학자였던 하사비스는 동물의 학습 방법에서 착안한 기계학습방법인 강화학습(Reinforcement Learning)에 깊은 관심을 가지고 있었는데, 기존의 강화학습의 한계들을 강화학습과 컨브넷을 결합한 딥강화학습(Deep Reinforcement Learning)으로 해결해 갔고, 이것이 바로 알파고 기술의 요체(拗體)였다.

그렇다면 강화학습이란 무엇이고 하사비스가 제안한 딥강화학습이란 어떤 방법일까?

강화학습은 기계학습의 큰 분류인 지도학습(Supervised Learning)과 비지도학습

(Unsupervised Learning) 그 어느 것에도 들지 않는 제 3의 방법으로 불린다.

지도학습이 입력과 출력 데이터를 가지고 학습을 하고, 비지도학습이 입력값만으로 데이터의 모델을 학습하는 것과는 달리, 강화학습은 하나의 에이전트로서 스스로 선택지들을 탐색(Exploration)하고 이를 통해 얻은 정보들을 활용(Exploitation)해 행위(Action)를 해나간다. 대신 강화학습에서는 보상(Reward)함수 라는 것이 주어진다. 지금 얻은 데이터에 대해 '잘한 일'과 '못한 일'의 정도를 평가할 수 있는 평가지표함수를 미리 정해주는 것이다.

게임을 예로 들면, 에이전트는 다양한 상태(State)에서 다양한 행위(Action)를 하며 이에 대한 게임 점수 변화를 확인함으로써 자신의 행위가 잘한 행위인지를 판단할 수 있다. 이 때는 게임점수를 보상함수 값으로 볼 수 있을 것이다.

강화학습의 목적은 에이전트를 보상이 가장 큰 행위들로 이끄는데 있다. 이렇게 상황에 따라 최선의 보상을 취하는 행위를 하는 에이전트를 강화학습 기반의 인공지능이라 부르며, 이는 알파고의 바탕 기술이라 할 수 있다.

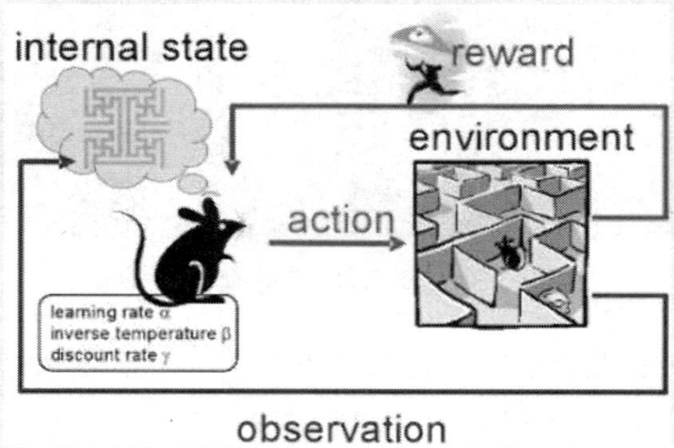

[그림 2-14] 강화학습 과정

실제 강화학습 기반의 인공지능은 벽돌깨기 게임과 같은 구조화된 환경에서 매우 뛰어난 성능을 보였다. 하지만 그것은 상태와 보상이 잘 정의된 게임에서 였을 뿐, 강화학습이 현실 세계에 적용되기까진 크게 세 가지의 장벽이 있었다.

첫째, 현실에선 현재 에이전트의 상태를 명확하게 정의하기 쉽지 않고,

둘째, 다양한 상태와 행위들을 탐색하기 위해선 많은 시간이 소요되며,

셋째, 행동에 따른 보상을 현실 세계에선 정확하게 정의하기 어렵다는 점이 바로 큰 장벽들이었다.

결국 강화학습은 상태와 보상이 명확히 정의된 게임들에서만 인공지능의 강력함을 발휘할 뿐 모호함으로 가득찬 현실 세계에는 적용이 힘든 방법으로 여겨졌었다. 하지만 구글 딥마인드의 하사비스와 실버(D. Silver)는 딥러닝과의 결합으로 이를 해결해갔으며 그것의 대표적인 결과가 바로 알파고의 승리였다.

강화학습이 정의된 조건들에 따른 상태에 기반하여 행동하는데 반해 인간은 많은 부분 시각적 정보(Vision)에 의존하여 판단한다. 비록 폴라니스 패러독스(Polanyi's Paradox)가 일컫는 것처럼 눈에 들어오는 시각적인 정보를 명확히 언어로 표현할 순 없지만, 인간은 미지의 추상화 과정을 통해 시각적 정보를 현재 상태로 이해하며, 결국 이러한 이해를 바탕으로 판단하고 행위한다.

다시 말해, 인간이 사는 세상과 인간이 하는 판단, 행위는 기존의 강화학습에서는 다루기 힘든 매우 광대하고 모호한 공간이며, 이를 판단하는 주요 근거는 시각적 정보라는 것이다.

하사비스와 실버는 강화학습 에이전트가 인간이 수동으로 입력해 준 특징점들이 아닌(예를 들면 벽돌깨기에서의 공과 유닛 위치) 시각적 정보와 같은 복잡한 입력값을 이용해 스스로의 상태를 정의하고 행위/보상을 스스로 이해를 하기를 바랐다. 마치 인간이 그러하듯 말이다.

이러한 목적에 따라 2013년 실버 등이 발표한 "딥 강화학습을 이용한 벽돌깨기 게임 플레이"에서는 사람이 미리 정해준 상태함수(공과 유닛의 위치)가 아닌, 모니터에서 출력되는 비디오 그 자체를 강화학습의 상태 입력값으로 사용하였다. 결과적으로 인공지능은 비디오로부터 무엇이 중요한 요인들인지 스스로 판단해야 했었는데, 이 역할을 CNN이 훌륭하게 해냈으며, 이는 강화학습의 진일보를 의미했다. 왜냐하면 이것은 미래엔 인공지능에게 '이게 중요해, 저게 중요해'라고 일일이 가르쳐 줄 필요없이 그저 행위를 시각적으로 보여주는 것만으로도 배우게끔 하는 단초를 제공했기 때문이다.

알파고의 날카로운 형세 판단도 이러한 딥강화학습의 결과였다, 알파고는 19 * 19 바둑판의 각 칸마다 48차원의 특징점들을 적용하여 총 19 * 19 * 48=17,328 고차원의 거대한 벡터를 입력값으로 사용하였는데, 이는 마치 이미지와 같은 고차원의 상태 공간으로 볼 수 있다.

따라서 이를 에이전트가 이해할 수 있는 수준으로 끌어내리려면 이미지 인식에서와 같은 고도의 추상화 과정이 필요했는데, 이 과정을 CNN이 훌륭하게 수행했다. 나아가 딥강화학습은 강화학습의 핵심이라 할 수 있는 행위의 가치를 평가하는데 성공했다.

현재 행위의 가치는 현재를 포함한 미래의 예상되는 보상들의 합으로 표현될 수 있는데 이는 간단하게 표현되지 않는 매우 복잡한 함수일 것이다. 딥강화학습에서는 이 액션-

가치함수(Action-Value Function)를 학습에 CNN을 활용하였는데, 이 결과 알파고가 형세판단을 하고 이 속에서 최선의 한 수를 둘 수 있었던 것이다.

결과는 아시다시피 인간의 능력을 뛰어넘는 최고의 실력을 가진 인공지능 에이전트의 탄생이었다.

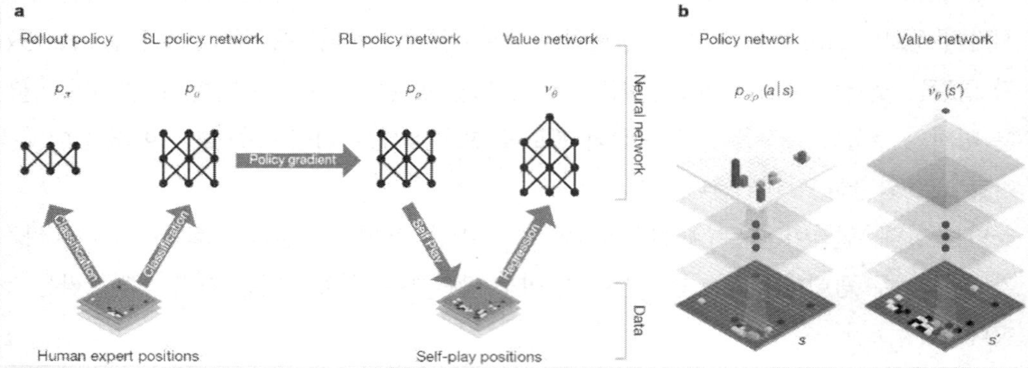

[그림 2-15] 알파고에 사용된 policy net과 value net

[그림 2-15](b)의 알파고는 이러한 거대한 입력값을 Convnet에 넣고 "현재 상태에 따른 최고의 착점지이 어디인지를 많은 데이터를 통해 학습하였다. 이른바 Policy Network 이다." (b)의 좌측, ConvNet)와 이에 대한 가치평가(Value Network)((b)의 우측)를 모의 게임(Reinforcement Learning)을 통해 발전시켜 나가 더욱 완벽한 알고리즘을 반복적으로 이용하여 만들어 갔던 것이다.

알파고에서 보여준 딥 강화학습의 도약은 특히 로봇 분야에서의 큰 발전을 기대하게끔 한다. 기존에도 강화학습은 로봇분야와 가장 가까운 기계학습 분야로 손꼽혔었는데, 그 이유는 로봇 스스로가 실제 행위하고 이를 통해 배우는 에이전트이기 때문이다.

로봇에 기존의 강화학습 방법론을 적용하기 위해선 로봇이 대하는 상황을 게임처럼 되도록 단순하게 만들 필요가 있었다.

예를 들어 '로봇을 통해 다트 10점을 맞춘다'라든지 '탁구공을 쳐서 상대방 코트 안으로 넘긴다'와 같이 행위와 이에 따른 보상이 명확할수록 강화학습은 실제 로봇에서 큰 힘을 발휘할 수 있었다. 반대로 말해, 이렇게 환경이 명확하지 않다면 강화학습은 로봇에게 무용지물(無用之物)일 뿐이었다.

하지만 알파고에 사용된 딥 강화학습은 로봇이 좀 더 복잡한 상황을 이해하고 이에 대해 최적의 행위를 할 수 있을 미래의 가능성을 보여준다. 비록 지금의 탁구 로봇은 인간이 수동으로 탁구공의 정보와 탁구채의 정보만을 골라 입력함으로써 로봇을 학습시키지만 (즉, 무엇이 이 태스크에 중요한지 인간이 선택해주지만), 미래엔 로봇 스스로가 탁구

행위를 시각적으로 관찰함으로써 탁구공과 탁구채의 관계가 중요함을 스스로 깨달을 수 있을지도 모른다.

마치 실버의 벽돌깨기 인공지능이 비디오 정보로부터 최적의 행위를 학습했듯이 말이다. 또한 행위에 대한 복잡한 가치를 계산하는 일 역시 인간의 수식을 넘어 딥러닝의 학습결과에 맡길 수 있을지도 모른다.

더 이상 무엇이 잘 된 행위인지 명료하게 가르쳐주지 않아도 된다. 이렇게 된다면 스스로 행위하고 이를 반추할 수 있는 하나의 인격체에 가까운 로봇을 맞이하는 것도 미래엔 상상해 볼 수 있을 것이다.

딥강화학습의 발전은 특히 로봇 분야의 난제로 꼽히는 감정 로봇의 발전에도 큰 기여를 할 것으로 보인다. 그동안 감정 로봇은 시장성에 대한 큰 기대를 받음에도 불구하고 아직 실용화가 되지 못했는데, 그 이유 중 하나는 로봇이 인간과의 상호 교감을 통해 이해하고 배우는 것이 어렵다는 점에 있었다.

로봇은 인간의 표정과 행동을 보고 그의 기분을 유추해야 하며, 이러한 상황에 맞게 최적의 행동을 보여주어야 하며, 이에 대한 인간의 반응도 보상함수로 계산하여야 한다. 이러한 난제들의 해결의 실마리는 바로 딥강화학습 기술과 맞닿아있다. 비록 지금은 인간의 감정 상태를 시각적 정보를 통해 평가하는 것도 쉽지않고, 행위에 대한 인간의 반응을 보상 함수로 표현하는 것도 쉽지 않지만, 딥강화학습이 지속적으로 발전한다면 우리는 눈치 빠르고 싹싹한 감정 로봇을 미래에 볼 수 있을지도 모른다. 이렇게 된다면 감정로봇 역시 폭발적인 성장세를 이룰 것이다.

이 외에도 딥 강화학습은 스스로 탐색하고 행위하며 개선해나가는 다양한 에이전트에 활용될 수 있다. 아직 시작일 뿐이다. 알파고는 세상에서 가장 복잡한 보드게임인 바둑에서 인간을 이겼을 뿐이다. 상태와 행위, 보상이 잘 정의된 바둑에 비해 현실은 이보다도 훨씬 모호하고 심오한 정보들을 품고 있다.

지구 상의 원자의 수보다 많다는 바둑의 경우의 수 역시 연속된 시간 속에서의 다양한 현실 상황 연출에 비하면 그저 소꿉놀이에 불과할지도 모른다.

따라서 알파고가 현실의 인공지능으로 거듭나기까지는 아직도 많은 시간이 필요할 것으로 보인다. 하지만 알파고에서 인간을 능가할 수 있다는 가능성을 확인한 만큼, 이 기술이 적용될 분야의 복잡도를 단계적으로 높여가다 본다면 언제 인가는 우리가 꿈꾸는 인공지능 로봇의 출현도 머지않을 수 있음을 기대해본다. 그 중심엔 알파고를 통해 막 데뷔한 딥강화학습이 있을 것이다.

학습활동.2 교수 · 학습 방법

교수 방법

- 인공지능의 종류에 대한 관련 용어, 구성, 방식 이해 정도를 파악한 후 수업을 진행한다.
- 교수자의 주도로 인공지능의 종류 등의 내용을 PPT 자료로 제시한 후 설명한다.
- 가능하면 사전에 개인별 학습 자료를 준비하여 모든 학생이 참여할 수 있는 문제 해결식 수업, 협력 수업이 가능하도록 한다.
- 인공지능의 종류 전 과정을 작업의 순서에 따라 단계적으로 실습이 이루어질 수 있도록 지도한다.
- 교재를 통해 수업을 준비하는데 있어서 필요한 모든 정보나 팁, 힌트 등 도움이 될 만한 내용들을 확인할 수 있다.
- 학생들이 만들게 될 각 모델들은 수업시간에 중점적으로 다뤄질 부분과 어휘, 질문, 답을 포함하고 있으며 또한 탐구할만한 추가적인 아이디어들도 포함하고 있다.

학습 방법

- 인공지능의 종류에 대한 관련 용어를 숙지하고, 인공지능의 종류에 대해 이해한다.
- 인공지능의 종류의 각 단계별 중점 사항을 체계적으로 학습한다.
- 인공지능의 종류의 수행순서의 전 과정을 실습한다.
- 인공지능의 종류의 내용을 이해한다.
- 인공지능의 종류을 이해하고 숙달이 될 때까지 학습한다.

학습활동.2 평가 및 피드백

평가 준거

- 평가자는 피평가자가 수행 준거 및 평가 내용에 제시되어 있는 내용을 성공적으로 수행할 수 있는 지를 평가해야 한다.

학습내용	평가항목	성취수준		
		상	중	하
인공지능의 종류	인공지능의 종류를 이해할 수 있다.			

평가 방법

• 작업 포트폴리오

학습내용	평가항목	성취수준		
		상	중	하
인공지능의 종류	인공지능의 종류를 이해할 수 있다.			

• 필기시험

학습내용	평가항목	성취수준		
		상	중	하
인공지능의 종류	인공지능의 종류를 이해할 수 있다.			

• 체크리스트를 통한 관찰

학습내용	평가항목	성취수준		
		상	중	하
인공지능의 종류	인공지능의 종류를 이해할 수 있다.			

• 피드백

1. 작업 포트폴리오
   - 제출한 보고서를 평가한 후 주요 사항에 대하여 표시하여 돌려준다.
2. 필기시험
   - 평가 결과 성적이 저조한 학생은 보고서 제출 기회를 부여한다.
3. 체크리스트를 통한 관찰
   - 실습 과정에서 평가한 후 개선해야 할 사항 등을 정리하여 돌려둔다.

참 | 고 | 문 | 헌

1. http://wiki.hash.kr
2. Glenn McDonald, 〈현실로 다가온 영화 터미네이터 속 기술들〉, 《CIO코리아》, 2015.7.15.
3. Clint Boulton, 〈AI에 제동을 걸어야 하는 6가지 이유〉, 《CIO코리아》, 2018.4.11.
4. 블로터 채반석 기자, 〈인공지능 - '스카이넷'의 시대가 올까?〉, 《네이버 캐스트》, 2016.3.17.
5. 지재원, 〈인공지능의 장점과 한계〉, 《이글루시큐리티》, 2017.6.7.
6. 이은표 목사, 〈인공지능(AI.)의 전망과 기독교 세계관적 평가〉, 《네이버 블로그》, 2018.8.20.
7. 한국지식재산연구원, 인공지능(AI) 기술 및 정책 동향.
8. 정보통신기술진흥센터, 주간기술동향, 인공지능 기술 동향 및 발전 방향.
9. 소프트웨어정책연구소, 기계학습의 원리, 능력과 한계.
10. 데이터전문가 지식포털, 머신러닝 및 딥러닝.
11. 과학기술정책연구원, 인공지능 시대의 법적 · 윤리적 쟁점.
12. 연세대학교-정보대학원 UX Lab, 인공지능의 학습 어떻게 이뤄지나.
13. 휴넷, 메타인지의 정의.
14. https://namu.wiki/인공지능.
15. https://ko.wikipedia.org/wiki/인공지능.
16, https://jjeongil.tistory.com/530.
17. https://saengjja.tistory.com/348.
18. http://t-robotics.blogspot.com/2015/05/deep-learning.html#.XiPq9cgzaUk.
19. https://www.samsungsds.com/global/ko/support/insights/Generative-adversarial-network-AI-2.html.

학습 목표

1. 인공지능의 동작 메커니즘을 이해할 수 있다.

3-1 뉴런과 신경망의 원리

인공신경망(Artificial Neural Network)의 개념은 뇌를 구성하는 신경세포, 즉 뉴런(Neuron)의 동작원리에 기초한다.

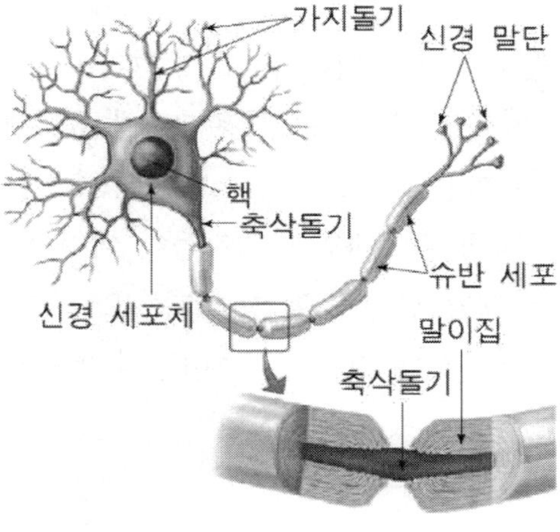

[그림 3-1] 뉴런의 구조

신경세포(뉴런)은 중심인 세포체와 신호를 전달하는 축삭돌기, 신호를 받아들이는 여러 개의 수상돌기로 이루어져 있다.

뉴런의 기본 동작은 [그림 3-1]에서 보면 가지돌기에서 신호를 받아들이고, 이 신호가 축삭돌기를 지나 축삭(신경)말단(Axon Terminal)으로 전달되는 것이다. 그런데 신호가 축삭돌기를 지나는 동안 약해지거나, 너무 약해서 축삭(신경)말단까지 전달되지 않거나, 또는 강하게 전달되기도 한다. 그리고 축삭(신경)말단까지 전달된 신호는 연결된 다음 뉴런의 가지돌기로 전달된다. 우리 인간은 이러한 원리를 지닌 수억 개의 뉴런 조합을 통해 손가락을 움직이거나 물체를 판별하는 등 다양한 조작과 판단을 수행한다.

3-2 인공지능의 기본 동작

1. 학습을 통한 알파고의 동작 구현

알파고를 만든 딥마인드(Deep Mind)는 알파고를 학습하는 방법을 코드로 구현한 후 그동안 모아 둔 엄청난 양의 바둑의 기술인 기보 양의 기보를 학습하였다.

그 결과 인공지능은 매번 바둑의 수에 따라서 어디로 두는 것이 자신에게 가장 유리한지를 알게 됐다. 그러면 인공지능은 대량의 데이터를 학습한 결과물이라고 손쉽게 정의할 수 있다.

2. 학습을 위한 대량의 데이터(빅데이터) 분석

대량의 데이터 하면 바로 빅데이터가 떠 오른다. 대량의 데이터를 축적한 기업 또는 연구소가 이 데이터를 분석하고 사용자에게 유용한 정보를 제공하기 위해 여러 가지 연구가 진행하곤 한다.

덕분에 쇼핑몰에서 특정 나이대의 소비자들이 어떤 상품을 선호하는지를 파악하고 이에 맞추어서 마케팅 전략을 짤 수 있다. 또한 병원에서 전염병의 감염 경로 및 속도를 파악할 수 있는 것은 역시 대량의 데이터 덕분이다.

3. 인공지능과 빅데이터의 대량 데이터 예측 관계

인공지능은 대량의 데이터를 학습했고 빅데이터는 분석했다. 학습과 분석은 개념으로 표현해서는 달라 보이는 것이지 데이터를 이용했다는 것으로는 둘다 동일하다. 결국 데이터를 사용한 사실만으로는 둘 간의 경계가 매우 모호하다.

[그림 3-2] 인공지능과 빅데이터 모두 대량의 데이터를 사용

둘 사이에 예측이라는 단어를 놓으면 차이가 확실히 구분된다. 즉 빅데이터는 분야가 다르긴 하지만 예측이 주 목적은 아니다. 빅데이터는 로그와 사진, 텍스트 파일이 변환된 데이터 집합을 하둡(Hadoop) 같은 분산처리 시스템과 NoSQL 같은 새로운 데이터베이스 형식을 이용해 잘 분류 한 후 전체적으로 어떤 경향을 띠고 있는지 파악하는 것이 빅데이터의 주 이용 용도이다. 즉 어질러진(Unstructured) 데이터들을 분석하기 좋게 정리 정돈을 잘 한 후 여기서 유용한 정보(Useful Information)를 추출하는 것이 목표라고 할 수 있다.

[그림 3-3] 각 부위를 조사해서 코끼리임을 밝혀내는 것이 빅데이터의 목표

인공지능은 잘 정돈된 데이터(Structured)를 학습 알고리즘을 통해 학습한 후 가장 그럴듯한 미래를 예측한다.

알파고로 예를 들면 바둑의 기보는 학습에 사용된 잘 정돈된 데이터였고 알파고가 놓았던 수들은 학습의 결과 현 상태에서 알파고가 승리할 확률이 가장 높은 수들이였다.

4. 인공지능의 작동 원리

인공지능은 잘 정돈된 대량의 데이터를 학습해 가장 그럴듯한 미래를 예측한다.

엄청 거창한 것이 아니라 의외로 간단하다. 즉 인공 지능의 자동원리는 [그림 3-4]처럼 표현할 수 있다.

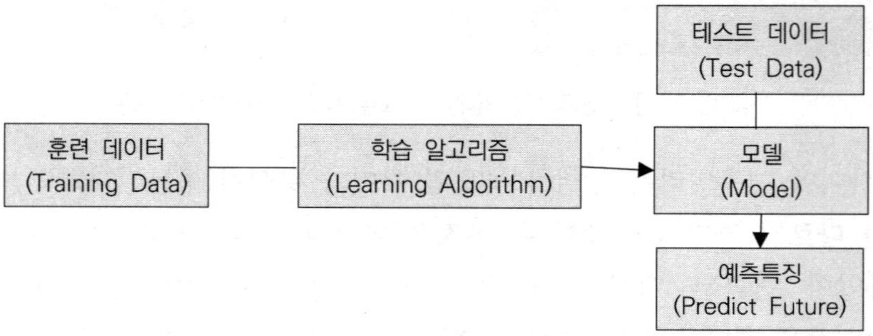

[그림 3-4] 좋은 데이터를 학습한 모델은 그럴듯한 미래를 예측가능

[그림 3-4]의 모델은 잘 정돈된 데이터를 학습한 결과물이다. 테스트 데이터(Test Data)를 모델(Model)에 입력하면 가장 그럴듯한 결과를 예측(Predict Future)한다. 즉 인공지능(머신러닝)의 성능은 얼마나 예측(Predict Future)을 잘하는 모델을 잘 만드느냐에 달려 있다. 그리고 모델은 얼마나 풍부한 데이터를 갖고 있는지 얼마나 우수한 학습 알고리즘을 사용하고 있는지로 결정된다.

많은 인공지능 관련 연구자들은 축적된 데이터를 이용해 좋은 학습 알고리즘을 만드는데 시간을 많이 투자했고 가장 간단한 선형회귀(Liner Regression)부터 인간의 뇌의 뉴런 구조를 모방한 뉴럴 네트워크(Neural Network)까지 만들어둔 상태이다.

그런데 [그림 3-4] 방식으로 반드시 작동되는 것은 아니다. 어떤 인공지능은 데이터 없이 스스로 학습을 하기도 한다. 최근에 커제와 붙은 알파고는 다른 기보 학습없이 자기와 동일한 컴퓨터와 복제해 이것과 수많은 대국을 대결하면서 실력을 쌓았다. 전원이 공급될 때까지 자신과 맞붙으면서 더 훌륭한 기보를 학습해 가는 것이다. 이것이 자신의 한계를 실제로 극복한 사례가 아닐까 한다.

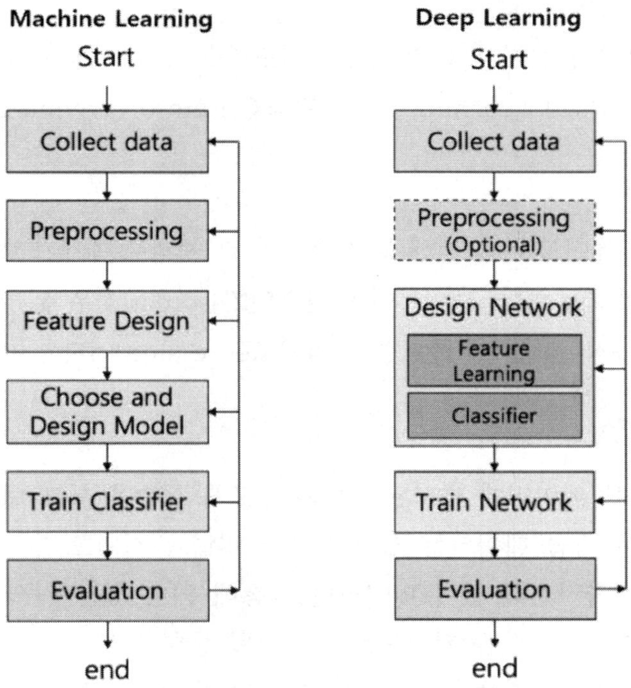

(a) 머신러닝 동작과정　　(b) 딥러닝 동작과정

[그림 3-5] 머신러닝과 딥러닝 동작과정 비교

결국 [그림 3-5]처럼 인공지능 동작 과정은 공통적으로 데이터 수집(Collect Data) 및 전처리 과정(Preprocessing)을 거친 후에 특징 선택 및 추출(Feature Design)을 하고, 알고리즘 선택(Choose and Design Model)을 한다. 그리고 학습(Train Classifier)과정을 통하여 최종 평가(Evaluation)하는 과정으로 동작한다.

3-3 인공지능의 학습원리

1. 인공지능(머신러닝)을 통해 학습하는 방법

일반적으로 머신러닝(Machine Learning)은 기계가 자동으로 대규모 데이터에서 중요한 패턴과 규칙을 학습하고 의결정, 예측 등을 수행하는 데 사용한다.

$y=2x+1$이라는 함수를 컴퓨터가 학습한다고 하자. 이 함수를 프로그래밍해서 주는 것이 기존의 방법이다. 하지만 인공지능(머신러닝)을 함수를 주는 대신 (x, y)의 값인 (1, 3), (2, 5), (3, 7), (4, 9)를 준다. 그리고 $x=5$, $x=7$일 때 값 등을

찾도록 하는 것이다.

머신러닝의 3가지 기본 학습모드는 지도학습(Supervised Learning), 비지도학습(Unsupervised Learning)및 강화학습(Reinforcement Learning) 이다.

1) 지도학습

지도학습은 레이블(미리 정해 놓은 정답)달린 예제로 예제가 매우 많은 경우 효과적인 학습이 가능하다. 레이블이 이산적인(Discreat)경우 분류(Classification), 레이블이 연속적 값을 가지는 경우 회귀(Regression)이다.

2) 비지도학습

비지도학습은 데이터에 내재된 패턴과 구조를 학습을 통해 발견하고 레이블은 고려하지 않은 학습 데이터는 개체에 대한 입력 속성만으로 구성되어 있다. 즉 비지도학습은 사전지식 없이 데이터만을 통해 의미 있는 지식을 얻고자 할 때 사용한다. 예를 들면 학습 기법으로는 개체를 상호 유사한 군집으로 그룹화하는 군집화(Clustering), 예상치 못한 결과를 식별해 처리하는 비정상 탐지, 고려대상의 변수를 줄여나가는 차원 축소(Dimension Reduction)가 있다.

3) 강화학습

강화학습은 시스템의 동작이 적절성(Right/Wrong)에 대한 피드백이 있는 학습이다. 소프트웨어 에이전트가, 환경(Environment) 내에서 보상(Rewards)이 최대화 되는 일련의 행동(Action)을 수행하도록 학습하는 기법이다. 환경의 상태, 에이전트의 행동, 상태 전이 규칙 및 보상, 관측 범위를 고려한 학습이다. 예를 들면 Action Selection, Planning, Policy Learning 등이 있다.

머신러닝은 말 그대로 기계학습이다. 데이터를 분석하여 패턴을 인식하고 기계 스스로 예측을 하게 되는 것이다. 기계의 패턴인식이 반복되어 자신의 오류를 수정하고 반복하면서 정확도를 높여가게 된다. 하지만 머싱런닝은 인간의 일부 코딩이 필요한 단계이다.

2. 인간처럼 공부하는 인공신경망과 딥러닝

딥러닝 기술은 사진 속 물체 인식/판별, 음성 인식, 자연언어 처리와 이해, 자동 번역 등 인공지능의 난제에서 획기적인 성능 향상을 보이고 있다.

딥(Deep)의 의미는 많은 숨겨진 층으로 신경망을 훈련시킬 수 있다는 것이다.

딥러닝은 한 단계 나아 간 심층학습 단계로써 인공신경망의 한계를 극복하고자 나온 방법이었다. 그러므로 우선 인공신경망에 대해 알아볼 필요가 있다.

1) 인공신경망 알고리즘 학습과정

미국 일리노이 의대 워런 맥컬록은 1943년 발표한 논문에서 인공신경망의 개념을 제시하였다.

[그림 3-6]과 같이 입력 신호, 즉 입력값 x에 가중치 W를 곱하고 편향 b를 더한 뒤 활성화 함수(Sigmoid, ReLU 등)을 거쳐 결과 값 y를 만들어 내는 것이 바로 인공신경망의 기본이다.

그리고 원하는 y 값을 만들어 내기 위해 W와 b의 값을 변경해가면서 적절한 값을 찾아내는 최적화 과정을 학습(Learning) 또는 훈련(Training)이라고 한다.

y = sigmoid (Wx+b)

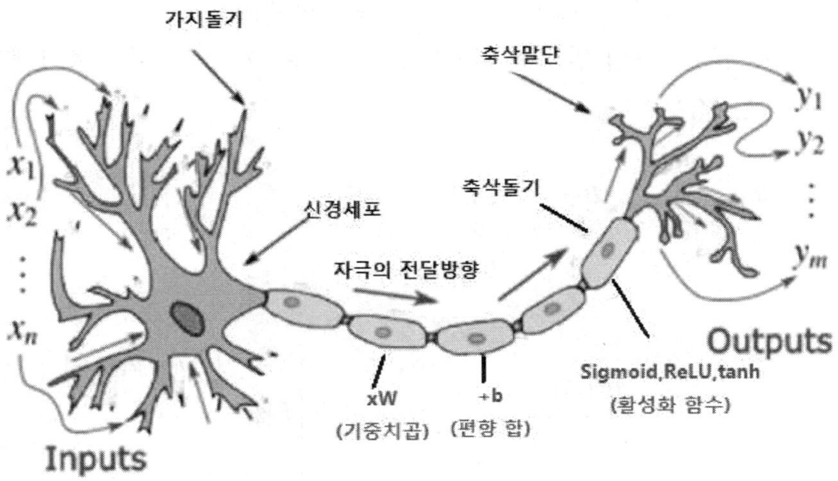

[그림 3-6] 실제 신경망(위)과 인공신경망(아래)

각 세포를 연결하는 것이 시냅스인데 신호를 무조건 전달하는 것이 아니라 플러스나 마이너스의 가중치를 줘서 전달한다.

이런 가중치는 상황에 맞게 조절된다. 외부에서 신호가 입력되면 가중치를 통해 계산을 완료하고 특정한 반응이나 행동을 하게 된다.

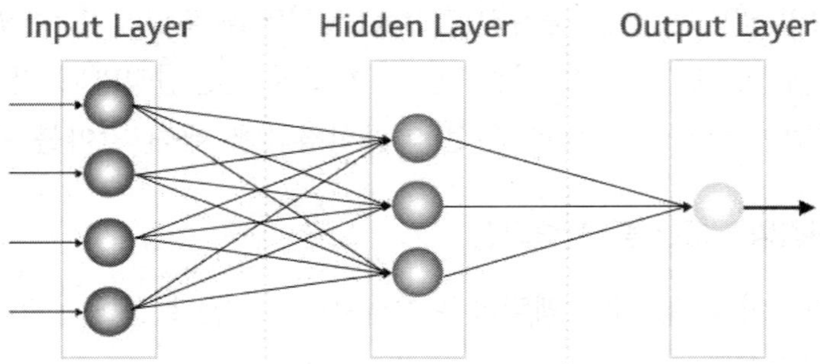

[그림 3-7] 인공신경망의 알고리즘 구조

인공신경망은 인간의 뇌 조직을 간단한 수학적 모델로 만들어진 알고리즘이다. 뉴런은 신경세포처럼 노드, 입력, 출력, 가중치를 가진다. 이런 뉴런 여러 개를 병렬로 묶고 층을 이루어 망을 형성한 것이 인공신경망이다.

인공신경망 알고리즘은 다른 알고리즘에 비해 성능이 향상된 방법이나 연산량이 많아 시간이 오래 걸리고 학습데이터를 많이 필요로 한다는 단점이 있다.

[그림 3-7]처럼 기본적인 인공신경망은 입력층(Input layer), 은익층(Hidden layer), 그리고 출력층(Output Layer)으로 구분된다.

[그림 3-7]의 예처럼 입력측 4개 노드, 은익층 3개 노드, 출력층 1개의 노드를 가지고 있는 경우이다.

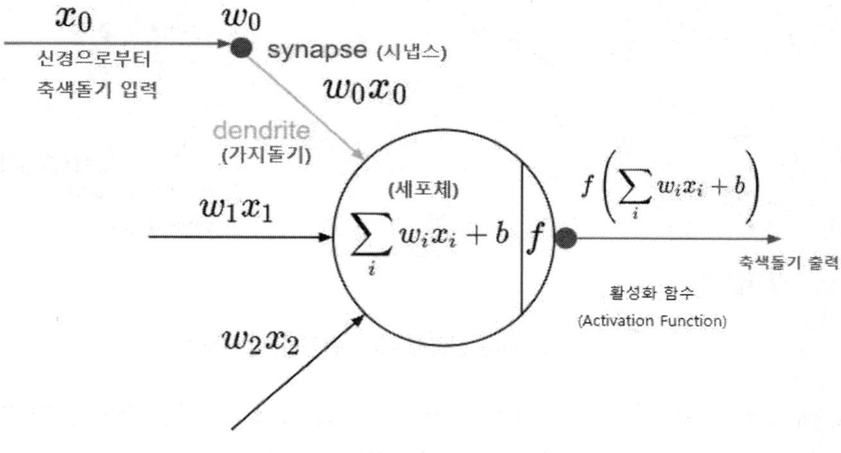

[그림 3-8] 활성화 함수의 개념

활성화 함수(Activation Function)는 인공신경망을 통과해온 값을 최종적으로 어떤 값으로 만들지를 결정한다. 즉 어떠한 신호를 입력받아 이를 적절한 처리를 하여 출력해주는 함수로써 바로 인공 뉴런의 핵심 중에서도 가장 중요한 요소이다.

[그림 3-8]처럼 활성화 함수의 개념을 표현한 식이다.

Input Data (입력 데이터)	→	{Activation Function} (활성화 함수)	→	Output Data (출력 데이터)

활성화 함수에는 대표적으로 계단함수(Step Function), 시그모이드 함수(Sigmoid Function), 선형함수(레루, ReLU Function), tanh 함수가 있으며, 그래프는 [그림 3-9]와 같다.

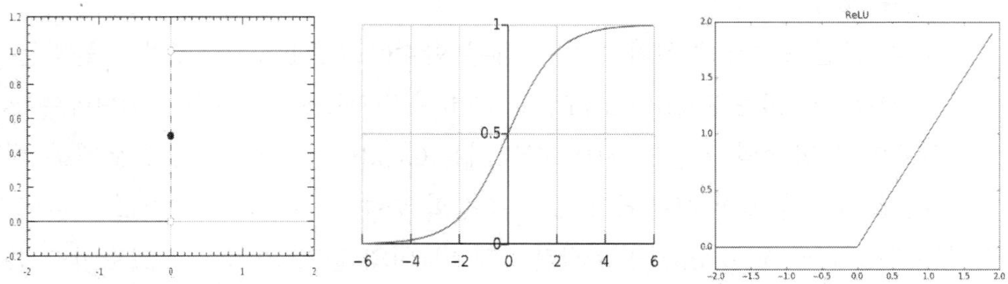

(a) Step (b) Sigmoid (c) ReLU

[그림 3-9] 활성화 함수

(1) 계단 함수

먼저 가장 기본이 되는 활성화 함수는 계단 함수(Step Function)이라고 할 수 있다.

[그림 3-9](a)의 그래프 모양이 계단과 같이 생겼다. 이 함수는 임계값을 기준으로 활성화되거나 혹은 비활성화되는 형태를 보인다.

이를 식으로 표현하면 아래와 같다.

$$h(x) = \left\{ \begin{array}{l} 0 \ (x \leq 0) \\ 1 \ (x > 0) \end{array} \right\}$$

0을 기준으로 출력이 0 이거나 혹은 1로 표현됨이 보인다.

쉽게 식만 보아도 그래프 모양은 계단 형태일 것으로 알 수 있다.

(2) 시그모이드 함수

다음[그림 3-9](b) 활성화 함수는 시그모이드 함수(Sigmoid Function)이다. 이 함수는 항상 0과 1사이의 값만 가질 수 있도록 하는 비선형 함수이다.

계단 함수는 0, 1이라는 출력 값만 가졌지만, 시그모이드 함수는 이 사이에도 연속적인 출력값이 있다는 것으로 본다. 미분이 가능하도록 1과 0 사이를 부드럽게 이어준다.

이를 식으로 표현하면 다음과 같다.

$$S(t) = \frac{1}{1+e^{-t}}$$

[그림 3-9](b)처럼 그래프를 보시면 그 형태에 대해 더욱 이해가 쉬울 것이다.

(3) 레루 함수

세번째 [그림 3-9](c)활성화 함수는 레루 함수(ReLU Function)라고 불리는 함수이다. 레루(ReLU)는 Rectified Linear Unit의 약자로써 이 함수는 선형함수이다.

시그모이드 함수의 기울기 값이 사라지는(Gradient Vanishing) 문제를 해결하기 위해 최근에 많이 사용되고 있는 활성화 함수 중 하나이다. 기울기 값이 사라지는(Gradient Vanishing) 문제란 0과 1사이의 값을 가지는 시그모이드 함수에서 아주 작은 값을 가질 경우 0에 매우 가까운 값을 가지게 된다(예 0.00001).

경사하강법(Gradient Descent)를 사용해 역전파(Back-propagation) 시 각 계층(Layer)능 지나며 이를 지속적으로 곱해주게 된다. 이때 계층이 많을 경우에는 결국 0으로 수렴하는 문제가 발생한다. 그렇기 때문에 계층이 많을 경우 시그모이드 함수가 잘 작동하지 않는다. 이를 해결하기 위해 생겨난 레루(ReLU) 함수의 식은 다음과 같다.

$$f = \begin{cases} (x < 0) & f(x) = 0 \\ (x \geq 0) & f(x) = x \end{cases}$$

이 레루(ReLU)함수의 가장 큰 장점은 위에서 말한 기울기 값이 사라지는(Gradient Vanishing)문제를 해결할 수 있으며, 미분이 아주 간단하게 된다는 것이다. 이 그래프 모양은 [그림 3-9](c)처럼 다음과 같다.

최근에는 활성화 함수로 레루 함수를 많이 사용하는데, 보는 바와 같이 레루 함수는 입력값이 0보다 작으면 항상 0을, 0보다 크면 입력값을 그대로 출력한다. 학습 목적에 따라 다른 활성화 함수를 사용해야 한다.

따라서 인공신경망은 가중치와 활성화 함수의 연결로 이루어진 간단한 구조이다. 이렇게 간단한 개념의 인공 뉴런을 충분히 많이 연결해놓는 것만으로 인간이 인지하기 어려운 매우 복잡한 패턴까지도 스스로 학습할 수 있게 된다는 사실이다.

예를 들어 0.2와 0.9 두 개의 입력값으로 0.5라는 결과 출력예측값으로 도출하는 인공신경망 모델을 학습시키는 과정을 생각해 보겠다.

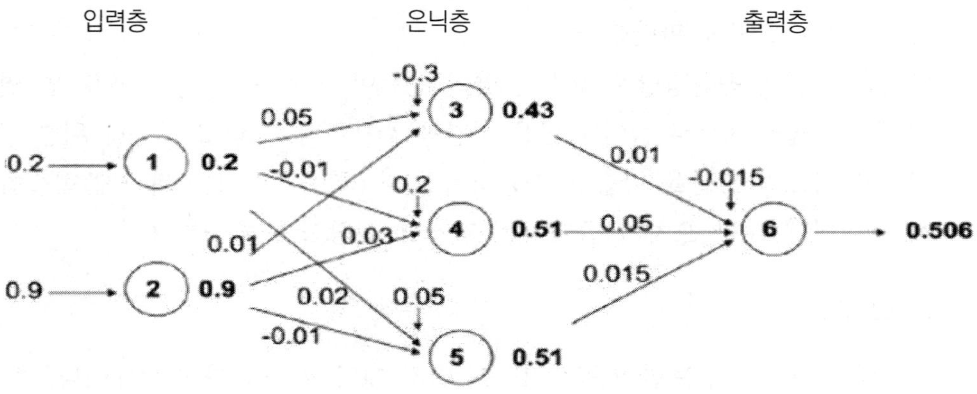

[그림 3-10] 인공신경망 모델을 0.5 예측값으로 학습시키는 과정

[그림 3-10]에서 은익층 첫번째 노드인 노드3의 할당 값인 0.43이 나오는 과정을 살펴보자. 각 노드와 노드의 연결강도는 초기에 무작위로 할당되며 정확한 예측값 도출을 목표로 최적값을 찾아가게 된다. [그림 3-10]에서 노드1에서 노드3으로의 가중치 연결강도는 0.05, 노드2에서 노드3으로의 가중치 연결강도는 0.01이 된다. 그리고 노드3 앞에 할당된 -0.3은 편의 값(bias)으로써 이 또한 초기에 무작위로 할당되게 된다.

이러한 과정이 복잡하게 생각되지만 이 모든 과정을 인간의 뇌에서 작동하는 원리를 수학적으로 모델화한 것이다.

노드 3에서 수행하는 기중합 연산과정은 [- 0.3(노드3의 bias) + {0.2(노드1의 입력값) × 0.05(노드1에서 노드3으로의 연결강도)} + {0.9(노드2의 입력값) × 0.01 (노드2에서 노드3으로의 연결강도)}]로 표현할 수 있다.

이렇게 도출된 가증합을 1/(1+e^(-x)) 라는 전이함수에 적용하면

1/(1+e^(-[-0.3 + (0.2)(0.05)+(0.9)(0.01)]))=0.43이라는 노드3의 최종값이 계산된다.

이러한 계산과정을 거쳐 최종적으로 출력 노드인 노드5의 값은 0.506이 산출된다.

목표 값인 0.5와 가장 가까운 값이 도출될 때까지 반복 수행되며 연결강도와 편의 값들이 수정되게 된다.

만약 인공신경망 모델에서 은익층이 사라지고 가중합의 전이함수로의 적용이

없다면 대표적인 통계모형인 휘귀모델과 같은 알고리즘이 도출된다.

사진이 고양이인지 확인하는 인공신경망이라면 눈동자, 귀 모양, 무늬, 전체적인 형태 등 각 특성을 뉴런에서 확인하여 그 데이터를 바탕으로 가중치에 따라 고양이인지 아닌지를 판단한다.

하지만 이런 인공신경망은 굉장한 양의 연산이 필요하고 층이 늘어나면 연산의 양은 기하급수적으로 늘어나 많은 시간을 소요한다. 그리고 학습을 위한 입력데이터가 적으면 오답을 학습할 가능성이 있다. 학습데이터를 과하게 학습하여 실제 데이터에 대한 오차가 증가하는 과적합 현상까지 발생한다.

2) 딥러닝

딥러닝을 단순하게 보면 인공신경망이 여러 개의 계층을 가진 형태이다. 즉 컴퓨팅기술과 빅데이터를 활용하여 심층심경망(Deep Neural Network)을 만들어낸다. 그래서 인간의 뇌 신경망과 흡사하다고 해서 심층 신경망이라고 한다. 데이터 세트를 분류하고 데이터간 상관관계를 찾아내어 새로운 발견하고 예측이 더욱 정확해지게 된다. 수많은 오류를 내는 과정을 거치면서 딥러닝 시스템은 정확도를 더욱 높이게 되고 여기에 하드웨어의 발전, 특히 병렬처리에 강한 GPU는 복잡한 연산에 소요되는 시간을 크게 단축하고 목적달성에 가까워지게 되는 것이다.

빅데이터의 출현은 적은 입력 데이터로 인한 걱정을 날려버렸다. 과적합을 방지할 수 있는 RBM과 Drop-out과 같은 알고리즘이 나왔다. 이렇게 인공신경망이 가졌던 문제들이 해결되면서 딥러닝은 주목을 받을 수 있었다. 최근 많은 이슈가 되었던 알파고 또한 딥러닝 학습과정을 거친 것으로 유명하다.

3. 다양한 분야에 적용되고 있는 인공지능과 딥러닝

이러한 딥러닝은 현재 많은 분야에서 활용되고 있다. 음성 인식, 영상 인식, 자연어처리, 고객 관계 관리 등이 대표적인 분야다.

아마존이나 넷플릭스 같은 회사가 고객에게 맞춤 상품을 추천하는 것에 딥러닝을 이용한 인공지능을 이용하여 구매율을 높인 것은 이미 유명한 이야기다.

네이버는 뉴스 요약서비스에 딥러닝을 적용해 실험하고 있다. 자연어 처리를 통해 기사를 정확히 요약해 낼 수 있는 알고리즘의 개발에 활용하고 있다.

SKT의 '누구'와 KT의 '기가 지니' 같은 인공지능 비서들은 음성 인식기술에 딥러닝을 적용했다. 사용하면 할수록 데이터가 늘어나 이를 바탕으로 학습하여 음성 인식률이 더 높아지고, 이해할 수 있는 단어와 문장도 대폭 증가하게 된다.

딥러닝을 활용한 영상 인식 기술 중 대표적인 것이 페이스북이 공개한 사람 얼굴을 인식해 구분하는 딥페이스다. 데이터 분석에 1억 2,000개의 연관 관계를 파악해 낼 수 있는 9개의 심층 계층으로 구성되어 4,000여 명의 사용자 얼굴에서 추출한 400만 개의 얼굴 이미지를 활용한다.

MRI를 분석하여 병을 진단하거나 유사한 영상을 찾아 도움을 주고, 기존 데이터를 학습해 추후 질병의 발병 여부를 예측하는 등 다방면으로 딥러닝을 의료분야에 적용하기 위한 연구가 활발히 이루어지고 있다.

4. 딥러닝의 현재와 미래

1) 인공지능을 고가의 하드웨어 GPU 컴퓨터 구현

인간의 지능을 컴퓨터로 구현하는 것이 인공지능이다. 이런 인공지능을 구현하기 위한 컴퓨터의 학습 방법이 머신러닝이다. 딥러닝은 바로 머신러닝을 실현하기 위한 기술인 것이다. 인공신경망을 발전시킨 이 기술은 하드웨어의 발전과 빅데이터라는 강력한 무기를 바탕으로 빠르게 발전하고 있다.

하지만 고가의 하드웨어 GPU 비용, 다른 머신러닝 방법보다 해석하기 어려운 점 등은 아직 풀어야 할 숙제다. 하지만 인공신경망의 문제를 해결하면서 딥러닝이 나왔듯 이 문제들도 해결될 것이라 믿어 의심치 않는다.

2) 인공지능으로 무장한 스마트폰

스마트폰이 대중화되면서 우리의 생활을 많이 바꿨다. 딥러닝을 이용한 인공지능의 발전은 그것보다 더 많은 영향을 끼칠 것이다. 이미 쇼핑몰은 내가 사고 싶을 물건을 골라서 추천해주고, 페이스북은 사진을 보고 친구의 얼굴을 인식해 태그를 추천한다.

인공지능이 나의 비서가 되고, 친구가 되어 내 생활을 보살펴 줄 것이다. 질병을 조기 진단해 예방하고 치료할 수 있고, 사람만큼 숙련된 자율운전 자동차가 우리를 목적지까지 안전하게 데려다줄 것이다. IBM의 '왓슨'이나 구글의 '알파고'를 보면서 그런 미래가 머지않았음을 확신한다.

수행 내용

재료 · 자료

- 인공지능의 작동 메커니즘 관련 자료

기기(장비 · 공구)

- 컴퓨터, 프린터, 주변기기

안전 · 유의사항

- 컴퓨터 및 주변기기의 전원을 관리한다.

수행 순서

01 인공지능과 빅데이터의 관계에 대하여 분석하라.

빅데이터 지식처리 인공지능의 개념은 빅데이터로부터 스스로 학습하고 지식을 축적하며 사용자와 의사소통을 하고 필요에 따라 자율협업을 통해 지식의 공유 및 진화가 가능한 차세대 SW 기술을 의미한다.

빅데이터 지식처리 인공지능 SW는 첫째로 일반지식, 전문지식 등에 대한 분석/추론 및 심층학습을 통하여 전문가 수준의 문제 해결 및 의사결정을 지원할 수 있어야 한다.

둘째로 인간 수준의 지식 · 지능 체계를 가지고 의사소통 및 자가학습과 도메인 확장이 가능한 지식베이스를 스스로 구축하는 지능 진화형의 지식 생산능력이 있어야 한다.

셋째로 다양한 기기에 탑재되어 분산된 이종 지식 베이스 및 기기 간의 자율협업을 기반으로 발현되는 협업지능을 통해 새로운 문제를 스스로 사고하고 해결하는 기능을 가져야 한다.

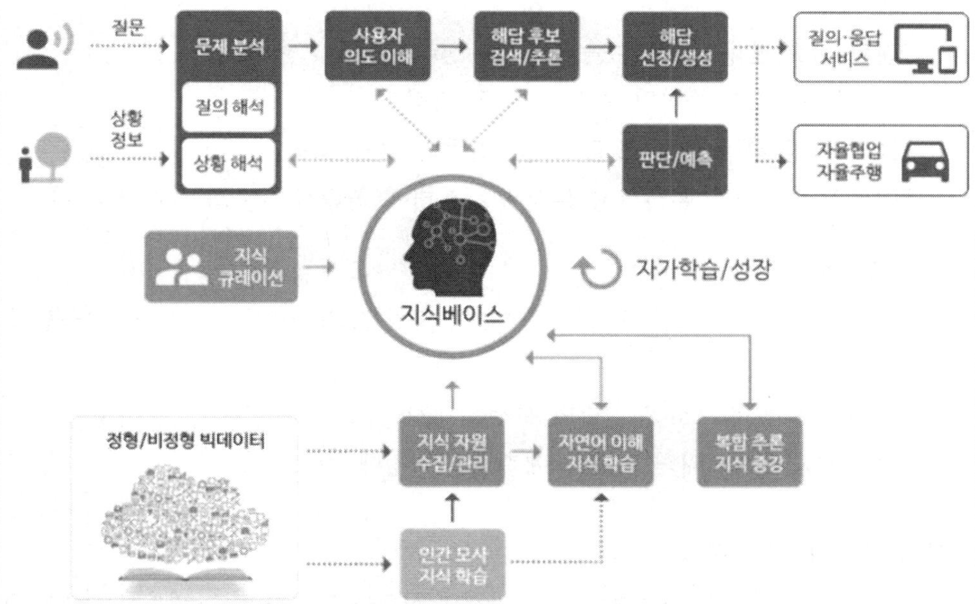

[그림 3-11] 인공지능과 빅데이터 관계

02 인공지능을 이해하기 위해 필요한 기초수학 분야에 대하여 간략하게 분석하라.

1. 통계학

1) 통계학(Statistics)의 어원

그리스 로마시대의 국가(State)의 통치 상태(Status)를 살피는 것에서 유래하였다. 과거 징세를 목적으로 인구수 조사와 지가 계산에서부터 시작하였다.

① Statistics = State(국가) + Arithmetic(산술)
② 统计 = 모아서(统) 계산하다(计)

2) 통계학의 분류

통계학에서는 자료를 수집, 분류, 분석, 표현해 어떤 현상의 인과관계를 설명하고, 나아가서는 미래에 벌어질 상황을 예측한다. 통계학은 크게 기술 통계학(Descriptive Statistics)과 추측 통계학(Inferential Statistics)로 구분된다.

(1) 기술통계

① 관찰된 자료(전체 or 표본)를 수집 및 정리

② 자료 형태를 표현(중심의 측정, 산포의 측정)

③ 자료의 특성 값 도출(대표 값 도출, 변동의 크기, 등)

④ 데이터를 수집하고 분류하고 분석해 컴퓨터에 학습시키는 과정에 주로 사용

(2) 추측통계

① 모집단에서 추출된 표본 자료를 분석하여 특성 값 도출(단, 표본은 모집단을 잘 대표하여야 한다.)

② 확률 이론을 바탕으로 모집단의 특성을 파악

③ 새로운 입력 값에 대해 결과를 예측하는 과정에 주로 사용

3) 상관분석과 회귀분석

상관분석은 독립변수와 종속변수 간의 관계의 정도를 확인하고, 회귀분석은 변수들 간 인과관계를 설명한다.

(1) 상관 분석

① 상관계수(r) : 변수간의 관계 정도

② $-1 \le r \le 1$

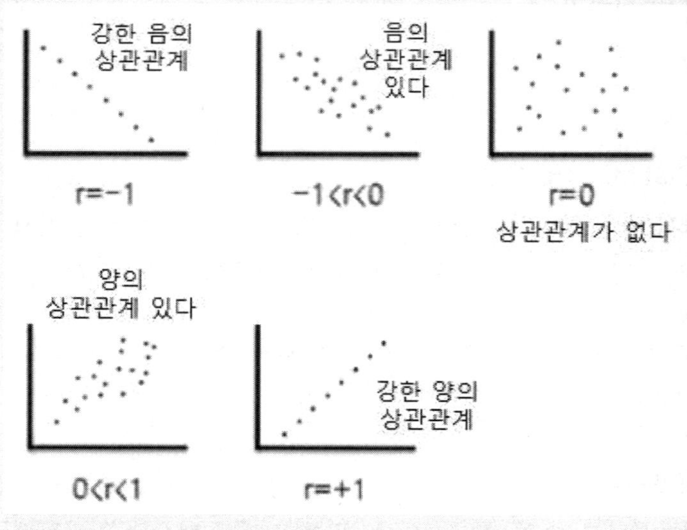

(2) 회귀 분석

① 측정된 변수들의 데이터로부터 관계를 함수식으로 설명한다.

② 독립변수의 값에 의해 종속변수의 값을 예측한다.

③ 결정계수(r^2) : 독립변수를 가지고 얼마나 의미 있게 종속변수를 예측할 수 있는지를 판별한다.

④ $0 \leq r2 \leq 1$

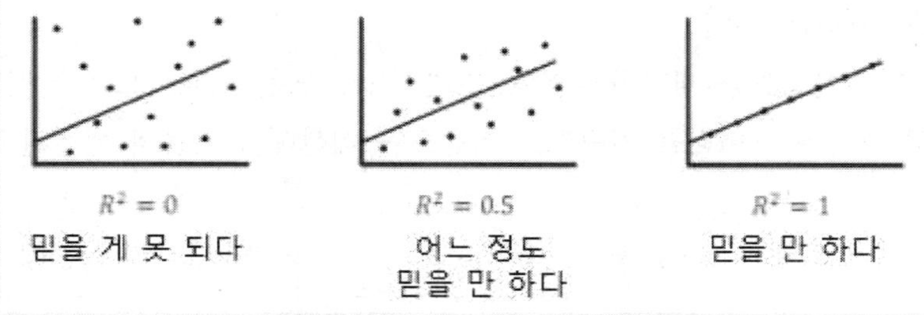

⑤ 일반적으로 $r^2 \geq 0.65$ 이면 의미 있는 회귀식으로 본다.

(3) 독립변수와 종속변수

① 독립변수 (independent variable) : 결과값에 영향을 주는 입력 값

② 종속변수 (dependent variable) : 우리가 알고 싶어하는 결과값

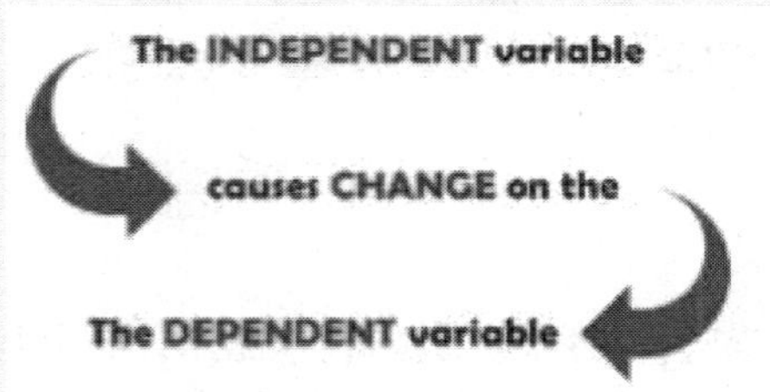

2. 확률론

확률은 어떤 사건이 일어날 수 있는 경우를 신뢰할 수 있는 정도를 규정하는 방법인데 이 방법에는 두 가지 큰 축이 있다.

1) 빈도론자(Frequentist)

① 얼마만큼 빈번하게 특정한 사건이 반복되어 발생하는가를 관찰하고, 이를 기반으로 가설을 검증, 즉 사전 확률이 없다.

[그림 3-12] 빈도론 접근 방법에 의한 추론 모델링

② 사건이 독립적이고 반복적이며, 그 확률 분포가 정규 분포를 보이는 문제에 잘 맞는다.

- 도박에서의 승률 계산
- 환경 변화에 따른 농작물 수확량 계산
- 보험금 계산

2) 베이지안(Bayesian)

① 어떤 가설의 확률을 평가하기 위해 주관적으로 또는 임의적으로 사전확률을 먼저 정하고 관찰된 데이터를 기반으로 가능도를 계산해서 처음의 설정된 확률을 보정

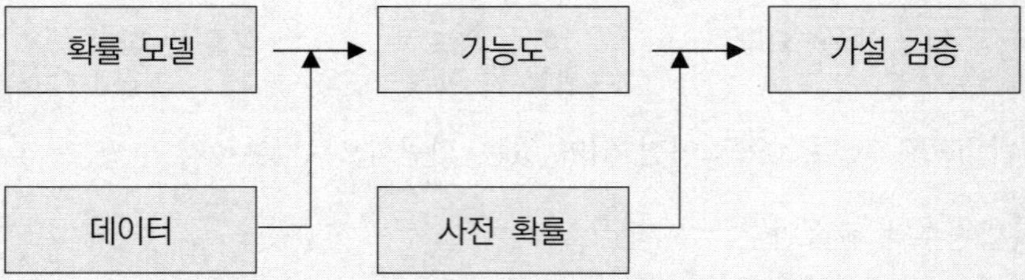

[그림 3-13] 베이지안 접근 방법에 의한 추론 모델링

② 사전 관찰 지식이 없는 불확실한 상황 예측에 적합하다.

② 관찰된 데이터를 가지고 조건부로 가설을 검정한다.

3. 선형대수학

벡터와 행렬은 인공신경망을 이해하기 위한 기초 수학이다.

1) 벡 터

① 벡터는 방향과 크기의 의미를 모두 포함하는 수학으로 스칼라 값들을 순서대로 가진다.

② 선형대수학에서 n-차원 벡터

- n개의 원소를 갖는 벡터로 열 벡터(Column Vector) 로 표현한다.
- 열벡터는 행 벡터(Row Vector)로 전치해서 표현하기도 한다.

$$\mathbf{x} = \begin{bmatrix} x_1 \\ x_2 \\ \vdots \\ x_n \end{bmatrix} \quad \mathbf{x} = \begin{bmatrix} x_1 & x_2 & \cdots & x_n \end{bmatrix}^T$$

2) 행렬

① 행렬은 원소들이 놓여지는 행과 열을 가진다.

② 2 x 3 행렬의 예

$$\begin{bmatrix} 1 & 9 & -13 \\ 20 & 5 & -16 \end{bmatrix}$$

③ 행 또는 열의 크기가 1이고, 다른 열 또는 행의 크기가 1이 아닐 때, 그 행렬은 벡터로 볼 수 있다.

3) 행렬과 벡터의 연산

행렬과 벡터의 곱셈은 일정한 규칙에 따라 계산하며 행렬과 벡터의 크기에 따라 그 결과가 달라진다.

$$\begin{bmatrix} 1 & 2 \end{bmatrix} \cdot \begin{bmatrix} a \\ b \end{bmatrix} = \begin{bmatrix} 1a + 2b \end{bmatrix}$$

$$\begin{bmatrix} 1 & 2 \end{bmatrix} \cdot \begin{bmatrix} a & c \\ b & d \end{bmatrix}$$
$$= \begin{bmatrix} 1a + 2b & 1c + 2d \end{bmatrix}$$

$$\begin{bmatrix} 1 & 2 & 3 \\ 4 & 5 & 6 \end{bmatrix} \cdot \begin{bmatrix} a & d \\ b & e \\ c & f \end{bmatrix}$$
$$= \begin{bmatrix} 1a + 2b + 3c & 1d + 2e + 3f \\ 4a + 5b + 6c & 4d + 5e + 6f \end{bmatrix}$$

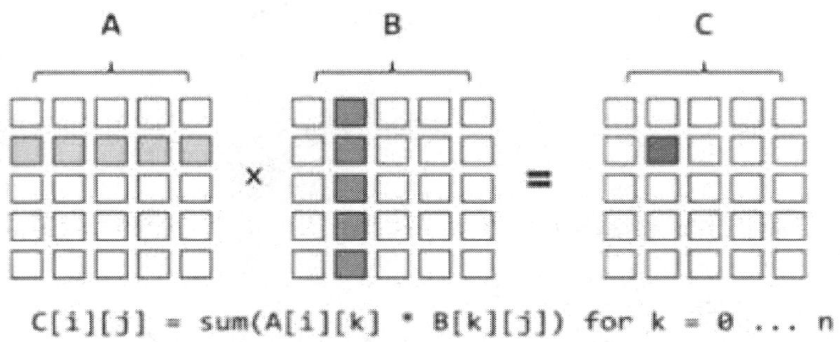

4. 해석학 – 미분

인공신경망의 알고리즘에 미분은 매우 중요한 개념이다.

1) 미 분

연속적이고 매끄러운 함수(미분 가능한 함수)에서 특정 지점의 접선의 기울기는 그 점에서의 미분 값과 같다

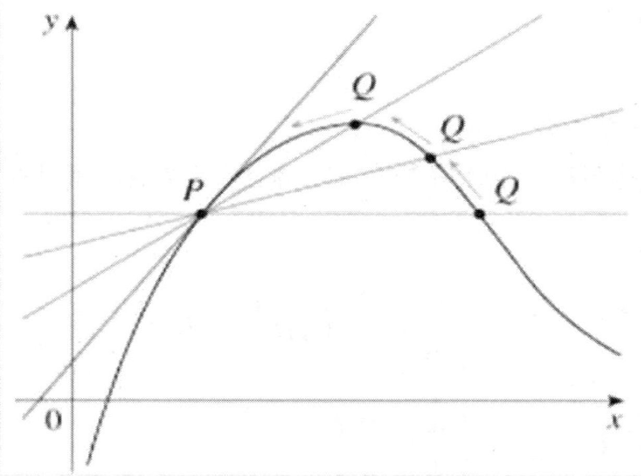

점 Q가 점 P로 움직일 경우 직선 PQ의 기울기는 점 P 에서의 접선의 기울기와 같다.

(1) 미분이 가능하지 않는 경우

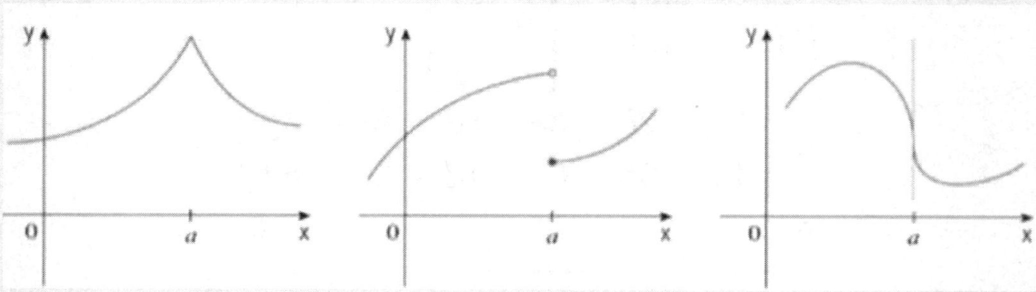

보족점 불연속인점 접선이 수직인 점

(2) 합성함수의 미분 및 편미분

① 합성함수의 미분

- 합성함수란 함수 $g(x)$ 의 결과값이 다시 다른 함수 $f(x)$의 입력 값으로 들어가는 $f(g(x))$ 구조를 가진다.

- 합성 함수의 미분은 아래와 같이 표기 한다.

$$\frac{dy}{dx} = \frac{dy}{du} \times \frac{du}{dx}$$

- 여러 번 합성된 함수의 경우도 동일한 규칙을 적용할 수 있으며, 인공신경망의 역전파 알고리즘에서 사용하는 중요한 개념이다.

(2) 편미분

① 다변수 함수를 미분할 때 미분 대상 변수 외에 나머지 변수를 고정시켜 상수처럼 생각하여 미분하는 방식

② 다변수함수 f가 독립변수 x, y를 가지고 있을 때, 함수 f를 x에 대해서 편미분한 것은 아래와 같이 표기한다.

$$\frac{\partial f}{\partial x}$$

03 인공지능 관련 기본용어에 대한 기본적인 내용에 대하여 분석하라.

1. 대자연의 컴퓨터, 뉴런

뉴런이란 신경세포로 전기신호를 전송하여 우리가 어떤 것을 인지할 수 있도록 해주는 세포이다. 인간의 뇌는 약 1천억 개의 뉴런을 가지고 있다. → 초파리는 10만 개 정도의 뉴런으로도 음식을 찾아 섭취하고, 위험을 피하는 등 상당히 복잡한 업무를 수행할 수 있다. 오늘날의 컴퓨터가 충분히 복제할 수 있는 수준이다.

① 결론적으로 우리는 앞서 해봤던 대로 뉴런을 선형함수로 표현할 수 있을까? 정답은 '아니오'이다. 생물학적 뉴런은 단순한 선형함수가 아니라는 것이다.

② 과학자들의 관찰에 의하면 뉴런은 입력을 받았을 때 즉시 반응하는 것이 아니라 입력이 누적되어 어떤 수준으로 커진 경우에만 출력을 하게 된다. 이것을 분계점(Threshold)이라고 한다.

③ 입력 신호를 받아 특정 분계점을 넘어서는 경우에 출력 신호를 생성해주는 함수를 활성화 함수(Activation Function)라고 한다. → ㉠ 계단 함수(Step Function) -

입력 값이 작은 경우 출력 값은 0이다가 입력 값이 분계점 이상이 되면 출력 값이 갑자기 올라간다.

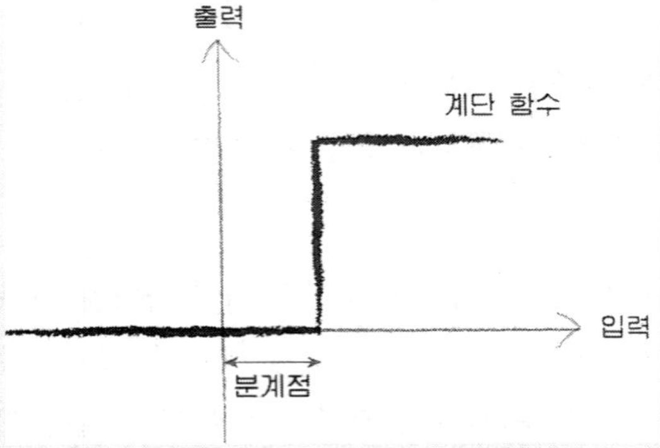

[그림 3-14] 활성화 함수와 분계점

④ 가중치(Weight) : 낮은 가중치는 신호를 약화하며 높은 가중치는 신호를 강화한다.

⑤ FC(fully - Connected) : 모든 노드가 연결되는 것 → 사실 꼭 모든 노드가 연결되어야 한다는 법은 없다. 일반적으로 모든 노드 간에 연결을 하는 이유는, 이렇게 연결해야 프로그램으로 구현하기가 편리하며, 문제를 해결하기 위해 필요로 하는 절대적인 최소값보다 연결이 몇 개 더 있다고 해서 별문제가 되는 것도 아니기 때문이다.

⑥ 일부 가중치들은 0에 가까운 값 또는 심지어 0이 될 수도 있다. 가중치가 0이 된다면 신호에 0을 곱한다는 말이므로, 신호가 0이 되는 해당 연결은 사실상 끊어진 것이나 다름 없게 된다.

⑦ 계층이 3개인 신경망을 통해 신호를 전달해보겠다. 계층 1은 입력 계층(Input Layer)이라고 부르며 마지막 계층 3은 출력 계층(Out Layer)이라고 부른다. 중간에 위치하는 계층 2는 은닉 계층(Hidden Layer)이라고 한다.

⑧ 가중치의 크기에 따라 오차를 부여하는 방식이다. 각각의 연결이 오차에 영향을 주는 정도에 비례해서 전달한다.

우리는 가중치를 두 가지 방법으로 활용한다는 것을 알게 되었다. 하나는 하나의 계층에서 다음 계층으로 전파하는 데에 가중치를 이용하는 것, 그리고 두번째는 오차를 하나의 계층에서 직전 계층으로 전파하는 데에도 이용한다는 것(역전파 - Backpropagation)이다.

04 지도학습의 분류와 회귀에 대하여 간략하게 분석하라.

분류와 회귀를 비교하면 다음과 같다.

	분류(Classification)	회귀(Regression)
결과	학습데이터의 레이블 중 하 나를 예측 (discrete)	연속된 값을 예측(Continuous)
예제	학습데이터가 A, B, C 인 경 우 결과는 A, B, C 중 하나다. 예) 스팸메일 필터	결과 값이 어떠한 값도 나올 수 있다. 예) 주가 분석 예측
비교	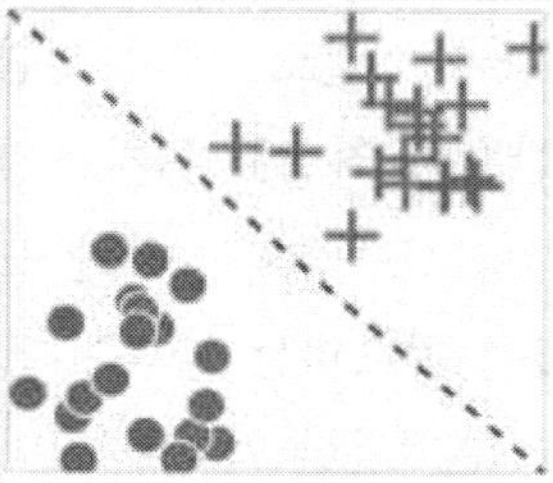	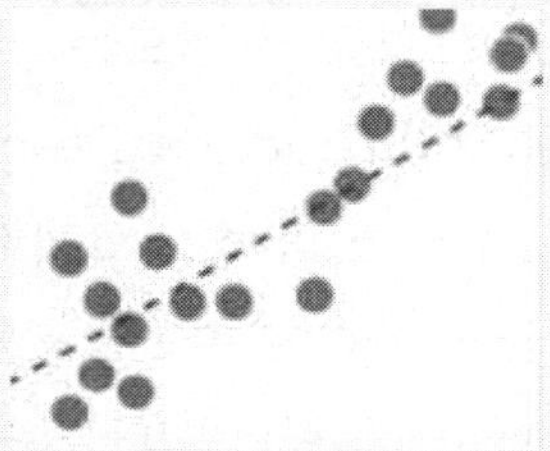

05 비지도학습의 분류와 군집에 대하여 간략하게 분석하라.

분류와 군집을 비교하면 다음과 같다.

	분류(Classification)	군집(Clustering)
공통점	입력된 데이터들이 어떤 형태로 그룹을 형성하는지가 관심사	
차이점	레이블이 있다.	레이블이 없다. 예) 의학 임상실험 환자군 구별 예) 구매자 유형 분류
비교	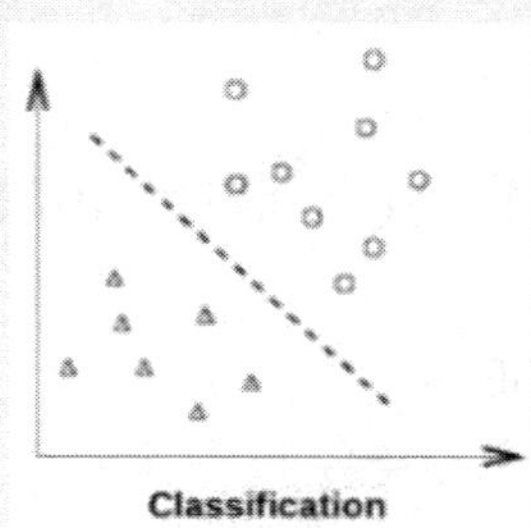	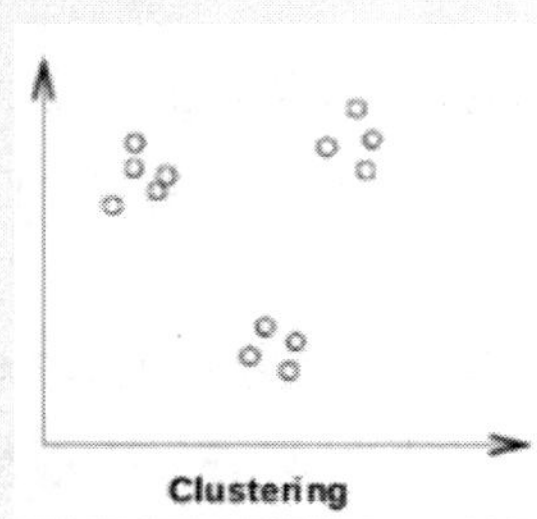

06 머신러닝의 경사하강법에 대하여 간략하게 분석하라.

cost 비용을 최소화하기 위한 최적화 알고리즘 경사 하강법(Gradient Descent)에 대해서 간략하게 알아보겠다. 먼저 최적화에 대한 개념은 여러 가지 허용되는 값들 중에서 주어진 기준을 가장 잘 만족하는 것을 선택하는 것을 의미한다.

그 최적화의 종류에는 대표적으로 유전 알고리즘인 조합 최적화 그리고 경사 하강법인 함수 최적화 방법이 있다.

그 중 우리는 함수의 최적화 방법인 경사 하강법 알고리즘을 활용하여 비용함수(Cost Function)를 최소로 만드는 것이 목적이었다(다른 말로, 에너지 함수라고 한다).

경사 하강법(Gradient Descent)은 해당 함수의 최소값 위치를 찾기 위해 비용 함수(Cost Function)의 경사(그레디언트) 반대 방향으로 정의한 계단 크기(Step Size)를 가지고 조금씩 움직여 가면서 최적의 파라미터를 찾으려는 방법이다.

여기서 경사(그레디언트)는 파라미터에 대해 편미분한 벡터를 의미하며 이 파라미터를 반복적으로 조금씩 움직이는 것이 관건이 되겠다.

07 학습데이터의 과접합에 대하여 분석하라.

학습 데이터에 너무 지나치게 맞추다 보면 일반화 성능이 떨어지는 모델을 얻게 되는 현상을 과적합(Overfitting)이라고 한다.

1. 과접합 현상

1) Under Fitting

적정 수준의 학습을 하지 못하여 실제 성능이 떨어지는 경우를 말한다.

2) Normal Fitting(Generalized Fitting)

적정 수준의 학습으로 실제 적정한 일반화 수준을 나타낸다. 기계 학습이 지향하는 수준이다.

3) Over Fitting

학습 데이터에 관한 성능이 좋지만, 실제 데이터에 관해 성능이 떨어지므로 조심해야 한다.

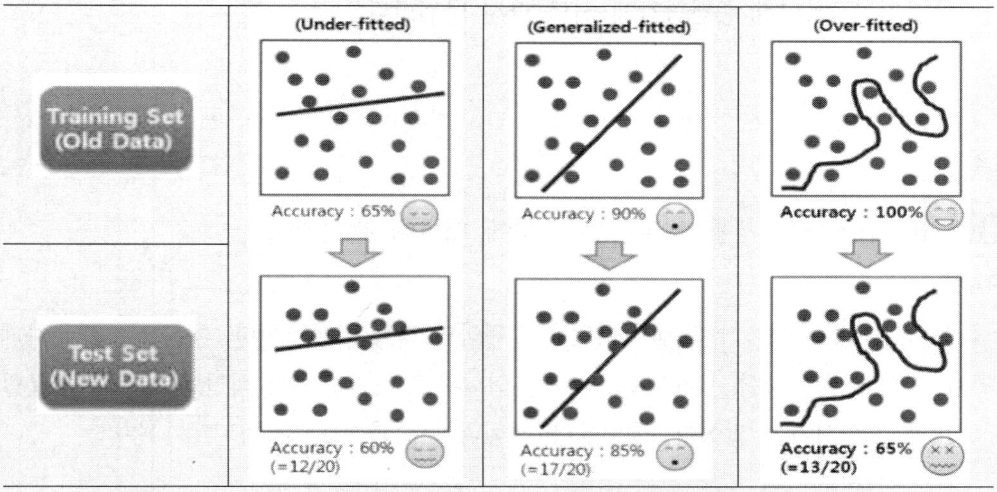

2. 과접합을 피하는 검증기법

① 학습 데이터의 일부를 따로 떼어 내어 학습이 아닌 검증용으로 사용하는 기법 보유하고 있는 데이터셋을 Training set(50%~60%), Validation set(20%~25%), Test set(20%~25%) 으로 구분한다.

㉠ Training set을 가지고 예측 혹은 분류 모델을 훈련시키고

㉡ Validation set을 가지고서 훈련 중인 모델이 혹시 과적합(Over-Fitting)인지 검증, 감시를 하면서 최적의 적정 적합(Generalized-Fitting) 구간을 찾아 모델을 선택한 후

㉢ Test set을 사용해서 최종 모델(Final Model)에 대해서 평가

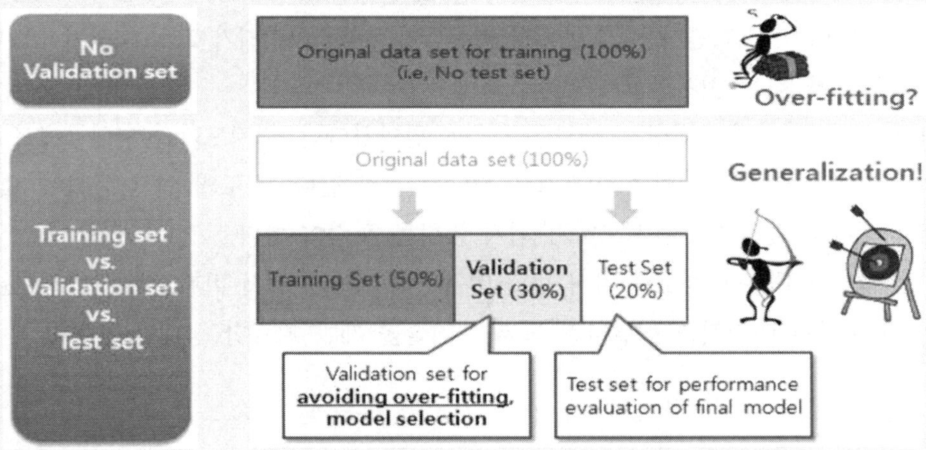

② 교차 검증(Cross Validation)

학습 데이터를 용도별로 나누는 것은 같은데, 처음에 나눠진 데이터를 그대로 사용하는 것이 아니라 중간중간에 서로 다시 나눠준다.

08 딥러닝 문제를 해결하는 방식에 대하여 분석하라.

딥러닝은 수많은 데이터 속에서 패턴을 발견하며 객체를 분별한다. 처음에는 단순하게 선이나 색만 구별한다면, 나중에는 모양을 인식하고 다음엔 추상적인 레벨까지 구분할 수 있게끔 학습시키는 것이다. 패턴을 발견해나가는 과정도 몇 가지로 나눈다.

1. 지도학습

첫번째 과정은 지도학습(Supervised Learning)이다. 이는 아무것도 모르는 어린아이에게 '이런 이미지가 고양이야'라고 차근차근 교육하는 방식이라고 보면 된다.

처음엔 미숙할지라도 매일 각종 고양이 사진을 보다 보면 확실히 고양이에 대한 개념을 확실히 알 수 있게 된다.

학습 데이터가 적으면 오류가 커지므로 데이터양은 충분해야 한다.

2. 비지도학습

반면 비지도학습(Unsupervised Learning)은 위의 교육 과정이 생략된다. '이런 이미지가 고양이야'라고 학습하는 게 아니라 컴퓨터가 '이런 이미지가 고양이군'이라고 자율적으로 깨닫게 하는 것이다.

위에서 어린아이가 교육으로 새로운 것들을 알아갔다면, 비지도학습은 정글에서 혼자 남겨진 아이가 살아남는 방법을 스스로 깨닫는 것과 같다. 고도의 연산 능력이 요구돼 웬만한 컴퓨팅 능력으로는 시도하기 쉽지 않다는 특징이 있다.

구글 블로그 내용에 따르면 자사 비밀 연구소인 '구글X'에서 비지도학습 방식으로 유튜브 내 고양이 이미지를 식별하는 딥러닝 기술을 개발 완료한 상태라고 한다.

3. 강화학습

마지막 개념은 고양이가 아닌 바둑으로 예를 들어보겠다. 만약 바둑의 '바'도 모르는 어린아이에게 약 15만 장의 기보를 끊임없이 교육한다면 기보를 학습해 규칙을 발견한 아이는 그 후 혼자서 대국을 하게 된다. 흑돌도 자신이고 백돌도 자신인 고독한 게임, 그렇게 약 4주 동안 100만 판의 바둑을 둔다. 그리고 끝내 바둑시합에 나가 노련한 프로 바둑기사에게 승리한다!

예상하셨나요?

위는 강화 학습(Reinforcement Learning)으로 이세돌 9단을 이긴 알파고의 이야기이다. 프로기사들의 기보만 보며 학습했다면, 알파고는 사람의 능력 그 이상을 뛰어넘긴 힘들었을 것이다. 엄청난 데이터를 기반으로 스스로 교육한 후, 자신 스스로 대국을 둬봄으로써 사람을 뛰어넘는 묘수를 터득할 수 있었던 것이다. 이게 바로 강화 학습이다.

09 유용한 딥러닝과 머싱신러닝 프로젝트에 대하여 분석하라.

인공지능은 여러 분야에서 훌륭한 성과를 내고 있으며, 오픈소스 진영에서도 아이디어가 바로 실현할 수 있도록 도움을 줄 수 있는 많은 프로젝트가 진행되고 있다. 유용한 머신러닝/딥러닝 프로젝트이다.

[그림 3-15] 유용한 딥러닝과 머싱신러닝 프로젝트

1. Magenta

마젠타(https://magenta.tensorflow.org/)는 기계학습을 사용하여 미술과 음악을 창조하는 인공지능 알고리즘을 설계하는 프로젝트이다. 재미있고 다양한 데모와 함께 인공지능의 창작 가능성을 보실 수 있다. 이 프로젝트의 궁극적인 목적은 사람들이 좋아하는 새로운 악기를 만들어 내는 것이라고 한다. 창작 AI에 관심을 가지시는 분들은 마젠타 프로젝트와 함께 시작해보시는 것은 어떨까?

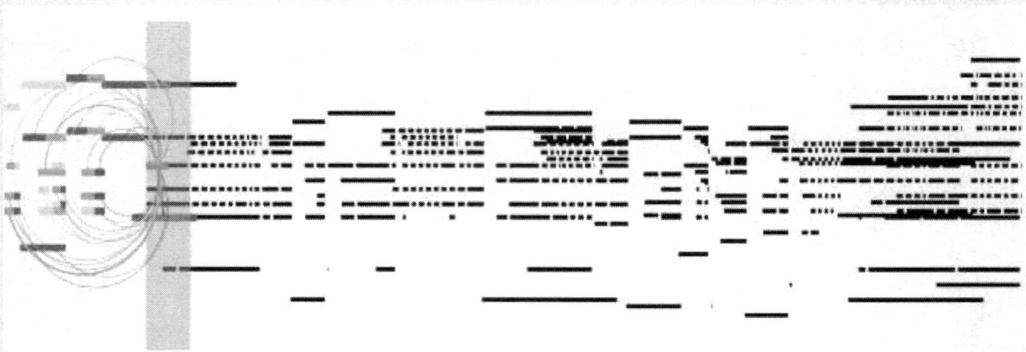

[그림 3-16] 마젠타 프로젝트

2. Fast.ai

Pytorch를 기반으로 만들어진 Fast.ai 라이브러리(https://docs.fast.ai/)는 복잡한 구현 없이 딥러닝 모델을 생성하고 학습시킬 수 있도록 개발되었다. 문제 정의, 모델 아키텍처, 전처리 및 학습 등 모두 사용하기 쉽게 간결한 방식을 제공하기 때문에 딥러닝 입문 및 교육용으로 적합하고 문서화도 잘되어 있다.

3. Detectron

Facebook AI의 객체 검출 및 인식을 위한 플랫폼이다. Mask R-CNN, RetinaNet, Fast R-CNN이 포함되어 있다. COCO 데이터 세트에서 사전에 훈련된 모델을 제공한다. 객체 검출 및 인식을 하는 분들이라면 Detectron도 참고해보는 것이 어떨까?

[그림 3-17] Detectron 프로젝트

4. fastText

Facebook AI의 자연어처리 라이브러리(https://fasttext.cc/)이다. 150개 이상의 언어에 대한 사전 학습된 단어 벡터 모델이 제공된다. 이러한 단어 벡터는 텍스트 분류, 요약 및 번역 등 많은 작업에 사용될 수 있다. 자연어처리를 하는 분들이라면 Word2Vec을 잘 알 것이다. 이 모델과 차이점은 하나의 단어 안에도 여러 단어들이 존재하는 것으로 간주하여 처리된다. '딥러닝'을 '딥' + '러닝'으로 구분하여 고려한다고 하니 그 성능이 더 좋다.

5. AutoKeras

자동화된 머신러닝인 AutoML을 위한 오픈소스 라이브러리(https://autokeras.com/)이다. 즉 데이터셋만 주어지면 해당 데이터셋에 최적회된 네트워크 아키텍처 및 하이퍼 파라미터 튜닝을 하게 된다. 그래서 fit() 함수 인자에 시간이 들어간다. '이 시간 내에서 최적 모델을 찾아라'라는 뜻이다? 이름은 케라스이지만, API만 케라스이고, 엔진은 PyTorch로 되어 있다.

AUTO KERAS

[그림 3-18] 오토케라스(AutoKeras)로그

6. Dopamine

구글에서 강화학습 연구를 위한 프레임워크이며 알고리즘을 빠르고 반복적으로 프로토타이핑을 할 수 있다. 프레임워크 내부에서 생성된 강화학습 에이전트를 생성 및 학습하고, 벤치마킹까지 할 수 있다고 하니 협업에서도 유용할 것 같다. 코랩(Colab)에서 구동할 수 있는 예제도 있으니 따라해보자.

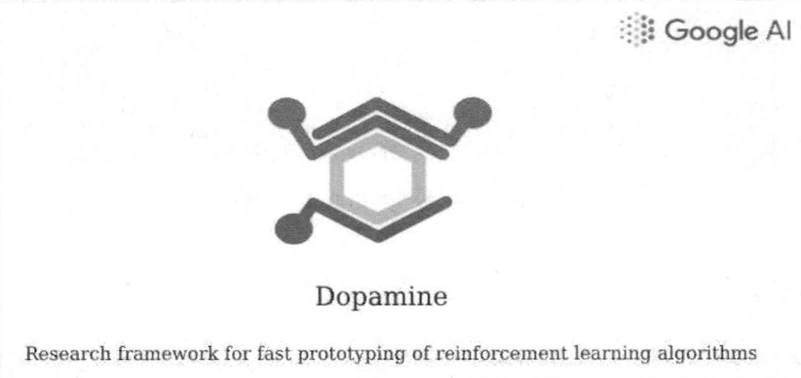

[그림 3-19] 구글에서 강화학습 연구를 위한 프레임워크

7. vid2vid

NVIDIA와 MIT 연구팀에서 비디오를 입력하여 비디오를 생성하는 모델을 개발했다. pix2pix(https://tcwang0509.github.io/vid2vid/)을 이용하면 각 프레임별로는 잘 변환이 된다고 하더라고 변환된 프레임을 합쳐서 보면 일관성이 떨어진다.

시공간적 적대적 목표 함수(a Spatio-Temporal Adversarial Objective)와 함께 세심하게 설계된 Generator와 Discriminator 아키텍처를 통해 Segmentation 마스크, 스케치 그리고 포즈 등의 다양한 셋에 대해서 고해상도의 진짜 같은 시간적으로도 일관된 비디오 결과를 내보인다. 비디오나 시계열 이미지를 다루는 분야라면 관심가져 보는 것이 좋을 것 같다.

[그림 3-20] https://tcwang0509.github.io/vid2vid/ 비디오-비디오 합성

8. ChatterBot

대화의 모음을 학습하여 사용자 대화에 대응하는 대화 엔진이다. 파이썬 기반으로 되어 있고, 언어에 종속적이지 않아 어떤 언어든지 학습시킬 수 있다.

[그림 3-21] ChatterBot

9. Kubeflow

머신러닝에 필요한 학습, 하이퍼 파라미터 튜닝, 서빙, 노트북을 올 패키지로 제공하고, TensorFlow, PyTorch, CXNet 등 다양한 딥러닝 프레임워크를 제공하므로, 개발자는 인프라에 대해서 깊게 알 필요없이 머신러닝을 쉽게 사용할 수 있도록 한다. 도커 관리 솔루션인 쿠버네티스(Kubernetes)라는 것이 있는 데, 쿠브플로우(Kubeflow)는 이 쿠버네티스 위에서 동작한다.

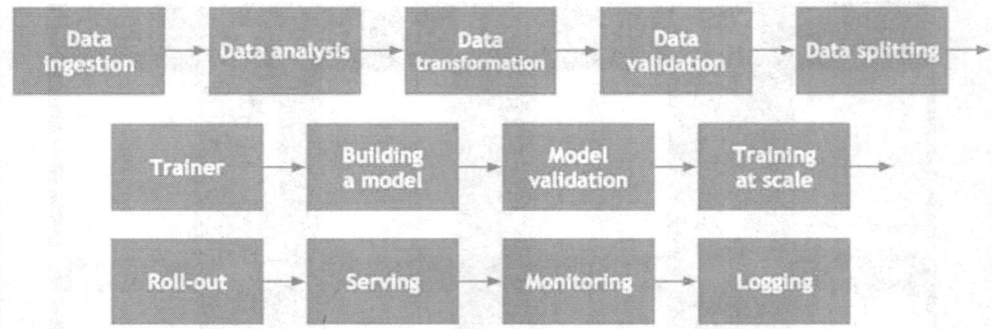

[그림 3-22] https://www.kubeflow.org/ 쿠베 플로우 머신러닝 툴킷

10. Imgaug

이미지를 다루는 딥러닝 모델이라면 데이터 부풀리기(Data Augmentation)가 필수이다. 이 데이터 부풀리기를 쉽게 할 수 있는 파이썬 라이브러리이다.

11. Imbalanced-Learn

분류 문제에서 데이터의 클래스 비율이 너무 차이가 나면, 모델 학습은 물론 성능 평가도 쉽지가 않다. 각 클래스에 해당하는 데이터 수의 차이가 큰 것을 비대칭 데이터 문제(Imbalanced Data Problem)라고 한다. Imbalanced-Learn는 이러한 문제를 해결하기 위해 다양한 샘플링 방법을 제공하는 파이썬 패키지이다.

12. Mlflow

실험, 재현성 및 배포를 포함한 머신러닝의 라이프사이클을 관리하기 위한 오픈 소스 플랫폼이다. 크게 3가지를 제공한다.

① MLflow Tracking: 코드, 데이터, 환경, 결과 등 실험을 기록하고 검색한다.
② MLflow Projects: 플랫폼에 상관없이 동작 가능하도록 만들어 준다.
③ MLflow Models: 다양한 배포툴로 모델을 전공하기 위한 포멧을 제공한다.

이 프로젝트는 아파치 스파크 프로젝트를 주도하는 기업 개발자들인 데이터브릭스(Databricks)에서 제공하고 있다.

13. AirSim

Microsoft AI & Research 팀이 개발한 AirSim은 자율주행 시스템에 사용되는 오픈소스 시뮬레이터로, AI, 딥러닝, 강화 학습과 컴퓨터 비전 테스트가 지원되는 사실적인 환경과 자동차 역학으로 구성된 플랫폼이다. Unreal Engine와 Unity를 지원한다. 자율주행차와 드론의 개발 역량을 대중화하는 데 기여를 할 것으로 기대된다.

학습활동.3 교수 · 학습 방법

교수 방법

- 인공지능의 작동 메커니즘에 대한 관련 용어, 구성, 방식 이해 정도를 파악한 후 수업을 진행한다.
- 교수자의 주도로 인공지능의 작동 메커니즘 등의 내용을 PPT 자료로 제시한 후 설명한다.
- 가능하면 사전에 개인별 학습 자료를 준비하여 모든 학생이 참여할 수 있는 문제 해결식 수업, 협력 수업이 가능하도록 한다.
- 인공지능의 작동 메커니즘 전 과정을 작업의 순서에 따라 단계적으로 실습이 이루어질 수 있도록 지도한다.
- 교재를 통해 수업을 준비하는데 있어서 필요한 모든 정보나 팁, 힌트 등 도움이 될 만한 내용들을 확인할 수 있다.
- 학생들이 만들게 될 각 모델들은 수업시간에 중점적으로 다뤄질 부분과 어휘, 질문, 답을 포함하고 있으며 또한 탐구할만한 추가적인 아이디어들도 포함하고 있다.

학습 방법

- 인공지능의 작동 메커니즘에 대한 관련 용어를 숙지하고, 인공지능의 작동 메커니즘에 대해 이해한다.
- 인공지능의 작동 메커니즘의 각 단계별 중점 사항을 체계적으로 학습한다.
- 인공지능의 작동 메커니즘의 수행순서의 전 과정을 실습한다.
- 인공지능의 작동 메커니즘의 내용을 이해한다.
- 인공지능의 작동 메커니즘을 이해하고 숙달이 될 때까지 학습한다.

학습활동.3 평가 및 피드백

평가 준거

- 평가자는 피평가자가 수행 준거 및 평가 내용에 제시되어 있는 내용을 성공적으로 수행할 수 있는 지를 평가해야 한다.

학습내용	평가항목	성취수준		
		상	중	하
인공지능의 작동 메커니즘	인공지능의 작동 메커니즘을 이해할 수 있다.			

평가 방법

• 작업 포트폴리오

학습내용	평가항목	성취수준		
		상	중	하
인공지능의 작동 메커니즘	인공지능의 작동 메커니즘을 이해할 수 있다.			

• 필기시험

학습내용	평가항목	성취수준		
		상	중	하
인공지능의 작동 메커니즘	인공지능의 작동 메커니즘을 이해할 수 있다.			

• 체크리스트를 통한 관찰

학습내용	평가항목	성취수준		
		상	중	하
인공지능의 작동 메커니즘	인공지능의 작동 메커니즘을 이해할 수 있다.			

• 피드백

1. 작업 포트폴리오
   - 제출한 보고서를 평가한 후 주요 사항에 대하여 표시하여 돌려준다.
2. 필기시험
   - 평가 결과 성적이 저조한 학생은 보고서 제출 기회를 부여한다.
3. 체크리스트를 통한 관찰
   - 실습 과정에서 평가한 후 개선해야 할 사항 등을 정리하여 돌려둔다.

참 | 고 | 문 | 헌

1. http://wiki.hash.kr.
2. Glenn McDonald, 〈현실로 다가온 영화 터미네이터 속 기술들〉, 《CIO코리아》, 2015.7.15.
3. Clint Boulton, 〈AI에 제동을 걸어야 하는 6가지 이유〉, 《CIO코리아》, 2018.4.11.
4. 블로터 채반석 기자, 〈인공지능 - '스카이넷'의 시대가 올까?〉, 《네이버 캐스트》, 2016.3.17.
5. 지재원, 〈인공지능의 장점과 한계〉, 《이글루시큐리티》, 2017.6.7.
6. 이은표 목사, 〈인공지능(AI.)의 전망과 기독교 세계관적 평가〉, 《네이버 블로그》, 2018.8.20.
7. 한국지식재산연구원, 인공지능(AI) 기술 및 정책 동향.
8. 정보통신기술진흥센터, 주간기술동향, 인공지능 기술 동향 및 발전 방향.
9. 소프트웨어정책연구소, 기계학습의 원리, 능력과 한계.
10. 데이터전문가 지식포털, 머신러닝 및 딥러닝.
11. 과학기술정책연구원, 인공지능 시대의 법적 · 윤리적 쟁점.
12. 연세대학교-정보대학원 UX Lab, 인공지능의 학습 어떻게 이뤄지나.
13. 휴넷, 메타인지의 정의.
14. https://namu.wiki/인공지능.
15. https://ko.wikipedia.org/wiki/인공지능.
16. 국경완, https://www.itfind.or.kr/인공지능 기술 및 산업분야별 적용사례, 정보통신기획평가원. 주간기술동향, 2019.3.20.
17. 이승훈, "최근 인공지능 개발 트렌드와 미래의 진화방향", LG경제연구원, 2017.12. pp.30-31.
18. 김형철, "ICT표준화 전략맵", 한국정보통신기술협회(TTA), 2018.10. pp.19-21.
19. 주영대, "미국의 인공지능(AI) 개발전략과 시사점", 한국산업기술평가관리원(KIET), 2016.12. p.32.
20. 과기정통부, "데이터 · AI경제 활성화 계획", 관계부처일동, 2019.1. pp.2-3.
21. 과기정통부 보도자료, "데이터 · 인공지능(AI) 경제 활성화의 이정표 제시", 2019.1.
22. 아웃소싱타임스, "뛰는 중국 걷는 한국, 중국 인공지능(AI) 인재 한국의 7배", 2019.1.
23. AIBRIL, "건강을 지키는 인공지능 AI와 헬스케어의 만남", 2018.10.
24. "헬스케어에 인공지능을 더하다", 2018. 6., https://skccblog.tistory.com/3712.
25. 행정안전부, "2019년 지능형 정부를 주도할 핵심기술 선정", 2019.1.28.
26. 국경완, "4차 산업혁명 시대 인공지능을 활용한 군사적 적용방안", 합참지, 2018.12.
27. 박형근, "정보보안에서의 인공지능 도입 분야와 주요 사업자", 2018.8.
28. 윤장우, "인공지능 관련 기술과 정책동향 및 시사점", 한국전자통신연구원(ETRI). 2015.7. pp.13-14.
29. 최은수, "인공지능의 습격…인간을 어디까지 위협할까?", 매일경제, 2016.3.
30. 헤럴드경제신문, "중국의 AI 굴기, 미국도 추월했다", 2019.2.
31. 중소벤처기업부, "중소기업 기술로드맵(2018~2020, AI/빅데이터), 2017.1. pp.18-24.
32. 심혜정, "우리기업의 인공지능(AI)을 활용한 비즈니스 모델", 국제무역연구원, 2018.3.

33. 경향신문, “군 AI는 워리어 플랫폼 · 드론봇 전투체계의 선행 핵심기술”, 2018.12.
34. https://www.oss.kr/info_techtip/show/1fab4646-a266-47dc-a39f-aa58005ee84f.
35. https://happist.com/요즘 뜨고 있는 인공지능기술, 2017.2.2.
36. https://blog.lgcns.com/1359.
37. https://brunch.co.kr/@morningb/3.

학습 1	인공지능의 개요
학습 2	인공지능의 종류
학습 3	인공지능의 동작 메커니즘
학습 4	**인공지능의 플랫폼**
학습 5	인공지능의 기술
학습 6	인공지능의 응용
학습 7	인공 지능의 정책 동향
학습 8	머신러닝의 개요
학습 9	머신러닝의 기술활용
학습 10	딥러닝의 개요
학습 11	딥러닝의 기술활용
학습 12	인공지능 시장현황

학습 목표	1. 인공지능 플랫폼을 이해할 수 있다.

4-1 인공지능 플랫폼의 개요

인공지능(AI, Artificial Intelligence) 플랫폼이란 사용자와 인공지능 플랫폼을 매개하는 인터페이스일 뿐이다. 실제 사용자의 요구를 처리하는 것은 클라우드 컴퓨팅 기반의 플랫폼에서 이뤄지며, 이 플랫폼을 구성하는 주요 기술이 '음성인식', '시각 인식', '자연어 처리', '추천' 등에서 성능향상을 가지고 온 인공지능(AI) 기술을 바탕으로 하는 클라우드 컴퓨팅 플랫폼이다.

인공지능 플랫폼은 인공지능 스피커나 인공지능 비서와는 구분되는 개념이다. 스피커와 비서는 사용자와의 접점에서 사용자의 명령을 접수하고, 처리한 결과물을 들려주거나 보여주는 역할을 맡는다.

개별 기업이 인공지능 자체 기술 확보를 위해서는 클라우드 컴퓨팅, 데이터 등 큰 비용이 소요되지만, 인공지능 플랫폼을 활용하면 벤처, 중소기업들도 인공지능 기반의 제품, 서비스 개발이 가능함. 아이디어만 있으면 적은 연구개발 비용으로 신뢰성 있는 제품, 서비스를 신속하게 만들 수 있는 등 파괴적인 확장성을 가지고 있기 때문에, 인공지능 플랫폼은 차세대 혁신 원천으로 주목받고 있다. 즉, 인공지능(AI : Artificial Intelligence) 기술이 미래를 열고 성공을 가져다주는 핵심 기술로 인식되면서 마이크로소프트, 구글, 애플과 같은 글로벌 기업뿐만 아니라 네이버, 카카오와 같은 내로라하는 국내 IT기업들은 앞 다투어 인공지능 플랫폼을 구축하고 기능을 향상시키기 위한 노력에 사활을 걸고 있다.

인공지능 플랫폼의 역할은 데이터를 수집하고 분석하여 서비스를 제공하는 것에 그치지 않는다. 그보다 더욱 중요한 것은 새로운 데이터가 계속해서 공급되고 신규 서비스가 만들어질 수 있는 생태계를 구축하는 것이다.

아마존과 구글은 인공지능 서비스를 통해, 마이크로소프트는 분석을 수행할 수 있는 플랫폼을 제공하여 생태계를 조성하고 있다

현재 인공지능 플랫폼은 스마트 스피커나 몇몇 스마트폰 정도에서 만나볼 수 있는 수준이지만, 다양한 영역에서의 활용이 가능하고, 어디든 적용될 수 있어 그동안 활용되지 못했던 공간에서의 활용이 가능하다. 그러나 인공지능(AI) 플랫폼 기술에 있어 소수 독점, 프라이버시 이슈, 알고리즘 견제와 윤리의 문제가 대두되고 있다.

마이크로소프트가 제공하는 인공지능 플랫폼인 Azure는 사용자가 인공지능 알고리즘과 서비스를 직접 개발할 수 있는 환경을 제공한다. 사용자는 클라우드 상에서 가상의 개발환경을 부여받고 Azure에서 제공하는 분석 도구를 활용하여 직접 데이터를 가공하고 분석 기능을 소프트웨어로 개발할 수 있다.

4-2 인공지능 플랫폼의 정의

1. 물리적 관점

인공지능 서비스를 구축하기 위해서는 해당 서비스의 개발 자원 및 배포 자원(서버)들의 통합덕인 관리(버전 관리, 형상 관리)와 환경제공(딥러닝 개발 환경), 그리고 자원 모니터링 등의 기능이 제공되어야 한다. 이러한 기능들을 물리적 관점에서의 플랫폼의 구성요소로 정의한다.

2. 활용 프로세스적 관점

인공지능 서비스 구축에 필수적인 기계학습 과정은 일반적으로 "데이터 준비 → 교육(훈련) 데이터 생성 → 기계학습 모델 생성 및 훈련 → 검증"과 같은 단계를 거치게 된다. 이러한 각 프로세스를 효과적으로 실행할 수 있는 인터페이스의 제공은 기계학습에 대한 숙련도다 낮은 개발자들의 서비스 구축에 대한 진입 장벽을 낮추어 플랫폼 활용 기회를 높여 줄 수 있다. 또한 잘 알려진 오픈 소스 기반의 딥러닝 라이브러리들을 추천 및 최신 버전을 관리하여 제공하는 기능은 이러한 프로세스의 품질을 높여주는 필수 요소이다.

3. 논리적 관점

머신러닝에 사용되는 다양한 알고리즘들을 내장하고 있는 머신러닝 프레임 워크의 준비는 인공지능 플랫폼의 활용성과 품질을 높여주는 중요한 요소이다.

〈표 4-1〉 인공지능 플랫폼의 다양한 개념

인공지능 플랫폼의 개념	물리적 관점	활용프로세스	논리적 관점
자연어 처리 및 이미지 인식 등의 기술을 통해 관련 서비스나 제품을 개발하기 위한 도구(알고리즘, 라이브러리, 사용 인터페이스)	고려하지 않음	사업 사례 경험고려를 포함하지 않음	논리 자원 중심의 개념
인공지능 서비스를 가능하게 하는 여러 기술요소를 한 곳에 통합한 뒤 이를 다양하게 조합하여 각 산업 영역에 적용할 수 있도록 구성된 것	고려하지 않음	경험에 기반한 활용프로세스를 플랫폼과 분리함	논리 자원 중심의 개념
기본 도구(자연어 처리 및 기계학습), 적용 서비스, 배포 형태(cloud and on-premises), 적용 애플리케이션(예측/챗봇/음성 인식 등)과 기타의 구성요소로 구성된 것	고려됨	경험 기반 활용 프로세스에 대한 고려가 부족함	다양한 논리 자원들을 고려하고 있음
비즈니스 문제를 풀기 위한 지능 애플리케이션을 개발하기 위한 도구(toolkit), 알고리즘 및 데이터의 집합 또한 모델링을 효율적으로 진행하기 위한 워크플로우를 구현한 인터페이스를 제공하는 것	고려하지 않음	워크플로우 및 pre-built in algorithm에 대해 고려하고 있음	다양한 논리 자원들을 고려 하고 있음

4-3 인공지능 플랫폼의 특징

인공지능(AI) 플랫폼의 형식적인 특징은 '음성 기반의 사용자 인터페이스'이다. 기존 디스플레이 기반 마우스나 키보드 같은 입력기기 또는 터치를 통해 이루어졌던 인간과 기계의 대화가 진화한 것이다.

인공지능 플랫폼은 다양한 사업 영역의 사용자가 원하는 인공지능 서비스 구축에 활용될 수 있는 다양한 추상화 수준의 기계학습 라이브러리(또는 인터페이스)들을 제공하며(논리적 관점), 해당 라이브러리들을 활용한 효과적인 서비스 구축 프로세스를 인터렉티브하게 실행할 수 있는 기능(활용 프로세스 관점) 및 효과적인 자원 관리를 통한 데이터 준비, 개발, 검증 및 배포를 지원(물리적 관점)하는 관련 소프트웨어, 라이브러리, 서비스 인프라스트럭처의 유기적 집합이다.

1. 다양한 사업 영역

IBM, 마이크로소프트, 구글, 아마존 등 글로벌 기업들이 범용 인공지능 플랫폼 개발을 통해 치열하게 경쟁하며 자사 플랫폼 제공 기술과 서비스들의 품질을 고도화하고 있음에도 불구하고, 이들 범용 플랫폼이 갖는 규모적 특성, 도입 비용 등의 문제와 제공되는 기술 및 서비스들의 추상화 수준에 따른 애플리케이션 개발 비용 등의 문제점들이 예전부터 꾸준히 인지되어 왔다.

인공지능 산업계에서는 이러한 문제의식에 대응하기 위해 금융/보험, 법률, 디자인, 제조, 교통, 의료, 세무/회계 등 다양한 분야에 특화된 사업 특화 플랫폼의 개발 및 발표가 이루어지고 있다. 이와는 독립적으로, 각 산업 분야에서 공통적으로 요구되는 서비스 영역에 의한 플랫폼 분류 가이드라인도 제시되고 있으며, 챗봇, CRM, 마케팅, 결제, SEO(Searh Engine Optimization), 텍스트 분석(Text Analytics) 등의 영역들을 포괄한다.

2. 서비스 인프라스트럭쳐

일반적으로 인공지능 플랫폼은 설치형(On-Premise) 또는 클라우드 시스템을 통한 서비스 제공형으로 서비스 인프라스트럭처가 준비될 수 있으며, 각 서비스 인프라스트럭처는 상황에 따른 장단점을 갖는다. 또한 서비스 인프라스트럭처는 각 기업 및 기관의 지능화 대상이 되는 데이터의 특성 및 보안에 대한 인식 등에 따라 도입 전략 시에 중요한 판단 기준이 되고 있다.

4-4 인공지능 플랫폼의 종류

서비스 적용 범위에 따라 일반 소비자를 대상으로 다양한 서비스 제공이 가능한 '범용 인공지능 플랫폼'과 의료, 금융, 법률 등 특정 산업영역에 특화된 '전문 인공지능 플랫폼'으로 구분된다.

1. 범용 인공지능 플랫폼

범용 인공지능 플랫폼은 구글, 페이스북, 아마존 등과 같은 IT 기업들이 확보하고 있는 방대한 양의 데이터와 사용자 정보를 바탕으로, 다양한 B2C 영역에서 범용적으로 활용 가능한 인공지능 플랫폼이다

범용 인공지능(AI) 플랫폼 시장은 현재 스마트폰 음성비서, 홈 가상비서, 챗봇(Chatbot) 등 음성지능 및 언어지능 플랫폼을 중심으로 시장경쟁이 본격화되고 있다. 글로벌 ICT기업들은 인공지능 플랫폼을 스마트폰 플랫폼 이후 ICT 패러다임을 주도할 혁신원천으로, 다양한 산업과의 결합을 통한 자사 인공지능 플랫폼 생태계 구축과 경쟁력 강화에 발 빠르게 대처하고 있다.

2. 산업용 인공지능 플랫폼

산업용 인공지능 플랫폼은 IBM, GE와 같은 기업들이 특정 사업영역에 집중하여 구현한 전문 인공지능 플랫폼이다.

주요 IT 기업들은 인공지능(AI)을 플랫폼화하여 다양한 산업에서 혁신을 만들며 산업 생태계를 주도하고자 하며, 각 산업 내 기업들은 IT 기업들의 인공지능(AI) 플랫폼을 활용하여 새로운 기회를 만들 수 있는 생태계가 만들어졌다.

〈표 4-2〉 인공지능 플랫폼의 종류

범용 인공지능 플랫폼		산업용 인공지능 플랫폼	
구글	• 온라인 웹 검색 서비스와 모바일 운영체제 안드로이드를 바탕으로 한 강력한 인공지능 플랫폼 구축 • 음성인식, 이미지 분석, 영상처리, 번역 기능 등을 수행하는 인공지능 플랫폼 구축 중	IBM	• 의료 전문 인공지능 플랫폼, 'Waston Health' 출시, 환자들의 데이터를 입력받으면 해당 데이터를 통한 의학적 분석 가능 • 각종 의료기관과의 제휴 및 M&A를 통한 방대한 의료정보 확보
페이스북	• 사회 관계망 정보(SNS)를 활용한 정교화된 개인별 맞춤형 인공지능 플랫폼 구축 • 게시물에 6가지 감정을 표현할 수 있는 데이터를 바탕으로, 개개인의 성향, 특성이 반영된 인공지능 플랫폼 구축 중	GE	• Industry 4.0을 가치로 하는 산업 인공지능 플랫폼, 'Predix Platform' 출시 • 기본적으로 센서, 기계 간 통신, 데이터 분석과 같은 IoT 기술 지원뿐만 아니라, 기계들이 스스로 정보 분석 및 능동적으로 작업하도록 하게 하는 소클라우드 플랫폼
아마존	• 온라인 클라우드 서버 기술을 바탕으로 한 대화형 인공지능 에이전트, '알렉사(Alexa)' 출시 • 아마존 쇼핑몰을 기반으로 한방대한 고객 데이터로 맞춤형 쇼핑 가능		

4-5 해외 인공지능 플랫폼 현황

최근 수년 동안, 해외의 시장조사기관 및 웹진 등에서는 다양한 인공지능 플랫폼들을 기사들을 다수 발표하고 있다.

알렉사 · 코타나 두 AI 플랫폼의 통합에 국내외 업계도 주목하고 있다.

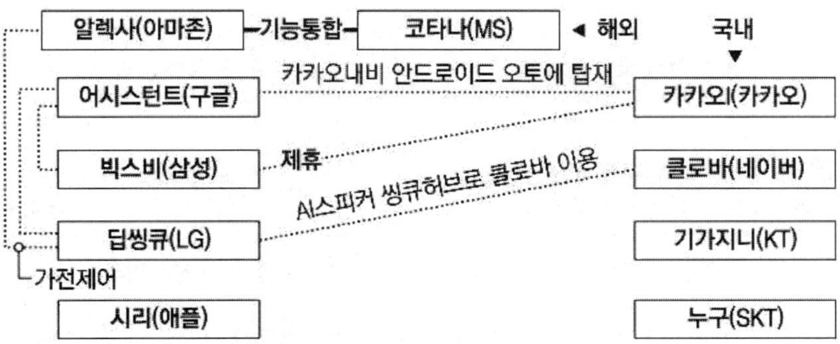

[그림 4-1] 주요 인공지능 플랫폼 협력관계

PAT research는 15개의 인공지능 플랫폼들(마이크로소프트의 Azure Machine Learning, 구글의 Cloud Prediction API와 Tensorflow, InfoSys의 Nia, Wipro의 HILMES 등)을 구독자들의 평점에 기반하여 선정하고, 개념과 강점, 도입 시의 장점과 한계, 사용성, 제공되는 기술과 성능 등을 비교해 볼 수 있는 웹사이트를 운영하고 있다.

60 Second Marketer의 CEO인 Jamie Turner는 157개의 인공지능 플랫폼들을 소셜미디어, 챗봇, CRM, 마케팅, SEO, 웹사이트 디자인 등 17개 분야로 분류하여 소개하고 있으며, Botify, 마이크로소프트의 Lui API(이상 챗봇), Emotient(얼굴 감성 인식), IBM Watson(범용 인공지능 플랫폼으로 분류) 등을 포함하고 있다.

또한 G2 Crowd에서는 기계학습 모델 설계의 용이성, 제공되는 기계학습 라이브러리, 학습 방법(model training), 비존 및 자연어 처리 등 8개 분야로 26개의 인공지능 플랫폼들을 선정하여 비교할 수 있는 서비스를 제공하고 있다.

Future plc에서 운영하는 TechRadar 역시 아마존의 Machine Learning, Diagflow(API · AI에서 명칭이 변경됨), 마이크로소프트의 Azure Learning Studio, MonkeyLearn, IBM Watson을 선정하여 간략히 소개하고 있다.

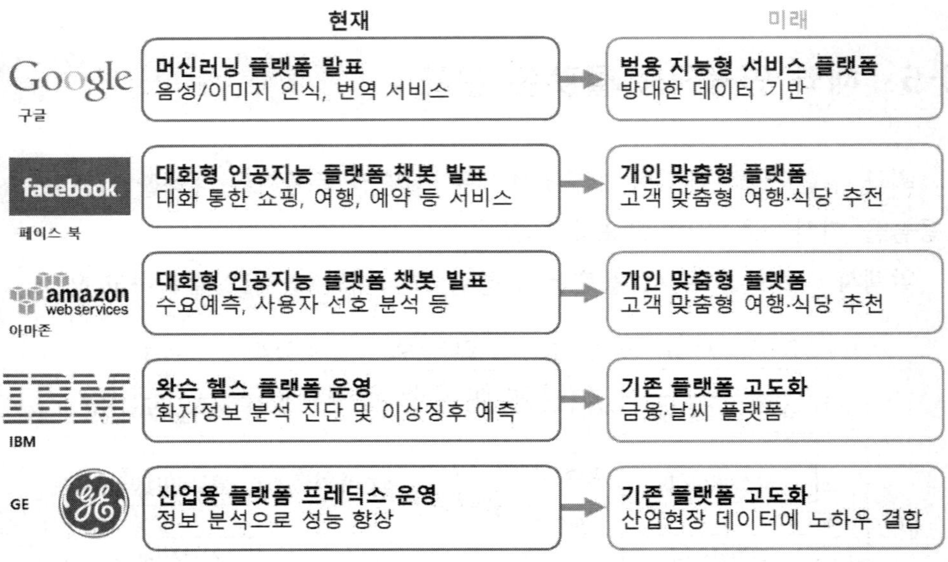

[그림 4-2] 해외 주요기업 인공지능(AI) 플랫폼의 현재와 미래

[그림 4-2]처럼 주요 해외 IT 기업들은 인공지능(AI)을 플랫폼화하여 다양한 산업에서 혁신을 만들며 산업 생태계를 주도하고자 하며, 각 산업 내 기업들은

IT 기업들의 인공지능(AI) 플랫폼을 활용하여 새로운 기회를 만들 수 있는 생태계가 만들어지다.

<표 4-3>은 공통적으로 많이 언급되고 있는 아마존, 구글, IBM, 마이크로소프트의 인공지능 플랫폼에 대해서 정의 및 특성에 기반하여 비교한 결과를 보여준다.

<표 4-3> 국외 인공지능 플랫폼의 비교

분 류	아마존	구글*	IBM	마이크로소프트
개 요	AWS기반 인공지능 플랫폼으로 정형데이터에 강점을 보임	가장 최신의 연구 동향이 반영된 알고리즘을 제공함(Tensorfow 등)	REST API 등의 형식으로 개발된 인공지능 서비스가 고객 제품에 적용되는 것을 기본 철학으로 하는 대표적인 범용 인공지능 플랫폼임	고객의 데이터에 적용될 수 있는 다양한 특화 알고리즘 제공을 기본철학으로 함
활용 프로세스 지원	Amazon Machine Learning Console / Command Line Interface	Command line interface	IBM의 다양한 분석 소프트웨어들을 API 형태로 제공함	Amazon Machine Learning Studio (Drag-and-Drop 방식을 지원함)
라이브러리 (알고리즘) 지원	Regression/Binary classification /Multiclass classification 등	Video analysis/ Image analysis/ Speech recognition / Text analysis/ Machine translation 등	IBM's Data Science Experience Workbench platform을 통해 다양한 API들을 제공함	Decision tree, Bayesian recommendation Deep neural networks, regression clustering
데이터 저장 위치	AWS	Google Cloud Storage	IBM Bluemix	AWS/Azure
기계학습 알고리즘의 자동추천	지원함	지원함	지원하지 않음	지원하지 않음
서비스 구축 규모에 대한 고려 사항	데이터 분석, 모델 구축 : 시간당 과금 Prediction : 1,000건 및 10MB 메모리 단위로 과금 정책을 정의함	데이터 분석, 모델 구축 : 시간당 과금 Prediction : 1,000건 및 호출 API에 대해 과금 정책을 정의함	서비스 인스턴스(20개의 기계학습 모델 운영) 개수 당 과금하며, 분석은 시간당, 예측 서비스는 1,000건의 배치당 과금함	각 도구들에 대해 평가 버전을 제공하며, 웹서비스 배포를 위한 과금정책이 정의되어 있음

4-6 국내 인공지능 플랫폼의 현황

삼성전자와 LG전자가 자사 시스템 및 전자 기기에 각각 카카오의 '카카오아이', 네이버의 '클로바' 등 인공지능(AI) 플랫폼을 적용했다. 국내 포털사의 방대한 데이터베이스를 비롯해 기존 서비스를 활용해 '스마트홈' 생태계를 대폭 확대하기 위해서다. 따라서 이번 양측 간 경쟁에서 승기를 잡은 측이 향후 국내 AI 플랫폼 시장을 주도할 것이다.

최근 국내 인공지능(AI) 시장에서도 대기업을 중심으로 일반 소비자(B2C)를 대상으로 한 음성지능 플랫폼 기반의 다양한 제품 · 서비스가 출시되면서 인공지능 (AI) 플랫폼 시장경쟁이 본격화되고 있다.

〈표 4-4〉 국내 인공지능(AI) 플랫폼 사례

분 야	업 체	제품명(플랫폼명)	비 고
스마트폰 가상비서	삼성	빅스비	휴대폰 제조사
	LG	구글 어시스턴트	
스마트홈	SKT	누구	통신사
	KT	기가지니	
챗봇	네이버	쇼핑톡톡(아미카)	포털
	SK 플래닛	바로	
	카카오톡	카카오톡 플러스 친구	

스마트폰 음성 분야에서는 삼성이 인공지능(AI) 플랫폼 '빅스비'를 개발하였으며, 홈 가상비서 분야에서는 통신3사(SKT, KT, LG U+)가 인공지능(AI) 플랫폼 전담 조직을 꾸려 자체 서비스를 개발하거나 고도화를 추진 중에 있다.

최근 4차 산업혁명에 대한 정부 지원 사업 및 조직들이 설립되고 국가 차원의 로드맵이 수립되면서 스타트업 중심으로 산업 특화형 플랫폼들을 구축하는 사례들이 지속적으로 증가하고 있는 추세이다.

1. 클라우드 기반 플랫폼

1) 삼성전자

삼성전자는 AI 플랫폼으로 빅스비와 2020년 CES에서 발표한 새로운 네온로 2개 트랙으로 AI플랫폼의 확산을 할 것으로 예상된다. 특히 예전의 빅스비 AI 플랫폼의 확산을 위해 2018년부터 관련 소프트웨어 개발도구(SDK)를 공개했고 영어, 중국어, 독일어, 스페인어 등 다양한 언어의 음성명령과 번역도 지원하고 있다. 또 삼성의 강점인 다양한 제품 포트폴리오를 연결하는 서비스도 구현하는 것이다. 새로운 인공지능(AI) 프로젝트 '네온(NEON)'은 '인공 인간'(Artificial Human) 네온은 실제 사람과 구분이 어려울 정도로 정교하게 설계돼 아바타와 대화하는 듯한 서비스의 형태이다.

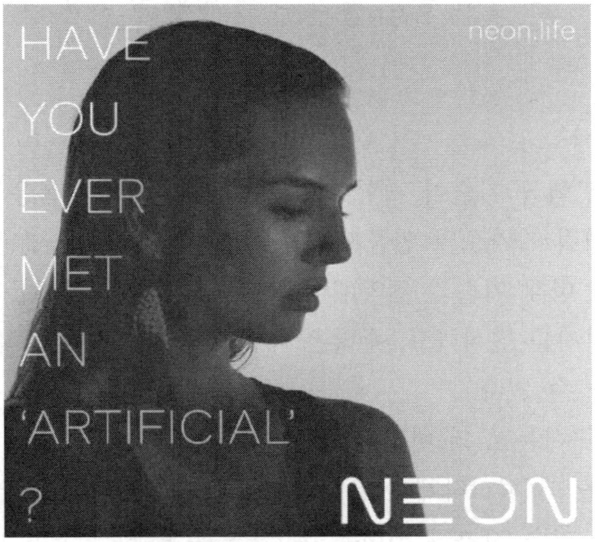

[그림 4-3] 삼성전자 AI플렛폼 네온

삼성전자는 매년 5억 대가 넘는 제품을 판매하고 있다. 우리는 제품(Device)을 중심에 두고, 고객들의 생활과 밀접한 AI 서비스와 기능들을 제공하기 위해 치열하게 고민하고 있다.

삼성 AI의 강점으로 전자제품에 AI 기술을 접목해 새로운 가치를 창출할 수 있다. 예를 들어 AI가 냉장고 속의 식재료를 인식하고 요리법을 자동으로 추천해 TV 화면에 보여준 뒤, 해당 식재료를 오븐에 넣으면 그 요리법대로 작동이 될 수 있다. AI가 소비자의 건강 정보를 분석한다면 맞춤형 식단을 추천하고, 삼성

헬스를 통해 운동을 추천하는 등의 시나리오도 가능하고 소비자에게 더 편리한 경험을 제공할 수 있다. 지능형 개인비서를 갤럭시 스마트폰의 사용성 제고를 위한 수단으로 우선 활용하고 자사 가전기기 뿐 아니라 타사 앱과의 연계로 외연 확대를 추진한다.

빅스비를 전반적인 업무를 지원하는 목적이 아닌 삼성전자의 새로운 '지능형 인터페이스로' 음성, 터치, 텍스트, 이미지 등 다양한 입력 방식으로 정보를 받아들이고, 스마트폰을 직관적이고 원활하게 사용할 수 있도록 지원한다.

보이스(Voice), 비전(Vision), 리마인더(Reminder), 홈(Home)의 4가지 기능으로 구성되어 있으며, 개인화 기능을 강화하고 지식검색, 금융 서비스, 음악추천 재생 등 지원 서비스를 확대하고 있다.

네이버 등 포털과의 연계로 생활정보와 일반지식 검색 기능을 강화하고 은행들과 연계된 '삼성페이'를 송금, 환전, 잔액 조회 등 금융 서비스 플랫폼으로 활용하고 있다.

2) 카카오

카카오의 AI 핵심 기술이 결합된 통합 인공지능 플랫폼을 운영하고 있다.

[그림 4-4]처럼 카카오의 인공지능(AI) 플랫폼, 'Kakao i'는 카카오가 보유한 핵심 기술이자 미래 기술의 집약체이다. 'Kakao i'는 음성을 알아듣고, 대화를 이해하며, 이미지를 인식하고, 수많은 데이터를 확인하여 사용자가 원하는 것을 정확히 찾아줄 수 있다.

카카오가 추구하는 AI의 비전은 단순한 기술의 진화가 아니다. AI를 통해 일상의 모든 것들을 더 편리하게 이용할 수 있는 경험을 제공하는 것, 특별한 지식 없이도 누구나 기술 진화의 혜택을 볼 수 있도록 하는 것. 그것이 카카오가 AI 기술을 통해 만들어 가려는 세상이다.

'Kakao i Inside'는 일반 제품이나 서비스에 'Kakao i'의 기술 일부, 혹은 전체가 적용돼 사용자에게 새롭고 더 편리한 경험을 제공하는 경우 부여되는 기술 보증 브랜드이자 인증 마크이다. 'Kakao i Inside'를 통해 카카오가 만드는 새로운 변화를 접할 수 있다.

'Kakao i Open Builder'는 누구에게나 제공되는 'Kakao i' 개발 플랫폼이다. 이 플랫폼을 통해 파트너들은 보다 쉽고 빠르게 'Kakao i'의 기술을 활용할 수 있으며, 사용자들은 더 확장된 'Kakao i'의 기능을 만날 수 있다.

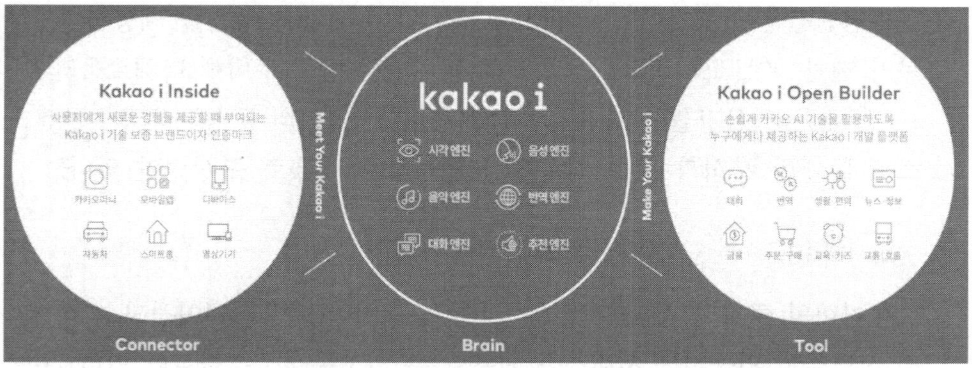

[그림 4-4] 카카오의 통합 인공지능 플랫폼

카카오 플랫폼의 핵심인 사용자 관리 기능을 시작으로, 푸시 알림 및 앱로그 분석(Analytics) 플랫폼이 제공된다.

개발자의 피드백을 통해 앱 개발에 필요한 더욱 다양한 기능들이 API로 계속 제공된다.

kakao AI엔진은 시각/사물인식기술을 이용한 시각엔진, 음악검색 및 분석기술을 이용한 음악엔진, 음성인식/합성기술은 이용한 음성엔진, 다국어 번역 처리 기술을 이용한 번역엔진, 자연어 처리 기술을 이용한 대화엔진, 빅데이터 및 머신러닝 기반 추천기술을 이용한 추천엔진이 포함하고 있다.

시각엔진은 이미지 정보를 이해하고, 세상과 소통하는 다양한 기술을 연구하고 있다. 이미지 내부의 콘텐츠를 분석해서 얼굴, 상품, 태그, 성인여부, text등을 판별하는 정교한 이미지 프로세싱 및 분석기술을 연구한다.

음악엔진은 언제 어디서든 원하는 음악정보를 제공하는 기술을 연구하고 있다. 음악을 검색하고, 분석하는 다양한 기술을 연구한다.

음성엔진은 음성 정보를 이해하고, 사람의 음성언어를 합성하는 기술을 연구하고 있다. 보다 자연스러운 TTS, 정확한 STT를 제공하고 있으며, 화자인식, Keyword spotting 기술을 연구한다.

번역엔진은 언어와 언어의 장벽을 허무는 번역 기술을 연구하고 있다. 문장단위를 뛰어넘는 문맥 파악 및 문체를 반영한 자연스러운 표현을 위한 기술을 연구한다.

대화엔진은 사람의 대화를 이해하고, 기기와 사람간 소통에 필요한 다양한 기술을 연구하고 있다. 대화 속에서 말하는 사람의 의도, 말하기의 목적을 이해하고, 그에 맞는 결과를 제공하기 위한 다양한 기술을 연구한다.

추천엔진은 사용자에게 콘텐츠를 소비하는 새로운 경험을 제공한다. 검색, 전문가 제안, 카테고리 탐색 등 기존의 획일화된 방식에 비해 다채로움과 편리함으로 더 많은 사용자를 만족시킬 수 있다. 추천 엔진의 구성은 사람, 콘텐츠, 컨텍스트에 대한 분석과 상호 작용을 모델링하는 기술로 구성되어 있다.

3) 네이버

네이버의 클로바 AI 플랫폼은 [그림 4-5]처럼 애플리케이션과 디바이스를 가진 사람들이 인공지능 서비스를 이용할 수 있도록 하는 '클로바 인터페이스 커넥트(CIC)'와 콘텐츠나 서비스를 인공지능 기반으로 개발할 수 있도록 도와주는 '클로바 스킬 툴(Clova Skill Tools)'로 구성되어 있다.

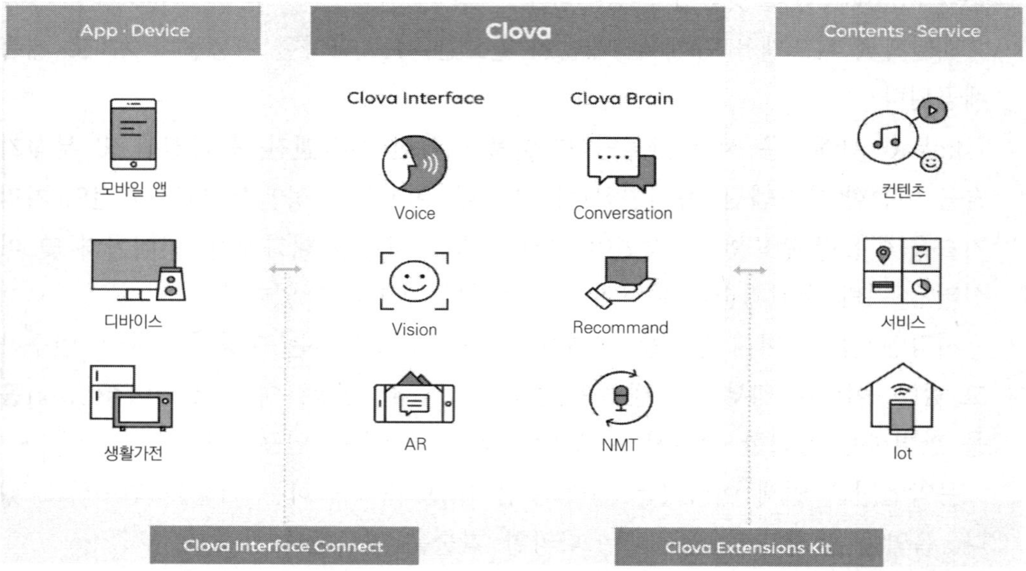

[그림 4-5] 네이버 클로바 구조

클로바는 Clova Extensions Kit와 Chatbot Builder를 제공하여 새로운 Skill을 쉽고 빠르게 클로바에 추가할 수 있도록 한다. 클로바에서 제공하는 개발자 도구들을 통해 새로운 음성 기술을 개발하고 개발자는 특별한 서비스로 더 많은 고객을 만날 수 있다.

Clova Extensions Kit는 외부 서비스나 IoT 기기를 제어할 수 있는 'Clova Skill'을 서비스할 수 있도록 필요한 도구와 인터페이스를 제공한다.

Chatbot Builder를 통해 개발자가 아닌 일반 사용자도 쉽고 빠르게 챗봇을 만들고 서비스할 수 있다. Clova Chatbot은 기업의 상담 콜센터를 대체하고, 사용자의 흥미를 자극하는 재미있는 콘텐츠로 만들어지고 있다.

Clova Interface Connect(CIC)를 사용하면 온라인에 연결 가능한 모든 디바이스를 간단하게 클로바에 연결할 수 있다. 클로바에서 제공하는 API, SDK, 개발 문서들을 통해 다양한 제품에 클로바를 적용한다.

4) SK텔레콤

독자적인 음성인식 및 자연어 처리 연구개발 성과를 바탕으로 국내 최초로 음성인식 기반 인공지능(AI) 플랫폼 '누구(NUGU) VER 1.9.0('19.12.19.)를 출시하고 계속 업데이트하고 있다.

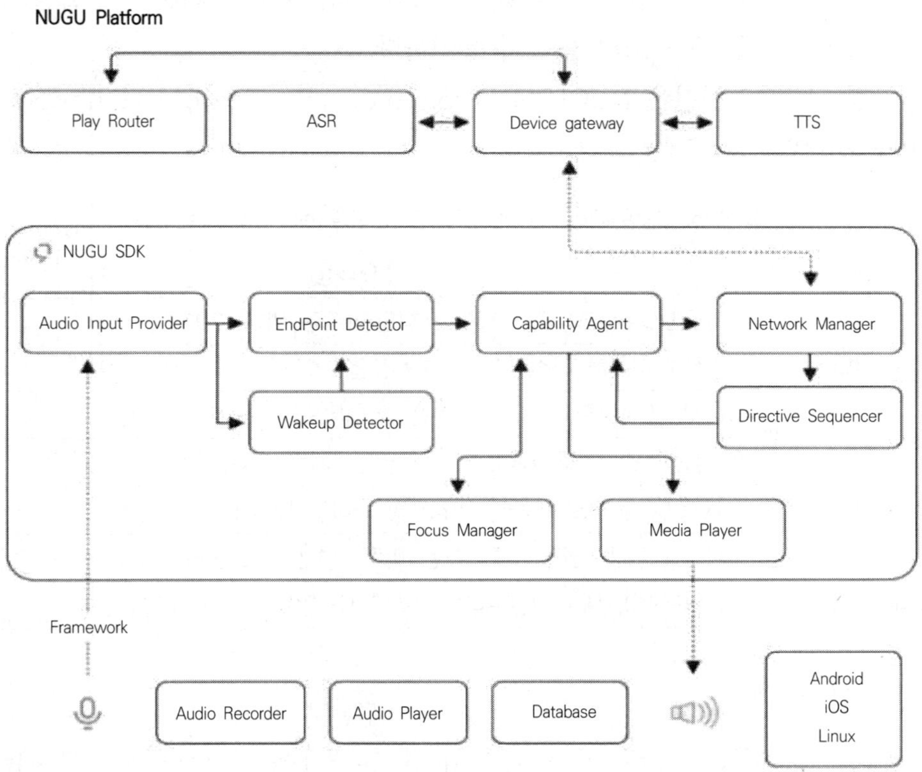

[그림 4-6] SKT AI 플랫폼 '누구' 구조

SKT AI 플랫폼(https://www.nugu.co.kr/)의 NUGU SDK는 다양한 디바이스와 앱에서의 NUGU 플랫폼 연동을 지원하여 음성인터페이스 기반 다양한 AI 기능을 제공한다. NUGU SDK에서 제공되는 API 형식에 따라 이용자의 요청(음성명령)을 NUGU 플랫폼으로 전송하고 NUGU 플랫폼의 처리 결과를 클라이언트에 전달한다.

NUGU SDK는 사용자의 요청(음성명령)을 NUGU 플랫폼으로 전송하고 NUGU 플랫폼의 처리 결과에 따라 디바이스나 어플리케이션의 기능을 제어한다.

[그림 4-6]의 NUGU SDK는 iOS, Android, Linux 플랫폼을 지원한다. 각각의 플랫폼에 맞는 언어와 특성을 따르고 있으며, 동일한 구조를 가지고 있는 영역(Common)과 플랫폼별로 다른 구조를 가진 영역(Depends on platform)이 구분되어 있다. 예를들면 Android 환경에서 NUGU 서비스를 쉽게 사용할 수 있도록 NUGU SDK for Android를 제공한다. 특징은 주요 기능이 교체 가능한 구조로 특성에 따라 쉽게 커스터마이징 가능하고 외부 라이브러리 사용 최소화하여 기존 애플리케이션 적용에 용이하고 플랫폼 독립적/의존적 모듈을 명확히 분리하여 타 플랫폼으로의 확장에 용이하다.

지원하는 OS 버전은 NUGU SDK for Android는 Android Lollipop(5.0) 이상을 지원한다.

〈표 4-5〉 SK텔레콤 음성인식 기반 AI 플랫폼 '누구(NUGU)' 현황

구 분	주요내용
적용 단말기	스마트 스피커(2016년 9월), 소형단말(누구 미니. 2017년 8월)
	키즈폰(웨어러블 디바이스) · IPTV 셋톱박스(2017월11~12월 예정)
	이어셋, 스마트폰, 각종 생활가전, 커넥티드 카 등에 적용예정
주요 서비스	음악감상, 스마트홈 제어, 뉴스 브리핑, 치킨 · 피자 배달 주문
	IPTV(Btv, 음성으로 채널 변경) 및 모바일 내비'T 맵'과 연동
	위키백과 검색, 환율 조회, 오픈 마켓 '11번가'로 전자상거래
국내 경쟁사	삼성(빅스비), 네이버(클로바), 구글(어시스턴트), 애플(시리)등

5) KT

KT는 인공지능 플랫폼 '기가 지니(GiGA Genie)'를 진화시키며 인공지능 플랫폼 영토를 확장하였다.

KT AI플랫폼(https://apilink.kt.co.kr/)는 서비스 개발을 위한 SDK 제공 및 음성 인식, 대화 Dialog Kit을 제공하여 다양한 서비스 구축이 가능하고, 최신 기술 기반의 AI 서비스를 구축할 수 있다. GiGA Genie AI Kits은 기가지니 단말을 통해 3rd party서비스를 구현하기 위한 도구들이다.

기가지니 단말을 통해 새로운 서비스를 소비자들에게 선보이고 사업기회를 만

들어 볼 수 있다.

GiGA Genie Inside는 3rd Party 디바이스에서 기가지니 서비스를 제공할 수 있는 플랫폼이다.

인공지능 기술이 없는 회사에서도 Inside SDK(Device SDK, Mobile SDK)를 탑재하여 인공지능 디바이스를 개발할 수 있다.

GiGA Genie AI APIs는 기업에서 가지고 있는 디바이스나 모바일 앱에서 음성인식, 대화, 번역 기능을 결합한 자신만의 서비스를 개발할 수 있도록 제공하는 개방형 API이다.

GiGA Genie API는 음성, 대화, 번역 서비스 API를 포함하며, 앞으로 음성 합성, 영상인식 등으로 확대 제공한다.

KT APP 갤러리는 GiGA Genie AI Kits를 활용하여 최신기술의 AI 서비스, 검증된 API, 손쉬운 사용으로 다양한 서비스 개발이 가능하며, 다양한 카테고리로 구분하여 제공된다.

[그림 4-7] KT 기가지니2

6) LG전자

LG전자도 스마트폰에 구글 '어시스턴트', 냉장고에 아마존의 '알렉사'를 탑재하고 있으나 'AI 서비스 사업부'를 신설하고 자체 개인비서 서비스를 출시하였다.

LG전자가 최근 자사 인공지능(AI) 플랫폼 '씽큐'를 외부에 공개한다.

http://thinqai.developer.lge.com/ko/why_thinq_ai/overview/

ThinQ.AI는 LG의 인공지능 브랜드인 ThinQ의 개발자 플랫폼이며 인공지능 기술을 플랫폼 형태로 제공한다.

ThinQ.AI는 다양한 OS, IoT 플랫폼에서 음성 지능, 영상 지능, 그리고 생체 지능 엔진들을 제공하여 개발의 효율성을 높이고 확장성을 확보하고 있다.

개발자가 각 엔진의 기능을 상세하게 알지 못해도 ThinQ.AI가 제공하는 샘플 앱과 API를 사용한다면 인공지능 서비스를 쉽게 이용할 수 있다.

또한 ThinQ.AI를 사용하여 개발한 인공지능 서비스는 가전제품, 모바일, 로봇 그리고 자동차 등과 같은 광범위한 제품에 적용할 수 있다.

음성 · 언어, 영상, 생체 인식과 관련된 AI 엔진을 개발 파트너에게 개방하며 씽큐 플랫폼 개발자 사이트를 통해 공개한다. LG전자는 씽큐 플랫폼 공개로 AI 생태계 확장에 속도를 낼 방침이다.

씽큐 플랫폼은 음성 · 영상 · 생체 · 제어지능으로 구성됐다. TV, 생활가전, 휴대폰, 자동차, 로봇 등 각 제품에 특화된 AI를 구현한다. 씽큐 플랫폼 개발자 사이트를 통해 소프트웨어 개발 도구(SDK) 형태로 제공된다.

LG전자는 씽큐 플랫폼 중 음성인식 기술을 우선 외부에 공개한다. LG전자에 따르면 해당 기술은 소음과 잡음에 강하고 고객들이 일상에서 사용하는 언어를 좀 더 정확하게 인식할 수 있는 성능을 갖췄다. 이후 순차적으로 다른 AI 기술도 개방할 계획이다.

〈표 4-6〉 LG전자 AI 플랫폼 사양

버전명	CHAMONIX ThinQ.AI 3.0
지원 OS/Platform	Linux, Android, webOS, CLIP
릴리즈 일자	2019년 08월 23일
신규 기능 및 엔진	Cloud API GW Open Innovation Technology(OI, 외부 업체 기술) Natural Language Processing(NLP, 자연어 처리) Multi-device Wakeup Arbitration(MWA, 동시 기동어 제어) Speech Signal Processing(SSP, 음성 전처리) Feedback Analysis System(FAS, 피드백 분석 시스템) Embedded Deep Neural Network Toolkit(EDNN, DNN 모델 압축 툴킷) ThinQ.AI Reference HW: DQ1

LG전자는 "외부 개발자들은 씽큐 플랫폼이 제공하는 다양한 개발 도구를 활용해 최적의 인공지능 성능과 UX를 제공하는 솔루션을 개발하고 다양한 영역에서 새로운 고객 가치를 만들어 낼 수 있다.

씽큐 플랫폼은 3가지 인공지능 지향점인 진화, 접점, 개방을 지속적으로 강화시킬 것이고 개방화 전략을 가속화해 인공지능 분야에서 시너지를 낼 수 있는 경쟁력 있는 파트너를 계속 발굴하겠다고 한다.

2. 공통서비스 제공 플랫폼

국내 중소기업과 신생 벤처기업(스타트업)도 인공지능(AI) 분야에서 두각을 나타내고 있으며, 각 기업별로 데이터 확보가 용이한 특정 분야에 주력하여 경쟁력을 키워 나가고 있다.

1) 솔드룩스의 아담

솔트룩스는 지난 20년간 자연언어처리와 시맨틱, 추론을 포함한 인공지능 원천 기술을 확보해 왔으며 시맨틱 검색과 텍스트마이닝을 넘어 빅데이터 기반의 기계학습과 지식그래프 기반의 추론을 융합한 탁월한 성능과 기능의 기술개발과 산업화를 위한 한 길을 걸어 왔다.

인공지능 공통 플랫폼인 '아담(ADAMs)(www.saltlux.com) 솔트룩스 20년 R&D의 결정체이다. 국내 중소·중견기업 16곳이 연합해 만든 AI 플랫폼이다.

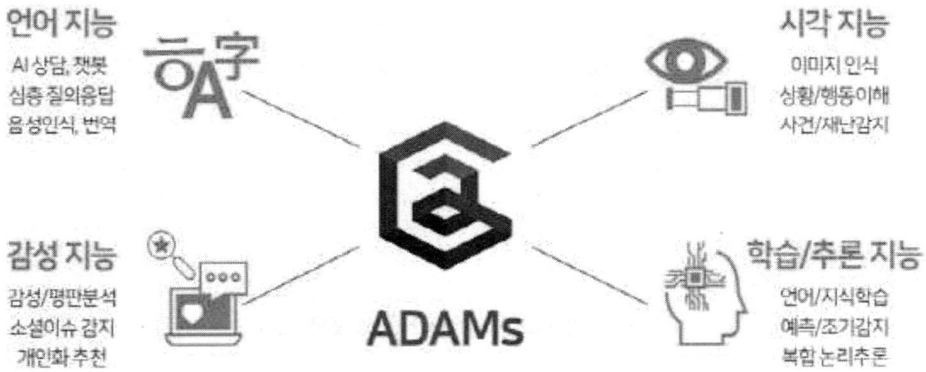

[그림 4-8] 아담의 AI 플랫폼

2) 아크릴의 조나단

아크릴은 2018년에 인공지능 플랫폼 조나단(Jonathan)을 발표하였으며, 물리적 관점, 활용 프로세스적 관점 및 논리적 관점의 기술 구성 요소를 갖추고 있는 인공지능 플랫폼의 사례를 보여주고 있다.

통합 인공지능 플랫폼 Jonathan은 고객이 원하는 AI 서비스 구축을 위한 고성능 딥러닝 알고리즘 라이브러리인 Intelligence와 AI 사용을 쉽고 편하게 돕는 Services를 제공한다. 서버 자원의 최적의 활용 로직을 제공하는 Flightbase, 웹 기반 빅데이터 키워드 분석 및 트렌드 분석 툴 Datascope, 대화형 지능 서비스 구축

툴 및 지능 공유 플랫폼 Jonathan Bots, 학습데이터 태깅 시스템인 Marker로 구성되어 있다.

[그림 4-9] 아크릴의 인공지능 플랫폼 조나단

3) 디오텍

디오텍의 셀바스 AI는 Data Technology를 기반으로 국내 인공지능 시장을 앞장서고 있는 Data-Driven 기업이다.

음성, 필기, 이미지, 텍스트와 같은 비정형 데이터의 핸들링 및 딥러닝 기법을 통한 인공지능 개발 기술은 셀바스 AI 기술력의 원천이다.

디오텍의 인공지능 플랫폼은 시각지능(OCR, HWR), 청각지능(Speech Solution), 언어지능(NLP, Chatbot) 등을 포함하고 있고 이러한 인공지능 기술을 통해 Healthcare, SmartCar, Home IoT 등 다양한 산업군에 적용되고 있다.

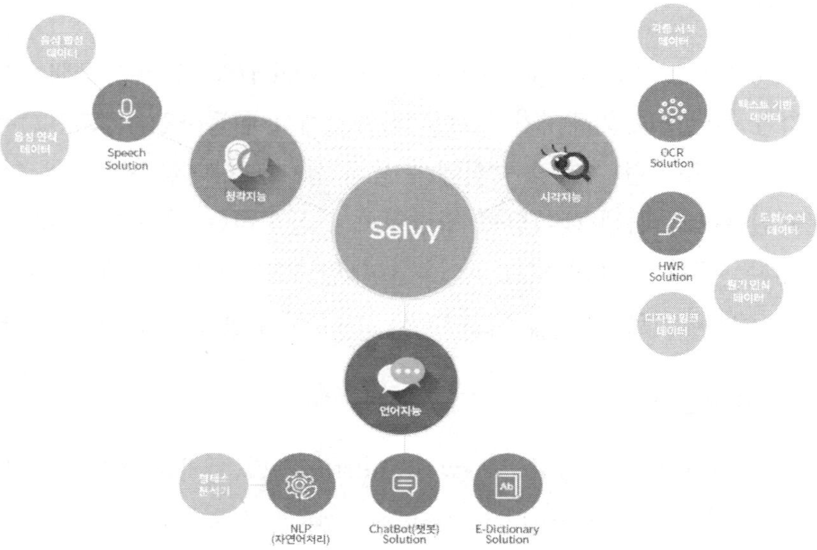

[그림 4-10] 디오텍의 셀바스 AI 플랫폼

3. 산업특화 플랫폼

1) 루 닛

루닛(Lunit, www.lunit.io/ko)은 의료 인공지능 기업이다. 의료 영상을 통한 진단과 치료를 돕는 인공지능을 개발한다. 인공지능을 필두로 데이터 기반 의학의 미래를 이끌어간다. 정확한 진단과 효율적인 치료를 통해 환자와 의료진의 시간과 비용을 아낄 수 있다.

루닛의 AI플랫폼의 제품은 흉부X선 영상분석 AI, 유방촬영술 영상분석AI, 조직슬라이트 영상분석 AI로 분류한다.

[그림 4-11] 루닛의 의료용 AI플랫폼 제품군

2) 뷰 노

뷰노(VUNO : https://www.vuno.co/)는 2018년 5월에 국내에서 첫 인공지능 기반 진단보고 의료기기 허가를 식약처에서 취득하였다. VUNO는 X-레이 및 CT 스캔을 포함한 이미징 방식에서 생체 신호 모니터링 시스템에 이르기까지 질병을 진단하기 위해 데이터를 정량화하고 분석하는 다양한 서비스를 제공한다. VUNO는 국내 최초의 의료 AI 솔루션 인 VUNO Med®-BoneAge를 발표 한 이후 다양한 의료 분야에 다양한 AI 기반 솔루션을 제공하고 있다.

3) 다이퀘스트

NHN다이퀘스트(https://www.diquest.com/)는 지능 정보(AI) 분야의 하나인 자연어 처리(NLP : Natural Language Processing) 핵심 원천 기술을 기반으로 빅데이터의 지능화 처리에 대한 모든 분야에서 고객 요구에 최적화된 솔루션을 제공하는 국내 최고의 자연어 처리 전문 기업이다.

NHN다이퀘스트는 사람과 IT서비스 간 자연스러운 의사소통을 위한 플랫폼의 기반 기술과 솔루션 개발하고 대화형 채팅 및 자동 상담 서비스 솔루션인 '인포채터(Infochatter)'로 다방면의 산업에서 다양한 디바이스를 통한 기술적 확장을 실행하고 있다. 인포채터(Infochatter)'는 웹, 모바일, IoT기기 등 다양한 스마트 디바이스를 통해 텍스트 메시지 형태의 '챗봇(chatbot)', ARS를 대체하는 '자동상담 서비스', 대화(음성)를 통한 '개인비서 서비스' 등 다양한 서비스 형태로 모든 산업에 접목되어 활용이 가능하다.

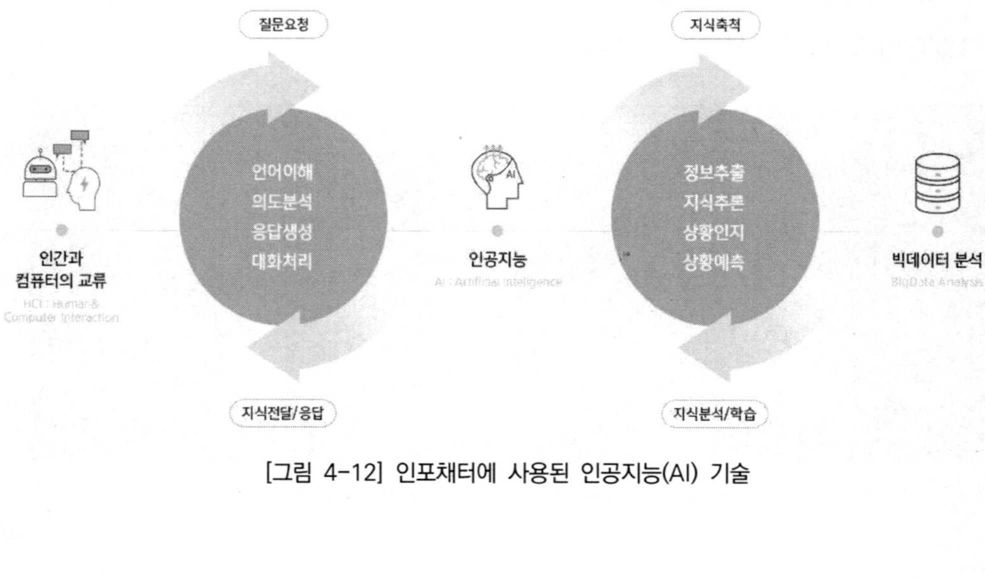

[그림 4-12] 인포채터에 사용된 인공지능(AI) 기술

4) 마인즈랩

마인즈랩은 2014년 한국전자통신연구원(ETRI), PwC컨설팅, 네이버 펀드가 투자해 설립한 AI 플랫폼 전문업체이다.

음성을 인식해 텍스트로 변환하는 기술인 STT(Speech to Text), 자연어 이해/처리(NLU/NLP), 대화, QA(Question and Answering) 등 주요 AI 기술 및 빅데이터를 기반으로 한 AI 플랫폼의 제공에 역점을 두고 있다.

마인즈랩이 공급하고 있는 주요 AI 제품은 ▲AI 플랫폼 '마음에이아이(maum.ai)' ▲AI 챗봇 서비스 ▲AI 고객센터 솔루션 '마인즈 VOC(Minds Voice of Customer)' 등이다.

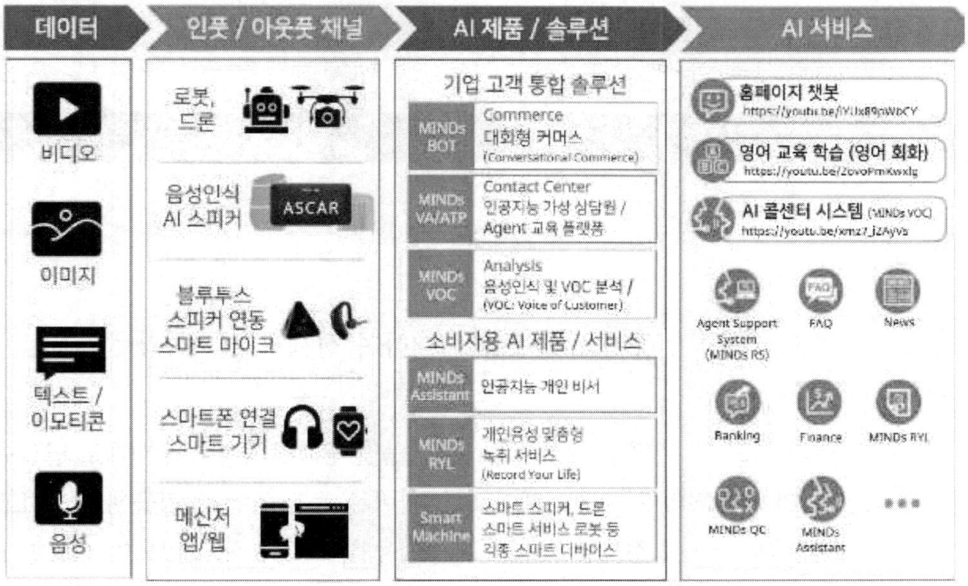

[그림 4-13] 범용 대화형 인공지능 플랫폼 '마음에이아이'

수행 내용

재료 · 자료

- 인공지능 플랫폼 관련 자료

기기(장비 · 공구)

- 컴퓨터, 프린터, 주변기기

안전 · 유의사항

- 컴퓨터 및 주변기기의 전원을 관리한다.

수행 순서

01 주요기업의 인공지능 플랫폼에 대하여 상세히 분석하라.

실리콘 밸리의 주요 IT 기업을 중심으로 인공지능을 플랫폼화하여 생태계로 만들어 가려는 노력은 이미 시작되었다. 구글, 페이스북, 아마존 등과 같은 기업들은 확보하고 있는 엄청난 데이터와 사용자 정보를 활용해 인공지능을 고도화 하고 있으며 다양한 B2C 영역에서 범용적으로 활용 가능한 인공지능 플랫폼을 준비 중에 있다.

IBM, GE와 같은 기업들은 특정 사업 영역에 집중한 전문 인공지능 플랫폼 구현에 집중하고 있다. 이들 기업은 기존 사업 영역에서 축적된 역량과 데이터를 기반으로 한 인공지능 역량과 M&A와 제휴를 통한 특정 분야의 전문성을 기반으로 전문 인공지능 플랫폼을 구현해 가고 있다.

1. 범용 인공지능 플랫폼(General AI. Platform)

1) Google : 기술력과 방대한 데이터를 기반으로 한 범용 인공지능 플랫폼

구글은 고도화된 인공지능을 구현하기 위해 필요한 핵심 요소인 알고리즘, 데이터, 컴

퓨팅 인프라에 대해 모두 최고의 수준의 역량을 확보하고 있다. 개별 요소 기술들이 특정 산업에 목적성을 두고 개발된 것이 아닌 다양한 산업에 적용 가능하다는 것은 매우 큰 의미를 갖는다.

특히 데이터에 있어서 구글은 인터넷에서 생성되는 웹 기반의 정보뿐 아니라 안드로이드를 통해 모바일 환경의 실시간 정보도 수집 가능하다. 단순히 많은 양의 데이터를 갖고 있는 것이 아니라 높은 다양성을 갖는 데이터가 인공지능의 기계 학습 과정에 활용 가능하기 때문에 다양한 분야를 포괄하면서도 높은 수준으로 인공지능을 고도화시킬 수 있다.

따라서 구글은 안드로이드를 플랫폼화 해 모바일 산업 생태계를 주도했던 것과 마찬가지로 인공지능을 플랫폼화해 다양한 산업 생태계를 혁신 시킬 가능성이 높다. 우선 구글의 인공지능 플랫폼을 통해 기존 안드로인드 생태계 내의 앱/서비스들을 시작으로 혁신적인 변화가 예상된다.

기존 안드로이드 플랫폼은 3rd Party 개발자들에게 소프트웨어 개발 툴과 앱 마켓을 통한 유통 채널을 제공하는데 그쳤다. 하지만 인공지능 플랫폼을 활용한다면 개발자들은 쉽게 인공지능이 기반이 된 지능형 앱/서비스를 구현할 수 있다.

실제 구글은 지난 3월 'Machine Learning Platform'이라는 이름으로 음성 인식, 이미지 분석, 번역 기능을 수행하는 인공지능 플랫폼을 공개하였다.

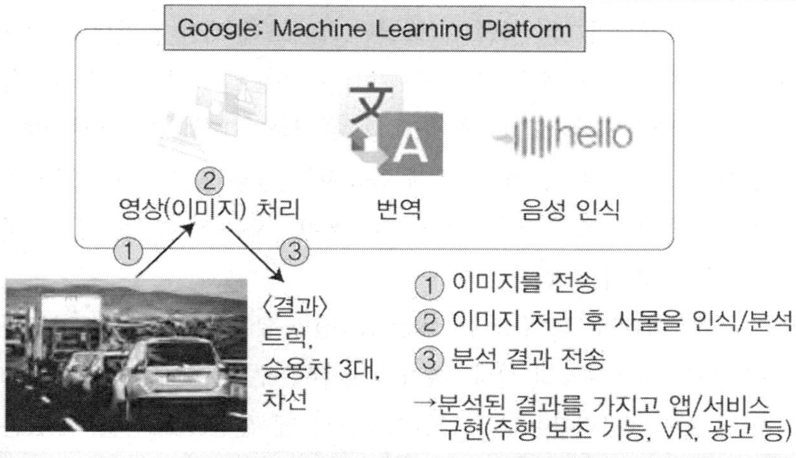

[그림 4-14] 구글의 인공지능 플랫폼 활용 예시

[그림 4-14]과 같이 음성인식, 영상 처리, 번역 등과 같이 오랜 시간과 높은 개발 역량이 요구되는 부분들을 플랫폼이 대신 처리해 준다.

개발자들은 플랫폼을 활용해 처리된 영상의 결과를 가지고 가상현실 게임을 만들거나 번역된 정보를 가지고 다국어 안내 서비스를 제공하는 등과 같이 서비스 자체에만 역량을 집중해 고차원의 서비스를 구현할 수 있게 된다.

이미 구글 내부적으로는 인공지능 팀에서 개발된 기술들이 메일, 사진, 검색 등 수십여 가지에 이르는 구글 서비스에 활용되면서 기존 서비스를 고도화 시키고 있다. 구글은 또한 지난해 인공지능 개발용 오픈소스인 'TensorFlow'를 공개한 바 있다.

개발자들은 단순히 구글 인공지능 플랫폼이 제공하는 서비스만을 사용하는 것뿐만 아니라 Tensorflow를 활용해 자신만의 인공지능 핵심 기술을 구현할 수도 있다. 구글은 이와 같이 개발자들의 플랫폼 종속성을 만들어 가며 궁극적으로 자신들의 인공지능 생태계 확장으로 이어질 수 있도록 유도해 갈 것이다.

이와 같이 구글은 지능형 서비스를 구현 가능하게 하는 인공지능 기능을 플랫폼으로 제공하면서 다양한 분야의 혁신의 기반을 만들어 갈 것이다. 또한 이러한 혁신은 안드로이드 플랫폼과 달리 모바일 분야에만 집중되지 않고 매우 넓고 다양한 분야에서 만들어질 가능성이 높다.

실제 구글의 선다 피차이(CEO)는 주주들에 보낸 메시지(Founders Letter)에서 "앞으로 모바일 중심의 시대가 지나고 인공지능의 시대가 올 것"이라고 하며 향후 다양한 산업의 혁신이 인공지능을 통해 일어날 것 이라고 강조했다.

2) Facebook : 정교화된 개인별 맞춤형 인공지능 플랫폼

페이스북 CEO인 저커버그는 지난 해에 열린 페이스북 개발자 컨퍼런스에서 페이스북의 미래 10년 로드맵을 발표했다. 그는 VR, 미디어콘텐츠와 함께 인공지능을 미래 핵심 기술로 꼽았다. 페이스북은 2013년 딥러닝 분야의 핵심 연구자인 얀 레쿤(Yann LeCun) 교수를 영입하고 뉴욕, 파리 등에 인공지능 전용 연구소를 설립해 인공지능 핵심 기술 개발에 집중해 오고 있다. 뿐만 아니라 페이스북은 인공지능 고도화를 위한 데이터 확보에도 박차를 가하고 있다.

사용자들의 사회 관계망 정보(Social Network)를 활용해 사용자를 빠르게 확보한 페이스북은 이제 개별 사용자들의 성향, 특성을 유추할 수 있는 데이터를 집중적으로 확보하려 한다. 지난 2월 페이스북은 사용자들이 게시물에 감정을 표현할 수 있는 종류를 기존 '좋아요'에서 '기쁨', '슬픔' 등 6 종류로 세분화 하였다.

이를 통해 페이스북은 특정 사물, 상황에 대해 사용자가 느끼는 감정을 보다 세분화하여 축적할 수 있게 되었다. 이러한 개개인의 성향, 특성이 구체적으로 반영된 정보가 인공지능의 기계 학습 과정에 활용될 경우 매우 정교한 수준으로 개인화된 가치를 제공할 수 있다는 점에서 큰 의미를 갖는다.

따라서 페이스북의 인공지능 플랫폼은 개별 사용자의 성향과 특성을 반영한 맞춤형 인공지능 플랫폼으로 구현될 가능성이 높다. 기존에는 서비스가 모든 사람에게 동일한 형태로 제공되었던 것과는 달리 페이스북의 플랫폼을 활용하면 개별 사용자에 따라 서비스가 개인화되는 것은 물론 상황에 따라 최적화된 형태로 제공될 수 있다.

지난 페이스북 개발자 컨퍼런스에서 공개된 대화형 인공지능 플랫폼인 '챗봇(Chatbot)'도 초기에는 정보, 서비스 전달에 주력하겠지만 종국에는 인공지능에 기반해 개별 사용자의 선호도를 정확하게 분석해 서비스를 제공할 가능성이 높다.

구글 대비 공공 데이터(Public Data) 영역에서 페이스북의 상대적인 경쟁력은 낮지만 페이스북은 개별 사용자의 특성과 성향을 누구보다 정확히 분석 가능하기 때문에 인공지능 플랫폼을 통해 개인화, 맞춤화된 가치를 제공할 수 있을 것이다.

학습 4

3) Amazon : 실생활로 파고드는 인공지능 플랫폼

아마존은 2015년 Alexa라는 대화형 인공지능 에이전트를 출시 후 지속적으로 발전시키고 있다. 인간과 대화하는 형태로 구현된 Alexa는 정보 검색에서부터 아마존 쇼핑몰을 통한 상품 주문, 결제에 이르기까지 다양한 기능을 수행한다.

게다가 최근에는 가정 내 가전, 전등, 스위치 등과 같은 다양한 스마트 기능을 갖춘 디바이스들과 연동되어 사용자의 상황에 맞게 제어하는 기능을 제공하기도 한다. 아마존의 인공지능은 이렇게 사용자의 실생활과 밀접한 영역을 시작으로 점진적으로 확장되고 있다.

아마존은 이러한 Alexa의 기능에 자신들의 기존 사업 경험과 축적된 데이터를 접목해 인공지능을 플랫폼화 할 수 있다. 사용자가 아마존 쇼핑몰을 이용했던 기록을 분석해 개개인별 구매 성향을 정확히 파악할 수 있다.

개인화가 가능한 아마존의 인공지능 플랫폼을 활용하면 쇼핑몰 내의 상품 판매자들은 단순히 사용자들의 주문을 받아 상품을 판매하는 것이 아니라 사용자 별로 최적화된 상품을 광고하여 주문을 유도하거나 혹은 주기적으로 소비하는 소모품에 대해 사용자가 필요할 순간을 파악해 알아서 적시에 배송해 주는 선제적 서비스로 고도화될 수 있다.

애플, 마이크로소프트 또한 아마존과 같은 대화형 인공지능인 Siri, Cotana를 선보이며 실생활 영역에서 연동 서비스를 확대해 가고 있다. 하지만 아마존의 경우 쇼핑이라는, 사용자가 반복적으로 사용하는 킬러서비스가 존재하기 때문에 이를 기반으로 한 생태계 확장이 가능할 것으로 보인다.

반면 Siri와 Cotana의 경우 아직 그러한 핵심 서비스가 자리잡지 못한 상황이다. 하지만 두 기업 모두 높은 수준의 인공지능 기술을 확보하고 있기 때문에 향후 플랫폼으로 중요한 역할을 할 가능성이 높다.

〈표 4-7〉 해외 주요 기업의 인공지능 플랫폼

	현재의 플랫폼 운영 현황	미래 예상되는 발전 방향
구글	• Machine Learning Platform 발표(2016.3) 음성/이미지 인식, 번역 서비스 제공	• 대부분의 분야에 활용 가능한 지능형 서비스 플랫폼 (방대한 데이터 및 고도화된 인공지능 기술 기반)
페이스북	• 대화형 인공지능 플랫폼, 'Messenger Platform with chatbot' 발표('16.4) 사용자와 대화를 통한 연동 서비스 지원(쇼핑, 여행, 예약, 서비스 등)	• 개인 성향을 정교하게 분석한 맞춤형 플랫폼 예 : 여행 서비스 개발사에게 개별 사용자가 좋아할 만한 여행 코스 및 식당을 여행사 DB에서 검색해 제공
아마존	• 대화형 플랫폼, 'Alexa Voice Service' 제공 대화형 기반 서비스 플랫폼 • 클라우드 기반 Machine Learning Platform 운영 정보 분석 서비스 제공(예 : 상점의 제품 판매 데이터 분석을 통한 수요 예측, 사용자별 선호도 분석 등)	• 생활맞춤형 서비스 플랫폼(쇼핑, 홈, 미디어 콘텐츠 중심) 예 : 쇼핑, 미디어 서비스 제공자에게 사용자의 선호도가 반영된 음악, 영화 등 추천
IBM	• IBM Watson Health Platform 운영 영상, 생체 정보, 실시간 환자 정보 등 분석을 통해 질병 진단 및 이상 징후 사전 예측	• 기존 플랫폼 고도화 및 영역 확장(금융, 날씨 플랫폼)
GE	• GE Predix Platform 산업 현장의 정보 분석을 통한 성능 향상, 비용 효율 달성 등	• 기존 플랫폼 고도화 (축적된 산업 현장 데이터+기존 사업 경험/노하우) • B2B 산업 영역의 독점적 플랫폼화 가능성

2. 산업별 특화 인공지능 플랫폼(Vertical AI. Platform)

1) IBM : 의료 전문 인공지능 플랫폼

IBM은 Watson을 구현해 인간과의 퀴즈 대결에서 승리하는 등 인공지능의 가능성을 일찍부터 보여 왔다. 방대한 정보를 조합해 지식을 만들어 내는 Watson의 핵심 기술을 활용해 IBM은 의료, 금융 분야에 특화된 인공지능으로 발전시켜 가고 있다.

〈표 4-8〉 IBM의 인공지능 관련 주요 M&A

의료분야			
	피인수 기업	주요 기술 및 서비스	인수금액
2015.4	Explorys	헬스케어 정보 분석	비공기
2015.4	Phytel	헬스케어 관리 소프트웨어	비공개
2015.8	Merge Healthcare Inc.	의료 영상 정보 분석 소프트웨어	약 1.2조원
20162	Truven Health Analytics	클라우드 기반 의료 정보 분석 서비스 제공	약 3조원

금융 및 날씨 분야			
2015.10	The Weather Company	날씨 정보 수집 및 분석 (온라인 + 모바일)	비공개
2016.1	Iris Analytics	실시간 금융 거래 모니터링 및 사기 감시 시스템	비공개
2016.2	Resilient Systems	사이버 보안, 사고 대응 플랫폼	비공개

IBM은 인공지능의 핵심 기술은 보유하였지만 각 분야의 사업 경험과 데이터가 부족했다. 이를 보완하기 위해 IBM은 산업 내 관련 기업을 M&A 하거나 제휴해 분야별 전문성을 높여가고 있다.

의학 분야의 경우 IBM은 2012년 캐더링 암 센터와의 제휴를 통해 약 200만 페이지 의료 전문 서적, 60만건 진단서, 150만건 환자 기록을 확보했다.

이후 〈표 4-7〉와 같이 약 4조원이 넘는 규모의 집중적인 M&A를 통해 의료 분야의 역량을 빠르게 확보하고 있다.

특히 지난 2월 약 3조원을 들여 인수한 'Truven Health Analytics'는 미 연방 정부 및 주정부 등 약 8500개 고객사에 헬스케어 서비스 제공하는 기업으로서 막대한 양의 의료 정보를 보유한 기업이다.

IBM은 데이터 확보를 위해 엄청난 금액으로 기업들을 인수하면서 인공지능의 전문성을 높여 가고 있다. 이미 의료 전문 인공지능 플랫폼인 'Waston Health'를 운영중인 IBM은 다수의 헬스케어 서비스 기업들을 참여시키며 생태계를 만들어 가고 있다.

Medtronic이라는 헬스케어 디바이스 제조 기업은 Watson을 활용해 사용자들의 디바이스에서 수집된 생체 정보를 의학적으로 분석한다. 예를 들어 인슐린 수치를 모니터링 하는 경우 사용자의 수치를 주기적으로 측정해 Watson에 전달하고 Watson은 이를 분석해 이상 징후가 예견되면 사용자에게 미리 경고를 하거나 당 섭취 절제 등을 권고해 위험을 사전에 방지한다.

인슐린 수치의 패턴 변화를 단순히 분석하는 수준이 아닌 전문적인 분석 기술을 통해 매우 미세한 변화를 미리 감지하거나 전문의 수준의 진단과 처방을 함으로써 기존 헬스케어 기업들이 제공할 수 없었던 전문 서비스를 제공한다. 'Arch Health Partners'는 전문 의료 기관임에도 불구하고 고혈압 환자 관리에 Watson을 활용한다.

전문의가 있지만 모든 환자를 상시적으로 관리할 수 없기 때문에 Watson이 그 기능을 대신한다. Watson은 개별 환자의 생체 정보를 실시간으로 분석해 혈압 상승 징후를 미리 감지하고 조치를 취한다. 실제 Watson을 활용해 8주만에 약 14%의 환자의 증상이 완화되었다고 밝히고 있다.

이처럼 Watson의 인공지능의 전문성이 점차 높아지면서 헬스케어 서비스를 제공하려는 Startup은 물론이고 전문 의료 기관까지도 Watson을 활용하는 사례들이 나타나고 있다. 센서 및 헬스케어 디바이스가 발달함에 따라 환자들의 생체 정보를 실시간으로 수집할 수 있게 되었지만 반면 전문의와 같은 사람이 관리하고 분석해야 할 정보량이 급증하게 되었다.

이러한 한계와 문제에 대한 해법을 Watson과 같은 인공지능이 제시하기 시작한 것이다. Watson을 플랫폼으로 한 생태계가 지속적으로 확대된다면 Watson이 의료 산업을 주도할 가능성도 있을 것이다. IBM은 의료 산업 외 Watson의 주력 산업으로 금융, 날씨를 선정해 마찬가지로 관련 기업들을 M&A하거나 전문 인력을 빠르게 확보하면서 영역을 확대해 나가고 있다.

2) GE : Industry 4.0 선도할 산업 인공지능 플랫폼

항공, 에너지, 헬스케어, 제조 등 다양한 산업 분야에서 오랜 사업 경험을 갖고 있는 GE는 산업 현장에 인공지능을 적용하고 있다. 2015년 Jeff Immelt(CEO)는 "GE는 지금까지는 제조 기반의 회사였지만 앞으로 글로벌 Top 10 소프트웨어 회사로 탈바꿈 하겠다"고 선언했다.

약 1200명의 소프트웨어 개발자를 확보하고 실리콘 밸리에 소프트웨어 연구소(GE Digital)를 설립한 GE는 산업용 클라우드 플랫폼인 'Predix Platform'을 발표하며 산업 현장에 인공지능 플랫폼 적용을 확산시키며 4차 산업 혁명 시대를 주도하려 한다.

GE의 정보통신 책임자인 Jim Fowler(CIO)는 머신러닝(Machine Learning)과 같은 인공지능 기술이 적용 되지 않으면 도태될 수밖에 없다며 인공지능의 중요성을 강조한다. Predix가 기본적으로는 센서, 기계 간 통신, 데이터 분석과 같은 IoT 기술을 지원하는 클라우드 플랫폼이지만 결국 이를 넘어 인공지능이 접목될 수밖에 없음을 의미하기도 한다.

실제 Predix는 이제 단순한 기계 간 연결, 정보 수집의 단계를 넘어서 기계들이 정보를 분석하고 상황에 따라 능동적으로 작업을 수행하는 방향으로 발전하고 있다. GE는 Predix를 인공지능 기반의 'Intelligence Platform'화 하기 위해 인공지능, 특히 머신러닝/딥러닝 분야의 인력을 빠르게 확보하고 있고, 지난 3월에는 딥러닝 분야의 신생 벤처인 Arterys에 15억원을 투자하는 등 다양한 방법을 동원해 역량 확보에 집중하고 있다.

GE는 Predix를 자사의 500개 공장에 2년 동안 시범적으로 적용하면서 얻을 수 있는 비용 절감효과를 약 6조원으로 추정한다. 검증된 내부 사례를 활용해 GE는 Intel, Accenture, Softbank, TATA 등 현재 약 30여개에 이르는 파트너사를 확보하며

Predix기반의 산업용 인공지능 생태계를 확장하고 있다.

실제 P&G와 볼보 등에서는 GE의 Predix 플랫폼을 활용한 'Brilliant Factory(생각하는 공장)'를 각 사의 제조 현장에 도입했고 연간 20%이상의 비용 효율을 달성할 것으로 예측하고 있다. 대형 파트너사 확보와 동시에 GE는 3rd Party 개발자 참여를 통한 Predix 플랫폼 생태계 확대를 위한 노력도 병행하며 약 4000명인 수준인 개발자 수를 2016년 말까지 2만명으로 늘리겠다고 선언하고 있다.

02 인공지능 플랫폼의 기대와 우려에 대하여 분석하라.

인공지능 플랫폼은 다양한 기기와 앱으로 생활에 스며든다. 지금은 스마트 스피커나 몇몇 앱 스마트폰 정도에서 만나볼 수 있는 수준이지만, 다양한 영역에서의 활용이 모색되고 있다. 어디든 들어갈 수 있기 때문에 그간 활용되지 못했던 공간에서의 활용을 기대해 볼 수 있다.

부엌은 그저 요리하고 식사하는 공간이다. 하지만 가전기기들이 좀 더 똑똑해지면 요리를 하다가도 '달걀 좀 주문해줘'라고 쇼핑을 할 수 있게 되고, 콘텐츠도 소비할 수 있게 된다. 최근에 구글이 공개한 '픽셀 버즈'같은 무선 헤드셋도 하나의 사례다. 사용자는 이 무선 헤드셋으로 구글의 인공지능 비서인 구글 어시스턴트를 부를 수 있다. 실시간 번역도 지원한다. 이처럼 인간이 머무는 공간, 인간이 기계의 도움을 필요로 하는 공간, 그래서 시장의 기회가 창출되는 공간이라면 어디에든 인공지능 플랫폼이 들어갈 수 있다.

기술이 일상을 편안하게 해 주는 만큼 기술은 역할을 수행하기 위해 사용자와 사용자를 둘러싼 환경의 정보를 두루 파악하고 있어야 한다. 양면성이 있다. 좋은 점만 있는 건 아니다.

우선 우려되는 지점은 소수 독점이다. 이런 기술은 소수의 거대 IT기업만이 운용할 수 있다. 방대한 규모의 데이터를 처리하는 다루는 일이 아무나 할 수는 없다. 사용자는 더 편리한 기술을 사용하게 되고, 기업은 더 많은 데이터를 확보하며 이를 바탕으로 더 편리한 서비스를 만들어 사용자를 더 단단하게 묶을 수 있다.

마찬가지로 끊이지 않았던 프라이버시 이슈도 있다. 이미 모바일을 통해서 수많은 사용자가 수많은 개인정보를 기업에 넘겨주고 그 대가로 편안한 서비스를 누리고 있다. 이 편리함의 정도는 갈수록 높아지고 있어 일상과의 분리가 어려워지고 있다. 인공지능 플랫폼은 인간의 생활 공간 전반을 둘러싸기 때문에 훨씬 더 많은 데이터와 개인정보를 다루게 된다. 편리함을 느끼면서도 동시에 나의 수많은 개인정보가 기업에 있다는 불편함을 떨치기 어렵다.

마지막으로는 알고리즘 견제와 윤리의 문제다. 기술이 생활에 스며들수록 인간의 삶은 기술의 영향을 받는다. 잘 보이지 않는 알고리즘을 어떻게 감시하고 견제할 수 있을 것인지, 새로운 시대에 필요한 윤리적인 문제에 대한 논의가 좀 더 활발해질 필요가 있다

03 플랫폼의 전통적인 개념에 대하여 분석하라.

플랫폼이라는 용어는 '기차'와 같은 이동 수단을 통한 교역과 유통을 중계하는 공간으로 16세기부터 사용되어 왔으며, 최근에는 그 의미가 특정 장치나 시스템 등에서 이를 구성하는 기초가 되는 틀 또는 골격을 지칭하는 용어로 ICT 및 제조 등 다양한 분야에서 사용되고 있다. 〈표 4-9〉와 같이, 플랫폼에 대한 논의는 다양하게 진행되고 있으며, ICT 관점으로는 '컴퓨터 시스템의 기본이 되는 특정 프로세서 모델과 하나의 컴퓨터 시스템을 바탕으로 하는 운영체제', 또는 '어떤 소프트웨어가 제공하는 환경'을 의미한다는 인식도 공존하고 있다.

그러나 이러한 ICT 기술 공간으로서의 플랫폼에 대한 인식과는 별개로, 최근 들어 급격하게 비즈니스 전략으로서 플랫폼에 대한 관심이 더욱 커지고 있으며, 이는 기존의 질서를 파괴하는 혁신적 공간으로서의 가치를 시장에 증명한 '4인방(Gang of Four)'인 구글, 애플, 아마존, 페이스 북의 역할에 기인한 것이다.

〈표 4-9〉 다양한 플랫폼의 개념

플랫폼의 개념	특 징
기술을 이용하여 사람과 조직, 자원을 인터렉티브한 생태계에 연결하여 가치 창출 및 교환을 매개하는 비즈니스 모델	비즈니스 모델로서 설명함
공급자와 수요자 등 복수 그룹이 참여하여 각 그룹이 얻고자 하는 가치를 공정한 거래를 통해 교환할 수 있도록 구축된 환경	기술적 플랫폼과 경제적 플랫폼으로 구분함
클라우드를 중심으로 정보, 서비스, 상품을 주고 받을 수 있는 고도화된 정보시스템	유기체로서 고도화된 생명체로 인식함

이러한 원인은 ① 4인방을 비롯한 우버, 에어비엔비 등 플랫폼을 통해 수익을 확대하거나 거대 기업으로 급성장하는 현상이 나타나고 있으며, ② ICT 기술의 진화로 플랫폼 구축 및 활용을 수월하게 할 수 있으며, ③ 제품, 서비스의 수명주기가 단축됨에 따라 저비용 요구와 최단 기간에 새로운 제품, 서비스를 생상해야 하는 요구가 증가하고 있으며, 마지막으로는 학문과 산업 영역의 경제를 무너뜨리는 융복합화에 대한 요구가 증가하면서 융복합을 효과적으로 중계하기 위한 매개 공간의 필요성이 절대적으로 커졌기 때문이다.

이러한 플랫폼의 역할은 활용기업에게 단기간에 투자 대바 높은 성과를 제공할 수 있는 "래버리지 효과"를 비롯하여 비즈니스 모델 구축의 기회 등을 제공할 수 있어야 하며, 효과를 달성하기 위해서는 관련 기술들이 유기적으로 융합 · 구성되어 있어야 함은 물론, 해당 기술들을 이용한 목적 달성을 위한 효과적인 프로세스와 '경험'이 동시에 구현되어 있어야 한다.

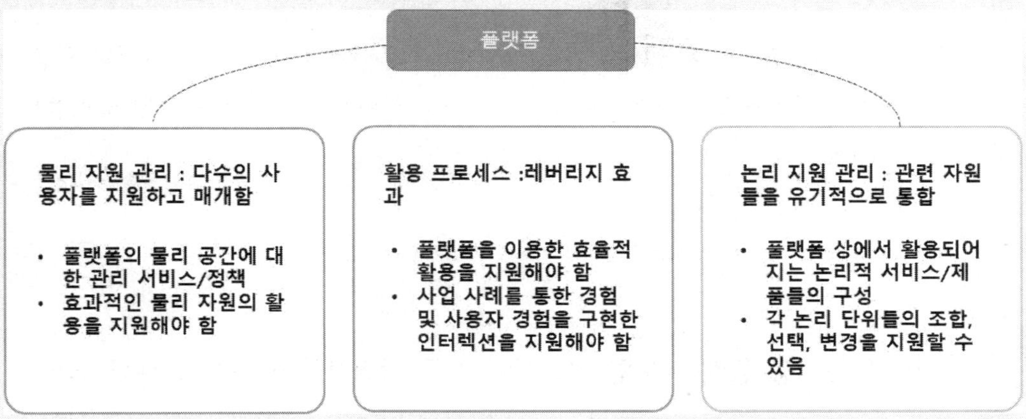

[그림 4-15] 플랫폼의 3가지 구성요소

자료 : 마셜 W. 밴 멜스타인외 3인, "플랫폼 레볼루션 : 4차 산업 혁명 시대를 지배할 플랫폼 비즈니스의 모든 것", 2017. 노규성, "플랫폼이런 무엇인거". 2014.4.5. IIT Trade Focus, "우리 기업의 인공지능(AI)을 활용한 비즈니스 모델", 2018.1

이는 플랫폼 부상된 이유 및 활용을 통한 기업이 얻는 가치의 측면에서 설명되어 질 수 있으며, 물리 자원 관리(물리 공간), 활용 프로세스(사용 행위) 및 논리 자원 관리(논리 공간)의 3가지 측면의 플랫폼 구성 요소를 인식하게 한다.

04 인공지능 플랫폼 도입 검토사항에 대하여 분석하라.

인공지능 플랫폼 서비스에 의해 수입이 감소할 것이라고 예측하였는데, 이는 인공지능 플랫폼 도입 전략이 인공지능 기술을 도입하고자 하는 기업 입장에서 매우 중요함을 추론하게 한다. 인공지능 플랫폼인 Rage를 설명하는 리포트에서, 가트너는 기업이 해결하고자 하는 문제(Business Opportunity), 문제 해결을 위한 비즈니스 프로세스 변환(Business Process Transformation), 유사한 문제 해결 기술의 검색, 90일 이내의 문제 해결 가능성 등을 포함한 10개의 질문들을 인공지능 플랫폼 선택(Shopping for Enterprise AI) 문항으로 제시하고 있으며, 이는 Rage 플랫폼 설계 철학과 깊은 관계가 있다

인공지능 플랫폼 정의의 관점에서 가트너의 Rage 플랫폼은 ① 논리적 관점과 활용 프로세스적 관점이 중점적으로 구현되었으며, ② 공통 서비스별 분류에 특화된 플랫폼으로 분류될 수 있다.

05 인공지능 플랫폼 도입 필요성에 따른 점검사항에 대하여 분석하라.

인공지능 플랫폼 도입 전략 수립을 위해서는 인공지능 플랫폼 도입의 필요성에 대한 다음과 같은 6가지 질문들(데이터 부문 2개, 서비스 부문 2개, 엔지니어 및 조직 부분 각 1개)에 대해 점검해보는 것이 필요하다.

1. 지능화 대상이 되는 데이터의 특성

기업의 인공지능 기술 도입 필요성은 보유하고 있는 경쟁력(노하우)을 지능화하고자 하는 의지에서 비롯되는 경우가 많으며, 일반적으로 경쟁력은 축적되어 있는 데이터에 기반하고 있다.

따라서 지능화 대상이 되는 데이터의 특성에 대해 점검할 필요가 있으며, 이를 위해 ① 변환 과정을 거쳐서 지능 구축을 위한 훈련 데이터(training data)로 효율적인 변환이

가능한지와 ② 보유 데이터가 충분치 않아 기업 경험에 기반한 훈련 데이터 구축을 새롭게 수행할 필요가 있는지에 대해 확인해야 한다. 또한 훈련데이터 준비 또는 신규로 수집되는 과정을 지원해줄 수 있는 도구 프로세스 및 컨설팅 수준 등에 대한 검토를 인공지능 플랫폼 도입 시에는 반드시 수행해야 한다.

2. 인공지능 서비스 관련 데이터의 특성

인공지능 서비스 관련 데이터(훈련 데이터 및 서비스 실행 과정에서 수집 및 축적되는 데이터)는 산업별 특성 및 문화에 따라 인공지능 기술을 도입하고자 하는 기업 및 기관에서 외부 전송이 어려운 경우들이 존재하는데, 이런 경우는 설치형(On-Premise) 인공지능 플랫폼에 대한 검토가 우선적으로 이루어져야 한다.

학습 4

3. 구축 대상 인공지능 서비스의 규모

인공지능 서비스는 기업 내 관련 부서에서 이용하기 위해 구축되는 경우도 있고, 불특정 다수의 사용자들을 위해 구축되는 경우도 있으며, 이에 따라 요구되는 서버 자원의 규모가 달라진다. 인공지능 서비스 개발 및 운영에 필요한 서버 자원(GPU, 메모리 등)의 경우, 고가인 경우가 많으므로 이러한 자원의 효과적인 관리 기능 지원이 인공지능 플랫폼에서는 어떻게 이루어지고 있는지 확인해야 한다.

4. 구축 대상 인공지능 서비스의 특성

의료, 금융, 법률 등의 산업 분야에서는 서비스 특호하 지능(Service-Defined Intelligence)을 이미 제공하는 산업 특화 인공지능 플랫폼들이 다수 존재한다. 그러나, 서비스 특화 지능을 보유하고 있자 않은 인공지능 플랫폼인 경우라도 제공되는 도구들을 이용하여 해당 특화 지능 구축이 가능할 수 있다. 예를 들어, 보험 상품을 판매하는 챗봇을 구축하려는 경우, 일반적인 챗봇 기술을 제공하는 플랫폼을 도입하여 개발을 진행할 수도 있으며, 보험 상품을 위한 전문 챗봇 기술을 제공하는 플랫폼 도입도 검토할 수 있는데, 이는 서비스 구축 기간, 인력 및 비용 등 비즈니스 환경 요인들에 의해 영향을 받게 된다.

5. 플랫폼 도입 기업/기관에서 보유하고 있는 인공지능 기술 담당 그룹의 특성

플랫폼 도입 기업이 보유하고 있는 인공지능 기술 그룹의 기술 숙련도, 담당 업무의 전문성(기획, 개발 등) 및 기업의 인공지능 기술 및 서비스 관련 로드맵 등에 의해 인공지능 플랫폼들이 제공하고 있는 서비스들을 검토해야 한다.

기술 그룹의 숙련도가 낮고, 기획 및 관리 영역 경험과 역량이 높은 그룹을 보유하고 있는 경우에는 활용 프로세스적 관점이 잘 지원되고, 제공되는 라이브러리들의 추상화 수준 및 특성에 대해 더욱 세심한 검토가 필요할 것이다.

6. 인공지능 서비스 관련 기술의 내재화 요구사항

만약 플랫폼 도입 기업이 구축 대성 인공지능 서비스의 개발 및 유지 보수를 내재화하여 자체적으로 실행하고자 하는 계획을 수립하였다면, 도입 플랫폼에서 제공되는 기술 지원 수준과 라이센싱 사항 등의 검토가 매우 중요하다.

대부분의 상용 인공지능 플랫폼의 경우, 추상화 수준이 높은 서비스 라이브러리들(예 자연어 처리 기술(개체명 인식), 감성 인식, 주제 분류, 문서 요약 등)은 훈련 가능한 수준의 딥러닝 코드를 제공하는 경우도 있으나, 구축된 심층신경망(deep neural net)의 내부 구조는 공개하지 않는 경우가 있기 때문이다 (예 : IBM의 Watson NLU 등).

06 디지털 플랫폼에서 인공지능의 의미에 대하여 분석하라.

1. 기술적 관점

[그림 4-16]에서 나타난 것처럼 데이터 및 분석시스템은 디지털 플랫폼의 핵심적인 기능으로 자리 잡고 있다. 이러한 데이터 및 분석시스템은 다른 기술적 구성요소들이 활용할 수 있는 기본적인 인프라로 볼 수 있다. 즉 내·외부 데이터를 수집·저장·분석하여 디지털 플랫폼의 다른 구성요소들이 이를 원활이 활용할 수 있도록 중심적인 기능을 수행한다.

최근에는 인공지능(AI)이 현재 이러한 데이터 및 분석 시스템을 대체하면서 작업을 수행하고 있다. 즉 인공지능은 기계학습(Machine Learning) 기반의 새로운 데이터 분석 시스템이라고 이해할 수 있다. 이러한 인공지능을 통한 데이터 분석은 기존 프로세스를 보다 효율화하고, 효과성(성과)을 강화하고 있다. 따라서 인공지능 기술을 중심으로 각 독립적인 기술 영역들이 연결됨에 따라 인공지능 기술이 중요해지고 있다.

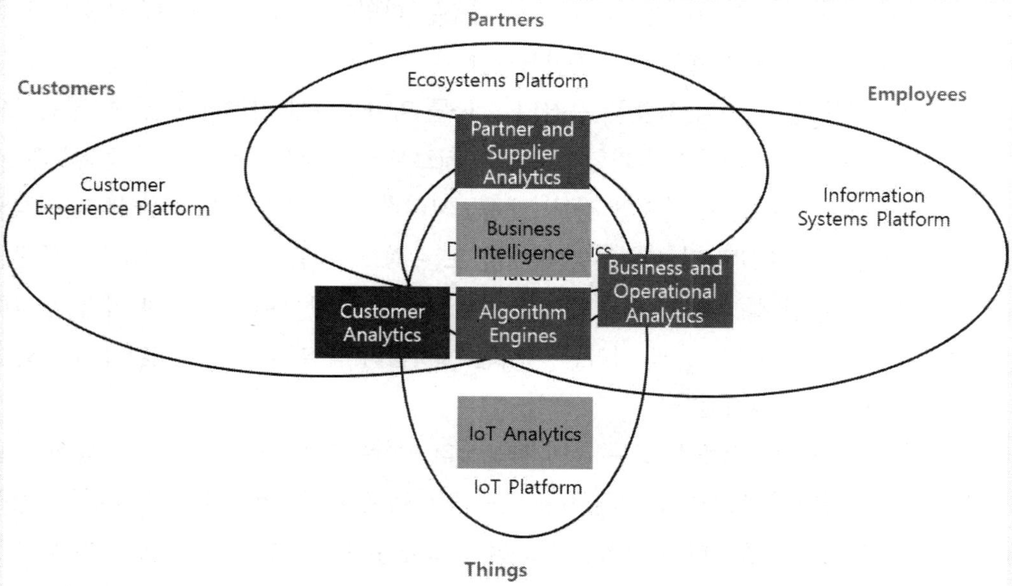

[그림 4-16] 디지털 비즈니스 기술 플랫폼의 데이터 및 분석 시스템

자료 : Gartner(2016) & Capagenmini(2016)

이미 빅 데이터 환경에서 의사결정에 도움을 주는 정보가 인공지능에 의해 분류·분석되고 있으며, 인공지능에 기반을 둔 제품 및 서비스가 제공되고 있다. 예를 들어 검색·추천·평가·통제·예측 등 많은 서비스들이, 내·외부 데이터를 처리하여 의미 있는 정보를 생산·분석하는 인공지능에 의해서 구현되고 있다. 특히 지속적인 컴퓨팅 기술의 발전과 최근 딥러닝 알고리즘의 등장으로 인공지능은 대량의 데이터(빅데이터)를 자율적으로 학습하면서 진화하고 있다.

2. 사업적 관점

현재 디지털 플랫폼의 비즈니스 측면에서 있어 이러한 인공지능이 수행하는 중요한 기능을 구체적으로 살펴보면 다음과 같다.

첫째, 인공지능은 디지털 플랫폼에서 탐색비용과 공통비용을 줄이는 데 기여하고 있다. 인공지능은 최근 빅데이터, 컴퓨터 하드웨어, 알고리즘의 발전에 힘입어, 시간과 비용이 많이 소요되는 음성인식, 영상처리, 번역, 상황 및 추론 등의 기능을 수행한다. 이를 통해 디지털 플랫폼 참여자들이 원하는 정보, 제품·서비스 또는 거래상대를 보다 빠르고 편리하게 연결하여 탐색비용을 감소시켜 준다. 또한 원하는 정보, 제품·서비스 또는 거래상대를 찾은 후 요구하는 수준에 맞추어 정교하게 발생하는 거래(조건)를 처리하여 공통비용도 감소시킨다. 이러한 거래비용의 감소는 다양한 이해관계자들이 플랫폼 사용하도록 이끄는 동시에 상호작용을 촉진시킨다.

둘째, 인공지능은 디지털 플랫폼 품질의 악화를 막아주는데 기여하고 있다. 일반적으로 디지털 플랫폼의 데이터가 증가할수록, 데이터로부터 재생산되는 정보의 정확성과 가치가 통계적으로 증가한다. 하지만 정보, 제품 · 서비스, 거래상대가 늘어 날수 록 최적의 매칭이 어려워지거나 바람직하지 않는 참여자 또는 정보, 제품 · 서비스가 많아져 품질을 저하시킨다. 양적인 성장에 있어 성공하고 있는 디지털 플랫폼이 질적인 문제에 부딪히는 경우가 발생하고 있다. 결국 이러한 디지털 플랫폼의 품질 저하는 참여자들의 이탈을 가져와 경쟁력을 약화시킨다.

따라서 정보, 제품 · 서비스 또는 참여자를 필터링하는 장치가 요구된다. 즉 품질을 관리할 수 있는 방안이 필요하다. 인공지능 기반 필터링은 추론, 언어지능, 시각지능, 청각지능, 복합지능 등을 활용하여 양적인 규모와 품질을 유지 및 통제할 수 있다. 이를 통해 불법적인 콘텐츠, 저질 제품 · 서비스, 이기적인 참여자 등을 효과적으로 통제 · 제한하는 프로세스를 유연하게 구축할 수 있다.

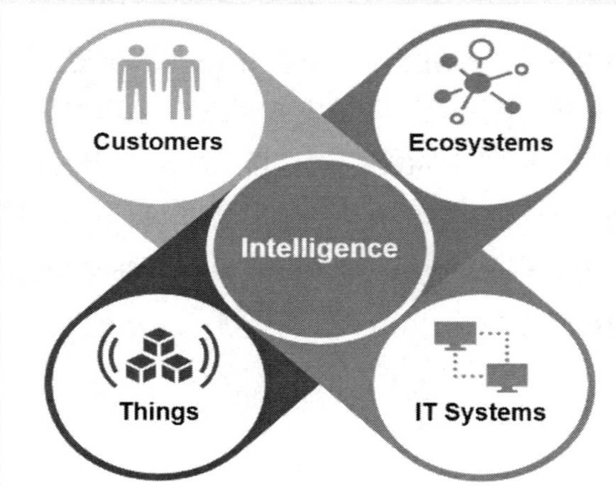

[그림 4-17] 디지털 비즈니스 기술 플랫폼에서 AI의 위치

자료 : Gartner(2016) & Capagenmini(2016)

이와 같이 디지털 플랫폼 비즈니스에 있어 인공지능이 수행하는 거래비용 감소와 품질 악화 방지 기능은 동전의 양면처럼 디지털 플랫폼이 경쟁력을 유지하는데 있어 매우 중요하다. 인공지능은 사용자가 디지털 플랫폼을 사용하기 편리하게 사용할 수 있도록 촉진하는 동시에 플랫폼의 품질을 관리할 수 있는 다양하고 유연한 방안을 제공한다. 따라서 인공지능은 플랫폼의 네트워크 효과와 품질을 위한 필수적인 구성요소로 등장하고 있다.

이러한 측면에서 최근 등장하고 있는 디지털 큐레이션(Digital Curation)의 경우, 인공지능과 데이터를 원천기술로 활용하는 대표적인 서비스로 조명 받고 있다. 디지털 큐레이션은 인터넷의 다양한 정보들을 주제별로, 혹은 관련된 연계성, 연관성을 지닌 무엇인가로 모아서 정돈하고 정리하여 스스로에게나 다른 사람에게 알기 쉽게, 또 접근하기 쉽게 내보이는 작업을 말한다. 수요자 또는 공급자의 데이터 분석에 따라 최적의 알고리즘을 만들어 적용하면 최적의 콘텐츠, 제품 및 서비스, 거래대상을 선택하여 제안할 수 있다. 특히 이러한 서비스를 통해 수요자의 요구에 맞는 확률이 높은 콘텐츠, 제품 및 서비스, 거래대상을 찾아낼 수 있다. 인공지능의 추론, 언어, 시각, 청각, 복합지능으로 다양한 요구를 데이터로 변환하고 분석할 수 있다.

결국 인공지능을 통해 적절한 데이터를 보다 빨리 분석하여 수요자의 요구에 대응할 수 있다. 더 나아가 인공지능에 기반을 둔 디지털 큐레이션에 의한 신뢰의 누적은 최종적으로 정보, 제품 · 서비스, 참여자에 대한 관리를 가능하게 하여 전체적인 품질을 통제할 수 있게 된다.

07 디지털 플랫폼에서 인공지능과 데이터에 대하여 분석하라.

디지털 플랫폼 비즈니스에 있어 필수적인 인공지능 기술은 오픈소스를 통해 라이선스 및 공유되고 있는 상황이다. 일반적으로 인공지능은 알고리즘과 데이터에 의해서 성과가 달라지는데, 오픈소스 생태계를 통해 공유되면서 발전하고 있는 알고리즘 보다는 데이터에 의해 차별화가 이루어지고 있다.

즉 차별화의 기초는 고객, 파트너, 사물, 기업내부로 부터 발생하는 데이터를 수집 · 저장하고, 인공지능으로 분석하여 의사결정을 지원하는 것에 있다. 성공적인 디지털 플랫폼은 이러한 데이터 구축 및 관리에 기반을 둘 수밖에 없는 것이다.

따라서 데이터 구축 및 관리 역량이 디지털 플랫폼 전략의 성공 여부를 결정하는 주요한 토대로 작용하고 있어, 디지털 플랫폼의 경쟁력 확보를 위한 기초로 데이터 구축 및 관리 역량이 필수적이다.

디지털 플랫폼에서 조직 내 · 외부 모든 사용자가 이러한 데이터를 검색할 수 있으며, 활용 가능한 자산으로 구축 및 관리해야 한다.

하지만 인공지능 학습에 활용되는 데이터는 규모뿐만 아니라 사용 목적에 맞는 품질이

학습 4

보장되어야 한다. 기계학습은 대용량의 데이터로부터 반복적으로 학습하는 기술이며, 보다 나은 결과를 얻기 위해서는 데이터로부터 지속적인 학습이 필요하다.

따라서 데이터가 많을수록, 품질이 높을수록 더 빠른 학습이 가능하고, 학습 결과는 보다 더 정확해진다.

이와 같이 데이터의 양과 질이 인공지능의 성과를 좌우함으로, 목적에 따른 의사 결정과 상호 작용을 지원하기 위해서는 보다 많은 양과 우수한 품질의 데이터를 필요로 할 수밖에 없다.

이러한 데이터의 품질, 항목, 형식, 표준 등의 문제를 해결하기 위해서는 디지털 플랫폼에서 목적에 맞게 데이터를 직접 수집 및 생성하는 것이 필요하다.

특히 활용하고자 하는 인공지능(기계학습)분야 · 도메인의 특성에 맞게 원하는 데이터셋을 수집 · 생성해야, 인공지능(기계학습) 데이터로 활용이 가능하고 사업적인 의미도 존재한다.

즉 시각지능, 언어지능, 음성지능, 추론지능 복합지능 등 어떤 인공지능 분야에 활용할 것이며, 데이터가 수집되는 도메인 영역 또는 추진하고자 하는 태스크를 명확히 정의하여 데이터셋을 수집 및 생성해야 한다.

비록 일부 외부에서 제공받는 오픈 데이터(Open Data)는 분석의 시작점이라는 측면에서 활용이 가능하지만, 대부분의 데이터셋은 인공지능을 통해 해결하고자 하는 목적에 맞게 직접 수집하고 구축하는 것이 필요하다.

08 인공지능 플랫폼의 향후 경쟁 전망에 대하여 분석하라.

인공지능을 플랫폼으로 활용해 산업을 혁신해 나가려는 주요 기업들의 경쟁은 이미 시작되었다. 인공지능의 성능을 결정 짓는 3대 핵심 기술 요소인 알고리즘, 데이터, 컴퓨팅 파워를 둘러싼 기업들의 경쟁이 예상된다.

이중 클라우드를 기반으로 한 컴퓨팅 파워의 경쟁에서는 주요 IT 기업들이 모두 상당한 수준의 역량을 확보하고 있기 때문에 쉽게 승부가 나지는 않을 전망이다.

반면 각 기업이 차별적으로 확보한 알고리즘 역량과 데이터가 주요 기업들이 구현해 내는 인공지능 플랫폼의 성능에 결정적인 영향을 미칠 것이다.

구글의 경우 인터넷 및 모바일 환경에서 엄청난 양의 데이터를 확보하고 있지만 상당

부분의 정보가 공공 데이터(Public Data)이다.

반면 페이스북, 아마존은 수 년간의 서비스를 제공하면서 수집한 정보들은 개별 사용자의 성향을 정교하게 분석할 수 있게 하는 개인 데이터(Private Data)가 중심이 된다.

이들 기업은 개인별 사회 관계망 정보, 선호도, 콘텐츠 소비 패턴, 온라인 쇼핑 이력 등 다양한 분야에 걸쳐 세분화된 개별 사용자의 정보를 확보하고 있다.

인공지능의 성능이 기계 학습 과정에서 주어지는 데이터에 의해 상당 부문 결정되는 것을 감안할 때, 개인별 특화된, 맞춤형 서비스제공을 위한 인공지능 플랫폼으로는 페이스북, 아마존이 구글 대비 우세에 있을 수 있다.

반면 구글은 매우 다양한 분야에 걸친 엄청난 양의 데이터를 보유하고 있다. 알파고를 통해 증명된 기술뿐만 아니라 내부에서 진행 중인 딥러닝 관련 선행 연구들은 이러한 구글의 데이터에 의해 엄청난 수준으로 발전될 가능성이 높다.

구글이 구현할 인공지능 플랫폼은 다양한 분야에서 범용적으로 활용 가능한 동시에 높은 수준의 완성도로 구현되며 페이스북, 아마존의 플랫폼과 경쟁할 가능성이 높다.

향후 인공지능 플랫폼의 경쟁에서는 선점 효과가 크게 작용할 가능성이 높아 보인다. 시장에 먼저 진출해 생태계를 먼저 만들어 나가는 기업이 절대적으로 유리할 가능성이 있다.

딥러닝과 같은 기계 학습 방법에 기반한 인공지능 플랫폼은 방대한 데이터에 대한 학습을 통해 성능이 발전되고 정교화되기 때문에 초기에 많은 참여자를 생태계로 끌어 모으는 인공지능 플랫폼과 후발 주자로 시장에 들어와 새롭게 생태계를 만들어 가는 기업 간의 성능의 차이는 크게 벌어 질 수밖에 없다.

그렇기 때문에 주요 기업들은 이미 인공지능 역량을 확보하기 위한 노력을 빠르게 진행 중이다.

기업들은 2013년 이후, 인공지능 특히 딥러닝의 핵심 기술을 보유한 기업 및 응용 기술을 확보한 기업을 경쟁적으로 인수하고 있다.

뿐만 아니라 기업들의 VC(Venture Capital) 등을 활용해 신생 벤처들에 대한 투자 또한 빠르게 확대하며 발전 유망 기술들을 선점하려는 노력도 진행 중이다.

이러한 기업들의 경쟁으로 초기에는 다수의 플랫폼이 공존하며 경쟁할 가능성이 있지만 초기 성능 격차와 그것으로 인한 쏠림 현상으로 인해 장기적으로는 소수의 플랫폼이 시장을 독과점하게 될 가능성이 높아 보인다.

학습활동.4 교수 · 학습 방법

교수 방법

- 인공지능의 플랫폼에 대한 관련 용어, 구성, 방식 이해 정도를 파악한 후 수업을 진행한다.
- 교수자의 주도로 인공지능의 플랫폼 등의 내용을 PPT 자료로 제시한 후 설명한다.
- 가능하면 사전에 개인별 학습 자료를 준비하여 모든 학생이 참여할 수 있는 문제 해결식 수업, 협력 수업이 가능하도록 한다.
- 인공지능의 플랫폼 전 과정을 작업의 순서에 따라 단계적으로 실습이 이루어질 수 있도록 지도한다.
- 교재를 통해 수업을 준비하는데 있어서 필요한 모든 정보나 팁, 힌트 등 도움이 될 만한 내용들을 확인할 수 있다.
- 학생들이 만들게 될 각 모델들은 수업시간에 중점적으로 다뤄질 부분과 어휘, 질문, 답을 포함하고 있으며 또한 탐구할만한 추가적인 아이디어들도 포함하고 있다.

학습 방법

- 인공지능의 플랫폼에 대한 관련 용어를 숙지하고, 인공지능의 플랫폼에 대해 이해한다.
- 인공지능의 플랫폼의 각 단계별 중점 사항을 체계적으로 학습한다.
- 인공지능의 플랫폼의 수행순서의 전 과정을 실습한다.
- 인공지능의 플랫폼의 내용을 이해한다.
- 을인공지능의 플랫폼 이해하고 숙달이 될 때까지 학습한다.

학습활동.4 평가 및 피드백

평가 준거

- 평가자는 피평가자가 수행 준거 및 평가 내용에 제시되어 있는 내용을 성공적으로 수행할 수 있는 지를 평가해야 한다.

학습내용	평가항목	성취수준		
		상	중	하
인공지능의 플랫폼	인공지능의 플랫폼을 이해할 수 있다.			

평가 방법

• 작업 포트폴리오

학습내용	평가항목	성취수준		
		상	중	하
인공지능의 플랫폼	인공지능의 플랫폼을 이해할 수 있다.			

• 필기시험

학습내용	평가항목	성취수준		
		상	중	하
인공지능의 플랫폼	인공지능의 플랫폼을 이해할 수 있다.			

• 체크리스트를 통한 관찰

학습내용	평가항목	성취수준		
		상	중	하
인공지능의 플랫폼	인공지능의 플랫폼을 이해할 수 있다.			

• 피드백

1. 작업 포트폴리오
   - 제출한 보고서를 평가한 후 주요 사항에 대하여 표시하여 돌려준다.
2. 필기시험
   - 평가 결과 성적이 저조한 학생은 보고서 제출 기회를 부여한다.
3. 체크리스트를 통한 관찰
   - 실습 과정에서 평가한 후 개선해야 할 사항 등을 정리하여 돌려둔다.

참 | 고 | 문 | 헌

1. http://wiki.hash.kr
2. Glenn McDonald, 〈현실로 다가온 영화 터미네이터 속 기술들〉, 《CIO코리아》, 2015.7.15.
3. Clint Boulton, 〈AI에 제동을 걸어야 하는 6가지 이유〉, 《CIO코리아》, 2018.4.11.
4. 블로터 채반석 기자, 〈인공지능 - '스카이넷'의 시대가 올까?〉, 《네이버 캐스트》, 2016.3.17.
5. 지재원, 〈인공지능의 장점과 한계〉, 《이글루시큐리티》, 2017.6.7.
6. 이은표 목사, 〈인공지능(AI.)의 전망과 기독교 세계관적 평가〉, 《네이버 블로그》, 2018.8.20.
7. 한국지식재산연구원, 인공지능(AI) 기술 및 정책 동향.
8. 정보통신기술진흥센터, 주간기술동향, 인공지능 기술 동향 및 발전 방향.
9. 소프트웨어정책연구소, 기계학습의 원리, 능력과 한계.
10. 데이터전문가 지식포털, 머신러닝 및 딥러닝.
11. 과학기술정책연구원, 인공지능 시대의 법적 · 윤리적 쟁점.
12. 연세대학교-정보대학원 UX Lab, 인공지능의 학습 어떻게 이뤄지나.
13. 휴넷, 메타인지의 정의.
14. https://namu.wiki/인공지능.
15. https://ko.wikipedia.org/wiki/인공지능.
16. 국경완, https://www.itfind.or.kr/인공지능 기술 및 산업분야별 적용사례, 정보통신기획평가원. 주간기술동향, 2019.3.20.
17. 이승훈, "최근 인공지능 개발 트렌드와 미래의 진화방향", LG경제연구원, 2017.12. pp.30-31.
18. 김형철, "ICT표준화 전략맵", 한국정보통신기술협회(TTA), 2018.10. pp.19-21.
19. 주영대, "미국의 인공지능(AI) 개발전략과 시사점", 한국산업기술평가관리원(KIET), 2016.12. p.32.
20. 과기정통부, "데이터 · AI경제 활성화 계획", 관계부처일동, 2019.1. pp.2-3.
21. 과기정통부 보도자료, "데이터 · 인공지능(AI) 경제 활성화의 이정표 제시", 2019.1.
22. 아웃소싱타임스, "뛰는 중국 걷는 한국, 중국 인공지능(AI) 인재 한국의 7배", 2019.1.
23. AIBRIL, "건강을 지키는 인공지능 AI와 헬스케어의 만남", 2018.10.
24. "헬스케어에 인공지능을 더하다", 2018.6, https://skccblog.tistory.com/3712.
25. 행정안전부, "2019년 지능형 정부를 주도할 핵심기술 선정", 2019.1.28.
26. 국경완, "4차 산업혁명 시대 인공지능을 활용한 군사적 적용방안", 합참지, 2018.12.
27. 박형근, "정보보안에서의 인공지능 도입 분야와 주요 사업자", 2018.8.
28. 윤장우, "인공지능 관련 기술과 정책동향 및 시사점", 한국전자통신연구원(ETRI). 2015.7. pp.13-14.
29. 최은수, "인공지능의 습격…인간을 어디까지 위협할까?", 매일경제, 2016.3.
30. 헤럴드경제신문, "중국의 AI 굴기, 미국도 추월했다", 2019.2.
31. 중소벤처기업부, "중소기업 기술로드맵(2018~2020, AI/빅데이터), 2017.1. pp.18-24.
32. 심혜정, "우리기업의 인공지능(AI)을 활용한 비즈니스 모델", 국제무역연구원, 2018.3.
33. 경향신문, "군 AI는 워리어 플랫폼 · 드론봇 전투체계의 선행 핵심기술", 2018.12.

34. https://www.oss.kr/info_techtip/show/1fab4646-a266-47dc-a39f-aa58005ee84f.
35. https://happist.com/요즘 드고 있는 인공지능기술, 2017.2.2.
36. www.motherjones.com.
37. https://ellun.tistory.com/103 [Ellun's Library].
38. Rick Osterloh, 『The best hardware, software and AI—together』 (구글 블로그).
39. 강정수 외 9인, 『보이스 퍼스트 패러다임 슈퍼 플랫폼을 선점하라』.
40. 채반석 · 권도연, 『[블로터11th] 인공지능, 일상에 스며들다』 (블로터, 2017.09.05.).
41. 채반석, 『아마존 에코룩으로 본 기술 플랫폼 : 듣고 말하고 보다-일상으로 들어온 인공지능 비서들』 (신문과방송 2017년 6월호).
42. 박외진. 인공지능 플랫폼의 개념과 도입 전략.
43. 디지털타임즈, "'AI 플랫폼' 개방 세 확산-통신, 전자, 포털, 우군 확보 경쟁 가열", 2018.1.28.
44. KOTRA 해외시장뉴스, "AI 플랫폼, IT업계의 나아갈 길", 2017.10.17.
45. Vertical Platform, "다양한 방식의 AI 플랫폼 제공 방안 등장", 2017.1.17.
46. IT Trade Focus, "우리 기업의 인공지능(AI)을 활용한 비즈니스 모델", 2018.1.
47. 마셜 W. 밴 멜스타인 외 3인, "플랫폼 레볼루션 : 4차 산업혁명 시대를 지배할 플랫폼 비즈니스의 모든 것", 부키(주), 2017.
48. 아이뉴스24, "[e돋보기] 인공지능 플랫폼", 2017.3.4.
49. 네이버 지식백과.
50. 최상복, "산업안전대사전", 골드, 2004.5.
51. 노규성, "플랫폼이란 무엇인가", 커뮤니케이션북스(주), 2014.4.15.
52. 유기운외 2인, "2050 미래사회보고서:, 라온북, 2017.
53. 유태준,"AI 서비스가 시작되는 AI 플랫폼에 주목하라", 통계청 통계의 창, 2017 Winter.
54. Marketsandmarkets, "Artificial Intelligence Platform Market by Component(Tools, Services), Deployment Mode(Cloud, On-Premises), Application(Forecasts & Precsriptive Models, Chatbots, Speech Recognition, Text Recognition), End-User, and Region-Global Forecast to 2022," 2017.11.
55. G2 Crowd, "Best AI Platforms Software", 2018.7.15.
56. 산업통상자원부, 제9차 산업핵심기술개발사업 RFP, "빅 데이터 기반 AI의 산업특화 활용을 위한 개발형 AI 클라우드 서비스 시스템 개발", 2016.12.27.
57. PAT Research, "Top 15 Artificial Intelligence Platform,," 2018.7.15.
58. 60 second marketer, "157 Artificial Intelligence Platform to Help You to Grow Your Business," 2018.1.24.
59. TechRadar, "5of the Best AI Platform for business," 2018.1.10.
60. 솔트룩스 홈페이지. http://www.saltlux.com/index.do.
61. 아크릴 홈페이지. http://www.iacryl.com.
62. 벤처스퀘어, "뷰노, 인공지능 의료기기로 국내 최초 식약처 인허가 취득", 2018.5.16.

63. ZDNet Koream "의료영상 AI로 승부 건 한국 스타트업 3총사", 2017.8.16.
64. Gartner, "The Road to the Enterprise AI," 2018.
65. 최병삼, 김창욱, 조원영 (2014), 「플랫폼, 경영을 바꾸다」, 삼성경제연구소.
66. 김준연 (2016), 전통 산업의 디지털 전환: 기회인가, 위기인가? 디지털 전환의 개념, 유형 그리고 조건, SPRI 컬럼.
67. 김민식 · 최주환 (2017), 산업 혁신의 관점에서 바라보는 제4차 산업혁명에 대한 이해, 정보통신방송정책, 제29권 8호 통권 645호.
68. 김민식 · 최주환 (2016), 제4차 산업혁명과 Industrial IoT · Industrial Internet의 이해, 정보통신방송정책, 제28권 12호 통권 626호.
69. 김민식 · 손가녕 (2017), 제4차 산업 혁명과 디지털 트랜스포메이션 (Digital Transformation)의 이해, 정보통신방송정책, 제28권 12호 통권 626호.
70. 김민식 (2013), 플랫폼으로 진화하는 카카오의 사례 분석과 시사점, 방송통신정책지. 제25권 13호 통권 558호.
71. 김인숙 · 남유선 (2016), 4차 산업혁명, 새로운 미래의 물결, 호이테북스.
72. 조병호 (2013). "디지털 큐레이션 서비스 동향". 정보통신산업진흥원.
73. 한겨레 신문 (2017. 1. 16), AI · 빅데이터 활용 '스마트공장' 제조업 생산방식 혁명 이끈다.
74. 이지효 (2016), 「대담한 디지털 시대」, 알에이치코리아.
75. A. T. Kearney (2016). Digital Transformation 방법론.
76. Capgemini (2016), Travelling to the future with Digital Platforms.
77. Gartner (2016a), Building a Digital Business Technology Platform.
78. Gartner (2016b), Every Organization Needs a Digital Platforms Strategy.
79. Gartner (2016C), Three Styles of Digital Business Platforms.
80. IDC (2015). Digital Transformation(DX): An Opportunity and an Imperative.
81. IBM (2011). Digital transformation Creating new business models where digital meets physical.
82. Laurie, Donald L., Yves L. Doz, and Claude P. Sheer (2006). "Creating new growth platforms." harvard business review 84.5 (2006): 80-90.
83. Parker, G. G., Van Alstyne, M. W., & Choudary, S. P. (2016). Platform revolution: How networked markets are transforming the economy and.
84. how to make them work for you. WW Norton & Comp.
85. WEF (2015). Industrial Internet of Things: Unleashing the Potential of Connected Products and Services.
86. WEF (2016), The fourth Industrial Revolution: what it means, how to respond.
87. http://www.idc.com/prodserv/3rd-platform/.
88. http://blog.goodelearning.com/it4it/it4it-and-digital.
89. www.lgeri.com.

학습 1	인공지능의 개요
학습 2	인공지능의 종류
학습 3	인공지능의 동작 메커니즘
학습 4	인공지능의 플랫폼
학습 5	**인공지능의 기술**
학습 6	인공지능의 응용
학습 7	인공지능의 정책동향
학습 8	머신러닝의 개요
학습 9	머신러닝의 기술활용
학습 10	딥러닝의 개요
학습 11	딥러닝의 기술 활용
학습 12	인공지능 시장현황

학습 목표

1. 인공지능 기술을 이해할 수 있다.

5-1 인공지능 기술의 발전 배경

인공지능 기술의 발전 배경으로는 ① 딥러닝 알고리즘의 향상으로 진화, ② 컴퓨팅 정보처리(연산, 저장) 능력의 성능 향상, ③ 빅 데이터의 발달, ④ 인공지능 반도체 등장, ⑤ 클라우드 기반 환경 조성 등을 꼽을 수 있으며 산업적 활용에도 가속화를 초래할 것이다.

1. 딥러닝 알고리즘의 향상으로 진화

딥러닝과 같은 기계학습 알고리즘 기술의 향상으로 진화되어 정확도가 급격히 향상할 것이다.

2. 컴퓨팅 정보처리연산, 저장) 능력의 성능 향상

GPU(Graphic Procesing Unit) 등 데이터 처리를 위한 컴퓨팅 성능이 향상됨에 따라 과거 수개월 소요되었던 기계학습 처리 시간이 단 몇 분/시간 만에 가능하다.

3. 빅데이터의 발달

인터넷, 스마트 폰을 통한 데이터 양이 급격히 증가하고 이를 수집/분석하기 위한 빅데이터 처리 환경이 발전하고 있다.

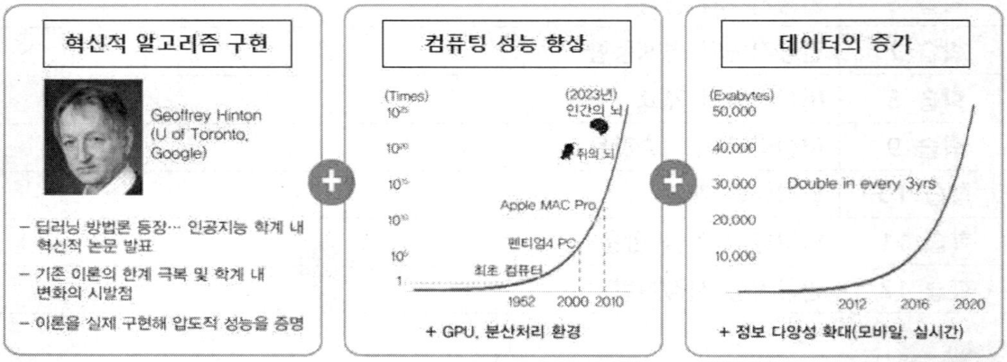

[그림 5-1] 인공지능 기술의 발전 배경

출처 : LG경제연구원(2017), 최근 인공지능 개발 트렌드와 미래의 진화 방향

4. 인공지능 반도체의 등장

인공지능 기술의 핵심기술인 학습 및 추론 기술을 구현하여 데이터 연산 처리를 저전력 및 고속처리 등 효율성 측면에서 특화된 반도체인 인공지능 반도체는 인공지능 시스템의 구현 목적에 따라 크게 학습용과 추론용으로 구분할 수 있으며, 두 가지 과정을 반복 실행하여 최적의 답을 찾도록 성능을 강화하는 데 주로 사용한다.

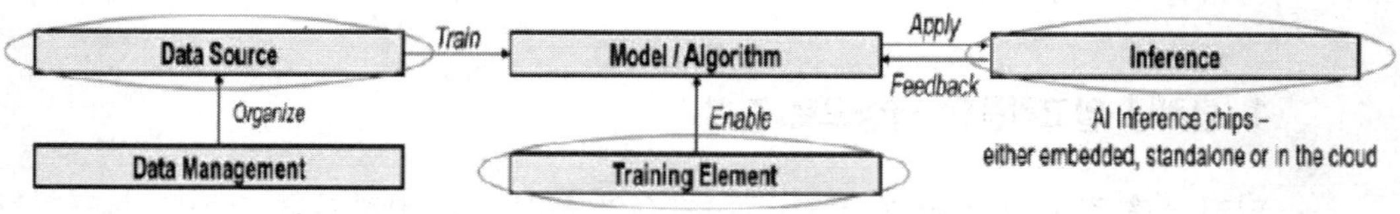

[그림 5-2] 인공지능 구현을 위한 반도체 활용

출처 : Semiconductor Industry Association(2018), LG 경제연구원(2018) 재인용.

인공지능의 연산 성능 고속화 및 소비전력 효율(Power Efficiency)을 위해 최적화시킨 반도체이며, 아키텍처 구조 및 활용 범위에 따라 크게 GPU, FPGA, ASIC, 뉴로모픽 반도체로 구분한다.

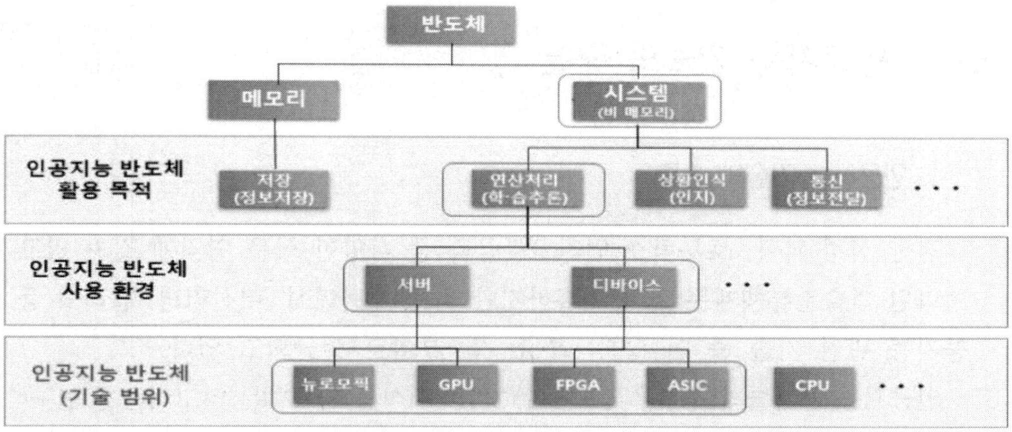

[그림 5-3] 인공지능 반도체의 기술 범위

1) GPU(Graphical Processing Unit)

동시 계산 요구량이 많은 그래픽 영상 처리를 위해 고안된 병렬 처리 기반 반도체로 수천 개의 코어를 탑재하여 대규모 데이터 연산 시 CPU 대비 성능이 우수하다.

2) FPGA(Field-Programmable Gate Arrays)

회로 재 프로그래밍을 통해 용도에 맞게 최적화하여 변경이 가능한 반도체로 활용 목적에 따라 높은 유연성이 특징이다.

3) ASIC(Application Specific Integrated Circuits)

특정 용도에 맞도록 제작된 주문형 반도체로 가장 빠른 속도와 높은 에너지 효율이 특징이다.

4) 뉴로모픽 반도체(Neuromorphic Chips)

기존 반도체 구조가 아닌 인간의 뇌를 모방한 非폰노이만 방식의 인공지능 전용 반도체로 연산처리, 저장, 통신 기능을 융합한 가장 진화한 반도체 기술이다.

5-2 인공지능 기술의 구분

1. 인공지능 기술의 분류

전산 신경 과학, 로봇틱스 인지로봇공학 등 다양한 학문 영역에 걸쳐 있고 정형화된 기술분류체계는 아직 미흡하지만 최근 패턴인식, 머신러닝, 딥러닝 등 인공지능 관련 기술 중 인공지능 주요 기술분야로 언급되고 있다.

인공지능의 기술의 구분은 〈표 5-1〉처럼 지식을 확보하는 알고리즘을 연구하는 학습지능, 시각, 청각, 언어 등 한 종류 입력을 가지고 지식을 확보하는 단일지능과 여러 형태의 입력을 통합하여 이해 판단하는 복합지능 기술으로 구분한다.

〈표 5-1〉 인공지능 기술분류(Technology Tree)

중분류	소분류	세분류	요소기술
인공지능	학습지능	머신러닝	베이지안 학습, 인공신경망, 딥러닝, 강화학습, 앙상블 러닝, 판단근거 설명
		추론/지식표현	추론, 지식표현 및 온톨로지, 지식처리
	단일지능	언어지능	언어분석, 의미이해, 대화 이해 및 생성, 자동 통역·번역, 질의응답(Q/A), 텍스트 요약·생성
		시각지능	영상 처리 및 패턴 인식, 객체 인식, 객체 탐지, 행동 이해, 장소/장면 이해, 비디오 분석 및 예측, 시공간 영상 이해, 비디오 요약
		청각지능	음성분석, 음성인식, 화자인식/적응, 음성합성, 오디오 색인 및 검색, 잡음처리 및 음원분리, 음향인식
	복합지능	행동/소셜지능	공간 지능, 운동 지능, 소셜 지능, 협업 지능
		상황/감정이해	감정 이해, 사용자 의도 이해, 뇌신호인지, 센서데이터 이해, 오감 인지, 다중 상황 판단
		지능형 에이전트	에이전트 플랫폼, 에이전트 기술, 게임 지능, 모방창작 지능
		범용 인공지능(AGI)	상식 학습, 범용 문제해결, 평생 학습, 도덕-윤리-법 지능

2. 인공지능 기술의 종류

인공지능은 인간이 가진 지각, 학습, 추론, 자연어 처리 등의 능력을 컴퓨터가 실행할 수 있도록 프로그램으로 구현하는 기술로, 기계학습(머신러닝), 딥러닝, 자연어 처리, 음성인식, 시각인식 등 첨단기술을 개발하는 방향으로 발전되고 있으며, 안전, 의료, 국방, 금융, 복지 등 다양한 응용 분야에 특화된 소프트웨어와 머신러닝, 클라우드, 고성능 컴퓨터 기술 등을 포함하고 있다.

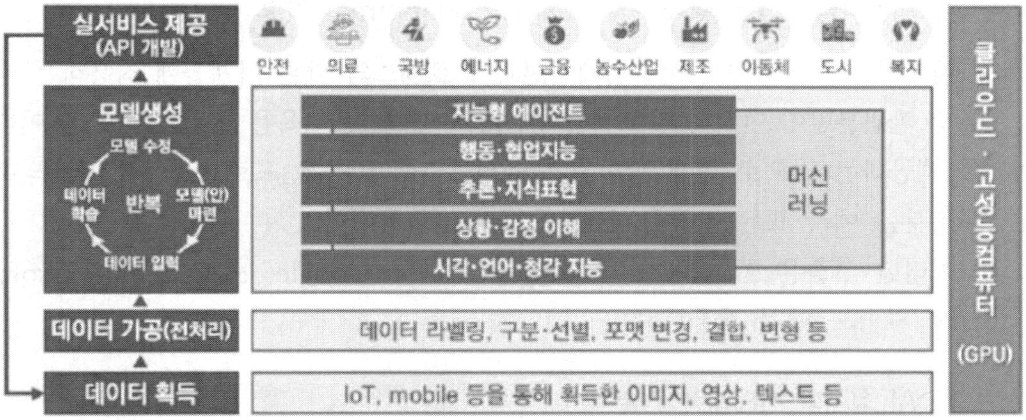

[그림 5-4] 인공지능 기술의 범위

출처 : 과학기술정보통신부, "I-Korea 4.0 실현을 위한 인공지능(AI) R&D 전략," 2018.5.

1) 자연 언어 생성 기술

컴퓨터 데이터에서 텍스트를 생성한다. 현재 이 기술은 고객 서비스, 보고서 발행과 비즈니스 인텔리전스 통찰력 요약에 사용된다. 이러한 기술을 제공하는 업체는 Attivio, Automated Insights, Cambridge Semantics, Digital Reasoning, Lucidworks, Narrative Science, SAS, Yseop이 있다.

2) 음성 인식 기술

인간의 말을 받아서 컴퓨터 응용 프로그램에 유용한 형식으로 변환한다. 현재 대화식 음성 응답 시스템 및 모바일 응용 프로그램에 사용된다.

이러한 기술을 제공하는 업체는 NICE, Nuance Communications, OpenText, Verint Systems가 있다.

학습 5

3) 가상 에이전트 기술

단순한 대화방에서부터 인간과 네트워크를 형성할 수 있는 고급 시스템에 이르기까지 다양하게 분포되어 있다.

현재 고객 서비스 및 지원 및 스마트 홈 관리자로 사용된다.

이러한 기술을 제공하는 업체에는 Amazon, Apple, Artificial Solutions, Assist AI, Creative Virtual, Google, IBM, IPsoft, Microsoft, Satisfi이 있다.

4) 머신러닝 플랫폼(Machine Learning Platforms) 기술

디자인하고 교육해서 어플리케이션과 프로세스와 다른 기계들에 적용하는 컴퓨팅 파워뿐만이 아니라 알고리즘과 API와 개발 및 교육용 툴킷 그리고 데이터를 제공하는 것으로 현재 광범위한 엔터프라이즈 응용 프로그램에서 사용되며 대부분은 예측 또는 분류를 위한 목적으로 활용된다.

이러한 기술은 Amazon, Fractal Analytics, Google, H2O.ai, Microsoft, SAS, Skytree에서 제공한다.

5) AI 최적화 하드웨어 기술

AI 지향 연산 작업을 효율적으로 실행하기 위해 특별히 설계되고 설계된 그래픽 처리 장치(GPU) 및 어플라이언스을 말한다.

이러한 기술에서 딥 학습 응용 프로그램간의 차이가 나타난다.

이러한 기술은 Alluviate, Cray, Google, IBM, Intel, Nvidia가 제공하고 있다.

6) 의사 결정 관리 기술

AI 시스템에 규칙과 논리를 적용해서 초기 세팅이나 교육 그리고 지속적인 유지 관리 및 조정에 사용되는 엔진이다.

이는 성숙한 기술로서 다양한 기업용 응용 프로그램에서 사용되며 자동화 된 의사 결정을 지원하거나 수행한다.

이러한 기술은 Advanced Systems Concepts, Informatica, Maana, Pegasystems, UiPath에서 제공하고 있다.

7) 딥 학습 플랫폼(Deep Learning Platforms) 기술

다중 추상화 계층을 가진 인공신경망으로 구성된 특수 학습 유형의 기계 학습

기술로써 현재 주로 매우 큰 데이터 세트가 지원하는 패턴 인식 및 분류 응용 프로그램에 주로 사용된다.

이러한 기술은 Deep Instinct, Ersatz Labs, Fluid AI, MathWorks, Peltarion, Saffron Technology, Sentient Technologies에서 제공하고 있다.

8) 생체 인식 기술

이미지와 터치 인식, 언어 및 신체 언어를 포함하되 이에 국한되지 않는 인간과 기계 간의 자연스러운 상호 작용을 가능하게 한다.

현재 주로 시장 조사에 사용된다.

이러한 기술은 3VR, Affectiva, Agnitio, FaceFirst, Sensory, Synqera, Tahzoo에서 제공하고 있다.

학습 5

9) 로봇 프로세스 자동화 기술

효율적인 비즈니스 프로세스를 지원하기 위해 스크립트 및 기타 방법을 사용하여 인간의 행동을 자동화한다.

인간이 작업이나 프로세스를 실행하기에는 너무 비싸거나 비효율적인 곳에서 현재 사용된다.

이러한 기술은 Advanced Systems Concepts, Automation Anywhere, Blue Prism, UiPath, WorkFusion에서 진행하고 있다.

10) 텍스트 분석 및 NLP 기술

자연 언어 처리 (NLP)는 통계 및 기계 학습 방법을 통해 문장 구조 및 의미, 정서 및 의도에 대한 이해를 촉진함으로써 텍스트 분석을 사용 및 지원한다. 사기 탐지 및 보안, 광범위한 자동화 보조 장치 및 구조화되지 않은 데이터 마이닝용 응용 프로그램에 사용된다.

이러한 기술은 Basis Technology, Coveo, Expert System, Indico, Knime, Lexalytics, Linguamatics, Mindbreeze, Sinequa, Stratifyd, Synapsify에서 제공하고 있다.

5-3 인공지능 기술 개발 동향

1. 인공지능 기술의 동향

최근 인공지능 기술의 개발 동향은 단순히 인지능력에서 벗어나, 인지한 환경 속에서 최적의 답을 찾아내고, 여기에 스스로 수행한 학습을 더해 추론 및 예측을 하며, 향후에 문제를 스스로 발견하고 해결하는 행동 단계에 이르기까지 다양한 분야의 연구와 투자가 활발히 진행되고 있다.

[그림 5-5] 인공지능 기술의 개발동향

출처 : 이숭훈, "최근 인공지능 개발 트렌드와 미래의 진화방향". LG경제연구원 2017.12

최근 5년간 인공지능은 많은 발전을 이루었으나 현 수준에서 인공지능은 인간의 지능을 완벽하게 구현하는 데는 많은 한계를 갖고 있다. 즉 자율적인 상황 판단과 능동적인 행동을 기반으로 하는 인간의 지능 수준과 큰 차이가 있는 것이다. 위와 같은 제한사항을 극복하기 위해 오래 전부터 제안되어 온 수학 · 과학 분야의 이론과 모델링에 기반한 '인간처럼 계산(Computing like Human)'에서 '인간처럼 생각(Thinking like Human)' 하는 지능을 구현하기 위해, 기존 인공신경망 구현 방식을 하드웨어, 소프트웨어적으로 고도화시키 려는 노력과 기존 과학, 공학 분야의 연구가 아닌 신경과학(Neuroscience), 뇌과학(Brain Science)과 같은 분야의 연구를 기반으로 인공지능을 구현하려는 시도가 활발히 진행 중이다.

2. 세계인공지능기술의 동향

1) 학습지능분야

학습지능분야에서는 빅데이터를 이용한 지도학습(Supervised Learning)의 단점(데이터 구축에 소요되는 시간, 비용 등)을 극복하기 위한 다양한 방법론과 설명 가능한 인공지능 기술 등이 연구되고 있다.

① 페이스북, 딥마인드에서는 귀납적/연역적 유추, 상대적 관계 추론 등의 문제해결 방법을 학습하여 다른 도메인의 문제를 해결하는 기억 네트워크 모델에 대한 연구 진행 중이다.

② DARPA에서는 인공지능의 학습과정 및 상태를 인간이 이해할 수 있게 설명 가능한 Explainable AI 기술을 연구(DARPA XAI Project) 중이다.

2) 언어 및 청각지능 분야

언어 및 청각지능 분야에 딥러닝 기술이 접목되면서 성능이 크게 향상됨에 따라 IBM, 구글 등 글로벌 기업을 중심으로 다양한 상용 서비스 확대하고 있다.

① IBM은 의료/헬스케어, 금융, 위험관리 등의 분야에 의사결정 지원 기술 개발과 적용이 활발히 진행되고 있다.

② MS는 '스카이프' 화상통화 실시간 통역 서비스, 구글은 유튜브 '동영상 실시간 통역'을 제공하면서 시장선점 경쟁이 진행 중이다.

③ IBM, 구글, 아마존 등 IT 대기업에서는 자사의 기술 및 제품을 플랫폼화하고 데이터를 과독점하는 등 생태계의 과독점 현상이 가속화(아마존 알렉사, IBM 왓슨 등) 하고 있다.

3) 시각지능 분야

인간의 시각 지능에 해당하는 이미지 인식 분야에서는 이미 인간 수준을 넘어선 인공지능이 구현되고 있다. 단순히 이미지 속 사물의 종류를 인식하는 것을 넘어 이미지나 영상 속 상황을 이해할 수 있게 되었다. 가령 사람 얼굴 사진을 보면 남성, 여성 등과 같은 외형적 특성을 인식할 뿐 아니라 눈, 코, 입 모양의 상관 관계를 분석해 표정을 인지하거나, 감정을 추측할 수도 있게 된 것이다.인간 수준 이상의 시각 지능을 가진 인공지능은 시각 정보를 자유롭게 변형하거나 전혀 새로운 이미지를 생성해내기도 합니다. 계절적 특성을 이해한 인공 지능이 하나의 풍경 사진을 여름, 겨울 사진으로 변경하거나, 동식물의 특성을 정확히 이해해 외형을 자유롭게 변형하기도 합니다. 이런 가상 이미지는 완성도도 높아 사람들이 쉽게 구분해낼 수 없을 정도입니다.

인간 수준 이상의 시각 지능을 가진 인공지능은 시각 정보를 자유롭게 변형하거나 전혀 새로운 이미지를 생성해내기도 한다. 계절적 특성을 이해한 인공 지능이 하나의 풍경 사진을 여름, 겨울 사진으로 변경하거나, 동식물의 특성을 정확히 이해해 외형을 자유롭게 변형하기도 한다. 이런 가상 이미지는 완성도도 높아 사람들이 쉽게 구분해낼 수 없을 정도이다

시각 인지 지능은 산업 영역에도 적용되고 있다. 카메라, 초음파 센서 같은 저가의 범용 센서와 딥러닝 기반의 시각 지능으로 지능형 자율 주행 기술을 구현할 수 있고, 직접적으로 엔터테인먼트, VR/AR과 같은 영상 콘텐츠 산업에도 핵심 역량으로 작용할 수 있다. 뿐만 아니라 단순한 콘텐츠 산업을 넘어 교육, 쇼핑, 교통 등 인간의 시각이 관련된 거의 모든 산업에 직간접적으로 영향을 미칠 수 있다.

시각지능 분야에서는 미국을 중심으로 영상의 내용을 이해하는 기술에 대한 연구가 진행 되고 있으며, 상황을 이해하고 행동을 분석하여 미래에 발생할 상황을 예측하는 기술이 집중 개발되고 있다.

① 미국의 DARPA는 원거리 사람 추적 및 식별을 위한 HID(Human Identification at a Distance) 과제를 수행, 걸음걸이 인식, 얼굴인식, 홍채인식 등 기술 개발중이다.

② 구글, MS, 페이스북, UC버클리, INRIA 등은 CNN(Convolutional Neural Network)을 이용하여 동영상에서의 객체 및 행동 인식 연구 추진 중이다.

4) 지능형 에이전트 분야

지능형 에이전트 분야에서는 아마존, 구글, 애플 등 대형 IT 기업을 중심으로 인공지능 스피커 형태의 제품과 서비스가 빠르게 확산되고 있으며, 보다 자연스러운 AI-휴먼 인터 랙션에 대한 기술 개발이 진행 중이다.

구글은 인공지능이 전화를 걸어 상대방과 자연스러운 대화를 통해 예약을 수행할 수 있는 '구글 듀플렉스(Google Duplex)'라는 기능을 공개하였다.

5) 지능형 로봇 분야

지능형 로봇 분야에서는 중소기업 중심 제품 개발이 수년간 지속되었으나 최근 글로벌 IT 기업이 자체 보유한 AI 기술을 바탕으로 자율성이 높은 AI 로봇 개발을 가속화하고 있다.

① 일본 소프트뱅크는 클라우드에 연결되어 지속적으로 학습 및 성장이 가능한 로봇 개발을 목표로 감정인식 로봇 페퍼를 개발하여 상용화 중이다.
② 미국 아마존은 인공지능 비서 기반 기술인 '알렉사'를 바탕으로 가정용 로봇 '베스타'를 개발 중이며, 2019년 이후 제품이 출시될 것으로 예상하고 있다.
③ 다수 로봇 기업들이 초기에는 필요한 기술을 자체 개발하려는 노력을 하였으나 최근에는 글로벌 IT 기업이 개발한 인공지능 비서의 음성, 언어 기술을 채택·협력하는 경향이다.

6) 음성인식 가상비서 분야

음성인식 가상비서(Voice Assistant)는 스마트폰의 서비스 중 하나인 시리(Siri)로 시작되었다. 큰 반응을 보이지 않다가, 스마트스피커를 통해 구현된 아마존의 알렉사(Alexa)에서부터 폭팔적으로 성장하고 있다.

(1) 음성인식 기술의 발달과정

① 1950년대부터 음성인식 기술은 꾸준히 연구되었으나, 음의 높낮이, 말하는 속도, 문장에 따른 발성의 차이, 사투리 등을 쉽게 구별하지 못하였다.
   ※ 1990년 Yahoo가 10년간 집중적으로 투자하여 인식률을 80% 수준까지 높였으나, 2010년까지도 그 수준을 넘지 못하였다.
② 2010년 중반에 들어서 구글을 중심으로 1,000억 개에 달하는 대규모 음성데이터 축적과 Deep Learning 알고리즘(word2vec)이 접목되면서 비약적으로 개선되었다. 2017년 인간의 소통 수준인 95%에 도달하였다
③ 중국 바이두의 음성인식 기술 '딥스피치(DeepSppech)'는 인식률이 97%에 달하며, 우리나라도 한국어 음성인식율도 상당한 수준에 도달해 있다.

(2) 음성인식 가상비서 핵심기술

음성인식 가상비서를 제공하기 위한 핵심 기술로는 음성인식(ASR), 음성이해(NLU), 음성합성(TTS)이 있다.

① ASR(Automatic Speech Recognition)은 발화자의 명령어를 컴퓨터가 이해하는 언어(Text)로 자동 변화하는 기술로 인공신경망 엔진을 활용하여 단어와 문장을 학습한다.

② NLU(Natural Language Understanding)는 주어진 Text를 어떤 의미 인지를 파악하는 기술이다. "기분 좋은 음악 들려줘" 하면 '기분 좋은 노래'로 지정되어있는 음악을 찾아 틀어달라는 의미로 분석하는 것이다. 발화자의 의도를 파악하기 위하여 다양한 유사패턴을 학습한다.
최근 Deep Learning 기술이 본격 적용되면서, 이해능력이 급속도록 향상되고 있다. 2018년 10월 구글의 BERT모델은 인간의 수준을 능가하는 성능을 보여주었다.

③ TTS(Text to Speech)는 Text 문장을 음성으로 변환하는 기술이다. 사람이 말하듯이 속도나 높낮이 조절하는 것이 기술력이다. 각각의 기술에 서비스를 구현키 위한 다양한 데이터가 유기적으로 결합되어 음성인식 가상비서 서비스가 가능해진다.

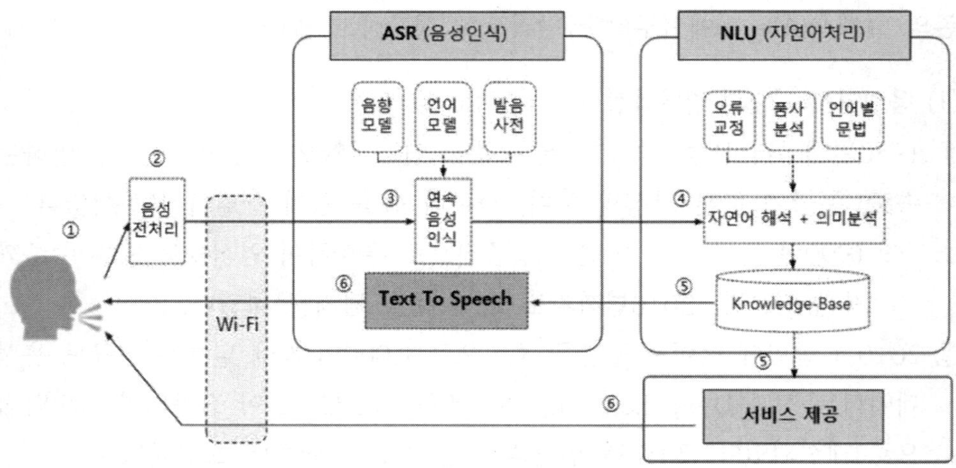

[그림 5-6] 음성인식 가상비서 구조

음성인식 분야의 인공지능 연구는 매우 오래 전부터 진행되어 왔지만 아직까지 자유로운 대화가 가능할 수준까지는 구현되지 못하고 있다. 언어 인식 분야의 인공지능이 빠르게 발전하지 못한 것은 기존의 '사람 중심'의 방법론 때문이다. 언어학을 전공한 전문가가 일일이 단어 간의 관계를 설정하는 방식으로 구현되었기 때문에 언어의 확장성이 낮고, 새로운 언어나 전문적인 영역의 언어의 경우엔 사람이 직접 개입해야 했다.

하지만 최근 음성 인식 분야에도 딥러닝이 적용되면서 사람에 의존하지 않고 인공지능이 데이터에 기반한 학습을 통해 스스로 언어를 이해하는 방식으로 전환되고 있다. 방대한 데이터를 기반으로 개별 단어가 아닌 구문 단위로 이해하고 각각의 단어를 수백 개의 차원으로 구성된 벡터 공간에 위치시켜 단어별 상관관계를 정의하는 개념이다.

데이터를 기반으로 구성된 언어 모델은 기존 방식에 비해 확장성이 높고, 특정 분야에 종속되지 않는다. 새로운 언어가 추가되거나 전문성이 필요한 특정 분야에 활용할 경우 관련 데이터를 기계에 학습시켜 모델은 업데이트하면 된다. 또한 전혀 새로운 언어도 충분한 데이터만 확보된다면 과거에 비해 매우 빠르고 쉽게 인식할 수 있다.

학습 5

인간 수준의 언어 인식/이해 지능을 갖게 된 인공지능은 사람의 목소리를 자유롭게 생성해 내기도 한다. 과거 기계가 만들어낸 사람 목소리는 개별 단어, 구문을 조합하는 형태였기 때문에 발음이나 억양이 부자연스러웠지만, 딥러닝이 적용되면서 개별 단위의 발음, 악센트뿐만 아니라 문장 단위에서의 억양까지 매우 정교하게 구현해 낸다.

딥러닝은 자연스러운 말하기 뿐만 아니라 특정 사람의 목소리를 반복 학습해 그 사람의 특징을 완벽히 묘사하기도 한다.

① 한국어의 경우 과거엔 한국어에 대한 전문성과 경험을 갖고 있는 국내 기업들의 언어 인식/이해의 정확도가 글로벌 대비 높았지만 최근 구글, 페이스북 등은 데이터를 기반으로 종전과 비교가 안될 속도로 한국어 인식 성능을 높이고 있다. 구글은 언어 인식/이해 분야에 딥러닝 기술을 적용한지 2년 만에 인식 가능 언어를 32개(2017년 3월 기준)까지 확장했다.

② 마이크로소프트, 바이두 또한 다양한 언어에 대해 인간 수준의 언어 이해 지능을 구현해 내고 있다.

③ 언어 인식/이해 기술의 혁신은 애플 시리, 아마존 알렉사 같은 지능형 비서 서비스를 더 활성화시킬 것으로 전망된다.

3. 국내 인공지능 기술의 동향

1) 학습지능분야

학습지능분야에서는 UNIST, KAIST 등이 설명가능 인공지능(Explainable Artificial Intelligence) 프로젝트를 통해 딥러닝등 복잡한 인공지능 시스템이 의사결정을 내릴 때 그 이유를 설명가능하게 하는 기술을 개발 중이다.

2) 언어 및 청각지능분야

언어 및 청각지능분야에서는 심층질의응답기술, 자동통역기술 등의 연구가 진행 중이며 일부 기술이 상용화되고 있는 단계이다.

① ETRI, 솔트룩스, 한컴 등은 엑소브레인 프로젝트를 통해 심층질의응답 기술개발을 진행 중이며, 상담, 법률, 특허 등 다양한 분야의 상용화 추진하고 있다.

② 한컴은 평창동계올림픽에서 8개 국어 자동통역 서비스를 성공적으로 지원하였으며 (2018.2~3), ETRI, 시스트란 인터내셔널 등은 전화, 강연 등의 비정형 연속 자유발화에 대한 실시간 동시통역 원천기술 개발을 진행 중이다.

3) 시각지능분야

시각지능분야에서는 단순한 이미지 인식 단계를 넘어선 영상 이해 기술 개발 진행 중이다.

① ETRI, GIST, POSTECH 등이 국가전략과제(딥뷰 프로젝트)를 통해 실시간 영상분석을 통하여 의미를 찾는 연구를 진행 중이다.

② 서울대, KAIST, 코난 테크놀로지 등은 비디오 튜링 테스트(Video Turing Test) 프로젝트를 통해 인간 수준의 비디오 이해 지능 기술을 개발하는 연구과제를 진행 중이다.

③ LG전자는 스마트폰 'LG V30S ThinQ'에 볼 줄 아는 인공지능, '비전 AI'를 탑재했다. 카메라로 사물을 비추면 자동으로 사물을 인식해 최적의 촬영 모드를 추천해 주는 'AI 카메라'와 사진을 찍으면 피사체의 정보를 검색해주고, 어디서 살 수 있는지 쇼핑 정보를 알려주며, QR코드를 스캔해주는 'Q 렌즈', 촬영 환경의 어두운 정도를 분석해 기존보다 최대 2배까지 밝은 사진을 찍게 해주는 '브라이트 카메라' 등의 인공지능 기술이 적용됐다.

5) 음성인식분야

음성인식분야의 서비스의 핵심은 AI 스피커이다. 말 한마디로 집안의 조명이나 전자제품을 켜고 끄거나, 음성으로 정보를 검색하고, 주문부터 결제까지 말로 쇼핑할 수 있다. IPTV와 연결되어 영화나 드라마의 제목을 몰라도 한두 개의 키워드만 말해주면 원하는 콘텐츠를 찾아주지도 한다.

① 네이버의 인공지능 통번역 서비스인 '파파고'를 탑재해 영어, 중국어, 일본어 3개국어 번역과 쌍방향 영어 대화 기능도 지원한다.

② LG유플러스의 'U+ 우리집 AI'는 LG유플러스의 IPTV와 가정용 사물인터넷(IoT)에 네이버의 음성인식 인공지능 플랫폼 '클로바'를 접목시킨 AI 스마트홈 서비스이다.

③ 네이버도 유명 연예인의 목소리를 학습하고 특징을 모델링해 가상으로 생성된 목소리로 동화책을 읽어주는 서비스를 선보이기도 했다.

학습 5

4) 지능형 에이전트 분야

지능형 에이전트 분야에서는 KETI, KAIST, 경북대 등이 사용자의 생각과 의도를 이해하고 공감하여 반응하는 동반자 기술 개발 진행 중이다.

① 자율성, 사회성, 반응성, 능동성, 시간연속성, 상황적응성을 갖는 컴패니언 기술 개발 진행 중이다.

② 특정 분야의 해답을 얻기 위한 전문가 시스템과 달리 실생활에서 사용자의 편의를 위해 사용되는 AI 기술 개발에 집중하고, 사용자와의 지능적 인터랙션, 지속적 학습, 의도/맥락이해, 감정/윤리이해, Catastrophic Forgetting 문제 해결 등 연구하고 있다.

5) 지능형로봇 분야

행동/소셜지능, 상황/감정이해 기술 등은 지능형로봇 분야에 적용되는 추세이다.

① ETRI, KIST, KAIST, 유진로봇 등은 휴먼케어 로봇 프로젝트를 통해 로봇이 고령자를 지속적으로 관찰하고 정서적으로 교류하면서 서비스를 제공하기 위한 기술 개발 추진 중이다.

② LG전자, ETRI, 서울대학교, KIRO 등은 실외경비로봇이 순찰지역을 지속적으로 감시하면서 이상변화를 감지하고, 사용자에게 보고하는 무인로봇

경비기술 개발 추진 중이다.

③ KAIST, 한양대, 고려대, KIST, 한국기계연구원 등은 촉각이 가능한 로봇 손으로 다양한 물체를 다루는 방법과 절차를 학습하는 로봇 손 지능 개발 과제를 진행 중이다.

6) 의료 · 법률 등 일부 응용산업 분야

의료 · 법률 등 일부 응용산업 분야에서 분야별 특화 AI기술과 데이터를 바탕으로 글로벌 AI 혁신기업이 등장하고 있다.

① 의료 분야 : 루닛 인사이트의 실시간 의료영상판독
② 스마트홈 분야 : 코맥스의 기기관리 음성비서
③ 금융분야 : 솔트룩스의 금융상담시스템
④ 교육분야 : 뤼이드의 맞춤학습 솔루션

수행 내용

재료 · 자료

- 인공 지능 기술 관련 자료

기기(장비 · 공구)

- 컴퓨터, 프린터, 주변기기

안전 · 유의사항

- 컴퓨터 및 주변기기의 전원을 관리한다.

학습 5

수행 순서

01 인공지능 기술의 특성에 대하여 분석하라.

인공지능 기술은 〈표 5-1〉처럼 일반성, 방대성 등 지식의 특성뿐만 아니라 일반 소프트웨어 시스템과 달리 추론 기능 등의 특성을 가진다.

〈표 5-2〉 인공지능 기술특성

특 성	내 용
일반성	중요 성질을 공통적으로 가지고 있는 상황을 그룹화 함
방대성	중요 성질이 공통적으로 형성되기 이전의 기초자료는 매우 방대함
부정확성	현실문제에서 주어지는 정보가 부정확하며, 그로 인해 표현 역시 불명확함
지식 이용	소프트웨어는 자료나 정보를 사용하는 반면 인공지능은 인간과 같은 지식을 이용
추론 기능	적은 자료로 해(解)를 찾거나 많은 자료에서 공통점을 찾아내는 것 등은 인간의 사고과정에서 발생하는 추론기능과 같음
휴리스틱 탐색 (heuristic search)	경험적인 방법의 원리를 이용하여, 방대한 양의 탐색영역에서 최적의 해를 구하고자 일정한 규칙에 근거하여 해를 찾는 방법인 휴리스틱 탐색 기능 제공
출력 효율성	제고 입력정보가 비교적 완전 혹은 완벽하지 않더라도 결과물을 생성하는 기능

02 인공지능 트랜드가 이끌어 낼 기술들에 대하여 분석하라.

1. 인공지능 기반

인공지능 기반(AI Foundation) 강화를 통해 딥러닝(Deep Learning) 의사결정의 효율성이 향상되고, 비즈니스 모델 및 고객의 경험을 이해하는 것이 용이해질 것이다. 성공의 이니셔티브로 이끌기 위한 지속적인 투자가 이루어질 것이다.

2. 지능형 앱과 분석

지능형 앱과 분석(Intelligent Apps and Analytics)은 인간을 대신하여 업무를 수행하고 처리하는 프로그램이다. 인간과 앱 시스템 간에 새로운 지능적 중간 계층을 형성하여, 업무의 본 질과 구조를 변화하게 할 것으로 예상한다.

3. 지능형 사물

지능형 사물(Intelligent Things)은 인공지능 기술을 통해 사람 혹은 사물들과 소통하는 물리적 사물을 뜻한다.

자율주행, 로봇, 드론 등에 인공지능 기술이 더해 져 더욱 활발한 발전을 거듭할 것이다.

4. 디지털 트윈

디지털 트윈(Digital Twin)은 현실 세계에 존재 하는 대상이나 시스템의 디지털 버전이다. 현상에 대한 정확한 이해를 통하여 변화에 대응하고, 운영 개선 및 가치 증진에 인공지능이 활용될 것으로 보인다.

5. 클라우드에서 에지로

'클라우드에서 에지로(Cloud to the Edge)'는 에지 클라우드 기술을 의미한다. IT 인프라의 효율적 운영을 위한 클라우드 환경이 주목을 받았다면, 이제는 실제 데이터를 수집할 수 있는 에지 컴퓨팅(Edge Computing)이 더욱 활발해질 것으로 보인다. 정보의 수집과 활용의 극대화를 위한 에지 컴퓨팅에 인공 지능의 활용이 기대된다.

6. 대화형 플랫폼

대화형 플랫폼(Conversational Platforms)은 컴퓨터가 사용자의 자연 언어를 사용하여 의도를 전달하는 기술이다. 지금까지의 디지털 세계와 인간의 상호작용 방식이 2차원적 방식이었다면, 인공지능 플랫폼(AI Platform)은 사용자에게 질문이나 명령을 받은 후에 기능을 수행하는 것 이외에도 콘텐츠를 제시하고, 추가 입력을 요청하는 방식으로 인간과의 교감을 가능 하게 한다. 상호작용 시스템을 통해 더욱 정확한 정보를 제공하는 방향으로 흘러갈 것이다.

7. 몰입형 경험

몰입형 경험(Immersive Experience)은 가상현실 (VR) 및 증강현실(AR)이 심화된 것으로 볼 수 있다. VR 및 AR은 고급 엔터테인먼트 시장에서 활용되고 있고 다양한 콘텐츠를 만들고 있지만 이를 직접적으 로 기업에 활용하는 것은 미약한 수준이다. VR 및 AR 기술을 통합한 혼합 현실(Mixed Reality)을 통하여 기업에 도움이 되는 콘텐츠로 발전될 것으로 보인다.

8. 블록체인

블록체인(Blockchain)도 더욱 활발해질 것이다. 현재 인터넷 거래방식이 중앙 집중 거래방식과 기록 관리 메커니즘에 집중되어 있다면 이를 탈피한 혁신적 디지털 비즈니스의 기초를 블록체인이 제공할 것으로 예상한다.

9. 이벤트 구동형

이벤트 구동형(Event-Driven)은 변화를 신속하게 포착하고 활용하는 것을 의미한다. 인공지능을 기반으로 하여 이벤트에서 발생한 정보가 판매 및 주문, 배송과 마케팅에 빠르게 활용되어 고객 지향적 디지털 비즈니스 환경이 조성될 것이다.

10. 보안과 리스크의 관리 혁신

보안과 리스크의 관리 혁신(Security and Risk of Management)이 이루어질 것이다. 인공지능을 통해 해커의 공격을 빠르게 감지하고 이를 차례로 대응하여 리스크를 최소화할 수 있을 것으로 본다.

03 인공지능 기술의 학습지능 발전분야에 대하여 분석하라.

2012년 시작된 딥러닝의 발전은 2016년 알파고의 출현을 기점으로 전환점을 맞았다. 그동안 딥러닝이 깊이(Deep)와 성능 분야에서 경쟁을 해왔다면 알파고의 출현 이후, 학습(Learning) 경쟁을 하게 된 것이다.

1. 강화학습의 등장

강화학습 기반의 인공지능 학습 과정의 과거의 방식과 전혀 다르다. 기존 기계학습 기반의 인공지능은 목표 달성을 위해 사람이 일일이 모델링하고 구현해야 했다면, 강화학습 방법에선 인공지능이 스스로 현재의 환경을 인식하고 행동하며 목표를 달성해 나간다. 게다가 이런 방식은 범용적으로 활용 가능해 새로운 환경에서도 학습을 반복하게 되면 하나의 알고리즘을 가지고 매우 다양한 환경에 적용 가능하다.

구글은 이런 강화학습의 잠재력을 빨리 인지하고 발 빠르게 움직이고 있는 기업 중 하나이다. 구글의 딥마인드는 강화학습에 딥러닝을 접목하여 게임 환경에서의 인공지능을 구현했다. 인공지능은 매 순간 자신이 처한 환경과 행동 가능한 옵션들을 인지하고 각 행동에 대해 최대의 보상을 얻을 수 있는 행동을 반복적으로 선택하게 된다.

알파고의 경우도 마찬가지이다. 매수를 둘 때마다 다양한 착점 중 가장 승률이 높을 것으로 계산된 수를 선택한 것이다. 알파고는 매일 128만 번에 이르는 반복학습을 통해 바둑을 두는 과정을 깨우쳐 나갔다고 한다. 알파고를 통해 시작된 강화학습 연구는 선행 연구 기관들의 오픈소스 공개 덕분에 2016년 이후 빠르게 발전하고 있다.

2. 3차원 및 현실 세계에 적용된 강화학습

최근 강화학습의 주요 연구들은 3차원 또는 실제 물리적 환경을 고려한 상황에서 이뤄지고 있다. 완벽한 정보를 파악할 수 있었던 2차원과는 달리 3차원 환경에서 인공지능은 전체 정보 중 매우 제한된 부분 정보만 갖게 된다. 마치 2차원의 미로는 한눈에 맵이 다 파악되지만 3차원의 미로는 현재 시점에서 공개된 정보만 보게 될 뿐 보이지 않는 길에 대한 정보를 갖지 못하는 것과 같다.

이 경우 강화학습 기반의 인공지능은 과거의 경험을 기억할 수 있는 별도의 메모리를 설계하거나, 학습을 통해 쌓은 지식을 일반화해 새로운 환경에 적용하게 된다.

실제로 주요 기업의 연구소에서는 강화학습을 실제 제품, 서비스에 적용하려는 연구개발이 활발히 진행되고 있다. 자동차 자율주행 외에도 스마트 팩토리 내 다양한 제조 공정, 로봇 등에 강화학습 기반의 인공지능이 앞으로 빠르게 적용될 것으로 전망되며 이렇게 되면 현실 세계의 인간처럼 학습하는 기계가 머잖아 인간과 협력 혹은 경쟁하는 것도 가능하게 될 것으로 보인다.

이렇게 사용자와 환경을 학습해 진화하는 인공지능은 최근 가전제품에도 적용되고 있습니다. LG전자는 '고객 입장에서 생각하고 사용자를 실질적으로 배려한다'는 지향점을 갖고 'LG ThinQ™'라는 인공지능 브랜드를 내놓았다.

올해 출시된 'LG 휘센 씽큐 에어컨'은 기존 에어컨이 사람이 주로 머물던 공간을 학습하던 것에서 더 나아가 온도나 습도, 공기질 같은 생활환경은 물론 사용자가 에어컨을 사용하는 패턴이나 사용자의 언어까지 학습한다. 이렇게 학습한 정보를 토대로 알아서 공기청정이나 제습 등 상황에 맞는 코스로 작동하게 된다. 쓰면 쓸수록 에어컨은 더 많은 정보를 학습하여 사용자에 최적화된 기능을 제공하게 된다.

'LG 트롬 씽큐 세탁기'나 'LG 씽큐 TV'도 마찬가지이다. 세탁기는 날씨 정보와 사용자가 자주 입는 옷감의 종류를 파악해서 세탁 코스를 자동으로 설정하고, TV는 자주 보는 프로그램이나 좋아하는 배우 등을 기억해뒀다 유사한 프로그램이나 좋아하는 배우가 출연한 영화를 추천해 주기도 한다. 이들 가전제품은 스스로 학습하며 개별적으로 똑똑해지기도 하지만 동시에 제품들끼리 서로 정보를 교환하며 기능을 확장한다.

04 인공 지능 기술의 추론/행동지능의 발전분야에 대하여 분석하라.

1. 추론, 관계추론이 가능한 인공지능의 등장

추론은 오랫동안 인간의 고유 영역으로 여겨지며 기계적으로 구현하기에는 매우 어려운 분야 중 하나였다. 텍스트, 이미지 같은 정보를 인식해 문맥적 의미를 이해해야 할 뿐 아니라 같은 정보라도 상황에 따라 변하는 문맥적 관계를 고려해야 하기 때문이다.

하지만 최근 발전된 딥러닝, 그 중에서도 학습 알고리즘의 진화로 추론 분야의 인공지능도 빠르게 연구, 개발되고 있다. 구글의 딥마인드는 지난해 6월 관계형 추론이 가능한 인공지능을 구현한 논문을 발표했다. 관계형 추론은 단순히 개별 정보를 인식하고 이해하는 것을 넘어 각 정보를 사이의 상대적인 관계를 파악해 논리적인 결론에 도달해야 하기 때문에 구현하기가 어려웠다. 딥마인드는 이런 관계형 추론에서 더 나아가 예측까지 가능한 인공지능을 제안했다.

각 객체 간의 관계를 이해하고 예측이 가능한 인공지능은 단순히 방대한 데이터 속에서 인간보다 빠르고 정확하게 답을 찾는 것이 아니라 사람처럼 생각하며 추론하는 것이 가능해진 것을 의미한다. 미리 정의된 관계를 학습하는 것을 넘어 인간 같이 유연한 사고가 가능해진 것이다.

이런 추론 분야의 발전은 향후 다양한 산업에 영향을 미칠 것으로 예상된다. 예를 들어 지능형 자율주행차에 관계형 지능이 적용되면 단순히 차간 거리, 속도, 표지판을 통한 판단뿐만 아니라 차선을 급하게 변경하는 자동차의 향후 추행 패턴을 추론/예측하여 주의하거나 초보 운전 차량의 움직임을 추론해 회피하는 등이 기능 구현이 가능해진다. 관계형 지능은 이 밖에도 제조 공정, 금융, 보안 등 다양한 분야에 적용 가능할 것으로 예상된다.

2. 미래 상황을 예측하고 계획하는 인공지능

행동은 추론과 마찬가지로 인공지능이 인간 수준으로 구현되기 매우 어려운 분야로 생각되어 왔다.

인간 수준의 행동이란 단순히 현재만을 고려해 행동하는 것이 아니라 현재의 행동이 미래에 미치는 영향을 고려하고 동시에 최종적인 목적 달성을 위해 매 순간 계획(Planning)과 결정(Decision)이 동반되어야 하기 때문이다. 그렇기 때문에 현재 시점에서 최선의 선택이 아니어도 장기적 관점에서 목적 달성에 도움이 된다면 차선책을 선택해 행동하는 것도 필요하다.

기존 강화학습의 경우 인공지능은 매 순간 최고의 보상을 받을 수 있는 행동을 반복하며 목표를 달성하도록 설계되었다.

하지만 최근의 연구는 인공지능이 매 순간의 행동이 미래에 미치는 영향을 상상해 최적의 행동을 선택하도록 한다. 이 과정에서 최종 목적을 달성하기 위해 인공지능은 장기적 관점에서 계획하고 행동한다. 현재 시점에서 손해가 되는 선택이더라도 이런 행동이 최종 목적 달성을 위한 과정이라고 판단되면 행동하는 것이다.

그동안 매우 어렵고 오랜 시간이 걸릴 것으로 예상되었던 행동 분야의 인공지능 구현은 추론 분야의 지능 발달과 함께 향후 인공지능 분야 연구에 큰 혁신을 만들어갈 것으로 전망된다.

05 인공지능 기술의 특허동향에 대하여 분석하라.

인공지능 분야 관련, 2017년 8월 현재까지 한국, 미국, 일븐, 유럽, 국제 공개 (등록)된 특허들을 대상으로 총 5,817건의 특허를 분석한 결과 아래와 같다.

① 인공지능 분야에 있어서는, 미국 특허가 2,513건으로 가장 많고, 2000년대 초반 이후 꾸준히 그 출원량이 증가하는 추세를 나타내고 있다.

- 한국은 1990년대 후반 이후 현재까지 출원량이 증가한 추이를 나타내어, 총 1,246건으로 미국 다음으로 많은 특허가 출원된 것으로 나타나고 있다.
- 일본, 유럽, 국제특허의 경우에는 꾸준히 소량 출원되고 있는데, 특허 점유 율도 미국, 한국에 비해 상대적으로 적은 비중을 차지하고 있다.
- 자연어 질의응답 기술, 대화형 음성인터페이스 기술, 자동통역 기술, 행동 이해 기술 등이 전반적으로 많은 특허 비중을 보이고 있다.

② 해외 특허 동향을 살펴보면, Microsoft가 자연어 질의응답(55건), 대화형 음성 인터페이스 및 자동통역(49건) 등 총 221건의 특허를 출원하였으며, IBM 191건, 애플 148건 등의 특허를 출원하였다.

③ 한국 특허 동향을 살펴보면, 삼성전자의 특허 출원이 117건으로 가장 많고, 그 다음으로 한국전자통신연구원 104건, LG전자 96건의 순이다.

- 삼성전자와 LG전자는 행동인식, 지능형 영상정보 인식, 한국전자통신연구 원은 대화형 음성 인터페이스, 자동통역, 자연어 질의응답기술 등 분야에 다수의 특허를 출원하였다(출처 : ICT 표준화 전략맵 Ver.2018, TTA).

06 인공지능 기술의 표준화 동향에 대하여 분석하라.

인공지능 기술의 표준화 동향은 영상인식 및 검색, 자연어질의응답, 대화형 음성인터페이스, 자동통역, 지능형 로봇 등의 분야에서 표준화 활동이 진행 중이며, 언어처리는 한국 활동이 활발하다.

1. 영상인식 분야

영상인식 분야는 JTC SC29 WG11 MPEG에서 표준화를 진행하고 있으며, 비주얼 검색 분야는 JTC SC 29 WG11 MPEG에서 표준화를 진행 중이다.

① MPEG CDVA(Compact Descriptor for Video Analysis)는, 2015년도부터 딥러닝 기반의 실시간 비디오 검색에 대한 국제 표준이 시작되었으며, 현재 CXM(CDVA Experimentation Model) 1.0이 완성 단계이다.

② ISO/IEC JTC1 SC29 WG11(MPEG)은 ETRI, 북경대, Telecom Italia, ST Microelectronics, Huawei, Surrey대 등이 참여하는 MPEG-7 CDVS(Compact Descriptor for Visual Search)에서 비주얼 검색 관련 국제 표준화 완료('16)하였다.

2. 자연어 질의응답 표준화

자연어 질의응답 표준화는 ITU-T와 ISO를 중심으로 진행되고 있으며 자연어 질의응답시스템을 위한 메타데이터 표준화가 진행 중이다.

① ITU-T SG16 Q21에서는 지능형 질의응답 서비스 프레임워크 표준화가 2013년 시작되어 2015년 말에 표준 승인되었으며, 질의응답 시스템을 위한 메타데이터 표준이 진행 중이다.

② ISO TC37 언어 자원을 위한 표준화는 언어처리 단계별로 다양한 표준 과제가 진행 중임. 2016년부터 자연어처리의 결과를 응용프로그램에서 쉽게 사용하기 위한 자연어처리 요청 포맷이 신규 표준으로 한국을 중심으로 시작이다.

3. 대화형음성 인터페이스 및 자동통역 표준화

대화형음성 인터페이스 및 자동통역 표준화는 ITU-T, ISO 등 국제 표준화 기구에서 한국의 제안에 의해 진행되고 있다.

① IPTV를 위한 고기능 사용자 인터페이스 표준이 2016년 말에 승인, 언어 이러닝 서비스 프레임워크 표준이 2017년 하반기에 승인, 대면상황 자동통역 서비스의 사용자 인터페이스 표준이 2017년 하반기에 승인하였다.

4. 인간 친화적 로봇 안전성 및 신뢰성 확보를 위한 표준화

인간 친화적 로봇 안전성 및 신뢰성 확보를 위한 표준화는 ISO를 중심으로 추진되고 있으며 현재 이슈 제기가 시작되는 단계이다.

① ISO TC184 SC2에서는 산업용 환경에서 인간과 로봇이 공존하는 작업에서 어떻게 인간의 안전을 보장할 것인가를 다루는 표준을 제정한다. (출처 : ICT 표준화 전략맵 Ver.2018, TTA)

07 인공지능 기술의 발전 전망에 대하여 분석하라.

인공지능 기술은 그동안 두 번의 AI암흑기에도 불구, 데이터 축적 · 컴퓨팅 파워 진전 · 알고리즘(딥러닝) 진화 등으로 AI 부흥기에 진입하였으며, 향후 언어, 시각 등 인공지능 핵심 기술이 사람 수준에 근접하면서 본격 확산 단계에 진입할 것으로 예상이다.

① 인공지능의 1차('70년대) : 메모리 · 처리속도 등이 미구축, 실패로 AI에 대한 지원 중단

② 2차('00년대) : 전문가시스템의 高유지비용 · 업데이트 한계 · 오류 등으로 AI회의론 확산

③ 인공지능 기술의 발전 속도는 점차 가속화되어, 향후 10여년간의 변화는 AI 개념이 등장한 1950년대 중반 이후 현재까지 약 60년간의 변화를 압도할 것으로 전망

1. 딥러닝 기술 한계 극복

현재의 딥러닝 기반 인공지능의 한계를 돌파하는 차세대 AI 알고리즘에 대한 연구가 활발히 진행될 것으로 예상된다.

딥러닝 개발 이후 인공지능 부흥기에 진입하는 중이나, 딥러닝 자체의 한계(① 데이터 가공(레이블)에 단순노동이 상당히 소요되고, ② 분야별로 데이터가 축적되어 있어야 하며, ③ 정보처리과정의 Black Box로 인해 투명성 신뢰도가 낮음)가 존재하는 상황이다.

원시데이터 자체로 학습이 가능한 비지도 학습 인공지능, 분야별 상호 학습이 가능한 전이학습 인공지능 등으로 제2의 인공지능 부흥기 도래가 예상된다.

2. 언어/청각지능 활용 확산

질의응답 기술은 딥러닝, 추론, 의미 등의 인공지능 기술이 적용되면서 법률, 특허, 금융, 국방 등의 의사결정지원 기술 형태로 발전하고 언어분석, 음성대화처리, 자동통번역

에 딥러닝 기술이 활발히 적용되고 이들 솔루션에 대한 플랫폼화가 경쟁적으로 진행될 것으로 전망된다.

현재 스탠포드大에서 진행 중인 기계독해 챌린지는 기계가 주어진 지문에서 단답형 위주의 정답을 분석하는 수준으로, 전 세계적으로도 지식을 융합하여 보다 복잡한 서술형 지식을 생성하기 위해 기초연구를 시작하는 단계이다.

IBM은 18년 6월에 인간과 AI의 토론 기술을 시연하였으며, "이러한 인공지능 기술이 앞으로 변호사나 정보에 관련한 결정을 내려야 하는 직업을 가진 사람들에게 도움을 줄 수 있을 것"으로 발전 예측하고 있다.

3. 추론형 시각지능 연구

인공지능이 직접적인 인지 능력을 넘어서 사람과 유사한 추론을 가능하게 하는 연구가 진행되고 있으며, 다소 주관적인 판단 분야로 확대 적용하고 있다.

축구 경기를 인식하는 기술을 하키 경기를 이해하는 기술로 도메인을 전이하거나 최종 인식 대상에서 다양성을 확보하는 기술이 선보이고 있다.

사진에서 사람의 자세를 바꾸거나, 입고 있는 의상을 바꾸는 등의 다른 상황을 상상하여 장면을 생성하는 기술이 발전하고 있다.

4. 복합지능형 로봇/비서 확산

복합지능형 로봇/비서 확산 분야에서는 지능형 로봇, 지능형 에이전트 분야의 연구가 활발히 진행되고 있으며, 특히 지능형 비서 상용 서비스가 급속히 확산되는 추세이다.

① 인공지능 기술과 로봇 기술의 융합이 가속화되면서 로봇의 핵심지능인 소셜지능, 조작지능, 이동지능이 최근에 빠르게 발전하고 있다.
- 자율로봇 분야의 세계 최대 학회인 ICRA 2018에서 가장 많은 논문 발표가 이루어진 분야가 "Deep Learning in Robotics"이며, 강화학습도 주요 주제로 부각하고 있다.

② 지능형 비서의 경우 2018년 구글이 Google I/O에서 발표한 바와 같이 인공 지능이 보다 생활 밀착형 서비스로 진화하는 사례들이 등장하고 있으며 향후 많은 실생활 영역에 인공지능 기술이 적용될 것으로 예상하고 있다.
- Gmail의 Smart Compose는 문장의 일부분만 작성하여도 인공지능이 메일의 나머지 부분을 완성하였다.

- Google Duplex는 실시간으로 복잡한 대화를 수행하며 추임새까지도 넣는 자연스러운 대화를 수행중이다.

08 인공지능 기술의 장단점에 대하여 분석하라.

1. 인공지능(머신러닝)의 장점

1) 인간의 개입 최소화(또는 대체)

학습을 위한 지식이 필요 없거나 최소화 되므로 자동으로 인식 및 판단할 수 있어 사람의 개입이 최소화 된다. 예를 들어 Air Asia의 경우 항공 효율성 서비스(FES)를 적용하여 항공기 운항 상황에 따른 최적의 항로를 제시하고 운항 중 수립된 정보를 분석하여 더 효율적인 운항을 지원함으로써 2014년 1년간 약 100억 원의 연료비 절감을 보았다. 이처럼 기존에 조정사의 능력에 의해 결정되던 항로도 인공지능을 통해서 의사결정 함으로써 인간의 개입이 최소화 될 수 있게 된다.

2) 개인능력 격차 완화

인공지능에 충분한 데이터와 적합한 알고리즘을 적용할 경우 비전문가가 하는 작업보다 좋은 결과를 낼 수 있어 전문가와 비전문가의 기술 격차를 줄여 줄 수 있다. 전문가만 접근이 가능한 주식시장에도 고객에게 투자자문을 해주는 로보어드바이저(Robo-Advisor, 로봇(Robot)과 투자전문가(Advisor)의 합성어)상품을 통해서 투자전문가가 아니더라도 주식상품을 손쉽게 자문 받을 수 있게 되었다.

3) 비용 절감 효과

적합한 알고리즘으로 작성된 머신러닝을 수행할 경우 데이터 입력 등을 제외한 모든 과정이 자동화 되어 노동비용이 극적으로 절감될 수 있다. 일본 나가사키현의 헨나(Henn-na)호텔은 사람이 하던 업무의 70%를 자동화시켜 인건비의 3분의 1을 절감하여 저비용 호텔을 운영한 사례 등을 통해 인공지능을 통한 비용절감 효과를 느낄 수 있다.

4) 자동화

프로그램을 통하여 머신러닝을 수행하고 최적의 특징을 추출할 수 있다면 악성코드 변

학습 5

종 등을 빠르게 구분 및 분석 해 낼 수 있다. 백신업체에서도 인공지능을 통해 악성파일을 식별하고 악성코드 감지에 대한 제품 출시 및 연구가 진행되고 있다.

2. 인공지능(머신러닝)의 한계점

1) 학습되지 않은 상황에 대하여 엉뚱한 결과도출

학습된 모델의 해석 가능성(Readability)이라고도 불리는데 명확히 정의되지 않은 노드들(Hidden Nodes)과 노드간의 가중치(Weight)를 가지고 결과를 도출하기 때문에 입력에 대한 결과가 맞는지 틀린지를 판단 할 수 없는 단점이 있다.

예를 들어 인공지능이라는 개념을 많은 사람들에게 각인시켜준 알파고(AlphaGo)와 이세돌의 대결 중 이세돌이 놓은 78수는 신의 한 수가 되었지만 알파고는 이를 인지하지 못했지만 인간은 악수인지 묘수인지 알 수 있었던 것이 대표적인 사례로 볼 수 있다.

2) 인공지능에 대한 법적 · 윤리적 책임소재 문제

자율주행자동차의 사고, 자동 주식거래 시스템에 대한 규제, 의료 분야에서 오진으로 인한 피해 등 알고리즘의 실수로 불법행위나 피해가 발생했을 때 알고리즘 작성자의 책임인지, 그 시스템을 이용했던 사용자의 문제인지 인공지능 시스템의 문제인지 법적 · 윤리적으로 처리와 해결책에 대하여 책임소재에 문제가 발생한다.

3) 인간에 의한 시작 종료 시점 정의 필요

현재의 인공지능은 퀴즈, 체스 심지어 경우에 수가 우주의 원자 수에 달해 컴퓨터는 절대 사람을 이길 수 없다고 했던 바둑 또한 인간보다 잘한다. 하지만 인공지능은 스스로 어떤 문제를 풀어야 하는지 정의할 수 없고 '잘' 처리 한다는 의미를 설명 할 수 없는 것이 한계라 할 수 있다. 주어진 문제를 해결하는 능력은 인간보다 뛰어나지만 문제를 정의 결과에 대한 판단을 하는 것은 인간만이 할 수 있는 능력이다.

4) 단일 기능수행만 가능(점진적 학습 불가능)

예를 들어 이미지 인식에 대해 학습을 한 가상머신이 있을 때, 음성인식 기능을 수행하고자 한다면 학습된 데이터와 새로 입력되는 데이터의 성질이 달라 기존의 학습 결과는 무의미해져 처음부터 다시 학습해야 하는 문제가 발생한다.

학습활동.5 교수 · 학습 방법

교수 방법

- 인공지능의 기술에 대한 관련 용어, 구성, 방식 이해 정도를 파악한 후 수업을 진행한다.
- 교수자의 주도로 인공지능의 기술 등의 내용을 PPT 자료로 제시한 후 설명한다.
- 가능하면 사전에 개인별 학습 자료를 준비하여 모든 학생이 참여할 수 있는 문제 해결식 수업, 협력 수업이 가능하도록 한다.
- 인공지능의 기술 전 과정을 작업의 순서에 따라 단계적으로 실습이 이루어질 수 있도록 지도한다.
- 교재를 통해 수업을 준비하는데 있어서 필요한 모든 정보나 팁, 힌트 등 도움이 될 만한 내용들을 확인할 수 있다.
- 학생들이 만들게 될 각 모델들은 수업시간에 중점적으로 다뤄질 부분과 어휘, 질문, 답을 포함하고 있으며 또한 탐구할만한 추가적인 아이디어들도 포함하고 있다.

학습 방법

- 인공지능의 기술 에 대한 관련 용어를 숙지하고, 인공지능의 기술에 대해 이해한다.
- 인공지능의 기술의 각 단계별 중점 사항을 체계적으로 학습한다.
- 인공지능의 기술의 수행순서의 전 과정을 실습한다.
- 인공지능의 기술의 내용을 이해한다.
- 인공지능의 기술을 이해하고 숙달이 될 때까지 학습한다.

학습활동.5 평가 및 피드백

평가 준거

- 평가자는 피평가자가 수행 준거 및 평가 내용에 제시되어 있는 내용을 성공적으로 수행할 수 있는 지를 평가해야 한다.

학습내용	평가항목	성취수준		
		상	중	하
인공지능의 기술	인공지능의 기술을 이해할 수 있다.			

학습 5

평가 방법

- 작업 포트폴리오

학습내용	평가항목	성취수준		
		상	중	하
인공지능의 기술	인공지능의 기술을 이해할 수 있다.			

- 필기시험

학습내용	평가항목	성취수준		
		상	중	하
인공지능의 기술	인공지능의 기술을 이해할 수 있다.			

- 체크리스트를 통한 관찰

학습내용	평가항목	성취수준		
		상	중	하
인공지능의 기술	인공지능의 기술을 이해할 수 있다.			

- 피드백

1. 작업 포트폴리오
   - 제출한 보고서를 평가한 후 주요 사항에 대하여 표시하여 돌려준다.
2. 필기시험
   - 평가 결과 성적이 저조한 학생은 보고서 제출 기회를 부여한다.
3. 체크리스트를 통한 관찰
   - 실습 과정에서 평가한 후 개선해야 할 사항 등을 정리하여 돌려둔다.

참 | 고 | 문 | 헌

1. http://wiki.hash.kr.
2. Glenn McDonald, 〈현실로 다가온 영화 터미네이터 속 기술들〉, 《CIO코리아》, 2015.7.15.
3. Clint Boulton, 〈AI에 제동을 걸어야 하는 6가지 이유〉, 《CIO코리아》, 2018.4.11.
4. 블로터 채반석 기자, 〈인공지능 - '스카이넷'의 시대가 올까?〉, 《네이버 캐스트》, 2016.3.17.
5. 지재원, 〈인공지능의 장점과 한계〉, 《이글루시큐리티》, 2017.6.7.
6. 이은표 목사, 〈인공지능(AI.)의 전망과 기독교 세계관적 평가〉, 《네이버 블로그》, 2018.8.20.
7. 한국지식재산연구원, 인공지능(AI) 기술 및 정책 동향.
8. 정보통신기술진흥센터, 주간기술동향, 인공지능 기술 동향 및 발전 방향.
9. 소프트웨어정책연구소, 기계학습의 원리, 능력과 한계.
10. 데이터전문가 지식포털, 머신러닝 및 딥러닝.
11. 과학기술정책연구원, 인공지능 시대의 법적 · 윤리적 쟁점.
12. 연세대학교-정보대학원 UX Lab, 인공지능의 학습 어떻게 이뤄지나.
13. 휴넷, 메타인지의 정의.
14. https://namu.wiki/인공지능.
15. https://ko.wikipedia.org/wiki/인공지능.
16. 국경완, https://www.itfind.or.kr/인공지능 기술 및 산업분야별 적용사례, 정보통신기획평가원. 주간 기술동향, 2019.3.20.
17. 이승훈, "최근 인공지능 개발 트렌드와 미래의 진화방향", LG경제연구원, 2017.12. pp.30-31.
18. 김형철, "ICT표준화 전략맵", 한국정보통신기술협회(TTA), 2018.10. pp.19-21.
19. 주영대, "미국의 인공지능(AI) 개발전략과 시사점", 한국산업기술평가관리원(KIET), 2016.12. p.32.
20. 과기정통부, "데이터 · AI경제 활성화 계획", 관계부처일동, 2019.1. pp.2-3.
21. 과기정통부 보도자료, "데이터 · 인공지능(AI) 경제 활성화의 이정표 제시", 2019.1.
22. 아웃소싱타임스, "뛰는 중국 걷는 한국, 중국 인공지능(AI) 인재 한국의 7배", 2019.1.
23. AIBRIL, "건강을 지키는 인공지능 AI와 헬스케어의 만남", 2018.10.
24. "헬스케어에 인공지능을 더하다", 2018. 6., https://skccblog.tistory.com/3712.
25. 행정안전부, "2019년 지능형 정부를 주도할 핵심기술 선정", 2019.1.28.
26. 국경완, "4차 산업혁명 시대 인공지능을 활용한 군사적 적용방안", 합참지, 2018.12.
27. 박형근, "정보보안에서의 인공지능 도입 분야와 주요 사업자", 2018.8.
28. 윤장우, "인공지능 관련 기술과 정책동향 및 시사점", 한국전자통신연구원(ETRI). 2015.7. pp.13-14.
29. 최은수, "인공지능의 습격…인간을 어디까지 위협할까?", 매일경제, 2016.3.
30. 헤럴드경제신문, "중국의 AI 굴기, 미국도 추월했다", 2019.2.
31. 중소벤처기업부, "중소기업 기술로드맵(2018~2020, AI/빅데이터), 2017.1. pp.18-24.
32. 심혜정, "우리기업의 인공지능(AI)을 활용한 비즈니스 모델", 국제무역연구원, 2018.3.

33. 경향신문, "군 AI는 워리어 플랫폼 · 드론봇 전투체계의 선행 핵심기술", 2018.12.
34. https://www.oss.kr/info_techtip/show/1fab4646-a266-47dc-a39f-aa58005ee84f.
35. https://happist.com/요즘 뜨고 있는 인공지능기술, 2017.2.2.
36. LG경제연구원 리포트 〈최근 인공지능 개발 트렌드와 미래의 진화 방향〉, 2017.10.10.
37. LG전자의 인공지능 브랜드 '씽큐(ThinQ)'가 만들어가는 새로운 생태계.
38. 가전 제품에 인공지능이 접목된다면? 딥러닝을 품은 가전, 딥 씽큐(Deep ThinQ).

학습 1	인공지능의 개요
학습 2	인공지능의 종류
학습 3	인공지능의 동작 메커니즘
학습 4	인공지능의 플랫폼
학습 5	인공지능의 기술
학습 6	**인공지능의 응용**
학습 7	인공지능의 정책동향
학습 8	머신러닝의 개요
학습 9	머신러닝의 기술활용
학습 10	딥러닝의 개요
학습 11	딥러닝의 기술 활용
학습 12	인공지능 시장현황

학습 목표

1. 인공지능의 응용을 이해할 수 있다.

6-1 인공지능의 국방 분야 응용

국방부는 미래 전장환경 변화에 능동적으로 대처하고, 최근 병력자원 절벽화에 대비하고, 무기체계를 지능화하고, 첨단기술을 활용할 훈련체계를 고도화하기 위해 인공지능을 활용한 시범사업을 진행하고 있다. 또한 혁신적 국방가치를 지속적으로 창출하기 위해 창의성과 과학기술을 융·복합하여 정보화 기반을 구축하는 데 역량을 집중하고 있다. 특히, 주변 강대국의 지능정보전 역량 강화로 인한 위협에 대응하기 위해 인공지능 역량을 확보하고, 이를 전력 소요창출과 핵심기술 개발을 촉진시키는 미래 군사혁신의 동력으로 활용하기 위해 노력중이다. 국방 분야에서는 〈표 6-1〉에서 보는 것과 같이 무기체계, 전력지원체계, 운영유지 등 전 분야에서 적용 및 활용이 가능한 것으로 판단하고 있다.

최근 KAIST와 한화시스템은 국방인공지능 융합연구센터를 개소하고, 인공지능 기반 지휘결심지원체계, 대형급 무인 잠수정 복합항법 알고리즘, 인공지능 기반 지능형 항공기 훈련 시스템, 인공지능 기반 지능형 물체 추적 및 인식 기술

개발 등의 4개 과제를 우선적으로 선정하고, 기술자문, 인공지능 과제 발굴 · 연구, 상호교류 및 교육 등을 추진 중에 있다.

〈표 6-1〉 국방 활용 분야

분 야	주요 내용
C4I	지능형 지휘결심지원체계, AI기반의 실시간 M&S 및 워게임 체계, 지능정보센터, 초연결 · 초지능 네트워크 등
정 보	지능형 군사정보관리체계(Smart MIMS), 지능형 사이버 · 전자전 공격/방호시스템 등
화 력	AI기술을 적용한 지능탄, 지능형 표적탐지레이더, 지능형 사격지휘통제체계 등
기 동	지능형 워리어 플랫폼, 인텔리전트 전투복, AI기반 자율 및 군집형 기동체계 등
방 호	지능형 사이버 방호 시스템, 지능형 사이버전 수행 기술개발, 지능형 과학화 경계시스템, 지휘시설 및 무기체계의 지능형 방호체계 등
작전지속지원	지능형 합성전장훈련체계(LVCG), KCTC와 연계한 AI기반의 지휘결심지원체계, 인공지능 교관 AI기반의 훈련시뮬레이터/전장훈련체계, 정비수요예측시스템/탄약 저장관리체계, 지능형 물자보충/재고 관리체계, 지능형안전관리 정보체계/원격치료 시스템, AI기반의 인력획득 및 인사관리체계 등

출처 : 육군 "인공지능연구발전처" 제공, 2019. 1.

육군에서는 2019년 초 인공지능기술을 활용하여 초연결 · 초지능으로 상징되는 4차 산업혁명 시대의 군사혁신을 선도하기 위한 목적으로 '인공지능연구발전처'를 창설하여, 인공지능 관련 컨트롤타워 역할 수행, R&D 역량 확보, 빅데이터 구축, 군사혁신을 위한 동력 마련을 목표로, 최근에는 우선 군사용 인공지능 능력발전비전 · 운영 개념을 조기 완성하고, 시범사업 계획 및 전력화 등 마스터플랜을 완성할 예정이다.

〈표 6-2〉에서는 주요 국가별 국방분야의 인공지능 응용 사례이다.

〈표 6-2〉 국방 분야 국가별 추진현황

구 분	주요 내용
미 국	2019년 초 무인잠수함 '씨 헌터'(Sea Hunter) 시제품을 인도한 데 이어 AI 무인잠수함을 2020년까지 개발한다는 목표 아래 록히드마틴, 보잉 등에 제작을 의뢰
중 국	무인 인공지능 잠수함을 2021년까지 실전 배치하여 정찰과 매복, 기뢰 매설, 자살 공격 등 다양한 작전을 스스로 수행할 수 있도록 추진예정
스위스	실종자 수색용 쿼드콥터 드론을 개발하여 이미지 분석을 토대로 딥(Deep)신경망이 산책로 주변 환경에서 실종자의 흔적을 발견하여 차별화된 흔적 찾기를 토대로 손쉽게 실종자 존재 파악가능

참고 : 정보통신기획평가원(IITP), ICT Brief(2018-29), 2018. 8.

6-2 인공지능의 의료 및 헬스케어 분야 응용

최근 인공지능 기술을 이용하여 성조숙증, 폐암, 폐질환, 유방암, 치매, 물리치료 등 질환을 정확하고 빠르게 진단하거나 효과적으로 치료가 가능한 보조 소프트웨어들이 속속 등장하고 있는데, 이는 인공지능이 최신논문, 과거 진료정보, 학술지 등의 정보를 스스로 학습하여 의사가 최적의 처방을 내리도록 보조하는 역할을 수행할 수 있기 때문이다. 이러한 인공지능 소프트웨어를 사용하면 정확도는 높이면서 진단하는데 들어가는 시간과 비용은 현저히 줄일 수 있으며, 개인에 최적화된 맞춤형 케어를 받을 수 있어 인공지능을 활용한 의료 및 헬스케어 적용 가치는 점점 증대되고 있다.

MAM(Marketsandmarkets, 2016) 보고서에 따르면, 2015년 7억 1,300만 달러였던 인공지능 헬스케어 세계 시장규모는 2020년에는 75억 4,700만 달러로 크게 성장할 것으로 예상된다.

그리고 국내 인공지능 헬스케어 시장은 17억 원(2015년)에서 256억 원(2020년)으로 증가하는 등 글로벌 시장의 연평균 성장률인 40%보다 높은 70.4%를 상회할 것으로 전망되고 있다. 이처럼 인공지능 기술의 발달과 더불어 의료 및 헬스케어 산업에 혁신적이고 새로운 서비스가 보다 많이 창출될 것으로 예상되고 있다.

〈표 6-3〉 의료 및 헬스케어 분야 추진 현황

구 분	주요 내용
IBM	손이 물체를 만졌을 때 강도, 손의 떨림, 손톱 변형을 감지할 수 있는 손톱센서를 개발, 파킨스병 징후 감시 가능
	인공지능 종양학 의사 "왓슨 포 온콜로지"(Watson for Oncology)를 개발 전 세계 대형병원 13곳에서 의사로 활약
루닛	루닛 인사이트(Lunit INSIGHT for Mammography)는 유방암 진단 보조 소프트웨어로 영상 이미지를 입력하면 정확도 97%로 종양 악성 정도는 점수로,종양 위치는 히트맵으로 표기 가능
텐센트	의료영상 분석 인공지능 '미잉(Mying)'을 개발, 수 백 여개 병원에 보급, 미잉은 당뇨병, 유방암, 식도암, 대장암 등을 진단할 수 있는 6개의 인공지능 시스템으로 구성
구글	알파벳의 생명과학 자회사인 베릴리(Verily)는 4년간 1만 명에 달하는 개인의 건강 상태를 면밀하게 추적하여 데이터를 축척하는 "프로젝트 베이스라인(Project Baseline)" 개시

출처 : http://www.zdnet.co.kr, http://www.yoonsupchoi.com

학습 6

6-3 인공지능의 생활, 교육 및 게임 분야 응용

최근 성황리에 종료된 CES에서는 '로봇 & 인공지능'이라는 이름의 전시관을 따로 마련하여 기존의 인공지능이 보다 우리 생활에 가까워졌음을 실감하게 했다. 국내외 글로벌 업체들은 각각의 전시관을 열어 인공지능 기술 자체가 아니라 자사의 어떤 제품에 인공지능이 탑재되었는지에 대해 많은 홍보를 하였다. 이제 '인공지능이 적용됐다'라는 것은 우리에게 그리 새로운 일이 아니게 되었다. 어느새 인공지능은 너무도 당연하게 우리 생활에 깊숙이 파고들고 있다. 이와 같이 인공지능과 관련한 글로벌 시장이 확대됨에 따라 각 국가 및 기업들은 인공지능 산업에 대해 집중적인 투자를 강화하고 있다. 특히 삼성, 구글, IBM 등과 같은 글로벌 IT 업체들은 장기간 확보한 빅데이터와 패턴학습기술을 접목하여 생활, 교육 및 게임 분야에서의 인공지능 기술의 상용화에 박차를 가하고 있다.

〈표 6-4〉 생활, 교육 및 게임분야 추진 현황

구 분	주요 내용
레노버	중국 PC업체 레노버가 인공지능 무인 매장 '레노버 러쿠 언맨드 스토어(LENOVO LECOO UNMANNED STORE)'를 개장, 스마트폰이 필요 없이 얼굴인식 만으로 구매부터 결제까지 모든 과정이 가능
삼성전자	AI비서 '빅스비'를 향후 스마트폰뿐 아니라 로봇, 냉장고, 스마트TV, 세탁기, 에어컨 등으로 적용 범위를 확대할 예정, 빅스비 비전(Vision) API를 추가로 공개, 서드파티 개발자가 더 자유롭게 많은 기능을 활용하게 될 전망
아마존	AI비서 '알렉사'가 자사 뉴스 소식을 전하는 블로그를 통해 머신러닝(기계학습)으로 수많은 뉴스 오디오 클립으로부터 낭독 기술을 배운 뒤 자체적으로 뉴스를 읽어줌 뉴스 진행자가 읽어주는 것 같은 뉴스 낭독 품질을 구현하기 위해 문자를 음성으로 바꿔주는 기술인 TTS(Text-to-speech) 기술에 머신러닝을 결합
구 글	구글 딥마인드가 개발 중인 스타크래프트2 AI '알파스타'가 프로게이머에게 10대1로 압승
IBM	인간과 토론을 나눌 수 있는 클라우드 기반 AI 플랫폼 '스피치 바이 크라우드(Speech by Crowd)'를 개발, 파킨슨병 관련 데이터를 활용하여 효과적인 치료법을 추천할 수 있는 인공지능 모델을 개발할 예정
마이크로소프트	마이크로소프트(MS)는 인공지능 및 클라우드 기술로 미래 자동차 기술 개발을 지원, AI 플랫폼과 클라우드로 BMW, 닛산, 볼보, 폭스바겐 등 세계 자동차 제조사들의 디지털 트랜스포메이션을 지원

출처 : http://www.zdnet.co.kr

6-4 인공지능의 보안 분야 응용

최근 사이버 공격은 신종 랜섬웨어, APT 공격 등 사이버테러로 불릴 만큼 공격방법이 고도화되고 있으며, 특히 인공지능을 접목한 지능형 공격도 증가하면서 피해 규모도 증가하고 있다. 과거의 해킹공격의 경우 자신의 능력을 과시하기 위한 사이버공격이 많았으나 산업의 발전과 함께 이제는 돈을 노리고 기업과 개인을 대상으로 한 악의적인 사이버공격이 주를 이루고 있다. 4차 산업혁명시대, 5G시대의 개막과 산업 변화의 흐름을 고려할 때, 다각화되고 빠르게 변화하는 보안 위협에 대처하기 위해서는 머신러닝과 같은 인공지능을 이용한 방어가 필수적이라고 볼 수 있다.

〈표 6-5〉 보안 분야 추진 현황

구 분	주요내용
구글	글이 개발한 머신러닝 오픈소스 프레임워크인 텐서플로(Tensorflow)를 활용하여 하루에 1억 개 이상의 스팸 메일을 추가로 차단 이미지를 기반으로 한 메시지, 악성코드가 내용물에 숨겨져 있는 이메일, 새롭게 생성된 도메인으로부터 발송된 악성 메시지, 스팸이지만 볼륨이 낮아 정상 트래픽과 구분이 가지 않는 경우도 탐지가 가능
와트릭스(Watrix)	최대 50미터 거리 내에서 체형과 걷는 방법을 통해 사람을 인식할 수 있는 '보행인식' 기술을 개발. 이 시스템을 활용하여 2020년까지 모든 시민들의 행동을 기반으로 개인점수를 부여하여 전국적인 사회신용시스템을 도입할 계획
IBM	최근 증가하고 있는 랜섬웨어와 같은 개인에게 금전적인 피해를 주고 있는 사이버 범죄를 원천 봉쇄할 수 있는 클라우드 기반의 보안 위협 지능형 플랫폼 'X-Force Exchange'를 개발
시만텍	인공지능과 기계학습을 적용한 표적형 공격패턴 분석 기술 "시만텍 표적 공격 애널리틱스(Symantec Targeted Attack Analytics)"를 개발 기존 사이버 공격 분석 시 활용한 위협 탐지 기술과 머신러닝을 결합, 사이버 공격기법을 집중적으로 학습시켜 신속하고 월등한 대응력을 제공
아마존	머신러닝으로 AWS 계정을 완전히 보호하는 "아마존 가드듀티"를 개발, 정상적인 패턴을 벗어나는 모든 이벤트 식별 가능
파수닷컴	머신러닝 기술을 자사의 대표적 시큐어코딩 솔루션 '스패로우'에 적용. 개발단계부터 소스코드 상의 보안 약점을 정확하고 빠르게 제거하여 시간단축과 보안취약점 해결

출처 : http://www.itworld.co.kr, http://www.itdaily.kr/, http://www.naver.com

학습 6

이를 위해 정보보안 관련 업체 중심으로 〈표 6-4〉과 같이 구글의 딥마인드, IBM의 왓슨, 오픈소스 인공지능기술을 활용한 악성코드 분석, 위협탐지 및 예방, 취약점 분석 등이 활발히 진행되고 있으며, 국내외 보안 업체들은 인공지능 보안 솔루션 개발을 위해 많은 노력을 기울이고 있다.

6-5 인공지능의 금융 분야 응용

인공지능은 이미 금융 서비스를 변화시키고 있다. 현재 인공지능이 활성화된 분야를 보면 개인 금융 컨시어지 서비스, 신용 평가 및 대출, 자산 관리/운용, 시장 동향 분석/예측, 로보틱 프로세스 자동화, 금융 규제 대응 및 이상 거래 탐지 등을 꼽을 수 있다.

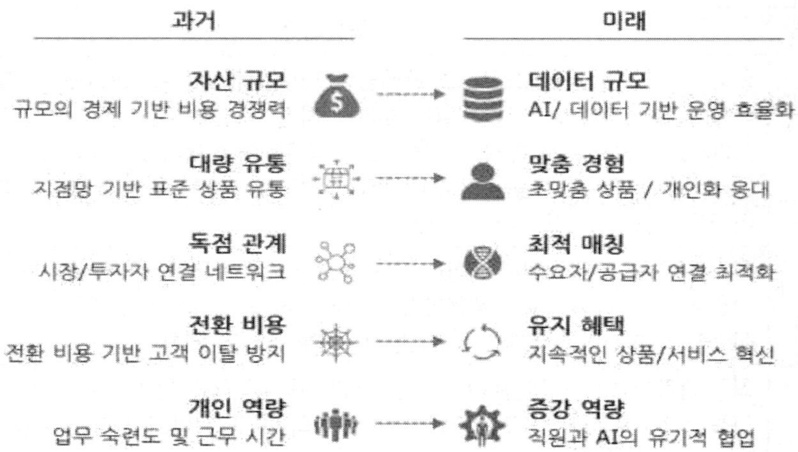

[그림 6-1] 인공지능 도입으로 금융 생태계의 변화

1, 개인 금융 컨시어지 서비스

자연어 처리 기술을 기반으로 24/365 고객 상담 서비스를 제공하는 챗봇이 진화하고 있다. 수입, 지출, 자산 등 개인의 재무 상황을 분석하여 맞춤형 재무 컨설팅, 최적 금융 상품 정보를 제공한다. 뱅크 오브 아메리카의 Erica, 캐피탈원의 Eno, 아멕스의 Amex Bot이 대표적인 사례이다. 한글 자연어 처리의 기술적 어려움에도 불구하고 마이 데이터 산업으로 오픈 뱅킹 환경이 본격화된다면 국내의 활용 사례도 더욱 증가할 전망이다.

2. 신용 평가 및 대출

대출 신청자의 신용도와 채무 불이행 가능성을 파악하는데 빅데이터와 인공지능 분석 능력이 활용되고 있다. 수입 현황, 대출 내역, 연체 기록, 카드 사용 등 금융 정보뿐만 아니라 Social Media 활동 기록, 전자상거래 구매 이력, 인터넷 사용 내역 등 다양한 비금융정보를 결합한 머신러닝 기반 데이터 분석으로 고객의 신용도를 더욱 정확하게 평가하고 있다. Kabbage, ZestFinance, SoFi 등이 대표적인 사례이다. 국내도 중금리 대출 시장이 활성화될 것으로 전망되는데, 신용 정보가 부족한 고객(Thin Filer)의 신용도 평가를 위한 정교한 대출 심사모델 개발에 더욱 활발하게 활용될 것으로 예상된다.

3. 자산 관리/운용

로보어드바이저는 고도화된 알고리즘을 기반으로 유망한 투자 포트폴리오를 제안하고 리밸런싱 및 트레이딩으로 자산을 관리해주는 서비스이다. 소수의 거액 자산가에게만 국한되었던 자산관리 서비스의 저변 확대를 이끌고 있는데, Wealthfront, Betterment, FutureAdvisor 등이 대표적인 사례이다. 관리대상은 자산에만 국한되지 않고 보험에도 확대되어 보험의 보장 분석과 계약 관리를 서비스하는 보험 로보어드바이저도 등장하고 있다. Clark이 대표적인 사례이다. 사용자가 계약한 보험 상품 정보를 분석해서 해당 보장에 대한 유지, 해약에 대한 조언까지 제공하고 있다.

4. 시장 동향 분석/예측

기업의 공시, 회계 정보, 뉴스 등이 금융 시장에 영향을 미치는 영향을 자연어 처리 기반의 머신러닝 기법으로 학습한 뒤, 금융 시장의 변화 방향성을 예측하고 투자 전략, 자산 배분 방향성을 제시한다. 대표적인 사례는 월가에서 활용되고 있는 인공지능 기반 금융 정보 분석 켄쇼(Kensho)다. 켄쇼는 9만개 이상의 변수를 실시간 수집하여 6,500만개 이상의 질문에 답변을 제공하고 있다.

5. 로보틱 프로세스 자동화

사람이 수행하던 단순 반복적인 사무업무는 RPA(Robotic Process Automation)의 몫이다. RPA는 소프트웨어 로봇을 만들어 사람이 수행해온 단순, 반복적인 업무를 자동화하는 기술이다. IT 시스템과 사용자 업무 프로세스를 최적으로 만들어 기존 시스템을 효과적으로 사용할 수 있게 해주고, 업무를 수행하는 시간을 단축할 수 있다. 고객 정보 변경, 보고서 산출 등의 단순 반복적인 업무에 활용도가 증가하고 있다.

6. 금융 규제 대응 및 이상 거래 탐지

자본 시장의 시세 조종, 내부자 거래 등 시장 감시 및 이상 금융 거래 탐지에 인공지능이 활용되고 있다. 내부자 거래를 탐지하는 디지털 리즈닝(Digital Reasoning), 이상 금융 거래를 탐지하는 빌 가드(Bill Guard), 판매 주문의 사기 위험을 분석하는 피자이(Feedzai) 등 다양한 솔루션이 활용되고 있다.

6-6 인공지능의 자동차 분야 응용

인공지능과 자동차는 이제 떼려야 뗄 수 없는 밀접한 관계가 되었다. 자동차가 이제 단순한 운송 수단에서 벗어나 양방향 인터넷과 모바일 서비스가 가능한 '커넥티드 카'로 나아가고 있기 때문이다. 인공지능이 자동차와 만나는 영역은 다양하다. 자율주행을 실현해주기도 하고, 자동차에 발생한 문제를 알아채 정비(인공지능 고장진단 시스템)에 도움을 주기도, 운전자의 명령을 수행하는 비서가 되기도 한다.

1. 인공지능 고장진단시스템

1) 인공지능을 적용한 진단과정

첫째, 파워트레인(동력전달장치) 문제를 가진 소리 샘플을 수집한다. 인공지능이 스스로 학습하기 위해서는 양질의 데이터를 다양하게 확보하는 것이 필요하기 때문에 매우 중요한 단계이다.

둘째, 수집된 소리를 18개 유형, 44개 세부 유형으로 분류한다. 가령 피스톤 소음이라는 큰 분류 안에서 다시 오일링 소음, 피스톤 마찰음 등의 세부 유형으로 나누는 식이다.

셋째, 소리를 인공지능이 이해할 수 있는 형태로 변환한다.

넷째, 특정 고장 부위에서 나는 소리를 인공지능이 반복학습 한다.

다섯 째, 실제 진단 단계이다. 학습의 결과, 인공지능이 특정 고장 부위의 소리를 감지하면 단 몇 초 안에 원인을 진단할 수 있게 되는 것이다.

현대기아자동차가 개발 중인 이 인공지능 기반의 파워트레인 문제 진단 기술은 올해 안에 90% 이상의 정확도를 목표로 개발을 완료하고 내년에는 기술을 각 정비센터에서 활용할 수 있도록 할 계획이다. 기술의 원리를 조금 더 확장시키면 전기차, 항공기, 유조선, 열차 같은 분야에도 적용할 수 있다

2. 자율주행기술

자동차에서 인공지능이 활용된 대표적인 예는 역시 자율주행이다. 자율주행은 운전자 개입 없이 자동차가 스스로 도로 환경을 인식하고 조향, 변속 장치 등을 제어하여 목적지까지 주행하는 것이다.

1) 자율주행 발전 5단계

미국 자동차기술자협회(SAE)는 자율주행 발전을 5단계로 제시했다.

① 0단계 : 자율주행 기술이 없는 상태
② 1~2단계 : 운전자를 지원하거나 하나 이상의 자동화 기능이 포함된 단계이다.
③ 3단계 : 특정 상황 시 운전자 개입이 필요한 조건부 자동화 단계입니다.
④ 4~5단계 : 모두 고도로 혹은 완전 자동화되어 운전자 개입이 필요 없는 단계이며 특히 5단계의 경우 운전자가 탑승하지 않아도 모든 환경에서 자율주행이 가능하다.

2) 자율주행 자동차의 구조

자율주행 자동차의 구조는 크게 센서, 프로세서, 알고리즘, 액추에이터로 구성된다. 센서가 데이터를 수집하면 프로세서가 그 데이터를 처리한다. 그러면 알고리즘이 처리 결과를 해석, 주행 경로 등 운행에 대해 결정을 내리고 액추에이터가 운행에 필요한 시스템을 제어하는 것이다. 자율주행이 기본적으로 운전자 판단 능력을 대체하는 것임을 생각할 때 구조의 핵심은 인공지능시스템인 알고리즘이라고 할 수 있다.

자율주행 알고리즘은 라이다, 레이더, 센서, 카메라 등의 장치로부터 입력된 주변 상황 정보 및 운전자의 상태 등을 분석하여 가속, 브레이크 작동, 차선 유지 등을 액추에이터가 수행하게 하는 것이다.

인간이 학습과 경험을 통해 무언가를 습득하듯이 알고리즘을 통해 자율주행이 실현되기 위해서는 엄청난 양의 기계학습, 즉 딥러닝이 필수적이다.

구글의 경우 2017년 말 기준으로 약 643만km 이상의 도로 주행을 통해 기계학습을 위한 빅 데이터를 확보했다.

3. 음성인식 비서

차량용 인포테인먼트 및 완성차 업체들이 국내외 IT 업체들과 함께 음성인식 서비스 범위 확대에 나서고 있는 것이다. 이제 자동차 안팎에서 말로 내비게이션의 목적지를 설정하고, 전화를 걸고, 시동을 켜는 것이 어색하지 않게 되었다. 운전자의 개인 비서가 되어줄 음성인식 서비스들이다.

1) 대화형 문장을 이해하는 올 뉴 맵피

스마트폰 내비게이션 어플리케이션 올 뉴 맵피는 구글 인공지능 음성인식 비서 '어시스턴트'를 활용한 대화형 음성비서 서비스를 제공한다.

운전 중 내비게이션 목적지를 입력해야 할 때 운전에 집중하지 못 하는 경우가 가끔 있다. 맵피를 사용하면 화면 상단 마이크 버튼을 터치하거나 화면 터치 없이 '맵피야!'라고 말하면. 맵피의 음성 비서 서비스가 자동으로 실행된다.

맵피의 음성비서 서비스는 아직 안드로이드 버전에서만 이용할 수 있다. 또한 서비스를 이용하기 위해서는 상세음성 다운로드가 필요하다

2) 간소화된 음성인식을 통해 정보를 제공하는 서버형 음성인식

완성차 업체들이 국내외 IT 업체와 협력하여 음성인식 서비스 범위를 확대하는 경우가 많아지고 있다. 현대.기아자동차 역시 카카오의 AI 플랫폼인 '카카오 i'와 손을 잡았다. 현대차와 카카오가 '제네시스 G70'에 공동으로 개발한 서버형 음성인식 기술을 탑재하며 동맹 관계를 맺은 것이다.

서버형 음성인식은 카카오의 인공지능 플랫폼 '카카오 i'의 음성인식 서버를 활용한 일종의 커넥티드 카 기술로, 간소화된 방식의 음성인식을 통해 목적지 검색 및 맛집, 관광지, 정비소 등의 정보를 제공한다.

가령 음성인식 버튼을 누른 뒤 '길 안내 현대엠엔소프트 본사'처럼 '길 안내'와 함께 상호명이나 완전한 주소를 말하면 내비게이션 화면에 목적지가 뜨는 식이다.

덧붙여 '우리집'과 '사무실'의 경우 단어 하나만 말해도 즉시 내비게이션 목적지가 설정되고 경로를 안내해준다.

서버형 음성인식은 세 단계 과정은 다음과 같으며, 세 단계 과정을 거쳐 작동된다.

첫째, 운전자가 말한 음성 데이터 및 위치 데이터를 카카오 음성인식 서버로 전송한다.

둘째, 인식된 음성 정보를 카카오 지도 서버로 전송한다.

셋째, 운전자 관심지점(POI, Point of Interest) 정보를 차량 내비게이션으로 전송한다. 이때 '카카오 i'는 서버형 음성인식의 두뇌 역할을 맡아, 다년간 축적된 방대한 데이터를 바탕으로 운전자에게 최적의 정보를 공급하도록 돕는다.

현대차와 카카오 i가 함께 만든 서버형 음성인식 기술은 운전자의 편의를 크게 향상시킬 것이다. 현대차의 신형 자동차에는 '카카오미니'에서 사용할 수 있는 대부분의 AI 기능이 순차적으로 탑재될 예정이다.

카카오미니는 음악 감상, 날씨 · 주식 · 환율 · 운세 등의 생활 정보, 라디오, 뉴스, 실시간 이슈, 팟캐스트 등의 기능을 제공 중이다.

또 인포테인먼트 시스템과 공조 제어 등 차량 내 장비를 음성으로 제어할 수도 있다. 향후 카카오톡 메시지 전송 및 읽어주기, 보이스톡 발신 등 커뮤니케이션 기능도 추가될 예정이니 사용자 만족도는 더욱 높아진다.

3) 집에서도 시동 걸 수 있는 홈투카

자동차는 이제 운전자가 집 안에서 내리는 명령도 수행할 수 있다. 바로 '홈투카(Home to Car)'의 이야기이다. 홈투카 서비스는 집을 비롯하여 차량 밖에서 인공지능 스피커를 통해 차량의 기능을 원격 제어하는 기술이다.

차량용 인포테인먼트 분야에서 가장 최신 단계이다.

현대차는 이 홈투카 서비스를 최근 '투싼 페이스리프트'를 통해 선보였다.

홈투카의 주요 기능은 시동 켜고 끄기, 문 열고 잠그기, 비상등 점멸과 경적울림, 차량 내부 온도설정, 전기차 충전 시작과 중지이다.

추운 겨울, 홈투카를 이용하면 얼음장 같은 차에 타지 않아도 된다. 집에서 미리 시동을 걸고 히터를 작동시킬 수 있다.

홈투카와 반대로 차량 내부 모니터를 통해 집안의 조명과 가스장치, 에어컨 등을 조절할 수 있는 '카투홈'도 이르면 내년부터 상용화될 전망이다. 자동차와 집의 경계가 허물어질 날이 머지 않았다.

인공지능이 구현한 기술들은 인간에게 편의를 제공하지만 한편으로 보안 문제 등 위험 요소를 함께 가지고 있을 수밖에 없다.

수행 내용

재료 · 자료

- 인공지능의 응용 관련 자료

기기(장비 · 공구)

- 컴퓨터, 프린터, 주변기기

안전 · 유의사항

- 컴퓨터 및 주변기기의 전원을 관리한다.

수행 순서

01 인공지능의 금융 분야 응용에 대하여 분석하라.

1. 금융권 AI 도입

금융권에서도 4차 산업혁명시대를 대표하는 핵심 기술인 AI를 이용해 기존 금융 산업에서 볼 수 없었던 새로운 서비스를 내놓고 있다.

인공지능은 컴퓨팅 성능, 데이터양, 연결성이 진전되면서 AI의 상업화도 가속화되어, 금융을 포함한 다양한 분야에서 AI 기술적용이 폭발적으로 증가하고 있는 상황이다. 뿐만 아니라 고성능 컴퓨팅이 가능해지면서 새로운 알고리즘과 컴퓨팅 툴의 채택이 가능해지고 AI의 러닝 능력과 유용성이 향상되는 기반이 되고 있다.

또한 사물인터넷과 연결된 기기와 센서 수가 증가하면서 방대한 양의 데이터 활용이 가능해지면서 많은 비정형 데이터를 통하여 학습이 가능해지고 있으며 이는 빅데이터를 통한 적정 비용으로 방대한 데이터 축적이 가능해지고, 머신러닝을 활용하여 이로부터 고부가가치를 지닌 의미 추출이 가능해지고 있음을 말해준다.

AI · 딥러닝 등 기술과 함께 유통 · 통신 관련 정보, 디지털 행동패턴 등 다양한 비금융

데이터를 적극 활용해 '디지털 기술에 기반한 생산적·포용적 금융'이 실현될 것이다.

기존의 금융시스템을 대체하는 디지털 혁신의 중추적 역할은 AI 즉 인공지능의 진화에 따라 진행될 것이라고 보고 있다.

AI의 활용이 점차 확대됨에 따라 비 IT산업 중에서는 은행 증권업의 AI 지출액이 가장 큰 가운데, 향후 5년 내 AI 관련 투자 및 지출액 증가율도 높으리라 전망되고 있다. 이미 주요 IB들은 리스크 관리, 사기방지, 컴플라이언스 등에서의 AI 활용을 주목하고 있으며 AI 스타트업들도 핀테크, 보험, 헬스 케어, 사이버보안 등을 중심으로 한 솔루션 개발에 주력하고 있다.

금융 서비스에 인공지능 기술이 적용되던 초기에는 고객의 자산관리(WM) 위주로 제공됐다.

다만 인터넷 전문은행이 등장하면서 24시간 언제든 은행 업무를 스마트폰을 통해 해결할 수 있게 되면서 고객과 메신저를 통해 채팅을 진행하듯 질문을 주고받는 인공지능 로봇인 '챗봇'의 도입은 보편화 된 지 오래다. 앱을 통해 음성 명령만으로 뱅킹 서비스를 이용할 수 있게 된 것이다.

2. 금융에서 인공지능(AI) 적용한 사례

AI의 빠른 성장과 함께 최근 금융권에서는 AI를 통하여 혁신적 패러다임 변화를 위해 많은 부분에 AI를 활용하고 또 활용하기 위해 준비 중이다.

AI를 통하여 고객 행동, 소비 패턴 등의 분석을 통해 금융회사에 고객 관리를 강화할 수 있는 방안을 추천하는데 이미 활용하고 있으며, AI기반 금융사기를 감지하기 위하여 고객과 임직원 행동의 패턴을 추출, 금융사기를 적발하거나 리스크를 감소시키는 데 활용할 수 있다.

또한 규제 위반사항 여부에 대해 실시간 모니터링에도 AI를 활용하고 있으며, 신속한 데이터 기반 의사 결정을 하기 위해 수기, 반복 작업 등에 소모되는 시간을 절감해 생산성을 높여주고, 의사결정 통찰력을 제공할 수도 있다.

AI를 통하여 단순 반복 업무에 머신러닝 로보틱스를 적용함으로써 비용을 절감하면서 기존 직원들을 고부가가치 업무에 투입시킬 수도 있다. 뿐만 아니라 금융당국이 금융회사들을 보다 효율적으로 관리하기 위한 목적으로 AI를 활용할 수도 있게 될 것이다.

AI는 챗봇(Chatbot)을 통하여 日 거래 업무와 관련한 자동화 단순화에 유용하게 활용되고 있으며, 금융 사기나 사이버 보안관련 실시간 모니터링 등에서도 활용 중이다.

〈표 6-6〉소비자 금융관련 AI활용 동향

구 분	AI 활용 사례	도입 회사	통상적인 성과
고객관리	다양한 채널을 통해 고객에 맞춤형 추천	DBS, Chase, RBS, BBVA, DB, Capital One	응답률 2~3배 개선 수익 20~30% 증가
	고객 서비스를 위한 챗봇/디지털 에이전트	DBS, USAA, HSBC, BoA, CMB, Capital One	日1백만 건 이상의 고객문의 처리 80% 시간 단축
	얼굴, 목소리, 행동 측정을 통한 디지털 ID	Barclays, WellsFargo, HSBC, USAA, WestPac, Capital One	금융사기 80~90% 감축 신원조회 비용 50~70% 절감
	자동화된 투자 자문	USAA, Capital One, BoA, Betterment, Wealthfront	80% 이상 비용 단축 어드바이저당 고객수 2배 이상 증가
업무운영	로봇프로세스자동화 (RPA)	Wells Fargo, Chase, ICICI, Danke Bank, JPMorgan, BoA, DBS	운영비용 40% 이상 절감
리스크 & 컴플라이언스	효율적인 금융사기 모니터링(특히 실시간 지급결제 조회)	Visa, Mastercard, Stripe, JPMorgan, Nordea Bank	금융사기에서 긍정오류 60~80% 감축
	머신러닝을 활용한 사이버 보안 강화	Capital One, Barclays	감지시간 30% 이상 감축

출처 : citi research

일부 금융사들은 고객행동 연구를 위해 예측분석(Predictive Analytics) 기술이 활용되고 있으며, 일부 은행들은 타깃 고객에 맞춤형 프로모션을 제공하기 위해 AI를 활용하고 있다.

US Bankcorp이 아마존의 인공지능 'Alexa'를 통해 음성명령으로 디지털 지급결제, 계좌잔고 확인 등의 뱅킹업무가 가능하도록 서비스를 제공하고 있는 것도 이러한 하나의 예다.

기업금융 부분에서도 AI는 점차 활용도가 높아지고 있는 추세다. 일부 은행들은 기업금융과 관련한 업무 프로세스에서 AI를 성공적으로 접목시키면서 효율성을 높이고 있다.

〈표 6-7〉 기업금융 분야 사용사례

구 분	AI활용 사례	도입 회사	통상적인 성과
고객관리	가상 디지털 에이전트가 상품 상세 설명, 질의 응답 등 기업 고객 지원	HSBC, RBS	가상 에이전트를 통해 법인 콜(call)의 70~90% 절감
	AI기반 챗로그분석으로 고객과의 상호작용 개선	DBS, BoA, HDFCBank	챗로그 분석을 통해 질의의 60% 이상을 보다 빨리 처리
	AI기반 분석으로 유동성 최적화	JPMorgan, YesBank, HSBC	유동성 버퍼의 10~15% 감축
업무운영	공급업자 자금조달 최적화를 위한 매입채무 매출채권 관련 AI예측 분석	Well Fargo, DBS, JPMorgan	채무예측 70~90% 개선
	원장 조정 자동화	JPMorgan, ICICI, Axis	운영비용 40~60% 절감
	매입채권의 지급조정 자동화	BoA, Citi	-
리스크 & 컴플라이언스	자동화된 지능 계약 프로세싱	JPMorgan	표준화된 계약 요건 자동화로 법률 비용 80~90% 절감
	머신러닝을 통해 고객 투자의 노출리스크를 예측	Capital One, Goldman Sachs	예측 위험 20~30% 개선

대표적인 예가 Wells Fargo와 JP Morgan일 것이다. 이들 기업은 최근 AI 기반의 신규 지급결제 조정 솔루션을 도입하여 기업 고객들이 매출채권 회전일을 단축하고 현금예측 정확도를 높일 수 있도록 지원하고 있으며, HSBC는 무역금융에 로보틱 기술을 활용하여 관련 문서를 분석하여 디지털화하고 주요 정보를 추출하는 등의 업무에 AI를 활용하고 있다.

뿐만 아니라 자본시장에서는 AI 기반 솔루션을 통해 시장과 관련한 방대한 양의 데이터를 실시간으로 집계 모니터링 분석하는 데 활용하고 있으며, 뉴스 감성 및 변동성 분석, 온라인 거래 운용 플랫폼 등에 AI를 적용하여 활용하고 있다.

3. 국내 금융권 도입 사례

1) 국민은행 : AI 인재 개발 행사 지원

정부와 협업으로 소상공인 지원 방안 지속 개발, KB국민은행은 AI 우수 인재들에게 금융 분야 관심을 제고하기 위해 인공지능 경진대회 'Future Finance AI. Challenge'

를 개최한다. 인공지능을 활용한 신규 금융서비스 모델을 발굴하고, 미래 금융을 선도할 수 있는 우수인재를 확보하기 위해 계획됐다.

2) IBK기업은행, 보이스피싱 실시간 차단 앱 출시…7만4000여건 통화 분석

IBK기업은행은 8일부터 인공지능을 활용해 금융사기 전화(보이스피싱)를 실시간으로 차단해 주는 앱인 'IBK피싱스톱' 정식 서비스 제공을 앞두고 있다.

3) 우리은행, 국내 IT기업 협업 통해 인공지능 기술 연구 박차…베트남서 국내 최초 인공지능 모형 도입 성과

국내 은행의 기술력은 국내뿐만 아니라 해외에서도 활용되고 있다. 우리금융그룹은 지난 7월 베트남에서 한국계 금융기관으로서는 처음으로 빅데이터를 활용한 인공지능 신용평가 모형을 도입했다.

이를 통해 모바일뱅킹 신용대출과 신용카드 발급 등 디지털 플랫폼과 연계한 다양한 리테일 영업에 활용할 수 있다. 향후 비대면 중금리 대출은 물론 휴대폰 유통사와 자동차 판매사 등과의 제휴를 통해 신용평가 모형을 할부 금융에도 확대 적용할 계획이다.

향후 베트남의 인공지능 신용평가 모형을 향후 인도네시아 등 다른 국가로 확대해 리테일 대출영업에 활용할 예정이다.

4) KEB하나은행, 자체개발 챗봇 '하이(HAI)' 성과 우수 평가

KEB하나은행은 자체개발 인공지능 챗봇 '하이(HAI)'를 기반으로 다양한 분야에 인공지능을 접목해 금융서비스의 영역을 혁신적으로 확대해나가고 있다.

지난 3월에는 글로벌 금융전문 매체 아시안뱅커지(誌)가 개최한 2019 인터내셔널 리테일 파이낸스어워드에서 '인공지능 챗봇 서비스(Best Automated Chatbot Initiative)' 부문 최우수상을 수상하기도 했다.

KEB하나은행이 서비스중인 '하이뱅킹 2.0(HAI Banking 2.0)'는 국내 최초의 인공지능 기반 대화형 금융서비스이다. 손님이 인공지능 금융비서인 하이(HAI)와 실시간 음성 및 문자 대화를 통해 송금, 조회, 세금납부, 상품가입, 환전, 해외송금 등 25개의 은행업무를 수행할 수 있다.

챗봇은 한정된 명령어를 습득해 기존에 제공해 오던 단순 조회 서비스를 넘어 3D 금융비서가 손님과의 일대일(1:1) 대화를 통해 손님의 의도를 파악해 실제 상품가입까지 도와주는 점을 높게 평가했다.

향후 KEB하나은행은 하이뱅킹을 SNS 등 다양한 채널에서의 간편 접속이 가능하고,

학습 6

빅데이터 분석을 통한 개인별 특화 서비스까지 제공할 수 있도록 개발시킬 예정이다.

또 금융권 최초로 인공지능(AI) 기반 이상금융거래탐지시스템(FDS)을 도입하기도 했다. 금융 소외계층을 위한 '행복동행금융창구'를 전국 점포에 설치하는 등 소비자 보호 정책에도 적극적으로 앞장서고 있다.

[그림 6-2] 하나은행 사용사례

02 인공지능 주요 서비스인 챗봇, 가상비서, 소셜로봇의 금융권 활용 응용에 대하여 분석하라.

1. 챗 봇

1) 개 요

챗봇(Chatbot) 은 명칭 그대로 채팅하는 로봇(Chatter robot) 프로그램이다. 즉 이용자와의 문자 대화를 통해 질문에 알맞은 답이나 각종 연관 정보를 제공할 수 있는 인공지능 기반 커뮤니케이션 소프트웨어를 말한다. 국내에서는 이와 유사한 서비스가 2002년 SMS 방식으로 출시된 바 있으나, 단순한 대화만 가능하고 맥락에 맞지 않는 응답이 많다 보니 큰 반향을 일으키지는 못하였다.

그러다 최근 딥러닝을 활용한 자연어 처리, 이미지 인식 등 인공지능 기술이 발달하면서 서비스 성능을 개선할 수 있는 기반이 마련되었다. 이에 따라 앞으로의 챗봇은 질문의 맥락을 보다 잘 파악함은 물론, 이용자의 관심사·취향을 반영한 정보를 제공하고, 서비스가 진행될수록(딥러닝을 통한 개선으로) 보다 신속 · 정확한 응답을 제공할 수 있을 것으로 기대된다.

한편 스마트폰 보급 이후 빠르게 성장한 모바일 메신저 시장도 챗봇 서비스 확산에 영향을 미치고 있다. 모바일 메신저는 이미 다수의 이용자를 확보하고 있으며, 다양한 부가 기능도 구현할 수 있어 효과적인 챗봇 서비스 플랫폼이 될 수 있기 때문이다. 예를 들어 모바일 메신저를 통해 각종 이벤트 · 광고 정보를 제공하고, 해당 메시지에서 바로 구매창으로 이동 · 결제하도록 만드는 기능을 챗봇 서비스와 결합할 수 있다. 또한 이용자 측면에서도 메신저를 통한 텍스트 기반 상호작용이나 각종 정보 수신에 이미 익숙해져 있어 챗봇 서비스 수용이 한결 용이할 것으로 보인다. 이에 페이스 북을 비롯한 주요 사업자들은 자사 메신저를 챗봇 플랫폼으로 활용할 수 있도록 다양한 기능을 지원하는 추세이다.

현재 챗봇은 주로 고객 지원(Customer Service) 업무에 활용되고 있다. 고객 지원 분야에서 챗봇은 기존의 자동응답서비스(ARS)와 비교하여 보다 즉각적이고 시각적인 서비스가 가능하다는 장점이 있다. ARS와 달리 음성 안내를 모두 듣기위해 기다리거나 안내를 놓쳐 다시 들어야하는 등의 불편이 발생하지 않으며, 고객 앞에 제시하는 각종 선택지도 이미지와 하이퍼링크 통해 더 효과적으로 안내할 수 있기 때문이다. 챗봇은 이 밖에도 맞춤형 상품정보 제공, 가정용 기기 제어 등의 서비스를 제공하려는 목적으로 활용되고 있으며, 향후 활용 범위가 점차 확대될 것으로 기대된다.

2) 주요 사업자 동향

현재 챗봇 시장의 주요 사업자는 크게 두 유형으로 구분할 수 있다. 첫째는 각 업체가 챗봇을 제공할 수 있도록 플랫폼을 운영하거나 개발 도구를 제공하는 유형이고, 둘째는 전용 챗봇을 통해 대고객 서비스를 제공하는 유형이다.

전자의 대표적인 예로 페이스북을 들 수 있다. 페이스북은 2016년 4월 개최한 자사개발자 행사(F8 2016)를 통해 페이스북 메신저 기반의 챗봇 서비스를 공개하였다. 페이스북은 기술력이 부족한 업체들도 챗봇을 쉽게 개발할 수 있도록 관련 API(Send and Receive API)를 제공함은 물론, 머신러닝을 활용한 보다 고도화된 기능을 구현할 수 있는 봇 엔진(Bot Engine)도 지원하는 것이 특징이다.

페이스북의 서비스 발표 이후 18,000개 이상의 챗봇이 등록되었으며, 23,000여명의 개발자가 봇 엔진 사용을 신청한 것으로 알려졌다.

이 밖에 텐센트, 킥(Kik), 텔레그렘 등의 메신저 사업자도 페이스북과 유사한 서비스를 제공하고 있다후자의 경우 챗봇을 통해 고객 지원, 맞춤형 상품정보 제공, 가정용 기기 제어 등의 서비스를 제공하고자 하는 다수의 사업자가 해당된다. 이러한 사업자들은 전용 앱 (메신저 등) 또는 페이스북 등의 플랫폼을 통해 챗봇으로 고객을 응대한다.

구글의 경우 신규 메신저 앱 'Allo'를 출시하면서 Allo 내에 'Google assistant' 라는 별도 챗봇 기능을 내장했다. Google assistant 는 텍스트와 음성 명령을 모두 인식·처리할 수 있는 서비스로 이용자의 요청에 따른 관련 정보검색 등의 기능을 수행한다. 또한 Google assistant 특히 인공지능 분야에 많은 투자를 한 구글이 기존의 서비스 를 보완하여 출시한 서비스로 문장 이해나 상황 인지 능력이 뛰어난 것으로 알려졌다.

한편 기존의 플랫폼을 활용해 챗봇을 제공하고 있는 사업자는 전자상거래 사업자부터 미디어, 가전 분야에 이르기까지 매우 다양하다. 일례로 페이스북에 챗봇을 등록한 사업자로는 꽃 배달 서비스인 1-800-flowers, 이용자가 입력하는 정보에 따라 다양한 제품을 추천해주는 전자상거래 서비스 Spring, 관심사에 따라 뉴스를 제공해주는 CNN 등이 있다. 국내에서는 LG 전자가 라인 및 카카오톡으로 메시지를 보내 가전제품을 원격제어·모니터링할 수 있는 챗봇 서비스인 'homechat'를 제공하고 있다.

3) 금융권 활용 사례

금융권에서도 고객 지원 등의 목적으로 챗봇을 활용하려는 움직임이 나타나고 있다. 미국 Bank of America는 2016년 Money 20/20 행사를 통해 모바일뱅킹 앱에 인공지능 챗봇 'Erica'를 2017년말 도입할 예정이라고 발표했다.

Erica는 챗봇과 음성인식 기능을 함께 지원할 예정이며, 주요 서비스는 고객의 개인자산 데이터 분석을 통한 자문이 될 것으로 보인다. 예를 들어 Erica는 고객이 계좌잔액을 물었을 때 잔액뿐만 아니라 초과인출(Overdraft)이 예상된다는 등의 부가적인 내용을 (고객이 묻지 않아도) 자동으로 안내할 수 있다. 이 밖에도 Royal Bank of Scotland (RBS) 등이 유사한 서비스를 도입 또는 준비 중이다

MasterCard 나 American Express 와 같은 카드사들은 페이스북 메신저를 통해 서비스를 제공 중(예정)이다. 이들은 카드 승인내역 조회, 결제 예정금액 조회 등 기본적인 정보는 물론 구매와 관련된 다양한 정보를 함께 제공하는 것이 특징이다.

핀테크 기업이 독자적으로 금융 챗봇 서비스를 제공하는 사례도 있다. 미국의 인공지능 기술 스타트업인 Kasisto 는 Royal Bank of Canada(RBC), DBS Bank, MasterCard 등의 주요 금융회사의 챗봇을 지원하는 동시에 자사의 독자적인 챗봇 서비스 'MyKAI'를 운영하고 있다.

〈표 6-8〉 해외 금융권 챗봇 서비스 도입 현황

구 분	챗봇명	주요 기능	비 고
Bank of America	Erica	• 계좌잔액 · 거래내역 조회, 거래한도 등 기본적인 질문에 답변 • 고객에 유용할 것으로 예상되는 정보를 자동적으로 안내	• 모바일뱅킹 앱에 탑재 • 음성인식 지원 • '17년말 도입
Royal Bank of Scotland	Luvo	• 계좌잔액 · 거래내역 조회, 비밀번호 분실 등 기본적인 질문에 답변 – 챗봇이 해결하지 못하는 질문은 담당 직원 앞으로 연결 • 고객이 사전에 입력한 정보를 활용해 적합한 투자상품 등 안내	• 모바일뱅킹 앱에 탑재 • 음성인식 지원 • IBM 인공지능(왓슨) 적용 • 파일럿 완료 및 도입
Royal Bank of Canada, DBS bank	–	• 계좌잔액 · 거래내역 조회 등 기본적인 질문에 답변 • 간편송금 지원	• Kasisto 솔루션 – 활용 – KAI Banking
Mastercard	MasterCard KAI	• 승인내역 조회, 카드 혜택 및 쿠폰 정보 등 질의응답	• 페이스북 메신저로 제공 • Kasisto 솔루션 활용 • '17년 초 도입
American Express	Amex Bot	• 승인내역 조회, 구매 관련 부가 정보(가맹점 약도, 추천 레스토랑 등) 제공	• 페이스북 메신저로 제공 • '16. 9월 서비스 실시

한편 국내 금융기관들도 챗봇 서비스를 도입하려는 움직임이 활발하다. NH 농협은행은 2016년 10월부터 카카오톡 대화창(플러스친구)에서 채팅을 하면서 금융업무를 상담해주는 금융봇 서비스를 운영하고 있다. 금융봇은 현재 상품안내, FAQ, 이벤트안내, 이용시간 안내 등의 기능을 제공 중이며, 향후 빅데이터 수집, 분석을 통한 개인화 상품추천, 맞춤형 정보제공 등으로 고도화될 예정이다. 한편 신한은행, 우리은행, IBK기업은행도 챗봇을 하고 있으며, 인터넷전문은행으로 영업을 실시하게 되는 카카오뱅크 등도 24시간 금융상담을 지원하는 챗봇을 제공할 것으로 알려졌다.

한편 하나은행은 챗봇과 유사한 형태의 텍스트뱅킹(Text Banking) 서비스를 2016년 11월부터 실시하고 있다. 텍스트 뱅킹은 고객이 하나은행 대표번호 앞으로 문자메시지(SMS)를 전송하여 잔액조회, 거래내역 조회, 간편송금 등을 즉시 처리할 수 있는 서비스이다. 하나은행 텍스트뱅킹은 국내 금융환경에서 챗봇을 통한 계좌 잔액조회, 거래내역 조회, 간편송금 등의 기능이 어떻게 구현될 것인가를 가늠할 수 있게 해준다. 텍스트뱅킹은 고객이 스마트 폰뱅킹에서 사전에 출금계좌와 입금계좌(별칭)를 등록하게 하고, 키

학습 6

워드만으로 거래를 할 수 있는 환경을 구축했다.

하나은행은 텍스트뱅킹 서비스 범위를 환전, 상품신규 등으로 확대할 계획을 발표한 상태로, 향후 텍스트뱅킹을 본격적인 챗봇 서비스로 개편할 것인지 여부가 기대된다.

2. 가상비서

1) 개 요

가상비서(또는 가상 개인비서) 는 자연어 처리, 음성인식 등의 인공지능 기술에 기반하여 이용자의 언어를 이해하고 이용자가 요구하는 다양한 지시사항을 처리할 수 있는 어플리케이션이다. 주요 기능으로는 전화걸기, 각종 정보검색, 시간 · 날씨 등의 생활정보 제공, 일정관리, 음악재생, 상품주문, 식당 예약, 연동가능한 각종 IT 기기 제어 등을 제공한다.

가상비서(Virtual Assistant) 는 텍스트 및 음성 기반 명령을 모두 이해할 수 있으나, 핵심은 음성기반 명령 처리에 있다. 이용자의 음성을 인식하기 위한 도구로는 스마트폰에 내장된 마이크나 전용 디바이스를 활용하며, 각종 정보 입력 · 관리를 비롯한 부가적인 기능은 별도 앱을 통해 구현하는 것이 일반적이다. 이러한 음성인식 기반 인터페이스는 이용자가 검색이나 음악재생 등 원하는 기능을 수행하기 위해 직접 앱을 찾아 실행하는 단계를 음성명령으로 대체함으로써 이용자의 편의를 제고할 수 있다. 특히 차량 · 주방 등 이용자가 손을 쓰기 어려운 환경에서 효과적일 것으로 보인다.

가상비서는 2011년 Apple(이하 '애플')의 Siri 출시 이후 대중화되면서 지속적인 기능개선을 통해 서비스 기반을 마련하여 왔다. 특히 지난 수년 간 서비스를 제공해온 주요 사업자들은 가상비서를 통한 각종 애플리케이션 제어, 여러 가정용 기기와의 연계 등을 시도하면서 가상비서 중심의 스마트 홈 환경을 구축하려는 전략을 확대하는 추세이다. 다만, 이러한 전략이 성공하기 위해서는 다양한 제 3자 기관 (3rd party) 과의 연계를 통한 통합형 생태계 구축, 영어 외 다양한 언어의 지원 등이 선행되어야 할 것으로 전망된다.

(1) 주요 사업자 동향

가상비서는 음성정보를 인식 · 해석할 수 있는 디바이스가 필요한 서비스로서 초기에는 스마트폰 OS 및 단말기 중심으로 시장이 형성되었다. 가장 대중화되어 있는 가상비서 서비스로는 애플의 아이폰에 탑재되어 있는 Siri를 꼽을 수 있다. Siri 는 인공지능 기술이 주목받기 이전인 2011년부터 서비스를 실시하여 아이폰 이용자를 중심으로 서비스 기반을 구축하고, 제공 기능을 지속적으로 확대해오고 있다. 특히 iOS 10부터는 여러

제 3자기관 앱과의 연동을 통해 Siri를 통한 차량호출, 메시지 송신 등의 기능을 지원하고 있다. 현재 Siri 를 통해 이용할 수 있는 주요 3rd party 앱 유형으로는 차량호출(Uber, Lyft 등), 메시지 송신(WhatsApp, Slack, Wechat 등), 사진 검색(Pinterest 등), 결제(Square Cash, Venmo 등) 등이 있다.

구글은 2012년 Siri와 유사한 Google now를 발표하고, 갤럭시 넥서스(Nexus) 모델에 최초로 탑재하였다. 이후 구글은 인공지능 사업을 본격화하면서 구글나우를 개선한 구글 어시스턴트를 발표하였다. 구글 어시스턴트의 강점은 세계 최대 검색포털 구글을 통해 확보된 빅데이터와 구글의 인공지능 기술이 집약된 자연어 처리 기능을 보유하고 있다는 점이다. 구글은 또한 구글 어시스턴트를 탑재한 전용 디바이스인 Google home 을 2016년 11월 출시하였다.

Google home 은 YouTube Music, Sportify 등 제휴 음원서비스 업체를 통한 음악 재생기능과 가정용 IoT 기기 제어 등을 지원하는 스마트 홈 허브를 지향하고 있다.

세계 최대의 전자상거래 사업자인 Amazon(이하 '아마존') 역시 Google home과 유사한 전용 디바이스 Echo 를 통해 가상비서 서비스를 제공하고 있다. 아마존의 Echo 는 2014년 8월 출시되었으며, 인공지능 Alexa 가 내장되어 있다. Echo 는 아마존 사이트와 연계한 각종 상거래 지원은 물론, 타 사업자와의 적극적 제휴를 통해 다양한 기능을 지원하는 것이 특징이다. 현재 Echo 를 통해 이용할 수 있는 주요 기능으로는 전자상거래(Amazon prime), 차량호출(Uber), 음악재생(Sportify 등), 배달음식 주문(Domino 등), 일정관리(구글 캘린더 등), 금융서비스(Capital one) 등이 있다. 또한 Belkin, Phllips, GE 등의 일부 제품 연계, 삼성전자 IoT 허브(Smart Things) 연결을 통한 각종 가전 기기 제어를 지원하여 스마트 홈 허브로서의 입지를 다져나가고 있다.

한편 Microsoft(이하 '마이크로소프트')는 2015년 7월 Windows 10에 탑재되는 가상비서 Cortana 를 공개했다. Cortana는 Windows OS 기반의 데스크탑, 콘솔(xbox), 윈도우폰에서 사용 가능하며, 마이크로소프트의 검색엔진 bing 을 활용한다. 마이크로소프트는 애플, 구글 등의 선발 사업자에 비해 아직 인공지능 서비스 기반이 부족한 상황이나, 2016년 12월부터 다른 사업자가 Cortana 를 쓸 수 있도록 개방하여 향후 서비스 확대가 기대되고 있다. 이에 따라 오디오 전문기업 Harman Kardon 에서 코타나 전용 스피커를 공개했으며, 금융기관(Capital One)에서도 관련 서비스를 준비 중인 것으로 알려졌다.

국내에서는 SKT가 2016년 9월 가상비서 디바이스 Nugu를 출시하여 Google Home 및 Echo와 유사한 서비스를 제공하고 있다. Nugu는 시간 · 날씨 등의 정보제공, 일정관리, 음악검색 및 재생, 배달음식 주문 등의 기능을 지원한다. 한편 삼성전자도 인공지능

학습 6

기술 업체 VivLabs를 인수하고 가상비서 서비스를 준비 중으로, 2017년 출시되는 갤럭시 S8에 가상비서 Bixby / Kestra 를 탑재할 것으로 알려졌다.

(2) 금융권 활용 사례

현재 주요 가상비서 서비스가 영어권을 중심으로 제공되고 있는 가운데, 미국과 영국의 주요 금융기관은 외부 가상비서 서비스를 통해 뱅킹서비스를 제공하거나 모바일 뱅킹 내에 가상비서를 탑재하려는 움직임을 보이고 있다.

미국의 Captial One은 2016년 3월부터 아마존 Echo를 통해 계좌 잔액조회, 거래내역조회, 신용카드 결제금액 및 출금일 안내, 명세서 결제, 기타 자동차 및 주택금융 관련 기능을 제공하고 있다. Echo에서 Capital One 서비스를 이용하고자 하는 고객은 우선 Alexa 앱에서 Capital One 아이디와 비밀번호를 입력해 등록하여야 한다.

또한 알랙사앱은 안전한 거래를 위해 거래 실행 시 별도의 PIN을 음성으로 입력하도록 하고 있으나, 음성인식 방식인만큼 타인이 PIN 이나 거래내역을 듣지 않도록 주의를 기울일 필요가 있다.

이 밖에 영국의 Lloyds Bank도 Capital one 과 유사하게 알렉사를 통한 금융서비스를 준비 중이다. 한편 모바일뱅킹 내에서 가상비서 기능을 제공하는 은행으로는 미국의 Ally Bank 와 영국의 Santander 등이 있다. Ally Bank의 Ally Assist 는 모바일뱅킹 실행 상태에서 텍스트나 음성 명령으로 계좌이체, 잔액조회, 공과금납부 등을 이용할 수 있는 서비스로 2015년부터 제공되고 있다. 또한 Santander도 텍스트 · 음성 기반의 가상비서를 모바일뱅킹에 적용하여 현재 지출내역 조회(카드) 등을 지원하고 있으며, 향후 모바일뱅킹 내 전 기능으로 서비스를 확대할 예정이다. 다만 이러한 서비스는 제공 범위가 모바일뱅킹 내로 한정되고 정보검색을 비롯한 범용적 기능을 지원하지 않는다는 점에서 가상비서보다 음성인식 기반 뱅킹서비스에 가까운 측면이 있다.

3. 소셜로봇

1) 개 요

소셜로봇(Social Robot) 은 사람과 커뮤니케이션을 할 수 있는 능력을 갖추고 자율적으로 동작하는 로봇으로, 생산시설과 같은 특수한 환경이 아닌 일반 판매점이나 가정 등 일상적인 환경에서 활용할 수 있는 로봇을 지향한다. 기존의 로봇은 단순히 사람이 수행하기 물리적으로 힘든 일을 대신하거나 돕는 역할에 한정되어 있었지만, 소셜로봇은 사람과 커뮤니케이션을 통해 원하는 내용을 파악하고 거기에 맞춰 작동한다.

사람과 음성으로 직접 상호작용을 하면서 다양한 기능을 수행한다는 측면에서는 가상비서와 유사한 점이 있으나, 하드웨어 측면에서 본질적인 차이가 있다. 가상비서가 별도 디바이스 없이 스마트폰에 탑재되거나 스피커 형태로 제공되는 반면, 소셜로봇은 인간의 얼굴이나 팔처럼 특정 기능을 수행하는 몸체를 지닌다. 소셜로봇에는 자연어처리나 음성인식은 물론 각종 센서와 이미지인식 기술이 복합적으로 적용되어 있어 안면인식, 위치 및 사물인식, 평지 이동, 충돌 방지 등을 지원한다

현재 소셜로봇 시장은 초기 개발 단계로 몇 개의 모델만 상용화되어 있고 대부분 서비스를 준비 중인 상황이다. 소셜로봇이 활성화되기 위해서는 적정 수준의 기기 가격 설정, 하드웨어를 효과적으로 활용할 수 있는 킬러 애플리케이션과 각종 연계 서비스 개발 등이 필요할 것으로 전망된다.

2) 주요 사업자 동향

소셜로봇 시장에서 가장 빠르게 움직이고 있는 사업자는 일본의 Softbank(이하 '소프트뱅크')이다. 소프트뱅크는 2012년 프랑스의 로봇 전문기업 Aldebaran Robotics 를 인수한 이후 본격적으로 소셜로봇 사업을 전개하고 있다.

소프트뱅크는 Aldebaran Robotics의 로봇 제조 기술 및 IBM의 인공지능 엔진 Watson을 토대로 제작한 소셜로봇 Pepper를 2014년 공개하고, 2015년 6월부터 정식으로 판매하고 있다. 또한 Pepper의 원활한 제조·유통을 위해 Foxconn 및 Alibaba 와 제휴하여 'Softbank Robotics Holdings'를 설립하는 등 투자를 아끼지 않고 있다.

길이 121cm의 인간형 로봇인 Pepper는 가슴의 디스플레이와 양 팔을 활용한 다양한 상호작용이 가능하고 자연스러운 감정표현까지 구사할 수 있는 것이 특징이다. Pepper는 자주 사용하는 응답용 데이터만 Pepper 본체에 보관하고, 그 외 대부분의 기억 데이터는 클라우드에 저장함으로써 클라우드 내에서 다른 Pepper 기기들과 대화와 행동 패턴 등을 공유·학습한다. 이렇게 축적된 방대한 데이터들은 정교한 알고리즘을 통해 인간의 감정 패턴과 유사하게 처리되고, 이를 기반으로 Pepper 는 상황에 따라 대화 내용을 선택해 사람들과 이야기를 하게 된다.

Pepper는 일정관리, 멀티미디어 재생 등의 개인용 서비스도 제공할 수 있으나, 198,000엔이라는 높은 가격을 고려할 때 당분간 매장 내 고객응대 등에 주로 활용될 것으로 예상된다. Pepper는 현재 140여개 소프트뱅크 영업점을 비롯하여 까페, 은행, 병원 등 다양한 장소에서 고객을 안내하고 있다.

한편 프랑스의 Blue frog robotics 와 대만의 Asus 가 준비 중인 소셜로봇은 Pepper 와는 다소 차이가 있다. Blue frog robotics가 2015년 발표한 소셜로봇 Buddy와 Asus

가 2016년 발표한 Zenbo는 길이 50cm 내외의 소형 로봇으로 바퀴가 부착된 몸체와 얼굴의 역할을 하는 디스플레이로 구성되어 있다. Buddy와 Zenbo는 현재 제작 중인 상태이며, 주요 서비스는 시간 · 날씨 등의 생활정보 제공, 개인 일정관리, 멀티미디어 재생 및 관리, 연동된 IT 기기 제어 등으로 가상비서와 유사할 전망이다. 다만, 바퀴로 이동하면서 가족 구성원과 집안 환경을 직접 인지하여 상호작용하고, 디스플레이를 통해 감정적인 표현을 전달하는 점은 Buddy · Zenbo와 같은 소셜로봇이 가상비서와는 또 다른 서비스 영역을 구축할 것으로 기대되는 부분이다. 일례로 Buddy의 경우 가족의 얼굴을 인지하여 먼저 대화를 시작하고 일정을 알려줄 수 있으며, 집안 곳곳을 모니터링하고 이상 징후를 알리는 등의 홈 서큐리티 기능도 지원한다.

3) 금융권 활용 사례

현재 금융권에서의 소셜로봇 활용은 영업점 내 고객 응대 위주로 이루어지고 있으며, 여기에는 주로 Pepper가 이용된다. 은행 영업점에 Pepper를 배치하여 각종 업무를 안내하고 있는 사례로는 일본 Mizuho, 대만 First bank, 두바이 Emirates NBD 등이 있다. 또한 Mastercard는 까페 등의 매장에서 고객이 Pepper에게 직접 주문하고 결제할 수 있도록 하는 Pepper용 앱을 개발 중이며, 곧 일부 매장에서 시범 서비스를 운영할 계획이다.

한편 가정용 소셜로봇의 경우 현재 뚜렷한 서비스 모델은 없으나, 가정용 소셜로봇 공급이 확대될 경우 기본적인 금융 기능을 탑재할 수 있을 것으로 예상해볼 수 있다. 예를 들어 소셜로봇 내 애플리케이션과 연동하여 출금일 · 만기일 등의 금융관련 일정을 알려주거나, 계좌 잔액확인, 지출내역 확인 등의 기능을 제공할 수 있을 것이다.

03 인공지능의 유통 응용에 대하여 분석하라.

1. 인공지능이 유통 산업에 미치는 영향

유통 산업은 온라인과 오프라인 경계가 사라지고 있고 고객 취향도 매우 다양해지고 있는 시점이다. 고객을 정확히 분석하고자 하는 시도는 유통 산업에 있어 과거부터 지금까지 최대의 고민이었다.

고객에 대한 분석을 통해 고객이 원하는 상품을 갖추고 최적의 마케팅을 통하여 매출을 확보하며 지속적인 고객과의 교감을 통해 '충성 고객화'시키는 것이 항상 큰 숙제로 남아있다.

인공지능을 통하여 유통 산업이 가지고 있는 오래된 숙제를 어느 정도 해결할 수 있을 것으로 기대한다. 빠르게 변화하고 있는 유통환경에서 살아남기 위한 빠른 분석과 실행은 반드시 필요한 시점이고 이를 인공지능 기술이 90% 이상 해결할 수 있을 것이다.

상대적으로 인력의 의존도가 높았던 유통산업에서 인공지능은 운영관리의 효과적 방안을 제시해 줄 수 있을 것이며, 특히 고객의 성향에 맞는 마케팅 활동에 더욱 활용도가 높을 것으로 전망한다.

2. 유통 기업들의 인공지능 활용 사례

인공지능을 통하여 글로벌 유통 기업은 유통 4.0 시대를 맞이하고 있는 것으로 보인다. 유통 4.0 시대는 인공지능을 통하여 제품 공급에서부터 판매, 고객 서비스에 이르기까지 유통의 각 단계를 변화시킬 것으로 보인다.

전략수립과 의사결정에 있어 수요예측 정확도가 향상되고, 상권 분석을 통하여 소비자 분석력이 매우 높아질 것으로 보이며 물류, 재고, 매장 관리에 있어 적정 재고량 유지와 자동 가격조정을 통하여 기존 오프라인의 많은 관리 인력이 필요했던 부분을 효율화시킬 것으로 보인다.

또한 고객 유인과 경험에 있어 타깃 마케팅으로 고객과의 교감을 더욱 확대할 수 있을 것으로 기대한다. 결제와 배송 서비스도 기존 대비 결제 소요 시간의 단축 및 배송 속도 향상이 가능할 것이다.

몇 가지 사례를 보면 인공지능이 유통 산업에 미치는 영향이 얼마나 큰지 더욱 알 수 있다.

일본 이온몰(Aeon Mall)의 침구 전문 직영점인 '트루 슬리퍼(True Sleeper)'는 인공지능 기반의 얼굴인식 영상분석 기술 을 도입하여 소비자 분석에 활용하였다. 매장에 설치된 네 대의 카메라는 고객 개인에 대한 정보 없이도 소비자의 성별과 연령대를 90% 이상의 정확도로 파악했으며, 인공지능은 카메라로부터 수집된 가게 앞을 지나간 손님의 수, 내점률, 내점 고객이 실제로 구입한 비율 등의 데이터를 성별, 연령대별로 파악하여 고객 동향을 분석했다.

이러한 분석 결과, 주로 폐점 시간에 구매율이 높은 것으로 나타났고, 트루 슬리퍼는 이를 반영하여 마케팅 전략 수립 및 여성 고객이 많을 것으로 생각했던 것에 반하여 남녀 비율이 5대 5로 분석되어 상품을 전면 재배치하는 점포 운영 전략으로 수정하여 매출을 올릴 수 있었다.

독일 유통 그룹인 레베(Rewe) 그룹은 실시간 위치 추적이 가능한 RFID(Radio

Frequency Identification)를 도입하여 물류센터 관리에 적용하였다. 레버 그룹의 물류센터는 약 4만㎡의 넓은 부지여서 상품의 위치를 정확히 파악하기에는 어려움이 많았다. 이를 RFID로 파악하면서 실시간 위치 추적이 가능해졌고 유제품, 육류 등의 신선식품의 폐기율을 하락시키는 결과를 가져오게 되었다.

미국의 슈퍼마켓 체인 자이언트이글(Giant Eagle) 역시 스마트 선반 시스템을 활용하여 재고 보충 시간을 3분의 2가량 단축하였으며, 재고 부족으로 상품이 품절 된 상황이 절반으로 줄어들었다고 밝히고 있다.

미국의 전자제품 유통 기업 베스트바이(Best Buy)는 뉴욕 매장에 '클로이'라는 로봇을 도입하여 비디오 게임과 같은 콘텐츠 검색과 구매를 할 수 있도록 했다. 타미힐피거(Tommy Hilfiger)는 매장 내 VR 고글 을 통해 패션쇼를 실제 현장처럼 체험할 수 있도록 제공하는 디지털 매장 구현에 적극적이다. 특히 블루 밍데일즈(Bloomingdales), 콜스(Kohl's) 등 백화점 역시 매장 내 증강현실을 구현한 3D 가상피팅을 도입하여 매출 및 고객서비스를 확대하고 있다.

또한, 온 라인 패션 기업 스티치픽스(Stitch Fix)는 인공지능과 고도화된 데이터 분석을 통하여 개인 맞춤 큐레이션 서비스를 제공하고 있다. 고객의 정제된 데이터를 수집하여 사용자의 패션스타일을 학습한 인공지능이 수백 개의 알고리즘을 바탕으로 개인화되고, 이후 전문 스타일리스트가 투입되어 인간의 감성으로 옷을 추천해 준다.

일본 패션 유통 브랜드 유니클로(Uniqlo)는 인공 지능 기술을 이용해 고객의 뇌파반응을 분석해 유니 클로 스코어를 산출한 후, 소비자 맞춤 티셔츠를 제안해 주는 '유무드(U Mood)' 서비스를 제공 중이다.

중국 전자상거래 대기업 알리바바(Alibaba)는 2016년 가상현실 쇼핑 결제시스템 'VR 페이'를 선보 였다. VR 페이는 헤드셋을 벗지 않고 착용한 상태로도 결제를 가능하게 하여 결제의 편리성을 주었다.

미국의 거대 유통업체 아마존(Amazon)은 직원과 계산대가 없는 첫 무인매장인 '아마존고(Amazon Go)'를 통해 터치리스 결제를 실현했다. 아마존고는 모바일 애플리케이션만 있으면 매장에 QR 코드로 체크인하 여 손쉽게 입장하고, 물건을 들고 나오기만 하면 되는 혁신적인 사례이다.

영국의 테스코(Tesco)는 런던 시내에 한해 로봇 배 송 테스트에 성공하면서 '1시간 이내' 배송 서비스를 제공할 것으로 보인다.

미국 거대 유통업체 월마트 (Walmart)의 경우, 드론 배송에 블록체인을 접목한 특허를 신청하였으며 물품 추적에 블록체인 기술을 활용하여 보안을 향상하고, 추적의 정확도를 개선할 수 있을 것으로 보인다.

3. 시사점 및 향후 전망

과거부터 항상 화두였던 고객 중심적 비즈니스 환경 구축이 이제는 현실화가 될 것으로 보인다. 과거와는 달리 소비자들은 다양한 기기를 통해 언제, 어디서든 방대한 정보에 대한 접근성이 향상되었고, 이런 정보 들을 손에 쥔 소비자들은 유통 시장의 변화를 더욱 주도할 것이다.

소비 패턴의 예측이 불가능해지고 있고, 인간의 잠 재적 능력을 분석하여 대응하기에는 현실적으로 쉽지 않다. 그래서 인공지능을 기반으로 한 고객 중심적 비즈니스 환경의 구축이 반드시 필요하다. 인공지능을 활용하기 위해서는 반드시 다양한 정보 수집이 필요해서 종단 장치(Edge Device) 사용이 더욱 활발해질 것이다. 또한 IoT, VR, AR, RFID 등 다양한 기술과 접목하여 유통 기업에 적합한 비즈니스 환경 플랫폼으로 발전해 나아갈 것이다. 결론적으로 유통환경의 모든 부분에서 인공지능이 활용될 것으로 보이며 고객에게는 다양한 경험과 편리성을 제공하고, 기업에게는 효율성과 안정성을 높이는 데에 이바지할 것이다

학습 6

04 IBM 왓슨의 인공지능 응용에 대하여 분석하라.

IBM의 인공지능 응용은 다양한 분야에 대하여 응용 되고 있다.

〈표 6-9〉 IBM 왓슨의 활용 분야

산 업	활용기업	사 례
자동차	GM	텔레매틱스 서비스 'OnStar GO'
	Local Motors	12인승 자율주행 전기버스 'Olli' 탑재
의 료	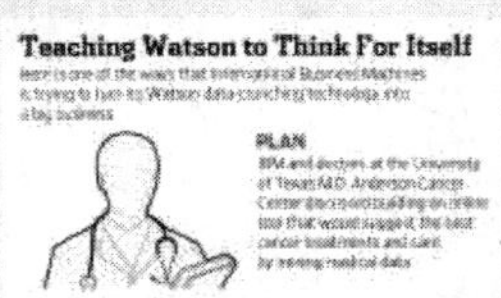	암 진단, 치료법 제안(MD 앤더스 암센터/ 메모리얼슬론케터링 암센터)
제 약	테바제약	신약개발, 맞춤형 지려법 검색, 발병예측
음 악	알렉스 다 키드	데이터 분석을 통한 음악 트렌드 파악 및 작곡
IOT	시스코	IoT 장비에 적용되어 기기상태 모니터링

산 업	활용기업	사 례
영 화	20 FOX 세기	영화 예고편 편집(Morgan)
항 공	에어버스	생산공정관리, 부품교체주기 파악
법 률		'로봇변호사 로스 채용' 파산 관련 판례를 수집 및 분석
금 융	웰스프론트, 베터먼트, 퓨처어드바이저	• 개인 투자자 금융자산 관리, 개인 신용도 평가 • 투자종목 추천
대 학	조지아공대	항생 질의에 대한 답변, 과제점검 조교로 활용
로 봇	소프트 뱅크	교육 및 서비스 로봇의 AI로 활용

자료 : (2016), KEIT(2017), 성영조 언론보도자료

05 글로벌 기업들의 인공지능 기술 응용에 대하여 분석하라.

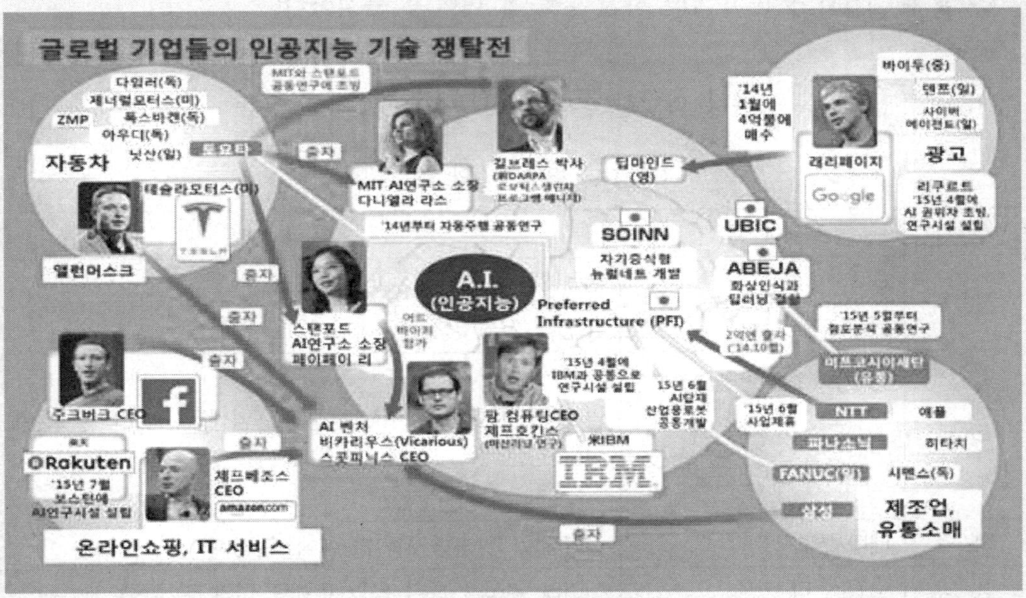

[그림 6-3] 글로벌 기업들의 인공지능 기술

출처 : http://www.epnc.co.kr/news/articleView.html?idxno=57953]

1. 인공지능의 시장규모

IDC의 경우 세계 인공지능 시장 규모를 2017년 1650억달러(195조8000억원) 규모로 전망했는가 하면 마켓앤마켓(Market&market)은 2020년에 광고, 미디어 서비스 분야에서의 활용으로 인공지능 시장은 약 50억달러(약 6.2조원)에 이를 것으로 추정했다.

일본의 EY종합연구소는 커머스, 광고, 금융, 유통, 자동차 등 모든 산업분야에 인공지능이 도입된다고 가정해 2020년에는 23조엔, 2030년에는 87조엔의 인공지능관련 시장이 창출될 것이라고 전망했다.

국내의 경우 인공지능과 관련한 정확한 기준이나 데이터가 없어 시장 규모를 산출하기가 쉽지는 않다. 다만 로봇 산업 수치에 기초해 향후 다양한 산업군으로의 적용을 가정해 산출해보면 2030년경에는 약 27~30조원의 시장 규모가 될 것으로 전망된다. 인공지능으로 인해 미래 우리 사회는 편리하게 될 것으로 예상되는 한편 인간 대체라는 우려도 존재한다. 미래학자 레이 커즈와일은 2045년에 인공지능이 인간지능을 뛰어넘는 특이점(싱귤래리티, Singularity)에 도달, 그 이후로는 통제 불가능한 상황이 전개될 것이라고 예측했고 모셰 바르디 미국 라이스대 컴퓨터과학과 교수는 2045년이면 인간이 할 수 있는 일의 매우 중요한 부분을 기계가 직접 수행할 것이라고 전망하며 기계가 인간이 할 수 있는 일을 대신하게 되면 인간은 무엇을 할 것인가가 중요한 질문으로 떠오르게 될 것이라고 했다.

올해 초 세계경제포럼(WEF)에서는 로봇과 인공지능 등 과학기술이 발전하면 200만개 일자리가 생겨나는 대신 700만개 일자리가 사라져 결국 500만개 일자리가 사라질 전망이라고 발표됐는데 특히 컴퓨터가 일을 대신하는 사무 · 행정직 475만9000명이 일자리를 잃는 것으로 나타나 전체 사라지는 일자리의 3분의2를 차지했다. 대신 재무 · 마케팅, 경영, 컴퓨터 · 수학 등에서 40만여개씩 일자리가 생길 것으로 보고서는 예측했다.

2. 인공지능의 동향

1) 구 글

알파고의 경우 바둑에만 특화된 인공지능은 아니다. 알파고는 범용 인공지능 프로그램이기 때문에 다른 복잡한 문제에도 적용할 수 있다. 예를 들어 구글은 데이터센터 최적화에도 인공지능을 이용한다.

장비 사용시간, 에너지 사용량에 대한 빅데이터가 누적되면서 에너지 최적화를 위한 시뮬레이션시 시스템간 상호관계의 복잡성으로 일반 모델 적용시에 많은 오류가 발생하는데 에너지 최적화 모델 구축을 위해 '뉴럴 네트웤크(Neural Network)'를 활용한 것이다.

모델에 반영되는 복잡한 변수 관계를 미리 정의할 필요 없이 인공지능이 모델에서 자동 생성되는 특징들간의 패턴을 파악하는데 PUE 예측에 99.6%의 정확성을 보여 센터 운용 효율화에 큰 도움을 준다.

2) 페이스북

페이스북은 얼굴 인식 기술을 활용해 만든 사진 공유 앱 '모먼트(Moments)'에 인공지능을 도입했다. 모먼트는 찍은 사진을 페이스북에 올리지 않고도 개인적으로 친구들과 공유하게 하는데 사진에 포함된 사람들의 얼굴을 인식해 그룹으로 분류해주고 개별적으로 사진을 보낼 수 있게 해준다.

페이스북은 얼굴 인식 기술에 많은 투자를 해왔는데 페이스북이 개발한 '딥페이스 AI' 시스템의 얼굴 인식 정확도는 97.25%에 달한다.

이 밖에도 인공지능은 모바일, IoT기기, 스마트카 등 다양한 영역에 도입 확대되고 있다. 발전과 쇠퇴를 거듭하면서 진화해 온 인공지능이 이제는 서비스로 구체화되면서 진정한 개화기를 맞이하고 있는 것이다.

3) 금융시장에 도입

인공지능은 특히 금융 산업에서 도입이 활발하다. 이미 많은 증권사 및 펀드사들이 트레이딩에 있어 컴퓨터 알고리즘을 사용하고 있다.

프리퀸(Preqin) 자료에 따르면 컴퓨터 알고리즘을 트레이딩의 메인 수단으로 사용한 헤지펀드가 40% 가량으로 지금까지 집계 중 가장 높은 수치다. 지금까지의 컴퓨터 기반 알고리즘들이 인간이 수학적 모델을 만들고 시장상황에 따라 그것을 지속 업데이트해야 했다면 딥러닝의 출현 이후로는 기계 스스로 데이터를 학습하고 시장상황에 맞게 모델을 변화시켜 나가는 방식으로 진화하고 있다.

이러한 인공지능 분야의 발전이 투자 알고리즘에 줄 수 있는 장점은 많은 글로벌 투자사들로 하여금 인공지능에 관심을 갖게 했다.

세계 최대 규모의 헤지펀드사인 '글로벌 브릿지 워터(Global Bridge Water)'는 205년도에 IBM에서 '왓슨(Watson)'개발을 담당했던 데이비드 페루치(David Ferrucci)를 영입해 AI팀을 신설했고 홍콩 기반의 아이디아(Aidyia)가 최근에는 인공지능 기능만으로 펀드를 운용하는 펀드를 미국 시장에서 출시하기도 했다.

4) 의료산업에 활용

의료 산업에서의 활용은 다양한 종류의 웨어러블 센서를 통해 맥박, 혈당량, 체온, 스트레스 정도 등 건강정보를 수집하고 지금은 초보적인 단계지만 데이터들을 인공지능이 정확히 분석한다면 진정한 의미의 스마트헬스 서비스가 가능해진다.

IBM의 인공지능 왓슨을 활용해 일본 소프트뱅크와 합작, 만든 건강관리 앱도 있다. 센서를 통해 개인 건강 기록 및 유전자 데이터 등을 분석해 건강관리 정보를 제공해준다. 인공지능을 통해 컴퓨터가 MRI같은 복잡한 형상에서도 패턴을 정확히 인식하는 능력이 향상되면서 수많은 영상 데이터들의 분석도 가능해졌다.

또한 영상 데이터 외에도 환자의 치료 데이터 및 유전정보 데이터도 인공지능이 분석해 환자개인별로 최적화된 치료 방법을 제안할 수 있다. 실제로 IBM의 왓슨은 의료기관과 협력해 치료법 추천과 보험료 지급심사의 용도로 활용되고 있다.

5) 글로벌기업의 자사 서비스

구글 · IBM · 마이크로소프트 등 글로벌 기업들은 인공지능을 자사 서비스에 도입하고 미래 성장동력으로 삼기 위해 해당 기술을 가진 스타트업을 인수하고 조직을 신설하는 등 관련 사업을 강화하고 있다.

마이크로소프트는 영국의 AI 스타트업 스위프트키를 2억5000만달러(약 3040억원)에 인수했다. 스위프트키는 AI 스마트폰 키보드 앱을 제작하는 스타트업으로 사용자의 키보드 패턴을 분석해 단어를 제시함으로써 빠른 속도의 타이핑을 돕는 서비스를 제공한다.

구글은 인공지능 스타트업 딥마인드를 2014년 5억8200만달러(약 6970억원)에 인수했다. 아마존은 에비 테크놀로지(Evi Technologies)를 지난 2012년에 인수했다. 에비테크놀로지는 아이폰의 시리(Siri)처럼 사용자와 언어소통이 가능한 인공지능 기술을 개발하는 스타트업이다. 애플도 감정 인식 인공지능 기술을 개발하는 영국 소재 스타트업 이모션트(Emotient)를 인수한 바 있다.

페이스북은 저명한 인공지능 연구자들을 잇따라 영입했는데 얀 레쿤(Yann LeCunn) 미 뉴욕대학 교수를 인공지능팀 책임자로 발탁하고 구글 출신 전문가도 채용했다. 또한 이미지 인식 소프트웨어를 개발하는 실리콘밸리 신생기업 비카리우스(Vicarious)에도 주크버그 개인적으로 투자도 했다.

이 비카리우스는 인간의 두뇌에서 언어와 수학 같은 인식 기능을 주관하는 신피질(Neocortex)을 재현하는 연구를 하는 업체로 최근 많은 기업들로부터 투자를 받고 있다. 국내 기업 중에는 삼성전자가 비카리우스에 약 2000만달러를 투자한 바 있다.

6) 삼 성

삼성의 알고리즘을 각종 스마트기기에 적용하는 방안을 고민 중이라고 한다. 이 업체가 개발하는 알고리즘은 로봇이나 스마트기기가 인간처럼 직관적인 지각을 갖게 하는 것이 목표인데 제프 베조스 아마존 CEO는 물론 스위스 로봇 제조기업 ABB 등도 이 회사에 투자했다.

6) 테슬라

전기차 제조회사 테슬라의 엘런 머스크는 '오픈 AI'라는 재단을 설립하고 10억달러를 투자해 인공지능 연구를 지원하겠다고 밝혔다.

7) 바이두(百度)

중국 최대 포털 사이트 바이두(百度)는 미국에 연구소를 설립하고 인공지능 전문가인 앤드루 응 스탠퍼드대 교수를 영입했다. 바이두는 이 연구소에 약 3억달러를 투자했다.

8) 일본의 기업

일본의 인공지능 연구개발 업체들도 많은 주목을 받고 있다. 화상인식과 딥러닝을 결합한 기술로 각광을 받고 있는 ABEJA는 미쯔코시 백화점과 공동으로 점포분석 연구에 인공지능을 적용하고 있다.

동경대, 교토대 대학원 연구원들이 설립한 인공지능 벤처기업 '프레퍼드 인프라스트럭처(Preferred Infrastructure)'는 NTT, 파나소닉, 토요타 등 일본 굴지의 대기업들로부터 공동연구와 투자를 받을 정도로 인기가 높다. 구글 레벨의 검색 역량과 빅데이터에 기반한 자동추천 엔진이 PFI의 핵심역량으로 실생활 서비스에 인공지능을 접목시키려는 기업들로부터 투자가 쇄도하고 있다.

소프트뱅크는 세계 최초로 로봇 페퍼로만 운영되는 소프트뱅크숍을 2016년 3월말부터 1주일간 한시적으로 운영한다. 로봇 페퍼가 하는 일은 스마트폰 상품 설명과 소프트뱅크 스마트폰 신규 가입 업무(기변, MNP는 제외)를 지원하는 일이 될 예정인데 하나의 페퍼가 모든 업무를 다 처리하는 것이 아니라 상품 설명 담당, 신규 가입 담당 등으로 업무를 나눠 페퍼를 배치시킨다고 한다.

이벤트적인 시도이기는 하지만 성공적으로 마친다면 이를 계기로 여러 분야에서 로봇 전문 매장이 등장할 수도 있다.

소프트뱅크의 자회사인 코코로(Cocoro)SB는 '시급 1500엔 페퍼 인재파견 서비스'를 발표했는데 일본에서는 인공지능 로봇이 인간의 일자리를 뺏을 수도 있다는 우려와 함께 미래 사회 구성원으로서 인공지능 로봇을 어떻게 받아들일 것인가에 대해 사람들로 하여금 진지한 고민을 하게 만들었다.

실제로 자신의 일자리를 뺐었다는 이유로 홍보용 페퍼를 구타해 파손시키는 사건까지 발생해 인공지능을 이제는 하나의 '인격체'로 대해야 하지 않겠냐라는 의견도 나오고 있다.

9) 기 타

인공지능은 앞으로 수많은 분야에서 다양하고 새로운 시장들을 창출해 나갈 것이다. 국내에서도 빅데이터, IoT, 5G와 연계해 인공지능을 접목시키려는 시도가 활발히 진행되고 있다. 글로벌 기업들의 빠른 행보에 발맞춰 국내 기업들 역시 인공지능 시대에 대비해 역량을 강화하고 기술을 개발 중이다.

인공지능이 인간을 대신할 수는 없다. 아무리 뛰어난 인공지능 로봇이라고 해도 인간의 감정까지는 소유할 수 없다. 인공지능에 어떤 제한된 행동을 프로그래밍화하여 감정을 갖고 있는 것과 같은 유사한 행동을 하도록 제어할 뿐이지 로봇이 인간의 감정을 완전히 이해하는 것은 불가능하다.

하지만 빅데이터를 기반으로 로봇을 학습시켜 인간처럼 행동하고 사고하며 인간과의 상호작용을 통해 계속적으로 인공지능 시스템이 진화한다면 머지않은 시기에 인공지능은 인간의 삶 깊숙이 들어올 것이다.

06 인공지능 응용 활성화를 위한 주요국의 추진전략에 대하여 분석하라.

인공지능을 미래에 새로운 국가 경쟁력으로 인식하고, 전 세계 각국이 AI 산업 활성화에 주력하고 있다. 현재 해결하기 어려운 사회현안을 풀 수 있는 거대한 잠재력 보유하고 있는 분야이다. 고령화, 건강, 교통, 에너지 등 민간·공공 전 분야의 사회현안 해결을 위해 적용·확산되고 있는 상황이다.

〈표 6-10〉 AI 활성화를 위한 주요국 추진전략

국가	주요 추진전략	특 징
캐나다	• 국가 AI 역량 강화를 위한 '범캐나다 AI 전략 수립 • 글로벌 기업 R&D센터 유치를 위한 법 · 제도적 혜택 지원 • 도시단위의 특색 있는 AI 생태계를 구축	• 글로벌 기업 유치 • 저역별 AI 허브 구축
일본	• 인공지능기술전략회의 설립을 통해 민 · 관이 협업할 수 있는 체계 마련 • AI산업화를 이동, 건강, 3단계로 구분하는 'AI산업화 로드맵' 발표	• 민관협업 기구 신설 • 로봇산업+AI기술
중국	• AI 제품 경쟁력 강화, 중국 제조업의 스마트화, 인프라 개선 등으로 구성된 'AI 액션플랜' 발표 • '차세대AI발전계획추진실'을 설립하여 민관 협업AI 플랫폼 사업의 총괄 역할 수행	• AI를 통한 제조혁신 (제조대국→제조강국) • 강력한 민관협업 (민관 AI 플랫폼 개발)
미국	• AI 분야 R&D, 규제개혁, 인재양성 등 6대 분야 지원 방안 수립 • 국가과학기술위원회 산하 AI 특별위원회 설립 제안	• 시장주도의 AI산업 • 부처간 협업을 위한 컨트롤타워 설립
독일	• 독일 최초의 AI 전략 'AI Made in Gemany' 발표 • AI 전문 교수직 100개 신설, 재교육 정책 추진 • 독일-프랑스 간 AI 연구 협업 센터 구축	• 인더스트리4.0→AI 강국 • 인재유치 및 양성 (교수직 신설 등)

각 국은 AI 경쟁력 확보를 위해 인재유치 및 양성, 기술 확보 등 국가 차원의 인공지능 활성화 방안을 수립 중이다. 주요국과 글로벌 기업들은 현 수준에서 구현할 수 없는 지능화된 혁신적인 기술을 선보이며, 패러다임 변화를 가속화시키고 있다.

07 인공지능 기술의 미래에 대하여 분석하라.

인공지능은 앞으로 수많은 분야에서 다양하고 새로운 시장들을 창출해 나갈 것이다. 구글 · IBM · 마이크로소프트 등 글로벌 기업들은 인공지능을 자사 서비스에 도입하고 미래 성장동력으로 삼기 위해 해당 기술을 가진 스타트업을 인수하고 조직을 신설하는 등 관련 사업을 강화하고 있다.

국내에서도 빅데이터, IoT, 5G와 연계해 인공지능을 접목시키려는 시도가 활발히 진행되고 있다. 글로벌 기업들의 빠른 행보에 맞춰 국내 기업들 역시 인공지능 시대에 대비해 역량을 강화하고 기술을 개발중이다. 많은 전문가들은 인공지능의 발전은 결국 인간의 일자리를 빼앗게 되고 인간의 삶을 더 피폐하게 만들 수 있다고 우려하고 있는 것은 사실이다.

하지만 이미 수많은 분야에서 인공지능이 적용되고 사용 되어지고 있다. 대부분이 인간의 삶에 도움이 되는 측면에서 발전하고 있다. 쇼핑분야를 비롯하여 얼굴인식 기능이나 스마트 비서 서비스 등은 사람의 삶의 질을 높여줄 수 있는 인공지능 서비스다.

미래가 어떻게 변화할지는 모르지만 언젠가 인공지능이 인류와 함께 공생하며 상부상조하는 날이 왔으면 좋겠다. 그러기 위해서는 급속하게 발전하는 기계에 대비할 수 있도록 인공지능의 시대의 도래를 준비하는 것이 중요할 것이다.

학습 6

학습활동.6 교수 · 학습 방법

교수 방법

- 인공지능의 응용에 대한 관련 용어, 구성, 방식 이해 정도를 파악한 후 수업을 진행한다.
- 교수자의 주도로 인공지능의 응용 등의 내용을 PPT 자료로 제시한 후 설명한다.
- 가능하면 사전에 개인별 학습 자료를 준비하여 모든 학생이 참여할 수 있는 문제 해결식 수업, 협력 수업이 가능하도록 한다.
- 인공지능의 응용 전 과정을 작업의 순서에 따라 단계적으로 실습이 이루어질 수 있도록 지도한다.
- 교재를 통해 수업을 준비하는데 있어서 필요한 모든 정보나 팁, 힌트 등 도움이 될 만한 내용들을 확인할 수 있다.
- 학생들이 만들게 될 각 모델들은 수업시간에 중점적으로 다뤄질 부분과 어휘, 질문, 답을 포함하고 있으며 또한 탐구할만한 추가적인 아이디어들도 포함하고 있다.

학습 방법

- 인공지능의 응용에 대한 관련 용어를 숙지하고, 인공지능의 응용에 대해 이해한다.
- 의인공지능의 응용 각 단계별 중점 사항을 체계적으로 학습한다.
- 인공지능의 응용의 수행순서의 전 과정을 실습한다.
- 인공지능의 응용의 내용을 이해한다.
- 인공지능의 응용을 이해하고 숙달이 될 때까지 학습한다.

학습활동.6 평가 및 피드백

평가 준거

- 평가자는 피평가자가 수행 준거 및 평가 내용에 제시되어 있는 내용을 성공적으로 수행할 수 있는 지를 평가해야 한다.

학습내용	평가항목	성취수준		
		상	중	하
인공지능의 응용	인공지능의 응용을 이해할 수 있다.			

평가 방법

• 작업 포트폴리오

학습내용	평가항목	성취수준		
		상	중	하
인공지능의 응용	인공지능의 응용을 이해할 수 있다.			

• 필기시험

학습내용	평가항목	성취수준		
		상	중	하
인공지능의 응용	인공지능의 응용을 이해할 수 있다.			

• 체크리스트를 통한 관찰

학습내용	평가항목	성취수준		
		상	중	하
인공지능의 응용	인공지능의 응용을 이해할 수 있다.			

• 피드백

1. 작업 포트폴리오
   - 제출한 보고서를 평가한 후 주요 사항에 대하여 표시하여 돌려준다.
2. 필기시험
   - 평가 결과 성적이 저조한 학생은 보고서 제출 기회를 부여한다.
3. 체크리스트를 통한 관찰
   - 실습 과정에서 평가한 후 개선해야 할 사항 등을 정리하여 돌려준다.

학습 6

참 | 고 | 문 | 헌

1. http://wiki.hash.kr
2. Glenn McDonald, 〈현실로 다가온 영화 터미네이터 속 기술들〉, 《CIO코리아》, 2015.7.15.
3. Clint Boulton, 〈AI에 제동을 걸어야 하는 6가지 이유〉, 《CIO코리아》, 2018.4.11.
4. 블로터 채반석 기자, 〈인공지능 – '스카이넷'의 시대가 올까?〉, 《네이버 캐스트》, 2016.3.17.
5. 지재원, 〈인공지능의 장점과 한계〉, 《이글루시큐리티》, 2017.6.7.
6. 이은표 목사, 〈인공지능(AI.)의 전망과 기독교 세계관적 평가〉, 《네이버 블로그》, 2018.8.20.
7. 한국지식재산연구원, 인공지능(AI) 기술 및 정책 동향.
8. 정보통신기술진흥센터, 주간기술동향, 인공지능 기술 동향 및 발전 방향.
9. 소프트웨어정책연구소, 기계학습의 원리, 능력과 한계.
10. 데이터전문가 지식포털, 머신러닝 및 딥러닝.
11. 과학기술정책연구원, 인공지능 시대의 법적 · 윤리적 쟁점.
12. 연세대학교–정보대학원 UX Lab, 인공지능의 학습 어떻게 이뤄지나.
13. 휴넷, 메타인지의 정의.
14. https://namu.wiki/인공지능.
15. https://ko.wikipedia.org/wiki/인공지능.
16. 국경완, https://www.itfind.or.kr/인공지능 기술 및 산업분야별 적용사례, 정보통신기획평가원. 주간기술동향, 2019.3.20.
17. 이승훈, "최근 인공지능 개발 트렌드와 미래의 진화방향", LG경제연구원, 2017.12. pp.30–31.
18. 김형철, "ICT표준화 전략맵", 한국정보통신기술협회(TTA), 2018. 10. pp.19–21.
19. 주영대, "미국의 인공지능(AI) 개발전략과 시사점", 한국산업기술평가관리원(KIET), 2016.12. p.32.
20. 과기정통부, "데이터 · AI경제 활성화 계획", 관계부처일동, 2019.1. pp.2–3.
21. 과기정통부 보도자료, "데이터 · 인공지능(AI) 경제 활성화의 이정표 제시", 2019.1.
22. 아웃소싱타임스, "뛰는 중국 걷는 한국, 중국 인공지능(AI) 인재 한국의 7배", 2019.1.
23. AIBRIL, "건강을 지키는 인공지능 AI와 헬스케어의 만남", 2018.10.
24. "헬스케어에 인공지능을 더하다", 2018. 6., https://skccblog.tistory.com/3712.
25. 행정안전부, "2019년 지능형 정부를 주도할 핵심기술 선정", 2019.1.28.
26. 국경완, "4차 산업혁명 시대 인공지능을 활용한 군사적 적용방안", 합참지, 2018.12.
27. 박형근, "정보보안에서의 인공지능 도입 분야와 주요 사업자", 2018.8.
28. 윤장우, "인공지능 관련 기술과 정책동향 및 시사점", 한국전자통신연구원(ETRI). 2015.7. pp.13–14.
29. 최은수, "인공지능의 습격…인간을 어디까지 위협할까?", 매일경제, 2016.3.
30. 헤럴드경제신문, "중국의 AI 굴기, 미국도 추월했다", 2019.2.
31. 중소벤처기업부, "중소기업 기술로드맵(2018~2020, AI/빅데이터), 2017.1. pp.18–24.
32. 심혜정, "우리기업의 인공지능(AI)을 활용한 비즈니스 모델", 국제무역연구원, 2018.3.
33. 경향신문, "군 AI는 워리어 플랫폼 · 드론봇 전투체계의 선행 핵심기술", 2018.12.
34. https://www.oss.kr/info_techtip/show/1fab4646-a266-47dc-a39f-aa58005ee84f.

35. http://www.newsian.co.kr.
36. 김석태, 인공지능 금융 생태계 전환, 2019.4 딜로이트컨설팅.
37. 김서영, 인공지능 기반 주요서비스 금융권 활용사례와 시사점.
38. https://blog.hyundai-mnsoft.com/1444.

학습 6

학습 1	인공지능의 개요
학습 2	인공지능의 종류
학습 3	인공지능의 동작 메커니즘
학습 4	인공지능의 플랫폼
학습 5	인공지능의 기술
학습 6	인공지능의 응용
학습 7	**인공지능의 정책 동향**
학습 8	머신러닝의 개요
학습 9	머신러닝의 기술활용
학습 10	딥러닝의 개요
학습 11	딥러닝의 기술 활용
학습 12	인공지능 시장현황

학습 목표

1. 인공지능의 정책 동향을 이해할 수 있다.

7-1 인공지능의 국내 정책 동향

1. 인공지능 도입을 위한 선제적 조건

AI 산업정책은 AI 시대에 해결해야 할 주요과제들을 제시하고 있다. 즉 AI의 원활한 활용을 위한 선제적 조치들을 논의되어야 한다.

1) 법적지위 문제

인공지능에 대한 법적지위 문제이다. 즉 인간의 생명을 다루는 의료, 자산을 다루는 금융 및 자율주행 자동차에 대한 사고 책임 문제의 정리가 필요하다.

2) 인간의 역할 문제

인간의 역할 문제, 즉 노동으로부터 자유로워진 인간은 어떠한 역할을 수행하여야 하는 지에 대한 정리가 필요하다.

3) 로봇에 대한 세금부과의 문제

로봇에 대한 세금부과의 문제로 MS 빌게이츠는 로봇세가 급격한 자동화의 지역은 물론 정부 예산의 확보 측면에서 필요한 정책으로 지적하고 있다. 이는 소득 재분배의 문제와도 연결된다.

4) 인공지능 윤리에 대한 준비

인공지능 윤리에 대한 준비이며 이와 관련하여 인공지능 무기도 금지해야 한다는 주장이 있다.

5) 프라이버시 침해와 보호문제

데이터를 기반으로 하는 AI기술로 인해 프라이버시 침해와 보호문제를 주된 이슈로 논의되어야 한다.

2. 국내 인공지능 기술 정책 동향

정부는 알파고 충격 전후 2015년부터 제4차 산업혁명 패러다임 변화에 대응하기 위한 정책적 노력을 하고 있다. 국내에서는 [그림 7-1]처럼 국민들의 높은 교육 수준과 최신 기술 수용성, 세계 최고의 ICT 인프라, 반도체 · 제조기술 등 우리의 강점을 극대화할 수 있는 전략 수립에 중점을 두고 있다.

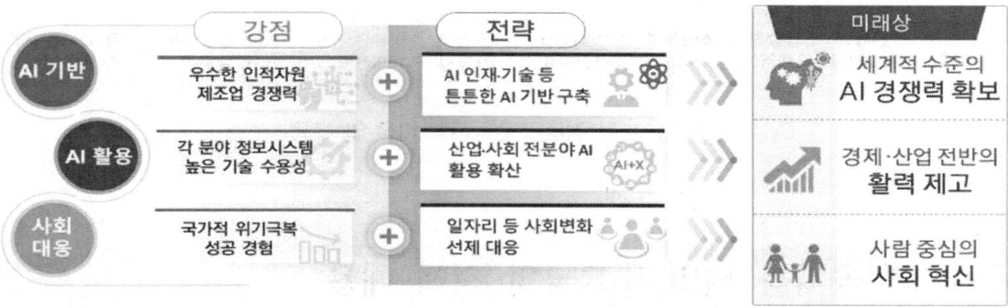

[그림 7-1] 인공지능 관련 국가정책 방향

'지능 정보산업 발전전략(2016.3)', 'AI 국가전략 프로젝트(2019.8.)', '플래그십프로젝트(2016.1.)', '지능정보사회 종합대책(2016.12.)' 등을 통해 인공지능 기술의 역량을 확보하기위해 대규모 R&D 과제를 추진한다.

과학기술정보통신부는 시각 · 언어 · 음성 등 원천 요소 기술을 개발하는 'AI

국가 전략 프로젝트(2019.8.), 지능형 에이전트를 개발하는 '플래그십 프로젝트(2016.1.)'를 통해 인공지능(AI) 핵심기술을 확보하고자 한다.

'AI 국가전략 프로젝트'는 9대 국가전략 프로젝트 중 하나로 4차 산업혁명 시대에 대비한 새로운 성장동력으로 AI산업을 육성하고, 선도국과 기술격차 해소를 통한 글로벌 시장 선점하고자 한다.

'AI 국가전략 프로젝트' 중 'AI 공통 플랫폼'은 민 · 관/산 · 학 · 연 협력으로 AI 제품, 서비스에 공통적으로 활용되는 언어인지, 시각인지, 학습, 추론 기술 등 AI 플랫폼(①언어지능 플랫폼, ②시각 지능 플랫폼, ③음성지능 플랫폼)요소 기술을 개발하고자 한다.

[그림 7-2]처럼 정부는 'IT 강국을 넘어 AI 강국으로'를 비전으로, 2030년까지 ① 디지털 경쟁력 세계 3위, ② AI를 통한 지능화 경제효과 최대455조원 창출, ③ 삶의 질 세계 10위를 위해, 3대 분야의 9대 전략과 100대 실행과제를 마련하고 있다.

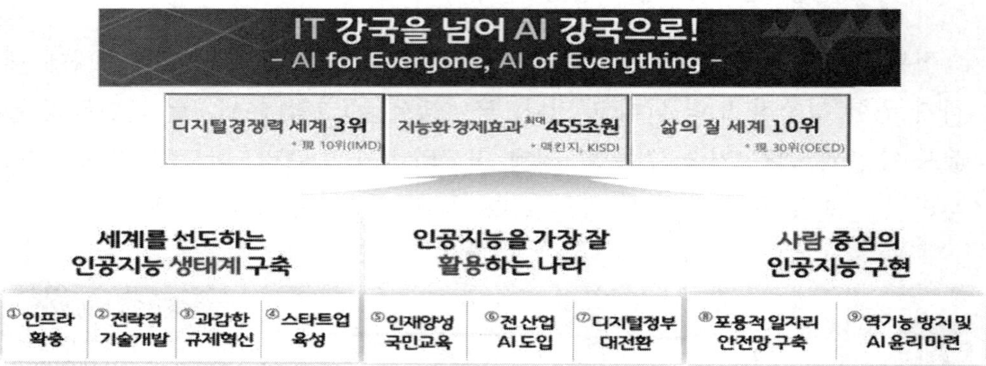

[그림 7-2] 정부의 인공지능 비전 및 목표

7-2 인공지능 해외 주요국의 정책 내용

주요국 인공지능 정책 내용을 ① AI 기술기반 확보, ② AI 인력양성, ③ AI 인프라 조성, ④AI 시장 확대 등으로 분류 가능하다.

1. AI 기술기반 확보

1) AI 원천기술 확보

AI 원천기술 관련 정책을 발표한 국가는 미국, 중국, 프랑스, 캐나다이며 주요 정책 방향은 ① 연구센터 유치 경쟁, ② 정부 주도의 기술개발이다.

2) AI 연구저변 확대

AI 연구저변 확대 관련 정책을 추진 중인 국가는 미국, 싱가포르이며 주요 방향은 ① 챌린지 대회, ② 온라인 협업 플랫폼을 통한 기술개발이다.

2. AI 인력양성

AI 인력양성 정책을 발표한 국가는 미국, 중국, 일본, 핀란드, 영국이며 주요 정책 방향은 ① 기업 주도 AI기술 대중화, ② 정부 주도 AI 관련 교과 신설 · 운영, ③ AI 교수학습 시스템 구축, ④ 민관 협력 인재 양성 등이다.

학습 7

3. AI 인프라 조성

1) 데이터

미국과 EU 등은 공공 데이터 개방 정책을 추진 중이며 특히, 중국의 경우 정부 주도의 빅데이터 거래 플랫폼이 운영 중이다.

2) 법 · 제도 · 윤리 · 역기능

미국, 인도, 영국, 프랑스, 싱가포르는 AI윤리위원회 설립 및 AI와 데이터 기술의 윤리적 인식 재설계를 위한 모델과 시스템 구축이다.

3) 네트워크

미국, 중국, 일본, 유럽연합 등 주요 기술 선진국들을 중심으로 5G 원천기술과 상용화를 위한 기술연구 · 표준화 · 대형과제 추진 중이다.

4. AI 시장 확대

1) AI 산업 생태계 조성

(1) AI 클러스터 조성

AI 클러스터(Cluster) 조성에 가장 적극적인 나라는 중국이며, 유럽 에서는 프랑스가 수조원대의 투자계획을 발표하며 적극적 추진 중이다.

(2) 창업 · 기업지원

AI 벤처 · 중소기업을 대상으로 연구비 조성, 창업 및 운영 자금지원, 투자 장려 정책을 적극적으로 추진 중이다.

2) AI 활용 촉진

(1) 산업활용 촉진

경제적 번영, 삶의 질 개선, 국가 경쟁력 제고를 주목적으로 정부 주도의 교통, 의료, 안전 등 분야에 AI 활용 촉진하고 있다.

7-3 인공지능 해외 주요국가 정책동향

1. 미 국

① AI 암흑기에도 지속적인 장기 투자를 통해 뇌과학 등 기초 원천기술을 확보하고, AI 핵심 기술개발과 인재양성에 주력하였다.

- 미국의 인력 양성 추진내용 : ('90, NIH) Decade of the Brain, ('96, NSF) Learning and Inteligence System, ('04, OSD) Joint Robotics Program: Master plan 204, ('08, DARPA) SyNAPSE, ('13.4, Whitehouse) Brain Initative. 국가 AI R&D 전략계획('16.10, '15년 1억$ 투자), AI, 자동화 그리고 경제('16.12) 등

- 미국정부는 AI 기술 혁신가로서 원천기술 개발 후 민간에 이양, 혁신적 제품 서비스 상용화를 견인하며 시장주도의 원동력 역할을 수행하였다.
- 국방부 CALO 프로젝트('03~'08, 2억$ 투자) 中 '음성개인비서 연구 부

문'을 독립시켜 벤처기업 Sir 설립('07.12) → 애플이 2억 달러 인수 후 아이폰4S에 탑재('1.10)

② 개방 경쟁형 기술개발 방식(Chalenge)을 선제적으로 도입, 선도적 AI 기술 경쟁력 확보에 정책적 역량을 집중하였다.

- (chalenge.gov) 정부가 도전형 과제를 제시하고 민간은 챌린지 방식으로 경쟁, 자율주행차 이미지 인식 알고리즘 개발 등 총 819개 해결('12 ~'18.2)
- (DARPA Chalenge) 자율주행차('04~'05), 로보틱스('07), 사이버해킹('16) 등

③ 미국은 2019년 2월에 미래AI산업을 창출하는 분야에서미국의 주도력을 강조했다. 이어서 2월에인공지능 분야에서 미국의리더십유지에 관한AI 행정명령에 서명함으로써 연방기관들이 연간예산계획 수립 시 분야에 AI 우선순위를 두어 적극적으로 추진하도록하였다 이후 6월에는 미국 백악관의 국가과학기술위원회(NSTC)는 행정명령에 의거하여 행정부의 AI전략방향을 담은 국가 AI R&D 전략계획을 발표하였다.

④ 2019, 8월에는미국의 국립표준기술연구소(NIST)가 AI행정명령에 따라서 연방기관들의 표준 AI 개발참여에 대한 방향성을 제시하기 위해 연방 AI표준개발계획을 수립하여 발표하였다.

〈표 7-1〉 미국의 AI 행정 명령의 주요내용

구 분	주요항목
항1	정책과원칙(Policy and Principles)
항2	목표(Objectives)
항3	역할과 책임(Roles and Responsibilitie)
항4	연방 AI 연구개발 투자(Federal Investment in AI Research and Development)
항5	연방 AI연구개발 데이터 컴퓨팅 자원(Federal Investment in AI Research and Development)
항6	AI애플리케이션 규제 지침(Guidance for Regulation of AI Applications)
항7	AI 및 미국 인력(AI and the American Workforce)
항8	AI 기술에서 미국의 우위를 유지하기 위한 실행계획 (Action Plan for Protection of the United States Advantage in AI Technologies)

⇨ '정부의 장기 선제적 투자'를 통해 '민간의 경쟁력 제고' 유도

2. 중 국

① 중국은 AI를 국가 전략산업으로 인식, 정부 주도의 대규모 투자와 인력양성을 추진하는 한편, 선도기업을 지정, 특화플랫폼을 육성하였다.

- 민관협력 '차세대 AI발전계획위원회'을 설립('17.1), 3년간 1,00억위안(약 18조원) 투입
- 중-미 대학 공동 AI인력양성을 포함한 '중국대학 인공지능 인재 국제육성계획' 발표('18.4)
- (바이두) 자율주행차, (텐센트) 의료 헬스, (알리바바) 스마트시티, (아이플라이텍) 음성인식

② '30년까지 AI 핵심산업 1조 위안(약 180조원), 연관산업 10조 위안 규모의 시장육성을 목표로 국가 AI 기술혁신에 집중하였다.

- '인터넷 플러스 AI 3년 협동 실시 방안('16)', '차세대 인공지능 발전규획('17.7)' 등
- 중국은 AI 분야에서 세계 1위 선도국가로 도약할 수 있는 환경과 능력보유(Forbes, '17)

③ AI 융합을 강조, '20년까지 AI 적용 제품 응용범위를 확대하고, AI 전반의 핵심기술 향상을 도모, 글로벌 시장 선점에 주력하였다.

3. 일 본

① 일본은 저성장 고령화 극복을 위한 국가 경제 사회 혁신의 수단으로 AI 기술경쟁력 확보의 중요성을 강조하며 AI 기술혁신을 가속화하고 있다.

- 일본재흥전략('16.4), AI 산업화 로드맵('17.4), 신산업 구조비전('17.5)

② 특히, 국내외 최고 AI 연구자 결집을 위해 연구거점을 마련(혁신 지능통합 연구센터, '16.4)하고, 개방형 AI R&D 플랫폼을 구축하였다.

- 이화학연구소를 중심으로 산학연 파트너십 기반의 기술개발 프로젝트인 AIP(Advanced Integrated Inteligence Platform)를 추진, 3개 연구그룹(총 52개팀) 및 기업협업센터로 구성
- 195억엔(약 2천억원)을 투자하여 데이터 기반의 AI 클라우드 인프라(ABCI) 구축('18.완료목표)

⇨ AI 우수인재 확보와 산학연 혁신역량 결집을 위한 연구거점 마련

4. 독 일

① 인공지능(AI) 육성전략을 수립 중이며, 최근('18년)에 발표하였다.

② '사회적 시장경제의 부흥 발전'이라는 비전에 따라 제조업 관련 미래핵심기술 연구개발에 대한 투자를 우선 정책과제로 선정하였다.

- 디지털 최첨단 기술(5G, 로봇공학, 블록체인 등)지원을 목표로 프랑스와 공동으로 인공지능연구소 설립 추진 중이다.

③ 최근 제조업 중심의 Industry 4.0에서 AI기술에 중점을 둔 스마트 서비스 산업 개발로 전략산업을 변경하고 정부지원을 집중하고 있다.

- 독일 인공지능연구소(DFKI)를 통해 응용기술 개발에 대한 보조금 지원한다.

⇨ 제조업 중심의 미래핵심기술 확보와 동시에 AI기반의 스마트 서 비스 산업 개발에 중점

5. 프랑스

① 프랑스는 국가전반(기술 경제 사회 윤리 등)의 혁신 기회로 인식, 글로벌 AI 선두국가 도약을 위해 '22년까지 총 15억 유로 투자 계획하고 있다.

② 자국의 우수한 기초연구 역량 · 인재를 바탕으로 글로벌 기업의 AI 연구센터를 다수 유치, 핵심 AI 혁신역량을 확보하고자 노력하고 있다.

- (페이스북) AI 연구소 개소('13), '2년까지 1천만 유로 투자 계획 발표('18) 구글 삼성 후지쯔 딥마인드 IBM MS 등 AI 연구센터 설립, 대규모 인력채용 예정('18)
- 프랑스는 대학 연구기관 기준 세계 최고 규모의 AI 연구원 수(5만 명 이상) 보유 : 국립과학연구원(CNRS) 연구원, 머신러닝 커뮤니티 등

③ 인공지능 생태계 강화를 위해 4대 핵심분야(의료, 환경, 운송수단, 국방)의 데이터 공유 플랫폼을 구축하고, 응용분야 확산을 촉진할 계획하고 있다.

⇨ 글로벌 AI 연구센터 인재가 모여들 수 있는 AI 연구허브 조성 주력

6. 영 국

① 업무 효율성 및 생산성 증대를 위한 혁신 수단으로 인공지능 (AI) 기술의 중요성을 인식하고, 공공 민간영역의 연구개발(R&D) 투자 확대하고 있다.

② 글로벌 AI기업을 유치하고, 신규사업을 준비 성장시키는 기업 친화적 환경을 조성하기 위해 정부에서 투자를 진행하고 있다.
- 기술훈련을 위한 국가 재교육 프로그램 : 6억 4천 파운드, STEM교육 : 4억 파운드 투자
- 차세대 디지털 인프라 구축 : 10억 파운드 투자, AI 표준시스템 정의

⇨ 비즈니스 친화적인 AI 환경구축과 전문가 양성을 통한 미래 사회 문제 대응방안 모색

7. 인 도

① 글로벌 AI기술 테스트베드가 되기 위한 기술 인프라 구축과 AI 기술을 활용한 사회문제 해결(응용분야)에 투자 집중하고 있다.

② 5개 산업분야(헬스케어, 농업, 교육, 스마트 시티, 교통)를 선정하고, AI 기술을 활용한 사회문제 해결방안 모색 등의 연구개발에 집중하고 있다.
- AI 진흥정책을 수행하기 위한 인도 정부의 역할을 '△연구와 적용, △인력 재교육과 훈련, △AI 도입촉진, △책임감 있는 AI개발'로 구분한다.

③ 핵심기술 개발을 위한 정부투자도 이루어지고 있지만, 기술 응용을 통한 사회 문제 해결에도 정책 초점이 맞춰져 있다.
- 인도정부는 AI기술의 윤리의식에 입각한 지속가능한 기술개발, 개인 프라이버시 보호 등의 사회문제 해결에 대해 관심을 갖고 AI진흥전략을 수립하고 있다.

⇨ 인공지능(AI) 기술을 활용하여 사회문제(경제발전 불균형, 빈부격차 등)를 해결하고, 세계적인 AI 기술검증 인프라(글로벌 AI 테스트베드 등) 구축

8. 캐나다

① 국가차원의 인공지능(AI) 전략을 발표한 첫번째 국가로 AI 연구개발(R&D)과 고급인력 양성에 5년간 1,073억원 투자 예정이다.

② 4대목표 : ㉠ AI분야 전문가(연구원, 졸업생) 양성, ㉡ 우수 과학 3개 분야 설정, ㉢ AI의 경제적, 윤리적, 정책 및 법적 영향력 강화, ㉣ AI 연구 커뮤니티 지원

③ 캐나다 정부는 AI분야에서 세계적인 리더로 자리매김하기 위해 핵심기술

개발과 관련 고급인력을 양성하는 것에 집중하고 있다.

- 캐나다 정부는 정보 및 프라이버시 보호, 기술교육, 전략 분야 선정 등에 대해 AI 전략과 동등한 중요성을 부여하고 독자적인 전략을 수립 수행하고 있다.

④ 정부 지원을 받은 토론토 대학에서는 스타트업 육성프로그램(인공지능 인큐베이터)를 운영하고 있으며, 100개('18년 2월) 스타트업을 지원하고 있다.

> ⇨ AI 핵심기술과 인재를 양성 하는 것에 집중하고 있으며, 신생기업 (스타트업) 육성을 위한 투자 및 환경을 조성하는 AI 육성전략 추진

9. 호 주

① 구체적인 인공지능 전략을 수립하지 않았으나, AI분야에 대한 예산(4년, 250억원) 투자, 향후 기술 로드맵 및 표준 프레임웍 등 개발 예정이다.

② 정부는 '호주 2030(혁신을 통한 번영)' 전략을 수립하고, 5개 주요 분야(교육, 연구개발, 산업, 정부, 문화)를 선정하여, 관련 이니셔티브 수립

- 정부투자 : AI 협력연구센터 구축, 박사 장학금 지원, AI 인재양성 등에 집중 투자

③ 호주의 AI 정책은 연구개발(R&D) 결과물의 제품화를 위한 제도 및 개발환경 개선과 정책 완화 등 응용기술 지원에 집중하고 있다.

- AI산업 촉진을 위한 공공부문의 선도적 활용을 추진하고 있다.

> ⇨ '정부의 선제적 투자'와 '정책 지원'을 통한 AI 연구(R&D)결과의 성공적인 제품 상업화 등 산 학 연 AI 개발 선순환 구조 수립 유도

10. UAE

① 인공지능(AI) 전담 부처 및 AI위원회 설립 등을 통한 정부 주도의 인공지능 기술 적용 인프라 구축을 위한 투자 집중하고 있다.

② AI 기술 9개 주력 산업영역(교통, 의료, 우주, 에너지 재활용, 수자원, 기술, 교육, 환경, 교통체증)을 선정하고 정부 사업성과목표를 설정

- △GDP 30% 증대, △정부 연간비용 50%절감, △정부 데이터 분석 및 서비스에 AI활용 전략 도출, △금융위기(90%)에 대한 대응전략 수립

> ⇨ 공공부문 주도의 AI 개발, 이에 따른 사회 · 경제에 낙수효과 기대

11. 덴마크

① 산업분야에 대한 투자가 활발하며, 디지털 성장전략을 발표 하고, AI IoT 빅데이터에 대한 정부 투자를 활발히 진행하고 있다.

② 덴마크 정부는 중소기업 지원, 디지털 사업 환경 조성, 디지털 허브 구축 등 응용기술 활용에 대해 정부 정책을 집중하고 있다.

- AI의 발전에만 집중하기 보다는 AI IoT 빅데이터 분야에 분산투자를 수행하고 있다.

③ 올해('18년) 132억원을 투자하고, '25년까지 매년 220억원을 AI IoT 빅데이터 분야에 투자 예정이다.

- AI 기술개발보다 기술을 활용(응용)한 경쟁력있는 산업구조를 구축하는데 집중

⇨ '기업의 디지털 친화적인 환경 조성' 및 '민간의 경쟁력 제고'

12. 싱가포르

① 사회 · 경제 주요문제를 해결하기 위해, 공공 민간 인공 지능(AI) 솔루션 적용을 확대하고, 디지털윤리(AI, 데이터의 활용 등) 강조

- AI거버넌스 발표('18.6) : AI와 데이터의 윤리, 소비자보호를 위한 정부계획

② 당면 이슈 중 AI 기술로 해결할 수 있는 3대 핵심분야(의료, 교통, 금융)를 선정하고, 관련 산업분야 프로젝트 지원 전략 수립

- AI SINGAPORE : AI기반연구, 활용 프로젝트 지원, 전문가 육성을 위한 이니셔티브

⇨ 경제 · 사회 현안해결을 위한 AI 신산업 생태계 기반 조성

13. 핀란드

① 핀란드는 핵심기술력 확보보다 응용분야 시장 선점을 목표로 뛰어난 스타트업 생태계 성장잠재력을 활용, 全산업+AI 확산을 촉진하고 있다.

- '핀란드 인공지능 시대('17.12)'에서 데이터 활용, 오픈소스 플랫폼 구축, R&D 투자, 공공서비스 구축, 국제의제 논의 주도 등 8가지 제안

⇨ 국가 AI R&D 방향을 AI + 응용산업 활성화에 초점

14. EU

① 인공지능(AI) 발전에 따른 사회경제변화 대응정책을 도출하고, 민간의 기술개발을 지원하기 위한 플랫폼을 구축에 '20년까지 총 26조원을 투입할 예정

② AI 응용기술 개발을 위한 프로젝트 지원 확대 및 디지털 혁신허브 설립과 민간영역의 AI 활용을 위한 on-demand AI 플랫폼 개발

- 산업(보건, 농업, 제조 등)의 AI기술 적용을 위해 1,000개 프로젝트에 27억 유로 투자
- 기업(특히 중소기업)에게 전문기술, 능력, 자금 및 네트워킹 등의 지원을 위한 센터

③ 유럽의 경쟁력 확보방안과 AI 정책제안 발굴을 위해 유럽 AI 연합회와 인공지능 전문가그룹 구성

- European AI Alliance : AI 정책제안을 위한 단체로 전 세계 누구나 온라인으로 가입가능
- AI High-Level Group : 학계, 업계 및 시민단체의 AI 전문가 52명으로 구성된 단체

⇨ 집단 지성을 활용한 AI 기술표준화(인프라, 윤리) 추진

학습 7

수행 내용

재료 · 자료

- 인공지능 정책동향 관련 자료

기기(장비 · 공구)

- 컴퓨터, 프린터, 주변기기

안전 · 유의사항

- 컴퓨터 및 주변기기의 전원을 관리한다.

수행 순서

01 한국의 인공지능 기술의 경쟁력 SWOT에 대하여 분석하라.

〈표 7-2〉 한국 AI 경쟁력의 SWOT 분석

강 점 (S)	약 점 (W)
• OS 없이 ICT 강국으로 도약한 경험 • 풍부한 데이터와 AI활용을 준비하는 다수의 고도화된 산업군 • C-P-N-D 분야별 역량을 갖춘 기업 • 기술수용성이 높은 소비자층	• AI 분야 기술경쟁력 취약 • 양 · 질적으로 부족한 AI인재 • 기계학습용 데이터와 컴퓨팅파워 부족 • 개방 · 협력형 비즈니스 마인드 부족
기 회 (O)	**위 협 (T)**
• 이제 막 개화한 AI시장 • AI 알고리즘의 대부분 오픈소스 공개 • 범용 AI플랫폼 없이도 수익창출 가능 • AI기반 지능화로 他산업에서 성과창출 기대	• 美 · 中 등 선도국과의 기술격차 심화 • 글로벌 기업의 국내진출 가속화

02 국내 경쟁력을 고려한 인공지능 연구 및 개발 전략 추진 대응방향에 대하여 분석하라.

① AI는 향후 경제 사회 전반을 혁신할 근본기술이라는 점을 고려, 국민 삶의 질과 국가 경쟁력 제고를 위해 AI 기술력 확보가 필수이다.

㉠ 한국 AI 기술력은 美 中에 다소 취약하나, ICT산업(네트워크 등)이 두루 발전되어 있어 AI를 개발 활용할 수 있는 여건 양호, 여타 국가들과 비교시 상대적으로 유리한 위치를 선점할 수 있다.

㉡ 기본적인 AI 알고리즘이 대부분 오픈 소스로 공개되어 있고, 많은 산업 분야가 AI 적용을 시작하는 단계이므로 전략적 접근 시 경쟁력 확보 가능하다.
특히 AI는 Data 학습을 근간으로 하는 바, 특정 분야 Data를 확보 · 학습시킨 AI는 특정 산업 영역에서 충분한 경쟁력을 가질 수 있으며, 타 기술 · 산업의 혁신에도 적용 가능하다.

② 정부는 정부가 직접 서비스를 제공하거나 공공 Data를 이용한 분야(국방, 의료, 안전 등)를 중심으로 핵심기술 개발을 추진한다.

㉠ 시장 혁신을 리드할 수 있는 최고급 인재양성 및 기업의 AI알고리즘 개발을 지원하는 Data 및 컴퓨팅 파워 제공에 중점 두어야 한다.

㉡ 이미 시장에서 AI 기술 서비스 경쟁이 시작된 분야(상거래, 유통, 검색추천 등)는 민간중심 경쟁 촉진되어야 한다.

③ 정부 AI 기술개발 전략의 중심은

㉠ 공공분야(국방, 의료, 안전 등)를 대상으로 머신러닝, 시각지능 등 범용기술 연구를 중심으로 하되 안전예방시스템 등 향후 정부가 직접 사용할 분야에서 독자적인 AI기술력 확보해야 한다.

- 고위험 · 차세대 기술 분야에 대한 중장기 투자 지원 병행해야 한다.

㉡ AI 적용 시 후보물질 개발 단축 및 AI 알고리즘 고도화 등 동반혁신이 가능한 신약, 미래소재 등을 대상으로 'AI+X(타분야)' 융합 강화해야 한다.

㉢ 뇌과학 등 기초과학에 대한 중장기 연구개발을 지속 지원하여 차세대 AI개발을 위한 이론적 기반 마련해야 한다.

③ 정부 AI 인재양성 및 인프라 지원 전략의 중심은

㉠ AI대학원 신설, 연구센터의 AI 지원 확대 등 최고급 인재양성 및 단기교육을 통

한 Data 활용 중심 융복합 인재양성으로 구분 추진한다.

㉡ 초고성능컴퓨터(슈퍼컴)에 AI자원을 할당하여 기업 등이 활용 가능한 컴퓨팅 파워를 제공하고, 데이터 바우처 등을 통해 학습용 Data 제공한다.

- 기술 : 장기 · 공공 분야에 전략적으로 집중한다.
  - 고위험 차세대 기술 분야에 대해 중장기 투자 지속
  - 공공 응용(AI+X) 영역에서 대규모 혁신이 촉발되도록 지원 강화
- 인재 : AI 인재가 산업 전반의 혁신을 이끌도록 인재양성에 총력한다.
  - AI 핵심 차세대원천 기술을 개발할 수 있는 고급연구인력 양성
  - AI를 활용한 新제품 서비스를 창출할 수 있는 융복합 인재 양성

㉢ 기반 : AI 혁신이 자생적 발현되도록, 개방형 연구 기반 조성한다.

- AI데이터, 컴퓨팅 자원이 제공 활용되고 연구역량이 결집되는 체계 구축
- 자율적 경쟁과 협업이 가능한 AI 기술혁신의 장 마련

03 인공지능 정책 동향분석의 프레임워크에 대하여 분석하라.

한국 AI R&D 전략('18.5) 수립 시 참고한 미국, 중국 등 15개국의 인공지능 정책을 기술, 산업, 인프라 측면에서 분석한다. [그림 7-3]처럼 '17~'18년 주요국은 AI 육성정책을 경쟁적으로 발표한다.

주요국 인공지능 정책 내용을 ① AI 기술기반 확보, ② AI 인력양성, ③ AI 인프라 조성, ④ AI 시장 확대 등으로 분류가 가능하다.

한국은 ① AI 기술기반 확보, ② 인력 양성, ③ 인프라 조성 측면에 집중한 AI R&D 전략을 발표('18.5)하였으며, 향후 ④ AI 시장 확대 관련 정책은 ICT 산업 및 국가정보화 사업 등을 동원하여 총체적으로 추진할 계획이다.

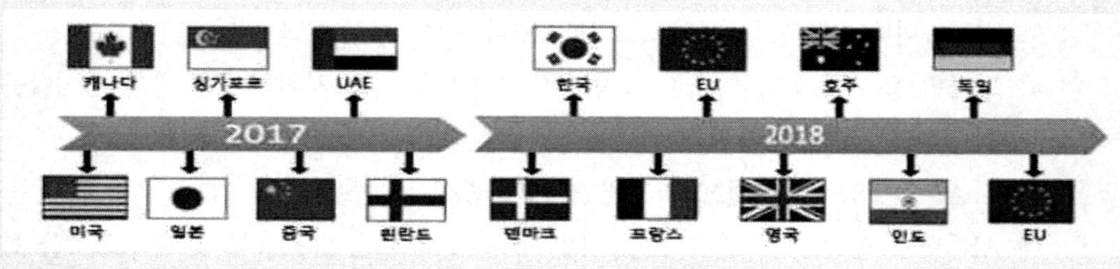

[그림 7-3] 17년~18년의 주요국의 인공지능 정책 발표

〈표 7-3〉 정책 프레임 워크

구 분		주요 내용
① AI 기술기반 확보		(원천기술) 연구소 설립 및 유치, 정부 주도 R&D 추진
		(저변확대) 민간의 창의력을 활용과 저변확대를 위한 챌린지 과제 등 추진
② AI 인력양성		(인력양성) STEM교육, 맞춤형 교육환경 조성, 산업계 핵심인력 양성
③ AI 인프라 조성		(데이터) 공공데이터 구축 · 개방, 민간 데이터 유통 · 활용
		(법 · 제도 · 윤리 · 역기능) 법제정비, 윤리정립, AI 오작동에 대한 방어체계
		(네트워크) 고성능 · 초연결 네트워크 구축
④ AI 시장 확대	산업 생태계 조성	(클러스터 조성) 인공지능 산업 · 연구 단지(cluster) 조성
		(창업 · 기업지원) 창업 · 성장을 위한 펀드확대, 사업화 지원
	활용촉진	(산업활용) 교통, 의료, 제조, 안전 등 관련 분야 활용 촉진

04 미국의 인공지능 정책 동향 분석 중 특이한 사항에 대하여 상세히 분석하라.

지속적인 장기 투자로 뇌과학 · 자율자동차 등 기초 원천기술을 확보하였고, 최근 데이터 기반의 AI 핵심기술과 인력양성에 주력하고 있다.

1. 미국 Challege.gov 운영 현황

① 현황 : '12년 개설 이후, 100여 개 이상의 정부부처 및 연방기관이 제안한 819개의 도전형 과제를 25만명 이상의 참가자가 수행('18.2기준)

㉠ 회계연도별 과제 목표, 선호방식, 현금 포상 규모, 평가 절차, 지원 내용 등을 기록한 연차보고서에 따르면, 총 1억 935만$('12~'16)의 포상금*이 수여됨

〈표 7-4〉 '16년 인공지능 관련 챌린지 과제 예시

Pill Image Recognition Challenge	처방받은 알약의 이미지를 인식하여 알려주는 이미지 인식 알고리즘 개발(750만$ 상금)
DARPA's Cyber Grand Challenge	사이버해킹 및 보안기술 개발(4.5만$ 상금)

* ('12) 24.7만$ → ('13) 1,478만$ → ('14) 2,534만$ → ('15) 3,572만$ → ('16) 3,326만$

② 운영방식 : 정부부처, 연방기관(산하 연구협의체 포함) 등에서 포상금, 참여자격, 리소스 등과 함께 챌린지 과제 제시

〈표 7-5〉 과제 제안 방식(6개 유형, 8개 기술 분야)

6개 유형	SW · Apps, Ideas, Designs, Scientific · Engineering, Multimedia(photo, video, poster), Other
8개 기술	SW · Apps, Scientific, Algorithms, Ideas, Engineering, Plans · Strategies, Visual Media(Photo, Video), Graphic Design(Brand, Logo, Poster)

③ 운영기관 : 백악관 과학기술국, US 일반소비자국, NASA 협력 혁신 센터 등 3개 기관*에서 챌린지 대회를 운영 · 총괄

④ 포상방식 : 다수의 인원(3~15명)에 포상금을 부여하거나 워크숍 · 포럼 발표 및 전문가 피드백 등의 인센티브를 부여

2. 미국 캐글(Kaggle) 개요

① 개 요

2010년 시작된 최대 규모의 데이터 과학자, 머신러닝 연구자 오 픈 커뮤니티 플랫폼으로, '17년 3월 구글이 인수하였다.

㉠ 'www.kaggle.com' 플랫폼을 통해 온라인 경진대회를 개최, 현재 16개의 대회가 진행 중(지금까지 258개 문제해결)이며, 2,814개의 인클래스 경진대회(교육용)도 등록 · 개최 중 이다.

㉡ 현재 1만개 이상의 기업이 서비스를 이용 중이며, 약 100만명의 데이터 과학자와 머신러닝 연구자가 활동 중이다.

② 주요특징

㉠ 기업 단체에서 데이터와 해결과제를 등록하고, 수많은 데이터 과학자와 머신러닝 연구자들은 문제해결 솔루션을 개발하고 경쟁

㉡ 한편, 캐글은 참여자의 실시간 순위표 공개, 정보 공유를 통해서 경쟁 심리를 자극하는 동시에 경쟁 팀 간의 협력도 유도 - 팀 간에 알고리즘을 비교할 기회를 제공하여 경쟁자 간 발생하는 잘못된 결과로의 쏠림, 각 팀의 한계, 실패 문제 등을 해소

㉢ 또한, 경진대회는 데이터 과학자들이 자신의 실력을 발휘하고, 기업들은 우수한 데이터 과학자들을 스카웃하는 창구로도 활용한다.

[그림 7-4] Kaggle 플랫폼을 통한 경진대회 운영방식

3. 미국의 공공투자를 통한 혁신산업 창출 사례

① 스마트폰 대명사인 iPhone을 구성하는 상당수의 기술(LCD, 멀티터치, 리튬이온, 음성인식(SIRI), GPS 등)은 미 정부 R&D 프로젝트를 통해 개발

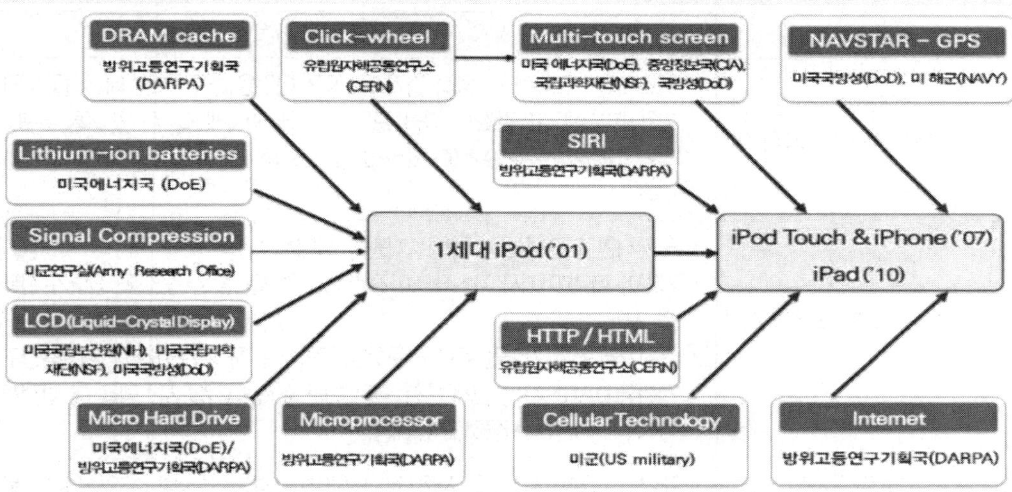

[그림 7-5] 'Smart' iPhone을 만들기 위한 국가기관의 투자 · 지원

② 인터넷부터 AI기술까지 거의 모든 기술혁명은 국가 주도에서 시작

㉠ 인터넷 : '60년대 방위고등연구기획국(DARPA)가 자금을 지원하여 만든 ARPANET이 시초

㉡ GPS : '70년대 미군(US Military) 프로그램 NAVSTAR에서 시작

㉢ 터치스크린 : 정부기금, 국립과학재단(NSF) 및 중앙정보국(CIA)에서 지원받은 델라웨어 대학 교수 및 박사 과정 학생이 설립한 기업(FingerWorks)에서 개발

㉣ 음성인식 : 방위고등연구기획국(DARPA)의 AI 프로젝트에서 시작

• 지방 주 연방정부는 하이테크 벤처기업에 보조금, 세제혜택 등 지원

㉤ 하이테크 벤처기업(테슬라 모터스, 솔라시티, 스페이스엑스 등)에 보조금, 세제혜택, 공장 건설 지원금 대출 등으로 $49억 지원

• 테슬라는 $4억6,500만 달러 규모의 대규모 정부 지원 보증 대출을 지원받음
• 주정부($55억)와 미항공우주국 · 미국 공군($55억)은 스페이스엑스와 조달계약
• 미항공우주국은 로켓 기술을 보유한 스페이스엑스에 직접 투자 · 지원

③ 美 'AI 미래를 위한 준비'('16.10)

㉠ 미 대통령실, 국가과학기술위원회(NSTC) 공동 작성한 정책 보고서

㉡ AI 육성을 위한 장기적 비전은 '16년에 본격화되었으며 백악관은 국가과학기술위원회를 신설(16년5월)하고 국가 AI전략 · 대책 발표

• 국가차원에서 AI가 초래할 미래상 조망하고 7대 대응전략 제시

〈표 7-6〉 미국의 7대 대응전략

7대 전략	세부 내용
1. AI는 헬스케어 · 교통수단 · 범죄 검거 등 공적 이익을 추구	• 헬스케어 · 교통수단 · 범죄 검거 등 공적 이익을 추구 하는 데 AI를 적극 활용해야 한다고 강조 · 국민 모두가 AI에 익숙해 질 수 있도록 누구나 열람 가능한 '오픈-소스(Open-Source) AI 트레이닝 데이터 베이스'를 구축
2. 정부는 AI를 포용하고 지원	• 국가적인 차원에서 AI 연구 지원을 확대 • 기업이 AI 분야에서 기초적이고 장기적인 연구를 할 수 있도록 정부가 전폭적 지원 • ㉮ 미국 군사 기술을 주로 연구하는 국방부 산하 기관 미국 방위고등연구계획국(DARPA)은 현재 운영 중인 해군 교육 디지털 시스템을 더 발전시켜 여러 기관에 사용하도록 제공
3. 자율주행 자동차와 드론에 직접적인 규제	• 개발이 치열한 자율주행 자동차와 드론(무선전파로 조종할 수 있는 무인 항공기)에 대한 직접적인 규제 필요 • '자율주행' 분야에 관한 안전 기준도 필요
4. AI는 인력의 대체제가 아닌 보완재	• AI가 사람들의 일자리, 특히 저임금 노동을 대체하고 임금 격차를 늘릴 것이란 우려에 대해 해결책 필요성 강조 • AI가 인력의 대체재가 아닌 보완재로 봐야 한다는 가이드라인 제시
5. 불완전한 데이터는 원천 사용 금지	• 빅데이터의 가장 큰 문제는 데이터의 절대적 양이 부족하고 질 좋은 데이터는 더 부족하다는 점이며 만약 데이터가 불완전하거나 가치판단이 개입 됐다면 그 데이터는 폐기가 원칙

7대 전략	세부 내용
6. 아이들에 대한 교육 강화	• 기술발전의 미래를 위해 "아이들에게 AI를 교육 하는 것뿐 아니라 '안전한' AI를 알려주는 게 중요 • 학교와 대학에서는 데이터 분석 기술, 기계 학습 (머신러닝) 등 AI와 관련한 분야를 체계적으로 가르치는 한편, AI와 관련된 윤리적 문제도 교육
7. 안전과 세계(타 국가) 고려	• 수퍼 지능을 가진 AI가 나타날 경우에도 대비해야 한다고 지적 · 기업들의 경쟁이 치열해지면, 각종 비밀이 늘어나 (인공지능의 진화) 과정을 감시하기도 어렵고 윤리적인 기준을 지키게 하기 어렵게 되므로 민감한 정보를 유출하지 않고 진행 과정을 감시하는 방법은 각 기업들이 (준수해야 할) 선(milestone, 이정표)을 정의하고 이 선을 넘는지 아닌지를 기록

4. 美 국가 AI R&D 전략 계획('16.10, 국가과학기술위원회(NSTC))

산업계에서 대응할 개연성이 낮아 연방정부의 투자로 편익을 확보할 가능성이 높은 분야를 대상으로 7대 R&D 전략 방향 제시한다.

〈표 7-7〉 7대 R&D 전략 방향

7대 전략	세부 내용
1. AI 연구 장기 투자	• AI R&D 투자는 장기(5~10년 혹은 그 이상)적으로 수익 (long-term payoff)을 낼 가능성이 있는 영역에 대한 투자 • 연구과제 : △지식 발견을 위한 첨단 데이터 중심 방법론 △ AI 시스템의 지각 능력 향상 △AI 시스템의 이론적 능력과 한계에 대한 이해 △범용 AI에 대한 연구 △확장 가능한 AI 시스템 개발 △인간형(human-like) AI 연구 장려 △ 유능하고 신뢰성 있는 로봇 개발 △발전된 AI에 적합한 첨단 HW △발전된 HW에 적합한 AI 창조
2. 인간-AI 협업 위한 효과적 방법 개발	• 수중, 심우주 탐사의 경우 완전 자율 AI 시스템이 중요하지만 대부분의 영역(재난 복구, 의료 진단 등)에서는 인간-AI 협업이 가장 효율적이므로 인간-AI 시스템 간 효율적 상호작용을 위한 연구 필요 · 연구 과제 : △인간 인지(human-aware) AI 위한 새로운 알고리즘 탐색 △인간 증강(human augmentation) 위한 AI 기술 개발 △인간-AI 인터페이스 및 시각화(visualization) 기술 개발 △ 효율적인 언어 처리 시스템 개발
3. AI의 윤리적·법적·사회적 의미 이해 및 해결	• AI의 윤리적·법적·사회적 의미를 이해하고, 해당 목표에 부합 하는 AI 시스템 설계 방법 개발 연구 필요 · 연구과제 : △설계를 통한 공정성(fairness), 투명성, 책임성 개선 △윤리적 AI 구축 △윤리적 AI에 적합한 아키텍처 설계

학습 7

7대 전략	세부 내용
4. AI 시스템 안전과 보안 보장	• 믿을 수 있고, 의존할 수 있으며, 신뢰할 수 있는 AI 시스템을 만들기 위한 많은 연구가 필요하며 AI 시스템이 광범위하게 사용되기 전에 안전하게 작동할 것이라는 확신이 필요 · 연구과제 : △설명성(explainability) 및 투명성 개선 △신뢰성 구축 △검증 및 타당성 확인 강화 △공격에 대한 보안 △장기 적인 AI의 안전과 가치 확보
5. AI 교육 및 테스트 위한 공유와 공공 데이터세트 및 환경 개발	• 다양한 AI 애플리케이션을 위한 고품질 데이터세트 및 환경을 개발하고, 우수한 데이터 세트와 테스트 및 교육 자원에 접근할 수 있도록 하기 위한 연구가 필요 · 연구과제 : △다양한 분야의 AI 수요를 충족시킬 수 있도록 다양한 데이터세트 개발 및 접근성 강화 △상용 및 공공 이익에 부응한 교육 · 테스트 수행 △오픈 소스 SW 라이브러리 · 툴킷 개발
6. 표준 및 벤치마크를 통한 AI 기술 측정 및 평가	• 표준, 벤치마크, 테스트 베드 그리고 AI 커뮤니티에 의한 이들의 채택은 AI 기술의 R&D를 촉진하는데 필수적이므로 폭넓은 평가 기법을 개발 연구가 필요 • 연구과제 : △폭넓은 AI 표준의 개발 △AI 기술 벤치마크 설정 △AI 테스트베드의 가용성 확대 △AI 커뮤니티에 의한 표준 및 벤치마크의 채택
7. 국가 AI R&D 인력 수요에 대한 충분한 이해	• 현재 및 미래에 국가적으로 AI R&D 인력 수요가 얼마나 될 것인지 보다 잘 파악하기 위한 연구 필요

5. 美 AI 자동화와 경제('16.12)

AI 기반의 자동화가 경제 전반(노동시장과 직업변화)에 미치는 충격을 면밀하게 검토하고, 광범위한 대응 전략을 마련하기 위한 방안을 세운다.

〈3대 대응 전략 및 23개 권고사항〉

① (인공지능에 투자) AI관련 연구와 개발 투자, 개발인력의 규모 및 다양성 확보와 건전한 시장 경쟁 지원 ⇒ 사이버방어/사기 탐지 AI 개발, 시장 경쟁 지원
② (미래 직업을 위한 교육과 훈련) 시장이 요구하는 기술습득을 통해 고용시장 일자리 창출을 위한 교육 · 훈련 ⇒ 초중고/대학교육 강화, 직업교육/재교육 기회 확대
③ (사회적 안전망 강화) 노동자들이 최적의 직업을 찾도록 기회 확대, 역량강화를 위한 사회 안전 장치 구축 ⇒ 사회 안전망 강화, 임금/경쟁력 확대, 세금 정책 지원

〈표 7-8〉 미국의 23개 권고사항

	권고사항		권고사항
(1)	인공지능과 머신러닝이 사회에 도움을 줄 수 있는 방향으로 어떻게 활용할 수 있을지 민간과 공공기관은 책임을 갖고 검토	(13)	연방정부는 기초적이며 장기적 인공지능 연구에 높은 우선순위 설정
(2)	연방정부는 인공지능에서 오픈 학습 데이터와 표준에 대해 높은 우선순위 설정	(14)	MLAI와 N TRD는 NSTC의 CoSTEM과 함께 인공지능 인력 연구를 시작하며 이를 통해 인력 구모, 질적 수준, 다양성에 대한 적정한 증가를 보장할 수 있는 액션 개발
(3)	연방정부 주요 기관들이 인공지능 기술을 자신의 미션에 적용하기 위한 능력 개선 방안을 모색	(15)	대통령실은 연말까지 후속 보고서 발행 하며 인공지능과 자동화가 미국의 직업 시장에 대한 영향 조사
(4)	NSTC MLAI 소위원회는 정부 전체 인공지능 실행자를 위한 실천 사례 중심의 커뮤니티 구축	(16)	인공지능기반 시스템 사용 연방기구는 그 결과가 개인의 효능과 공정성 보장을 위한 추가적 점검 필요
(5)	각 기관은 인공지능 기능 제품에 대한 규제 정책을 설정할 때 적절한 기술전문성 확보	(17)	연방정부는 인공지능 시스템의 결과가 충분히 투명하고 공정하다는 증거를 보장하는 조건으로 자금지원
(6)	각 기관은 연방정부 인력이 기술의 현재 상태에 대한 다양한 견해 조성을 위한 교환 모델 모색	(18)	학교와 대학은 윤리학, 보안, 프라이버시, 안전에 관련 주제 등이 인공지능과 데이터 사이언스 커리큘럼에 통합
(7)	교통부는 산업계와 연구자들과 협력 안전/연구 등을 위한 데이터 공유를 증가할 수 있는 방안 연구	(19)	인공지능과 안전 전문가 그리고 전문학회는 인공지능 안전공학 영역을 지속적으로 발전하도록 노력
(8)	미국 정부는 첨단의 자동화된 항공 교통 관제시스템의 개발과 구현에 투자	(20)	미국 정부는 인공지능과 관련된 국제적 참여와 관련한 정부수준의 전략과 주제 영역 리스트 개발
(9)	교통부는 완전 자율주행차와 무인비행 시스템이 교통시스템과 완전한 통합이 가능하도록 규제 진화	(21)	미국정부는 외국정부, 국제기구, 산업계, 학계 등과 협력하여 인공지능 R&D 정보 교환과 협력 촉진
(10)	NSTC의 MLAI 소위원회는 인공지능의 발전을 모니터링하고 정기적으로 상위 정부 리더에게 보고		
(11)	정부는 다른 나라의 인공지능 수준, 특히 마일스톤에 대해 모니터링	(22)	정부기관의 계획과 전략은 사이버보안에 대한 인공지능 영향, 사이버보안에 대한 책임 포함
(12)	산업계는 정부에게 업계에서 도달할 마일스톤의 가능성을 포함해 인공지능의 일반적 진보 업데이트	(23)	미국정부는 자동 또는 반자동 무기에 대해 국제 인도주의 법에 일치하는 수준으로 정책 개발

05 일본의 인공지능 정책 동향 분석 중 특이한 사항에 대하여 상세히 분석하라.

1. 일본 초스마트사회 전략

① 초스마트사회(Society5.0)의 목표는 과학기술을 통한 생산성 향상과 사회문제 해결로 경제사회 전반에 대해 다루고 있다는 점이 특징

② 일본은 현재 에너지, 고령화, 지역경제 침체, 자연재해, 안보환경 변화, 지구적 문제 등 다양한 경제·사회적 과제에 직면

③ 이러한 사회적 문제를 '문제'가 아닌 '과제'로 인식하여 새로운 성장동력 으로 삼아 사회문제를 해결하는 서비스를 창출하여 미래산업 육성

④ 일본은 로봇, 센서 디바이스, 네트워크 인프라, 현실 데이터, 컴퓨터 개발능력 등에서 세계 최고 수준으로 강점분야를 적극 활용

1) 일본의 Society 5.0

① Society5.0은 2016년 1월 22일에 각의 결정된 '제5기 과학기술기본계획(16~20)'에서 처음으로 사용된 용어로서 사이버 공간과 현실 사회가 고도로 융합한 초스마트 사회를 미래의 모습으로서 공유하고 그 실현을 향한 노력을 Society5.0 으로 규정

② 즉, Society5.0은 수렵사회, 농경사회, 공업사회, 정보사회로 이어지는 새로운 사회(초스마트 사회)를 창출하는 변혁을 과학기술 이노베이션이 선도한다는 의미를 가지고 있으며 일본경제단체연합회(경단련)은 2016년 4월 11일에 인터넷, 인공지능, 로봇 기술 등을 고도로 조합한 사회 및 경제혁신인 Society5.0의 시도를 본격화해야 한다고 발표해 총리를 수반으로 하고 각 부처, 산업계를 연계하는 회의체의 발족

③ 이어서 일본정부의 성장전략의 밑그림이 될 신산업구조비전이 2017년 5월 30일에 발표되었으며, 여기서 4차 산업혁명을 통해 Society5.0을 실현하겠다는 방향이 설정

2) 인공지능기술전략회의

① 일본경제의 미래가 AI 선점에 있다고 인식, 인공지능기술전략회의(16 년4월) 신설하고 경제산업성·총무성·문부과학성이 콘트롤 타워 역할

㉠ 일본은 2016년을 인공지능 R&D 지원의 원년으로 규정하고 향후 10년간 1,000억엔 투자계획

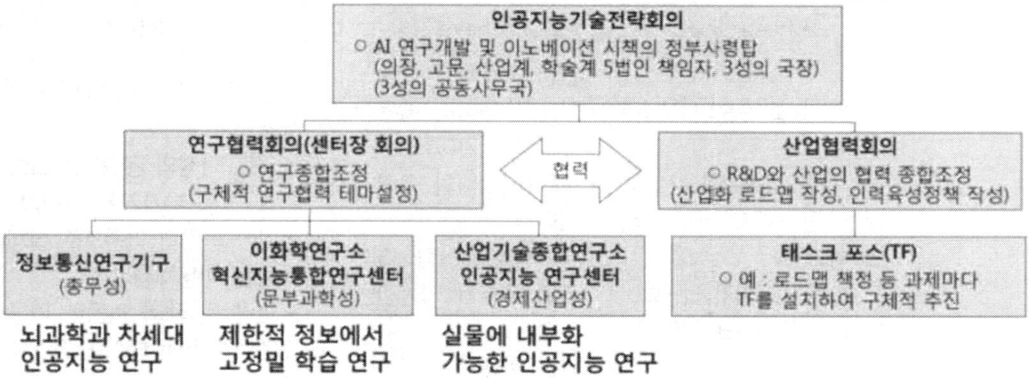

[그림 7-6] 일본정부의 인공지능 연구개발 체계

2. 일본 AI 산업화 로드맵

AI 산업화 로드맵의 4대 중점 분야를 ① 사회적 과제 해결의 필요성, ② 경제적 파급 효과, ③ AI 기술에 의한 기여 관점에서 평가

〈표 7-9〉 일본의 AI 산업화 로드맵의 4대 중점 분야

	Phase 1	Phase 2	Phase 3
목 표	각 산업에서 AI와 데이터 활용이 시작되고 관련 신산업이 태동	AI와 데이터의 일반적 이용이 진전되고 관련 신산업 발전	산업이 복합적으로 서로 연결되고 융합된 AI에코시스템 구축
기 간	~2020	2020~2025	2025~2030
생산성	• 스마트공장 • 지역차원의 에너지 관리 시스템 • 농업의 무인화 진전	• 주문생산의 일반화 • 각 영역에서 소비자 행동 예측에 기초한 가치 제공 서비스(개인 컨시어지 등) · 지역 차원 에너지 낭비 철폐	• 기존 상식 뛰어넘는 융합형 신서비스 · 소비자의 막연한 요구를 제품으로 실현 • AI로봇이 고품질 주문생산 • 상품이 필요할 때 즉시 배달
건강 · 의료	• 원격진료 및 재택진료 • AI 활용 신약 개발지원 • 보행 지원 및 수술 지원 로봇 • 간호 로봇 • 장기 이식, 재생의료 • 일상 건강데이터 수집	• 건강상태 상시 모니터링 서비스 • 개인별 약품 개발 · 인공장기가 생체 기능 대체 • 신체치료용 주입식 나노로봇 • 숙련의사 수준의 로봇 • 지역포괄 ICT 통합의료시스템의 해외 수출	• 일상생활에서 노화방지 • 신체 디자인 및 관리로 질병위험 억제 • 고도 의료가 자택에서 쉽게 실시 가능 · 범용적 지능을 가진 로봇이 가족의 일원으로서 지원

	Phase 1	Phase 2	Phase 3
공간 이동	• 운전자 보조 수준의 자율주행 • 3D 지도 · 교통관제 시스템 • 교통수단 예약 · 제공 서비스 확대 • 드론 등 이동기기 다양화 • VR연계 텔레워크 진전	• 완전 자율주행 실현 • 자동차 데이터 활용한 주변산업의 거대화 • 이동중 차내의 오락 산업 거대화 • 무인배달 시스템 · 대면 수준의 대화가 가능한 가상 오피스 • 가상 여행	• 인적요인에 대한 교통사고 소멸 • 이동 과정의 관광, 스포츠, 교류 등 부가가치 최대화 • 가상 공간의 이동으로 실체 공간 이동체험가능 • 인간 및 재화 이동에 따른 에너지 비용최소화
정보보안	관련 분야의 AI 활용 확대에 맞추어서 기술 향상 · 안정성 확대		

3. 일본 신산업 구조비전

① AI 미래상 조망과 더불어 4차 산업혁명 대비 7대전략 제시

〈표 7-10〉 일본의 7대전략 제시

7대 전략	세부 내용
데이터의 이용 및 활용을 촉진하기 위한 환경 정비	• 데이터 플랫폼의 구축, 데이터 유통시장의 창성 • 개인 데이터의 이용 및 활용의 촉진 • 보안기술이나 인재를 창출하는 에코시스템의 구축 · 4차 산업혁명 위한 지적재산정책의 혁신 • 4차 산업혁명에 대응한 경쟁정책의 혁신
인재육성 및 확보, 고용 시스템의 유연성 향상	• 새로운 니즈에 대응한 교육시스템의 구축 • 글로벌 인재의 확보 · 다양한 노동 참여의 촉진 • 노동시장, 고용제도의 유연성 향상
이노베이션 및 기술개발의 가속화(Society 5.0)	• 오픈 이노베이션 시스템의 구축 • 세계를 리드하는 이노베이션 거점의 정비 및 국가 프로젝트의 구축, 사회혁신의 가속화(인공지능 등) • 지적재산 관리, 국제표준화의 전략적 추진
파이낸스 기능의 강화	• 리스크에 도전하는 자금의 공급 확대를 위한 증권금융의 강화 • 4차 산업혁명을 위한 무형자산 투자의 활성화 • 핀테크를 중심으로 한 금융 및 결제 기능의 고도화
산업구조 및 취업구조 전환의 원활화	• 신속하고 과감한 의사결정을 가능하게 하는 거버넌스체제의 구축 • 신속하고 유연한 사업재생 및 사업재편 등을 가능하게 하는 제도 및 환경 정비 • 노동시장 및 고용제도의 유연성 향상
4차 산업혁명의 중소기업, 지역 경제로의 파급	• 중소기업, 지역에서의 IoT 등 도입, 이용 및 활용 기반의 구축

7대 전략	세부 내용
4차 산업혁명을 위한 경제 사회 시스템의 고도화	• 4차 산업혁명에 대응한 규제개혁의 방향 • 데이터를 활용한 행정 서비스의 향상 • 전략적 연계 등을 통한 글로벌 전개의 강화 • 4차 산업혁명의 사회 침투

② 전략적 추진 분야로서 ① 건강증진, ② 차세대 Mobility, ③ 스마트 생산 · 보안 · 물류 · 소매 · 농업, ④ 스마트 생활 등을 지정

〈표 7-11〉 일본의 전략적 추진 분야

분야	세부 내용
건강증진	개별 의료, 바이오의료, 게놈 편집 기술 등을 통해 건강 수명을 10년 연장, AI, 로봇을 활용한 의료 및 개호의 효율화 지향
차세대 모빌리티 (Mobility)	자율주행으로 모든 국민의 이동편리성 확보, 교통사고 사망자 Zero, 교통정체로 인한 경제적 낭비 억제 등에 주력
스마트 생산 · 보안 · 물류 · 소매 · 농업	재화와 서비스화, 벤처 육성, SCM 효율성 획기적 제고, 새로운 소재 및 부품 개발, 고부가가치 농산물의 세계시장 진출 등에 주력
스마트 생활	1가구에 1대의 서비스 로봇 보급, 가정의 실시간 데이터를 기반 으로 한 다양한 혁신형 서비스(스마트 에너지, 고령자 지원, 상품 구매 예약 등), 살기 좋고 환경친화적인 첨단 도시 등에 주력

06 중국의 인공지능 정책 동향 분석 중 특이한 사항에 대하여 상세히 분석하라.

1. 중국 차세대 AI 발전계획 추진 위원회 구성

중국 과학기술부는 IT 분야 핵심 부처와 공공기관 15곳으로 구성된 '차세대 AI 발전계획 추진 위원회'를 설립 · 운영한다.

〈표 7-12〉 차세대 AI 발전계획 추진 위원회 구성

구분	참여기관/기업	역 할
공공	과학기술부	과학기술정책을 수립 · 집행하는 중앙정부 주무 부처
	공업 · 정보화부	산업기술정책을 수립 · 집행하는 중앙정부 주무 부처
	국가발전개혁위원회	대형개발 사업에 대한 종합심사 및 조정을 하는 직속 위원회
	중국과학원	기초과학과 자연과학을 아우르는 중국의 국립 자연과학연구소
	중국공정원	국무원 직속 사업단위의 하나로 과학기술분야 최고의 학술기구
	과학기술위원회	군사위원회 산하 과학기술 위원회
	중국과학기술협회	과학기술 발전/국민의 과학적 소양 향상을 위한 각종 사업 담당
	기타	기타 IT 분야 핵심 부처와 공공기관 8곳 포함 총 15개 정부/공 공기관 참여
민간	바이두(자율주행자동차 분야 플랫폼)	• (목표 성과물) '자율주행 국가 인공지능 개방 혁신 플랫폼' • 미국 포드자동차와 독일 다임러벤츠 등 글로벌 자동차 업체를 비롯해 인텔, 엔비디아 등 반도체 기업, 중국 유카 · 싱가포르 그랩 등 자동차 공유서비스 업체 등 중국 13개 기업, 세계 50개 기업과 손잡고 자율주행차 플랫폼 개발 계획인 '아폴로 계획' 출범 • 바이두는 내년까지 고속도로와 시내 도로에서 기술 테스트를 완료하고 '19년엔 자율주행차상용화 계획
	알리바바(스마트도시 건설 플랫폼)	• (목표 성과물) '도시 두뇌 국가 인공지능 개방 혁신 플랫폼' · 알리바바는 스마트 도시 건설을 위한 플랫폼인 '시티 브레인' 개발 프로젝트 추진 • 대만 전자업체 폭스콘과 공동으로 저장성 항저우에 스마트 도시를 시범 구축한 데 이어 시진핑(習近平) 국가주석이 세번째 국가특구로 추진 중인 허베이성 슝안신구에 AI 등 첨단기술이 집약된 미래형 스마트 도시 건설 • 알리바바는 3년 동안 AI 관련 기술 개발에 150억달러(약 16조 3700억원) 투자 결정
	텐센트(의료 및 헬스 분야 플랫폼)	• (목표 성과물) '의료 영상 국가 인공지능 개방 혁신 플랫폼' • 텐센트는 의료 및 헬스분야 플랫폼 개발을 위해 5월 미국 시애틀에 AI연구소를 세우고 50여 명의 AI 전문가를 영입하였고 중국에 서도 200명 이상의 엔지니어가 연구에 참여
	아이플라이텍(음성인식 AI 플랫폼)	• (목표 성과물) '스마트 언어 국가 인공지능 개방 혁신 플랫폼' • 아이플라이텍은 음성인식 분야의 선두 기업으로 꼽히는 중국의 대표적 AI 기업으로 음성인식 AI 플랫폼 개발 선도
	기타	• 징둥, 화웨이, ZTE, CEC, 캠브리콘(Cambricon) 등 인공지능 분야의 핵심 기업이 모두 참여하는 '매머드급' 중국 AI 연합 창설

※ '차세대 AI 발전 계획 및 중대 IT 프로젝트 착수회'를 열고 차세대 AI 발전 계획 추진 조직 출범

2. 중국 인터넷 플러스 AI 3년 실행계획

① 기존 인터넷플러스 전략(모바일, 클라우드, 빅데이터, IoT)에 AI를 추가한 것으로 중국 AI 시장규모 확대, 글로벌 AI 기업 육성이 핵심 골자

㉠ 2018년까지 AI 혁신 플랫폼을 만들어 중국내 인공지능시장 기존 전망치의 10여배에 해당하는 1,000억 위안(약 16.5조원) 규모로 성장시키며 이를 위해 △인공지능 신흥산업 육성 △중점분야 인공지능 제품혁신 △스마트폰 등 단말기 인공지능 강화 △인공지능 산업지원 정책마련 등 4가지 행동방안 제시

〈표 7-13〉 일본의 4가지 행동방안

행동 방안	세부내용
1. 개방 · 협력 중심 인공지능 과학기술 혁신체계 구축	• 인터넷 보안 서비스 연구, 클라우드 · 이동통신 · 지능형단말기의 일체화, 종합 보안 서비스 제공 • 핵심기술 연구개발, 산업화 및 기초자원의 공공서비스 플랫폼 프로젝트 중점 실시
2. 최첨단, 고효율의 스마트 경제 육성	• 인터넷-전통산업 융합 혁신 추진, 가구 · 자동차 · 무인시스템 · 보안 등 분야에 인공지능 보급 및 응용 촉진, 중점 영역의 인터넷 보안 보장능력 제고 • 제조 · 교육 · 환경 · 교통 · 상업 · 의료 · 인터넷 보안 · 사회 치안 등 주요 영역에서 인공지능 응용 시범 업무를 시행, • 인공지능가구의 시범 프로젝트, 인공지능 자동차 연구개발 및 산업화, 인공지능 무인시스템 응용 프로젝트, 인공지능 보안 보급 프로젝트 등을 중점 실시
3. 안전하고 편리한 스마트 사회 건설	• 인공지능 단말기의 핵심기술 연구개발 및 상업화 가속화, 모바일 인공지능 단말기 · 웨어러블 기기 · 가상현실 등 상품 서비스 개발 • 인공지능 하드웨어 산업의 혁신발전 행동방안을 제정하여 건전한 발전 장려 • 인공지능-로봇 융합을 추진하여, 산업용 로봇 · 특수 로봇 · 서비스 로봇 등 인공지능 로봇의 기술 및 응용 수준 향상
4. 인공지능분야 군민융합 및 국가안보 지원 강화	• 인공지능 산업의 보호조치 (자금지원, 표준체계. 인재양성, 국제 협력 등) • 인공지능 산업의 자금 지원, 표준 체계, 지식재산권, 인재 양성, 국제 협력, 조직적 실행 등 지원정책 마련

㉡ 지능형 홈 가전, 스마트 자동차, 지능형 무인시스템, 지능형 웨어러블 기기 및 로봇 등이 주요 프로젝트로 포함되며 지재권 보호, 정부 기금 지원 및 국제적 협력, 정부 규제혁신 등 국가적 지원

학습 7

㉢ AI 기업육성을 위한 엔젤 · 벤처투자 장려, 표준화 활동, 인재양성에 대한 정부의 집중 지원 병행

② AI 소프트웨어, 하드웨어, 스마트 클라우드 간 상호 연결을 촉진하는 생태계 마련을 위한 AI 혁신 플랫폼 구축

㉠ 중국 내 대규모 지식자원 관리와 개방형 공유 체계를 기반으로 산 · 학 · 연 간 응용 혁신을 위한 AI 서비스 환경을 마련하고 AI 기초 데이터 및 안전 테스트 플랫폼 구축을 통해 AI 연구 개발

③ 데이터 기반의 AI 발전환경 및 오픈소스를 통한 공유 · 개발 촉진

㉠ 집단지능 서비스 플랫폼, 자가 무인시스템 플랫폼 구축을 통한 개방형 공유 · 서비스 환경, 핵심 기술 실험 환경 조성하고 데이터 안전을 위한 기술 표준, 안전성 테스트, 평가 플랫폼 구축

㉡ AI의 오픈소스 개발 및 공유에 대한 가치를 강조하여 산 · 학 · 연 각 핵심 주체의 공동개발 및 공유 촉진하고 AI 기술 · 산업 발전을 통해 국가 혁신능력을 전반적으로 향상

3. 中 차세대 인공지능 발전계획

① 경제, 국가안보 등 다양한 분야에 인공지능을 적용하기 위한 중장기 인공지능 발전계획으로 2030년까지 全산업 발전동력으로 육성

㉠ 2030년까지 중국 AI 핵심 산업규모 1조 위안(약 165조원), 관련 산업 규모 10조 위안(약 1,650조원)으로 확대하는 목표를 설정하고 6대 중점과제를 선정하여 중장기 정책 방향 제시

중국 지능정보화 現위치		중국정부 주요 정책
• (기술) 안면 · 음성인식기술은 세계 선두수준이나 전반적 기술수준은 선진국 대비 여전한 격차 ※ '17년 전세계 AI기업(2905개)中 중국기업 24%(709개) ※ 자료 : 전세계 인공지능발전보고, 중국제일재경일보 • (기반) AI 인력(5만명, 미국 85만명), 투자(25억$, 미국 179억달러), 정책 · 법규 · 표준 미흡 • (경제) '35년까지 인공지능산업 발전을 통해 경제성장률 향상 전망(6.3% ↦ 7.9%, Accenture)	⇒	• 중국제조 2025(中国制造 2025)/공업정보화부 • 인터넷플러스, AI 행동실시방안('16.7)/국무원 • 13차 국가과학기술혁신 5개년 계획('16.8)/국무원 ※ '30, 차세대 과학기술혁신 핵심으로 로봇과 AI 선정 • 차세대 인공지능 발전계획('17.7)/국무원 ※ 중국 국무원이 정부고지 2017-35호('차세대 AI 개발 계획의 통지')를 국가기관 및 산하단체에 공고

② 3단계 전략 목표, 6대 중점임무로 구성되며 '30년까지 5년 주기로 3단계 발전 로드맵 구축('20년 ↦ '25년 ↦ '30년)

〈표 7-14〉 차세대 인공지능 발전계획의 3단계 전략목표

1단계(2020년)	2단계(2025년)	3단계(2030년)
(목표) AI기술/응용 수준을 세계 선진 수준 달성하고 법률, 규정, 윤리 및 정책을 위한 법적인 기본 틀 수립	**(목표)** AI의 기술적 한계를 돌파하여 AI 기술을 광범위 하게 활용하는 세계 최고의 AI기술국으로 도약	**(목표)** 미국을 제치고 AI 이론 · 기술 · 응용 全분야 세 계 1위 국가로 올라서겠 다는 'AI 굴기' 실현
(효과) AI 핵심산업 1,500 억위안, 관련 산업 1조위 안(165조원) 이상	**(효과)** AI핵심산업 4,000억 위안, 관련 산업 4조위안 (660조원) 이상	**(효과)** AI핵심산업 1조 위 안, 관련 산업 10조위안 (1,650조원) 이상

〈표 7-15〉 차세대 인공지능 발전계획의 6대 중점임무

중점 임무	세부 내용
1. 개방 · 협력 중심 인공지능 과학기술 혁신체계 구축	• 차세대 인공지능 기초이론 체계 수립, 인공지능 핵심 범용기술 체계 수립 • 인공지능 혁신 플랫폼 배치 계획 수립, 인공지능 고급인력 양성
2. 최첨단, 고효율의 스마트 경제 육성	• 인공지능 신흥산업 발전, 인공지능 산업 스마트화 추진, 스마트 기업(공장) 육성 • 인공지능 혁신기지/산업단지 조성
3. 안전하고 편리한 스마트 사회 건설	• 교육/의료 등 스마트 서비스 발전 추진, 행정/사법/도시관리, 환경 보호 등 분야에 서 스마트화 추진, 인공지능을 활용하여 공공 안전 보장능력 강화
4. 인공지능분야 군민융합 및 국가안보 지원 강화	• 과학 연구기관/고등 교육기관 및 기업과 방산업체의 상시 소통 및 협력 체제 수립 • 민간분야에서 국방분야의 인공지능 과학기술성과가 활용될 수 있도록 추진
5. 안전하고 효율적인 스마트 인프라 구축	• 스마트화 정보 인프라 수립, 네트워크 인프라를 최적화하고 5G 이동통신 연구개발 추진, 사물인터넷 인프라 완비
6. 차세대 인공지능 과학기술 프로젝트 시행	• 인공지능 발전의 수요를 고려한 차세대 인공지능의 중대 과학기술 프로젝트 추진

4. 중국 차세대 AI 산업발전 3개년 행동 계획('17.12)

중국 산업정보화부가 2020년까지 인공지능(AI) 분야에서 독보적인 상품을 만들어 글로벌 경쟁력을 강화한다는 것을 골자로 하는 '3년 계획' 발표한다.

〈표 7-16〉 중국의 3년 계획

구 분	세부 내용
4대 원칙	① 시스템적인 구조화 ② 돌파구적(breakthrough) 기술 개발 ③ 협력을 통한 혁신 ④ 질서를 가진 개방
핵심 목표	• 스마트 네트워크 카, 서비스 로봇, 드론, 의료 영상 및 진단, 이미지 식별, 스마트 언어, 스마트 번역 등 주요 상품의 규모적 발전 • 스마트 센서와 신경망 네트워크 칩 등 핵심 기초 능력 증강 · 스마트 생산과 대규모 맞춤형 생산 및 예측성 유지보수 등 스마트 제조업 발전 • 품질 지표 등의 자원화, 표준 시스템 구축 등을 통한 AI 산업 시스템 구축
추진 과제	• 의료, 교통, 농업, 금융, 물류, 교육, 문화, 여행 등 영역의 애플리케이션을 집중적으로 개발 • 복잡한 환경을 감지하고 인간-기계 인터페이스를 가능하게 하면서 민첩하고 정확한 제어와 실시간 그룹 협동이 가능한 등의 스마트 설비 개발 • 상품 이해와 모드 인식, 언어 이해와 분석 및 의사결정 등 핵심기술에 대한 연구와 상용화 추진 • 스마트 센서와 신경망 반도체 개발을 골자로 하는 기초 기술 개발, 개방형 플랫폼 구축 • 제조업의 스마트화를 통해 2020년까지 차세대 산업용 로봇의 대량 생산과 응용을 실현 • 업종별 표준 테스트 및 지식재산(IP) 플랫폼 구축, 네트워크 설비 보강도 병행하고 민관이 협력하면서 정책적 지원을 늘리고 창업을 독려, 인재를 육성하면서 환경 조성
중점 영역	• (스마트 네트워크 카) 영역에서는 차량을 스마트 플랫폼으로 삼아 스마트 칩, 자율주행 제어 시스템 등 핵심 기술을 개발하고 소프트웨어와 하드웨어, 알고리즘이 융합된 '스마트 플랫폼'을 개발 계획 • (서비스 로봇) 영역에서는 청결, 노인 보호, 재활, 장애인 도우미, 아동 교육 등 서비스 로봇 분야에서 쌍방향 교류, 스마트 제어와 멀티 기기 협력 등 핵심 기술 개발 • (드론) 영역에서는 스마트 장애물 회피와 자동 비행 등 기술 개발이 이뤄지며 2020년까지 B2C 드론 3축 기계 안전 보강 클라우드 플랫폼 정밀도를 0.005도까지 높이고 360도 방향 감지 장애물 회피 등 기술을 개발해 항공 관제를 강화 • (의료 영상 보조 진단 시스템) 영역에서는 뇌, 폐, 눈, 뼈, 심혈관, 유방 등 질병 영역의 의료 진단 기술을 개발해 상품화 • (영상 이미지 신분 식별 시스템) 영역에서는 바이오 식별을 통해 영상 이해 기술을 개발하고 영상 관리감독 및 이미지 탐색 등 애플리케이션을 개발 • (스마트 언어/번역 시스템) 중 스마트 언어 시스템 영역에서는 2020년까지 중국어 식별 평균 정확도를 96%로 끌어올리고, 스마트 번역 시스템 영역에서는 2020년까지 다중 언어 번역에서 돌파구적 성과 창출 • (스마트 가전) 영역에서는 스마트 센서, 사물인터넷, 머신러닝 등 기술을 가전에 접목 하고 2020년까지 스마트 가전 종류를 늘리고 스마트TV를 전체 TV의 90%까지 끌어 올린다는 목표

5. 중국 인공지능 세계적 인재 육성 계획

1) 「차세대 AI 발전 규획('17.7)」 내 인재 배양 필요성 강조 개요

① 3단계 국가 교육 전략을 통해 '전 국민 스마트 교육 프로젝트' 실시하고 초·중·고등학교에 AI 관련 과목을 개설하여 교육을 확산할 계획

㉠ 중국 공정원(Chinese Academy of Engineering) 등은 초·중·고등학교에 각각 적 용할 맞춤형 표준 AI 교과과정 개발을 진행 중

중국 18세 이하 청소년 4%가 STEM 교육을 받을 것이라는 가정 아래 현재 96억 위안인 STEM 교육 시장은 향후 5년 이내 520억 위안까지 성장할 전망(수초우증권)

㉡ 본 규획은 고급 인재가 핵심 관건이며, '중국 내 양성'과 '해외 도입' 방식을 결합한 AI 교육 과정을 마련해 인재를 육성한다는 내용 포함

② 중국 교육부는 미국과 공동으로 '중-미(中-美) 대학 인공지능 인재 육성 연맹'을 출범하는 계획을 포함한 「중국 대학 인공지능 인재 국제 육성 계획」을 발표('18.4.3)

㉠ 본 계획은 ⓐ 中-美 대학 AI 교육 및 과학 연구 교류 협력 ⓑ 중국 대학의 AI 교수 자질 및 수준 향상 ⓒ 중국 대학 인재 육성 능력 및 수준 향상 ⓓ 중국 대학 AI 학과 체계 확립을 주요 내용으로 함

㉡ 단기적으로는 5년 내 인공지능 교수 500명, 학생 5,000명을 육성할 계획이고, '18년도에는 교수 100명과 학생 300명을 육성할 계획

- '교수 육성 프로그램'을 우선 추진('18.4~7) 이어서 '학생 육성 프로그램'을 실시('18.7~8)하며, 이 교육은 중국 교육부, 시노베 이션벤처스, 베이징大 등이 공동으로 출자하는 무료 교육임

  1차로 AI 교학 과정 설계와 교육 방식 모색에 대한 강의부터 시작해, 2차로 구 체적인 AI 교학 콘텐츠를 확정하는 방안 등을 추진할 계획

  빅데이터 아키텍처 설계, 머신러닝 실전, 텐서플로우 실전, 딥러닝 기술, 자연어 처리, 자율주행 기술 등 과목에 대해 1주 지식 과정과 4주 실전 과정으로 수행

학습 7

07 AI 윤리지침에 대하여 상세히 분석하라.

유럽연합의 유럽위원회는 2018년 12월 18일 신뢰가능한 AI 윤리지침(Ethics Guidelines for Trustworthy AI)을 공표하였다.

지침안은 인공지능(AI) 이 사회에 가져올 긍정적 요소를 최대화하면서도 위험성을 최소한으로 억제할 수 있는 '신뢰할 수 있는 AI'를 실현하기 위한 목적으로, 유럽위원회가 창설한 52명의 고위전문가그룹(High-Level Expert Group)으로 이루어진 전문 부회가 정리하였다.

해당 지침안은 2019년 1월 18일까지 의견 공모를 거쳐 내용을 수정하고 이해관계자 간 협의를 통해 2019년 4월8일 최종적인 윤리지침으로 발표하였다.

해당 지침은 개인과 사회에 엄청난 혜택을 가져다줄 가능성을 지닌 AI는 상당한 위험을 내포하기에 제대로 올바르게 관리되어야 함을 강조하고 있다.

나아가 전반적으로 AI를 통한 이득이 그에 따른 위험보다 크다는 점을 고려하여AI의 장점을 극대화하는 동시에 위험을 최소화하는 방향으로 나아가기 위해서는 '인간 중심의 접근방식(Human-centric approach)'을 통해 '신뢰할 수 있는 AI'를 개발해야 한다고 주장한다.

해당 지침은 3개의 장으로 나누어 신뢰할 수 있는 구조를 규정하고 있다.

제1장에서는 AI가 준수하여야 할 기본권, 원칙, 가치를 규정하여 AI의 윤리적 목적(Ethical Purpose)을 보장하고자 하였으며, 제2장에서는 윤리적 목적과 기술적 건전성을 모두 다룰 수 있는 '신뢰할 수 있는 AI 실현 지침'을 제공한다. 마지막으로 제3장에서는 신뢰할 수 있는 AI에 대한 구체적인 영향평가 목록을 제공하여 요구사항이 실제로 준수될 수 있도록 하였다.

위 신뢰 가능한 AI 윤리지침과 관련하여 우선 참조해야 하는 사항은 위 지침을 만들기 위해 단순히 전문가들의 의견 제시에 그친 것이 아니라, 다수의 이해관계자로부터의 의견을 공개 수렴하고 또한 그 결과를 공표하고 있다는 점이다. 즉 단순히 전문가 집단의 의견을 반영하여 결과를 알리고 형식적인 청문절차를 거지는 우리와는 사뭇 다른 접근이라고 할 수 있다.

물론 이러한 접근 방식은 유럽연합이나 서구 국가들에 서는 새로운 것이 아니다. 대부분의 입법 및 정책 사안들에 관해서는 영향평가(Impactassessment)가 이루어지고 있으며,

그 과정에서 공개적 인문서화를 통한 의견수렴(Consultation)은 필수적인 절차이다.

또한 위와 같은 지침은 확정적인 대안으로서 기능하는 것이 아니라, 지침 자체에 지속적인 영향평가 절차(Assessment of Trustworthy AI)를 규정하고 있으며, 이런 맥락에서 2019년 6월 26일부터 영향평가의 시범절차를 진행하고 있다. 이 과정은 역시 정량적인 측면에서의 영향평가는 물론이고 의견수렴 과정을 필수적으로 언급하고 있다.

08 AI 알고리즘 인식론적 차원의 문제점에 대하여 상세히 분석하라.

인식론적 차원에서의 문제점을 정리해 보면 다음과 같다.

1. 불확정성

인공지능 및 그 알고리즘은 불확정성(Indeterminacy)을 가진다.

이는 안정적인 판단 준거 기준 설정 및 확인 상의 어려움이 발생한다는 점을 의미한다. 인공지능 및 그 알고리즘은 현재의 기술 방식에 따라 보자 면 데이터의 학습을 통해 알고리즘을 구축하고 수정해 나가는 속성을 가진다.

그런데 종래 곳곳에 존재하는 데이터는 기준자체를 도출하기 어려운 비선형적 속성을 가지고, 다양한 과정을 통해 생산되는 데이터 자체도 상당히 비체계적이거나 무질서한 현실을 반영하는 경우가 빈번하다.

따라서 이를 기반으로 구성되는 알고리즘도 이러한 속성을 반영할 수밖에 없다. 또한 데이터 학습을 통해 구성된 알고리즘도 실제 엔지니어의 의도를 넘어서서 새로운 판단 기준들을 정립해나간다는 측면에서, 때에 따라서는 예견 가능성을 벗어나 는 경우가 발생할 수 있다.

2. 이해 불가능성

인공지능 및 그 알고리즘은 이해 불가능성을 가진다. 이는 앞서와 마찬가지로 데이터 및 알고리즘에 대한 인간의 이해 불가능성을 의미한다. 인류는 그간 상당한 수준의 과학기술 문명을 이룩해 왔지만, 아직 모든 문제 사안에 대한 해답이 있는 것은 아니다. 좀 더 현실적으로 인간은 아직 세상에 대해 아주 미약한 부분만을 알고 있다고 할 수 있다.

학습 7

즉 곳곳에 존재하는 데이터를 인간의 방식으로 이해하는 데에는 한계가 발생한다. 그리고 이에 따라 이러한 데이터를 통해 구성되는 알고리즘에 대한 이해에도 한계가 있을 수 밖에 없다.

3. 의도적 왜곡 가능성

이상과 같은 불확정성과 이해 불가능성을 넘어서서, 상황을 더욱 복잡하게 만드는 것은 인간의 의도적인 의미의 왜곡 가능성이다. 즉 현존하는 데이터와 알고리즘은 그 자체가 자연적으로 존재하는 것이라기보다는 인간의 의도가 개입된 경우가 빈번하다. 이는 인간이 인위적으로 자신의 의도를 투영하기 위해 데이터와 알고리즘을 생산해 낸다는 의미이다. 그러나 일반적으로 데이터와 이에 대한 학습은 매우 객관적으로 이루어진다는 환상을 가지고 있다. 따라서 인간의 의도가 보이지 않게 데이터와 알고리즘에 개입하여, 보이지 않는 판단 기준으로 도처에서 작동할 수 있다는 가능성을 배제할 수 없는 상황이다. 이러한 문제는 최근 사회과학적 차원에서 논란이 되는 가짜뉴스(fake news)와 대형 포털 및 SNS의 기사 배열 등이 이와 연관성을 가지고 있는 사안이라고 할 수 있다.

09 AI 시대 미래지형적 법제도 정립에 대하여 상세히 분석하라.

① AI 시대 기본이념과 원칙, 역기능 방지 시책 등을 담아 국가적 대응방향을 제시하는 기본법제 마련해야 한다.

〈표 7-17〉 기본법제의 주요 내용

구 분	해당 내용
기본원칙	국가·사회 발전 도모, 경제성장의 혜택과 기회를 폭넓게 공유 등
지능정보화 기반 구축	기술 개발 지원, 인력 양성, 실용화·사업화 지원, 데이터 시책 규정 등 관련 산업을 육성하여 지능정보화 기반 구축
환경변화 대응 시책	정부가 일자리·노동환경의 변화에 대응 시책을 수립할 의무 규정
윤리 기준	새로운 윤리 기준의 근거 마련, 사생활 및 개인정보 침해 금지
최소한의 보호조치	신기술·서비스별로 안전성·신뢰성 확보를 위한 최소한의 보호 조치(킬스위치) 규정 마련

② AI 시대 기술발전과 사회변화를 반영하는 각 분야별 법제도를 글로벌 차원의 논의와 연계하여 선제적으로 정비가 필요하다.

㉠ 범국가적 역량을 총동원하여 각 부처, ICT 전문기관, 기업, 학계 등이 참여하는 '(가칭)AI 미래사회 대비 법제정비단 '발족 등이 필요하다.

- AI 시대에 발생 가능한 공통적 및 ·분야별 주요 법제 이슈를 발굴하여 정비 방안 마련되어야 한다.

Tip 공통적 법제 이슈

- AI의 법인격 부여 : AI 서비스 이용 시 사고가 발생할 경우 책임 문제
- AI의 안전성 확보 : AI 강제종료(킬스위치) 도입과 처벌 규정 필요성
- AI 알고리즘 및 데이터 이용 거래서 계약 등 권리관계, 데이터 소유권
- AI 창작물 · 발명품 등에 대한 저작권자 · 발명자로서의 지위 인정 여부, 방식 및 범위 등

Tip 분야별 법제 이슈

금융	법률	세무	유통	행정
AI 투자 추천	AI가 판결문 작성	로봇의 인간 노동력 대체	드론 택배	AI 행정서비스
⬇	⬇	⬇	⬇	⬇
피해발생시 책임소재	판결문 효력인정여부	로봇세	비행에 대한 기존 규제 적용 여부	AI 행정 효력 이의제기절차

10 정부의 인공지능 분야의 공공 서비스 도입 및 활용 과제에 대하여 상세히 분석하라.

① 각종 급부적 서비스의 DB화 및 AI 활용으로 사각지대 없이 도움이 필요한 국민을 먼저 찾아 선제적 맞춤형 서비스 제공한다.

㉠ 차세대사회보장시스템(~'21)을 통한 취약계층 맞춤형 서비스 선제 제공 및 생애주기별 원스톱 패키지 확대한다('19. 출산 · 상속 등 2종 → '22. 10종 이상).

② 맞춤형 문화복지, 특허정보 제공 등 국민이 체감할 수 있는 분야 부터 AI를 선도적으로 도입하여 서비스 혁신 본격화한다.

〈표 7-18〉 공공서비스 도입 · 활용 과제(예시)

구 분	주요 내용
맞춤형 문화복지	개인 맞춤형 문화누리카드 사용처 추천, 미사용 사전 예측 · 안내
고품질 특허정보	외국어 특허정보 즉시 번역 · 제공, 선행특허 정보 신속 확인
환경오염 대응	중단기 미세먼지 예측기술 개발, 지하수 오염 감시 및 예측
교정업무 효율화	효율적 수용관리를 위한 ICT 기반 스마트교도소 구축
국민생활 안전	범죄정보 분석을 통한 범죄 발생 예측 · 대응
노인복지 강화	고령자, 치매환자 등의 간병 · 간호와 신체활동 지원
SoC 안전확보	AI · 5G 융합을 통한 지하공동구, 상하수도, 철도 등 시설물 안전관리

③ 디지털 서비스 전문계약 제도 마련하고 전문계약 제도의 효율적 운영을 위한 전문 유통플랫폼을 운영한다.

11 정부의 분야별 인공지능 도입 및 활용 과제에 대하여 상세히 분석하라.

① 공공영역 보유 대규모 데이터 기반 대형 AI 융합 프로젝트 확대하고 있다.

② AI 기반 스마트공장 보급('30. 2,000개) 등 제조 · 중소기업에서부터 AI를 활용한 혁신 주도하고 있다.

③ 바이오 · 의료(AI 신약개발 플랫폼 · AI 의료기기 검증 · 심사), 도시(스마트시티 데이터 허브), 농업(스마트팜) 등 산업 전 분야로 AI 활용 확산하고 있다.

〈표 7-19〉 분야별 AI 도입 · 활용 과제

분 야	주요 내용
제조	AI 기반 스마트공장 보급('30, 2,000개), 업종별 산업 데이터 플랫폼 구축 · 확산
중소기업	소상공인용 데이터 분석 · 활용 플랫폼 구축('21)
바이오 · 의료	신약개발플랫폼 구축('21), 의료데이터 중심병원 지원('20, 5개), AI 의료기기 임상 검증 표본데이터 · 심사체계 구축('21)
도시 · 물류	스마트시티 데이터 허브 구축('20.下~), 자율주행 대중교통 기술 개발('21~)
농수산	스마트팜('22) 및 스마트양식 테스트베드('22) 조성
문화콘텐츠	지능형 캐릭터 제작엔진 개발('21)
국방	국방 데이터 활용 지능형플랫폼 및 지휘체계 지원기능 개발('20~)

학습활동.7 교수 · 학습 방법

교수 방법

- 인공지능 정책동향에 대한 관련 용어, 구성, 방식 이해 정도를 파악한 후 수업을 진행한다.
- 교수자의 주도로 인공지능 정책동향 등의 내용을 PPT 자료토 제시한 후 설명한다.
- 가능하면 사전에 개인별 학습 자료를 준비하여 모든 학생이 참여할 수 있는 문제 해결식 수업, 협력 수업이 가능하도록 한다.
- 인공지능 정책동향 전 과정을 작업의 순서에 따라 단계적으로 실습이 이루어질 수 있도록 지도한다.
- 교재를 통해 수업을 준비하는데 있어서 필요한 모든 정보나 팁, 힌트 등 도움이 될 만한 내용들을 확인할 수 있다.
- 학생들이 만들게 될 각 모델들은 수업시간에 중점적으로 다뤄질 부분과 어휘, 질문, 답을 포함하고 있으며 또한 탐구할만한 추가적인 아이디어들도 포함하고 있다.

학습 방법

- 인공지능 정책동향에 대한 관련 용어를 숙지하고, 인공지능 정책동향에 대해 이해한다.
- 인공지능 정책동향의 각 단계별 중점 사항을 체계적으로 학습한다.
- 인공지능 정책동향의 수행순서의 전 과정을 실습한다.
- 인공지능 정책동향의 내용을 이해한다.
- 인공지능 정책동향을 이해하고 숙달이 될 때까지 학습한다.

학습
7

학습활동.7 평가 및 피드백

평가 준거

- 평가자는 피평가자가 수행 준거 및 평가 내용에 제시되어 있는 내용을 성공적으로 수행할 수 있는 지를 평가해야 한다.

학습내용	평가항목	성취수준		
		상	중	하
인공지능 정책동향	인공지능 정책동향을 이해할 수 있다			

평가 방법

• 작업 포트폴리오

학습내용	평가항목	성취수준		
		상	중	하
인공지능 정책동향	인공지능 정책동향을 이해할 수 있다.			

• 필기시험

학습내용	평가항목	성취수준		
		상	중	하
인공지능 정책동향	인공지능 정책동향을 이해할 수 있다.			

• 체크리스트를 통한 관찰

학습내용	평가항목	성취수준		
		상	중	하
인공지능 정책동향	인공지능 정책동향을 이해할 수 있다.			

• 피드백

1. 작업 포트폴리오
   - 제출한 보고서를 평가한 후 주요 사항에 대하여 표시하여 돌려준다.
2. 필기시험
   - 평가 결과 성적이 저조한 학생은 보고서 제출 기회를 부여한다.
3. 체크리스트를 통한 관찰
   - 실습 과정에서 평가한 후 개선해야 할 사항 등을 정리하여 돌려둔다.

참 | 고 | 문 | 헌

1. http://wiki.hash.kr.
2. Glenn McDonald, 〈현실로 다가온 영화 터미네이터 속 기술들〉, 《CIO코리아》, 2015.7.15.
3. Clint Boulton, 〈AI에 제동을 걸어야 하는 6가지 이유〉, 《CIO코리아》, 2018.4.11.
4. 블로터 채반석 기자, 〈인공지능 – '스카이넷'의 시대가 올까?〉, 《네이버 캐스트》, 2016.3.17.
5. 지재원, 〈인공지능의 장점과 한계〉, 《이글루시큐리티》, 2017.6.7.
6. 이은표 목사, 〈인공지능(AI.)의 전망과 기독교 세계관적 평가〉, 《네이버 블로그》, 2018.8.20.
7. 한국지식재산연구원, 인공지능(AI) 기술 및 정책 동향.
8. 정보통신기술진흥센터, 주간기술동향, 인공지능 기술 동향 및 발전 방향.
9. 소프트웨어정책연구소, 기계학습의 원리, 능력과 한계.
10. 데이터전문가 지식포털, 머신러닝 및 딥러닝.
11. 과학기술정책연구원, 인공지능 시대의 법적 · 윤리적 쟁점.
12. 연세대학교-정보대학원 UX Lab, 인공지능의 학습 어떻게 이뤄지나.
13. 휴넷, 메타인지의 정의.
14. https://namu.wiki/인공지능.
15. https://ko.wikipedia.org/wiki/인공지능.
16. 국경완, https://www.itfind.or.kr/인공지능 기술 및 산업분야별 적용사례, 정보통신기획평가원. 주간기술동향, 2019.3.20.
17. 이승훈, "최근 인공지능 개발 트렌드와 미래의 진화방향", LG경제연구원, 2017.12. pp.30-31.
18. 김형철, "ICT표준화 전략맵", 한국정보통신기술협회(TTA), 2018.10. pp19-21.
19. 주영대, "미국의 인공지능(AI) 개발전략과 시사점", 한국산업기술평가관리원(KIET), 2016.12. p.32.
20. 과기정통부, "데이터 · AI경제 활성화 계획", 관계부처일동, 2019.1. pp.2-3.
21. 과기정통부 보도자료, "데이터 · 인공지능(AI) 경제 활성화의 이정표 제시", 2019.1.
22. 아웃소싱타임스, "뛰는 중국 걷는 한국, 중국 인공지능(AI) 인재 한국의 7배", 2019.1.
23. AIBRIL, "건강을 지키는 인공지능 AI와 헬스케어의 만남", 2018.10.
24. "헬스케어에 인공지능을 더하다", 2018. 6., https://skccblog.tistory.com/3712.
25. 행정안전부, "2019년 지능형 정부를 주도할 핵심기술 선정", 2019.1.28.
26. 국경완, "4차 산업혁명 시대 인공지능을 활용한 군사적 적용방안", 합참지, 2018. 12.
27. 박형근, "정보보안에서의 인공지능 도입 분야와 주요 사업자", 2018.8.
28. 윤장우, "인공지능 관련 기술과 정책동향 및 시사점", 한국전자통신연구원(ETRI). 2015.7. pp.13-14.
29. 최은수, "인공지능의 습격…인간을 어디까지 위협할까?", 매일경제, 2016.3.
30. 헤럴드경제신문, "중국의 AI 굴기, 미국도 추월했다", 2019.2.
31. 중소벤처기업부, "중소기업 기술로드맵(2018~2020, AI/빅데이터), 2017.1. pp.18-24.
32. 심혜정, "우리기업의 인공지능(AI)을 활용한 비즈니스 모델", 국제무역연구원, 2018.3.

학습 7

33. 경향신문, "군 AI는 워리어 플랫폼 · 드론봇 전투체계의 선행 핵심기술", 2018.12.
34. https://www.oss.kr/info_techtip/show/1fab4646-a266-47dc-a39f-aa58005ee84f.
35. https://happist.com/요즘 뜨고 있는 인공지능기술, 2017.2.2.
36. :www.motherjones.com.
37. https://ellun.tistory.com/103 [Ellun's Library].
38. Rick Osterloh, 『The best hardware, software and AI—together』 (구글 블로그).
39. 강정수 외 9인, 『보이스 퍼스트 패러다임 슈퍼 플랫폼을 선점하라』.
40. 채반석 · 권도연, 『[블로터11th] 인공지능, 일상에 스며들다』 (블로터, 2017.9.5.).
41. 채반석, 『아마존 에코룩으로 본 기술 플랫폼 : 듣고 말하고 보다-일상으로 들어온 인공지능 비서들』 (신문과방송 2017년 6월호).
42. 박외진. 인공지능 플랫폼의 개념과 도입 전략.
43. 디지털타임즈, "'AI 플랫폼' 개방 세 확산-통신, 전자, 포털, 우군 확보 경쟁 가열", 2018.1.28.
44. KOTRA 해외시장뉴스, "AI 플랫폼, IT업계의 나아갈 길", 2017.10.17.
45. Vertical Platform, "다양한 방식의 AI 플랫폼 제공 방안 등장", 2017.1.17.
46. IT Trade Focus, "우리 기업의 인공지능(AI)을 활용한 비즈니스 모델", 2018.1.
47. 마셜 W. 밴 멜스타인외 3인, "플랫폼 레볼루션 : 4차 산업혁명 시대를 지배할 플랫폼 비즈니스의 모든 것", 부키(주), 2017.
48. 아이뉴스24, "[e돋보기] 인공지능 플랫폼", 2017.3.4.
49. 네이버 지식백과.
50. 최상복, "산업안전대사전", 골드, 2004.5.
51. 노규성, "플랫폼이란 무엇인가", 커뮤니케이션북스(주), 2014.4.15.
52. 유기운 외 2인, "2050 미래사회보고서:, 라온북, 2017.
53. 유태준, "AI 서비스가 시작되는 AI 플랫폼에 주목하라", 통계청 통계의 창, 2017 Winter.
54. Marketsandmarkets, "Artificial Intelligence Platform Market by Component(Tools, Services), Deployment Mode(Cloud, On-Premises), Application(Forecasts & Precsriptive Models, Chatbots, Speech Recognition, Text Recognition), End-User, and Region - Global Forecast to 2022," 2017.11.
55. G2 Crowd, "Best AI Platforms Software", 2018.7.15.
56. 산업통상자원부, 제9차 산업핵심기술개발사업 RFP, "빅 데이터 기반 AI의 산업특화 활용을 위한 개발형 AI 클라우드 서비스 시스템 개발", 2016.12.27.
57. PAT Research, "Top 15 Artificial Intelligence Platform," 2018.7.15.
58. 60 second marketer, "157 Artificial Intelligence Platform to Help You to Grow Your Business," 2018.1.24.
59. TechRadar, "5of the Best AI Platform for business," 2018.1.10.
60. 솔트룩스 홈페이지. http://www.saltlux.com/index.do.

61. 아크릴 홈페이지. http://www.iacryl.com.
62. 벤처스퀘어, “뷰노, 인공지능 의료기기로 국내 최초 식약처 인허가 취득”, 2018.5.16.
63. ZDNet Koream “의료영상 AI로 승부 건 한국 스타트업 3총사”, 2017.8.16.
64. Gartner, “The Road to the Enterprise AI,” 2018..
65. 최병삼 · 김창욱 · 조원영(2014), 「플랫폼, 경영을 바꾸다」, 삼성경제연구소.
66. 김준연(2016), 전통 산업의 디지털 전환: 기회인가, 위기인가? 디지털 전환의 개념, 유형 그리고 조건, SPRI 컬럼.
67. 김민식 · 최주환(2017), 산업 혁신의 관점에서 바라보는 제4차 산업혁명에 대한 이해, 정보통신방송정책, 제29권 8호 통권 645호.
68. 김민식 · 최주환(2016), 제4차 산업혁명과 Industrial IoT · Industrial Internet의 이해, 정보통신방송정책, 제28권 12호 통권 626호.
69. 김민식 · 손가녕(2017), 제4차 산업 혁명과 디지털 트랜스포메이션(Digital Transformation)의 이해, 정보통신방송정책, 제28권 12호 통권 626호.
70. 김민식(2013), 플랫폼으로 진화하는 카카오의 사례 분석과 시사점, 방송통신정책지. 제25권 13호 통권 558호.
71. 김인숙 · 남유선(2016), 4차 산업혁명, 새로운 미래의 물결, 호이테북스.
72. 조병호(2013). “디지털 큐레이션 서비스 동향”. 정보통신산업진흥원.
73. 한겨레 신문(2017.1.16), AI · 빅데이터 활용 ‘스마트공장’ 제조업 생산방식 혁명 이끈다.
74. 이지효(2016), 「대담한 디지털 시대」, 알에이치코리아.
75. A. T. Kearney(2016). Digital Transformation 방법론.
76. Capgemini(2016), Travelling to the future with Digital Platforms.
77. Gartner(2016a), Building a Digital Business Technology Platform.
78. Gartner(2016b), Every Organization Needs a Digital Platforms Strategy.
79. Gartner(2016C), Three Styles of Digital Business Platforms.
80. IDC(2015). Digital Transformation(DX): An Opportunity and an Imperative.
81. IBM(2011). Digital transformation Creating new business models where digital meets physical.
82. Laurie, Donald L., Yves L. Doz, and Claude P. Sheer(2006). “Creating new growth platforms.” harvard business review 84.5 (2006): 80-90.
83. Parker, G. G., Van Alstyne, M. W., & Choudary, S. P. (2016). Platform revolution: How networked markets are transforming the economy and.
84. how to make them work for you. WW Norton & Comp.
85. WEF(2015). Industrial Internet of Things: Unleashing the Potential of Connected Products and Services.
86. WEF(2016), The fourth Industrial Revolution: what it means, how to respond.

87. http://www.idc.com/prodserv/3rd-platform/.
88. http://blog.goodelearning.com/it4it/it4it-and-digital.
89. 가상비서와 음성 AI 지원 디바이스 시장 전망, Ovum, 2017.
90. 세계 인공지능 서비스 시장 전망, 트렉티카, 2017.
91. 인공지능 시스템 시장에 관한 보고서, IDC, 2017.
92. 인공지능 국내 시장규모, 미래창조과학부, 2017.
93. 인공지능 플랫폼 동향과 정책적 시사점, 정보통신기술진흥센터 주간기술동향, 2017.
94. 인공지능(AI) 플랫폼 산업 동향, 소프트웨어정책연구소, 2016.
95. 인공지능(AI 스피커) 플랫폼의 발전과 디지털콘텐츠산업과의 연계방안, 정보통신산업진흥원, 2017.
96. 인공지능 플랫폼 경쟁이 시작된다, LGERI Report. 2016.
97. 지능형 개인비서 시장 동향과 국내 산업 영향 전망, 과학기술정책연구원, 2017.
98. 삼성 '빅스비' vs LG '씽큐'…"AI로 진검승부," ChosunBiz, 2018.02.25.
99. 질병찾고 연애상담도 해주네. '구글 뒤쫓는 한국 AI들,' 중앙일보, 2016.
100. 고동진 "빅스비 2.0, 80개사 테스트중…노트9 탑재," 연합뉴스, 2018.02.27.
101. [IT열쇳말] 인공지능 플랫폼, BLOTER, 2017.
102. LG유플러스, 네이버와 'A스피커' 제휴. '홈미디어 1등하겠다,' 이데일리, 2017.12.18.
103. 해외 주요기업 인공지능(AI) 플랫폼, 한국일보, 2016.5.13.
104. Google Cloud platform(htps:/github.com/GoogleCloudPlatform).
105. 네이버 지식백과(htp:/terms.naver.com/).
106. 아마존 홈페이지(htps:/www.amazon.com/).
107. Google Asistant(htps:/asistant.google.com/).
108. GE 홈페이지(htps:/www.ge.com/).
109. IBM 뉴스룸(htp:/www-03.ibm.com/).
110. LG유플러스 홈페이지(www.uplusiotshop.com/).
111. SK Broadband 홈페이지(htp:/www.skbroadband.com/).
112. 심우민., KISA Report, 한국의 인공지능 알고리즘 담론, 2019.

학습 1	인공지능의 개요
학습 2	인공지능의 종류
학습 3	인공지능의 동작 메커니즘
학습 4	인공지능의 플랫폼
학습 5	인공지능의 기술
학습 6	인공지능의 응용
학습 7	인공지능의 정책 동향
학습 8	**머신러닝의 개요**
학습 9	머신러닝의 기술활용
학습 10	딥러닝의 개요
학습 11	딥러닝의 기술활용
학습 12	인공지능 시장현황

학습 목표	1. 머신러닝의 개요를 이해할 수 있다.

8-1 머신러닝의 개요

1. 머신러닝의 개념

머신러닝은 인공지능의 학습을 가능하게 한 기술이 머신러닝(기계학습 : Machine Learning)이다. 머신러닝은 데이터에 내재된 패턴, 규칙, 의미 등을 컴퓨터로 하여금 러닝 알고리즘(모델)을 기반으로 스스로 학습하게 하여, 새롭게 입력되는 데이터에 대해 결과를 예측하게 하는 기술이다.

[그림 8-1] 머신러닝의 개념

즉, 빅데이터를 통한 학습 방법으로 머신러닝을 이용할 수 있다.

머신러닝은 기본적으로 알고리즘을 이용해 데이터를 분석하고, 분석을 통해 학습하며, 학습한 내용을 기반으로 판단이나 예측을 한다.

따라서 궁극적으로는 의사 결정 기준에 대한 구체적인 지침을 소프트웨어에 직접 코딩해 넣는 것이 아닌, 대량의 데이터와 알고리즘을 통해 컴퓨터 그 자체를 '학습'시켜 작업 수행 방법을 익히는 것을 목표로 한다.

훌륭한 머신러닝 시스템 구축에 필요한 조건은 데이터 준비역량, 기본 및 고급 알고리즘, 지동화/반복 프로세스, 확장성, 앙상블 모델링 등이 있다.

머신러닝과 유사한 의미의 용어로 딥러닝, 데이터마이닝, 패턴인식 등도 사용되고 있다.

머신러닝과 딥러닝의 가장 큰 차이점은 딥러닝은 분류에 사용할 데이터를 스스로 학습할 수 있는 반면 머신러닝은 학습 데이터를 수동으로 제공해야 한다는 점이 딥러닝과 머신러닝의 가장 큰 차이점이다.

8-2 머신러닝의 과정

[그림 8-2]처럼 머신러닝의 데이터는 크게 알려진(Known)데이터인 학습(Training)데이터, 검증(Validation) 데이터와 알려지지 않은 (Unknown)데이터인 검사(Testing)데이터로 분리하게 된다.

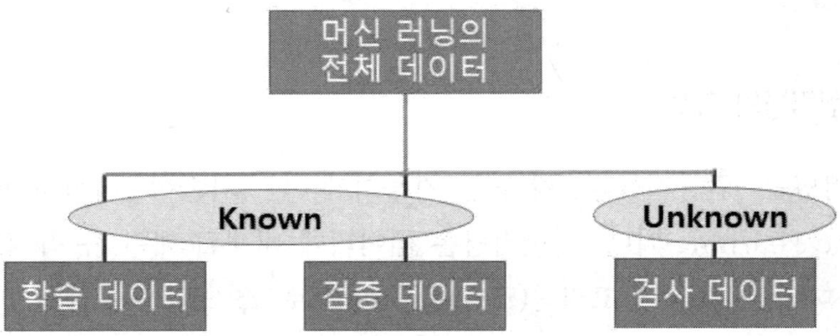

[그림 8-2] 머신러닝의 데이터 종류

학습데이터는 모델 학습을 위해 사용하는 데이터이고 검증 데이터는 모델 검증을 위한 데이터로써 이 검증 데이터에 대한 성능에 따라 모델을 바꿔보고 통상적으로 성능이 제일 높은 모델을 선택한다.

검사 데이터는 현재 우리가 갖고 있지는 않지만 실제 맞닥뜨릴 데이터로써 학습된 모델의 최종 성능 검사를 위해 따로 구별해 놓은 데이터이다.

머신러닝은 크게 보면 학습(Training)과정과 검사(Testing)과정으로 나눌 수 있다.

학습이란 학습 데이터를 이용해 예측함수를 구하는 과정이고 검사는 그 학습된 결과를 실제로 적용하는 것이라고 볼 수 있다.

1. 머신러닝의 학습과정

학습은 단순한 암기(Memorization)가 아니라 학습과정을 통해 자신도 모르는 사이에 일반화(Generalization)과정을 거치게 되며 이를 통해 새로운 무엇을 접하더라도 예측(Prediction)할 수 있는 능력을 갖게 되는 것이 바로 학습이다.

즉, 학습이라는 것은 학습에 사용한 데이터로부터 뭔가 중요한 특징(예를 들면 '게'를 상징하는 특징)을 끄집어내고 드 특징으로부터 일반화를 거쳐 예측할 수 있는 능력을 세우는 것을 말한다. 물론 데이터의 수가 적으면 학습을 하더라도 오류가 발생할 수 있으며 오류가 발생하면 재학습을 통해 학습의 질을 높일 수도 있다. 물론 처음부터 많은 데이터를 통해 학습을 했다면, 즉, 보다 다양한 형태의 게에 대해서 미리 학습을 했다면 학습의 질은 개선될 것이다. 이렇듯이 학습의 질을 높이려면 학습 데이터의 양이 많아야 한다.

영상을 학습하여 분류하는 머신러닝 프로그램을 개발한다고 생각해보자

학습과정은 [그림 8-3]처럼 학습을 위해 꼬리표(Label)가 붙은 영상 데이터를 인가하고 기대했던 꼬리표의 결과가 나올 수 있도록 학습을 진행하게 되면 학습된 모델(예측함수 f)이 얻어진다.

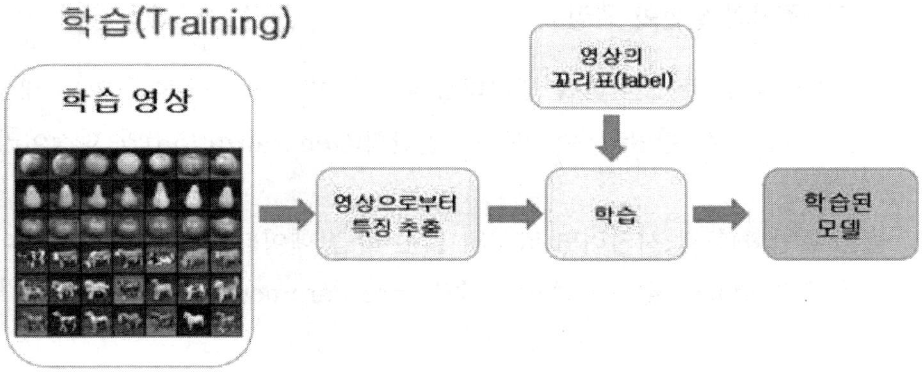

[그림 8-3] 머신러닝의 학습과정

2. 머신러닝의 검사과정

검사고정은 [그림 8-4]처럼 학습된 모델을 실제로 이용을 하는 경우를 말하며, 학습된 모델을 이용하여 예측이나 판단을 수행한다. [그림 8-3]의 검사 영상인 사과 그림을 입력으로 넣어줬는데 학습이 잘 되었다면 결과는 "사과"라고 출력을 한다.

학습 시에는 꼭지가 없는 다양한 색깔의 사과를 학습을 시켰다. 만약 사과에 대한 학습이 제대로 되었다면 곡지가 있을지라도 결과를 "사과"라고 예측 혹은 판단을 해야 한다. 만약 검사에서 잘못된 결과가 나왔다면 다시 학습을 시키면 된다.

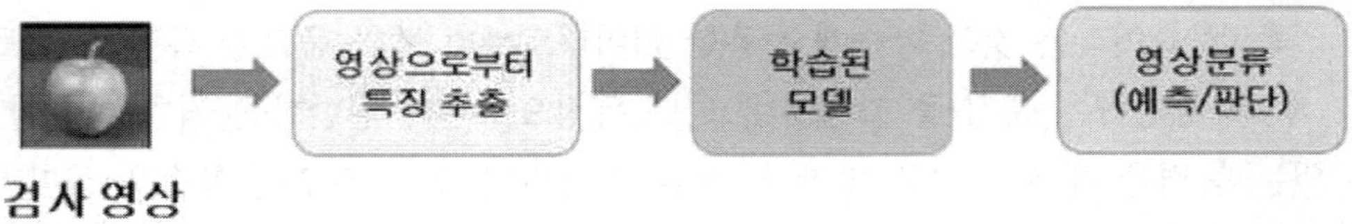

[그림 8-4] 머신러닝의 검사(Testing) 과정

학습과 검사로 간단하게 나누는 대신에 검증(Validation)과정을 넣기도 한다. 검증은 학습과 다른 데이터를 이용해 학습이 제대로 되었는지를 확인하는 것을 말한다.

너무 주어진 데이터에만 특화가 된다면 학습 데이터에서 조금만 벗어난 입력 데이터가 들어 오더라도 결과가 나쁘게 나올 수 있으면 이것은 오퍼피팅(Overfitting)이라고 부른다.

3. 머신러닝의 일반화 과정

결국 학습이란 주어진 학습 데이터를 이용해 학습에 사용하지 않은 새로운 데이터를 얼마나 잘 판단할 수 있는지 일반화(Generalization)의 과정이라고 볼 수 있다.

물론 일반화를 잘 시키려면 양질의 많은 학습 데이터와 좋은 알고리즘이 필요하며 학습에 필요한 많은 시스템 변수(Hyper Parameter)를 설계자가 잘 설정을 해줘야 한다.

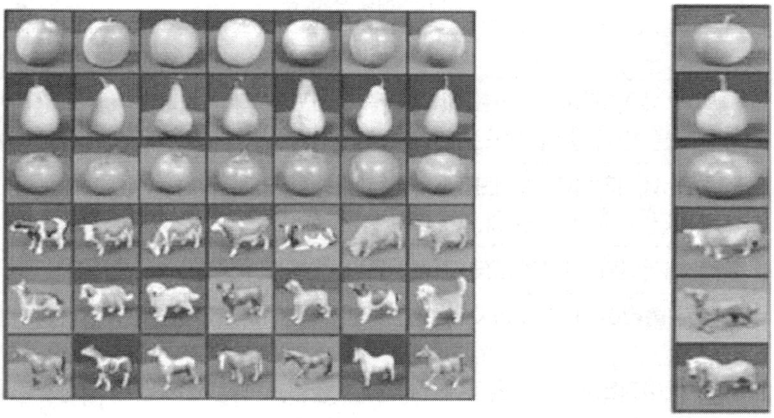

(a) 학습 데이터
(꼬리표(label)가 달려있다)

(b) 검사 데이터
(꼬리표(Lable)가 없다)

[그림 8-5] 학습데이터와 검사 데이터의 비교

결론적으로 머신러닝이란 특정 개념(Concept)을 갖고 있는 [그림 8-5](a)처럼 꼬리표(Label)가 붙어 있는 학습 데이터를 준비해야하며 이 데이터들은 특징(Feature)들을 이용해 설명이나 묘사를 할 수가 있다.

머신러닝 알고리즘은 학습 데이터가 갖고 있는 특징을 이용해 예측함수(학습된 모델)를 만들어 내고 아직 [그림 8-5](b)처럼 꼬리표가 없는 새로운 데이터에 대하여 학습된 모델을 이용해 예측/판단을 한다. 결과적으로 머신러닝은 사람이 학습하는 방법을 아주 간략하게 구현한 것과 비슷하면 예측함수의 형태는 아주 다양하다.

학습 8

8-3 머신러닝의 학습 종류

머신러닝은 〈표 8-1〉처럼 크게 지도학습(Supervised Learning), 비지도학습(Unsupervised Learning), 준지도 학습(Semi-Supervised Learning), 강화학습(Reinforcement Learning) 등으로 분류된다.

〈표 8-1〉 머신러닝 학습의 분류

분 류	내 용
지도학습	• 학습 데이터마다 꼬리표(레이블)을 가지고 있다. • 올바른 입력/출력 쌍으로 된 훈련 데이터로부터 입출력 간의 함수 학습
비지도학습	• 학습 데이터마다 꼬리표(레이블)을 가지고 있지 않다. • 데이터의 무리 짓기(Clustering : 군집화) or일관된 해석의 도출
준지도학습	학습 데이터가 약간의 꼬리표(레이블)을 가지고 있다.
강화학습	• 최종 출력이 바로 주어지지 않고 시간이 지나서 주어지는 경우 에이전트를 훈련시킨다. • 이 에이전트는 특정 환경에 최적화된 행동을 수행하고 얻은 보상으로부터 올바른 행동을 학습한다.

8-4 머신러닝의 중요성

머신러닝에 대한 관심은 데이터 마이닝이나 베이지안 분석과 같은 기술의 발전에서 찾아볼 수 있다. 즉 사용 가능한 데이터의 볼륨과 다양성의 증가, 분석 비용의 감소, 강력해진 분석 기술, 저렴한 스토리지 비용 등이 머신러닝에 대한 지속적인 관심을 불러일으키는 요인이다.

수많은 종류의 머신러닝 알고리즘은 수많은 요인에 따라 달라진다.

① 데이터의 크기, 품질, 특성
② 가용 연산(계산) 시간
③ 작업의 긴급성
④ 데이터를 이용해 하고 싶은 것

아무리 규모가 큰 데이터라도 분석 모델을 자동으로 빠르게 생성함으로써 복잡한 분석에서 정확한 결과를 도출할 수 있다. 또한, 기업들은 이러한 결과를 이용하여 수익성이 높은 기회를 찾아내거나 미지의 위험을 회피하는 등 인사이트를 획득할 수 있다.

머신러닝의 비즈니스상 중요한 잇점은 다음과 같다.

1. 더 빠른 의사 결정

머신러닝 알고리즘은 의사 결정의 우선 순위를 지정하고 자동화할 수 있다. 또한, 기회를 구분하고 즉시 수행해야 하는 스마트한 조치를 식별하여 최상의 결과를 달성할 수 있도록 해준다.

2. 적응성

인공 지능은 이력 데이터만을 활용하지 않는다. 실시간 입력도 처리할 수 있어 실시간으로 조정할 수 있다. 다른 차량의 후미에 부딪히기 전에 자동으로 정지할 수 있는 자동차를 생각해보자.

3. 알고리즘 활용 비즈니스

'알고리즘 활용 비즈니스'는 고급 머신러닝 알고리즘을 사용하여 높은 수준의 자동화를 달성한다. 그러한 변화로 혁신적인 새 비즈니스 모델, 제품 및 서비스를 개발하기 위한 기틀을 마련할 수 있다.

4. 더 깊은 통찰력

머신러닝은 스트리밍되는 대량의 복잡한 데이터를 분석하여 예측 통찰력을 비롯해 인적 역량을 뛰어넘는 통찰력을 발견할 수 있다. 그리고 그러한 통찰력을 기반으로 조치를 수행할 수 있다.

5. 효율성

스마트한 머신러닝 지원 비즈니스 프로세스를 통해 효율성을 대폭 향상할 수 있다. 정확하게 계획 및 예측하고 작업을 자동화하며 비용을 줄이고 인적 오류를 제거할 수도 있다.

6. 더 나은 성과

새로운 기회와 위험을 토대로 스마트한 행동을 유도하는 것부터 결정을 내리기 전에 정확한 결과를 예측하는 것까지, 머신러닝은 비즈니스 성과를 향상하도록 도와준다.

8-5 머신러닝의 구성 요소

머신러닝의 구성요소는 〈표 8-2〉처럼 데이터 준비, 모델표현의 방법, 모델 평가방법으로 구성되어 있다.

〈표 8-2〉 머신러닝의 구성요소

구성요소	구성 내용
데이터 준비	훈련 데이터, 검증 데이터, 테스트 데이터 집합으로 분리
모델 표현	기호-의사결정트리, 신경망기반 연결, KNN,서포트백터 머신-유추, 베이지안 모델, 유전 기반 알고리즘, 모델 알상블 존재
모델 평가방법	정확도(Accuracy), 에러의 제곱(Squared Erroe), 우도(Likelihood), 정밀도와 재현률(Precision and Recall), 엔트로피(Entropy), 사후확률(Posterior Probability) 등 각 상황에 맞는 평가방법 선택

8-6 머신러닝의 알고리즘 선택

알고리즘을 선택할 때에는 언제나 정확성, 학습 시간, 사용 편의성을 고려해야 한다. 많은 경우 정확성을 최우선으로 둔다. 반면 초급자는 가장 잘 알고 있는 알고리즘에 초점을 맞추는 경향이 있다.

데이터 세트가 제공됐을 때 가장 먼저 고려해야 할 것은 '어떤 결과가 나올 것인지에 상관없이 어떻게 결과를 얻을 것인가'이다.

초급자일수록 실행하기 쉽고 결과를 빨리 얻을 수 있는 알고리즘을 선택하기 쉽다.

프로세스의 첫 단계에서는 괜찮을 수 있겠지만 일부 결과를 얻었고 데이터에 익숙해진 후라면 정교한 알고리즘을 사용하는 데 시간을 더 많이 할애해야 한다. 그래야만 데이터를 더욱 잘 이해하고, 결과를 개선시킬 수 있다.

심지어 이 단계에서조차도 최상의 알고리즘은 가장 높은 정확성을 달성한 방법이 아닐 수 있다.

일반적으로 알고리즘은 달성 가능한 최고의 성능을 발휘하기 위해 세심한 튜닝(Tuning)과 광범위한 학습을 요구하기 때문이다. 머신러닝에서 사용하는 알고리즘은 오류를 최소화하고 예측 가능성을 극대화하려는 것이다.

1. 학습 알고리즘 : 경사/기울기 하강법

지도학습에서 그 원리는 데이터에 맞춰서 오차값을 최소화하면서 회귀식을 만드는 것이다. 오차함수가 오목(Concave) / 볼록(Convex)함수라는 전제하에, 반드시 최소점이 존재하므로, 이를 찾아내는 알고리즘이 바로 경사 하강법(Gradient Descent)이다.

2. 회귀기법

지도학습의 분류 문제를 푸는 데에 주로 쓰인다. 선형분류 알고리듬은 선형 회귀법, 로지스틱 회귀법이 대표적이다. 로지스틱 회귀법을 앙상블했다는 관점으로 보면 인공신경망도 여기에 해당한다.

선형 회귀법은 지도학습의 회귀문제를 푸는 데에 쓰이고(새로운 값의 예측), 로지스틱 회귀법과 인공신경망은 지도학습의 분류문제를 푸는데에 주로 쓰인다.

3. 확률기반 머신러닝 알고리즘

확률 기반 머신러닝 알고리즘은 대부분 베이즈 정리에 기반한다. 베이즈 정리는 확률적 추론에 이용되는 정리이다. 베이즈 정리에 기반한 대표적인 알고리즘은 단순한 분류기인 NBC(Naive Bayes Classifier), 시계열 분석에 많이 쓰이는 은닉 마르코프 모델(HMM : Hidden Markov Model) 등이다.

4. 기하기반 머신러닝 알고리즘

주어진 입력의 특징(Feature)을 벡터(Vector)로 만들어 특징 벡터끼리의 기하학적인 관계를 기반으로 추론을 진행하는 시스템의 경우에 주로 벡터끼리의 거리나 코사인 유사도에 사용한다.

예를 들어 가장 원시적인 형태의 검색엔진의 경우에는 문서에 어떤 단어가 몇 개 있는지를 벡터로 만든 후, 검색어도 마찬가지로 벡터로 만들어 벡터 유사도를 통해 문서를 순위화 하는 Vector Space Model을 사용하였다.

기하 기반한 대표적인 알고리즘은 주어진 입력을 군집화 하는 비지도 학습 방법에 사용한 K-Means Clustering, 지도학습에 사용하는 k-NN(k-Nearest Neighbors), 특정 공간에 주어진 두 분류의 데이터를 구분하는 경우에 SVM (Support Vector Machine) 등을 사용한다.

5. 앙상블기반 머신러닝 알고리즘

앙상블 학습(Ensemble Learning)은 여러 머신러닝 모델인 다양한 분류기의 예측 결과를 결합하여 예측값을 얻는다는 방법이다. 단일 분류기에 비해 신뢰성이 높게 한다는 목표를 잡는다.

대표적인 방법으로 잘못 분류된 개체들에 대한 학습 규칙을 정의하여 더 정확한 분류 규칙을 만드는 그레디언트 부스팅(Gradient Boosting)과 주어진 데이터에 대해 여러 부트스트랩을 형성한 뒤 각 부트스트랩 자료로부터 모델링을 하는 배깅(Bagging)이 있다.

모든 상황에 모든 데이터에 적합한 최강 알고리즘은 없다는 것이다. 따라서 최선의 접근법은 다양한 머신러닝 알고리즘(MLA)를 적용해 보고, 조정해보고, 당신의 특정 시나리오에 그들을 비교해 보는 것이다. 또, 알고리즘을 비교하기 위한 몇 연구가 진행되었고, 또 어떤 곳에서는 더 많은 데이터가 더 좋은 알고리즘을 이긴다는 말도 나온다.

이 책에서는 의사 결정나무, 배깅, 랜덤포레스트, 부스팅부터 시작하길 추천한다. 이들은 본질적으로 의사결정 나무의 다른 형태로, 이해하고 배우기 가장 쉽다. 다음 부분에서 다룰 내용이지만, 이들은 SVC 같은 알고리즘에 비해 조정도 쉽다. 9장에서 다양한 머신러닝 알고리즘을 비교하고 시행하는 방법에 대한 간략한 소개를 보여 줄 것이다.

8-7 머신러닝 오픈 플랫폼

오픈플랫폼을 공개한 기업 또는 연구 그룹은 깃허브, 자사의 웹을 통해 새로운 또는 개선된 학습 알고리즘과 향상된 하드웨어 활용 기술을 꾸준히 업데이트 중이다.

대다수의 오픈 플랫폼들은 직관적인 사용자 인터페이스 제공을 통한 사용성, CPU 및 GPU를 활용한 학습 모델의 성능, 분산 플랫폼 기반 확장성 등의 향상을 목표로 개발되었으며, 지원하는 머신러닝 관련 기술로는 신경망 기반 딥러닝기술과 학습에 필요한 수치 연산 함수, 그리고 일부에서는 전통적인 머신러닝 기술을 포함한다.

〈표 8-3〉 주요 머신러닝 오픈 플랫폼

오픈플랫폼	모바일 지원	공개 기업 또는 연구그룹
TensorFlow	TensorFlow Lite 를 통한 지원	구글(Gogle)
Acord.NET	-	마이크로소프트 (Microsoft, MS)
CNTK(Cognitve Tolkit)		
PadlePadle	-	바이두(Baidu)
DepLearning4J	-	스카이마인드(Skymind)
MLlib	-	아파치 소프트웨어 재단 (Apache Software Foundation, ASF)
Mahout		
DepMask, SharpMask, MultiPathNet	-	페이스북(Facebok)
Cafe2	지원	
MXNe	지원	카네기멜론(Carnegie Melon) 및 워싱턴(Washington) 대학 등

8-8 머신러닝의 발전 및 활용

오랜 기간 수많은 머신러닝 알고리즘이 등장하였지만 새로운 기술의 발전에 힘입어 복잡한 수학적 계산을 반복하여 더욱 빠르게 빅 데이터 분석에 자동으로 적용할 수 있는 기술들이 개발되고 있다. 많은 양의 데이터를 처리하고 분석하는 대부분의 산업에서는 머신러닝을 적극적으로 활용하고 있다. 대부분 실시간 데이터를 분석하고 인사이트를 얻음으로써 기업은 보다 효과적으로 기회를 포착하고 경쟁 우위를 획득할 수 있다.

머신러닝이 상용화 되면서 주변에서 쉽게 접할 수 있는 몇 가지 사례는 다음과 같다.

〈표 8-4〉 머신러닝 상용화 사례

응용 분야	사 례
금융 서비스	• 데이터로부터 중요한 인사이트를 확인하고 사기를 방지 • 고위험 특징을 보이는 클라이언트를 식별 • 사이버 감시를 이용해 사기의 전조 징후를 정확하게 발견
의료 서비스	• IoT 기술을 이용해 환자의 건강 상태를 실시간으로 파악 • 실시간 데이터를 분석하여 환자의 변화 추이나 적색 경고를 확인 • 유전자인식, 단백질분류,유전자 조절망 분석, DNA칩분석,질병진단 • 홍체인식, 심장박동수 측정, 협압측정,당노치 측정,지문인식
석유 및 가스	• 새로운 에너지원의 발견 • 매장된 광물 분석 • 정유 시설의 센서 고장 예측 • 효율적이고 경제적으로 석유 물류 구조 개선
정 부	• 공공의 안전 및 서비스 • 효율성을 높이고 비용을 절감 • 사기를 감지하고 개인정보 도용을 최소화
마케팅 및 영업	• 구매자가 좋아할 만한 상품을 추천 • 구매자의 검색 및 구매 기록을 분석 • 마케팅 캠패인 실행, 고객관리
운 송	• 이동 경로를 효율적으로 배치 • 데이터를 분석하여 패턴과 트렌드 모델링 분석 솔루션
인터넷 정보검색	• 텍스트 마이닝, 웹로그 분석, • 스펨필터 문서 분류, 여과 추출, 요약, 추천
컴퓨터 시각	문자인식, 패턴인식, 물체인식, 얼국인식, 장면전환 검출, 화상복구
모바일 HCI	동작인식, 제스체인식, 휴대기기의 각종센서 정보인식, 떨림방지
언어처리	음성인식, 단어 모호성 제거, 번여단어선택, 문법학습, 대화패턴분석
컴퓨터 그래픽	데이터기반 애니메이션, 캐렉터 동작제어, 역운동학,행동진화,가상현실

수행 내용

재료 · 자료

- 머신러닝의 개요 관련 자료

기기(장비 · 공구)

- 컴퓨터, 프린터, 주변기기

안전·유의사항

- 컴퓨터 및 주변기기의 전원을 관리한다.

수행 순서

01 머신러닝의 주요 용어에 대하여 분석하라.

1. 훈 련

규칙을 찾아 수정하는 과정이다.

2. 규 칙

모델 식에서 가중치와 절편은 다음과 같다.
1.5x + 0.1 = y (y가 1 이상이면 다음 날 비가 온다고 예측)
위 식은 훈련 데이터와 규칙의 관계를 수학적 모델링한 결과다.
x는 입력, y는 타깃이며 1.5가 가중치, 0.1이 절편이다.
즉 입력과 곱하는 수 = 가중치, 더하는 수 = 절편이며 이 들이 머신러닝에서의 규칙이다.

3. 모 델

훈련 데이터로 학습된 머신러닝 알고리즘으로 보통 수학식으로 표현된다. 그리고 앞서 언급했던 가중치와 절편을 합쳐 모델 파라미터라고도 부른다.

4. 손실 함수(Loss Function)

모델의 규칙을 수정하는 기준이 되는 함수이다.

만약 어떠한 모델에 새로운 훈련 데이터가 들어왔는데, 입력에 대한 모델이 예측한 출력 값이 실제 타깃 값과 다른 경우가 발생했다.

이런 경우에 모델의 규칙을 수정해야 하는데, 모델이 예측한 값과 타깃 값의 차이를 계산하는 함수를 손실 함수로 정의를 한다.

이때 손실 함수의 최솟값을 효율적으로 찾는 방법이 최적화 알고리즘이다.

02 머신러닝과 데이터마이닝과의 차이점에 대하여 분석하라.

1. 데이터마이닝

데이터마이닝(Data Mining)은 보유한 대규모로 저장된 데이터 안에서 다양한 관점에서 체계적으로 분석하고 그 결과를 유용한 정보로 자동적으로 통계적 규칙이나 패턴을 찾아내는 것이다. 다른 말로는 KDD(데이터베이스 속의 지식 발견 : Knowledge-Discovery in Databases)라고도 일컫는다.

① 데이터(Data) : 우리가 알고있는 그 데이터이다. 보통 연구나 조사 등의 바탕이 되는 재료를 말한다.
② 마이닝(Mining) : 채굴, 채광, 채광 산업을 말한다. 채광이란 광산에서 광석을 캐내는 것을 의미한다.

즉, 데이터마이닝이란 광산에서 광석을 캐내는 것에 비유한 것으로, 금광석에 극히 미량으로 포함된 금을 여러 단계를 거쳐 추출하듯이 '수많은 데이터의 산에서 가치있는 유용한 정보를 찾아 내는 것'이다.

'데이터 마이닝' 기법에는 일반적으로 연관(Association), 회귀(Regression) 및 분류(Classification)라는 세 가지 유형이 있다.

2. 머신러닝

'머신러닝(기계 학습)'은 데이터 마이닝이나 여러가지 학습 알고리즘을 사용하여 지식을 추출하고 이를 경험기반으로 삼아 비슷한 상황의 미래 사건의 결과를 예측하는 컴퓨터 프로그램이다.

머신러닝(기계 학습)이나 데이터 마이닝은 데이터의 패턴을 발견하는 핵심 알고리즘이 동일하다. 그러나 데이터 마이닝과 달리 머신러닝에서는 기계가 데이터 모델의 매개 변수를 자동으로 학습한다.

'데이터 마이닝'은 이전에 발생했던 데이터의 추세에 의존한다는 점에서 응용에 한계가 있다. 지나간 사건을 기반으로 하므로 미래에 벌어질 새로운 추세를 진단하기엔 역부족이다. 즉 대규모로 저장된 데이터(빅데이터)안에서 다양한 관점에서 체계적이고 자동적으로 데이터를 통계적 규칙이나 패턴을 분석해 의미 도출하는 데이터 마이닝과 미래 사건의 결과를 예측하는 컴퓨터 프로그램인 머신러닝과의 차이점이다.

머신러닝은 자체 학습 알고리즘을 사용하며 시간이 경과함에 따라서 경험을 축적하면서 작업 성능이 향상된다.

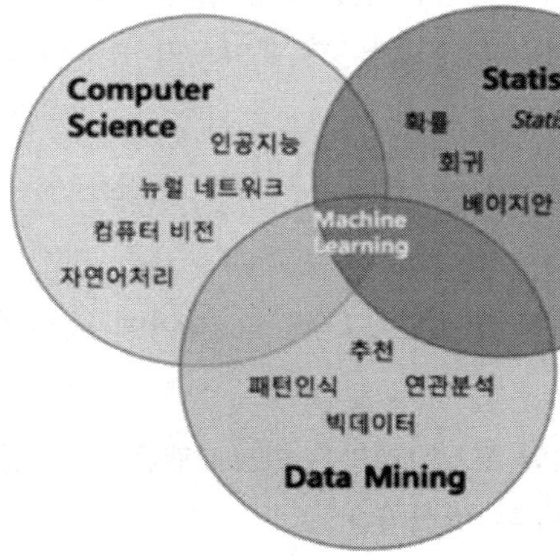

[그림 8-6] 컴퓨터 과학, 통계학, 데이터마이닝 및 머신러닝과의 관계

데이터 마이닝은 데이터 안에서 알려지지 않은 속성을 찾는 것이 주 목적인 반면에 머신러닝의 주 목적은 데이터의 알려진 속성들을 학습하여 예측 모델을 만드는 데 있다.

따라서 [그림 8-6]처럼 머신러닝은 컴퓨터 과학(Computer Science), 통계학(Statistics), 데이터 마이닝(Data Mining) 세 분야의 학문 모두에 속해있다고 볼 수 있다.

3. 머신러닝의 한계 극복

머신러닝의 한계 극복을 위해서 인공지능(AI)'은 머신러닝을 뛰어 넘는 분석기법으로 시스템에 추론 능력을 제공한다.

학습 8

본질적으로 인간 지능의 한 단면을 기계가 모방하려는 시도이다.

지능형 시스템은 원시 데이터와 이질적인 데이터로부터 가설을 구성하고 데이터가 제공하지 못한 새로운 정보를 개발해 낸다.

인공지능(AI)는 이전의 패턴이나 지도를 보지 않고도 추론을 통해 구성요소들과 사건 간의 관계를 밝혀낸다.

내가 어떤 표현을 다른 사람에게 했는데, 만약 그가 내가 한 말의 정확한 의미를 몰랐다면 그 사람은 그가 기억하고 있는 다른 사람들의 비슷한 표현들을 사례로 삼아서 내가 한 말의 의미를 추측하고 가정하게 될 것이다. 이게 바로 추론의 본질이고 인공지능이 답을 구하는 방식이다.

우리는 머신러닝이나 인공지능(AI) 알고리즘을 사용해서 미래에 어떤 일이 일어날지 예측할 수가 있다.

머신러닝은 경험하지 못한 오류의 원인을 밝혀내지 못하지만, 인공지능은 추론을 통해 원인을 찾아낼 수 있다. 즉 인공지능은 인간 지능의 한 단면을 모방한 시스템의 추론 능력이다. 그러므로 머신러닝은 인공지능의 한 분야로써 종속되어 있다.

03 머신러닝과 일반적인 프로그래밍의 차이에 대하여 분석하라.

[그림 8-7](a)처럼 일반적인 프로그래밍은 프로그램을 짜고 입력 데이터를 넣어주면 사전에 기대했던 출력이 나오는 방식이다.

[그림 8-7](b)처럼 머신러닝은 데이터를 입력하고 그 데이터가 입력되었을 때 나오는 출력(학습결과)를 넣어주면 학습을 통해 프로그램을 만들어 내는 점이 다르다.

비지도(자율)학습(Unsupervised Learning)의 경우는 기대 학습결과를 넣어줄 필요없이 입력 데이터만 넣어주면 스스로 학습을 통해 결과를 만들어 낸다.

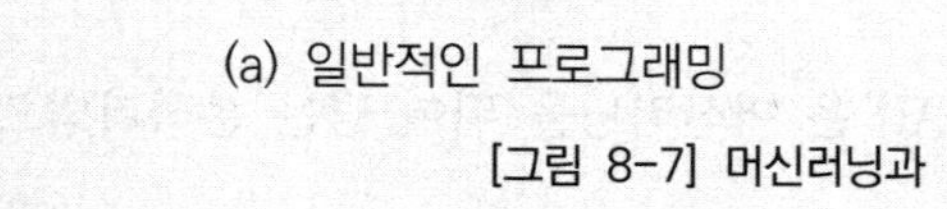

(a) 일반적인 프로그래밍

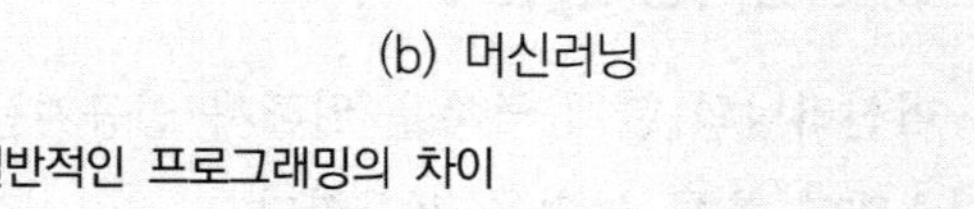

(b) 머신러닝

[그림 8-7] 머신러닝과 일반적인 프로그래밍의 차이

04 머신러닝의 실패에 대하여 분석하라.

머신러닝 오류를 탐지하고 적절히 대처하면 머신러닝 기술의 성공 가능성을 높이고 이 기술에 대한 기대치를 충족하는 데 도움이 된다. 머신러닝 툴이 학습 중 저지르는 실수를 늘리고 그 기간도 연장시키는 문제점은 다음과 같다. 이러한 문제점을 방치할 경우 머신러닝 툴은 잘못 학습하면서도 이를 인식하지 못하고 따라서 교정도 할 수 없는 상황에 놓이게 된다.

1. 비즈니스에 대한 이해 부족

머신러닝 모델을 사용하는 데이터 작업자가 머신러닝이 해결하고자 하는 비즈니스 문제를 제대로 이해하지 못할 경우 프로세스에 오류가 발생할 수 있다.

머신러닝 툴을 사용하는 팀이 가장 먼저 질문 목록부터 작성하도록 한다. 이를 통해 해결하고자 하는 문제가 무엇인지, 이 문제를 해결하기 위해 구축할 모델은 무엇인지를 물어야 한다.

현재 시중의 머신러닝 툴은 통계 측면에서 매우 강력하다. 툴이 강력한 만큼 주의해서 사용하지 않으면 매우 잘못된 의사 결정으로 이어질 수 있으므로 올바르게 사용해야 한다는 부담은 더 커진다.

데이터 분석 팀이 신중히 접근하지 않을 경우 학습에 사용하는 데이터와 잘 맞지 않는 모델이 생성될 수 있다. 그 결과 매우 빠른 속도로 잘못된 길로 접어들 수 있다.

많은 비즈니스 사용자가 모델이 프로덕션에 배치되는 시점부터 어느 정도의 품질 저하가 발생한다는 점을 이해하지 못한다. 사용자는 이 점을 인식하고 자동차를 비롯한 모든 기계와 마찬가지로 지속적으로 모델을 모니터링하고 의사 결정에 미치는 영향에 유의해야 한다.

2. 낮은 데이터 품질

쓰레기가 들어가면 쓰레기가 나오는 법이다. 데이터 품질이 충분히 좋지 않으면 머신러닝은 효과를 발휘하기 어렵다. 낮은 데이터 품질은 데이터 관리자의 가장 큰 골칫거리 중 하나이며, 데이터 과학자를 비롯해 정보를 다루는 전문가들의 최선의 노력에도 불구하고 빅데이터 분석 노력을 물거품으로 만드는 요인이 된다. 저품질 데이터는 머신러닝 모델을 정상 궤도에서 벗어나게끔 하는 확실한 원인이다.

기업 조직은 머신러닝 알고리즘의 탄력성을 과대평가하고 불량 데이터의 영향을 과소평가하는 경우가 많다. 낮은 데이터 품질은 나쁜 결과를 생산하고 조직에서 잘못된 정보를 근거로 한 비즈니스 의사 결정을 내리도록 한다. 이러한 의사 결정의 결과는 비즈니스 실적에 악영향을 미치므로 향후 이니셔티브에서 지지를 받기도 어렵게 된다.

머신러닝에서 도출된 결과가 과거와 현재 경험에 비추어 앞뒤가 맞지 않는다면 데이터 품질이 떨어진다는 신호다.

이 문제에 선제적으로 대처하는 방법은 탐색적 데이터 분석(EDA)이다. EDA는 이상점, 누락된 값, 일관적이지 않은 영역 값과 같은 기본적인 데이터 품질 문제를 식별할 수 있다. 또한 통계적 표본추출과 같은 기법을 사용해서 모집단 분포를 적절히 반영하기에 충분한 데이터 포인트가 있는지 확인하고, 데이터 품질 교정에 관한 규칙과 정책을 정의하는 방법도 있다.

3. 잘못된 머신러닝 사용

기업에서 지금도 볼 수 있는 가장 일반적인 문제는 머신러닝을 단지 유행이라는 이유만으로 사용하려는 생각이다. 머신러닝을 성공적으로 사용하려면 머신러닝을 적용하기에 적절한 분야여야 한다. 전통적인 엔지니어링 접근 방법이 더 빠르게, 훨씬 더 적은 비용으로 솔루션을 제공할 수도 있다.

문제 해결을 위한 최선의 방법이 아닌 경우에도 머신러닝을 사용하거나 사용 사례를 완전히 이해하지 못하는 경우 의도한 문제가 아닌 다른 문제를 해결하는 결과로 이어질 수 있다.

이렇게 기업 조직이 잘 맞지 않는 모델에 사용 사례를 맞추기 위해 씨름하는 사이 기회 손실도 발생한다. 더 단순한 대안으로도 얻을 수 있는 결과를 얻느라 인력과 인프라를 낭비하는 것도 이러한 손실에 포함된다.

잘못된 머신러닝 사용을 피하려면 원하는 비즈니스 결과, 문제의 복잡성, 데이터 볼륨, 특성의 수를 고려해야 한다.

소량의 데이터와 소수의 특성을 사용한 분류, 묶음, 연결 규칙과 같은 비교적 간단한 문제는 시각적으로 또는 통계적 분석을 통해 접근이 가능하다. 이러한 문제에 머신러닝을 적용할 경우 필요 이상의 시간과 자원이 소비될 수 있다.

데이터의 볼륨이 다루기 어려울 정도로 커지는 경우 머신러닝이 더 적절할 수 있다. 그러나 머신러닝 과정을 거친 이후, 뒤늦게 비즈니스 성과가 명확히 규정되지 않았고 결과적으로 엉뚱한 문제 해결로 이어졌음을 발견하는 경우가 종종 발생한다.

4. 편 견

저품질 데이터 집합을 사용할 경우 잘못된 결론에 이를 수 있다. 저품질 데이터는 부정확한 데이터, 누락된 데이터뿐만 아니라 편견의 원인이 되기도 한다. 사람은 편견을 가질 수 있으므로 사람이 만들거나 영향을 미친 모델 역시 당연히 편견을 가질 수 있다.

균형이 맞지 않는 분류나 분포에 대한 민감도는 머신러닝 알고리즘에 따라 다르다. 이 부분을 감안하지 않을 경우, 예를 들어 피부색에 의존하는 얼굴 인식 툴이나 성별에 따른 편견을 가진 모델을 만들게 될 수 있다. 실제로 여러 상용 서비스에서 이미 편견 사례가 발생했다.

사람이든 알고리즘이든 결론의 정확성은 가공되는 정보의 폭과 품질에 의해 좌우된다. 재정, 법률, 평판과 관련하여 조직과 개인이 직면한 알고리즘 편견의 위험성을 감안하면 머신러닝을 사용하는 모든 기업은 윤리를 조직적 필수 덕독으로 갖춰야 한다.

알고리즘 편견의 징후는 신용 평가, 교육 과정, 채용, 범죄에 대한 양형 등 공공 분야에서 잘 문서화되어 있다. 허술하게 수집, 조율 또는 응용된 데이터는 설계와 의도가 충실한 머신러닝 애플리케이션에도 편견을 유발할 수 있다.

처음부터 편견을 갖고 시작하는 머신러닝 시스템은 특정 고객 또는 사회 구성원에 불이익을 줄 위험이 있으며, 불공정한 결과를 생성하거나 그러한 결과를 영구화할 수 있다.

머신러닝의 목적 자체를 흐릴 수 있다는 면에서 알고리즘 편견이 머신러닝의 가장 큰 위험 요소 중 하나이다. 편견이 값비싼 오류를 유발할 수 있지만 간과되는 경우가 많으며, 그대로 방치할 경우 프로젝트와 조직을 완전히 엉뚱한 방향으로 이끌 수 있다. 이 문제에 초반부터 효과적으로 대처할 경우 머신러닝의 진정한 잠재력을 더 효율적으로 실현하여 좋은 결과를 얻을 수 있다.

학습 8

5. 부족한 인프라 자원

조직은 머신러닝 이니셔티브를 출범할 때 인력과 인프라에 필요한 리소스를 과소평가하기 쉽다. 머신러닝, 특히 이미지, 비디오, 오디오 처리의 경우 인프라 요구 사항이 상당히 높다. 필요한 처리 성능이 뒷받침되지 않으면 머신러닝 기반 솔루션을 적시에 개발하기가 어렵고 개발 자체가 아예 불가능한 경우도 있다.

배치 및 소비 문제도 있다. 머신러닝 솔루션을 배치하고 머신러닝의 결과를 사용자가 소비하도록 하기 위한 필수 인프라가 없다면 도대체 무엇을 위해 머신러닝 솔루션을 개발하는가?

머신러닝을 지원하기 위한 확장 가능한 인프라를 배치하는 일은 많은 비용이 들고 유지하기도 어렵다. 그러나 필요에 따라 프로비저닝할 수 있는 확장 가능한 머신러닝 플랫폼을 제공하는 다양한 클라우드 서비스를 찾아볼 수 있다.

클라우드를 활용하면 실제 하드웨어 구입, 구성, 배포의 족쇄 없이 대규모로 머신러닝을 실험하는 것이 가능하다.

내부에 인프라를 갖추기를 원하는 조직도 있다. 이 경우에도 클라우드 서비스는 디딤돌 및 교육 경험이라는 측면에서 유용하다. 이를 통해 조직은 대규모 투자에 앞서 인프라 관점에서 무엇이 필요한지 파악할 수 있기 때문이다.

인력의 경우 데이터 과학자, 머신러닝 엔지니어와 같은 전문 인력의 부족이 머신러닝 개발과 배치를 지연시키는 요인이 되기도 한다. 특정 비즈니스 성과를 달성할 수 있는지 여부를 판단하려면 머신러닝의 개념을 이해하고 응용과 해석에 능숙한 인력이 필수 요소다.

숙련된 머신러닝 인력의 중요성을 간과해서는 안 된다. 숙련된 인력은 데이터 품질 문제를 파악하고 머신러닝 툴의 적절한 사용과 배포를 보장하고 모범 사례와 거버넌스 정책을 수립하는 데 있어 중요한 역할을 한다.

6. 부실한 계획과 거버넌스의 부재

열정을 갖고 머신러닝을 시작하더라도 이후 추진력을 잃으면서 서서히 멈추는 경우가 있다. 이는 부실한 계획과 거버넌스 부재를 나타내는 신호다. 적절한 가이드라인과 제한을 두지 않을 경우 머신러닝 작업은 끝없이 늘어지면서 아무런 혜택도 얻지 못한 채 막대한 자원만 소비하는 결과로 이어질 수 있다.

조직은 머신러닝이 반복적 프로세스라는 점과 변화하는 요구 사항을 충족하기 위해 수시로 모델을 수정해야 할 수도 있음을 인지해야 한다. 이러한 특성 탓에 머신러닝 작업에 참여하는 인력은 시간이 지나면서 흥미를 잃을 수 있으며, 이는 좋지 않은 결과로 이어지게 된다. 결국 머신러닝 프로젝트의 지지자는 다른 작업으로 눈을 돌리게 되고 머신러닝 작업은 진전 없이 그대로 방치된다.

원활한 운영을 위해서는 머신러닝 작업을 정기적으로 모니터링해야 한다. 진행 속도가 저하되기 시작한다면 잠시 멈추고 프로젝트를 재점검해야 할 시점일 수 있다

05 머신러닝의 구현을 위해 필요한 프로그래밍 언어에 대하여 분석하라.

기계학습 알고리즘을 배웠을 때 그것을 구현하는 데 필요한 프로그래밍 언어은 대표적으로 3가지를 들 수 있다.

1. R언어

R언어는 현재 가장 많이 쓰이는 통계 기반 프로그래밍 언어이다. 1993년 오클랜드 대학교에서 개발된 통계 및 그래프 작업을 위한 인터프리터 프로그래밍 언어이다.

R언어의 강점은 간단한 코딩으로 충분히 인지 가능할 정도로 시각화된 데이터를 얻어내는 것에 있다. 이를 통해 개발 파이프라인을 단축시키는데 많은 기여를 한다. 그리고 기계학습 기본기들이 모두 통계학을 기반으로 한 것을 감안한다면 R이 많이 쓰이는 것이 납득갈 것이다.

R의 통합 개발 환경으로 RStudio가 가장 무난하다. R 본체가 설치되어 있어야 작동하며, 훨씬 편리한 인터페이스를 제공하는 것이 강점이다.

단, 폴더 경로나 파일 이름에 한글이 들어가면 제대로 작동하지 않을 수 있으니 주의할 것이다. 특히 사용자 계정 이름이 한글일 경우 기본 폴더 경로 자체에 한글이 들어가게 되므로 제대로 실행되지 않는다. 이 경우 관리자 권한으로 실행시키면 된다.

2. 파이슨

파이슨(Python)은 R언어에 이어 이 분야에서 두번째로 많이 쓰이는 언어이며, numpy 라이브러리를 써서 기계학습 알고리즘을 코딩하도록 도와준다.

1991년에 발표된 인터프리터 방식의 프로그래밍 언어로써 문법이 매우 쉬워서 초보자들이 처음 프로그래밍을 배울 때 추천되는 언어이다.

비록 R언어보다 코딩에 다소 시간이 걸리지만, Python의 대표적 장점인 이식성이 있어 다양한 분야에서 사용되어 지며, Scipy 라이브러리 등을 추가하여 내부 변수의 계산을 하거나 Cython 등을 이용하여 알고리즘의 속도를 빠르게 하기에도 용이하다.

파이슨의 가장 큰 특징 중 하나. 파이슨은 반복 가능한 객체(Iterable)라는 강력한 기능을 제공한다. 이 객체는 집합, 문자열, 리스트, 튜플, 딕셔너리, 그리고 함수까지도 반복이 가능하며, 이것을 for 구문에서 사용할 수 있게 해준다. 리스트와 튜플 등은 좀 편

학습 8

해지는 정도라 할 수 있지만, 함수의 값을 반복할 수 있다는 것은 큰 장점이다.

Python 언어에 Pandas, scikit-learn, 텐서플로우 같은 라이브러리가 있으면 기계학습에 관련한 결과물을 활용할 수 있게 되었다.

3. 매트랩

매트랩(MATLAB)은 아무래도 수학적 정밀도가 어느 정도 보장되는 언어이다 보니 주로 연구실 등에서 사용된다.

머신러닝에서 쓰이는 프로그래밍은 일반적으로 흔히 생각하는 객체지향 프로그램보다는 엄청난 스케일의 과학컴퓨팅 위주인데, 바로 이 점 때문에 아예 해당 분야에 최적화되어있는 MATLAB이나 해당 라이브러리들이 원숙하게 개발되어 있는 Python을 쓰는 것이다. 매트랩은 머신러닝을 위한 툴박스를 제공한다.

4. 기 타

포트란이나 최근에 뜨고 있는 줄리아(Julia) 같이 과학 컴퓨팅에 최적화되어 있는 프로그래밍 언어들을 쓰는 것도 고려해볼 수 있다.

06 머신러닝 프로젝트의 진행과정에 대하여 분석하라.

머신러닝 프로젝트가 어떻게 진행되는지 알아보자. 물론 프로젝트에 따라 진행 과정은 조금씩 다르지만, 일반적인 예측 모델링 프로젝트(Predictive Modeling)는 다음과 같은 프로세스를 따른다.

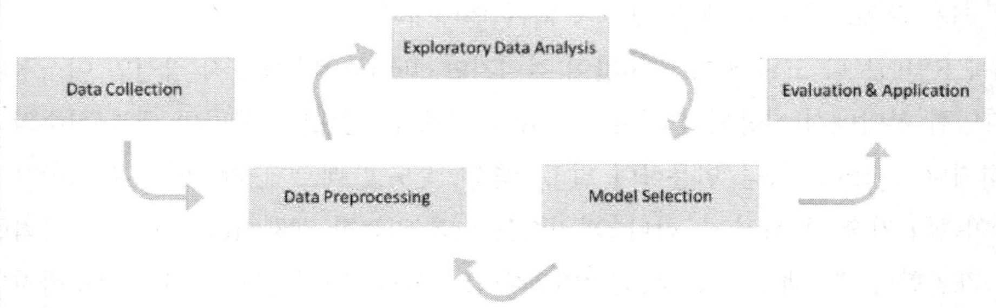

[그림 8-8] 머신러닝 프로젝트 진행과정

1. 데이터 수집

요리를 하기 위해 식재료가 필요하듯이, 데이터 프로젝트를 하기 위해서는 데이터가 필요하다. 데이터 수집(Data Collection)하는 방법은 여러 가지가 있다. 웹 사이트에 있는 자료들을 긁어오기 위해서는 웹 크롤링(Web Crawling)을 할 수도 있고, 자신이 운영하는 서비스에서 유저들의 행동 데이터를 수집하기 위해서는 로그를 남길 수도 있다.

또는 이미 데이터베이스에 데이터가 쌓여 있는 경우에 데이터 수집 과정은 간단하게 데이터베이스나 데이터 파일에서 데이터를 불러오는 것으로 충분할 수도 있다.

2. 데이터 전처리

수집된 가공하지 않은 그대로의 데이터(Row Data)는 많은 경우에 지저분하다. 데이터가 지저분하다는 것은, 데이터에 빠진 부분(결측치 값)이 있거나, 중복으로 들어간 데이터 있거나, 이상한 값이 들어가 있는 경우 등등을 뜻한다. 이렇게 지저분한 데이터를 정제해서 머신러닝 모델의 입력에 적합한 형태로 바꿔주는 단계를 데이터 정제(Data Cleaning)이라고 부른다.

또한 데이터에서 기존 특성(Feature)을 조합해서 새로운 특성을 만들어 내기 위해 데이터 전처리(Data Preprocessing)가 필요한 경우도 있다.

예컨대 집의 가격을 예측하는 모델을 만든다고 하자. 주어진 데이터는 집의 가로 길이와 세로 길이이다. 하지만 집의 가격을 예측할 때는 집의 가로나 세로 길이가 아니라 면적이 더 중요한 변수일 것이다.

이 때 집의 가로 길이와 세로 길이를 곱해서 집의 면적이란 새로운 특성을 만드는 것이 필요하다. 이렇게 데이터를 가공해서 새로운 특성을 만들어 내는 일을 특성 엔지니어링(Feature Engineering)이라고 부른다.

데이터를 정제하고 가공하는 일 외에 데이터의 스케일을 맞춰주고(Feature Scaling), 더미화(Dummification)하고, 차원을 줄이는 일(Dimensionality Reduction) 등을 모두 데이터 전처리이다.

〈표 8-5〉 모델을 위한 데이터 크리링

Data Cleaning	For Model
Deduplication(중복제거)	Feature Extraction
Outlier Detection	Feature Scailing
Other Cleaning Techiques	Dummification
	Dimensionality Reduction

학습 8

3. 탐색적 데이터 분석

데이터 프로젝트의 성공 여부는 데이터 분석가가 얼마나 데이터를 이해하고 있느냐에 좌우된다. 손에 주어진 데이터를 이해하기 위해 데이터의 특징을 찾고, 숨겨진 패턴을 발견하는 과정을 탐색적 데이터 분석(EDA : Exploratory Data Analysis)이다.

구체적으로 탐색적 데이터 분석은 데이터의 히스토그램을 그려보고, 두 변수 사이의 산포도를 그려보고, 변수들의 상관관계를 보는 일 등을 포함한다.

1) 탐색적 데이터 분석, 데이터 전처리, 모델 선택

탐색적 데이터 분석과 데이터 전처리, 모델 선택 과정은 순차적이라기 보다 반복적인 관계이다. 탐색적 데이터 분석을 통해 어떤 전처리가 필요한지 알 수 있고, 전처리를 한 후에 데이터를 더욱 잘 이해할 수도 있다.

예컨대, 데이터를 탐색하던 중에 예전에 몰랐던 이상치(Outlier)을 발견할 수 있고, 이상치를 제거하는 전처리를 한 후에 데이터 탐색을 더욱 원활하게 할 수 있다. 모델 선택 과정 역시 데이터 탐색과 밀접한 관계가 있다. 데이터를 이해하고 나서 데이터에 적합한 모델을 선택할 수 있고, 원하는 만큼 모델의 정확도가 나오지 않을 경우 그 이유를 찾기 위해 데이터 탐색 과정으로 돌아올 수도 있는 것이다.

4. 모델 선택

예측 모델링 프로젝트에서 모델(Model)이란 새로운 입력 데이터를 받았을 때 예측값을 계산하는 방법이다. 집값 예측 문제를 예로 들면, 집의 면적, 방의 갯수, 층수 등을 갖고 그 집의 집값을 계산하는 알고리즘이 집값 예측 모델이 된다.

세상에는 수많은 종류의 모델이 있고, 주어진 문제와 데이터에 맞는 적절한 모델 선택(Model Selection)을 하는 것은 데이터 분석가의 몫이다.

1) 무엇을 선택할 것인가

모델을 선택한다는 것은 무엇을 선택한다는 것일까?

첫째, 예측값을 계산하는 알고리즘을 선택한다는 것이다.

버섯의 속성들로 그 버섯이 독버섯인지 먹을 수 있는 버섯인지 분류하는 문제를 풀 때에도 로지스틱 회귀(Logistic Regression)부터 KNN(K-Nearest Neighbors), SVM(Support Vector Machine), 딥러닝(Deep Learning)까지 수많은 방법이 있다.

둘째, 모델이 사용할 특성들(Features)을 선택한다는 것이다.

때때로 의미 없는 특성이 모델에 들어갈 때 모델의 성능이 더 떨어지는 경우가 있다. 모델에 중요한 특성들을 골라내는 일도 모델 선택 과정에서 필요한 일이다.

셋째, 모델에는 일종의 모델을 조절하는 버튼인 하이퍼 파라미터(Hyperparameter)가 있다.

같은 모델이더라도 하이퍼 파라미터에 따라서 성능이 천차만별이다. 적절한 하이퍼 파라미터를 선택하는 것도 분석가의 몫이다.

〈표 8-6〉 모델의 선택

무엇을 선택할 것인가?	어떻게 선택할 것인가?
Model	Metrics
Features	Validation
Hyperparameters	Cross Validation(CV)

5. 평가 및 적용

평가 및 적용(Evaluation & Application) 단계는 만들어진 머신러닝 모델의 성능을 평가하고, 모델을 활용하여 새로운 데이터에 대한 예측을 하는 단계이다.

머신러닝 프로젝트에서 가장 중요하지만 가장 실수가 자주 일어나는 과정이 바로 이 평가 과정이다.

모델 평가에서 반드시 지켜야 하는 점은 평가용 데이터 셋은 모델 선택과 모델 학습 과정에서 쓰이지 않아야 한다는 점이다.

즉, 프로젝트를 시작하기 전에 학습용 데이터 셋(Train Set)과 평가용 데이터 셋(Test Set)을 나누어놓고, 평가용 데이터 셋은 모델 선택 과정이 끝나기 전까지 보지 말아야 한다는 것이다.

이렇게 하는 이유는 평가 과정의 목적이 모델이 새로운 데이터에 대해 얼마나 일반화(Generalization) 가능한지 측정하는 것이기 때문이다. 모델이 아직 보지 못한 새로운 데이터에 얼마나 잘 작동하는지 제대로 측정하기 위해서는, 평가용 데이터 셋은 모델이 '아직 보지 못한 새로운 데이터'이어야 한다. 그렇기 때문에 평가용 데이터 셋을 미리 떼어놓고 일부러 모델을 만드는 과정에서 제외하는 것이다.

07 머신러닝 오픈 플랫폼에 대하여 분석하라.

1. 머신러닝 오픈 플랫폼의 개요

최근 구글(Gogle), 마이크로소프트(Microsoft) 등의 글로벌 IT기업들과 학계 연구그룹들은 머신러닝 기술관련 플랫폼(프레임워크, 라이브러리 등)을 무료로 공개한다.

공개된 머신러닝 플랫폼(이하 오픈플랫폼)은 사용자가 복잡한 머신러닝 내부 기술을 알지 못해도 손쉽게 이용 가능한 인터페이스를 제공하여 기술사용에 대한 사용자의 진입장벽을 획기적으로 낮추어져 있다.

기업과 학계는 많은 인력과 자원을 요구하는 머신러닝 기술 개발 대신 오픈플랫폼을 활용하여 서비스를 개발 및 연구 중이다.

오픈플랫폼 종류가 다양해지면서 사용자는 자신의 선호도에 따라 적절한 것을 선택하여 머신러닝 활용 환경을 구축하는 것이 가능하다.

2 머신러닝을 위한 오픈플랫폼 현황

1) TensorFlow

구글 브레인팀은 2015년 1월 기존 딥러닝 플랫폼 DistBelief를 개선한 TensorFlow(텐서플로우)를 공개하였다.

머신러닝 및 신경망 학습 연구를 위해 개발되어 DistBelief보다 유연하고 확장성이 향상되었으며, 학습 과정에서 결과를 직관적인 그래프로 표현한다.

또한, 구글은 2017년 5월 구글 개발자 컨퍼런스에서 안드로이드 모바일 플랫폼에서 머신러닝 활용을 위해 개발한 TensorFlow Lite를 공개하였다.

① 활용 사례 : 현재 깃허브에서 가장 많이 이용되는 플랫폼으로써 구글 내부와 다양한 기업 및 연구그룹에서 사용한다. 구글 내에선 지메일 스팸 필터링, 이미지 검색, 이메일 자동응답을 위한 SmartReply, 이미지에서 텍스트를 인식하고 번역하는 Translate App, 사용자 질의에 더욱 관련성 있는 결과를 제공하는 RankBrain 등의 프로젝트가 존재하며, 그 외, 스탠퍼드 대학의 이미지 장면을 텍스트로 요약하는 DenseCap, SparkCognition에서 개발한 윈도우와 안드로이드 플랫폼의 멀웨어 탐지 시스템 DepArmor, 일본 금융사 SMFG(Sumitomo Mitsui Financial

Group)가 개발한 신용카드 사기탐지시스템 등이 존재한다.

2) Acord.NET

마이크로소프트에 의해 2015년 공개된 닷넷(.NET) 플랫폼 기반 라이브러리로써 2013년 Andrew Kirilov가 인공지능 및 컴퓨터비전을 위해 개발한 "AForge.NET"을 확장

① 이미지, 신호, 오디오 데이터 처리를 위한 라이브러리를 포함하며, Windows 애플리케이션 개발을 위한 닷넷 플랫폼에서 사용 가능

② 활용 사례

㉠ 음성 · 얼굴 · 문자 · 행동 인식, 감정 분석 등의 연구에서 사용되었으며,

㉡ 애플리케이션으로 해변의 박테리아 농도 예측을 위한 Virtual Beach 3, 스마트폰 카메라로 일반 문서 또는 명함의 전화번호를 식별하는 Point and Cal, 사람의 동공 식별 기능을 탑재한 PhotoCam이 존재

3) CNTK(Cognitive Tolkit

마이크로소프트 연구팀에서 개발하여 2016년 1월 공개

① 음성 인식, 이미지 및 텍스트 학습에 특화되었으며, 이미지 관련 성능 테스트 결과 구글의 TensorFlow 보다 2~3배 빠르다고 언급

② 활용 사례

㉠ 번역, 음성 인식, 음식 이미지 식별 등 자사의 애플리케이션에 이미 적용된 것으로 알려져 있음

㉡ 소리 데이터 분석을 통한 오일 및 수도관의 파손 또는 누출 탐지 시스템, 영상에서 특정 장면을 추출하기 위한 객체 탐지 시스템 등이 존재

4) PaddlePaddle

바이두는 2016년 1월 머신러닝 라이브러리인 Torch를 활용하고 시계열 데이터 분석(음성 인식 등)에 특화되어 음성인식 소프트웨어 딥스피치2에 적용된 딥러닝 모듈 WARP-CTC*를 공개한 이후, 그해 9월 사용성, 유연성, 효율성, 확장성을 강조한 새로운 딥러닝 플랫폼 PaddlePaddle을 공개

① Torch는 202년 공개된 머신러닝 플랫폼으로 구글, 페이스북, 트위터 (Twiter)와 같은 기업에서 이미지 패턴 인식 및 분석, 강화학습 등을 위해 사용되었으며, 페이

스북에서는 2017년 파이썬 프로그래밍 언어로 개발된 Torch API를 공개

㉠ 활용 사례 : 바이두의 실리콘밸리 인공지능 연구팀 앤드류응(Andrew Ng) 교수 인터뷰에 따르면 PaddlePaddle은 이미 바이두의 다양한 애플리케이션에서 사용 중

㉡ 기타 : 바이두는 2016년 9월 뉴욕에서 개최된 오라일리 (O'Reily) 인공지능 컨퍼런스에서 딥러닝 연산에 사용되는 다양한 하드웨어 플랫폼의 성능을 평가하고자 개발한 벤치 마크 도구 DepBench 발표하고 이를 오픈소스로 공개

5) DL4J(Deplearning4j

스카이마인드(Skymind)의 공동 설립자 Adam Gibson 연구팀이 2014년 공개한 딥러닝 플랫폼이며, 스카이마인드는 DL4J를 이용한 유료 서비스를 개발

① 프로그래밍 언어인 자바와 스칼라에서 딥러닝을 이용하고자 개발되었으며, 현재는 파이썬 언어도 지원하고 대용량 파일 처리 기술인 하둡, 스파크와 함께 사용 가능

② 활용 사례

㉠ Ubunt(우분투) OS를 지원하는 Canonical(캐노니컬)은 스카이 마인드와 협력하여 클라우드 컴퓨팅을 위한 오픈스택 시스템에서운영 중 발생한 복잡한 데이터를 분석하고 서버의 오류를 예측하는 서비스를 연구

㉡ 2017년 일본의 AI 솔루션 기업 Nextremer와 파트너십을 맺고 머신러닝을 활용한 이상거래탐지(FDS) 시스템을 연구

6) Mahout

아파치 소프트웨어 재단 루씬 프로젝트의 하위 프로젝트로써 확장 가능한 머신러닝 라이브러리 구현을 목표로 개발되어, 2010년 아파치 공식 프로젝트 단계인 탑-레벨로 전환

① 확장성 제공을 위해 대용량 데이터 처리 시스템인 하둡 파일 시스템을 사용하였고, 최근 성능과 사용자 편의성이 향상된 스파크 시스템 등을 활용

② 활용 사례 : Adobe, Twiter, Foursquare, Mendeley, Drupal에서는 개인화된 사용자 서비스 제공을 위한 추천시스템, 서비스 소비 증가를 위한 사용자 클러스터링 및 관심사 모델링에 활용하였으며,

㉠ NewsCred에서는 뉴스 기사 클러스터링 및 주요 내용 추출에 활용

7) MLlib

아파치 소프트웨어 재단 스파크 프로젝트의 내부 프로젝트로 대용량 데이터를 활용하

는 빠른 성능의 머신러닝 기술을 제공하고자 개발되어 2013년 공개

① 메모리 기반으로 동작하여 디스크 기반의 Mahout 보다 빠르다고 알려져 있지만, 지원하는 딥러닝 기술이 다양하지 않음

② 활용 사례

㉠ 아파치 스파크와 MLlib를 활용하여 Act Now에서는 실시간 빅데이터 예측 분석 플랫폼을, atp에서는 마케팅을 위한 데이터 분석 플랫폼을 개발하였으며,

㉡ Concur에서는 여행 정보 및 비용 분석 플랫폼에, Opentable에서는 레스토랑 예약시스템 내부의 추천 시스템에 활용

8) DepMask, SharpMask, MultiPathNet)

페이스북 인공지능 연구그룹(Facebok AI Research, FAIR)은 2016년 8월 딥러닝을 이용한 영상 및 이미지 내 객체 인식 소프트웨어를 공개

① 3개의 구성요소인 DepMask, SharpMask, MultiPathNet가 하나의 파이프라인처럼 연결되어 이미지 데이터를 처리

㉠ DepMask : 이미지 내 객체(인물, 장소, 사물 등)의 영역 탐색

㉡ SharpMask : DepMask에서 결정된 영역의 경계를 구체적으로 재조정

㉢ MultiPathNet : 객체 식별

② 활용 사례

㉠ 페이스북의 시각장애인을 위한 사진 설명 애플리케이션에 적용되었으며,

㉡ FAIR에서는 실세계에서 음식, 인물, 사물 등을 식별하고 설명하는 증강현실 애플리케이션 또는 실시간 동영상을 내레이션 하는 애플리케이션에 적용 가능하다고 언급

9) Cafe2

페이스북 인공지능 연구그룹이 2017년 7월 공개한 딥러닝 플랫폼으로써 기존의 Cafe를 기반으로 엔비디아 (NVIDIA), 퀄컴(Qualcumm), 인텔(Intel), 마이크로소프트 등 여러 기업들과 연구 · 개발하였으며, 학습 모델의 성능, 이식성, 활용성 등을 향상 시키는데 초점

데스크탑, 서버 등에서 사용되는 리눅스, 윈도우, iOS 플랫폼뿐만 아니라 안드로이드 모바일, 라즈베리파이, 엔비디아의 테그라 플랫폼에서도 활용이 가능하며, GPU 활용을 극대화

10) MXNet

학계 연구그룹(CMU, Washington, Stanford, NYU, MIT 등)과 기업(마이크로소프트, 바이두, 엔비디아 등)이 공동 연구하여 2015년 공개한 딥러닝 플랫폼

① 학습 과정에서 메모리 사용의 효율성, 시스템 확장성, 사용자 편의성, 유연성, 모바일 지원을 통한 이식성(Portable) 등에 초점

② 유연한 프로그래밍 환경을 위해 명령형(Imperative) 및 기호적(Symbolic) 프로그래밍 방식을 지원하며, 다양한 프로그래밍 언어(파이썬, 스칼라, 매트랩, C++, Perl, R, Go, Julia 등)에서 비슷한 성능으로 활용 가능

③ 자체적인 성능 테스트에서 구글의 TensorFlow보다 약 2배 정도 빨랐으며, 효율적인 메모리 사용 방식과 싱글 및 다수의 머신에서 학습 결과의 정확도 비교를 수행하여 좋은 결과를 보임

④ 활용 사례 : 2차원 이미지를 3차원으로 변환하는 연구, 시간에 따른 사용자와 영화 사이의 관계 예측 연구, 악보의 기호 및 텍스트 분석 연구, 이미지 내 객체 인식 연구 등에서 활용

3. 오픈 플랫폼의 성능

최근 몇 년 사이 머신러닝의 필요성이 높아지고, 동시에 기업 및 학계에서 다양한 머신러닝 플랫폼을 공개하면서, 이를 적용 가능한 환경이라면 구체적인 기술을 알지 못하는 사용자도머신러닝 기반의 애플리케이션 개발이 가능하지만, 앞서 살펴본 바와 같이, 오픈플랫폼에서 제공되는 주요 활용 사례들은 적용분야가 대부분 유사(이미지 인식 및 분류, 음성 · 텍스트 · 행위 인식 등)하며, 오픈플랫폼 성능 역시 계속해서 업데이트 될 것으로 예상되지만 새로운 학습 모델이 개발되지 않는 한 구현한 알고리즘이 상이할 뿐 제공되는 기능은 상호간에 유사할 것으로 판단한다.

이러한 환경에서 사용자가 적절한 오픈플랫폼을 선택하기 위해선 신뢰할만한 벤치마크 결과 및 다양한 분야에서의 활용 예시가 필요하지만 현재 참고할만한 사례가 매우 부족하다.

학계 연구그룹에서 일부 오픈플랫폼을 대상으로 성능 비교를 수행하였으나 이는 공개된 오픈플랫폼에 비해 매우 소수이며, 오픈플랫폼을 공개한 연구그룹의 성능 비교는 공정하지 못한 실험 환경에서 이루어질 수 있어 신뢰도 저하가 우려된다.

① 오픈플랫폼의 성능을 비교한 주요 사례는 아래와 같다.

㉠ MXNet을 개발한 연구그룹에서는 MXNet, TensorFlow, Cafe, Torch7을 대상으로 합성곱 딥러닝(CNN)의 성능을 비교하여, MXNet, Cafe, Torch7이 TensorFlow 보다 약 2배빠른 것을 확인

㉡ 일본의 인공지능 관련기업 Prefered Networks는 자사의 딥러닝 플랫폼 Chainer와 MXNet, CNTK, TensorFlow을 대상으로 GPU 사용 성능을 비교하여, TensorFlow를 제외하고 사용하는 GPU 수에 따른 성능의 대략적인 선형적 증가를 확인

㉢ 홍콩침례대학(HKBU)에서는 CPU 및 GPU의 다양한 활용 방식으로 Cafe, CNTK, MXNet, TensorFlow, Torch에서 제공하는 딥러닝 기술들의 성능을 비교

② CPU 기반 딥러닝에서는 TensorFlow가, GPU 기반 딥러닝에서는 Cafe, CNTK, MXNet, Torch의 성능이 우수했으며,

③ GPU 기반 Cafe, CNTK, MXNet, Torch의 성능 비교에서는 딥러닝 알고리즘에 따라 좋은 성능을 보이는 플랫폼이 다름

향후 기업 또는 학계에서는 오픈플랫폼의 활발한 활용을 위해 성능 평가를 위한 벤치마크 도구를 개발 및 산업 각 분야의 공공 데이터를 이용한 다양한 응용 사례 마련 검토가 필요하며, 사용자는 이러한 동향을 모니터링 함으로써 활용 방안 모색이 필요하다.

학습활동.8 교수 · 학습 방법

교수 방법

- 머신러닝의 개요에 대한 관련 용어, 구성, 방식 이해 정도를 파악한 후 수업을 진행한다.
- 교수자의 주도로 머신러닝의 개요 등의 내용을 PPT 자료로 제시한 후 설명한다.
- 가능하면 사전에 개인별 학습 자료를 준비하여 모든 학생이 참여할 수 있는 문제 해결식 수업, 협력 수업이 가능하도록 한다.
- 머신러닝의 개요 전 과정을 작업의 순서에 따라 단계적으로 실습이 이루어질 수 있도록 지도한다.
- 교재를 통해 수업을 준비하는데 있어서 필요한 모든 정보나 팁, 힌트 등 도움이 될 만한 내용들을 확인할 수 있다.
- 학생들이 만들게 될 각 모델들은 수업시간에 중점적으로 다뤄질 부분과 어휘, 질문, 답을 포함하고 있으며 또한 탐구할만한 추가적인 아이디어들도 포함하고 있다.

학습 방법

- 머신러닝의 개요에 대한 관련 용어를 숙지하고, 블록체인의 암호화폐 응용에 대해 이해한다.
- 머신러닝의 개요의 각 단계별 중점 사항을 체계적으로 학습한다.
- 머신러닝의 개요의 수행순서의 전 과정을 실습한다.
- 머신러닝의 개요의 내용을 이해한다.
- 머신러닝의 개요를 이해하고 숙달이 될 때까지 학습한다.

학습활동.8 평가 및 피드백

평가 준거

- 평가자는 피평가자가 수행 준거 및 평가 내용에 제시되어 있는 내용을 성공적으로 수행할 수 있는 지를 평가해야 한다.

학습내용	평가항목	성취수준		
		상	중	하
머신러닝의 개요	머신러닝의 개요를 이해할 수 있다.			

평가 방법

• 작업 포트폴리오

학습내용	평가항목	성취수준		
		상	중	하
머신러닝의 개요	머신러닝의 개요를 이해할 수 있다.			

• 필기시험

학습내용	평가항목	성취수준		
		상	중	하
머신러닝의 개요	머신러닝의 개요를 이해할 수 있다.			

• 체크리스트를 통한 관찰

학습내용	평가항목	성취수준		
		상	중	하
머신러닝의 개요	머신러닝의 개요를 이해할 수 있다.			

• 피드백

1. 작업 포트폴리오
   - 제출한 보고서를 평가한 후 주요 사항에 대하여 표시하여 돌려준다.
2. 필기시험
   - 평가 결과 성적이 저조한 학생은 보고서 제출 기회를 부여한다.
3. 체크리스트를 통한 관찰
   - 실습 과정에서 평가한 후 개선해야 할 사항 등을 정리하여 돌려둔다.

참 | 고 | 문 | 헌

1. http://wiki.hash.kr.
2. Glenn McDonald, 〈현실로 다가온 영화 터미네이터 속 기술들〉, 《CIO코리아》, 2015.7.15.
3. Clint Boulton, 〈AI에 제동을 걸어야 하는 6가지 이유〉, 《CIO코리아》, 2018.4.11.
4. 블로터 채반석 기자, 〈인공지능 – '스카이넷'의 시대가 올까?〉, 《네이버 캐스트》, 2016.3.17.
5. 지재원, 〈인공지능의 장점과 한계〉, 《이글루시큐리티》, 2017.6.7.
6. 이은표 목사, 〈인공지능(AI.)의 전망과 기독교 세계관적 평가〉, 《네이버 블로그》, 2018.8.20.
7. 한국지식재산연구원, 인공지능(AI) 기술 및 정책 동향.
8. 정보통신기술진흥센터, 주간기술동향, 인공지능 기술 동향 및 발전 방향.
9. 소프트웨어정책연구소, 기계학습의 원리, 능력과 한계.
10. 데이터전문가 지식포털, 머신러닝 및 딥러닝.
11. 과학기술정책연구원, 인공지능 시대의 법적 · 윤리적 쟁점.
12. 연세대학교–정보대학원 UX Lab, 인공지능의 학습 어떻게 이뤄지나.
13. 휴넷, 메타인지의 정의.
14. https://namu.wiki/인공지능.
15. https://ko.wikipedia.org/wiki/인공지능.
16. 국경완, https://www.itfind.or.kr/인공지능 기술 및 산업분야별 적용사례, 정보통신기획평가원. 주간 기술동향, 2019.3.20.
17. 이승훈, "최근 인공지능 개발 트렌드와 미래의 진화방향", LG경제연구원, 2017.12. pp.30–31.
18. 김형철, "ICT표준화 전략맵", 한국정보통신기술협회(TTA), 2018.10. pp19–21.
19. 주영대, "미국의 인공지능(AI) 개발전략과 시사점", 한국산업기술평가관리원(KIET), 2016.12. p.32.
20. 과기정통부, "데이터 · AI경제 활성화 계획", 관계부처일동, 2019.1. pp.2–3.
21. 과기정통부 보도자료, "데이터 · 인공지능(AI) 경제 활성화의 이정표 제시", 2019.1.
22. 아웃소싱타임스, "뛰는 중국 걷는 한국, 중국 인공지능(AI) 인재 한국의 7배", 2019.1.
23. AIBRIL, "건강을 지키는 인공지능 AI와 헬스케어의 만남", 2018.10.
24. "헬스케어에 인공지능을 더하다", 2018. 6., https://skccblog.tistory.com/3712.
25. 행정안전부, "2019년 지능형 정부를 주도할 핵심기술 선정", 2019.1.28.
26. 국경완, "4차 산업혁명 시대 인공지능을 활용한 군사적 적용방안", 합참지, 2018.12.
27. 박형근, "정보보안에서의 인공지능 도입 분야와 주요 사업자", 2018.8.
28. 윤장우, "인공지능 관련 기술과 정책동향 및 시사점", 한국전자통신연구원(ETRI). 2015.7. pp.13–14.
29. 최은수, "인공지능의 습격…인간을 어디까지 위협할까?", 매일경제, 2016.3.
30. 헤럴드경제신문, "중국의 AI 굴기, 미국도 추월했다", 2019.2.
31. 중소벤처기업부, "중소기업 기술로드맵(2018~2020, AI/빅데이터), 2017.1. pp.18–24.
32. 심혜정, "우리기업의 인공지능(AI)을 활용한 비즈니스 모델", 국제무역연구원, 2018.3.

33. 경향신문, "군 AI는 워리어 플랫폼 · 드론봇 전투체계의 선행 핵심기술", 2018.12.
34. https://www.oss.kr/info_techtip/show/1fab4646-a266-47dc-a39f-aa58005ee84f.
35. https://happist.com/요즘 드고 있는 인공지능기술, 2017.2.2.
36. :www.motherjones.com.
37. https://ellun.tistory.com/103 [Ellun's Library].
38. http://www.itworld.co.kr/news/111067.
39. https://wendys.tistory.com/136.
40. https://nittaku.tistory.com/category/.
41. https://blog.embian.com/71.
42. https://gracefulprograming.tistory.com/103.
43. http://blog.naver.com/laonple/220827900759.
44. https://bkshin.tistory.com/entry/Intro-to-Machine-Learning?category=1057680.
45. http://hunkim.github.io/ml/.

학습 8

학습 1	인공지능의 개요
학습 2	인공지능의 종류
학습 3	인공지능의 동작 메커니즘
학습 4	인공지능의 플랫폼
학습 5	인공지능의 기술
학습 6	인공지능의 응용
학습 7	인공지능의 정책 동향
학습 8	머신러닝의 개요
학습 9	**머신러닝의 기술활용**
학습 10	딥러닝의 개요
학습 11	딥러닝의 기술활용
학습 12	인공지능 시장현황

학습 목표	1. 머신러닝의 기술활용을 이해할 수 있다.

9-1 머신러닝 학습 알고리즘의 개요

머신러닝 알고리즘은 [그림 9-1]처럼 Ranzato가 분류한 것처럼 알고리즘의 학습 데이터의 기대 값의 유무에 따라서 지도학습(Supervised Learning)과 비지도학습(Unsupervised Learning)으로 구분했고 학습을 위한 계층의 수에 따라 깊게(Deep)와 얇게(Shallow)로 나누어 분류했다.

학습은 단순한 암기가 아니고 학습과정을 통해서 일반화(Generalization)과정을 거쳐서 예측(Prediction)할 수 있는 능력이다.

즉 학습은 학습에 사용한 데이터로부터 어떤 중요한 특징을 추출하여 그 특징으로부터 일반화를 거쳐서 예측할 수 있는 능력을 세우는 것이다.

학습의 질을 높이려면 학습 데이터의 양이 많아야 하고 데이터의 질도 매우 중요하다.

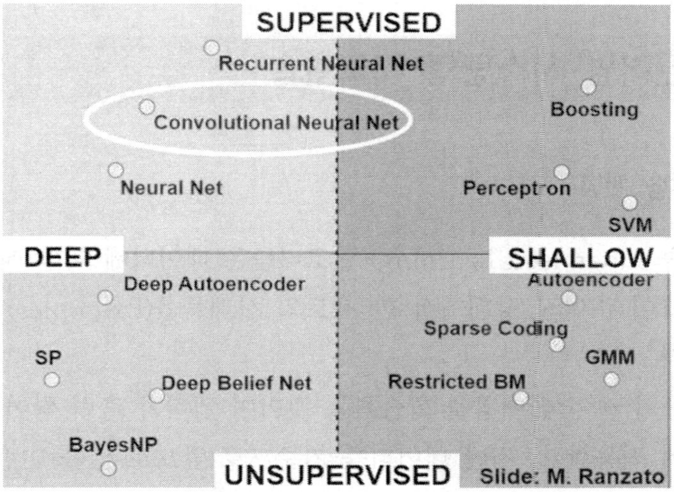

[그림 9-1] 머신러닝 알고리즘의 분류(M Ranzato)

머시러닝의 알고리즘은 지도학습, 비지도학습, 강화학습으로 구분된다.

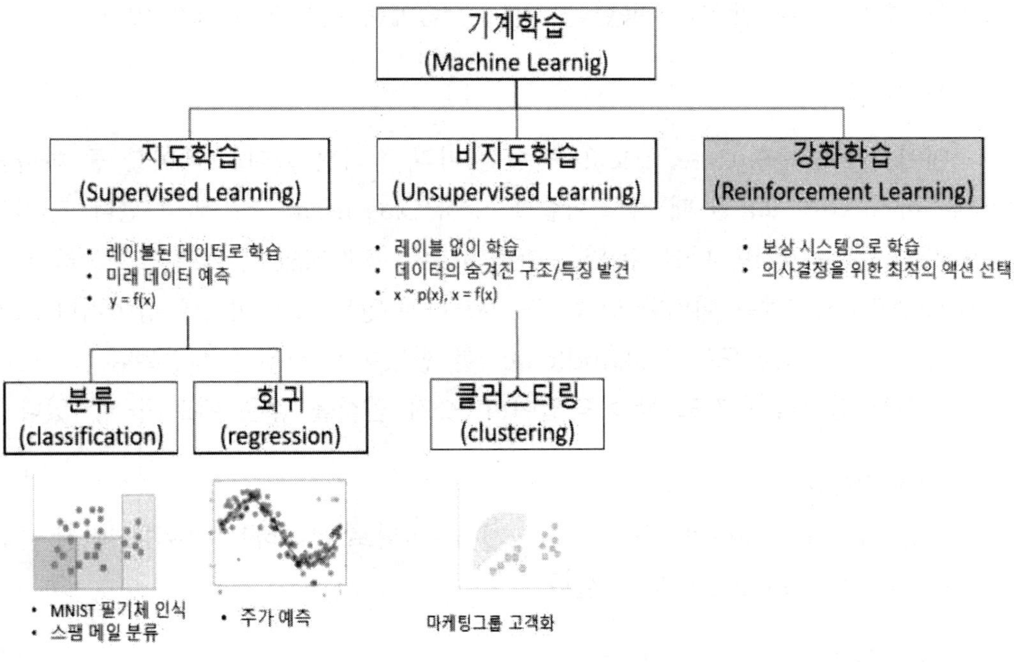

[그림 9-2] 머신러닝 알고리즘의 유형

학습 9

9-2 머신러닝 시스템의 지도학습

1. 지도학습 개념

지도 학습(Supervised Learning) 알고리즘은 데이터에 대한 레이블(Label) 명시적인 정답이 주어진 상태에서 한 세트의 사례들을(Examples) 기반으로 예측을 수행한다.

입력과 출력 사이의 매핑을 학습하는 것이며 입력과 출력 쌍이 데이터로 주어지는 경우에 적용한다. 지난 데이터를 기준으로 앞으로 있을 이벤트를 예측하는데 보편적으로 사용된다.

2. 지도학습의 분류와 회귀

지도 학습은 입력과 출력에 대한 데이터 세트가 있고, 주어진 입력으로부터 출력을 예측하고자 할 때 사용한다. 지도 학습에는 분류와 회귀가 있다.

1) 분 류

데이터가 범주형(Categorical) 변수를 미리 정의된 클래스 레이블 중 하나를 예측하기 위해 사용될 때 지도 학습을 '분류(Classification) '라고 한다. 입력은 여러 개일 수 있지만 나올 수 있는 출력의 수는 정해져있고, 예측하고자 하는 클래스(출력) 사이에는 어떠한 연속성도 존재하지 않는다. 이미지에 강아지나 고양이와 같은 레이블 또는 지표(Indicator)를 할당하는 경우가 해당된다.

분류가 전형적인 지도 학습 작업이며, 숫자 인식을 좋은 예로 들 수 있다.

(1) 이진분류

어떤 데이터에 대하여 레이블이 두 개 중 하나로 분류하는 경우를 '이진 분류(Binary Classification)'라고 한다.

(2) 다중분류

어떤 데이터에 대해 여러 값 중에서 하나로 분류할 수 있는 것을 다중 클래스 분류(Multi-Class Classification)라고 한다.

2) 회 귀

과거 및 현재 데이터를 기반으로 미래를 예측 변수(Predictor Variable)의 특성(Feature)을 사용해 최종 결과를 예측하는데 이와 같은 종류의 작업을 회귀(Regression)라고 한다. 즉 어떤 데이터들의 특징(Feature)을 토대로 연속적인 숫자, 실수를 예측(Forecasting)하는 것이다. 결과 값은 실수 값을 가질 수 있다. 그 값들은 분류와는 달리 입력과 출력 모두 여러 개일 수 있고, 클래스(출력)사이에는 연속성을 갖는다. 예를 들면 그래프를 생각하면 된다. 예측은 동향(Trends)을 분석하기 위해 가장 많이 사용된다. 예를 들어 올해와 전년도 매출을 기반으로 내년도 매출을 추산하는 과정이다.

지도학습에는 알고리즘에 주입하는 훈련 데이터에 레이블(Lable)이라는 원하는 답이 포함되어야 한다.

일부 회귀 알고리즘은 분류에 사용할 수도 있고 사용할 수 없는 경우도 있다.

분류에 널리 쓰이는 로지스틱 회귀(Logistic Regression)는 클래스에 속할 확률을 출력한다.

3. 지도학습의 일반화

일반화(Generalization)는 훈련 데이터로 학습한 머신러닝 모델이 새롭게 들어오는 데이터를 정확히 처리할 수 있는지에 대한 능력을 말한다.

모델이 처음 보는 데이터에 대해 정확하게 예측할 수 있으면 이를 훈련세트에서 테스트 세트로 일반화되었다고 한다.

4. 지도학습의 과대적합과 과소적합

1) 과대적합

학습을 과하게 하여 훈련 데이터에만 딱 맞는 모델이 생성된 경우를 과대적합(Overfitting)이라고 한다. 훈련 데이터에 너무 가깝게 맞추어져 있어서 그 이외에 새로운 테스트 데이터나 실제 사용에 있어 일반화되기 어려울 때 발생한다. 과대적합은 머신러닝의 가장 큰 문제점이다. 더 많고 다양한 훈련 데이터를 입력으로 주거나, 모델을 규제(Regularization)하는 기술적인 방법으로 해결할 수 있다.

2) 과소적합

과대적합과는 반대로, 훈련이 부족해 모델이 너무 간단한 경우를 과소적합(Underfitting)이라 한다. 과소적합의 경우 데이터의 면면과 다양성을 잡아내지 못해 훈련 데이터 세트에도 잘 맞지 않는다.

3) 복잡도

모델을 복잡하게 할수록 훈련 데이터에 대한 정확도는 높아진다. 그러나 너무 과하게 복잡해지는 경우 오히려 정확도가 더 떨어져 일반화가 잘 되지 않는다. 일반화 성능이 최대가 되는 최적점(Sweet Spot)에 있는 모델을 찾아야 한다.

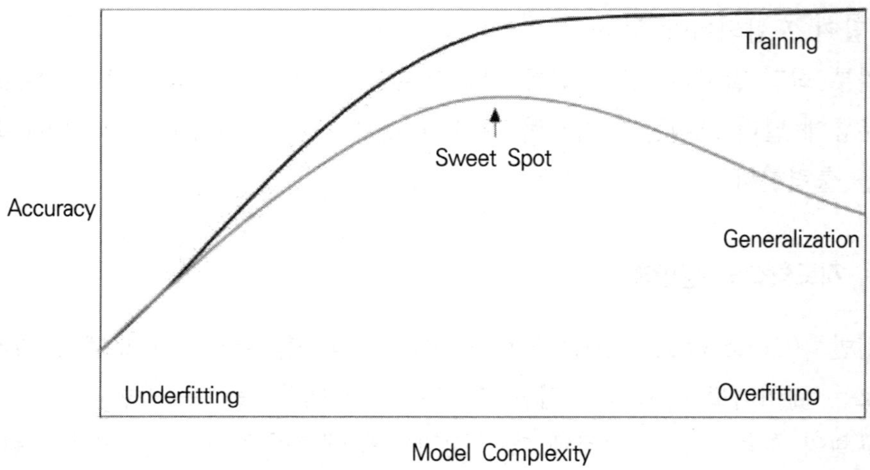

[그림 9-3] 복잡도에 따른 모델의 예측 정확도

5. 지도학습의 알고리즘

다음 〈표 9-1〉은 학습 데이터를 분석하는 출력 함수를 도출하는 주요 지도 학습 알고리즘들이다.

〈표 9-1〉 지도학습 알고리즘

알고리즘 분류	알고리즘 종류
KNN-최근접 이웃 (k-Nearest Neighbors)	데이터 포인트에서 가장 가까운 훈련 데이터 포인트, 최근접 이웃을 찾는 알고리즘. 작은 데이터 세트일 경우에 기본모델로서 좋고 이해하기 쉽다.

알고리즘 분류	알고리즘 종류
선형 회귀 (Linear Regression)	직선 그래프(1차함수)모델을 절편과 기울기(규칙)를 이용해서 찾는 것이다.
로지스틱 회귀 (Logistic Regression)	출력값이 범주형 데이터일 경우 사용할 수 있는 방법으로로지스틱 함수를 회귀식으로 사용하기 때문에 최소값과 최대값이 특정한 값으로 수렴하고 그 사이는 S자 커브 모양으로 굴곡이 진 모양의 함수이다
서포트 벡터 머신 (SVM, Support Vector Machine)	클래스 사이의 경계에 위치한 데이터 포인트(서포트 벡터) 간의 거리를 최대화하여 결과를 찾는 알고리즘. 비슷한 의미의 특성으로 이루어진 중간 규모 데이터 세트에는 잘 맞지만, 데이터 스케일의 조정이 필요하고 매개변수에 민감하다.
의사결정 트리 (Decision Tree)	데이터를 이진 분류하는 것을 반복하여 최종적으로 결과를 출력한다. 매우 빠르고 데이터 스케일의 조정이 필요 없다. 시각화하기 좋고 설명하기 쉬우나 과대적합되는 경향이 있다.
랜덤 포레스트 (Random Forest)	과대적합된 단일 결정 트리를 여러 개 묶어 하나의 모델로 만든 것. 결정 트리 하나보다 거의 항상 좋은 성능을 낸다. 매우 안정적이고 강력하며 데이터 스케일의 조정이 필요가 없다. 다만 시간이 오래 걸리고 텍스트같은 고차원 희소 데이터에는 잘 맞지 않는다.
그래디언트 부스팅 결정 트리	깊이가 깊지 않은 단일 결정 트리를 여러 개 묶어 하나의 모델로 만든 것. 랜덤 포레스트보다 조금 더 성능이 좋다. 랜덤 포레스트보다 학습은 느리나 예측은 빠르고 메모리를 적게 사용한다. 다만 랜덤 포레스트보다 매개변수의 튜닝이 많이 필요하다.
신경망 (Neural Network)	딥러닝에서 자세히 다루어 여기서는 다루지 않는다. 대용량 데이터 세트에서 매우 복잡한 모델을 만들 수 있다. 다만 매개변수의 선택과 데이터 스케일에 민감하며, 큰 모델에는 학습이 오래 걸린다.

지도 학습에는 기존에 이미 분류된 학습용 데이터(Labeled Training Data)로 구성된 입력 변수와 원하는 출력 변수가 수반된다. 알고리즘을 이용해 학습용 데이터를 분석함으로써 입력 변수를 출력 변수와 매핑시키는 함수를 찾을 수 있다. 이렇게 추론된 함수는 학습용 데이터로부터 일반화(Generalizing)를 통해 알려지지 않은 새로운 사례들을 매핑하고, 눈에 보이지 않는 상황(Unseen Situations) 속에서 결과를 예측한다.

9-3 머신러닝 기술의 비지도 학습

비지도 학습(Unsupervised Learning)을 수행할 때 기계는 지도 학습에서 필요했던 레이블이 필요하지 않는 미분류 데이터만을 제공 받아 시스템이 아무런 도움 없이 학습해야 한다.

그리고 기계는 군집화 구조(Clustering Structure), 저차원 다양체(Low-Dimensional Manifold), 희소 트리 및 그래프(a Sparse Tree and Graph) 등과 같은 데이터의 기저를 이루는 고유 패턴을 발견하도록 설정된다.

〈표 9-2〉 비지도 대표 알고리즘

알고리즘 분류별	알고리즘 종류
군집(Clustering)	k-평균(k-Means)
	계층 군집 분석(Hierarchical Cluster Analysis : HCA)
	기댓값 최대화(Expectation Maximization)
시각화(Visualization)와 차원 축소 (Dimensionality Reduction)	주성분 분석(Principal Component Analysis : PCA)
	커널(kernel PCA)
	지역적 선형 임베딩(Locally-Linear Embedding : LLE)
	t-SNE(t-distributed Stochastic Neighbor Embedding)
연관 규칙 학습 (Association Rule Learning)	어프라이어리(Apriori)
	이클렛(Eclat)

〈표 9-2〉처럼 계층 군집 알고리즘을 사용하면 각 그룹을 더 작은 그룹으로 세분화할 수 있다.

시각화 알고리즘은 레이블이 없는 대규모의 고차원 데이터를 넣으면 도식화가 가능한 2D나 3D 표현을 만들어 준다.

차원 축소는 너무 많은 정보를 잃지 않으면서 데이터를 간소화하는데 사용된다. 예를 들어 차의 주행거리는 연식과 매우 연관되어 있으므로 차원 축소 알고리즘으로 두 특성을 차의 마모 정도를 나타내는 하나의 특성으로 합칠 수 있다. 이를 특성 추출(Feature Extraction)이라고 한다.

이상치 탐지는 학습 알고리즘에 주입하기 전에 데이터셋에서 이상한 값을 자동으로 제거하는 작업이다. 정상 샘플로 훈련되고, 새로운 샘플이 정상인지 아닌지

판단한다.

연관 규칙 학습은 대량의 데이터에서 특성 간의 흥미로운 관계를 찾는다. 어떠한 상품을 구매한 사람이 다른 상품을 구매하는 경향이 있다는 것을 찾을 때 활용한다.

입력만 있고 출력은 없는 경우에 적용하며 입력 사이의 규칙성을 찾아내는게 목표이다. 이전 레이블이 없는 데이터를 학습하는 데 사용되며 특히, 트랜잭션 데이터를 탐색하여 내부구조를 파악하는데 효과적이며, 텍스트 주제를 세분화하고 항목을 권장하며 데이터 이상점을 식별하는 데 이용된다.

대표적으로 군집화(Clustering), FDS 시스템(금융 위험 이상 탐지 시스템)이 있다.

1. 군집화(Clustering)

특정 기준에 따라 유사한 데이터 사례들을 하나의 세트로 그룹화한다. 이 과정은 종종 전체 데이터 세트를 여러 그룹으로 분류하기 위해 사용된다. 사용자는 고유한 패턴을 찾기 위해 개별 그룹 차원에서 분석을 수행할 수 있다.

2. 차원 축소(Dimension Reduction)

고려 중인 변수의 개수를 줄이는 작업이다. 많은 애플리케이션에서 원시 데이터(Raw Data)는 아주 높은 차원의 특징을 지닌다. 이때 일부 특징들은 중복되거나 작업과 아무 관련이 없다. 따라서 차원수(Dimensionality)를 줄이면 잠재된 진정한 관계를 도출하기 용이해진다.

3. 배치 학습(Batch Learning)

시스템이 점진적으로 학습할 수 없어 가용한 데이터를 모두 사용해 훈련시켜야 한다. 일반적으로 시간과 자원을 많이 소모하기 때문에 보통 오프라인에서 수행되는 경우가 많다.

4. 오프라인 학습(Offline Learning)

학습한 것을 적용만 하는 훈련 방법이다.

5. 온라인 학습(Online Learning)

데이터를 순차적으로 한 개씩 또는 미니배치(Mini-Batch)라 부르는 작은 묶음 단위로 주입하여 시스템을 훈련시킨다. 컴퓨팅 자원이 제한되거나 연속적으로 데이터를 받고 빠른 변화에 스스로 적응해야 하는 시스템에 적합하다. 점진적 학습(Incremental Learning)이라고도 한다.

6. 사례 기반 학습(Instance-Based Learning)

가장 간단한 형태의 학습. 시스템이 단순히 여러 사례를 메모리에 저장하는 것으로 학습한다. 메모리 기반 학습이라고도 한다. 대표적으로 유사도를 분류하여 스팸 메일을 분류함으로써 새로운 데이터에 일반화하는 것을 확인할 수 있다.

7. 모델 기반 학습(Model-Based Learning)

여러 샘플 데이터들의 모델을 만들어 사용하는 방식으로 학습한다.

9-4 머신러닝 기술의 준지도 학습

지도 학습은 데이터 분류(레이블링) 작업에 많은 비용과 시간이 소요될 수 있다는 단점을 가지고 있다.

준지도 학습(Semi-Supervised Learning)은 학습 정확성을 개선하기 위해 미분류 사례와 함께 소량의 분류(Labeled) 데이터를 이용한다. 준지도 학습(Semisupervised Learning)에서는 레이블이 일부만 있어도 데이터를 다룰 수 있다. 대부분의 준지도 학습 알고리즘은 지도 학습과 비지도 학습의 조합으로 이루어져 있다.

따라서 분류된 자료가 한정적일 때에는 지도 학습을 개선하기 위해 미분류(Unlabeled) 사례를 이용할 수 있다. 이때 기계(Machine)는 온전히 지도 받지 않기 때문에 '기계가 준지도(Semi-Supervised)를 받는다'라고 표현한다.

레이블이 지정된 데이터와 레이블이 지정되지 않은 데이터를 모두 사용해 트레이닝한다는 점에서 지도 학습과 차이가 있다.

레이블 지정에 따른 비용이 너무 높아 완전한 레이블 지정 트레이닝이 어려운 경우에 유용하며, 웹 캠을 이용한 안면 인식 기술 등에서 사용된다.

대표적으로 제한된 볼츠만 머신(Restricted Boltzmann Machine, RBM)을 여러 겹으로 쌓은 심층 신뢰 신경망(Deep Belief Network, DBN)이 있다.

예를 들어 심층 신뢰 신경망(Deep Belief Network)은 여러 겹으로 쌓은 제한된 볼츠만 머신이라 불리는 비지도 학습에 기초한다.

RBM이 비지도 학습 방식으로 순차적으로 훈련된 다음 전체 시스템이 지도 학습 방식으로 세밀하게 조정된다.

9-5 머신러닝 기술의 강화학습

1. 개 념

머신러닝 기법중 [그림 9-4]처럼 최적화 분석용으로 가장 효과적인 강화학습(Reinforcement Learning)이 활용되고 있다. 미래의 가치를 극대화하기 위해 의사결정을 스스로 학습하는 방법으로서 머신러닝 또 다른 기법인 지도학습과 달리 Target은 성과(Reward)이고 예측 값은 정책 혹은 수행 전략(Action)이 된다.

비즈니스 상황에 맞는 State, Reward, Environment, Action 등의 최적화된 설계가 구현에서 중요한 항목이 된다.

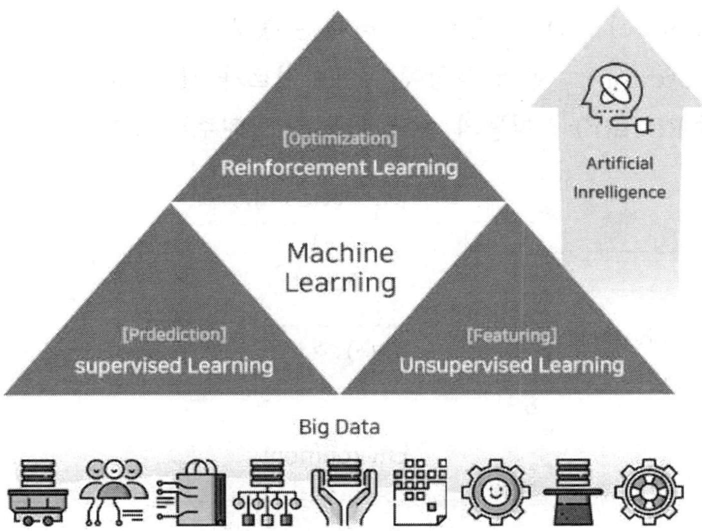

[그림 9-4] 강화학습의 최적화

즉, 강화 학습은(Reinforcement Learning) 환경(Environment)을 관찰해서 피드백을 기반으로 행위자(Agent)의 행동(Action)을 분석, 실행하고 보상(Reward)을 받는다.

① 과거의 결과가 충분하지 않은 상태에서 의사결정(Action)에 의한 그 결과(Reward)를 근거로 미래의 가치(Value)를 극대화하는 의사결정을 스스로 학습하는 것(예 대출 실행 전략을 스스로 학습하여 최적의 수행 전략을 발굴함)
② 예측하려는 대상 없이 데이터만으로 유사한 그룹을 찾거나 패턴을 찾는 분석
③ 군집분석(Clustering), 연관분석, 네트워크 분석 등
④ 과거의 결과가 있어 그 결과를 맞추는 예측모델을 과거 데이터로 부터 학습하여 도출하는 행위
⑤ Score를 산출하는 분류(Classification)나 회귀분석(Regression)이 해당됨

2. 강화 학습의 정의

강화 학습(Reinforcement Learning, 이하 RL)은 기계학습이 다루는 문제들 중 하나로 어떤 환경 안에서 정의된 에이전트가 현재의 상태를 인식하여, 선택 가능한 행동들 중 보상을 최대화하는 행동 혹은 행동 순서를 선택하는 방법이다.

① 에이전트(Agent) : 상태를 관찰, 행동을 선택, 목표지향
② 환경(Environment) : 에이전트를 제외한 나머지(물리적으로 정의하기 힘듦)
③ 상태(State) : 현재 상황을 나타내는 정보
④ 행동(Action) : 현재 상황에서 에이전트가 하는 것
⑤ 보상(Reward) : 행동의 좋고 나쁨을 알려주는 정보

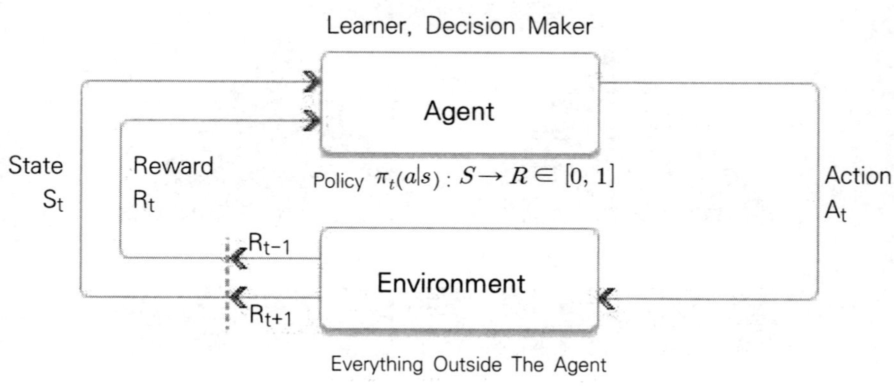

[그림 9-5] 강화학습의 정의

3. 강화학습의 상호작용

① 에이전트가 환경에서 자신의 상태를 관찰
② 그 상태에서 어떠한 기준(가치함수 : 현재 상태에서 미래에 받을 것이라 기대하는 보상의 합)에 따라 행동을 선택
③ 선택한 행동을 환경에서 실행
④ 환경으로부터 다음 상태와 보상을 받음
⑤ 보상을 통해 에이전트가 가진 정보를 수정함

4. 강화학습의 활용

보통 강화학습은 주어진 입력에 대응하는 시스템에 적용하는 게임 네비게이션, 엘리베이터 스케쥴링, 혹은 로보틱스 제어 등의 환경에 많이 이용된다. 게임이나 로보틱스 이외에 기업의 비즈니스 환경에 맞추어서 강화학습으로 풀 수 있는 문제 및 환경을 정의하고 상황에 맞는 알고리즘(Policy Gradient 등)을 적용하여 스스로 문제를 해결할 수 있다. 특히 데이터 축적에 따라 스스로 전략을 개선, 추천할 수 있는 기능과 모델을 개발한다.

주요 알고리즘은 Markov Decision Process이다.

수행 내용

재료 · 자료

- 머신러닝의 기술활용 관련 자료

기기(장비 · 공구)

- 컴퓨터, 프린터, 주변기기

안전 · 유의사항

- 컴퓨터 및 주변기기의 전원을 관리한다.

수행 순서

01 머신러닝 지도학습 알고리즘의 KNN(최근접 이웃 알고리즘) 동작 과정에 대한 예를 구현하라.

[그림 9-6] 녹색 별 모양의 머신러닝으로 분류

[문제] 녹색 별 모양의 영화가 액션 영화인지 로멘틱 영화인지 머신러닝으로 분류하라?

1. 먼저 K를 정해야 한다

K는 최근접을 몇 개를 할 것인지를 정해줘야 한다. 여기에서 K을 3으로 사용하도록 한다.

K는 될수록 작은 개수를 사용하는 것이 좋다. K는 기본적으로 홀수를 쓴다. 짝수를 쓸 경우에 2 : 2 같은 상황이 만들어지면 답을 못하는 경우가 발생하기 때문이다.

즉 K는 작은 홀수를 사용해야 한다.

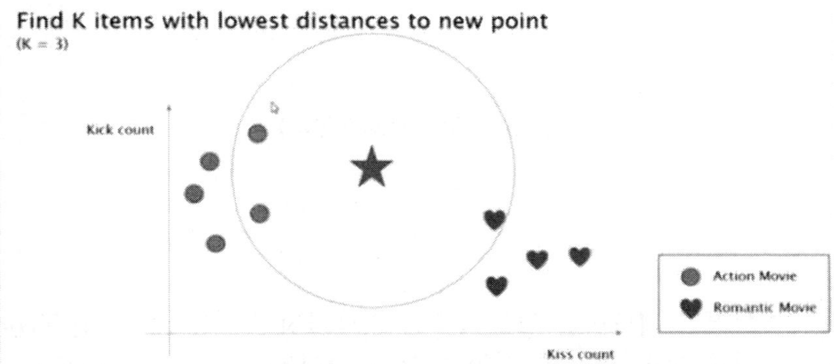

[그림 9-7] 가장 가까운 거리에 K=3개가 들어오도록 함

[그림 9-7]처럼 가장 가까운 거리에 K=3이 들어오면 액션 영화 2개, 로맨틱 영화 1개가 걸리므로 이 녹색별은 액션 영화로 예측된다.

k=4였다고 가정하자.

액션 영화 쪽에 2개, 로맨틱 영화 쪽에서 2개가 걸려 어떤 영화인지 예측하기 힘들 것이다.

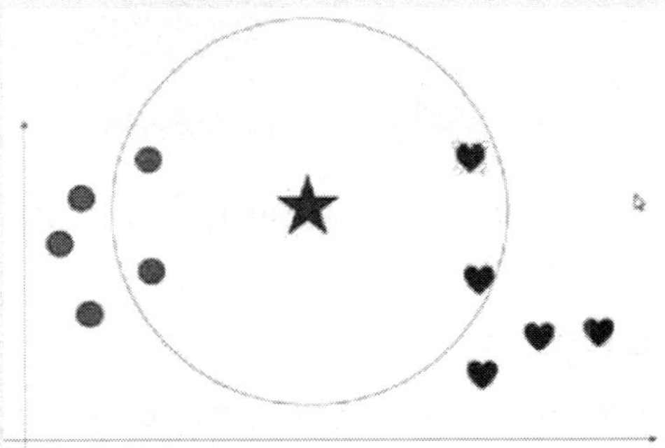

[그림 9-8] 가장 가까운 거리에 K=4개가 들어오도록 함

이제 이 영화는 KNN 알고리즘에 의하면 액션 영화라는 예측값을 얻을 수 있다.

학습 9

2. 최근접거리(NN)는 어떻게 구할까?

이것은 피타고라스의 정리로 구할 수 있다. 즉 $e^2=a^2+b^2$

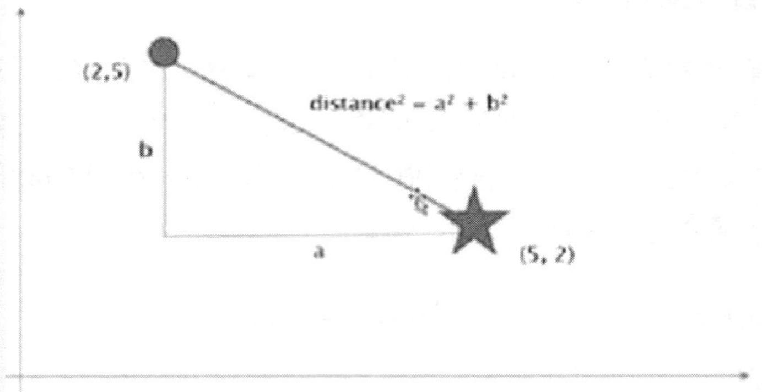

[그림 9-9] 최근접거리(NN)

02 머신러닝 지도학습 알고리즘의 의사결정 트리(Decision Tree) 알고리즘 동작 과정에 대한 예를 구현하라.

[문제] 그림이 있는 상태에서 아무것도 모르는 아기에게 겨울 가족사진을 찾아보라고 가정한다.

[그림 9-10] 의사결정 트리에 사용하는 사진들

① 사람이 있어야 가족사진이다.

그렇다면 아기는 만화 가족사진과 사람 가족사진 중 사람 가족사진을 걸러낼 것이다.

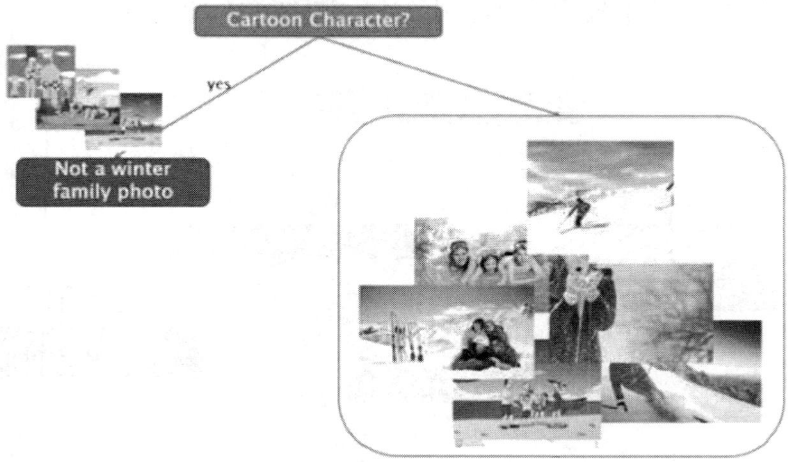

[그림 9-11] 사람이 있는 겨울 가족사진으로 구분

② 눈이 있어야 겨울 사진이라고 힌트를 주면 눈이 없는 사람 가족사진과 눈이 있는 사람 가족사진 중 눈이 있는 가족사진을 걸러낼 것이다.

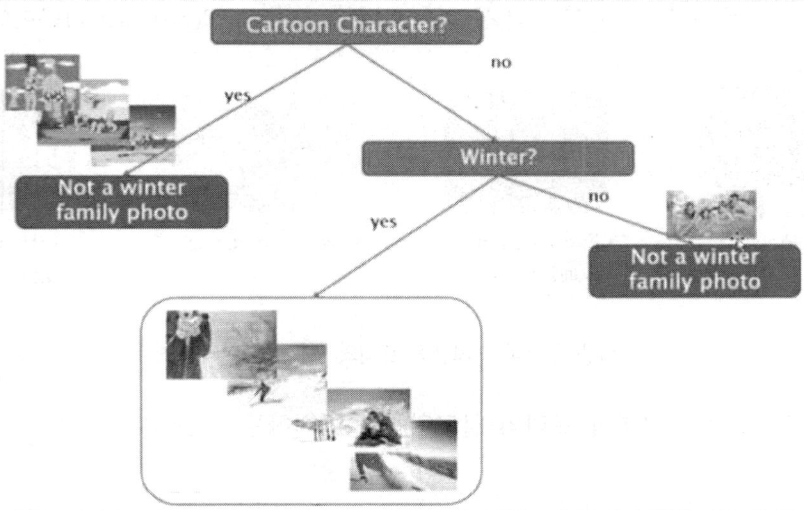

[그림 9-12] 눈이 있는 겨울 가족사진으로 구분

학습 9

③ 사람이 여러 명이 있어야 겨울 가족사진이라고 힌트를 준다.

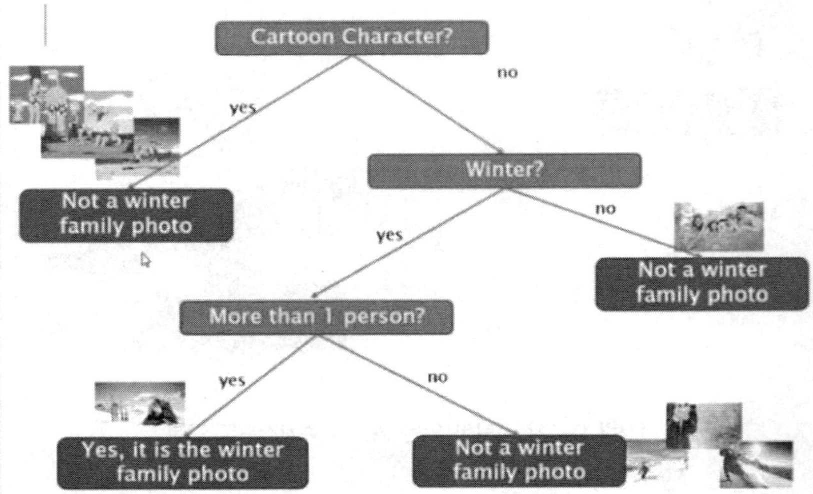

[그림 9-13] 여러 명이 있는 겨울 가족사진으로 구분

위와 같은 방법으로 아기는 머신이고 우리가 가르쳐 준 것을 배우는 러닝을 하였고 이러한 과정을 통해서 푸는 것이 의사결정 트리(Decision Tree) 알고리즘이다.

[그림 9-14] 의사결정 트리의 2가지 메인 개념

[그림 9-14]는 의사결정 트리의 알고리즘을 구현하는 과정이다.

① 문제정의(Define Problem)

머신은 아기처럼 아무것도 모른다. 우리가 알려줘야 한다. 일단 문제로부터 알려줘야 한다.

➡ Define Problem

여기서는 겨울가족사진이 맞는지 등을 Define Problem으로 선택했다.

그리고 맨처음 8개 사진들을 준 것이 ➡ Colllect training Data이다.

② 트리 구축(Build a Tree)

두번째는 Decision Tree를 만드는 과정이다

㉠ Extract Data(Data에서 중요한 특징(Feature)(여기서 Cartoon / Winter/1명 이상)를 뽑아내야 한다.

㉡ 그 다음에 Build a Tree를 한다.

③ Deploy Machine

만든 Decision Tree 알고리즘으로 머신을 돌리는 것을 Deploy Machine이라고 한다.

④ Test

이제 학습이 된 똑똑한 머신에게 새로운 Data(여기서는 사진, 엘사 / 스키장사진)을 보여주는 것을 Test라고 한다.

머신러닝 의사결정 트리 알고리즘의 수학적으로 접근하는 알고리즘은 ID3 알고리즘이다.

이 알고리즘은 Decision Tree에서 하나의 속성을 잡고 데이터를 나눌 때 사용하는 알고리즘이다.

ID3 알고리즘은 엔트로피(Entropy)와 정보 획득(Information Gain)이라는 2가지 컨셉을 가지고 있다.

① 8개의 사진이 주어졌을 때, 첫번째 속성을 잡기 전에 먼저, base entropy를 알아야 한다.

Entropy를 구하는 공식은 아래와 같다.

E[+, -]=

```
Entro = - p(+)*log(p(+)) - p(-)*log(p(-))
```

8개의 사진 중에서, 목적인 겨울가족사진에 해당하는 것은 1개, 아닌 것은 7개 이므로 p(+)=1/8, p(-)=7/8을 대입한다.

```
= Entropy([]|+, 7-))
        = -(1/8) * log(1/8) - (7/8) * log(7/8)
        = 0.543
```

계산 결과 base entropy는 0.543인 것이다.

② 다음은, information Gin을 구해야 한다.

공식은, 임의의 1개의 속성을 잡았을 때, base entroy-new entroyp이다.

즉, E(겨울가족사진) - E(겨울가족사진, 카툰?)의 계산값이다.

new entropy인 E(겨울가족사진, 카툰?)을 계산하는 방법은

㉠ 8개의 사진 중에 카툰사진은 4개이다. p(+)=4/8

㉡ 그 4개의 사진 가운데, 겨울가족사진인 것 0개, 겨울가족사진이 아닌 것 4개 =E[0+, 4-]

㉢ 8개의 사진 중 카툰이 아닌 것은 4개이다. p(-)=4/8

㉣ 그 4개의 사진 가운데, 겨울가족사진인 것은 1개, 겨울가족사진이 아닌 것 3개 =E[1+, 4-]

를 각각 곱해서 더한다.

new entropy = 4/8 * E[0+, 4-] + 4/8 * E[1+, 4-]

information Gain=base entropy(0.543) - new entropy(4/8 * E[0+, 4-] + 4/8 * E(1+, 4-))

```
Information Gain(winter family photo, cartoon)
= E(winter family photo) - E(winter family photo, cartoon)
= 0.543 - (4/8 * E([0+, 4-]) + 4/8 * E([1+, 3-]))
= 0.138
```

같은 방식으로 겨울? / 1명 이상? 을 첫번째 속성(attribute)로 잡았을 때의 information Gain을 구할 수 있다.

```
Information Gain(winter family photo, winter)
= E(winter family photo) - E(winter family photo, cartoon)
= 0.543 - (5/8 * E([1+, 4-]) + 3/8 * E([0+, 3-]))
= 0.093
```

```
Information Gain(winter family photo, >1)
= E(winter family photo) - E(winter family photo, cartoon)
= 0.543 - (5/8 * E([1+, 4-]) + 3/8 * E([0+, 3-]))
= 0.093
```

결과적으로, information Gain이 가장 높게 나온 카툰? 을 첫번째 속성으로 사용하게 되는 것이다.

```
Information Gain(winter family photo, cartoon)
= E(winter family photo) - E(winter family photo, cartoon)
= 0.543 - (4/8 * E([0+, 4-]) + 4/8 * E([1+, 3-]))
= 0.138
```

```
Information Gain(winter family photo, winter)
= E(winter family photo) - E(winter family photo, cartoon)
= 0.543 - (5/8 * E([1+, 4-]) + 3/8 * E([0+, 3-]))
= 0.093
```

```
Information Gain(winter family photo, >1)
= E(winter family photo) - E(winter family photo, cartoon)
= 0.543 - (5/8 * E([1+, 4-]) + 3/8 * E([0+, 3-]))
= 0.093
```

03 머신러닝 지도학습에서 알고리즘의 회귀분석, 의사결정 나무, 서퍼트 백터 머신에 대하여 분석하라.

1. 지도학습의 역할

지도학습에서는 레이블링된 훈련 데이터를 학습하여 모델을 만들고, 레이블링 되지 않은 테스트 데이터를 모델에 적용하여 입력된 데이터에 대해서 맞는 답을 찾는다

1) 분류 vs 회귀

레이블링된 답이 어떤 형태인지에 따라 모델은 분류 또는 회귀의 방법으로 답을 예측한다.

개와 고양이 사진 구분의 예시의 경우에는 레이블링된 값(출력값)이 딱딱 떨어지게 서로 구분되는 경우이다. 이렇게 데이터의 값이 A냐 B냐, C냐 이런 식으로 서로 완전히 구분되면 이것을 범주형 데이터라고 하며, 이렇게 레이블링된 값(출력값)이 범주형 데이

학습 9

터인 경우 학습한 모델은 각각의 값을 구별해 내는 '분류(Classification)'의 역할을 수행한다.

한편 가계소득과 지출에 관한 관계를 알아보고자 가구의 소득 데이터 별로 가계지출 값이 레이블링된 데이터를 학습시킬 수도 있다.

이 때 가계지출은 개, 고양이 같이 딱딱 떨어지는 값이 아니라 임의의 숫자이다. 이렇게 값들이 어떠한 범위 내에서 자유롭게 수치형태로 존재할 수 있는 데이터를 연속형 데이터라고 하며, 레이블링된 값(출력값)이 연속형 데이터인 경우 학습한 모델은 입력값(가계소득)과 출력값(가계지출) 간의 일반적인 관계 특성을 도출하는 '회귀(Regression)'의 역할을 수행한다.

[그림 9-15]의 예시에서 왼쪽은 모델이 분류를 수행한 것이고 오른쪽은 회귀를 수행한 것이다.

[그림 9-15](a)처럼 분류의 경우 찾아야 할 답(출력값)이 □와 X표로 명확하게 구분이 되어 있다. 이런 경우 학습을 통해 빨간색 선 모양으로 두 값을 구분하는 모델을 만들게 된다. 따라서 앞으로 입력될 테스트 데이터가 선 왼편에 있을 경우 □로 분류해내고, 오른쪽에 있다면 X표로 분류하게 된다.

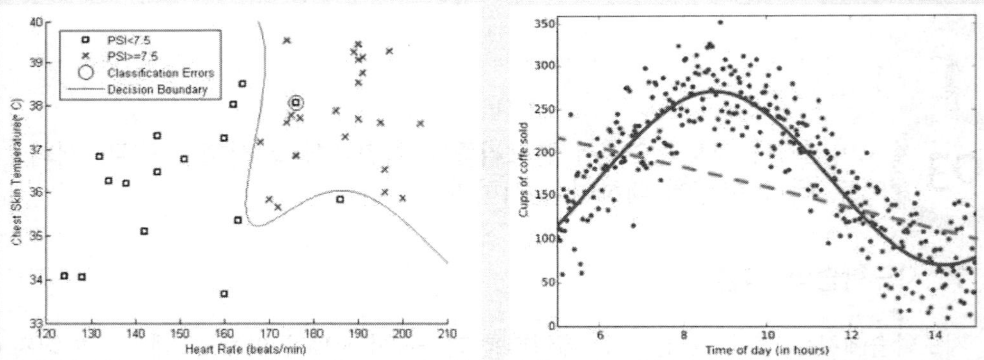

(a) 모델이 분류를 수행 (b) 모델아 회귀를 수행

[그림 9-15] 모델이 분류와 회귀 방법으로 수행

[그림 9-15](b)처럼 회귀의 경우 출력값이 연속형이라 특정한 종류가 아니라 임의의 값을 갖고 좌표 위에 자유롭게 분포해 있다. 하지만 이 값들은 완전 무작위가 아니라 어떠한 경향을 가지면서 분포한다는 것을 눈으로 봐도 대략적으로 알 수 있는데, 머신러닝을 통해 이 데이터를 학습시키면 점들이 사인곡선(초록색 선) 형태로 분포해 있다는 일반적인 특성을 도출해낼 수 있다. 따라서 이 모델을 통해 테스트 데이터를 집어넣으면 입력값의 수치에 따라 이 사인곡선(초록색 선) 위의 한 점에 해당하는 값을 출력하게 된다.

2. 회귀 분석 알고리즘

회귀 분석 알고리즘의 선형 회귀(Linear Regression)와 로지스틱 회귀(Logistic Regression)는 비교적 간단하면서도 현재에도 데이터 분석이나 연구에 많이 활용되고 있는 알고리즘이다.

1) 선형 회귀 알고리즘

먼저 선형 회귀의 아이디어는 꽤 직관적인데 [그림 9-16]과 같이 임의로 분포한 데이터들을 하나의 직선으로 일반화시키는 것이다. 많은 자연현상이나 사회현상이 어떠한 요인에 대해 1차 함수 형태로 정비례하는 경우가 많다는 것을 예전 시대의 사람들도 경험적으로 이해하고 있었기 때문에, 지금까지 모아온 데이터들을 통해 두 변수 사이의 관계를 하나의 함수로 일반화하여 미래에 발생할 값을 예측하고자 개발되었다.

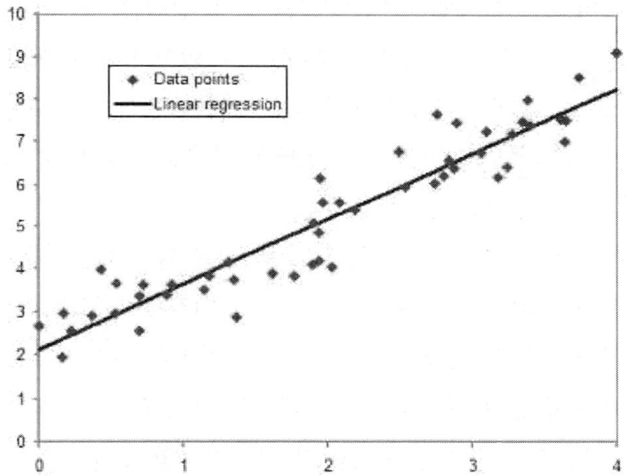

[그림 9-16] 선형 회귀 알고리즘

출처 : https://ko.wikipedia.org/wiki/회귀_분석

무려 1800년대까지 거슬러 올라가는 유서깊은 데이터 분석의 원조 격이라고 할 수 있는 방법으로, 영국의 인류학자인 프랜시스 골턴(Francis Galton)이 부모와 자식 간의 키 관계를 연구한 사례가 역사적으로 널리 알려져 있으며, 그 경향이 극단적으로 튀는 방향이 아니라 평균적인 수치로 '회귀'한다는 데서 회귀분석이라는 용어가 탄생하게 되었다.

이렇게 회귀분석을 데이터의 경향성을 잘 보여주는 직선을 긋는 알고리즘이며, 이 때 아무렇게나 선을 긋는 것이 아니라 최대한 데이터가 선으로 부터 벗어나지 않도록 그어야 좀 더 정확한 경향성을 나타낼 수 있을 것이다.

따라서 각 데이터 별 값과 직선까지의 거리 분산을 최소화 하도록 직선의 모양을 결정한다. 이것을 최소제곱법(OLS : Ordinary Least Square)이라고 부르며, 선형 회귀는 최소제곱법을 이용해서 회귀식(직선을 나타내는 1차 함수)을 만드는 것이라고 할 수 있다.

프랜시스 골턴의 사례와 비슷한 예시를 들어보면 어떤 연구자가 어린이들이 키가 자라는데 관계되는 요인들이 어떻게 영향을 미치는지 조사하고자 회귀분석을 활용하기로 하고, 아동별로 하루에 음식을 섭취하는 칼로리, 하루에 평균 운동시간, 유전적 요인인 아버지와 어머니의 키 데이터를 확보하였다. 그러면 선형 회귀를 통해 다음과 같은 관계식을 얻게 되는 것이다.

$$\text{아동의 키} = (0.2\times\text{칼로리}) + (0.1\times\text{운동시간}) + (0.4\times\text{아버지 키}) + (0.4\times\text{어머니 키}) + 0 \quad \text{식 (9-1)}$$

이렇게 회귀식을 통해 입력되는 값에 따라 최종적인 아동의 키를 예측할 수 있게 되는 것이다. 식(9-1)에 따르면 아동의 키에 영향을 주는 입력값 별 가중치가 부모님의 키가 0.4로 유전적인 영향이 가장 강한 것으로 추론할 수 있고 영양상태와 운동시간은 가중치가 각각 0.2, 0.1로 둘 중에는 영양상태가 좀 더 키에 영향이 있다는 것을 시사해준다.

이렇게 회귀식은 우리가 이해하기 쉬운 형태로 도출되기 때문에 입력값과 출력값과의 관계를 쉽게 파악할 수 있다는 큰 장점이 있다.

하지만 회귀식을 통해 도출되는 아동의 키(출력값)는 실제와는 완전히 똑같을 수는 없고 약간의 차이가 발생하게 되는데, 회귀분석으로 만들어진 모델(회귀식, 1차함수)이 학습한 데이터와 차이가 작을수록 더 정확한 모델이 되고 그렇지 않은 경우 오차가 커지게 된다.

또한 선형 회귀는 1차 함수 형태로 나타나기 때문에 출력값이 연속형일 경우에만 적용할 수 있고, 개와 고양이 같이 범주형 데이터에는 적용할 수 없다. 그리고 데이터가 1차 함수의 형태로 분포해 있지 않으면(2차 함수, 로그 함수 등) 정확성이 떨어진다.

회귀 분석은 역사가 오래된 만큼 다양한 응용 기법이 있어서 1차 함수 형태로 분포해 있지 않아도 데이터 변환을 통해 직선 형태로 바꿔서 적용할 수 있다.

2) 로지스틱 회귀 알고리즘

응용기법 중 하나로 로지스틱 회귀(Logistic Regression)이 있는데, 출력값이 범주형 데이터일 경우 사용할 수 있는 방법이다.

로지스틱 회귀는 로지스틱 함수를 회귀식으로 사용하기 때문에 붙여진 명칭으로, 로지스틱 함수는 [그림 9-17]의 오른쪽 위의 빨간색 선과 같이 최소값과 최대값이 특정한 값으로 수렴하고 그 사이는 S자 커브 모양으로 굴곡이 진 모양의 함수를 말한다.

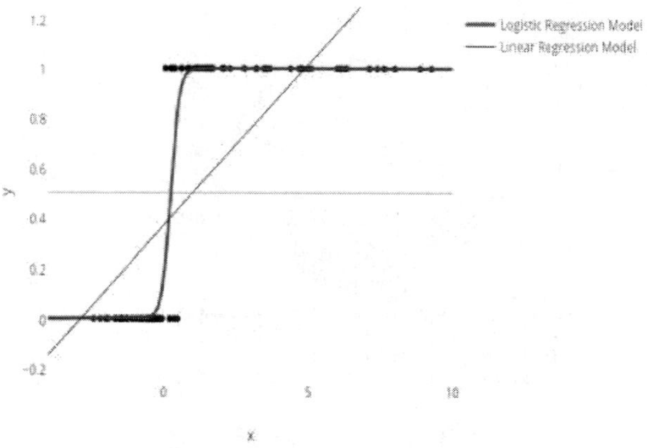

[그림 9-17] 로지스틱 회귀 알고리즘

최소값과 최대값이 수렴하기 때문에 범주형으로 완전히 분리된 값을 구분하기 좋다는 특징이 있다.

[그림 9-17] 과 같이 출력값이 0과 1로 완전히 분리된 데이터의 경우, 선형 회귀를 하면 파란색 선과 같이 부정확하게 나타나지만, 로지스틱 회귀를 사용할 경우 빨간색 선과 같이 0과 1로 명확하게 구분하는 것을 볼 수 있다.

이렇게 회귀분석으로 학습한 모델은 데이터를 분류하거나 일반화하는 데 하나의 선을 활용한다.

3. 의사결정 나무

의사결정 나무(Decision Trees)는 주어진 입력값에 대해서 여러 번의 질문을 통해 답을 찾는 방법이다. 흡사 스무고개 놀이하는 것과 같다고 볼 수 있다.

아키네이터(Akinator)라는 본인이 생각하는 인물이나 캐릭터에 대해 여러 번 질문을 해서 제가 생각한 것을 알아맞히는 한 번 심심풀이로 해볼만한 사이트가 있다(https://kr.akinator.com/game).

사람이 아니라도 답을 맞힐 수 있도록 컴퓨터에 인물에 대한 신상정보를 넣어주면 위 사이트같이 누구든 알아맞히는 재미있는 능력을 보여 주는 일종의 게임이다.

예를 들어 제가 미국 도널드 트럼프 대통령을 생각하고 [그림 9-18]처럼 다음과 같이 질문을 해서 대답을 했다.

처음에는 남자입니까, 한국사람 입니까, 실존인물 입니까와 같이 막연한 질문을 하다가, 어느 순간 미국사람입니까, 대통령에 출마하였습니까로 범위가 확 좁아지고, 마지막에 은퇴 했습니까 질문에서 제가 생각한 사람이 드러났다.

[그림 9-18] 아키네이터 화면

[그림 9-19] 아키네이터 트럼프 대통령 찾는 과정

의사결정 나무도 위와 같은 방법으로 답을 분류하며, 여러가지 질문의 경우에 따라 가지치기 하듯이 뻗어 나간다는 모양이 나무와 같다고 하여 이렇게 용어가 붙여졌다.

다음의 예시로 좀 더 자세히 설명하겠다.

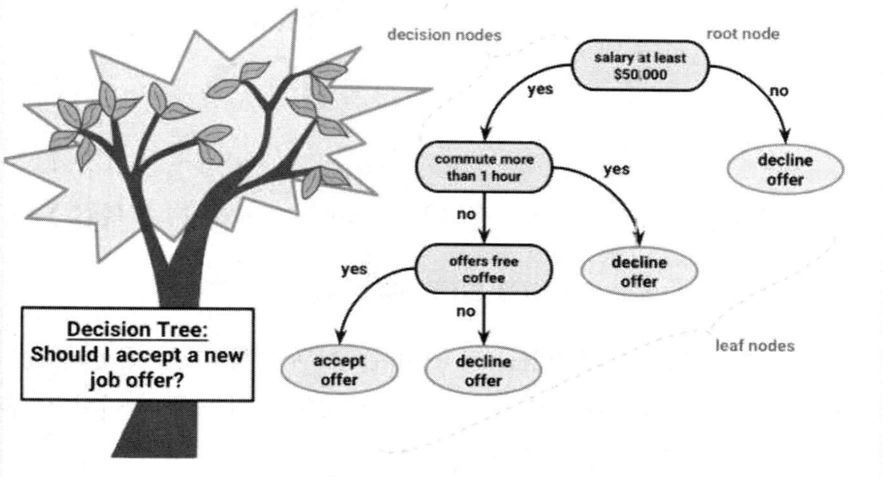

[그림 9-20] 의사결정 나무 사례

출처 : https://towardsdatascience.com/decision-tree-hugging-b8851f853486]

만약 입사 제의가 들어온 회사의 조건에 따라 입사할 지 말지를 결정하고자 하는 모델을 만들고자 한다. 이 때 이전에 입사 제의를 받았던 회사들의 조건과 그에 대한 입사 수용, 거절 여부 이력(훈련 데이터)들을 모아서 학습시킨 결과 연봉이 $50,000 이상이고, 통근시간이 1시간 미만이고, 커피를 무료로 자유롭게 마실 수 있는 곳은 입사를 수용하고 그렇지 않은 경우는 모두 입사를 거절한다는 모델을 만들었다.

따라서 이 모델에 의해 위의 질문을 거쳐 나에게 맞는 회사의 조건에 따라 입사를 수용하거나 거절을 결정할 수 있게 되는 것이다.

이제 이 모델에 새로 입사 제의가 들어온 회사에 대한 정보를 넣어 보겠다. 만약 위 조건을 모두 만족하는 회사라면 입사수용으로 결정되지만, 다른 조건이 모두 만족하더라도 커피 머신이 없는 회사라면 입사 거절로 답이 나오게 되겠다.

이러한 의사결정과정을 좀 더 컴퓨터 관점에 보면, 각각의 질문은 [그림 9-21] 상에 보이는 검은색 선이라고 할 수 있다.

맨 왼쪽 그림에서 수평으로 선이 그어졌는데 어떠한 기준에 따라 데이터를 두 개로 구분하고 그 중 위의 것은 노란색이라고 분류한 것이다.

하지만 아직 아래쪽은 초록색과 보라색, 파란색이 구분된 상태가 아니다.

학습 9

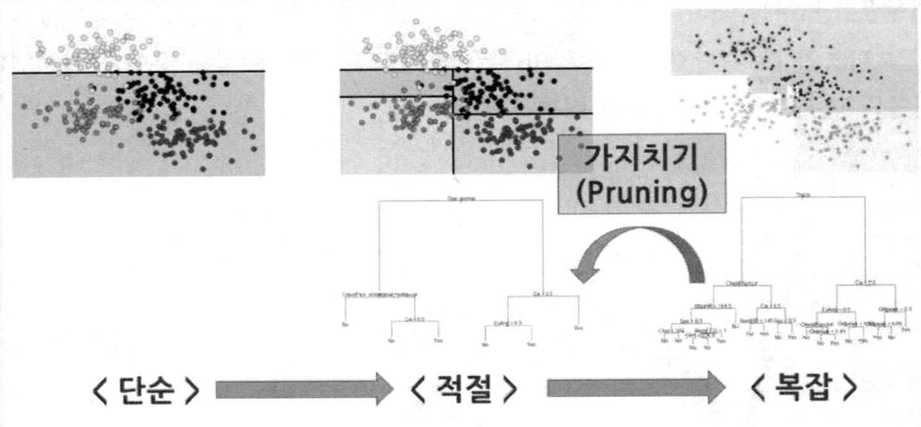

[그림 9-21] 의사결정 과정

따라서 몇 번의 질문을 더 해야(선을 더 그어야) 좀 더 정확하게 분류할 수 있게 된다. 이렇게 중앙에 있는 그림과 같이 몇 번의 선을 더 긋는 과정을 통해 이제 각 출력값을 비교적 정확하게 구별해 낼 수 있게 되었다

이렇게 의사결정 나무는 데이터를 구분하는 확실한 기준을 갖고 분류하기 때문에 회귀 모델처럼 의사결정 나무 모델도 사람이 이해하기 쉽다.

그리고 하나의 선만 활용하는 회귀 모델과는 다르게 여러 개의 선을 가지고 분류하기 때문에 회귀 모델을 적용하기 어려운 복잡한 형태로 분포한 데이터들도 의사결정 나무는 잘 구분할 수 있다.

그렇다면 아무리 복잡한 데이터라도 선을 계속해서 긋다 보면 결과적으로 모든 데이터를 100% 정확하게 분류할 수 있는 것이 아닐까 생각할 수 있다. 위의 Akinator와 같이 말이다.

하지만 [그림 9-22] 오른쪽과 같이 지나치게 촘촘하게 분류할 경우 훈련시킨 데이터에 한정해서는 매우 높은 정확도를 보일 수 있지만, 실제 분류를 수행해야 할 테스트 데이터는 훈련 데이터와 완전히 같은 형태로 값들이 분포한다는 보장이 없으므로 이렇게 훈련 데이터에 특성화시킨 복잡한 모델이 오히려 정확도가 떨어지게 된다. 또 너무 복잡하기 때문에 이해하기 어렵고 성능도 떨어지게 된다.

이러한 현상을 과대적합(Over Fitting)이라고 하며, 의사결정 나무에서는 지나치게 복잡한 가지들을 쳐내는 가지치기(Pruning) 작업을 통해 적절한 수준으로 의사결정 나무를 만드는 방법으로 모델을 만들어나가게 된다.

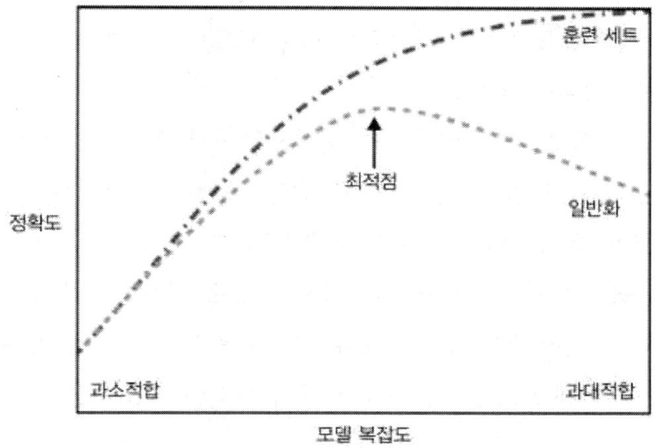

[그림 9-22] 훈련 데이터 모델 복잡도

출처 : https://tensorflow.blog/파이썬-머신러닝/2-2-일반화-과대적합-과소적합

결론적으로 회귀분석은 하나의 선으로 데이터를 분류하거나 일반화한다면, 의사결정 나무는 여러 개의 직선을 활용한다.

4. 서포트 벡터 머신

서포트 벡터 머신(Support Vector Machine, SVM)의 주요 아이디어는 출력값들을 구분할 수 있는 가장 평면(선)을 긋되 가장 큰 폭으로 차이가 나도록 긋는 것이다. 이 경계는 초평면(Hyperplane)이라고 부르는데, 그냥 평면도 아니고 초평면인 이유는 입력값이 두 개인 경우에는 아래 왼쪽 그림과 같이 2차원 평면에 선으로 그릴 수 있지만, 입력값이 그 이상일 경우 4차원 이상이 되기 때문에 개념적으로만 상상할 수 있기 때문이다.

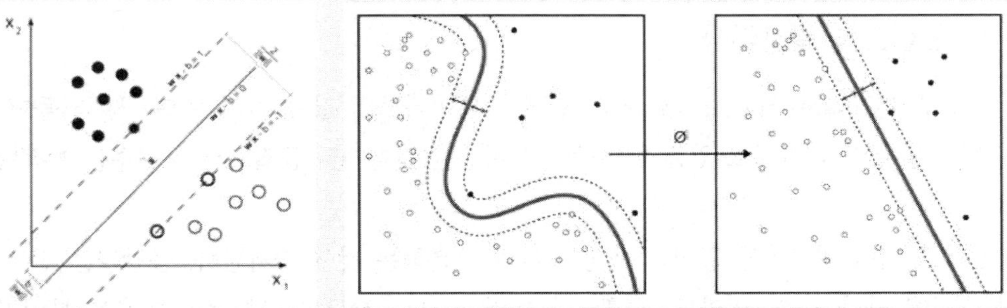

[그림 9-23] 서포트 벡터 머신

출처 : https://en.wikipedia.org/wiki/Support_vector_machine

서포트 벡터 머신은 데이터가 어떻게 분포해 있든 간에 직선이나 곡선을 그어서 분류할 수 있기 때문에 회귀 모델이나 의사결정 나무 모델이 학습하기 어려운 복잡한 데이터도 학습할 수 있는 장점이 있다.

[그림 9-23] 오른쪽을 보면 데이터가 직선으로 구분할 수 없는 형태로 되어있는데, 서포트 벡터 머신은 커널 함수라는 변환 함수를 통해 직선형태로 변형하여 구분한다.

결론적으로 서포트 벡터 머신은 데이터를 분류할 때 정형화된 직선이 아니라 이제부터는 복잡한 곡선을 동원할 수 있다. 이것은 중요한 것을 시사하는데 저렇게 임의의 곡선을 수식으로 나타내려면 엄청나게 복잡한 함수들이 동원되기 때문에 회귀 모델이나 의사결정 나무 모델과는 다르게 모델을 더 이상 사람이 수식이나 도식을 보고 이해하거나 해석할 수 없다.

단지 컴퓨터만 이해할 수 있는 분류 방법대로 테스트 데이터가 정확하게 분류되어 나오면 사람은 그 결과를 그냥 받아들일 수만 있을 뿐이고, 왜 컴퓨터가 이렇게 생각했는지는 우리가 뭔가 말로 논리정연하게 설명할 수 없는 것이다. 이것은 더 복잡한 모델인 신경망 알고리즘에서도 그대로 적용이 된다.

이렇게 데이터를 분류하거나 일반화하는 가장 단순한 방법부터 복잡한 방법(컴퓨터의 관점에서) 순서로 지도학습 별 알고리즘을 소개하였다.

04 머신러닝의 비지도학습에서 알고리즘인 군집분석과 주성분 분석에 대하여 분석하라.

비지도학습 기법인 군집분석과 주성분분석에 대하여 알아보자.

1. 군집분석 알고리즘

군집분석(Clustering Analysis)은 입력된 데이터들의 값에 따라 어떤 데이터들이 좀 더 비슷한 성질을 가지고 있는지 파악하여 비슷한 것들끼리 군집으로 묶어주는 분석방법이다.

사람은 어떤 대상이든 일정한 특성에 따라 구분하는 것을 즐겨한다. 음악같은 경우 곡의 특성에 따라 댄스, 발라드, 힙합, 락 이런 식으로 장르를 구분해서 이름을 붙이기도 하고, 학교에서는 어떤 애들은 모범생 그룹, 어떤 애들은 날라리 그룹, 어떤 애들은 아싸 그룹 이런 식으로 그룹짓기도 한다.

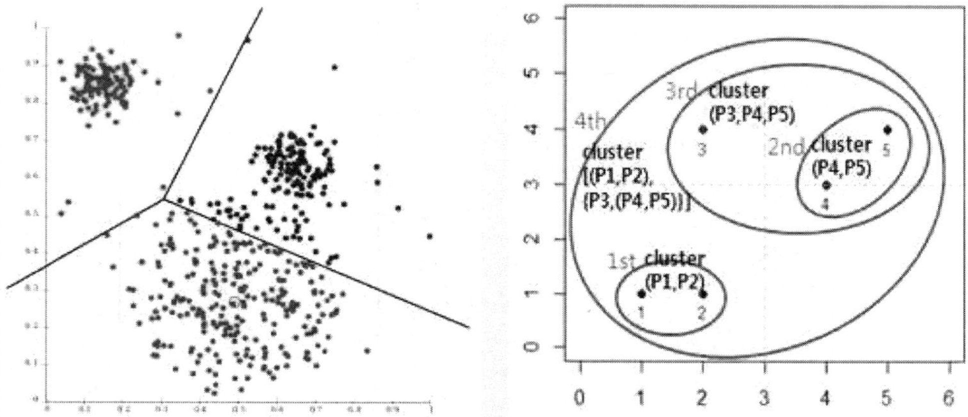

[그림 9-24] 군집분석

이렇게 대상을 몇 가지 그룹으로 묶어서 일반화시키는 것은 복잡하고 다양하게 나타나는 대상들을 쉽게 이해하는 데 도움이 된다. 이렇게 군집분석은 대상을 좀 더 이해하기 쉽게 특징짓는 데 효과적인 방법이다.

군집분석 알고리즘은 비교적 우리의 직관을 충실히 따라가는 편이다.

우리가 흩어진 데이터들을 묶을 때 어떤 기준으로 묶을까?

가장 먼저 서로 가깝게 다닥다닥 붙어있는 것을 하나의 그룹으로 취급할 것이다. 그리고 서로 멀리 떨어져 있는 것은 서로 다른 그룹으로 취급할 것이다. 군집분석 알고리즘도 우리가 머릿속으로 생각하는 사고과정과 유사하게 데이터들을 군집화한다.

군집분석 알고리즘에는 계층적 군집분석과 비계층적 군집분석이 있는데 용도에 따라 다르게 활용된다.

1) 계층적 군집 분석

먼저 계층적 군집분석은 한 군집이 다른 군집을 포함할 수 있는 구조로 군집을 만드는 기법이다. 이것은 음악 장르를 구분하는 것과 비슷하게 음악이라는 것을 댄스, 발라드, 힙합, 락으로 구분하고 락에는 펑크락과 하드락이 있고 그 아래에 또 세분화되고 이런 식으로 계층화되는 형태로 데이터를 군집화한다.

그래서 계층적 군집분석은 [그림 9-25] 오른쪽 그림과 같이 가지형태로 파생되는 형태로 결과가 얻어지는 데 이것을 덴드로그램(Dendrogram)이라고 한다.

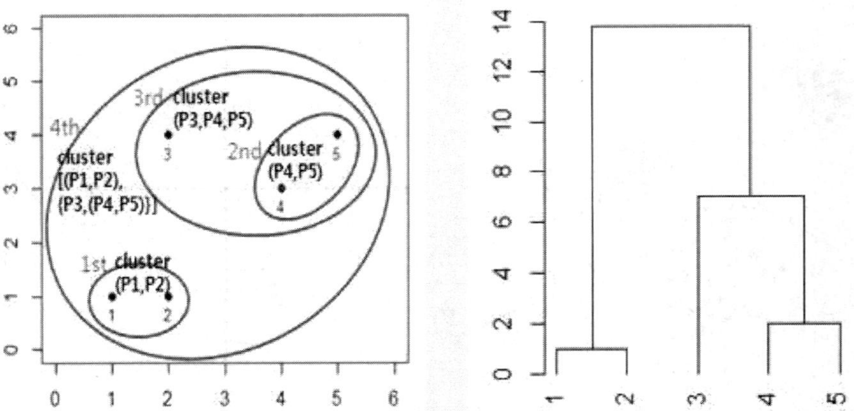

[그림 9-25] 계층적 군집분석의 덴드로그램 방식

2) 비계층적 군집분석

비계층적 군집분석은 군집끼리 포함관계를 이루지 않고 서로 독립적인 한 군집으로 만드는 기법이다. [그림 9-26]과 같이 분포한 데이터를 빨강그룹, 파랑그룹, 초록그룹으로 구분하여 그룹짓는 것이 바로 비계층적 군집분석이라고 할 수 있다.

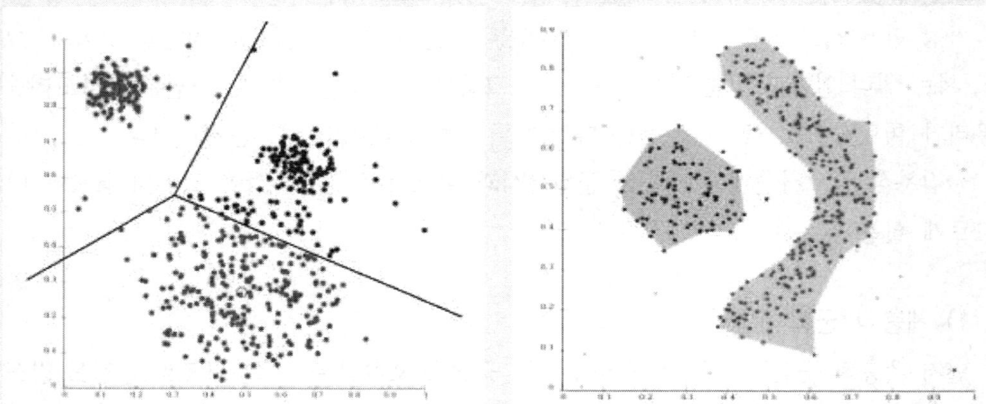

[그림 9-26] 비계층적 군집분석

비계층적 군집분석은 거리를 기반으로 군집화하는 방법(K-means)(왼쪽 위 그림)과 밀도를 기반으로 군집화 하는 방법(DB-SCAN) [그림 9-26]의 오른쪽 그림이 있는데 데이터가 분포한 특성에 따라 좀 더 말을 잘 듣는 방법을 선택해서 사용할 수 있다. 또 하나 차이점은 거리기반 군집분석기법은 미리 몇 개의 군집을 만들 것인지 정의해야 한다. 군집을 3개로 만들겠다고 설정하면 컴퓨터는 3개에 맞도록 구분해 줄 것이고, 5개로 만들겠다고 하면 5개에 맞도록 적절히 구분해 준다.

3) 군집분석의 사례

군집분석은 연구나 기획 등 의사결정이 필요한 다양한 업무에서 활용된다. [그림 9-27]처럼 잘 알려진 사례로 신한카드의 사례가 있다.

신한카드는 2014년부터 빅데이터를 적극적으로 활용하기 시작했는데, 그 결과가 바로 Code 9(코드나인)이라고 하는 것이다. 신한카드는 고객정보와 카드 결제내역을 군집분석하여 남녀 고객을 위와 같이 총 18가지로 분류하고 각 분류별로 Rookie, It-Girl 같은 명칭을 지었다. 이런 명칭을 짓는 건 각 고객군집의 특성을 사람이 직접 확인해서 판단하는 것이다.

이렇게 고객들을 군집화한 것은 고객마다 원하는 카드혜택이 다르기 때문에, 고객 특성을 몇 가지로 축약하여 정의함으로써 고객 특성별로 특화된 카드 상품을 만드는 데 유용하게 활용될 수 있다.

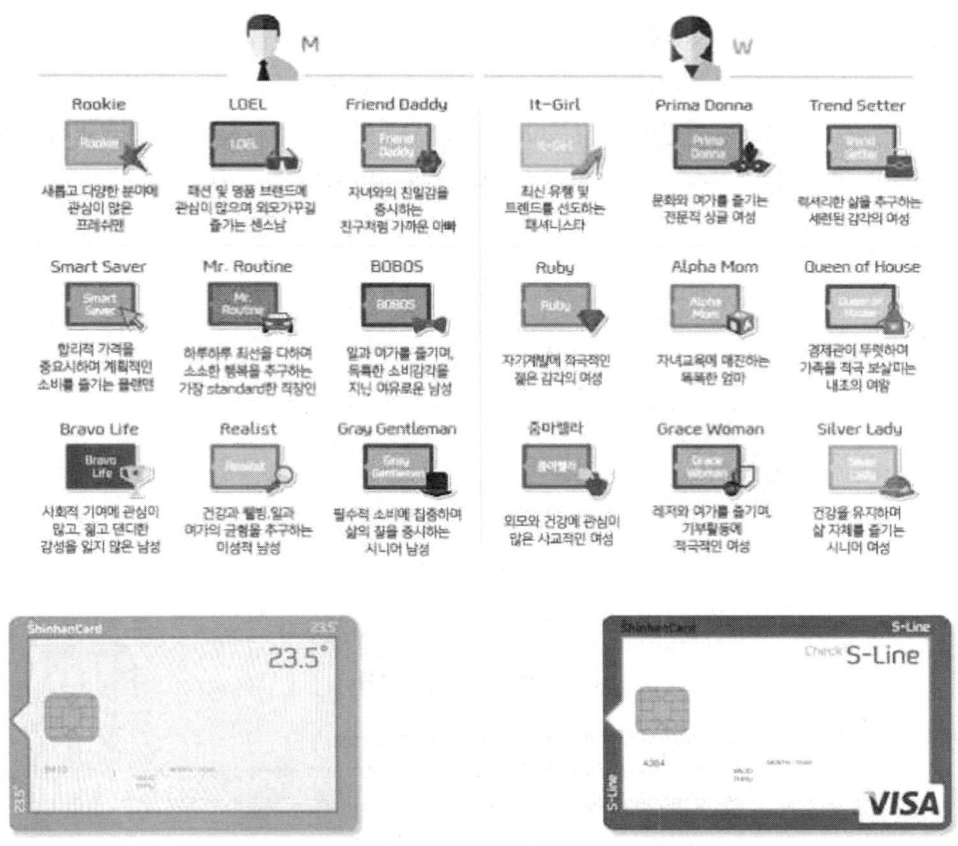

[그림 9-27] 군집분석의 신한카드 사례

출처 : 신한카드 블로그

그 결과 특정 고객유형에게 효과적인 혜택을 제공하는 23.5º 카드와 S-Line 카드상품을 출시했다고 한다.

그런데 맞춤형 혜택을 제공하면 사람들이 많이 써야 할 것 같은데 딱히 좋은 평을 듣지 못한 걸 보면 고객 분류가 적절치 않았거나 지나치게 특정 타겟에 혜택을 맞추다 보니 범용성이 떨어지거나 했던 것이다.

2. 주성분 분석

주성분 분석(PCA : Principle Component Analysis)은 데이터 입력값의 특성을 분석해서 출력값을 더 잘 설명해줄 수 있는 새로운 독립적인 입력 특성을 추출하는 방법을 말한다.

1) 주성분 데이터 특성 분석

[그림 9-28]의 왼쪽 그림을 살펴보면 x,y 평면에 데이터가 넓게 분포해 있다. 그런데 잘 보면 데이터가 약간 비스듬한 모양으로 분포해 있는 것을 알 수 있다. 그렇다면 이 데이터는 x축, y축으로 설명하는 것보다는 서로 수직한 w축과 z축을 새로 그어서 데이터의 특성을 표현하는 것이 좀 더 자연스럽다고 볼 수 있다.

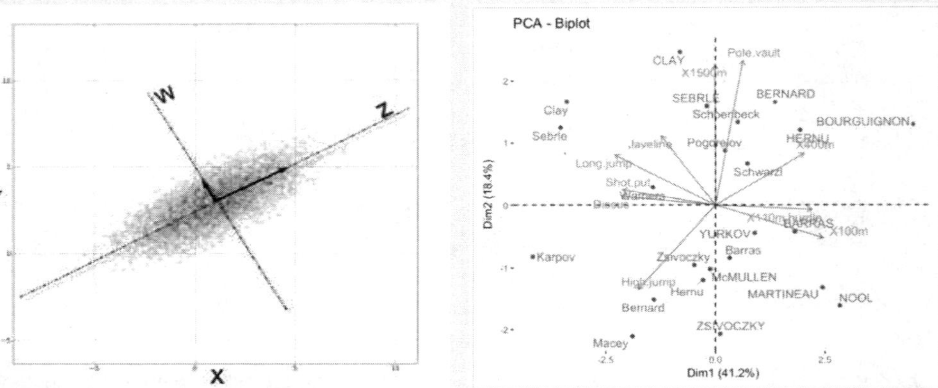

[그림 9-28] 주성분 분석

출처 : https://en.wikipedia.org/wiki/Principal_component_analysis
http://www.sthda.com/english/articles/31-principal-component-methods-in-r-practical-guide/119-pca-in-r-using-ade4-quick-scripts/]

2) 주성분 분석을 좌표로 표시

수학에서도 원이나 나선 같은 어떤 형태는 직교좌표보다 극좌표를 사용하는 것이 훨씬 더 특성을 효과적으로 설명한다. [그림 9-29]처럼 같이 나선형태의 곡선은 극좌표로 표시하면 중심으로부터의 거리(r)와 각도(θ)로 간결하게 표현되는 반면, 직교좌표의 경우 훨씬 복잡함을 알 수 있다.

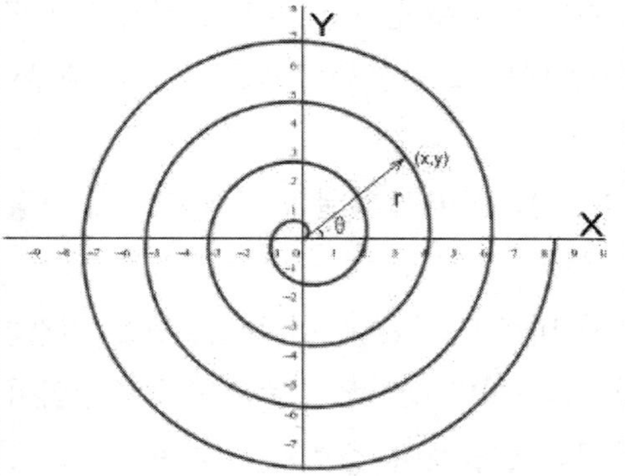

[그림 9-29] 나선형태의 곡선을 극좌표 및 직교좌표로 표시

이렇게 주성분분석은 데이터를 더 잘 설명하는 특성을 찾는데 도움을 주기도 하지만, 좀 더 비중있는 특성과 비중이 낮은 특성을 찾아서 입력 특성의 개수를 적절하게 줄이는 효과도 있는데 이것을 통해 데이터의 크기를 축소하여 향후 지도학습을 시킬 때 성능을 개선하는 데 활용되기도 한다.

어느 정도 규모가 되는 데이터의 경우 하나의 출력값을 결정하는데 수십 개에서 백 개 이상의 입력값이 동원되기도 한다.

예를 들어서 신용카드 사에서는 고객에 대한 신상정보 뿐만 아니라 그 동안의 결제내역을 통해 어떤 종류의 상품을 선호하는지, 얼마나 소비하는 지에 대한 아주 상세한 데이터를 갖고 있다.

이러한 데이터는 우리가 생각하는 것보다 훨씬 더 세분화되어 관리되고 있기 때문에 고객마다 수십개의 속성정보를 갖게 된다.

따라서 고객별 속성정보를 활용하여 맞춤형 서비스를 제공하기 위해 머신러닝을 활용하고자 할 때 수십 개에 달하는 엄청난 규모의 데이터를 알고리즘에 쏟아넣을 수 있는데, 사실 이 중에는 별 의미없는 속성도 있고, 서로 비슷한 성격의 속성도 있을 것이다.

따라서 모든 속성을 다 쏟아넣기 전에, 주성분분석으로 한번 걸러서 50-60개의 속성을 20개 정도의 의미있는 속성으로 축소시켜 알고리즘에 넣어 학습시키면 데이터의 정확성이 약간 떨어지지만 모델의 속도를 훨씬 상승시킬 수 있게 되는 것이다.

3) 주성분 분석을 얼굴인식에 활용

주성분 분석은 얼굴인식 인공지능을 만들 때도 활용될 수 있다. 우리가 사람 얼굴을 구별하기 위해서 어떠한 요소를 고려할까? 그리고 최대한 적은 요소로도 잘 구별하려면 얼굴 특성을 어떻게 만들어야 할까?

얼굴 윤곽, 피부밝기, 주름의 정도, 수염의 유무 등 여러가지가 있지만 이 정도 정보만으로는 사람얼굴을 다시 재현하기 어렵겠네요. 그만큼 직관적으로 답을 떠올리기가 어려운 일이기도 한다.

그래서 사람 얼굴 수백, 수천장을 주성분분석하면 얼굴을 구별하는 데 가장 중요한 특성순서로 성분을 만들어 준다.

[그림 9-30]의 왼쪽 15개의 이미지가 바로 그것이다. 이 주성분들을 일정한 가중치로 섞으면 각 개인의 얼굴이 재현되는 것이죠. 어떤 성분은 턱수염이나 콧수염이 부각된 이미지가 있고, 또 다른 성분은 눈두덩이나 얼굴형이 강조된 것도 있다.

이렇게 추출된 주성분을 잘 섞어서 [그림 9-30]의 오른쪽 위 그림 중 가장 왼편에 있는 원본 이미지를 재현해본다. 주성분을 10개만 활용한 경우 원본사진과 다소 차이가 많이 나서 본인임을 확인하기에는 좀 역부족인 것 같다. 하지만 주성분을 50개, 100개를 섞으면 원본사진과 똑같지는 않지만 원래 사진을 약간 흐릿하게 한 정도로 유사하게 재현되었다. 그리고 주성분 500개를 활용해 섞은 결과 원본과 거의 똑같이 재현되었음을 알 수 있다.

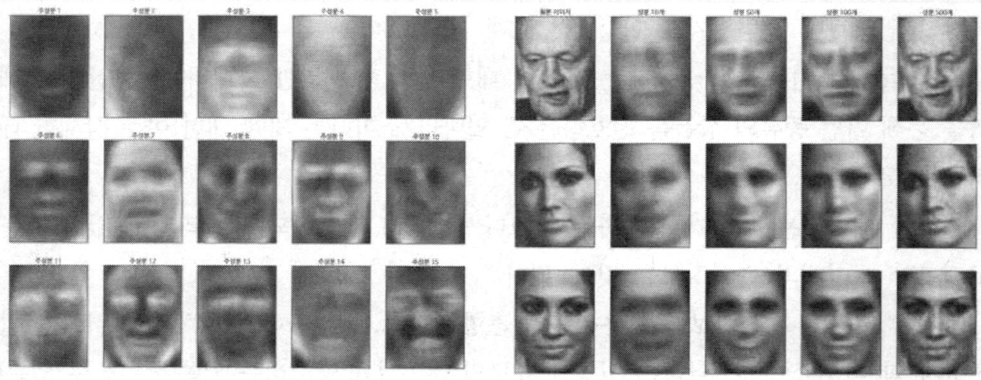

[그림 9-30] 주성분분석은 얼굴인식 인공지능 활용사례

출처 : 파이썬 라이브러리를 활용한 머신러닝(한빛출판사)

따라서 주성분 분석을 활용하면 얼굴을 잘 구분할 수 있는 요소들을 파악하는 데 도움을 주고, 그 중 비중이 높은 상위 몇 개의 주성분만으로도 원래의 데이터를 재현하게 하여 데이터의 크기를 줄이는 데 효과가 있다고 할 수 있다.

05 머신러닝 학습에서 주어진 문제에 따라 각기 다른 방법에 따른 데이터 조작에 대하여 분석하라.

1. 군집화(Clustering)

조류학 전문가가 아니더라도, 새 사진 모음을 보고 깃털 색깔이나 크기, 부리 모양 같은 단서를 통해 대강 종을 구분하는 것은 할 수 있다. 이것이 바로 자율 학습을 위한 가장 흔한 적용인 군집화가 이루어지는 방식이다. 딥러닝 모델은 서로 비슷해 보이는 학습 데이터를 찾아 그룹으로 만든다.

2. 이상 탐지(Anomaly Detection)

은행은 고객의 구매 행동에서 특이한 패턴을 발견함으로써 사기거래를 탐지한다. 예를 들어, 한 신용카드가 각각 미국 캘리포니아와 덴마크에서 같은 날 사용됐다면, 그건 의혹의 원인이 된다. 이와 유사하게, 자율 학습은 데이터 세트에 특정 값을 표시하는데 쓰일 수 있다.

3. 연상(Association)

온라인 쇼핑 카트에 기저귀, 사과 소스, 빨대 컵을 넣으면 사이트가 저절로 턱받이와 베이비 모니터를 추천해줄 것이다. 이건 연상의 예시이다, 바로 데이터 샘플의 어떤 특성을 다른 특성과 연관 짓는 것이다. 데이터 포인트의 핵심 속성을 두어 개 파악함으로써, 자율 학습 모델은 연관된 다른 속성들을 예측할 수 있다.

4. 오토인코더

오토인코더(Autoencoder)는 입력 데이터를 가지고 하나의 코드로 압축한 뒤 요약된 코드로부터 입력 데이터를 재생성하려고 한다. 이건 마치 모비 딕으로 시작해 스파크 노트 버전을 생성한 후, 스파크 노트만을 참고해 원작을 다시 쓰려고 하는 것과 같다.

깔끔한 딥러닝 트릭이긴 하지만, 간단한 오토코더가 실제로 유용한 사례는 별로 없다. 하지만 복잡성을 한 층만 더하면 가능성은 불어난다.

오토인코더는 학습에 한 이미지의 더러운 버전, 깔끔한 버전을 둘 다 씀으로써 이미지, 비디오, 의료용 스캔 같은 시각 데이터에서 노이즈를 제거해 이미지의 품질을 개선시킨다.

06 머신러닝의 온라인 학습과 오프라인 학습에 대하여 분석하라.

1. 배치 학습

배치 학습(Batch Learning)에서는 시스템이 점진적으로 학습할 수 없다. 가용한 데이터를 모두 사용해 훈련시켜야 한다.

이러한 방식은 시간과 자원을 많이 소모하여 일반적으로 오프라인에서 가동된다.

먼저 시스템을 훈련시키고 제품 시스템에 적용하면 더 이상의 학습 없이 실행된다.

즉 학습한 것을 적용할 뿐이다. 이를 오프라인 학습(Offline Learning)이라고 한다.

배치 학습 시스템이 새로운 데이터에 대해 학습하려면 전체 데이터를 사용하여 시스템의 새로운 버전을 처음부터 다시 훈련해야 한다.

이후 이전 시스템을 중지시키고 새로운 시스템으로 교체한다.

이러한 방식은 간단하고 잘 작동하지만 전체 데이터 셋을 사용해 훈련하는데 몇 시간이 소요될 수 있다.

또한 전체 데이터 셋을 사용해 훈련하기 때문에 시스템 자원을 많이 소모한다. 자원이 제한된 시스템이 스스로 학습해야 할 때 많은 양의 훈련 데이터를 나르고 학습을 위해 자원을 사용하는 경우 문제를 발생시킬 수 있다.

2. 온라인 학습

온라인 학습(Online Learning)에서는 데이터를 순차적으로 한 개씩 또는 미니배치(Mini-Batch)라 부르는 작은 묶음 단위로 주입하여 시스템을 훈련시킨다.

매 학습 단계가 빠르고 비용이 적게 들어 시스템은 데이터가 도착하는 대로 즉시 학습할 수 있다.

온라인 학습은 연속적으로 데이터를 받고 빠른 변화에 스스로 적응해야 하는 시스템에 적합하다.

컴퓨팅 자원이 제한된 경우에도 적합하다고 할 수 있다. 학습이 끝난 데이터는 더 이상 필요하지 않으므로 버리면 된다.

온라인 학습 시스템에서 중요한 파라미터 중 하나는 변화하는 데이터에 얼마나 빠르게 적응할 것인지 이다.

이를 학습률(Learning Rate)이라고 한다. 학습률을 높게 하면 시스템이 데이터에 빠르게 적응하지만 예전 데이터를 금방 잊어버리게 된다.

반대로 학습률이 낮으면 시스템의 관성이 더 커져서 더 느리게 학습된다. 하지만 새로운 데이터에 있는 잡음이나 대표성 없는 데이터 포인트에 덜 민감해진다.

온라인 학습의 가장 큰 문제점은 시스템에 나쁜 데이터가 주입되었을 때 시스템 성능이 점진적으로 감소할 수 있다는 것이다.

이러한 위험을 줄이기 위해서는 시스템을 면밀히 모니터링하고 성능 감소사 감지되면 즉각적으로 학습을 중지시키는 대처가 필요하다.

07 연합 기계학습에 대하여 분석하라.

기존의 머신러닝 방법은 [그림 9-31]과 같다. 대용량의 데이터가 고성능 서버에 저장되어서 모델을 학습하는 방법이다. 이때, 모델이 만드는 예측 값과 실제 값과의 차이를 오차라고 하는데 오차를 줄여나가는 방법으로 학습이 진행된다. 고성능 서버에 대용량의 데이터를 업로드해야 하기 때문에 업로드하는데 시간도 많이 소요될 뿐만 아니라 학습에 사용되는 데이터가 대용량이기 때문에 학습시간도 많이 걸린다는 단점이 존재한다.

[그림 9-31] 전통적인 머신러닝 알고리즘 학습 방법

출처 : 블로그, "DML(Decentralized Machine Learning) ICO 분석해보자", 2018. 3. 26.

학습 9

학습에 많은 시간이 소요되는 단점을 해결하기 위해서 등장한 개념이 연합 기계 학습(Federated Machine Learning)이다. 고성능 중앙 서버 대신에 성능이 부족하지만 여러 대의 컴퓨팅 자원을 활용해서 알고리즘을 학습한 뒤, 각각의 컴퓨팅 자원에서 학습된 결과를 통합하여 최종 학습 모델을 만드는 방법이다.

소규모 데이터 배치(SGD algorithm) 모델 업데이트

[그림 9-32] 연합 기계 학습 방법 프레임워크

출처 : 블로그, "DML(Decentralized Machine Learning) ICO 분석해보자", 2018. 3. 26.

[그림 9-32]는 연합 기계 학습 방법을 나타낸다. 이 방법은 구글이 처음으로 제시한 아이디어로 연합 기계 학습은 연산 속도 증가뿐만 아니라 정보 보안 측면에서도 우수한 성능을 보인다.

개인의 데이터를 중앙 서버에 업 로드시키는 과정에서 개인 정보가 유출되고 이를 악용할 수도 있기 때문이다. 구글이 제시한 아이디어는 휴대전화기에 저장된 학습 데이터를 이용해서 개인 휴대전화에서 기계 학습을 진행하고, 학습된 모델은 압축되고, 암호화되어 클라우드에 전송된다. 클라우드에서는 다양한 사용자들의 휴대전화에서 학습된 정보들이 결합되어서 학습 모델이 개선된다.

이렇게 개선된 모델은 다시 개인들의 휴대전화에 전송되어 기존 모델보다 더 정밀한 예측 모델이 되는 것이다.

[그림 9-33]은 구글이 소개한 연합 기계 학습의 과정을 나타낸다. 스마트폰은 사용량에 따라 기계학습 모델을 개인의 휴대폰에서 사용자의 특성에 맞게 학습하고(A), 이후 많은 사용자의 학습 내용이 중앙 서버에 저장된다(B). 서버에서는 개인들이 학습한 모델을 바탕으로 더 정교한 학습 모형을 만드는 방향으로 진행된다(C).

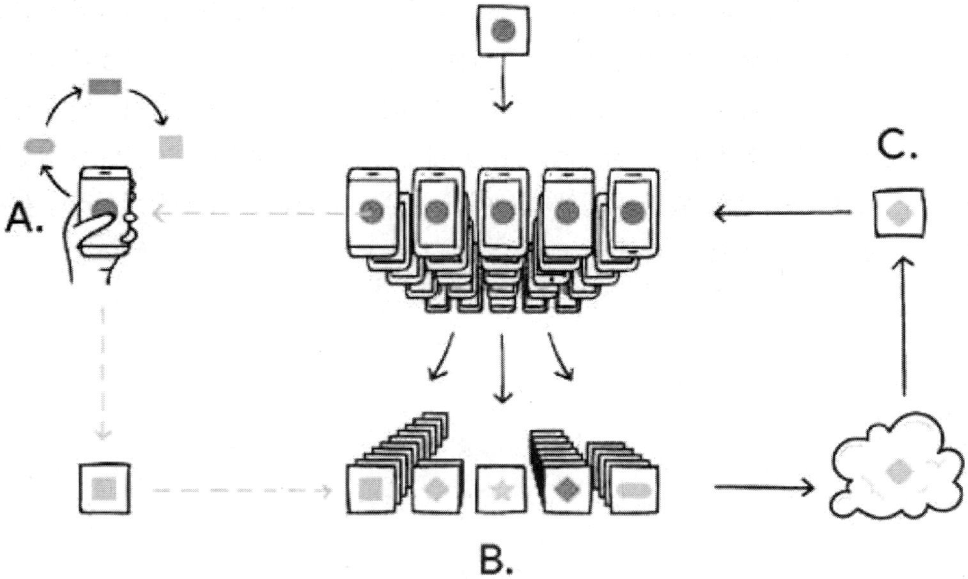

[그림 9-33] 구글이 제시한 개인 휴대폰을 활용한 연합 기계 학습 방법

자료 : 블로그, "Federated Learning: Collaborative Machine Learning without Centralized Training Data," 2017.

예측 모델 학습에는 컴퓨팅 자원이 많이 필요하기 때문에 사용자가 잠을 자기 위해서 휴대전화를 사용하지 않는 새벽시간에 활용하고, 또한 데이터 전송에 많은 통신 데이터를 사용해야 하기 때문에 무료 와이파이에 접속되었을 경우에만 활용된다. 구글은 연합 기계 학습 아이디어를 자사의 키보드인 '지보드'에 활용하였다.

지보드를 이용해서 단어를 입력할 때, 지보 드는 단어의 입력이 끝나기 전에 특정 단어들을 추천해준다. 그리고 사용자는 지보드가 추천한 단어를 선택할지 말지 결정한다. 스마트폰은 사용자가 특정 단어를 이용할 때의 주변 환경 정보와 단어를 함께 저장해 서 학습 데이터로 활용한다.

60~70대의 휴대폰 사용자의 휴대폰은 10대가 사용하는 단어들을 학습할 수 없지만, 최종 모델이 학습될 때에는 10대의 휴대폰에서 학습된 내용도 합쳐져서 업데이트된 후, 휴대폰으로 다시 전송되기 때문에 모든 계층이 사용하는 단어를 학습할 수 있게 된다.

문자 메시지를 보낼 때, 연합 기계 학습이 단어의 자동완성 기능 또는 검색 결과에 활용된 구글 지보드 기능을 보여준다. 구글은 사용자가 친구들에게 보내는 개인 정보를 서버에 전송하지 않고, 연합 기계 학습을 통해 개인의 휴대폰에서 지보드의 인공지능을 학습시킨다.

지보드는 연합 학습을 기반으로 단어를 추천하고 검색어를 제안해준다. 연합 기계 학습 기술은 구글 텐서플로우 페더레이티드(TensorFlow Federated)에 탑 재하여 오픈소스화 할 수 있다. 현재까지는 신경망을 분산해서 학습시키는 모델이 널리 사용되고 있지 않지만, 오픈소스를 이용해서 쉽게 구현이 가능한 만큼 널리 확산될 것으로 기대된다.

또한, 개인 정보보호뿐만 아니라 중앙집중형 데이터 수집을 방지할 수 있다는 장점은 머신러닝 기술이 도전받아 왔던 사생활 침해에서 자유롭기 때문에 더욱더 머신러닝을 확산시키는 역할을 할 것으로 기대된다.

학습활동.9 교수 · 학습 방법

교수 방법

- 머신러닝의 기술활용에 대한 관련 용어, 구성, 방식 이해 정도를 파악한 후 수업을 진행한다.
- 교수자의 주도로 머신러닝의 기술활용 등의 내용을 PPT 자료로 제시한 후 설명한다.
- 가능하면 사전에 개인별 학습 자료를 준비하여 모든 학생이 참여할 수 있는 문제 해결식 수업, 협력 수업이 가능하도록 한다.
- 머신러닝의 기술활용 전 과정을 작업의 순서에 따라 단계적으로 실습이 이루어질 수 있도록 지도한다.
- 교재를 통해 수업을 준비하는데 있어서 필요한 모든 정보나 팁, 힌트 등 도움이 될 만한 내용들을 확인할 수 있다.
- 학생들이 만들게 될 각 모델들은 수업시간에 중점적으로 다뤄질 부분과 어휘, 질문, 답을 포함하고 있으며 또한 탐구할만한 추가적인 아이디어들도 포함하고 있다.

학습 방법

- 머신러닝의 기술활용에 대한 관련 용어를 숙지하고, 블록체인의 암호화폐 응용에 대해 이해한다.
- 머신러닝의 기술활용의 각 단계별 중점 사항을 체계적으로 학습한다.
- 머신러닝의 기술활용의 수행순서의 전 과정을 실습한다.
- 머신러닝의 기술활용의 내용을 이해한다.
- 머신러닝의 기술활용을 이해하고 숙달이 될 때까지 학습한다.

학습활동.9 평가 및 피드백

평가 준거

- 평가자는 피평가자가 수행 준거 및 평가 내용에 제시되어 있는 내용을 성공적으로 수행할 수 있는 지를 평가해야 한다.

학습내용	평가항목	성취수준		
		상	중	하
머신러닝의 기술활용	머신러링의 기술활용을 이해할 수 있다.			

평가 방법

- 작업 포트폴리오

학습내용	평가항목	성취수준		
		상	중	하
머신러닝의 기술활용	머신러링의 기술활용을 이해할 수 있다.			

- 필기시험

학습내용	평가항목	성취수준		
		상	중	하
머신러닝의 기술활용	머신러링의 기술활용을 이해할 수 있다.			

- 체크리스트를 통한 관찰

학습내용	평가항목	성취수준		
		상	중	하
머신러닝의 기술활용	머신러링의 기술활용을 이해할 수 있다.			

- 피드백

1. 작업 포트폴리오
   - 제출한 보고서를 평가한 후 주요 사항에 대하여 표시하여 돌려준다.
2. 필기시험
   - 평가 결과 성적이 저조한 학생은 보고서 제출 기회를 부여한다.
3. 체크리스트를 통한 관찰
   - 실습 과정에서 평가한 후 개선해야 할 사항 등을 정리하여 돌려둔다.

참 | 고 | 문 | 헌

1. http://wiki.hash.kr.
2. Glenn McDonald, 〈현실로 다가온 영화 터미네이터 속 기술들〉, 《CIO코리아》, 2015.7.15.
3. Clint Boulton, 〈AI에 제동을 걸어야 하는 6가지 이유〉, 《CIO코리아》, 2018.4.11.
4. 블로터 채반석 기자, 〈인공지능 – '스카이넷'의 시대가 올까?〉, 《네이버 캐스트》, 2016.3.17.
5. 지재원, 〈인공지능의 장점과 한계〉, 《이글루시큐리티》, 2017.6.7.
6. 이은표 목사, 〈인공지능(AI.)의 전망과 기독교 세계관적 평가〉, 《네이버 블로그》, 2018.8.20.
7. 한국지식재산연구원, 인공지능(AI) 기술 및 정책 동향.
8. 정보통신기술진흥센터, 주간기술동향, 인공지능 기술 동향 및 발전 방향.
9. 소프트웨어정책연구소, 기계학습의 원리, 능력과 한계.
10. 데이터전문가 지식포털, 머신러닝 및 딥러닝.
11. 과학기술정책연구원, 인공지능 시대의 법적 · 윤리적 쟁점.
12. 연세대학교-정보대학원 UX Lab, 인공지능의 학습 어떻게 이뤄지나.
13. 휴넷, 메타인지의 정의.
14. https://namu.wiki/인공지능.
15. https://ko.wikipedia.org/wiki/인공지능.
16. 국경완, https://www.itfind.or.kr/인공지능 기술 및 산업분야별 적용사례, 정보통신기획평가원. 주간 기술동향, 2019.3.20.
17. 이승훈, "최근 인공지능 개발 트렌드와 미래의 진화방향", LG경제연구원, 2017.12. pp.30-31.
18. 김형철, "ICT표준화 전략맵", 한국정보통신기술협회(TTA), 2018.10. pp.19-21.
19. 주영대, "미국의 인공지능(AI) 개발전략과 시사점", 한국산업기술평가관리원(KIET), 2016.12. p.32.
20. 과기정통부, "데이터 · AI경제 활성화 계획", 관계부처일동, 2019.1. pp.2-3.
21. 과기정통부 보도자료, "데이터 · 인공지능(AI) 경제 활성화의 이정표 제시", 2019.1.
22. 아웃소싱타임스, "뛰는 중국 걷는 한국, 중국 인공지능(AI) 인재 한국의 7배", 2019.1.
23. AIBRIL, "건강을 지키는 인공지능 AI와 헬스케어의 만남", 2018.10.
24. "헬스케어에 인공지능을 더하다", 2018. 6., https://skccblog.tistory.com/3712.
25. 행정안전부, "2019년 지능형 정부를 주도할 핵심기술 선정", 2019.1.28.
26. 국경완, "4차 산업혁명 시대 인공지능을 활용한 군사적 적용방안", 합참지, 2018.12.
27. 박형근, "정보보안에서의 인공지능 도입 분야와 주요 사업자", 2018.8.
28. 윤장우, "인공지능 관련 기술과 정책동향 및 시사점", 한국전자통신연구원(ETRI). 2015.7. pp.13-14.
29. 최은수, "인공지능의 습격…인간을 어디까지 위협할까?", 매일경제, 2016.3.
30. 헤럴드경제신문, "중국의 AI 굴기, 미국도 추월했다", 2019.2.
31. 중소벤처기업부, "중소기업 기술로드맵(2018~2020, AI/빅데이터), 2017.1. pp.18-24.
32. 심혜정, "우리기업의 인공지능(AI)을 활용한 비즈니스 모델", 국제무역연구원, 2018. 3.

학습 9

33. 경향신문, "군 AI는 워리어 플랫폼 · 드론봇 전투체계의 선행 핵심기술", 2018.12.
34. https://www.oss.kr/info_techtip/show/1fab4646-a266-47dc-a39f-aa58005ee84f.
35. https://happist.com/요즘 드고 있는 인공지능기술, 2017.2.2.
36. www.motherjones.com.
37. https://ellun.tistory.com/103 [Ellun's Library].
38. https://nittaku.tistory.com/283?category=745644.
39. http://www.agilesoda.com/kr/ai/aiTrends.
40. https://kolikim.tistory.com/32?category=733478.

학습 1	인공지능의 개요
학습 2	인공지능의 종류
학습 3	인공지능의 동작 메커니즘
학습 4	인공지능의 플랫폼
학습 5	인공지능의 기술
학습 6	인공지능의 응용
학습 7	인공지능의 정책 동향
학습 8	머신러닝의 개요
학습 9	머신러닝의 기술활용
학습 10	**딥러닝의 개요**
학습 11	딥러닝의 기술활용
학습 12	인공지능 시장현황

학습 목표

1. 딥러닝의 개요를 이해할 수 있다.

10-1 딥러닝의 개론

인공지능 기술의 일종인 딥러닝(심층학습, Deep Structured Learing, Deep Learning 또는 Hierarchical Learning)은 데이터 속에 있는 원리를 추론함으로써 이전에는 풀기 어려웠던 문제들을 풀 수 있게 만들었다.

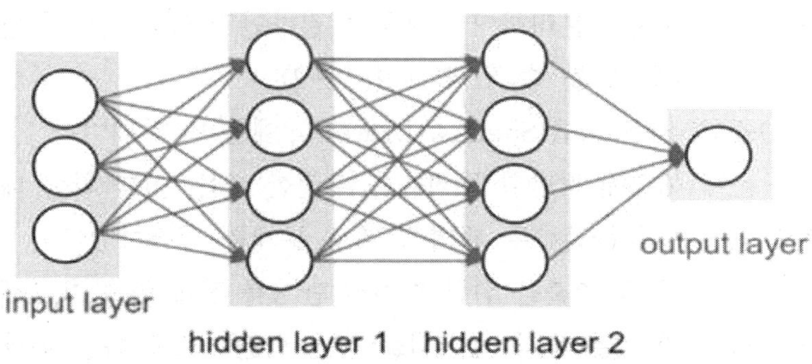

[그림 10-1] 깊은(Deep) 신경망과 얕은(Shallow) 신경망 비교

즉, 여러 비선형 변환기법의 조합을 통해 높은 수준의 추상화(Abstractions, 다량의 데이터나 복잡한 자료들 속에서 핵심적인 내용 또는 기능을 요약하는 작업)를 시도하는 기계학습 알고리즘의 집합이다.

추산화는 다량의 데이터나 복잡한 자료들 속에서 핵심적인 내용 또는 기능을 요약하는 작업이다.

[그림 10-1]처럼 깊은 학습은 은익층(Hidden Layer)이 2개 이상인 신경망을 깊은(심층) 신경망이고 얕은 학습은 은익층이 1개 경우의 신경망을 얕은 신경망이라고 한다.

〈표 10-1〉 딥러닝의 정의

정 의	내 용
협의적 정의	여러 비선형 변환기법의 조합을 통해 높은 수준의 추상화를 시도하는 머신러닝(machine learning) 알고리즘의 집합
광의적 정의	빅데이터와 고성능 H/W 연산을 이용하고 기존 기계학습에서의 분석 성능 문제를 해결하여 사람의 사고방식을 컴퓨터에게 가르치는 머신러닝의 한 분야
알고리즘 측면 정의	인공신경망의 정확성 및 성능문제를 해결하기 위해 CNN, RNN, DBN 등의 알고리즘을 이용하여 분석 성능을 향상시킨 머신러닝 분야

10-2 딥러닝의 혁신 및 부활

1. 딥러닝 구조 혁신

딥러닝의 핵심 아이디어는 기존에는 복잡한 문제를 풀기 위해서 특징 추출과 패턴 분류의 두 단계로 분리하여 문제를 해결하던 방식을 하나의 단계로 통합하여 해결하는 자동화로 볼 수 있다(그림 10-2).

[그림 10-2]의 얕은 학습(Shallow Learning)에는 먼저 데이터 전처리 및 가공을 통해서 문제 해결에 적합한 특징들을 추출한 다음, 이를 학습 데이터로 하여 패턴 분류기를 훈련시키는 두 개의 단계로 문제를 해결하였다.

딥러닝 구조는 특징 추출을 위한 전처리 단계를 전체 학습 프로세스에 포함시킴으로써 가공되지 않은 원래 데이터를 직접 학습하도록 하는 통합된 문제해결 방식을 취한다.

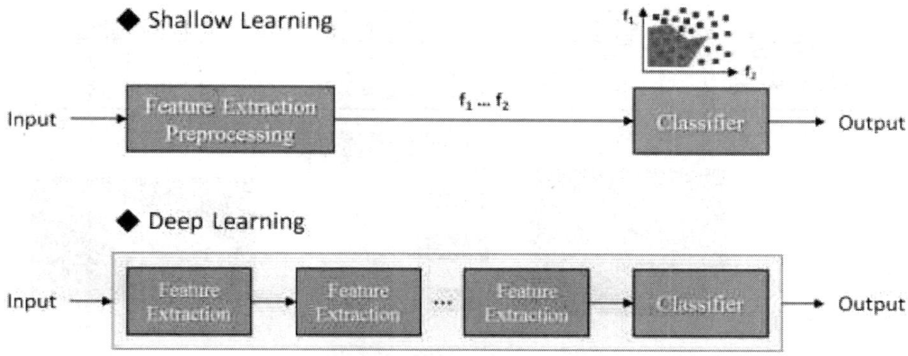

[그림 10-2] 딥러닝 구조

딥러닝 구조는 특히 영상 데이터와 같이 차원수가 아주 크고 복잡한 데이터의 경우에 전처리 과정을 통해서 손실될 수도 있는 정보를 기계가 자동으로 추출해서 활용할 수 있다.

즉 기존의 전처리 방법이나 데이터 복잡성을 줄이고 학습알고리즘에서 패턴을 보다 잘 보이게 하는 과정인 특징 엔지니어링(Feature Engineering)을 통해 배제되었던 해답의 영역조차도 딥러닝은 탐색함으로써 더욱 유용한 정보를 추출하여 활용할 수 있다.

2. 딥러닝의 성공 조건

딥러닝의 부활 이후 다양한 분야, 특히 자동 음성 인식(ASR : Automatic Speech Recognition)과 컴퓨터 비전 분야에서 최고 수준의 성능을 보여주고 있으며 이들은 보통 딥러닝의 새로운 응용들의 지속적인 성능 향상을 위해 만들어진 TIMIT(Texas Instruments와 MIT가 제작한 음성 Database), MNIST(이미지 클러스터링을 위한 hand-written 숫자 이미지 데이터베이스로 National Institute of Standards and Technology가 제작) 등의 데이터베이스를 사용했다.

최근에는 Convolution Neural Networks 기반의 딥러닝 알고리즘이 뛰어난 성능을 발휘하고 있으며, 컴퓨터 비전과 음성 인식 등의 분야에서 특히 탁월한 성능을 보이고 있다.

[그림 10-3]처럼 딥러닝이 성공의 이유는 다음과 같다.

학습 10

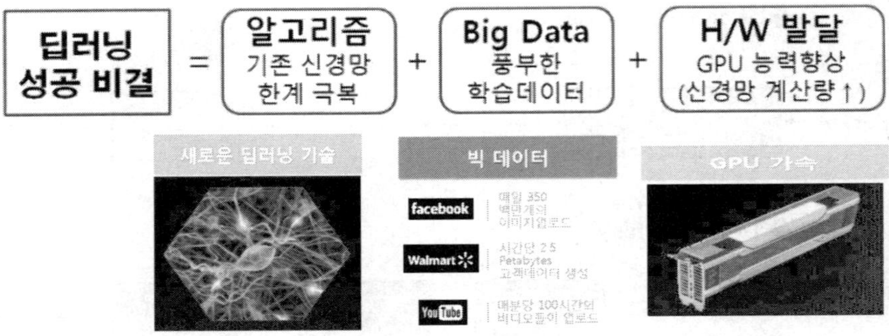

[그림 10-3] 딥러닝 성공 비결

1) 기존 인공신경망 모델의 단점이 극복

첫번째 이유는 딥러닝의 역사에서 언급한 바 있는 기존 인공신경망 모델의 단점이 극복되었다는 점이다. 그러나 과적합 문제만 해결되었다고 해서 느린 학습 시간이 줄어드는 것은 아니다.

2) 빅 데이터

가장 중요한 두번째 이유는 빅 데이터 때문이다. 대량으로 쏟아져 나오는 데이터들을 수집하기 위한 노력 특히 SNS 사용자들에 의해 생산되는 다량의 자료와 태그 정보들 모두가 종합되고 분석되어 학습에 이용될 수 있다.

인공신경망의 학습에 사용되는 트레이닝 벡터는 이름이 붙어 있는(Labeled) 데이터여야 하는데(Supervised Learning의 경우) 대량의 트레이닝 셋 모두에 꼬리표(Label)를 달아주는 일은 불가능한 일이다. 이런 이유로 초기 학습에 사용되는 일부 데이터에 대해서만 지도학습(Supervised Learning)을 수행하고 나머지 트레이닝 셋에 대해서는 비지도학습(Unsupervised Learning)을 진행하며, 학습된 결과는 기존 학습의 결과와 앞서 분석된 메타 태그 정보들을 종합하여 인식기가 완성된다.

3) 하드웨어의 발전

세번째 이유는 하드웨어의 발전이라는 요인 때문이다. 특히 신경망을 이용한 학습과 계산에 적합한 강력한 그래픽처리장치(GPU : Graphics Processing Unit)는 딥러닝에서 복잡한 행렬 연산에 소요되는 시간을 크게 단축시켰다.

10-3 머신러닝과 딥러닝의 차이점

우선 우리는 시스템으로 특징(Feature)중 무엇이 특정 동물(예에서 개인지 고양인지를 찾는다고 가정하면)을 더 잘 묘사하는지를 구분할 것이다.

머신러닝은 수동적으로 중요한 특징을 제공하는 반면에 딥러닝은 여기서 한 발 더 나가서 분류에 있어서 중요한 특징을 자동적으로 골라낸다.

〈표 10-2〉 머신러닝과 딥러닝의 비교

구 분	머신러닝	딥러닝
학습 데이터 셋 크기 (Traing Dataset)	작음(Small)	큼(Large)
자신 특징의 선택 (Choose Your own feature)	선택 가능(Yes)	불가능(No)
가능한 분류기 숫자 (# of classifiers available)	많음(Many)	적음(Few)
학습시간(Training Time)	짧음(Short)	오래 걸림(Long)

1. 데이터 의존도

딥러닝과 머신러닝에서 큰 차이점은 데이터의 양에 다른 성능이다. 데이터 양이 적으면 딥러닝 알고리즘의 성능이 잘 나오지 않는다. 왜냐하면, 딥러닝은 어떤 과제를 이해하기 위해 매우 큰 데이터가 필요하기 때문이다.

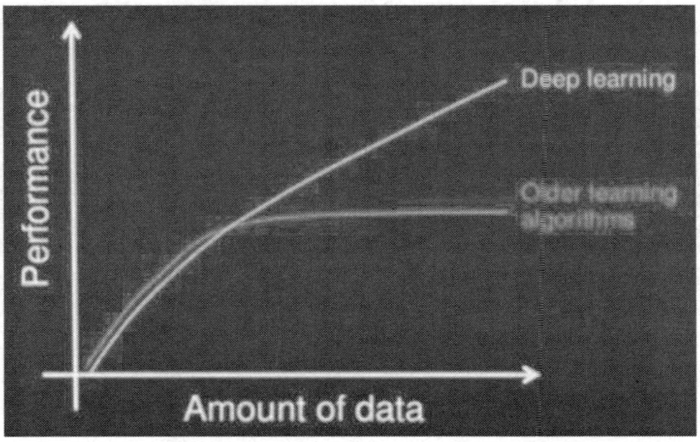

[그림 10-4] 데이터 의존도(Data Dependencies)에 다른 성능

2. 하드웨어 의존도(Hardware dependencies)

머신러닝은 저사양 머신에서 실행이 가능하고 딥러닝 알고리즘은 고사양 머신이 많은 부분을 좌지우지한다.

딥러닝 알고리즘의 요구사항(Requirements)은 많은 양의 행렬곱셈(Matrix Multiplication)의 수행하는 숫자 계산을 담당하는 GPU가 포함되어 있기 때문이다. 결국 GPU를 사용하면 보다 효율적으로 최적화가 가능하다.

3. 특징 엔지니어링

특징 엔지니어링(Feature Engineering)은 데이터 복잡성을 줄이고 학습 알고리즘에서 패턴을 보다 잘 보이게 하는 과정으로써 시간과 전문가가 필요하다는 관점에서 어렵고 비싸다.

머신러닝의 경우는 대부분 적용된 변수(Feature)는 전문가가 식별한 다음 정보 영역 및 데이터 유형별로 손으로 코딩을 해야 한다.

예를 들어 특징변수가 픽셀 값, 모양, 텍스처, 위치, 방향이라고 가정해보면 대부분 머신러닝의 알고리즘 성능은 변수가 어느 정도로 정확히 식별하고 추출하는가에 달려 있다.

딥러닝 알고리즘은 고차원 변수(특징)(High-level Features)를 학습하고 딥러닝이 머신러닝보다 좀 더 앞서 있다는 특징이다.

즉, 딥러닝은 모든 과제에서 새로운 변수(특징) 추출의 작업을 줄여준다. CNN(Convolutional Neural Network)알고리즘의 경우 초기 계층(Layer)에서는 이미지의 엣지(Edge)나 라인(Line)같은 저차원 변수(Low Level Features)를 학습하고 그 다음 이미지의 고차원(High Level) 표현을 학습한다,

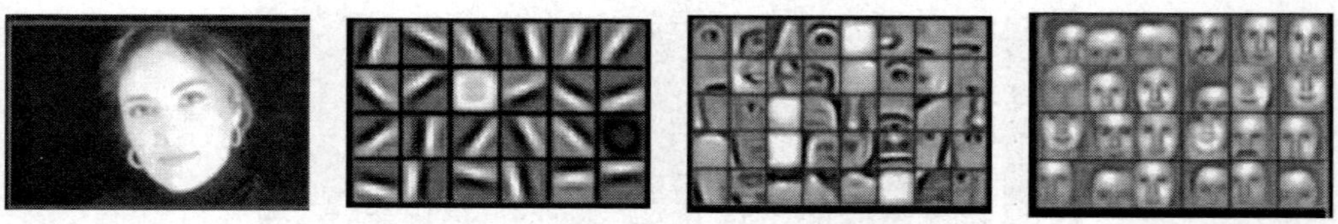

(a) 원래 데이터 (b) 저차원 특징 (c) 중간차원 특징 (d) 과차원 특징

[그림 10-5] 저차원 특징에서 고차원 특징 비교

4. 문제해결 접근법(Problem Solving Approach)

머신러닝 알고리즘은 문제를 해결할 때에는 주로 문제를 푸는 접근 방법은 사물 탐지와 사물인지의 2개 단계로 나누거나 여러 개의 파트로 쪼갠 후, 각각에 대한 답을 구하고 그 결과를 합치는 방법을 사용한다. 이런 방식(Grancut : 크랩컷 알고리즘 : 경계탐지 알고리즘)은 이미지에서 배경이 아닌 전경(Foreground)을 한 번에 전경을 추출하는 것이 아니라 2단계로 사용자와 상호작용을 통계 단계적으로 진행한다.

또는 발견한 모든 객체 중 HOG(Histogram of Oriented Gradients)가 있는 SVM(Support Vector Machine)과 같은 객체 인식 알고리즘을 사용하여 관련 객체를 인식한다.

딥러닝 알고리즘은 입력 끝단과 출력 끝단인 양끝단 혹은 종단(end-to-end) 방식을 사용한다. 예를 들면 딥러닝 알고리즘인 YOLO net에서 이미지를 전달하면 객체의 이름과 함께 위치를 표시된다.

5. 실행시간(Execution time)

딥러닝 알고리즘에서는 다른 알고리즘에 비해 변수(특징)가 너무 많으므로 학습(Train)시간이 굉장히 오래 걸린다. 최근 깊이 층이 많은 딥러닝 알고리즘인 ResNet 알고리즘의 경우는 학습(Training)이 약 2주 정도 걸린다.

반면 머신러닝의 학습은 수 초에서 수 시간으로 비교적 적은 시간이 소요된다. 단지 검사(Test)의 시간은 딥러닝 알고리즘이 훨씬 적은 시간이 소요된다.

머신러닝 알고리즘인 K-nearest Neighbors는 데이터 크기가 커질수록 테스트 시간이 길어진다. 이것은 일부 머신러닝 알고리즘은 너무 적은 테스트 시간을 갖고 있기 때문에 모든 머신러닝 알고리즘이 그렇다고 볼 수는 없다.

6. 해석력(Interpretability)

머신러닝 알고리즘인 의사결정 나무(Decesion Tree)는 왜 선택됐는지 명확한 규칙(Rule)이 제공되기 때문에 해석하기가 특히 쉬우므로 해석이 필요한 산업의 응용은 의사결정 나무, 선형회귀모형, 로지스틱 회귀모형이 활용된다.

반면, 딥러닝 알고리즘을 사용하는 경우는 해석력에서 배후의 추론을 해석하기가 어렵다.

예를 들면 에세이의 점수를 자동으로 매기기 위해 딥러닝 알고리즘을 활용했다면 성능은 거의 사람이 한 것과 유사할 정도로 뛰어 나지만 왜 이 점수를 부여됐는지 알 수 없기 때문에 치명적인 문제가 있다.

사실 수학적으로 딥러닝의 어느 노드가 활성화되었는지 알 수는 있지만 어런 신경망이 만들어졌는지, 어떤 신경만 계층이 전체적으로 무엇을 하고 있는지 알지를 못하므로 해석하지 못한다.

결국, 이러한 요인으로 인하여 해석력의 원인으로 실무에 사용하기에 많은 고민을 한다.

10-4 딥러닝의 과정

딥러닝의 동작과정은 [그림 10-6](a)의 머신러닝의 수작업을 통한 특징 추출과정을 [그림 10-6](b)처럼 충분히 많은 데이터를 가지고 반복적인 학습을 통해 올바른 결론을 도출하기 위해 심층 아키텍쳐를 통한 특징 추출하는 과정을 통하여 특징을 표현한다.

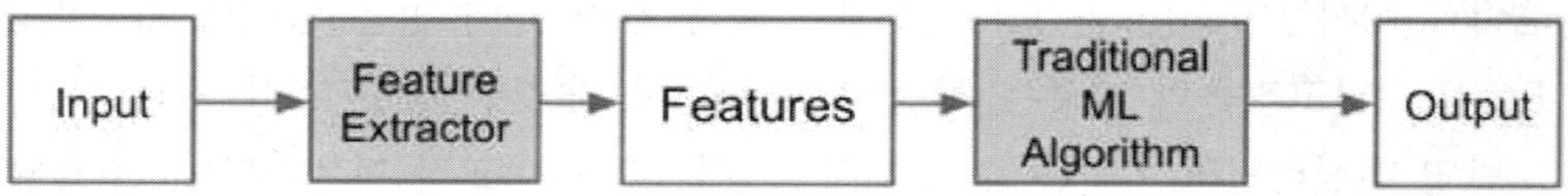

(a) 머신러닝 동작과정

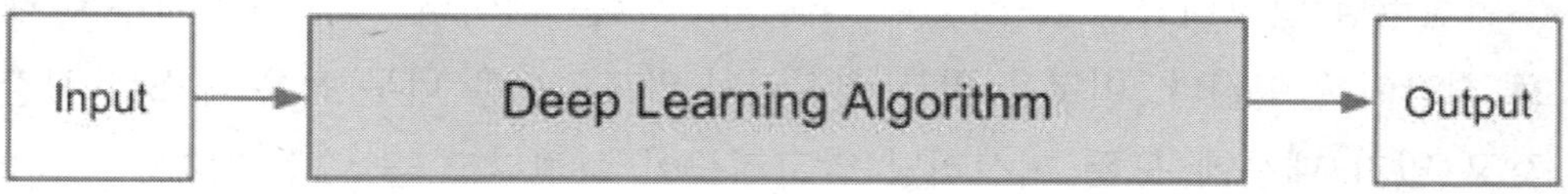

(b) 딥러닝 동작과정

[그림 10-6] 머신러닝과 딥러닝 동작 비교

[그림 10-7]은 딥러닝의 특징을 훈련하여 분류기를 통해 훈련된 결과가 원하는 결과가 원하는 결과로 안 나오는 결과를 위하여 평가 정확도를 위하여 반복적인 학습을 통하여 효율적으로 정확한 결과를 도출하는 과정으로 절차는 다음과 같다.

① 데이터를 로드하고 특징 추출(Feature Extraction)을 위한 전처리 과정(Pre-Processing)을 전체 학습 프로세스에 포함한다.
기존의 전처리 과정(주어진 데이터를 다루기 쉬운 형태로 변환하는 과정)과 특징 추출(데이터에서 가장 핵심적인 정보를 특징으로 찾는 과정)의 두 단계를 분리하여 문제를 해결하던 방식을 하나의 프로세스로 통합한다.

② 영상 데이터와 같이 차원수가 크고 복잡한 데이터의 경우 전처리 과정에서 손실될 수도 있는 정보를 자동 추출한다.

③ 높은 수준의 추상화 작업(Abstraction)인 다량의 데이터나 복잡한 자료들 속에서 핵심적인 내용 또는 기능을 요약하는 작업에 효율적이며 시뮬레이션 크기를 늘릴수록 대량의 데이터를 흡수하는 능력이 좋아지는 특징이다.

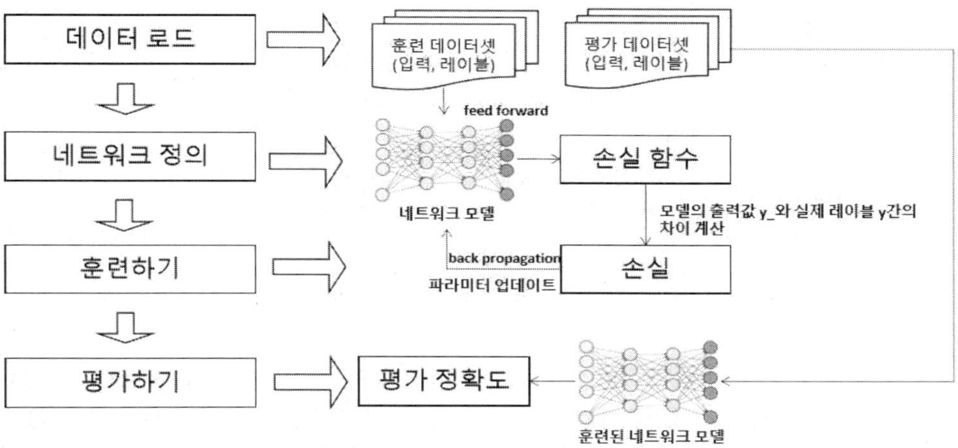

[그림 10-7] 딥러닝의 학습절차

10-5 딥러닝의 주요 알고리즘

딥러닝 알고리즘은 〈표 10-3〉처럼 크게 다음과 같이 계열로 분류할 수 있다.

① 비지도 학습방법을 기반으로 한 방법(심층신뢰신경망(DBN), RBN, DAE(Deep Auto-encoder))

② 합성곱신경망의 다양한 변형들(CNN 등)

③ 시계열 데이터를 위한 순환신경망(RNN : Recurrent Neural Network)와 게이트 유닛들(LSTM : Long-Short Term Memory)

④ 차세대 신경망(GAN) 등

〈표 10-3〉 딥러닝 주요 알고리즘

알고리즘	설 명	주요활용분야
DNN(심층 신경망) (Deep Neural Network)	입력계층과 출력계층 사이에 복수개의 은닉계층들로 이뤄진 인공신경망	자연어처리, 음성인식
CNN(합성곱 신경망) (Convolution Neural Network)	최소한의 전처리를 사용하도록 설계된 다계층 퍼셉트론의 한 종류	영상, 음성분석 분야
RNN(순환 신경망) (Recurrent Neural Network)	인공신경망을 구성하는 유닛 사이의 연결이 Directed Cycle을 구성하는 신경망	필기체 인식
RBM(제한 볼츠만 머신) (Restricted Boltzmann Machine)	볼츠만 머신에서 층간 연결을 없앤 형태의 모델 볼츠만 머신 : 홉필드 네트워크의 동작 규칙을 확률적인 동작 규칙으로 확장시킨 모델	DBN의 기본 개념 제공
DBN(심층 신뢰 신경망) (Deep Belief Network)	기계학습에서 사용되는 그래프 생성 모형으로 잠재변수의 다중계층으로 이루어진 심층 신경망	영상, 음성, 자연어처리 등 전 분야
DQN(심층 Q-네트워크) (Deep Q-Network)	심층 강화학습을 통해 인간수준의 제어를 가능하게 하는 신경망	실제 인간이 하는 행동의 상당부분 예상
GAN(생성적 적대 신경망)	2개의 네트워크로 구성된 심층 신경망 구조로써 생성 및 판별 알고리즘 사용	이미지생성, 이미지 노이즈 제거, 인페인팅, 초해상도, 구조적 예측, 신경망 사전 훈련

인공지능 등 학습에 있어서 나타나는 주요 문제점 중 하나인 오버피팅은 딥러닝 기술에서 강력한 형태로 방지하고 인공지능의 연구 개발을 가속화하는 중요한 계기를 마련하였다.

오버피팅(Overfiting)은 과(다)적합이라고도 하며, 만들어진 모델의 성능이 학습데이터(Training Set)에서는 좋지만, 새로운 데이터(Test Data)에서는 좋지 않은(혹은 일반화되지 않은) 경우를 의미한다.

딥러닝은 제한된 볼츠만 머신(RBM : Restricted Boltzman Machine), Dropout 형태 등의 효율적 학습 형태의 알고리즘을 통해 신경망의 일반화 능력 최대화 등으로 오버피팅을 최소화한다.

10-6 딥러닝의 향후 발전 전망

1. 딥러닝의 주요 활용분야

딥러닝은 2016년 이세돌 9단과 바둑 대결을 펼쳤던 알파고에 적용됐다. 알파고는 스스로 바둑 기보를 보고 바둑 전략을 학습했다. 알파고들끼리 서로 바둑을 두며 바둑의 원리를 배우고 과거 바둑 경기들을 스스로 학습해 나가면서 배워나갔다.

현재의 딥러닝은 주로 데이터양이 방대하고 정확성을 요구하는 사진, 동영상, 음성 정보 등을 분류할 때 활용되고 있다. 페이스북은 딥러닝 기술을 적용해 2014년 딥페이스라는 얼굴 인식 알고리즘을 개발했다 MS는 2014년 개 품종을 컴퓨터가 분류하는 딥러닝 기술을 공개했다. 국내 기업 네이버는 음성 인식을 비롯해 뉴스 요약, 이미지 분석 등에 딥러닝 기술을 적용하고 있다.

딥러닝이 산업 현장에서 선호되는 데는 몇 가지 이유가 있다. 일단은 어려운 문제를 잘 해결한다는 것이다. 예를 들면 물체인식과 음성인식 등 전통적인 패턴 인식의 문제에서 딥러닝 기술은 신기록을 세웠다. 다른 이유는 현장의 문제를 과거보다 더욱 자동화된 방법으로 쉽게 풀 수 있다는 것이다. 데이터와 컴퓨팅 파워가 충분하다면 딥러닝이 사람이 코딩하는 것보다 더 좋은 성능을 낸다는 것이다. 특히 딥러닝은 인터넷과 웹에 널려 있는 무표지 데이터(Unlabeled Data)를 잘 활용할 수 있는 좋은 방법이다. 많은 딥러닝 방법들이 무감독 학습을 사용하여 정보를 자동으로 추출하는 기능을 포함하기 때문에 감독학습 문제를 풀더라도 이에 무표지 데이터를 추가로 활용함으로써 성능을 향상시킬 수 있다

학습 10

1) 언어 모델링과 텍스트 생성

언어 모델은 주어진 문장에서 이전 단어들을 보고 다음 단어가 나올 확률을 계산해주는 모델이다. 언어 모델은 어떤 문장이 실제로 존재할 확률이 얼마나 되는지 계산해주기 때문에, 자동 번역의 출력값으로 어떤 문장을 내보내는 것이 더 좋은지 알려줄 수 있다. 문장에서 다음 단어가 나타날 확률을 계산해주는 주 목적 외의 부수적인 효과로 생성 모델을 얻을 수 있는데, 출력 확률 분포에서 샘플링을 통해 문장의 다음 단어가 무엇이 되면 좋을지 정한다면 기존에 없던 새로운 문장을 생성할 수 있고, 또한 학습 데이터에 따라 다양하고 재밌는 여러 가지를

만들어낼 수도 있다. 언어 모델에서의 입력값은 단어들의 시퀀스이고, 출력은 추측된 단어들의 시퀀스이다.

2) 기계 번역

기계 번역 문제는 입력이 단어들의 시퀀스라는 점에서 언어 모델링과 비슷하지만, 출력값이 다른 언어로 되어있는 단어들의 시퀀스라는 점에서 차이가 있다. 네트워크 상에서 중요한 차이점은, 입력값을 전부 다 받아들인 다음에서야 네트워크가 출력값을 내보낸다는 점에 있는데, 번역 문제에서는 어순이 다른 문제 등이 있기 때문에 대상 언어의 문장의 첫 단어를 알기 위해선 번역할 문장 전체를 봐야 할 수도 있기 때문이다.

3) 음성 인식

사운드 웨이브의 음향 신호를 입력으로 받아들이고, 출력으로는 음소들의 시퀀스와 각각의 음소별 확률 분포를 추측할 수 있다. 또 다른 분야는 ① 자동 요약(Automatic Summarization), ② 대용어 해소(Co-reference Resolution), ③ 담화 분석(Discourse Analysis), ④ 형태론적 구분(Morphological Segmentation), ⑤ 개체명 인식(NE : Named Entity RecognitionR), ⑥ 자연어 생성, ⑦ 자연어 이해, ⑧ POS(Part of Speech) 태깅, ⑨ 감성 분석(Sentiment Analysis) 등이다.

4) 이미지 캡션 생성

컴퓨터 비전에서 활발하게 사용된 합성곱 신경망(CNN : Convolutional Neural Network)과 순환신경망을 함께 사용한다면, 임의의 이미지를 텍스트로 설명해주는 시스템을 만드는 것이 가능해진다. 합성곱 신경망과 순환신경망을 합친 모델은 이미지로부터 얻어낸 주요 단어들과 이미지의 각 부분을 매칭해줄 수도 있다.

딥러닝으로 해결한 기본적인 이미지 분류 외에도, 다룰 수 있는 다른 이미지 관련 문제들은 ① 로컬화 이미지 분류(Image Classification with Localization), ② 객체 탐지(Object Detection), ③ 객체 분할(Object Segmentation), ④ 이미지 스타일 전이(Image Style Transfer), ⑤ 이미지 색상화(Image Colorization), ⑥ 이미지 재구성(Image Reconstruction), ⑦ 이미지 슈퍼레졸루션(Image Super-Resolution), ⑧ 이미지 합성(Image Synthesis) 등이다.

〈표 10-4〉 딥러닝 활용 분야별 분류

활용분야	설 명
자동음성인식	DNN 알고리즘을 사용한 음성 추출/분석 기술
영상인식	딥러닝 기술을 이용하여 자동영상 Captioning 기술로 발전
자연어처리	재귀신경망(RNN)을 이용한 Negative Sampling, 단어표현
약물 발견과 독성학	다중 DNN 알고리즘을 이용한 약물 효험 예측
CRM(고객관계관리)	심층강화학습을 이용한 마케팅 활동의 값 예측
자율주행	카메라에 찍힌 실시간 영상을 딥러닝을 이용하여 분석, 근접센서 데이터 분석, 상황인식, 경로설정 등 자동차, 항공, 해상 교통에서의 자율주행을 위한 네비게이션 서비스
지능형 보안	• 보안 빅데이터의 분석을 통하여 다양한 유형의 칩입, 변조, 가용성 침해 공격에 대비하기 위한 서비스, • 빅데이터 기반 SIEM(Security Information & Event Management), DPI(Deep Packet Inspection)등에 활용
BI/BA	• Business Intelligence / Business Analysis • 헬스케어, 통신서비스 및 O2O(Online to Offline) 등에서의 CRM분야에 딥러닝을 이용하여 실시간 기업 환경(RTE)에서 신속한 의사결정을 위해 기업의 내,외부 데이터를 지능적으로 분석하여 Insight를 제공하는 서비스

〈표 10-5〉 딥러닝의 활용사례

특 징	설 명
VPA (가상 개인비서)	• IBM 왓슨, Apple의 시리, MS의 코타나 등이 대표적인 VPA • 영상/음성인식 → 패턴매칭 → 분석 → 출력(음성 or 디스플레이) • 대규모의 패턴(정형/비정형) 데이터베이스를 기반으로 지도/비지도 학습을 통한 결과 도출
지능형 검색 서비스	• 중국의 검색서비스 Baidu의 음성검색서비스인 딥스피치(Deep Speech)는 5계층으로 구성된 RNN(회귀신경망) 알고리즘을 이용 • 국내 포털 서비스 네이버, 다음 등 검색 및 Commerce 서비스에 딥러닝 적용 개발 중

3. 딥러닝의 주요업체별 응용 예

1) Facebook

사용자가 게시하는 사진에서 딥러닝을 이용해 사람 얼굴을 인식하는 기술인 딥페이스(Deep Face)를 적용하였다. 뿐만 아니라 이를 누구와 공유해야 할지 판단하여 행동을 예측 후 광고 및 판매활동에 연계하고 있다.

2) Google

구글 플러스에서 사진 Tagging 과 음성인식에 딥러닝을 사용한다. 구글 맵스와 연동한 스트리트 뷰(Street View)에서 건물의 주소를 인식하는데 사용하였다.

3) Microsoft

프로젝트 아담을 통하여 사진에 있는 개의 품종을 구분하는 성과를 기반으로 딥러닝 기술을 선도하고 있다. 음성인식 기술을 적용한 가상개인비서인 코타나(Cortana)를 출시하였으며, 영어와 중국어의 실시간 통역 서비스도 제공하고 있다.

4) 알리바바 타오바오

알리바바의 Cloud를 활용하여 사용자의 Visual Search에 딥러닝을 사용하였다. 의류이미지 처리를 위해서 Convolution Neural Network를 사용하였고, 이를 CPU와 GPU를 이용하여 구현하였다. 다양하고 방대한 데이터 처리를 위한 Deep Learning Platform과 유사 이미지 탐색을 위한 Local Similarity Matching 기술, 고차원 데이터 Indexing을 사용한다.

5) 바이두

사용자 행위 데이터를 관찰, 추적 후 대규모 모델링을 통해 이용자의 행위를 예측하는데 딥러닝 기술을 사용하고 있다. 이미지 인식을 통한 의류 추천 서비스, 음성인식 검색 등을 강화하여 사용자 중심의 맞춤형 서비스를 선보이고 있다.

수행 내용

재료 · 자료

• 딥러닝의 개요 관련 자료

기기(장비 · 공구)

• 컴퓨터, 프린터, 주변기기

안전 · 유의사항

• 컴퓨터 및 주변기기의 전원을 관리한다.

수행 순서

01 딥러닝의 역사에 대하여 분석하라.

딥러닝은 1980년대에 캘리포니아 대학 심리학자와 컴퓨터 관련 학자들의 신경망 연구를 요약한 〈PDP〉라는 저서가 등장하면서 처음 제안됐다.

2004년 제프리 힌튼 교수가 새로운 딥러닝 기반의 학습 알고리즘 제한 볼츠만 머신(RBM : Restricted Boltzmann Machine)을 제안하면서 제대로 주목 받기 시작했다. 이어 드롭아웃이라는 알고리즘도 등장하여 고질적으로 비판받는 과적합 등을 해결할 수 있었다

MIT가 10대 혁신기술 중 하나로 선정하고 가트너(Gartner, Inc.)가 세계 IT 시장 10대 주요 예측에 포함시키는 등 최근들어 딥러닝에 대한 관심이 높아지고 있다.

사실 딥러닝 구조는 인공신경망(ANN : Artificial Neural Networks)에 기반하여 설계된 개념으로 역사를 따지자면 최소 1980년 Kunihiko Fukushima에 의해 소개된 Neocognitron까지 거슬러 올라가야 한다.

1989년에 얀 르쿤과 그의 동료들은 오류 역전파 알고리즘(Backpropagation

학습 10

Algorithm)에 기반하여 우편물에 손으로 쓰여진 우편번호를 인식하는 Deep Neural Networks를 소개했다.

알고리즘이 성공적으로 동작했음에도 불구하고, 신경망 학습에 소요되는 시간(10개의 숫자를 인식하기 위해 학습하는 시간)이 거의 3일이 걸렸고 이것은 다른 분야에 일반적으로 적용되기에는 비현실적인 것으로 여겨졌다.

많은 요소들이 느린 속도에 원인을 제공했는데, 그 중 하나는 1991년 Jürgen Schmidhuber의 제자였던 Sepp Hochreiter에 의해 분석된 Vanishing Gradient Problem(지역 최소값에 머무르게 되는 원인)이었다.

또한 불연속 시뮬레이션에서 초기 상태를 어떻게 선택하느냐에 따라 수렴이 안되고 진동 또는 발산하는 문제, 트레이닝 셋에 너무 가깝게 맞추어 학습되는 과적합(Overfitting)문제, 원론적으로 생물학적 신경망과는 다르다는 이슈들이 끊임 없이 제기되면서 인공신경망은 관심에서 멀어졌고 90년대와 2000년대에는 서포트 벡터 머신 같은 기법들이 각광받게 된다.

본격적으로 딥러닝이란 용어를 사용한 것은 2000년대 딥러닝의 중흥기를 이끌어간다고 평가할 수 있는 제프리 힌튼과 Ruslan Salakhutdinov에 의해서이며, 기존 신경망의 과적합 문제를 해결하기 위해 이들은 Unsupervised Rbm(Restricted Boltzmann Machine)을 통해 학습시킬 앞먹임 신경망(Feedforward Neural Network)의 각 층을 효과적으로 사전훈련(Pre-Trainning)하여 과적합을 방지할 수 있는 수준의 Initialize Point를 잡았고, 이를 다시 Supervised Backpropagation를 사용하는 형태로 학습을 진행한다.

또한 2013년에는 신호처리학회인 ICASSP에서 RBM을 대체하여 과적합을 방지할 수 있는 Drop-out이라는 개념이 소개되면서 사전훈련보다 훨씬 더 간단하고 강력한 형태로 과적합을 방지할 수 있게 되었다.

02 딥러닝의 핵심적인 여건에 의하여 기술적인 진보를 이룬 원인에 대하여 분석하라.

컴퓨터 비전에 대한 딥러닝의 두 가지 핵심 아이디어인 합성곱 신경망과 역전파는 이미 1989년에 소개되었다. 시계열을 위한 딥러닝의 기본인 LSTM(Long Short-Term Memory)알고리즘은 1997년에 개발되었고 그 이후로는 변화가 거의 없다. 왜 2012년 이후에 딥러닝이 부상하게 되었을까?

지난 20년간 어떤 변화가 있었던 것일까?

[그림 10-8]처럼 기존 머신러닝의 한계의 세 가지 기술적인 힘이 머신러닝의 진보로 딥러닝의 탄생을 이끌었다.

① 컴퓨터 파워 부족에 따른 GPU의 하드웨어 탄생 등의 하드웨어 향상
② 학습 데이터 셋의 부족과 벤치마크(Benchmark)
③ 오버피팅 등 문제에 따른 알고리즘 향상

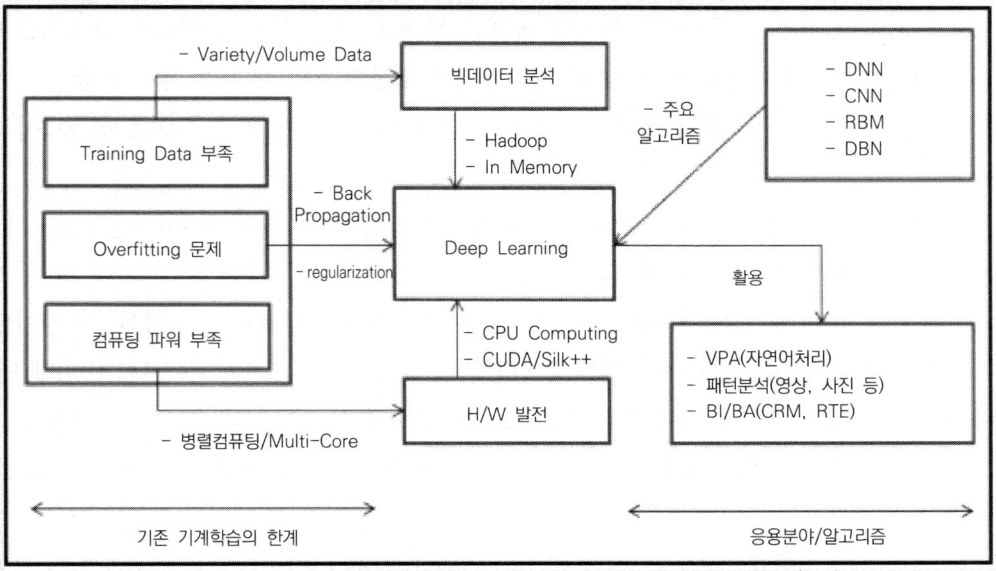

[그림 10-8] 머신러닝의 한계와 딥러닝의 응용과 알고리즘

이 분야는 이론보다 실험을 통해서 성장해 왔기 때문에 새로운 아이디어를 실험할(또는 종종 기존 아이디어를 확장하기 위해서) 적절한 데이터와 하드웨어가 준비되어 있어야만 알고리즘이 발전할 수 있다.

머신러닝은 주로 연필과 종이로 발전되는 수학이나 물리학이 아니다. 머신러닝은 하나의 공학(Engineering Science)이다.

1990년대와 2000년대에 걸친 진짜 병목은 데이터와 하드웨어 였다. 하지만 이 기간 동안 인터넷이 시작되었고, 게임 시장이 커지면서 고성능 그래픽 칩이 개발되었다.

1) 하드웨어

시중에 판매되는 CPU는 1990년과 2010년 사이에 거의 5,000배가 빨라졌다. 그 덕에 요즘에는 노트북에서도 작은 딥러닝 모델을 실행시킬 수 있다. 25년 전이라면 현실적

학습 10

으로 불가능했던 일이다.

하지만 컴퓨터 비전이나 음성 인식에서 사용되는 일반적인 딥러닝 모델들은 노트북보다 10배의 계산 능력이 필요하다.

2000년대에 NVIDIA와 AMD 같은 회사들이 실사와 같은 비디오 게임의 그래픽 성능을 높이기 위해 대용량 고속 병렬 칩(GPU : 그래픽 처리 장치)을 개발하는 데 수십 억 달러를 투자해 왔다. 이런 칩은 복잡한 3D 장면을 실시간으로 화면에 그리려는 목적으로만 설계된 저렴한 슈퍼컴퓨터와 같다.

2007년 NVIDIA가 자사의 GPU 제품을 위한 프로그래밍 인터페이스인 CUDA를 출시하면서 과학 커뮤니티가 이런 투자의 혜택을 보게 되었다. 물리 모델링을 시작으로 다양한 병렬 애플리케이션의 대형 CPU 클러스터가 소량의 GPU로 대체되기 시작했다. 대부분 많은 수의 간단한 행렬 곱셈으로 구성된 심층 신경망도 높은 수준으로 병렬화가 가능하다.

2011년 즈음에 댄 크리슨과 알렉스 크리체브스키 등 일부 연구자들이 CUDA를 사용한 신경망 구현을 만들기 시작했다.

게임 시장이 차세대 인공지능 애플리케이션을 위한 슈퍼컴퓨팅에 투자를 한 셈이다. 이처럼 이따금 엄청난 일들이 게임에서 시작되곤 한다. 2015년 말 시세로 1,000달러짜리 게임용 GPU인 NVIDIA TITAN X는 6.6테라플롭(TFLOPS)의 정도 연산 성능을 제공한다. 즉 초당 6.6조 개의 float32 연산을 수행한다. 이는 최신 노트북의 성능보다 350배나 빠르다.

TITAN X를 사용하면 몇 년 전 ILSVRC 대회에서 우승했던 ImageNet 모델을 며칠 안에 훈련시킬 수 있다.

한편 큰 회사들은 NVIDIA Tesla K80처럼 딥러닝을 위해 개발된 GPU 수백 개로 구성된 클러스터에서 딥러닝 모델을 훈련시킨다. 이런 클러스터의 계산 능력은 최신의 GPU가 없었다면 절대로 불가능했을 것이다.

이에 더하여 딥러닝 산업은 GPU를 넘어서 더 효율적이고 특화된 딥러닝 칩에 투자하기 시작했다.

구글은 2016년 I/O 연례 행사에서 텐서 처리 장치(TPU:Tensor Processing Unit)프로젝트를 공개했다. 이 칩은 심층 신경망을 실행하기 위해 완전히 새롭게 설계한 것으로 최고 성능을 가진 GPU보다 10배 이상 빠르고 에너지 소비도 더 효율적이다.

2) 데이터

이따금 AI는 새로운 산업 혁명으로 불린다. 딥러닝이 이 혁명의 증기 기관이라면 데이터는 이 기관에 필요한 연료이다.

인공지능이란 기관을 움직이는 원료가 없다면 어떤 것도 불가능하다. 데이터에 관해서라면 지난 20년간 무어의 법칙(Moore's Law)에 따라 저장 장치의 급격한 발전과 더불어, 머신러닝을 위한 대량의 데이터 셋을 수집하고 배포할 수 있는 인터넷 성장이 시장의 판도를 바꾸었다.

Tip 무어의 법칙

무어의 법칙(Moore's Law)은 반도체 집적회로의 성능이 24개월마다 2배로 증가한다는 법칙이다. 경험적인 관찰에 바탕을 두고 있다. 인텔의 공동 설립자인 고든 무어가 1965년에 내 놓은 것이다. 무어의 법칙의 세 가지 조건은 다음과 같다.

① 반도체 메모리칩의 성능 즉, 메모리의 용량이나 CPU의 속도가 18개월에서 24개월마다 2배씩 향상된다는 '기술 개발 속도에 관한 법칙'이다.
② 컴퓨팅 성능은 18개월마다 2배씩 향상된다.
③ 컴퓨팅 가격은 18개월마다 반으로 떨어진다.

요즘 큰 규모의 회사들이 사용하는 이미지 데이터 셋, 비디오 데이터 셋, 자연어 데이터 셋은 인터넷 없이는 수집할 수 없다.

예를 들어 플리커(Flickr)에서 사용자가 붙인 이미지 태그는 컴퓨터 비전의 입장에서는 보물 같은 데이터이다.

유튜브(YouTube) 비디오도 마찬가지이다. 위키피디아(Wikipedia)는 자연어 처리 분야에 필요한 핵심 데이터 셋이다.

딥러닝의 성장을 이끈 촉매제와 같은 데이터 셋 하나를 꼽는다면, 바로 1,400만 개의 이미지를 1,000개의 범주로 구분해 놓은 ImageNet 데이터셋 이다. 하나의 이미지는 하나의 범주를 가진다. ImageNet이 특별한 것은 크기만이 아니라 이와 연계되어 매년 열린 경연 대회이다.

캐글이 2010년에 선보인 후 공개 경연 대회는 연구자들과 기술자들이 한계를 뛰어넘도록 만드는 아주 훌륭한 도구가 되었다. 연구자들이 경쟁하기 위한 일반적인 기준이 있다는 것 역시 최근 딥러닝의 성장에 큰 도움을 주었다

3) 알고리즘

하드웨어와 데이터에 이어 2000년대 후반까지는 매우 깊은 심층 신경망을 훈련시킬 수 있는 안정적인 방법을 찾지 못했다. 이런 이유로 하나 또는 2개의 층만 사용하는 매우

얕은 신경망만 가능했다.

SVM과 랜덤 포레스트처럼 잘 훈련된 얕은 학습 방법에 비해 크게 빛을 보지 못했다. 깊게 쌓은 층을 통과해서 그래디언트(Gradient)를 전파하는 것이 가장 문제였다. 신경망을 훈련하기 위한 피드백 신호가 층이 늘어남에 따라 희미해지기 때문이다.

2009~2010년경에 몇 가지 간단하지만 중요한 알고리즘이 개선되면서 그래디언트를 더 잘 전파되게 만들어 주었고 상황이 바뀌었다.

① 신경망의 층에 더 잘 맞는 활성화 함수(Activation Function)
② 층별 사전훈련(Pretraining)을 불필요하게 만든 가중치 초기화(Weight Initialization) 방법
③ RMSProp과 Adam 같은 더 좋은 최적화 방법

이런 기술의 향상으로 10개 이상의 층을 가진 모델을 훈련시킬 수 있게 되었을 때 비로소 딥러닝이 빛을 발하기 시작했다.

2014~2016년 사이에 그래디언트를 더욱 잘 전파할 수 있는 배치 정규화(Batch Normalization), 잔차 연결(Residual Connection), 깊이별 분리 합성곱(Depthwise Separable Convolution) 같은 고급 기술들이 개발되었다. 요즘에는 층의 깊이가 수천 개인 모델을 처음부터 훈련시킬 수 있다.

4) 새로운 투자의 바람

딥러닝이 2012~2013년에 컴퓨터 비전과 지각에 관련된 모든 문제에서 최고의 성능을 내자 업계의 리더들이 주목하기 시작했다. 과거 AI의 역사에서 보았던 것을 뛰어넘는 투자가 서서히 이루어지고 있다.

딥러닝이 주목을 받기 직전인 2011년에 전체 벤처 캐피탈이 AI에 투자한 금액은 1,900만 달러였고 대부분은 얕은 학습 방식의 머신러닝 애플리케이션이었다.

2014년에는 믿기 힘들지만 3억 9,400만 달러로 늘었다. 이 기간에 딥러닝의 인기에 힘입어 수십 개의 스타트업을 런칭했다.

한편 구글, 페이스북, 바이두, 마이크로소프트 같은 테크 공룡들은 벤처 캐피탈의 투자를 무색하게 만들 정도로 많은 금액을 내부 연구 부문에 투자했으며, 그중 아주 일부만 알려져 있다.

2013년 구글은 5억 달러에 딥러닝 스타트업인 딥마인드(DeepMind)를 인수했다. AI 역사상 가장 큰 금액의 인수였다.

2014년에 바이두는 실리콘 밸리에 3억 달러를 투자하여 딥러닝 연구 센터를 설립했다.

2016년에는 인텔이 딥러닝 하드웨어 스타트업인 너바나(Nervana)시스템즈를 4억 달러에 인수했다.

머신러닝(특히 딥러닝)은 테크 공룡들의 핵심 상품 전략이 되었다. 2015년 후반에 구글의 CEO 선다 피차이(Sundar Pichai)는 "머신러닝은 우리가 일을 하는 모든 방법을 다시 생각하게 만드는 중요하고 혁신적인 도구이다. 우리는 머신러닝을 검색, 광고, 유튜브, 구글 플레이 같은 전체 제품에 신중하게 적용하고 있다.

아직은 초기이지만 체계적으로 모든 분야에 머신러닝을 적용할 것이다."라고 말했다.

이런 투자의 물결로 인해 딥러닝 분야에서 일하고 있는 사람들의 수가 지난 5년간 몇 백 명에서 몇 만 명으로 늘어났고 연구는 엄청난 속도로 진전되고 있다.

현재는 이런 트렌드가 느려질 어떤 징후도 없다.

5) 딥러닝의 대중화

딥러닝에 새로운 사람들이 참여할 수 있도록 만드는 핵심 요소 중 하나는 이 분야에서 사용하는 도구들의 대중화이다.

초창기에 딥러닝을 하려면 흔치 않은 C++와 CUDA의 전문가가 되어야 했다. 요즘에는 기본 파이썬 스크립트 기술만 있으면 고수준의 딥러닝을 연구하는 데 충분하다.

대부분 씨아노(Theano)와 텐서플로(TensorFlow)가 개발된 덕분이었다.

심볼릭 텐서 조작 프레임워크인 이 두 프레임워크는 파이썬과 자동 미분을 지원하여 새로운 모델을 아주 간단하게 구현할 수 있게 만들었다.

그리고 레고(LEGO) 블록을 만들 듯 딥러닝 모델을 쉽게 만들 수 있는 케라스 같은 사용자 편의 도구들이 등장했다.

케라스가 2015년에 처음 공개된 이후 이 분야의 많은 스타트업과 학생, 연구자들에게 새로운 딥러닝의 주력 솔루션으로 금방 자리 잡았다

6) 지속될까

회사가 투자를 하고 연구자들이 모이는 것이 당연한 어떤 특별한 점이 심층 신경망에 있는 것일까? 아니면 딥러닝은 그저 유행이라 사라지게 될까? 20년 후에도 심층 신경망을 사용하고 있을까?

딥러닝의 현재 상태를 AI의 혁명이라고 정의할 수 있는 몇 가지 특징이 있다. 지금부터 20년 후에는 신경망을 사용하지 않을지도 모르지만, 딥러닝과 딥러닝의 핵심 개념에서 직접 파생된 무엇인가를 사용할 것이다. 이 중요한 특징은 크게 세 가지 범주로 나눌 수 있다.

(1) 단순함

딥러닝은 특성 공학이 필요하지 않아 복잡하고 불안정한 많은 엔지니어링 과정을 엔드-투-엔드로 훈련시킬 수 있는 모델로 바꾸어 준다. 이 모델은 일반적으로 5~6개의 텐서 연산만을 사용하여 만들 수 있다.

(2) 확장성

딥러닝은 GPU 또는 TPU에서 쉽게 병렬화할 수 있기 때문에 무어의 법칙 혜택을 크게 볼 수 있다. 또 딥러닝 모델은 작은 배치(Batch) 데이터에서 반복적으로 훈련되기 때문에 어떤 크기의 데이터 셋에서도 훈련될 수 있다. 유일한 병목은 가능한 병렬 계산 능력이지만 무어의 법칙 덕택에 빠르게 그 장벽이 사라지고 있다.

(3) 다용도와 재사용성

이전의 많은 머신러닝 방법과는 다르게 딥러닝 모델은 처음부터 다시 시작하지 않고 추가되는 데이터로도 훈련할 수 있다.

대규모 제품에 사용되는 모델에는 아주 중요한 기능인 연속적인 온라인 학습(Online Learning)을 가능하게 한다. 더불어 훈련된 딥러닝 모델은 다른 용도로 쓰일 수 있어 재사용이 가능하다.

예를 들어 이미지 분류를 위해 훈련된 딥러닝 모델을 비디오 처리 작업 과정에 투입할 수 있다. 더 복잡하고 강력한 모델을 만들기 위해 이전의 작업을 재활용할 수 있다. 또 아주 작은 데이터 셋에도 딥러닝 모델을 적용할 수 있다.

딥러닝이 스포트라이트를 받은 지 겨우 몇 년밖에 되지 않았고 할 수 있는 모든 영역에 접목해 보지 못했다.

매달 새로운 사례와 이전의 제약을 허무는 향상된 기술이 등장한다. 과학 혁명 뒤에는 일반적으로 시그모이드(Sigmoid) 곡선 형태로 진행된다.

초창기에는 매우 빠르게 진행되고 연구자들이 험난한 난관에 부딪히면서 점차 안정되어 나중에는 조금씩 향상된다.

2017년의 딥러닝은 시그모이드의 처음 절반 안쪽에 있는 것 같다. 앞으로 몇 년 동안 이 혁명은 훨씬 더 빠르게 진행될 것이다.

(출처 : https://tensorflow.blog/케라스/딥러닝)

03 머신러닝과 딥러닝의 공동점과 차이점에 대하여 분석하라.

컴퓨터에게 충분히 많은 데이터를 가지고 반복적인 학습시켜 마치 사람처럼 스스로 올바른 결론을 도출하기 위해 의사결정을 할 수 있게 하는 것이 딥러닝이다.

예를 들어, 사진을 보고 무슨 사진인지 구분하도록 하는 분류 모델을 만들기 위해서는 컴퓨터에게 사진을 계속 보여주면서 이 사진은 어떤 것에 대한 것인지에 대한 정답을 학습시켜주어야 한다. 이런 방식을 '지도 기계학습(機械學習, Machine Learning)'이라 한다.

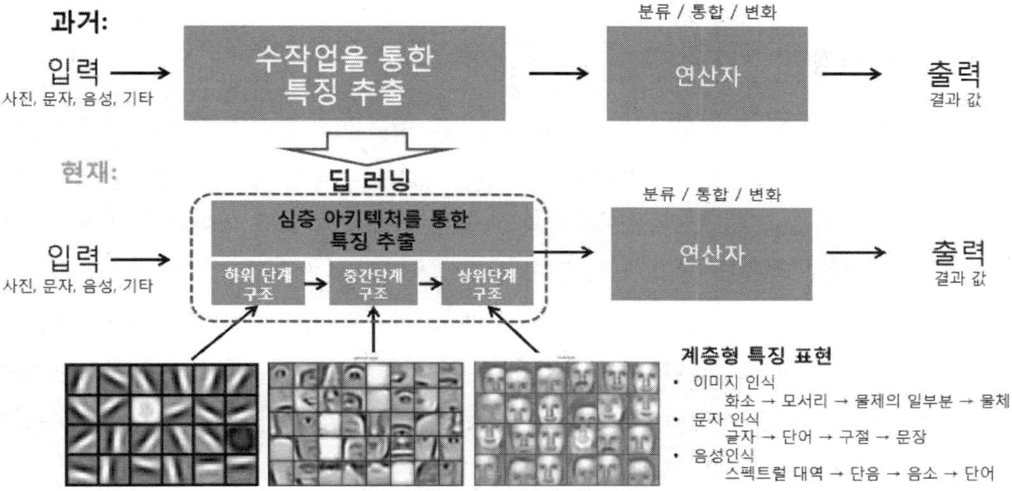

[그림 10-9] 머신러닝과 딥러닝의 특징 표현 방법

[그림 10-9]처럼 과거의 수작업을 통한 특징 추출하는 머신러닝과 심층 구조를 통한 특징 추출하는 딥러닝은 데이터를 이용하여 모델을 학습한다는 공통점이 있지만 데이터를 학습하는 과정에서 큰 차이가 있다.

머신러닝으로 이미지를 인식하기 위해서는 사진을 그대로 사용하는 것이 아니라 사진 속에 객체를 가장 잘 구분할 수 있는 특성 인자(Feature)를 수작업을 통하여 찾아내야 한다.

머신러닝에서 모델의 성능을 결정하는 것은 이 특성인자가 얼마나 데이터를 잘 대표하는가에 따라 결정된다.

딥러닝의 경우에는 사람이 특성인자를 선정하는 것이 아니라 데이터에서 모델을 학습하는 과정에서 반복하여 목표를 잘 달성할 수 있는 특성인자를 스스로 찾는다.

학습 10

기계분야에서도 복잡한 기계시스템으로부터 취득된 데이터에서 특성인자를 찾아내는 것은 전문가 지식을 많이 요구하기 때문에 기계학습의 적용에 어려움이 많았다.

딥러닝은 특성인자를 자동으로 찾아내기 때문에 기계분야에서 딥러닝을 활용하려는 딥러닝은 인간 뇌의 정보처리 과정을 수학적인 모델링을 통해 모사한 모형이다. 따라서 그 바탕에는 복잡한 수학적 배경이 깔려있다.

04 딥러닝의 대표 알고리즘인 DNN, CNN, RNN, RBM, DBN, GAN에 대하여 분석하라.

1. 심층 신경망

심층 신경망(DNN, Deep Neural Network)은 입력층과 출력층 사이에 다중의 은닉층을 포함하는 인공신경망이다. 다중의 은닉층을 포함하여 다양한 비선형적 관계를 학습할 수 있지만, 학습을 위한 많은 연산량과 과하게 학습하여 실제 데이터에 대해 오차가 증가하는 과적합, 기울기 값의 소실 문제 등이 발생할 수 있다.

드롭아웃, ReLU(Rectified Linear Unit), 배치 정규화 등의 법이 적용되면서 딥러닝의 핵심 모델로 활용되고 있다. DNN은 일반적인 인공신경망과 마찬가지로 복잡한 비선형 관계들을 모델링할 수 있다. 비슷하게 수행된 인공신경망에 비해 더 적은 수의 유닛들만으로도 복잡한 데이터를 모델링할 수 있게 해준다.

DNN은 여러 개의 층으로 이루어져 있고, 한 층은 여러 개의 노드로 이루어져 있다. 노드에서는 연산이 일어나는데, 이 연산 과정은 인간의 신경망을 구성하는 뉴런에서 일어나는 과정을 묘사하도록 설계되어 있다.

노드는 일정 크기 이상의 자극을 받으면 반응을 하는데, 그 반응의 크기는 입력값과 노드의 계수를 곱한 값과 대략 비례한다. 노드는 여러 개의 입력을 받으며 입력의 개수만큼 계수를 가지고 있는데, 이 계수를 조절함으로써 여러 입력에 다른 가중치를 부여할 수 있다. 최종적으로 곱한 값들은 전부 더해지고 그 합은 활성 함수의 입력으로 들어가게 된다. 활성 함수의 결과가 노드의 출력에 해당하며, 이 출력값이 궁극적으로 분류나 회귀분석에 쓰이게 된다.

2. 합성곱 신경망

합성곱 신경망(CNN : Convolutional Neural Network)은 최소한의 전처리를 사용하도록 설계된 다계층 퍼셉트론(Multilayer Perceptrons)의 한 종류이다.

CNN은 하나 또는 여러 개의 합성곱 계층과 그 위에 올려진 일반적인 인공신경망 계층들로 이루어져 있고, 가중치와 통 계층들을 추가로 활용한다. 이러한 구조 덕분에 CNN은 2차원 구조의 입력 데이터를 충분히 활용할 수 있다. 다른 딥러닝 구조들과 비교했을 때, CNN은 영상과 음성 분야 모두에서 좋은 성능을 보인다. 또한 표준 역전달을 통해 훈련될 수 있고, 다른 피드포워드 인공신경망 기법들보다 쉽게 훈련되는 편이다. 게다가 적은 수의 매개변수를 사용한다는 이점이 있다.

CNN 아키텍처는 입력 데이터가 이미지라는 가정 덕분에 이미지 데이터가 갖는 특성들을 인코딩할 수 있다. 이러한 아키텍처는 포워드 함수를 더욱 효과적으로 구현할 수 있고, 네트워크를 학습시키는데 필요한 모수의 수를 크게 줄일 수 있게 해준다. CNN은 마지막 레이어에 손실 함수를 가지며, 우리가 일반 신경망을 학습시킬 때 사용하던 각종 기법들을 동일하게 적용할 수 있다. CNN은 이미지 및 비디오 인식, 추천 시스템 및 자연어 처리 등에 응용된다.

3. 순환 신경망

순환 신경망(RNN : Recurrent Neural Network)은 인공신경망을 구성하는 유닛 사이의 연결이 지시 회로(Directed Cycle)를 구성하는 신경망을 말한다.

RNN은 임의의 입력을 처리하기 위해 신경망 내부의 메모리를 활용할 수 있다. 이러한 특성에 의해 필기체 인식과 같은 분야에 활용되고 있고, 높은 인식률을 나타낸다. RNN에 대한 기본적인 아이디어는 순차적인 정보를 처리한다는 데 있다. 동일한 태스크를 한 시퀀스의 모든 요소마다 적용하고, 출력 결과는 이전의 계산 결과에 영향을 받기 때문이다.

RNN은 많은 자연어처리 문제에서 성공적으로 적용되었다. 여러 종류 중에서 RNN에서 가장 많이 사용되는 것은 LSTM(긴 단기 메모리)으로, RNN의 계층을 위한 건물 단위이다. LSTM은 RNN 구조에 비해 더 긴 시퀀스를 효과적으로 잘 기억하기 때문이다. LSTM의 경우, 가중치를 수정하는 방법으로 이전 정보를 잊거나, 기억하도록 만들 수 있다. 이는 LSTM에 장단기 기억 능력을 제공하며, '경사도 사라짐' 문제를 해결한다. LSTM은 과거 인풋의 수백 시퀀스를 처리할 수 있다.

어텐션 모델은 인풋 벡터에 가중치를 적용하는 일반화된 게이트이다. 계층적인 뉴럴 어텐션 인코더는 여러 어텐션 모듈 계층을 사용, 수 많은 과거 인풋을 처리한다.

RNN을 자연어처리 분야에 응용한 예시로는 언어 모델링, 텍스트 생성, 자동 번역(기계 번역), 음성 인식, 이미지 캡션 생성 등이 있다.

4. 제한 볼츠만 머신

제한 볼츠만 머신(RBM : Restricted Boltzmann Machine)은 볼츠만 머신에서 중간 연결을 없앤 형태의 모델로, 층간 연결을 없애면 머신은 가시 유닛과 은닉 유닛으로 이루어진 무방향 이분 그래프 형태의 모양이 된다.

결론적으로 모델의 층간 연결을 없앰으로써 뉴럴 네트워크는 깊어질 수 있다. 가장 큰 이점은 가시 유닛이 관찰되고 고정되었을 때 은닉 유닛을 추론하는 MCMC(Markov Chain Monte Carlo)과정이 단 한 번에 끝난다는 것이다.

RBM의 모델의 간단함에서 오는 추론에 대한 이점은 샘플링 근간의 학습버이 실용적인 문제에 적용되는데 기여했다.

RBM은 DBN(심층 신뢰 신경망)의 기본 뼈대가 된다. RBM을 쌓아올리면서 학습함으로써 DBN을 완성한다. RBM은 방향성이 없지만, DBN은 RBM이 쌓이면서 다층이 되는 것이 아니라서 방향성을 가지게 된다. RBM은 차원축소, 분류, 회귀, 협업 필터링, 피쳐 엔지니어링, 토픽 모델링 등에 유용하다.

5. 심층 신뢰 신경망

심층 신뢰 신경망(DBN : Deep Belief Network)은 머신러닝에서 사용되는 그래프 생성 모형으로, 딥러닝에서는 잠재변수의 다중계층으로 이루어진 심층 신경망을 의미한다. 계층 간에는 연결이 있지만 계층 내의 유닛 간에는 연결이 없다는 특징이 있다. DBN은 생성 모형이라는 특성상 선행학습에 사용될 수 있고, 선행학습을 통해 초기 가중치를 학습한 후 역전파 혹은 다른 판별 알고리즘을 통해 가중치의 미조정을 할 수 있다. 이러한 특성은 훈련용 데이터가 적을 때 굉장히 유용하며, 훈련용 데이터가 적을수록 가중치의 초기값이 결과적인 모델에 끼치는 영향이 세진다.

DNN과 DBN의 차이점은 무엇일까? DBN은 입력을 재구성하고 백프로프(back-prop)로 미세 조정하기 위해 미리 처리되지만, DNN은 백프로프로 완전히 감독되는 교육을 받는다. DNN은 일반적인 개념으로 많은 층으로 이루어진 신경 네트워크를 말하지만, DBN은 교육 세트가 작은 경우에 유용하다. 앞서 설명했듯이, DBN은 적층된 RBM으로 구성되어 있고, 각각의 RBM은 2단계 모델로 가시적인 유닛이 있는 계층과 숨겨진 유닛이 있는 계층이 있다는 것이다.

6. GAN

GAN(Generative Adversarial Network. 생성 대립 신경망)은 비지도 학습 방법으로 훈련으로 학습된 패턴을 이용해, 이미지나 음성을 생성할 수 있다. GAN은 이미지 및 음성 복원 등에 적용되었다. DCGAN(Deep Convolution GAN)은 불안정한 GAN 구조를 개선해 새로운 의미를 가진 이미지를 생성할 수 있다.

05 딥 하이퍼넷의 구조 및 응용에 대하여 분석하라.

1. 딥 하이퍼넷의 구조

1) 하이퍼넷

하이퍼넷(Hypernetworks, Hypernet)은 데이터에 존재하는 고차 관계를 학습하는 확률그래프 모델이다. 데이터 변수들간의 고차적 관계를 표현하기 위해서 하이퍼 그래프(Hypergraph)구조를 이용한다. 관측된 데이터를 재생성하도록 무감독 학습을 수행하며, 학습 데이터의 결합확률분포를 추정하는 알고리듬으로 볼 수 있다. 환경과의 상호작용을 통해서 끊임없이 새로 발생하는 온라인 데이터를 끊임없이 학습하는 평생 점진적 학습을 수행한다. 변화하는 환경에 빠르고 점진적으로 적응하기 위해서 One-Shot학습이 가능한 구조 재조직 연산을 수행한다.

실제적인 온라인 학습 방법을 논의하기 전에 먼저 확률통계적인 이론을 살펴보자. 하이퍼넷은 데이터의 확률분포, 즉 우도(Likelihood)를 최대화하도록 학습된다. 후에 점진적 알고리듬을 기술할 때 보겠지만 실제로는 우도 외에 사전 확률 분포(Prior Distribution)를 고려하여 이를 점진적으로 갱신하는 순차적 베이지안 학습을 수행한다. 여기서는 이론적으로 좀 더 명확한 우도 최대화 학습 방법으로 먼저 설명한다. 하이퍼넷을 구성하는 모델을 기술하는 파라미터라 하면, 모델로부터 데이터가 생성될 확률은 다음과 같이 표현될 수 있다.

$$P(D \mid W) = \prod_{d=1}^{N} P(X^{(d)} \mid W)$$

위에서 학습집합 D의 전체 확률을 각 성분확률의 곱으로 표현할 수 있는 것은 학습데이터가 순서에 무관하게, 즉 독립적으로 생성된다고 보기 때문이다. 학습 데이터에 대한 확률분포는 통계역학에서 사용하는 볼쯔만(Boltzmann) 분포를 사용한다. 즉 물리계에서 상태 에너지 분포인 시스템이 상태 에 있을 확률은 다음의 볼쯔만 분포를 가진다.

〈표 10-6〉 하이퍼넷의 주요특성

특 성	설 명
고차 연관관계 표현	• Feature 의 조합을 명시적으로 표현 • 일반적인 그래프 구조만을 허용하는 베이지안망과 비교할 때 빠른 학습을 기대
구조 학습	• 학습 과정에서 구조의 진화 과정을 적용 • 의미 있는 모듈 발견을 기대
군집 기반 부호화	• 하이퍼엣지와 그 조합으로 구성된 모듈로 데이터의 정보가 표현됨. 점진적 학습 가능 • 베이지안망의 조건확률표 기반 정보 표현과 대비
조합성 (compositionality)	• 학습 과정에서 선택, 생성된 하이퍼엣지와 모듈의 조합으로 새로운 모듈 생성 • 추상화 및 추상화 수준을 높인 기호 기반 계산
자가-감독학습	• 레이블이 없는 데이터로도 학습 가능 • 학습 과정에서 레이블 탐색
동적 조정 가능 체계	• 동적 자기조직 방식의 학습과 추론 • 상시 추론 가능

2) 딥 하이퍼넷

하이퍼넷은 하이퍼넷을 빌딩블록으로 하여 다층을 스택킹한 딥러닝 구조이다. 딥 하이퍼넷(Deep Hypernetwork : DHN)은 생성적 딥러닝 모델이다. 먼저 한 개의 은닉층만을 가진 단순한 하이퍼넷 구조를 은닉변수 모델로 생각해보면, 식으로는 다음과 같다.

$$P(x) = \sum_{bj} P(x|h_1 y^2(h_1)$$

2. 딥 하이퍼넷의 응용

1) 하이퍼넷의 응용

하이퍼넷은 확률 기반 연상 메모리적 특성을 가진 머신러닝 방법론이며, 이러한 특성을 기반으로 패턴 분류(Classification), 그림/텍스트/음악 생성(Generation), 다중모달 정보의 고차 관계 탐색(Retrieval, Discovery), 인지 모델링(Cognitive model) 등에 응용되었다.

하이퍼넷은 데이터를 표현하는 Feature의 고차 연관 관계를 고려한 패턴 분류 기법으로서 장점이 있으며, 필기체 숫자, 질병 예측, 문서 내 패턴 인식 등에 적용된 바 있으며, 최근에는 다중 레이블 분류 문제를 위한 해법이 제시되었다.

하이퍼넷의 학습 및 추론 알고리즘은 은닉 노드를 포함하는 경우와 은닉 노드 없이 데이터를 표현한 Feature Vector만으로 구성하는 경우가 있다. 후자의 경우 하이퍼엣지의 집합으로 표현되는 모델 내에서의 병렬적 계산 과정을 통한 패턴 인식 및 추론이 가능하며, 이러한 알고리즘의 특성으로 인해 DNA 컴퓨팅, 분자 컴퓨팅 환경에서 머신러닝 알고리즘 구현을 위한 프레임웍으로도 연구되고 있다.

하이퍼넷은 순서가 있는 데이터에서의 패턴 분류와 생성에도 적용되었다. 주가의 상승/하락 예측, 음악 생성, 대화 구문 등의 사례가 있다.

하이퍼넷의 확률연상메모리적 특성을 가장 잘 보여주는 사례는, '사진-문장' 쌍과 같이 둘 이상의 표현이 다른 정보 간의 연관 관계를 학습하여 활용하는 '다중모달' 문제에 대한 응용이다. 한 예로, 사진과 문장 간의 상호 연상을 통한 검색과 생성 문제 적용 사례가 있다. 잡지기사에 담긴 사진과 본문 문장 사이의 연관 검색, 설명에 기반한 사진 탐색, 드라마 정지영상과 대사 간의 연관 검색 및 생성 등이 주목할 만한 결과이다. 생물정보학 및 의료 정보에서의 다중모달 연관관계 탐색에 적용된 사례와, 지속적 학습을 수행하는 인지 에이전트 모델링에 적용된 사례도 주목할 만하다.

2) 딥하이퍼넷 응용

딥모델 중 CNN 은 영상 패턴인식 능력에서 좋은 성능을 보인다. 그러나 인간수준의 인공지능 실현을 위해서는 패턴인식뿐만 아니라 패턴회상 또는 패턴생성 능력이 더욱 중요하다. 과거의 기억을 되살려 새로운 정보를 생성해 내는 능력은 인간 지능의 기반이다. 생성적 학습모델은 이러한 것을 가능하게 한다.

06 딥 하이퍼넷 모델 특성을 DBN, CNN과 비교에 대하여 분석하라.

딥 하이퍼 넷 모델의 특성을 DBN, CNN과 비교함으로써 딥 하이퍼 넷이 어떤 문제에 더 적합하고 어떤 문제에 덜 적합한지를 분석한다.

〈표 10-7〉는 다음의 7가지의 비교 차원에 대해 요약 정리한 것이다.

〈표 10-7〉 딥러닝 모델 특성 비교

항목 구분	Deep Belief Net (DBN)	Convolutional Neural Net (CNN)	Deep Hypernet (DHN)
감독/무감독	감독/무감독	감독	감독/무감독
변별/생성모델	생성	변별	생성
예측/모듈 이해	예측++/모듈-	예측+++/모듈+	예측+/모듈+++
추론 가능성	추론++	추론+	추론++++
연결성	Full/Compact	Partial/Convolved	Partial/Sparse
깊이	깊이+++	깊이++++	깊이++
배치/온라인 학습	배치	배치	온라인

1. 감독/무감독 학습

CNN은 명확히 감독학습만을 위한 모델이다. 이에 반해서 DBN과 DHN은 기본적으로 무감독학습을 염두에 둔 모델이며 마지막 층에 감독학습층을 추가함으로써 감독학습으로 활용할 수도 있다. 감독학습으로 사용될 경우 무감독학습에 의해 먼저 고차 특징을 추출함으로써 라벨이 없는 데이터를 활용하여 자동으로 표현을 학습할 수 있는 특성이 있다.

2. 변별/생성 모델

변별모델은 입력패턴들의 차이를 구별하는데 집중하며 생성모델은 입력패턴들의 유사성을 파악하는데 집중한다. CNN은 변별 모델이며 패턴분류 문제에 적합하다. 반면에 DBN과 DHN은 생성모델로서 데이터를 압축하거나 샘플을 생성하는데 유용하다.

3. 예측/모듈 이해

값을 예측하는 정확도가 중요한 문제가 있고 데이터의 숨은 구조를 찾아내는 것이 더 중요한 응용이 있을 수 있다. 이 점에서 CNN은 예측에 가장 적합한 모델이며 모듈 이해는 어렵다. 한편 DHN은 모듈 이해에 중점을 두는 딥러닝 구조로써 데이터를 재생성하는 빌딩 블록을 찾으려는 시도를 한다. DBN은 CNN과 DHN의 중간 정도의 모델로 볼 수 있으며 차원을 축소하며 압축을 반복하면 저차원상에서 복잡한 데이터의 구조를 찾을 가능성이 있다. 다만 이 구조는 빌딩 블록이라기 보다는 전역적인 특성에 해당한다.

4. 추론 가능성

생성모델은 학습된 모델을 이용하여 추론이 가능하다. 즉 관측 변수값을 모델에 넣고 다른 미관측 변수값들을 예측할 수 있다. 이 점에서 DBN과 DHN은 추론이 가능한 모델이며 CNN은 그렇지 못하다. DHN은 하이퍼에지의 순차적 연결에 의한 구조적인 추론을 통해서 보다 복잡한 표현을 재구성하는 추론을 수행할 수 있다. 〈표 10-5〉에서 살펴본 바와 같이 DHN은 만화영화 비디오로부터 영상과 문장을 생성할 수 있다.

DBN은 벡터형태의 정형화된 표현에 대한 추론이 가능하나 DHN과 같은 구조를 생성하지는 못한다.

5. 연결성

가장 자유로운 연결 구조를 가지는 모델은 DHN이다. 이에 비해서 DBN은 인접층간에 항상 완전 연결 구조를 가진다. CNN은 국부적인 수용영역을 갖는 컨볼루션에 의해 정해진 정규적인 연결 구조를 반복한다. DHN 학습 알고리즘은 자유로운 연결 구조의 공간에서 가장 희소한 구조를 탐색한다. 만화영화 학습 예에서 개념망은 복잡하면서도 희소성을 갖는 이러한 구조에 속한다.

6. 깊 이

컴퓨팅 파워의 증가로 딥 구조의 층의 수가 증가하고 있다. 영상과 같이 고차원의 데이터에서 고차 패턴을 추출하는데 CNN과 같은 선험 지식이 들어간 컨볼루션 커널을 사용하는 다층 구조가 적합하다. 그러나 고차의 문법 구조를 찾는 개념망을 학습하는 문제와 같은 구조적 학습은 음성이나 영상 데이터와는 특성이 달라 너무 층수가 많을 경우 해석이 불가능할 수 있다. 따라서 적정 층의 수는 문제의 특성이나 해의 특성에 따라 다를 수 있다. 현재까지의 응용으로 볼 때 일반적으로 DHN, DBN, CNN의 순으로 더욱 많은 뉴런층을 사용하는 경향이 있다.

7. 배치/온라인 학습

CNN과 DBN은 배치 학습을 기본으로 한다. 반면에 DHN은 온라인 점진적 학습을 목적으로 설계되었다. 이미 많은 데이터가 수집되어 있어 순차적인 학습을 고려할 필요가 없을 때는 CNN, DBN, DHN방식이 모두 사용될 수 있으나 데이터가 순차적으로 관측되는 상황에서는 DHN이 더욱 적합하다.

07 딥러닝 기술의 프레이워크에 대하여 분석하라.

딥러닝이 보다 복잡한 문제를 해결하고 보다 정교한 작업을 수행할 수 있다면 이를 구축하는 것이 자연스럽게 데이터 과학자 및 엔지니어 에게 큰 과제가 된다. 다행히도 복잡성이 심화된 딥러닝 솔루션을 쉽게 구축할 수 있도록 프레임워크가 다양해지고 있는게 사실이다.

모든 프레임워크는 다른 목적으로 제작되었으며 고유한 기능을 제공한다.

딥러닝 임워크들은 Caffe, CNTK, TensorFlow, Theano, Torch, MXnet, Chainer, Keras 등이 있으며, 분석하려거나 측하려는 상에 따라 그 상에 맞는 임워크를 선택하면 좋은 결과를 얻을 수 있다. 상의 분류나 상 속의 특정 객체를 검출하는 부 분에서 CNN이 우수한 성능을 보인다. 상 데이터를 상으로 분석하거나 측하려는 경우에는 CNN을 지원하는 임워크를 사용하면 좋은 결과를 얻을 수 있다는 것이다. RNN은 학습이 진행되어도 과거 학습의 정보를 잃 지 않고 연속인 정보의 흐름을 학습에 반 가능하기 때문에 음성이나 언어 등 연속된 입력 데이터 분석에 활용된다.

1. TensorFlow

'가장 인기있는 딥러닝 라이브러리' 중 하나인 텐서플로우[TensorFlow]는 구글 팀에서 개발했으며 2015년 오픈소스로 공개됐다. 2세대 머신러닝 시스템으로도 불리는 텐서플로우는 파이썬[Python] 기반 라이브러리로 여러 CPU 및 GPU와 모든 플랫폼, 데스크톱 및 모바일에서 사용할 수 있다. 또한 C++ 과 R과 같은 다른 언어도 지원하며 딥러닝 모델을 직접 작성하거나 keras와 같은 래퍼 라이브러리를 사용하여 직접 작성할 수 있다.

2. Theano

'최초의 딥러닝 라이브러리' 중 하나인 Theano는 파이썬[Python] 기반이며 CPU 및 GPU의 수치계산에 매우 유용하다.

텐서플로우와 마찬가지로 Theano는 저수준 라이브러리로 딥러닝 모델을 직접 만들거나 그위에 래버 라이브러리를 사용하여 프로세스를 단순화할 수 있다. 그러나 다른 확장 학습 프레임워크와 달리 확장성이 뛰어나지 않으며 다중 GPU지원이 부족하다. 그러나 범용적으로 딥러닝을 할 때 전 세계의 많은 개발자가 여전히 선택하고 있는 것중 하나이다.

3. Keras

Theano와 TensorFlow는 매우 훌륭한 딥러닝 라이브러리 이지만 직접 사용하여 모델을 만드는 것은 매우 저급수준이기 때문에 어려울 수 있다. 이러한 문제를 해결하기 위해 Keras는 효율적인 신경망 구축을 위한 단순화된 인터페이스로 개발되었다. Keras는 Theano 또는 TensorFlow에서 작동하도록 구성할 수 있다. 파이썬(Python)기반으로 작성되었으며 매우 가볍고 배우기 쉬운것 중 하나이다. 비교적 새로운 라이브러리임에도 불구하고 아주 좋은 문서를 가지고 있으며, 몇 줄의 코드에서 Keras를 사용하여 신경망을 만들 수 있다.

4 Caffe

Caffe는 Berkeley Vision and Learning Center에서 개발되었으며, C++로 ConvNets를 구하다. As shown on its official page, Caffe는 하루에 AlexNet 에서 single NVIDIA K40 GPU로 6,000만개 이상의 이미지들을 처리할 수 있다. 이미지 분류를 한 툴킷으로 사용할 수 있다. Caffe는 코맨드 라인, 이선, MATLAB 인터페이스로 cmdcaffe, pycaffe, matcaffe 등을 제공한다.

표현/속도 및 모듈성을 염두해 두고 개발된 Caffe는 BVCL에서 주로 개발한 최초의 딥러닝 라이브러리 중 하나이다.

이것 또한 파이썬 인터페이스를 가지고 있는 C++라이브러리이며 , CNN을 모델링 할 때 기본 애플리케이션으로 찾는다.

이 라이브러리를 사용하면 얻을 수 있는 주요 이점 중 하나는 바로 'Caffe Model Zoo'에서 미리 훈련된 여러 네트워크를 바로 사용할 수 있다는 점이다. CNN 모델링이나 이미지 처리문제 해결에 관심이 있으면 이 라이브러리를 고려해 볼 필요성이 있다.

Caffe를 페이스북은 최근 고성능 개방형 모델을 구축할 수 있는 유연성을 제공하는 새로운 가벼운 모듈식 딥러닝 프레임워크인 Caffe2를 공개했다.

5. Torch

Torch는 Lua기반의 딥러닝 프레임워크로서 페이스북/트위터/구글과 같은 거물들이 사용하고 개발했다.

GPU 처리를 위해 C/C++ 라이브러리와 CUDA를 사용한다. 토치는 '최대한의 유연성을 달성하고 모델을 제작하는 과정을 매우 간단하게 만드는 것을 목표'로 만들어졌다.

최근 'PyTorch'라고 불리는 Torch의 파이썬 구현은 인기를 얻었고 빠른채택을 얻고 있다.

6. Deep Learning 4j

딥러닝4j는 자바[Java]로 개발된 인기있는 딥러닝 프레임워크이며 다른 JVM언어도 지원한다.

상업/산업 중심의 분산 딥러닝 플랫폼으로 널리 사용된다. 딥러닝4j를 사용하면 '하둡' 및 '스파크'와 같은 널리 사용되는 빅데이터 도구를 기반으로 구현할 수 있으므로 전체 자바[Java] 생태계의 힘을 결합하여 효율적인 딥러닝을 수행할 수 있다는 장점이 있다.

7. MxNet

MxNet은 'R, 파이썬, C++' 및 Julia 와 같은 언어를 지원하는 딥러닝 프레임워크 중 하나이다. 이것은 이 언어들 중 어느 것을 알고 있다면, 편안하게 학습 영역을 쉽게 접근할 수 있기 때문에 유용하다. 백엔드[Back-end]는 C++과 쿠다로 작성되었으며 Theano와 같이 자체 메모리를 관리할 수 있다. MxNet은 확장성이 좋고 다중 GPU와 컴퓨터로 작업할 수 있기 때문에 대중적이다. 기업용으로도 매우 유용하다. 이것은 아마존이 MxNet을 딥러닝을 위한 참조 라이브러리로 사용한 이유 중 하나이기도 하다.

8. CNTK

CNTK(Computational Network Toolkit)는 마이크 로소트사의 통합 딥러닝 툴킷이다. CNTK는 CNN, RNN, LSTM 등의 최근 심층 신경 망 아키텍처등의 구조 구을 허용한다. auto differentiation, Stochastic Gradient Descent(SGD), backpropagation 등도 지원한다. 다 머신과 다 GPU를 이용한 병렬화도 지원한다. CNTK는 Microsoft Azure의 가상 머신이나 Linux 의 Docker container를 통해 사용할 수 있다. CNTK는 GPU 클러스터들에서 학습된 분산 신경 망을 지원한다.

CNTK라는 약어로 알려져 있는 [Microsoft Cognitive Toolkit]은 딥러닝 모델을 교육하기 위한 오픈소스 딥러닝 도구이다.

고도로 최적화 되었으며 파이썬 및 C++과 같은 언어를 지원한다. 효율적인 리소스 활용으로 알려 진 Cognitive Toolkit을 사용하여 효율적인 강화학습 모델 또는 GAN(Generative Adversarial Networks)를 쉽게 구현할 수 있다. 높은 확장성과 성능을 발휘하도록 설계되었고 여러 시스템에서 실행될 때 Theno 및 텐서플로우와 같은 다른 툴킷과 비교할 때 높은 성능을 제공한다.

9. Lasagne

Lasagne는 Theano의 최상위에서 실행되는 고급 학습 라이브러리이다. 꽤 오래전부터 있었으며 Theano의 복잡성을 추상화하고 신경망을 구축하고 훈련시키는데 보다 친숙한 인터페이스를 제공하기 위해 개발되었다. 파이썬[Python]이 필요하며 케라스(Keras)와 많은 공통점이 있다.

그러나 둘 사이의 차이점은 케라스(Keras)는 더 빠르며 더 나은 문서화가 이루어진다는 사실이다.

10. Big DL

BigDL은 스파크[Spark]에 대한 딥러닝 라이브러리로 배포되어 있으며 확장성이 뛰어나다.

BigDL의 도움을 받아 '스파크 or 하둡 클러스터'에서 스파크 프로그램으로 직접 작성하여 딥러닝 애플리케이션을 직접 실행할 수 있다.

풍부한 학습 지원을 제공하며 인텔의 수학 커널 라이브러리 [MKL]를 사용하여 고성능을 보장한다. BigDL을 사용하여 사전 훈련된 Torch 또는 Caffe 모델을 스파크에 로드할 수도 있다. 클러스터에 저장된 대규모 데이터세트에 딥러닝 기술을 추가하려는 경우 사용할 수 있는 매우 유용한 라이브러리이다.

학습활동.10 교수 · 학습 방법

교수 방법

- 딥러닝의 개요에 대한 관련 용어, 구성, 방식 이해 정도를 파악한 후 수업을 진행한다.
- 교수자의 주도로 딥러닝의 개요 등의 내용을 PPT 자료로 제시한 후 설명한다.
- 가능하면 사전에 개인별 학습 자료를 준비하여 모든 학생이 참여할 수 있는 문제 해결식 수업, 협력 수업이 가능하도록 한다.
- 딥러닝의 개요 전 과정을 작업의 순서에 따라 단계적으로 실습이 이루어질 수 있도록 지도한다.
- 교재를 통해 수업을 준비하는데 있어서 필요한 모든 정보나 팁, 힌트 등 도움이 될 만한 내용들을 확인할 수 있다.
- 학생들이 만들게 될 각 모델들은 수업시간에 중점적으로 다뤄질 부분과 어휘, 질문, 답을 포함하고 있으며 또한 탐구할만한 추가적인 아이디어들도 포함하고 있다.

학습 방법

- 딥러닝의 개요에 대한 관련 용어를 숙지하고, 블록체인의 암호화폐 응용에 대해 이해한다.
- 딥러닝의 개요의 각 단계별 중점 사항을 체계적으로 학습한다.
- 딥러닝의 개요의 수행순서의 전 과정을 실습한다.
- 딥러닝의 개요의 내용을 이해한다.
- 딥러닝의 개요를 이해하고 숙달이 될 때까지 학습한다.

학습활동.10 평가 및 피드백

평가 준거

- 평가자는 피평가자가 수행 준거 및 평가 내용에 제시되어 있는 내용을 성공적으로 수행할 수 있는 지를 평가해야 한다.

학습내용	평가항목	성취수준		
		상	중	하
딥러닝의 개요	딥러닝의 개요를 이해할 수 있다.			

평가 방법

• 작업 포트폴리오

학습내용	평가항목	성취수준		
		상	중	하
딥러닝의 개요	딥러닝의 개요를 이해할 수 있다.			

• 필기시험

학습내용	평가항목	성취수준		
		상	중	하
딥러닝의 개요	딥러닝의 개요를 이해할 수 있다.			

• 체크리스트를 통한 관찰

학습내용	평가항목	성취수준		
		상	중	하
딥러닝의 개요	딥러닝의 개요를 이해할 수 있다.			

• 피드백

1. 작업 포트폴리오
   - 제출한 보고서를 평가한 후 주요 사항에 대하여 표시하여 돌려준다.
2. 필기시험
   - 평가 결과 성적이 저조한 학생은 보고서 제출 기회를 부여한다.
3. 체크리스트를 통한 관찰
   - 실습 과정에서 평가한 후 개선해야 할 사항 등을 정리하여 돌려둔다.

참 | 고 | 문 | 헌

1. http://wiki.hash.kr.
2. Glenn McDonald, 〈현실로 다가온 영화 터미네이터 속 기술들〉, 《CIO코리아》, 2015.7.15.
3. Clint Boulton, 〈AI에 제동을 걸어야 하는 6가지 이유〉, 《CIO코리아》, 2018.4.11.
4. 블로터 채반석 기자, 〈인공지능 - '스카이넷'의 시대가 올까?〉, 《네이버 캐스트》, 2016.3.17.
5. 지재원, 〈인공지능의 장점과 한계〉, 《이글루시큐리티》, 2017.6.7.
6. 이은표 목사, 〈인공지능(AI.)의 전망과 기독교 세계관적 평가〉, 《네이버 블로그》, 2018.8.20.
7. 한국지식재산연구원, 인공지능(AI) 기술 및 정책 동향.
8. 정보통신기술진흥센터, 주간기술동향, 인공지능 기술 동향 및 발전 방향.
9. 소프트웨어정책연구소, 기계학습의 원리, 능력과 한계.
10. 데이터전문가 지식포털, 머신러닝 및 딥러닝.
11. 과학기술정책연구원, 인공지능 시대의 법적 · 윤리적 쟁점.
12. 연세대학교-정보대학원 UX Lab, 인공지능의 학습 어떻게 이뤄지나.
13. 휴넷, 메타인지의 정의.
14. https://namu.wiki/인공지능.
15. https://ko.wikipedia.org/wiki/인공지능.
16. 국경완, https://www.itfind.or.kr/인공지능 기술 및 산업분야별 적용사례, 정보통신기획평가원. 주간 기술동향, 2019.3.20.
17. 이승훈, "최근 인공지능 개발 트렌드와 미래의 진화방향", LG경제연구원, 2017.12. pp.30-31.
18. 김형철, "ICT표준화 전략맵", 한국정보통신기술협회(TTA), 2018.10. pp.19-21.
19. 주영대, "미국의 인공지능(AI) 개발전략과 시사점", 한국산업기술평가관리원(KIET), 2016.12. p.32.
20. 과기정통부, "데이터 · AI경제 활성화 계획", 관계부처일동, 2019.1. pp.2-3.
21. 과기정통부 보도자료, "데이터 · 인공지능(AI) 경제 활성화의 이정표 제시", 2019.1.
22. 아웃소싱타임스, "뛰는 중국 걷는 한국, 중국 인공지능(AI) 인재 한국의 7배", 2019.1.
23. AIBRIL, "건강을 지키는 인공지능 AI와 헬스케어의 만남", 2018.10.
24. "헬스케어에 인공지능을 더하다", 2018. 6., https://skccblog.tistory.com/3712.
25. 행정안전부, "2019년 지능형 정부를 주도할 핵심기술 선정", 2019.1.28.
26. 국경완, "4차 산업혁명 시대 인공지능을 활용한 군사적 적용방안", 합참지, 2018.12.
27. 박형근, "정보보안에서의 인공지능 도입 분야와 주요 사업자", 2018.8.
28. 윤장우, "인공지능 관련 기술과 정책동향 및 시사점", 한국전자통신연구원(ETRI). 2015.7. pp.13-14.
29. 최은수, "인공지능의 습격…인간을 어디까지 위협할까?", 매일경제, 2016.3.
30. 헤럴드경제신문, "중국의 AI 굴기, 미국도 추월했다", 2019.2.
31. 중소벤처기업부, "중소기업 기술로드맵(2018~2020, AI/빅데이터), 2017.1. pp.18-24.
32. 심혜정, "우리기업의 인공지능(AI)을 활용한 비즈니스 모델", 국제무역연구원, 2018.3.

33. 경향신문, "군 AI는 워리어 플랫폼 · 드론봇 전투체계의 선행 핵심기술", 2018.12.
34. https://www.oss.kr/info_techtip/show/1fab4646-a266-47dc-a39f-aa58005ee84f.
35. https://happist.com/요즘 드고 있는 인공지능기술, 2017.2.2.
36. www.motherjones.com.
37. https://ellun.tistory.com/103 [Ellun's Library].
38. 박희경,〈밑바닥부터 시작하는 딥러닝 Chapter7. 합성공 신경망(CNN)〉, 《모두의 연구소 DeepLap》.
39. 〈합성공 신경망〉, 《위키백과》.
40. 김콜리, 〈#6-(1) 합성곱 신경망(CNN) : 소개 및 구조〉, 《'브콜리의 집' 티스토리 블로그》, 2018.3-16.
41. 〈합성곱신경망 CNN (Convolutional Neural Network)]〉, 《'Practical Understanding of Data& Dex' 티스토리 블로그》, 2017.6.2.
42. 불, 〈[머신러닝/딥러닝 합성곱 신경망 (Convolutional Neural Network, CNN)과 학습 알고리즘]〉, 《'Untitled' 티스토리 블로그》, 2019.2.16.
43. Excelsior-JH,〈06. 합성곱 신경망 - Convolutional Neural Networks]〉, 《'EXCELSIOR' 티스토리 블로그》, 2018.10.19.
44. 김콜리,〈#6-(2) 합성곱 신경망(CNN) : 합성곱 계층]〉, 《'Broccoli's House' 티스토리 블로그》, 2018.3.18.
45. 김콜리, 〈#6-(3) 합성곱 신경망(CNN) : 풀링 계층〉, 《'Broccoli's House' 티스토리 블로그》, 2018.3.18.
46. 〈〈머신러닝〉 #7 합성곱 신경망 (CNN)〉, 《돼지왕 왕돼지 놀이터》, 2018.7.9.
47. 〈콘볼루션 신경망〉, 《네이버 지식백과》.
48. 〈딥러닝_CNN(Convolution Neural Network)기초 - 개념 및 용어 정리〉, 《'딥상이동의 딥한 생각' 네이버 블로그》, 2019.3.29.
49. 〈밑바닥 딥러닝_7장 합성곱 신경망(CNN)〉, 《티스토리 블로그》, 2019.1.27.
50. 〈합성공 신경망 CNN〉, 《제타위키》.
51. 〈딥러닝(DeepLearning) - 합성곱 신경망(CNN)〉, 《코드몽키 조형준의 네이버 블로그》, 2018.10.23.
52. 〈5.1 합성곱 신경망(CNN) 소개〉, 《almond hater 네이버 블로그》, 2019.8.28.
53. 〈합성곱 신경망〉, 《한빛출판네트워크》, 2019.6.19.
54. 〈합성곱 신경망(CNN)〉, 《'astrod' 깃허브 페이지》, 2017.4.09.
55. 〈합성곱 신경망〉, 《텐서플로 커뮤니티》.
56. http://ocw.snu.ac.kr/sites/default/files/NOTE/IML_Lecture%20%2807%29.pdf.
57. https://pathmind.com/kr/wiki/ai-vs-machine-learning-vs-deep-learning.
58. https://developer.nvidia.com/about-cuda.
59. https://tensorflow.blog/.
60. https://brounch.co.kr/@itschloe1/8.
61. https://m.blog.naver.com/laonple/221259295035.
62. https://sites.google.com/site/coinlablectures/18-spring-gradnn.
63. https://m.blog.naver.com/PostView.

학습 목표

1. 딥러닝 기술활용을 이해할 수 있다.

11-1 인공신경망 알고리즘 기술

1. 인공신경망의 개요

생물학의 뇌는 신경세포(Neuron)와 신경세포를 연결하는 시냅스(Synapse)를 통해서 신호를 주고 받음으로써 정보를 저장하고 학습한다.

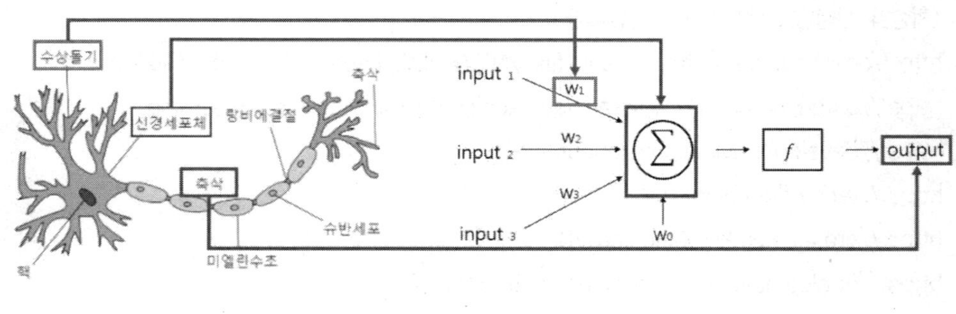

[그림 11-1] 인공신경망 모형

[그림 11-1]처럼 인공신경망(ANN)은 뇌의 학습방법을 수학적으로 모델링한 머신러닝 알고리즘으로써, 시냅스의 결합으로 네트워크를 형성한 신경세포가 학습을 통해 시냅스의 결합 세기를 변화시켜 문제를 해결하는 모형 전반을 가리킨다.

2. 인공신경망의 구성요소

1) 네트워크 구조

[그림 11-2]처럼 인공신경망은 입력 뉴런, 히든 뉴런, 출력 뉴런으로 구성되어 있다. 뉴런에는 선형 결합과 활성화 함수 기능이 존재한다. 시냅스는 뉴런과 뉴런을 연결해주는 가중치 역할을 담당한다.

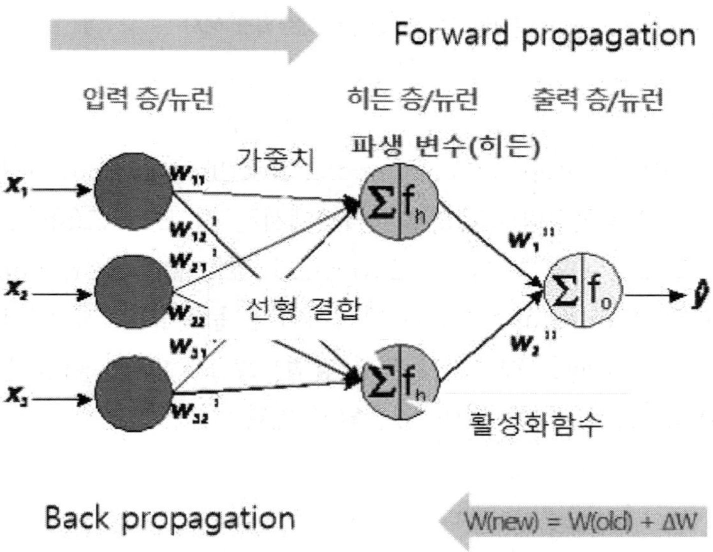

[그림 11-2] 네트워크의 구조

2) 단층, 다층 및 딥 네트워크

인공신경망의 가장 간단한 구조를 단층 퍼셉트론(Single-layer Perceptron)이라고 한다. 단층 퍼셉트론에서 모형 구조의 복잡도를 다층으로 변경하면 다층 퍼셉트론(MLP : Multi Layer Perceptron) 또는 다층 전방향 인공신경망(Multi-layer Feed-forward Artificial Neural Network)이라고 한다.

입력층과 출력층 사이에 여러 개의 은닉층들로 이뤄진 인공신경망은 딥뉴럴 네트워크(Deep Neural Network) 또는 딥러닝(Deep Learning)이라고 부른다.

3) 뉴 런

뉴런 안에서는 다음의 두 가지 작업을 진행한다.

① 선형 결합(Σ) : 입력값의 선형 결합
② 활성화 함수(f) : 비선형 함수 적용

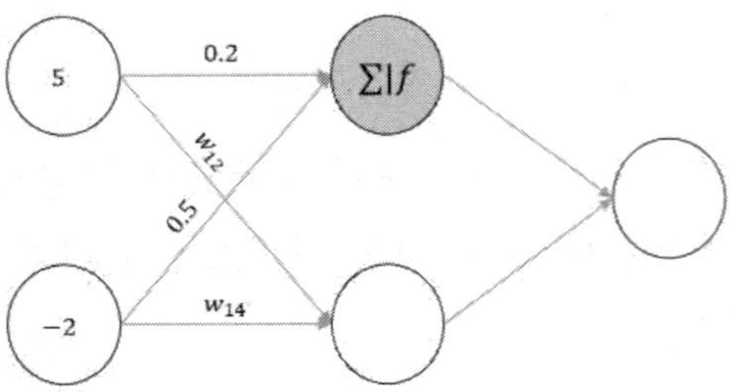

Σ|f 의 두가지 작업

1. Linear Combination(Σ): 입력값의 선형 결합 L = X1w11 + X2w13
2. Activation Function(f): 비선형 함수 적용 A = f (L) , f() = sigmoid function A = 1 /1+e−(L)

[그림 11-3] 간단한 네트워크 예시

4) 활성화 함수

활성화 함수에는 Step, Sign, Sigmoid, Rectified Linear 비선형 함수가 있다. 과거에는 인공신경망(ANN) 알고리즘에서는 시그모이드(Sigmoid)함수를 활성화 함수로 많이 사용했지만, 층(layer)수가 깊어질수록 Gradient값이 감소하는 Gradient Vanishing 문제를 발생시키기 문제를 가지고 있다. 최근에는 Gradient Vanishing를 해결하기 위한 방법으로 RNN 알고리즘에서 ReLu함수(Rectified LinearUnit)를 많이 사용되고 있다.

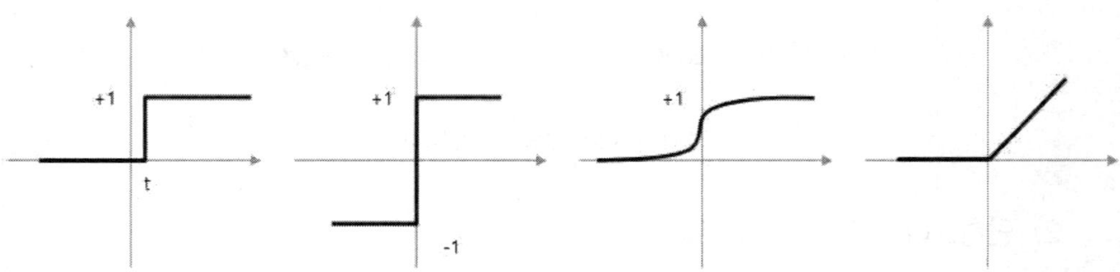

Step	Sign	Sigmoid	Rectified Linear
f(x) = 1 if x ≥ t(threshold), else 0	f(x) = +1 if x ≥ 0, else − 1	f(x) = $1/1 + e^{-x}$	f(x) = max(0, x)

[그림 11-4] 활성화 함수

5) 전방 전달과 오차 역전파

전방 전달(Feed-Forward)은 입력층 → 히든층 → 출력층으로 입력값을 계산하여 예측값을 계산하는 과정이다.

오차역전파(Back-Propagation) 알고리즘은 역순으로 출력값과 예측값의 오차가 줄어드는 방향으로 각 각의 가중치를 조정하는 과정을 말한다.

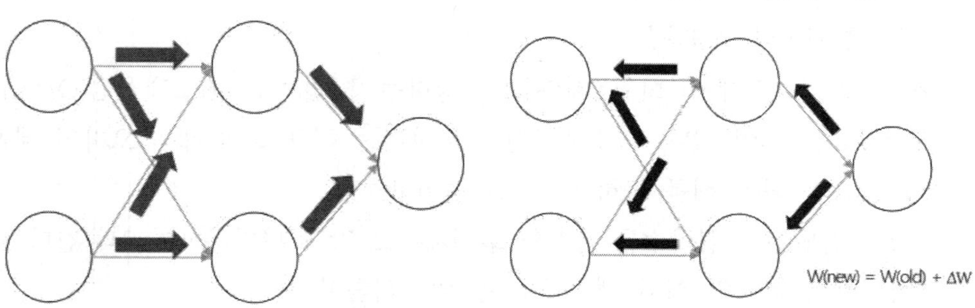

[그림 11-5] 전방전달(좌측)과 오차역전파(우측)

6) 손실함수

인공신경망에서 사용되는 일반적인 손실 함수에는 다음의 두 가지가 있다. 회귀 문제의 손실 함수는 〈표 11-1〉(좌측)과 같다.

〈표 11-1〉 손실 함수의 종류

회귀 문제에서의 손실 함수는 sum of squared errors	분류 문제에서의 손실 함수는 cross entropy
$\mathbf{R(\theta) = \sum_{k=1}^{K} \sum_{i=1}^{N} (y_{ik} - f_k(x_i))^2}$	$R(\theta) = -\sum_{i=1}^{N} \sum_{k=1}^{K} y_{ik} \log f_k(x_i)$

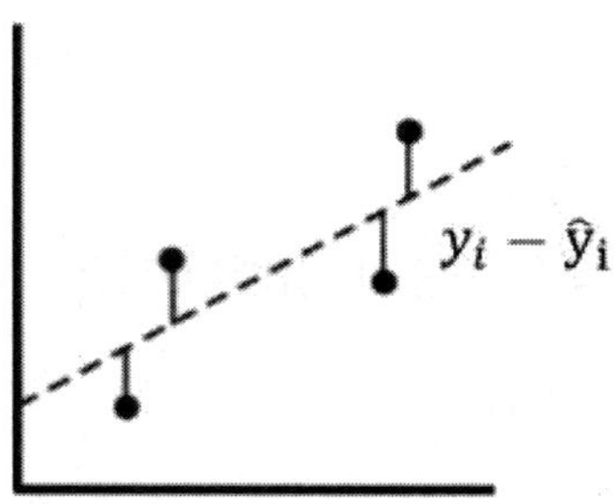

[그림 11-6] 회기문제 손실함수

$\hat{y}_i = f(x_i)$이므로, $R(\theta) = \sum_{i=1}^{N}(y_i - \hat{y}_i)^2$

[그림 11-6]에서 $y_i - \hat{y}_i$는 양수 또는 음수가 될 수 있기 때문에 제곱을 취한다. 회귀 인공신경망 모형은 손실 함수가 최소가 되는 가중치(θ)를 찾는 것이 목적이다.

7) 모형학습(전통회귀 vs 인공신경망)

(1) 전통회귀의 모형학습

선형 회귀분석에서 회귀 계수를 추정하는 방법으로 최소제곱법(Ordinary Least Squares)이 있다. 최소제곱법은 구하려는 해와 실제 해의 오차의 제곱의 합이 최소가 되는 해를 구하는 알고리즘이다.

최소제곱법은 손실함수를 각각의 회귀계수로 각각 편미분하여 0과 같다고 놓은 상태에서 최적의 회귀 계수를 찾는 알고리즘이다.

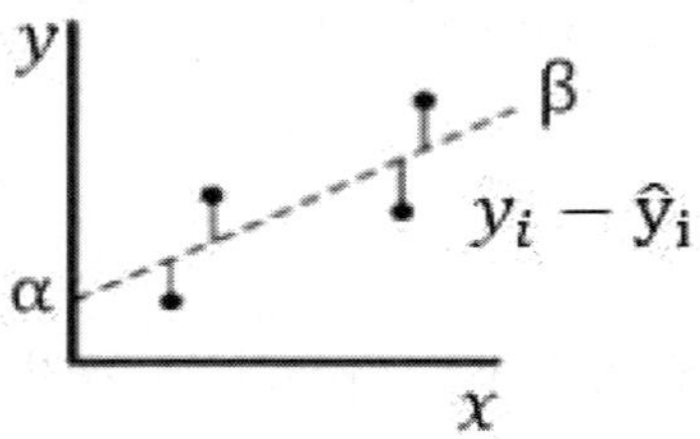

- $\dfrac{\partial \sum_{i=1}^{N}(y_i - f(x_i))^2}{\partial \hat{\alpha}} = 0$
- $\dfrac{\partial \sum_{i=1}^{N}(y_i - f(x_i))^2}{\partial \hat{\beta}} = 0$

[그림 11-7] 전통회귀(최소제곱법)의 모형학습

Tip

- 미분(Derivative)은 함수의 순간변화율을 구하는 계산 과정을 뜻한다.
- 순간변화율이란 변화를 뜻합니다. ㉑ A가1 만큼 증가 했을 때 B의 변화를 뜻한다.
- 편미분(Partial Derivative)은 다변수 함수의 특정 변수를 제외한 나머지 변수를 상수로 생각하여 미분하는 것을 뜻한다.

(2) 인공신경망의 모형학습

인공신경망에서 모형 학습(가중치 업데이트)은 다음의 공식을 사용한다.

$$W(new) = W(old) + \triangle W$$

$$W^{r+1} = W^{r} + \triangle W$$

W(old)는 이미 알고 있는 값이기 때문에, W(new)를 구하기 위해서는 **$\triangle W$**를

알아야 한다.

△W를 풀면 다음과 같다.

① $\gamma \nabla R(W^r)$

$W^{r+1} = W^r - \gamma \nabla \mathbf{R}(\mathbf{W}^r)$

② $\gamma \nabla \mathbf{R}(\mathbf{W}^r)$는 해석하면 다음과 같다: "함수의 기울기를 구하여 기울기가 낮은 쪽으로 이동"

- γ(감마)는 학습률을 의미한다.
- $\nabla R\ W^r$ 는손실 함수를 미분한다는 의미이다.
- 앞에 음수(−)가 붙는 이유는 기울기가 낮은 쪽으로 이동하기 때문이다.

8) 경사 하강법

경사 하강법은 함수의 기울기를 구하여 기울기가 낮은 쪽으로 계속 이동시켜서 극값(Global Minimum)에 이를 도달할 때까지 학습을 반복하는 알고리즘을 뜻한다.

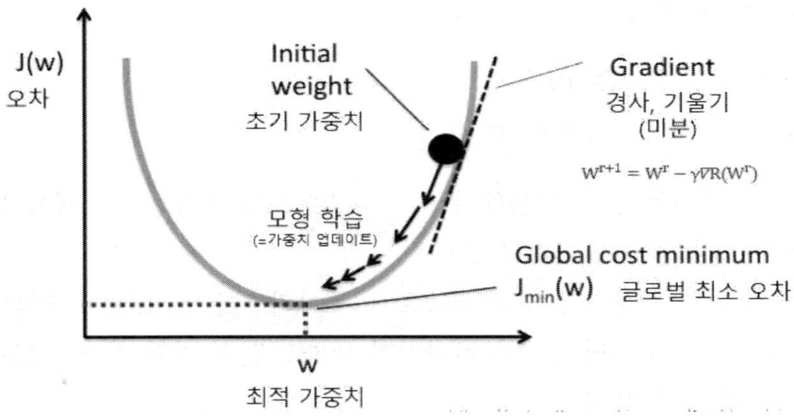

[그림 11-8] 경사 하강법

9) 학습률

학습률은(Learning Rate) 한번 학습 시 업데이트되는 가중치의 크기를 조정하는데 사용된다. 학습률이 크면 학습을 듬성듬성하여 극값(Global Minimum)을 지나쳐 갈 수 있고, 반대로 학습률이 작으면 학습을 촘촘히 하여 학습 속도가 느려지고 지역 값(Local Minimum)에 빠지는 문제가 발생한다.

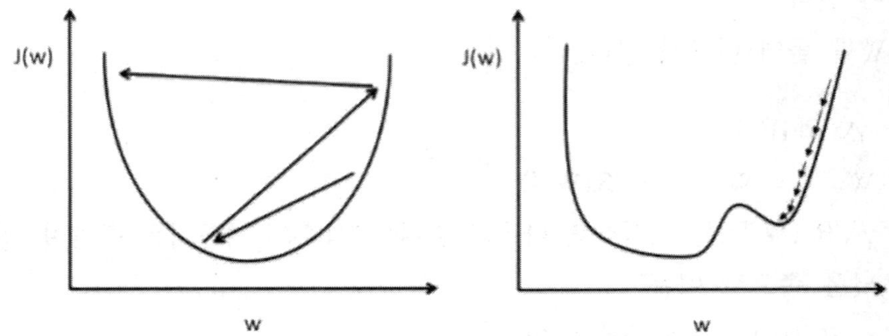

[그림 11-9] 학습률의 가중치 크기에 조절에 따른 문제점

10) 모멘텀

인공신경망의 가중치 업데이트 공식은 다음과 같다.

$$W(new) = W(old) + \triangle W$$

앞에서 가중치 업데이트 방식은, 손실함수를 W로 편미분하여 Gradient를 계산하고 학습률을 곱한 만큼의 변화량($\triangle W^{r}$)만큼 기존의 가중치에 더하여 새로운 가중치 계산하였다.

$$\triangle W^{r} = -\gamma \nabla R(W^{r})$$
$$W^{r+1} = W^{r} - \gamma \nabla R(W^{r})$$

이렇게 손실 함수를 편미분해서 에러가 줄어드는 방향으로 조금씩 움직여가는 알고리즘을 경사하강법이라고 한다.

경사하강법은 기울기가 낮은 쪽으로 이동하기 때문에 중간에 언덕(지역 최소값 근처)을 만나게 되면 언덕을 올라가지 못하고 근처 지역 최소값으로 수렴하는 문제가 발생할 수 있다.

모멘텀(Momentum)은 이러한 지역 최소값으로 수렴하는 문제를 경감시켜주는 방안이다.

모멘텀은 기존의 가중치 변화량과 현재 가중치 변화량을 서로 결합하여 가중치 업데이트에 사용하는 방법이다.

$$W^{r+1} = W^{r} + \triangle W$$
$$\text{where} \triangle W = -\gamma \nabla R(W^{r}) + \alpha \triangle (W^{r-1})$$

(※ α는 모멘텀의 크기를 조절하는 값)

즉 언덕을 내려가는 공에게 관성을 부여하여 작은 언덕을 쉽게 넘어갈 수 있도록 만드는 원리와 같다.

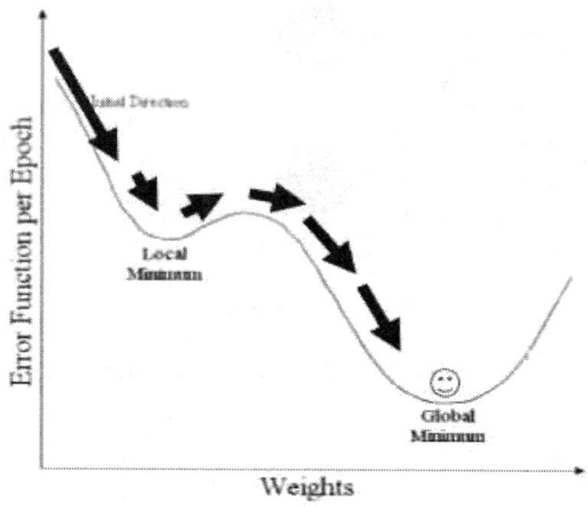

[그림 11-10] 가중치 조절에 따른 모멘텀의 역할

3. 인공신경망의 MLP

1) 전방 전달

전방 전달(Feed-Forward)은 최초 입력층의 입력 값으로 부터 마지막 출력층의 출력값까지의 과정을 뜻한다.

① $Zm= \sigma(\alpha_m^T X)$
② $T = g(\beta^T Z)$
③ $f(X) = T$

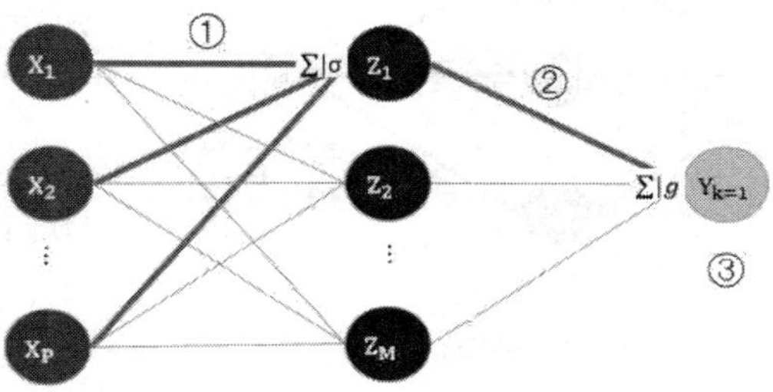

[그림 11-11] 전방 전달 과정

2) 오차 역전파

오차 역전파(Back-Propagation)는 전방 전달에서의 출력값을 통해 오차를 계산 후 가중치를 업데이트하는 과정을 뜻한다.

학습 11

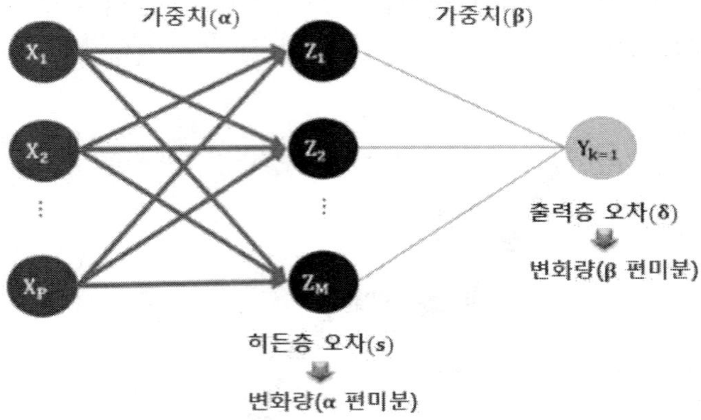

[그림 11-12] 오차 역전파 과정

3) 가중치 업데이트

인공신경망에서 가중치(W) 업데이트는 다음의 공식을 사용한다.

$$W(new) = W(old) + \triangle W$$

$$W^{r+1} = W^{r} + \triangle W$$

$$W^{r+1} = W^{r} - \gamma \nabla R(W)$$

예제에서 가중치는 **α**, **β**이기 때문에 다음과 같이 표현할 수 있다.

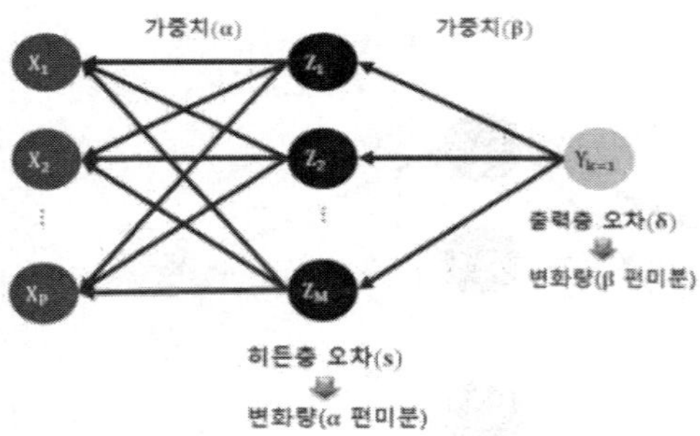

$$\beta_{km}^{(r+1)} = \beta_{km}^{(r)} - \gamma_r \sum_{i=1}^{N} \frac{\partial R_i}{\partial \beta_{km}^{(r)}}$$

$$\alpha_{km}^{(r+1)} = \alpha_{km}^{(r)} - \gamma_r \sum_{i=1}^{N} \frac{\partial R_i}{\partial \alpha_{km}^{(r)}}$$

[그림 11-13] 가중치 업데이트

4) 지도학습 인공신경망 학습 절차

① 응용 목적에 적합한 신경망 구조를 설계한다.
② 연결 강도를 초기화 한다.
③ 학습 패턴쌍을 입력하여 신경망의 출력을 구한다.
④ 출력과 목표치를 비교하여 오차를 계산한다.

$$s_{mi} = \sigma'(\alpha_m^T x_i) \sum_{k=1}^{K} \beta_{km}\delta_{ki}$$

⑤ 오차를 학습 신호 발생기에 입력하여 연결 강도의 변화량을 계산한다.

$$\frac{\partial R_i}{\partial \beta_{km}} = \delta_{ki} z_{mi}$$

$$\frac{\partial R_i}{\partial \alpha_{ml}} = s_{mi} x_{il}$$

⑥ 연결 강도를 변경한다.

$$\beta_{km}^{(r+1)} = \beta_{km}^{(r)} - \gamma_r \sum_{i=1}^{N} \frac{\partial R_i}{\partial \beta_{km}^{(r)}}$$

$$\alpha_{km}^{(r+1)} = \alpha_{km}^{(r)} - \gamma_r \sum_{i=1}^{N} \frac{\partial R_i}{\partial \alpha_{km}^{(r)}}$$

⑦ 변경된 연결 간도에 대하여 단계 ③ ~ ⑥단계를 반복한다.

⑧ 더 이상 연결 강도가 변하지 않으면 학습을 종료한다.

4. 인공지능망 MLP 문제

1) 과적합 문제

과적합(Overfitting)이란 모형이 과도하게 훈련 데이터 맞춤형으로 만들어져 다른 상황에 일반화되지 못하고 오히려 현실과 맞지 않는 경우를 말한다.

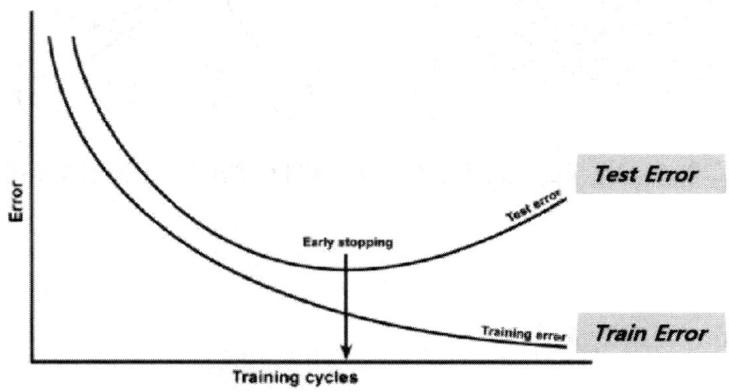

[그림 11-14] MLP의 과접합 문제

학습 11

즉 과적합은 훈련 데이터에서는 과하게 적합하여 새로운 데이터에서 오차가 증가한다.

일반적으로 인공신경망 또는 딥러닝의 경우 히든층에 의해서 기존의 전통적인 통계기법보다 많은 수의 가중치를 생성한다. 이러한 프로세스는 모형의 복잡도를 증가시켜 모형의 과적합이 쉽게 발생한다.

2) 과적합 문제 해결을 드랍아웃

드랍아웃(Dropout)이란 인공신경망 학습 시에 모든 뉴런에 대해서 학습을 수행하는 것이 아니라 일부 뉴런을 생략하고 줄어든 신경망을 통해 학습을 수행하는 방법을 뜻한다.

드랍아웃은 Ensemble효과를 발생하여 인공신경망의 과적합 문제를 해결 하는데 일조를 한다.

Ensemble효과는 하나의 인공신경망으로 부터 여러 개의 작은 네트워크를 생성하면 하나의 네트워크에서 발생하는 과적합이 서로 혼합되어 과적합을 경감시키는 효과를 얻을 수 있다.

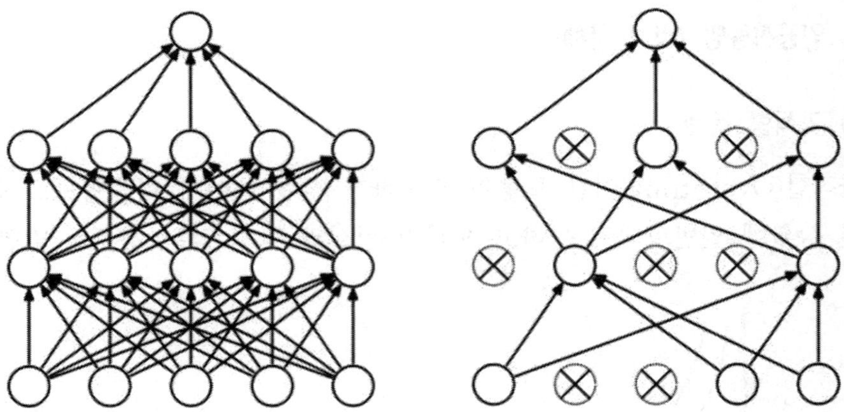

[그림 11-15] 표준인공신경망(좌측)과 드롭아웃 적용 후 인공신경망(우측)

11-2 딥러닝의 CNN 알고리즘 기술

1. 합성곱 신경망의 개요

1) 합성곱 소개

얀라쿤(Yann LeCun)은 프랑스 출신의 과학자이다.

1989년 라쿤은 오차역전파 훈련방식의 딥뉴럴 네트워크(Fully-Connected Neural Network)를 통해서 우편번호 필기체를 인식하는데 성공하였다. 하지만 당시의 하드웨어 성능으로는 10개의 숫자를 인식 하는데 3일이라는데 시간이 소비되었다.

1998년 라쿤은 기존의 인공신경망을 보완하기 위해 Local Receptive Field, Shared Weight, Sub-Sampling의 개념을 적용한 합성곱 신경망(CNN : Convolutional Neural Network)을 발표하였다.

현재 라쿤은 뉴욕주립대와 Facebook AI팀에서 활동하고 있다.

합성곱 신경망은 이미지 데이터를 학습하고 인식하는데 특화된 알고리즘이다. CNN은 이미지 인식 분야에서 빠르게 전파되었다. CNN은 여러 가지 이미지 인식 테스트에서 우수한 성능을 검증 받았다

① 우리가 잘 알고 있는 알파고도 CNN알고리즘을 사용해서 학습을 한다.
② 자율주행 자동차도 CNN알고리즘을 사용한다.
③ CNN는 다양한 인공신경망 알고리즘에서 가장 주목받고 있는 딥러닝 알고리즘이다.

2) CNN_특징

이미지 인식에서 이미지를 컴퓨터가 인식하려면 어떻게 해야 할까?

이미지 입력 변수의 모든 이미지는 픽셀(Pixel)값으로 전환이 가능하다.

[그림 11-16]의 이미지는 픽셀값이 0부터 255까지 Grayscale 이미지(2d)이다.

학습 11

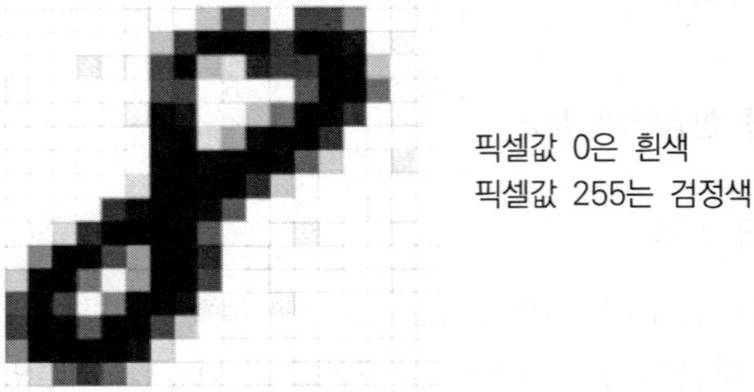

[그림 11-16] 이미지 입력변수를 픽셀 값으로 표시

2. 합성곱의 구조

합성곱 계층(Convolutional Layer)를 통해서 입력 받은 이미지에 대한 특징(Feature)을 추출하게 되고, 추출된 특징을 바탕으로 기존의 일반적인 인공신경망(Fully-Connected Layer)를 이용하여 이미지에 대한 분류(Classification)를 수행한다. CNN 구조(Structure)는 [그림11-17]과 같다.

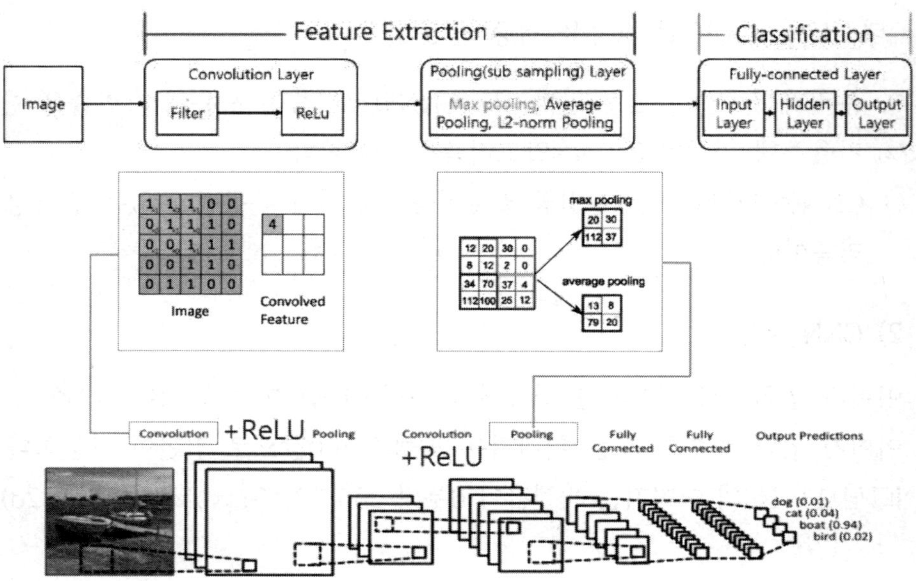

[그림 11-17] CNN의 구조

CNN 네트워크 구조에는 다음의 4가지 핵심 단계가 네트워크 구조를 형성한다.

① 합성곱 계층(Convolution Layer)
② 비선형 단계(Non-linearity Step)
③ 풀링 계층(Pooling Layer)
④ 모두 연결 계층(Fully-connected Layer)

3. 합성곱 계층

합성곱 계층(Convolutional Layer)는 입력된 이미지 데이터로부터 필터를 사용하여 특징을 추출하는 역할을 수행한다. CNN은 기존의 분류 학습과 다르게 특징을 추출하는 전처리 단계가 포함되어 있다. 따라서 별도의 전처리 단계를 필요로 하지 않는다.

합성곱 계층(Convolutional Layer)에는 특징을 추출하는 기능을 하는 필터(Filter)와 이 필터의 값을 비선형 값으로 바꾸어 주는 활성화(Activation)함수(주로 ReLu함수를 사용)로 이루어져 있다. 필터는 어떠한 특징이 데이터에 있는지 없는지 검출해주는 역할을 수행한다.

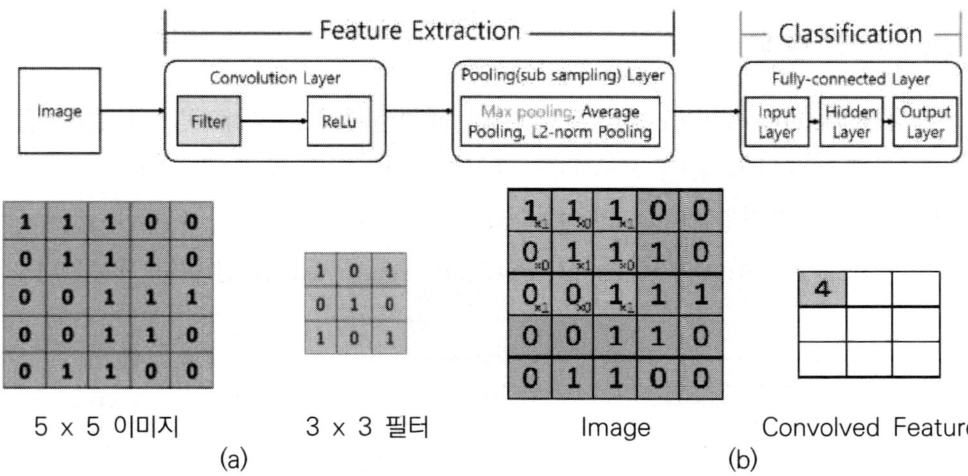

[그림 11-18] 필터의 역할

[그림 11-18]처럼 합성곱 계층(Convolution Layer)에서 특성맵(Feature Map)이 생성되는 과정으로써 이미지에 필터를 적용해서 생성된 특징맵을 Convolved Feature, Feature Map 또는 Activaticn Map이라고 부른다.

원본 이미지로부터 초록색과 빨간색 필터(두 가지의 서로 다른 특징을 탐색하는 필터)를 통해서 두 개의 특징맵을 생성한다.

필터는 입력받은 데이터에서 그 특성을 가지고 있으면 결과 값이 크게 나오게 되고, 특성을 가지고 있지 않으면 결과 값이 0에 가까운 값이 나오게 되어 데이터가 해당 특성을 가지고 있는지 없는지를 파악할 수 있게 하다.

입력된 이미지들은 다양한 특징을 지니고 있기 때문에 여러 개의 다중 필터가 적용된다. 이렇게 필터를 적용하는 간격값을 보폭(Stride)라 하며, 필터를 통해 산출된 행렬을 특징맵이라고 한다.

CNN은 여러 필터 계층(Filter Layer)를 거쳐서 많은 필터(Filter)들이 적용되기 때문에 특징을 추출하는 과정에서 처음에 비해 많은 특징들이 유실될 수 있다. 이를 방지하기 위해 패딩(Padding)이라는 기법을 사용하게 된다.

패딩은 결과 값이 작아지는 것을 방지하기 위해 입력 이미지 주위 흰테두리를 그려넣는 것이라 생각하면 된다. 즉 입력값 주위로 0 값을 넣어서 입력 값의 크기를 인위적으로 키워 결과값이 작아지는 것을 방지하는 기법이다.

CNN에서 사용되는 필터는 학습과정에서 자동으로 특징을 인식하고 필터를 만들어내게 된다.

4. 비선형 단계

합성곱 계층(Convolution Layer)에서 생성된 특징맵은 [그림 11-19]처럼 비선형 단계(Non-linearity Step)에서 비선형 함수의 적용을 받는다.

빠른 학습, 과적합, Vanishing Gradient 문제를 해결하기 위해 비선형 단계(Non-linearity Step)에서 Relu(Rectified Linear Unit) 함수를 사용한다.

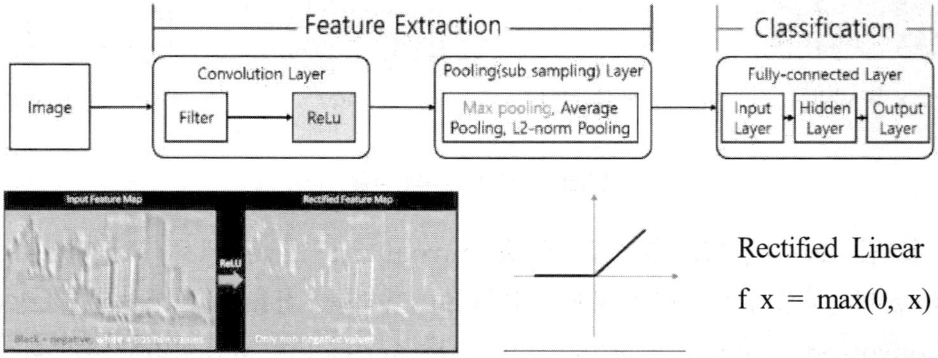

[그림 11-19] 비선형 단계의 Relu 함수

Relu 함수는 필터를 통해 특징맵이 추출되었으면, 해당 특징이 '있다, 없다'의 비선형 값으로 바꿔주기 위해 활성화 함수(Activation Function)을 적용한다. 활성화 함수로는 Relu 함수를 가장 많이 사용한다(시그모이드 : Sigmoid)를 사용할 경우 Back Propagation이 제대로 동작하지 않게 된다).

5. 풀링 계층

합성곱 계층(Convolutional Layer)를 거쳐 추출된 특징들은 필요에 따라[그림 11-20]처럼 풀링(pooling) 또는 서브(부분) 샘플링(Subsampling) 과정을 거치게 된다.

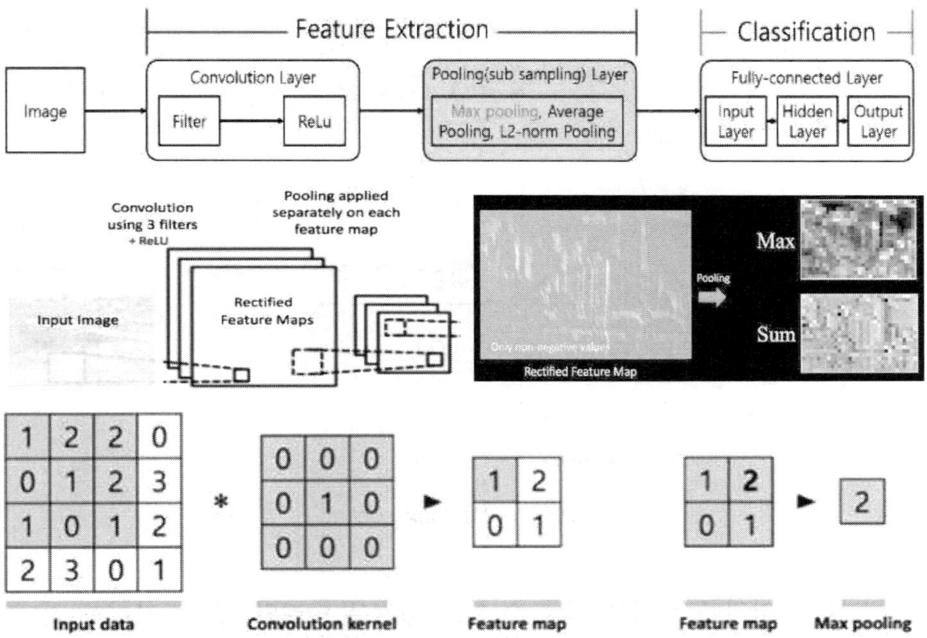

[그림 11-20] 풀링(서브 샘플링) 계층

풀링 계층(Pooling Layer)은 이미지의 특성상 많은 픽셀이 존재하기 때문에 특징을 줄이기 위해 부분 샘플링을 하는 층이다. 합성곱 계층(Convolutional Layer)를 통해 어느 정도 특징이 추출되었지만, 추출된 모든 특징을 고려하지 않는다. 부분 샘플링을 통해서 특징의 차원은 감소하지만 가장 중요한 특징은 보존이 된다. 예를 들어 고해상도의 사진(많은 특징을 지닌 데이터)을 보고 물체를 판별할 수 도 있지만, 저해상도의 사진(보다 적은 특징을 지닌 데이터)를 보고도

물체를 판별할 수 있는 원리이다.

풀링(Pooling) 방법에는 Max Pooling, Average Pooling, L2-norm Pooling, Sum 등의 기법이 있으며 그중에서도 Max Pooling 기법이 대부분의 경우에서 가장 우수한 성능을 보이는 것이 검증되었다.

Max Pooling은 특징맵을 M x N의 크기를 잘라낸 후, 그 안에서 가장 큰 값을 뽑아내는 방법이다. [그림 11-21]처럼 4×4의 특징지도(Feature Map)에서 2×2 Max Pooling Filter를 보폭(Stride) 2로 하여 적용한 예이다.

좌측 상단 빨간색 부분에서는 6이 가장 큰 값이기 때문에 6, 우측 상단 초록색 부분에서는 8, 좌측하단 연노랑색 부분에서는 3, 우측 하단 파랑색 부분에서는 4 값이 추출된다.

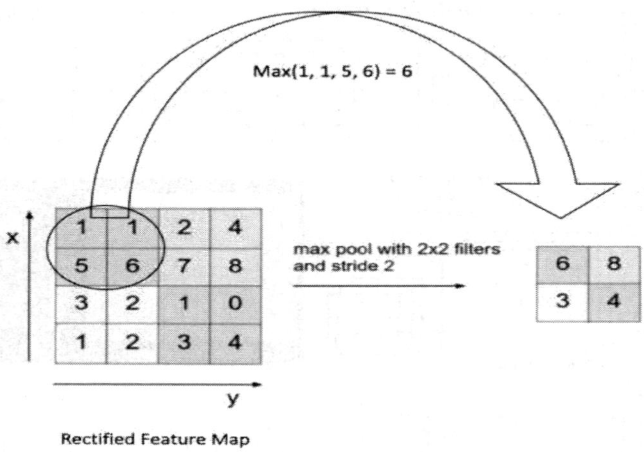

[그림 11-21] Max pooling

이런 풀링 작업을 통해서 얻을 수 있는 장점은 아래와 같이 2가지가 있다.

① 전체 데이터의 사이즈가 줄어들어 연산에 들어가는 컴퓨팅 리소스를 줄일 수 있다.

② 데이터의 크기를 줄이면서 소실이 발생하기 때문에 오버피팅을 방지할 수 있다.

6. Fully-connected Layer

모두 연결 계층(Fully-connected Layer)은 Softmax와 Multi-Layer Perceptron 알고리즘이 사용된다.

[그림 11-22]처럼 Fully-connected Layer은 마지막 풀링 계층에서 생성된 데이터셋을 입력값으로 받아서 출력값으로 특정 객체로 분류될 확률 값을 내보낸다.

Fully-connected의 의미는 모든 뉴런이 다음 층의 뉴런과 모두 연결되어 있다는 것을 뜻한다.

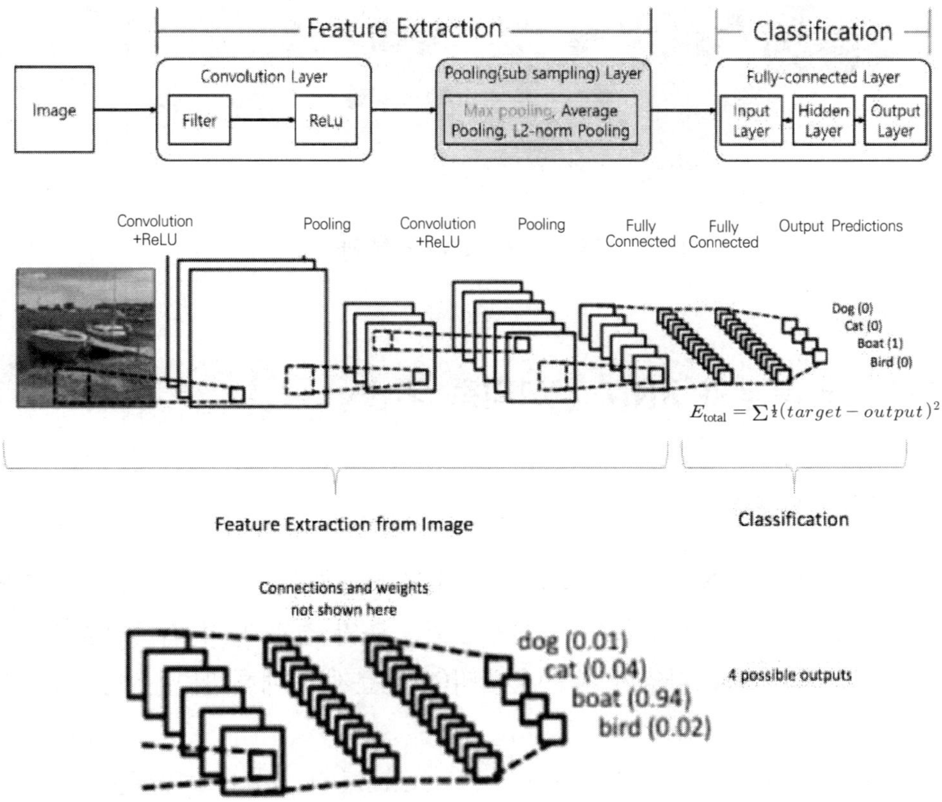

[그림 11-22] 모두 연결 계층

마지막 층인 Fully-connected Layer에서는 앞에서 전처리된 데이터셋을 입력 받아서 분류 예측 모형학습을 수행한다.

예측 모형 학습은 다층 퍼셉트론(Multi-Layer Perceptron)네트워크 구조와 오차역전파 알고리즘을 사용해서 손실 함수가 최소화되도록 필터의 가중치 및 뉴런의 가중치를 반복해서 업데이트 한다.

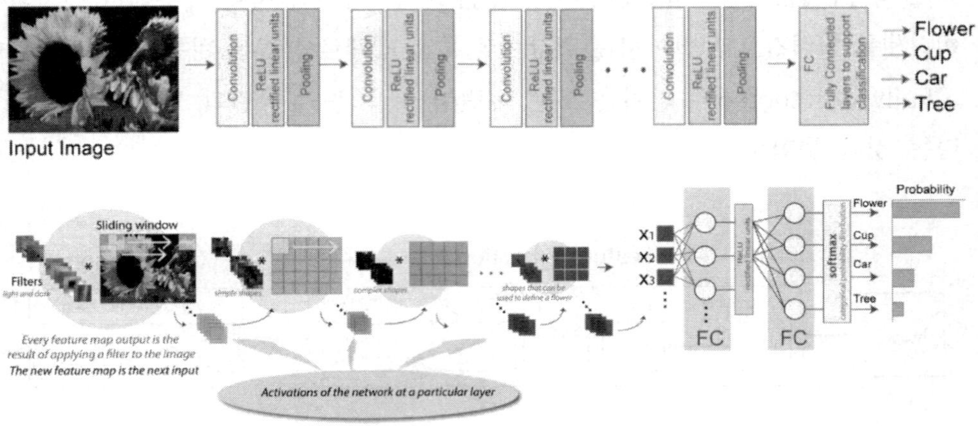

[그림 11-23] CNN 전체 과정

11-3 딥러닝의 RNN 알고리즘 기술

1. RNN의 개요

순환 신경망(RNN : Recurrent Neural Networks)은 Recurrent는 '반복되는, 되풀이되는'이라는 의미이고 이 이름은 은닉층의 결과가 다시 은닉층으로 들어가게 되는 특성으로 다양한 자연어 처리(NLP)문제에 대해 뛰어난 성능을 보이는 모델이다.

연속적인 데이터를(순차 데이터 : Sequential Data) 처리하는데 적합하고 RNN이 순환(Recurrent)하는 이유는 [그림 11-24]처럼 가중치를 시퀀스의 모든 요소마다 적용하고, 출력 결과는 이전의 계산 결과에 영향을 받기 때문이다.

RNN의 경우는 은닉층의 결과가 다시 같은 은닉층의 입력으로 들어가도록 연결되어 있다. 이런 특성이 RNN이 순서 또는 시간이라는 측면을 고려할 수 있는 특징을 가져다주게 된다.

이렇게 순서적인 측면을 고려할 수 있는 RNN의 사용은 순서적인 측면을 고려해서 판단할 수 있다는 특성을 가진 특히 순차 데이터(Sequence data)를 다루는데 사용하면 도움이 될 수 있다.

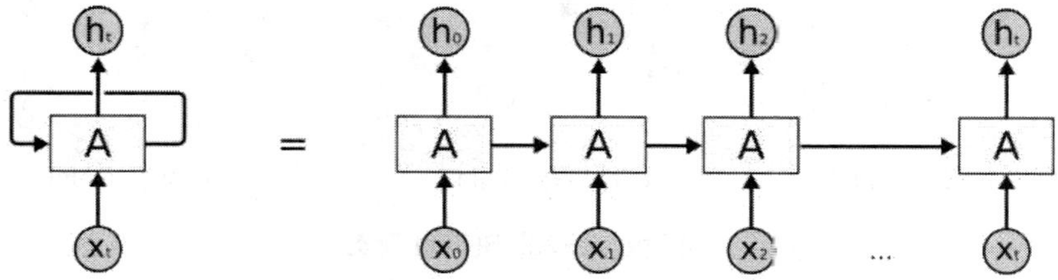

[그림 11-24] 순환 신경망의 개념

순차 데이터의 대표적인 형태로는 '문장'과 같은 데이터가 있다. 문장의 단어 같은 경우 현재의 단어만으로 의미를 해석하는 것이 아니라 앞 단어와의 관계를 통해서 현재 단어의 의미를 해석할 수 있다. 하지만 개별 데이터를 독립적으로 학습하는 FFNets(Feed-forward Neural Networks)의 경우는 순차 데이터를 처리하는데 어려움이 있다.

이외에도 이미지 캡션, 구글 뉴럴 기계 번역기, 유전자, 손글씨 필기체 인식, 합성, 생성, 음성신호, 센서가 감지한 데이터, 주가 등의 배열(Squence, 또는 시계열 데이터)를 처리하는데 자주 활용된다. 사진에 캡션을 달아주는 기능 역시 RNN을 활용할 수 있다.

2. RNN의 특성

순차 데이터(Sequantial Data)를 처리하는 신경망은 세 가지 기능을 갖추어야 한다. 순차데이터는 특징에 순서가 있다는 의미이다.

① 시간성(Temporal Property) : 특징을 순서대로 한 번에 하나씩 입력한다.
② 가변 길이 : 길이가 T인 샘플을 처리하기 위해, 은닉층이 T번 나타나야 한다.
③ 문맥 의존성 : 이전 특징 내용을 기억하여 적절한 순간에 활용해야 한다.

3. RNN의 구조

RNN은 은닉층이 하나이다.

[그림 11-25]를 보면 은닉층 사이에 순환에지(Recurrent Edge)가 있어서, 시간성, 가변 길이, 문맥 의존성이라는 세 가지 기능을 갖출 수 있다.

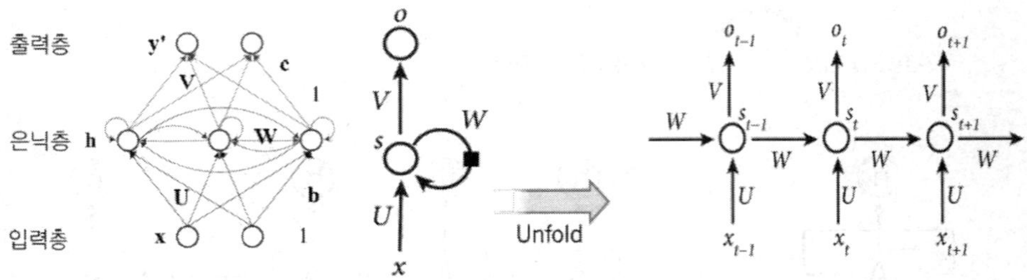

(a) 일반 RNN　　(b) 축약 RNN　　(c) 펼친 RNN

[그림 11-25] RNN의 구조

순환엣지는 t-1순간에 발생한 정보를 t 순간으로 전달하는 역할을 한다.

[그림 11-25]의 (b)를 (c)와 같이 펼치면, 예를 들어 5개의 단어로 이루어진 문장이면, RNN에서 유닛은 한 단어당 하나의 Layer로 이루어진 5-Layer로 구성된다.

RNN은 외부 입력과 자신의 이전 상태를 입력 받아 자신의 상태를 갱신한다.

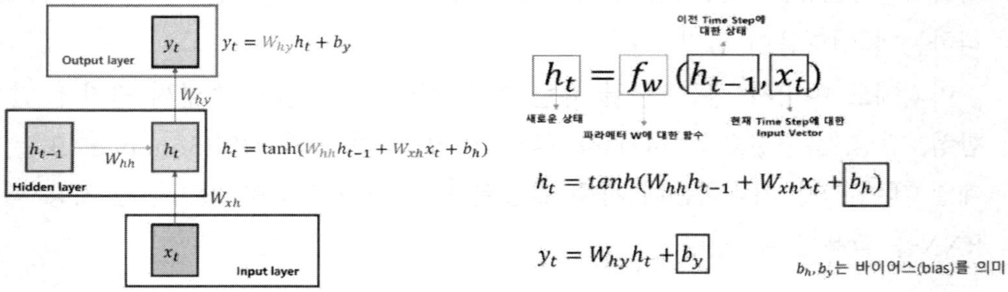

[그림 11-26] RNN의 기본동작

[그림 11-26]처럼 RNN 구조를 살펴보면, 매개변수, 즉 가중치를 공유한다는 것을 알 수 있다.

① Xt : Time Step, t에서의 입력값(Input)
② ht : t에서의 Hidden State이며 RNN의 '메모리'에 해당하는 부분
③ Ot : t에서의 출력값(Output)
④ U, V, W : 가중치(Parameter)이며, 모든 시간대에서 동일한 매개변수를 적용한다.

가중치 공유 장점은

① 추정할 매개변수의 수를 획기적으로 줄여 최적화 문제를 합리적 크기로 유

지한다.

② 매개변수가 특징 벡터 길이 T와 무관하게 일정하다.

③ 특징이 나타나는 순간 뒤바뀌더라도 같거나 유사한 출력을 만든다.

그런데 은닉층의 노드 개수는 한정되어있고, 기억력에 한계가 있다.

즉 모든 순간의 입력을 같은 비중으로 기억하므로, x(t)에 대한 기억은 갈수록 희미해질 수 밖에 없다.

[그림 11-27]처럼 다양한 순환신경망의 구조들이다. 구조별로 다양한 응용형태를 볼 수 있다.

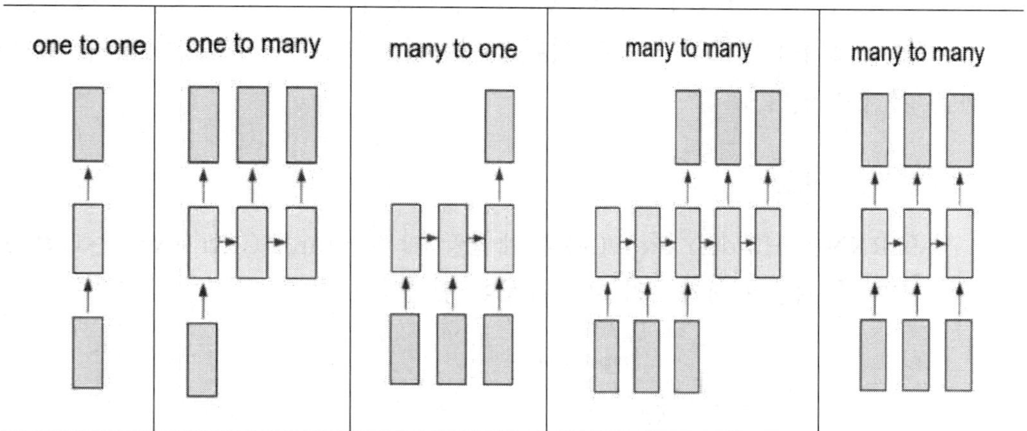

기본 NN	예 이미지 캡션 이미지 → 문장	예 감정 분류 문장 → 호/불호	예 기계번역 문장 → 문장	예 비디오 캡션 비디오 → 문장

[그림 11-27] 다양한 RNN 구조들

4. LSTM

1) LSTM 배경

RNN이 이론적으로 장기 의존성(Long Dependency)를 해결할 수 있지만 Vanishing Gradient의 문제로 실제로는 불가능에 가깝다. 이러한 문제를 해결하기 위해 등장한 것이 바로 LSTM(Long Short Term Memory networks)이다.

Hochreiter(1997)에 제안한 알고리즘으로써 [그림 11-28]처럼 LSTM은 Hidden State의 계산 방식이 다를 뿐 RNN에 기반을 둔다.

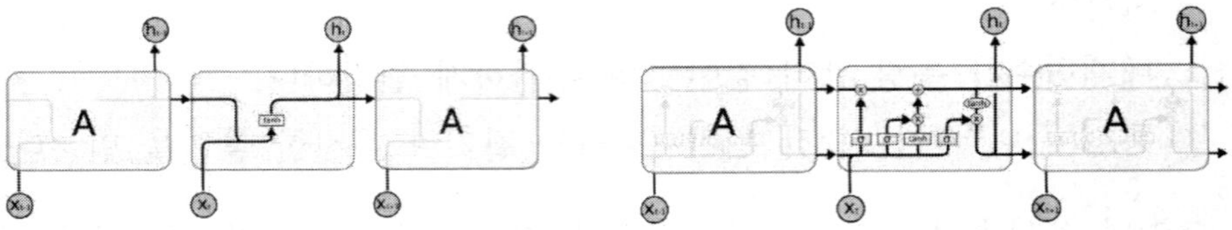

(a) RNN (b) LSTM

[그림 11-28] RNN과 LSTM 비교

LSTM은 과거의 데이터를 계속해서 업데이트하므로 RNN보다 지속적이다. Cell State는 정보를 추가하거나 삭제하는 기능을 담당한다.

LSTM의 장점은 각각의 메모리 컨트롤이 가능하다는 점과 결과값이 컨트롤이 가능하다. 그러나 메모리가 덮어 씌워질 가능성이 있고, 연산속도가 느리다는 단점을 가지고 있다.

2) LSTM 구조

기존 RNN은 Hidden State(St)를 계산할 때 St = tanh (UXt + WS t-1)인 반면, LSTM에서는 총 4가지의 계산과정이 있다.

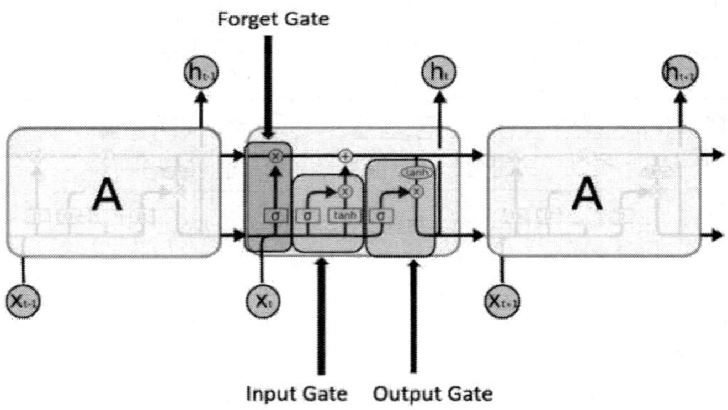

[그림 11-29] LSTM 구조

LSTM은 [그림 11-29]처럼 Forget Gate, Input Gate, Output Gate가 존재한다. 무엇을 잊고(Forget), 무엇을 쓰고(Input), 무엇을 출력할 것인가(Output)를 시그모이드(Sigmoid)활성화 함수를 통해 컨트롤 해준다.

(1) Forget Gate

[그림 11-30]처럼 Forget Gate는 첫번째 단계로써, 어떠한 정보를 반영 할지에 대한 결정을 하는 게이트이다.

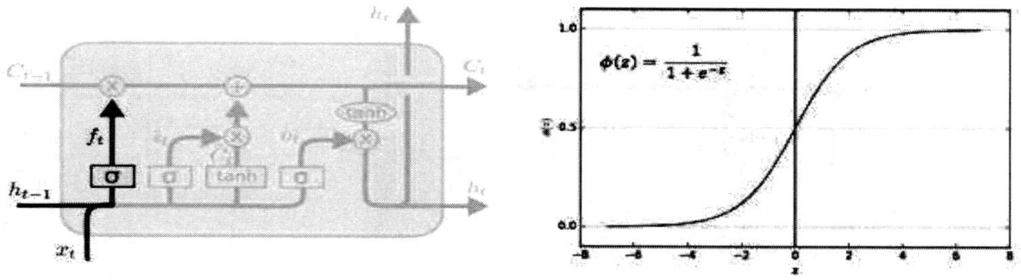

$$f_t = \sigma\left(W_f \cdot [h_{t-1}, x_t] + b_f\right)$$

[그림 11-30] Forget Gate 구조

h t-1과 Xt 를 입력값으로 받아 시그모이드 활성화 함수를 통해 0 〈 σ 〈 1 사이의 값을 출력이다. 1에 가까울수록 정보의 반영을 크게 0에 가까울수록 적게 된다.

(2) Input Gate

Input Gate는 두번째 단계, 새로운 정보가에 저장이 될지를 결정하는 게이트이다. Input Gate에는 두 개의 Layer가 있다(Input Gate, Update Gate).

Input Gate는 Sigmoid로 구성되어 있으며 어떤 값을 업데이트할 것인지 결정하는 레이어이다.

Update Gate는 Tanh로 구성되어 있으며 Cell State에 더해질 값들을 만드는 레이어이다.

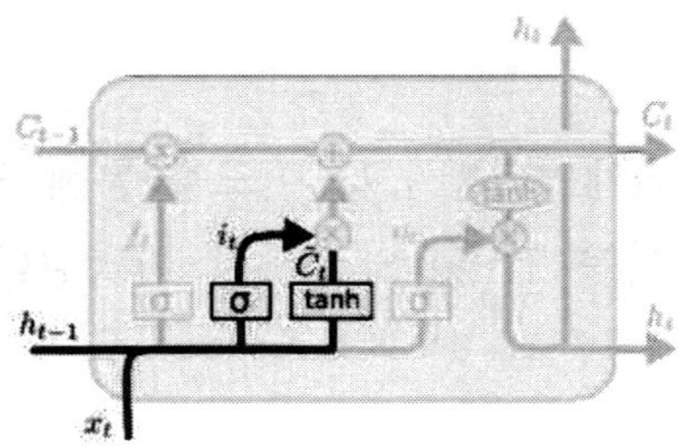

$$i_t = \sigma\left(W_i \cdot [h_{t-1}, x_t] + b_i\right)$$
$$\tilde{C}_t = \tanh\left(W_C \cdot [h_{t-1}, x_t] + b_C\right)$$

[그림 11-31] Input Gate

(3) Update Gate

Forget Gate와 Input Gate에서 출력된 값을 업데이트 해준다.

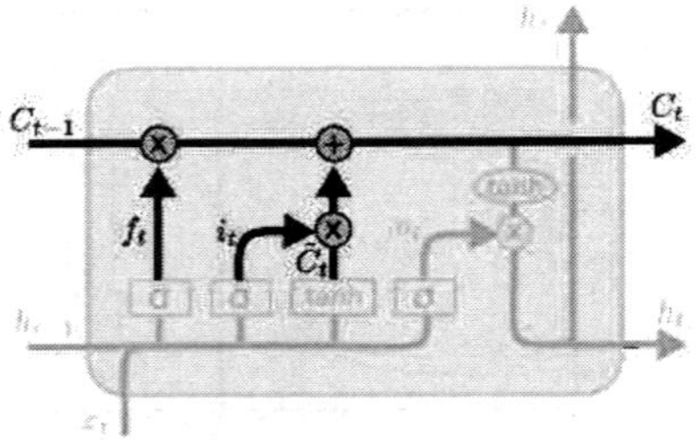

$$C_t = f_t * C_{t-1} + i_t * \tilde{C}_t$$

[그림 11-32] Update Gate

(4) Cell State

LSTM의 핵심이라고 할 수 있다.

Forget Gate에서 나오는 값과 곱셈을 해주고, Input Gate에서 나오는 값과 덧셈을 거쳐 LSTM 유닛을 통과한다. 덧셈으로 이루어져 있어, BPTT에서 기울기 값이 사라지는(Vanishing Gradient)문제를 해결한다.

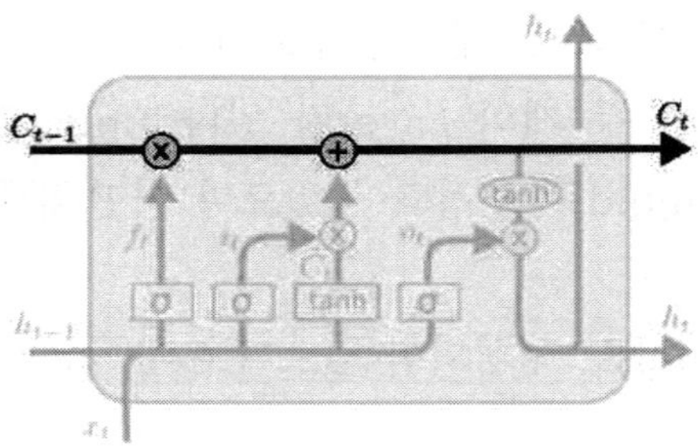

[그림 11-33] Cell State

(5) Output Gate

마지막 단계, 출력값(*h* ")을 결정하는 단계이다. 시그모이드를 통해 출력할 값을 결정해 준다. cell state(Ct)와 함께 다음 Time Step으로 전달된다.

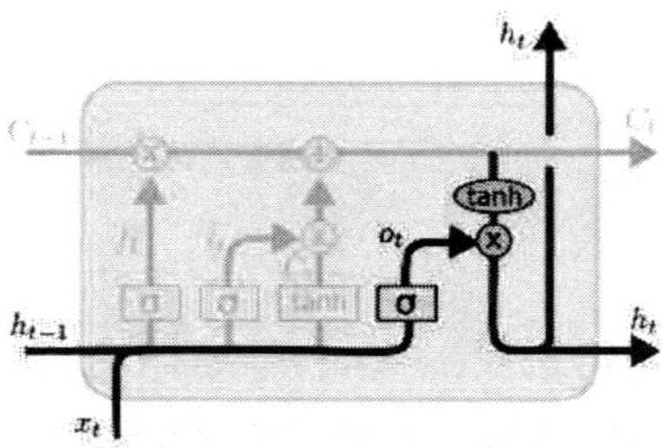

$$o_t = \sigma\left(W_o\,[h_{t-1}, x_t] \; + \; b_o\right)$$
$$h_t = o_t * \tanh\left(C_t\right)$$

[그림 11-34] Output Gate

5. GRUs

GRU(Gated Recurrent Units) 알고리즘은 LSTM을 변형시킨 알고리즘으로, 기울기 값이 사라지는(Gradient Vanishing)의 문제를 해결하였다. LSTM은 초기의 weight가 계속 지속적으로 업데이트되었지만, GRU는 Update Gate와 Reset Gate를 추가하여, 과거의 정보를 어떻게 반영할 것인지 결정한다. Update Gate는 과거의 상태를 반영하는 Gate이며, Reset Gate는 현시점 정보와 과거시점 정보의 반영 여부를 결정한다.

GRU의 장점은 연산속도가 빠르며, 파라미터가 적고 메모리가 LSTM처럼 덮여 씌여질 가능성이 없다. 그러나 메모리와 결과 값의 컨트롤이 불가능하다는 단점을 가지고 있다.

11-4 딥러닝의 GAN 알고리즘 기술

1. GAN의 개요

생성적 적대 신경망(GAN : Generative Adversarial Network)이란 2개의 네트워크로 구성된 심층 신경망 구조이다. 한 네트워크가 다른 네트워크와 겨루는 구조이기 때문에 적대적(Adversarial)이라는 의미가 이름에 포함되었다.

GAN에는 [그림 11-35]처럼 최대한 진짜 같은 데이터를 생성하려는 생성모델과 진짜와 가짜를 구별하려는 분류 모델이 각각 존재하여 서로 적대적으로 학습한다.

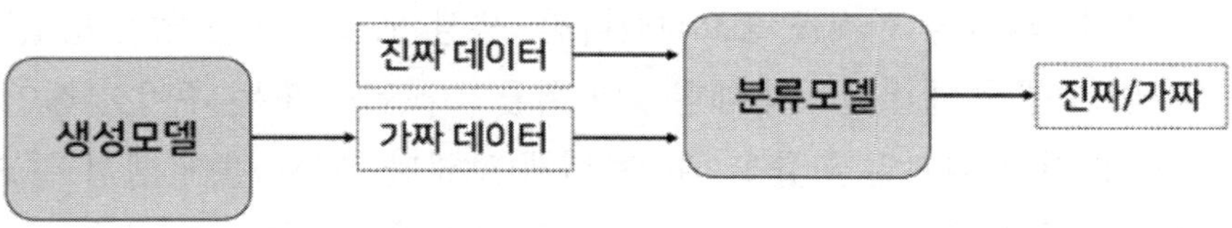

[그림 11-35] GAN의 구성

2. 판별과 생성 알고리즘

판별(Discriminative) 알고리즘(Algorithms)과 생성(Generative) 알고리즘을 구분하는 방법은 다음과 같다.

학습 11

① 판별 알고리즘은 클래스 간의 경계를 학습한다.

② 생성 알고리즘은 각 클래스의 분포를 모델링한다.

적대적 학습에서는 분류(판별)모델을 먼저 학습시킨후, 생성모델을 학습시키는 과정을 서로 주고 받으면서 반복한다.

1) 판별 알고리즘

판별 알고리즘은 주로 입력 데이터를 분류하는 것에 집중한다. 즉 데이터 인스턴스의 피쳐가 주어지면 해당 데이터가 속한 레이블 또는 카테고리를 예측하게 된다.

예를 들면, 판별 알고리즘은 이메일의 모든 단어를 판별하여 메시지가 스팸(Spam)인지 스팸이 아닌지(Not_Spam)를 예측할 수 있다. 여기서 스팸은 하나의 레이블이고 이메일에서 수집 된 BoW(Bag of Words)는 입력 데이터를 구성하는 피쳐이다. 이 문제를 수학적으로 표현하면 레이블은 y가 되고 피쳐는 x가 된다. 공식 p(y|x)는 '주어진 x에 대한 y의 확률'을 의미하고, 이 경우 '이메일에 포함된 단어들이 주어졌을 때 그 이메일이 스팸일 확률'로 해석된다.

따라서 판별 알고리즘은 피쳐를 레이블에 매핑한다. 즉 피쳐와 레이블간의 상관관계에만 집중하게 된다. 반면 생성 알고리즘은 이와 반대로 작동한다. 생성 알고리즘은 주어진 특정 피쳐로부터 레이블을 예측하는 대신 주어진 특정 레이블에서 피쳐를 예측하는 방식이다.

2) 생성 알고리즘

이메일이 스팸이라고 가정했을 때, 그럴 가능성이 있는 피쳐가 얼마나 있을까? 판별 모델이 y와 x의 관계를 중요시한다면, 생성 모델은 'x를 얻는 방법'을 중요시한다. 이를 통해 주어진 y에 대한 x의 확률인 p(x|y) 또는 주어진 레이블 또는 카테고리에 대한 피쳐일 확률을 알 수 있게 해준다. 다시 말해 생성 알고리즘은 입력 데이터를 단순히 분류하는 것 이상의 기능을 수행할 수 있다.

3. GAN의 동작원리

GAN은 두 개의 신경망으로 구성되어 있는데, Generator라고 불리는 하나의 신경망이 새로운 데이터 인스턴스를 생성하고 다른 하나인 Discriminator는 데이터의 진위를 평가한다. 즉 Discriminator는 검토한 각각의 데이터 인스턴스가 실제 트레이닝 데이터 세트인지 아닌지를 판단하게 된다.

예를 들어, MNIST 데이터 세트와 같은 손글씨 숫자를 생성한다고 가정했을 때 Discriminator의 목표는 실제 MNIST 데이터 세트 인스턴스를 보여줄 때 그 것이 진짜인지 알아내는 것이다.

한편 Generator는 Discriminator에게 전달하는 새로운 이미지를 생성한다. generator의 입장에서는 생성한 가짜 이미지가 진짜 이미지인 것처럼 보여지길 원한다.

여기에서 Generator의 목표는 Discriminator가 진짜로 판별하게 만드는 손글씨 숫자를 생성하는 것이다. 반면 Discriminator의 목표는 Generator로 부터 전달된 이미지를 가짜로 식별하는 것이다.

GAN의 동작 단계는 다음과 같다.

① Generator가 임의의 수를 입력받아 생성한 이미지로 반환한다.
② 이렇게 생성된 이미지는 실제 데이터 세트에서 가져온 이미지들과 함께 Discriminator에 전달된다.
③ Discriminator는 실제 이미지와 가짜 이미지를 판별하여 0과 1 사이의 확률값으로 반환한다. 1은 실제 이미지, 0은 가짜 이미지를 의미한다.
따라서 이중 피드백 루프를 갖게 된다.
④ Discriminator는 이미지의 정답 값으로부터 피드백을 받는다.
⑤ Generator는 Discriminator로부터 피드백을 받는다.

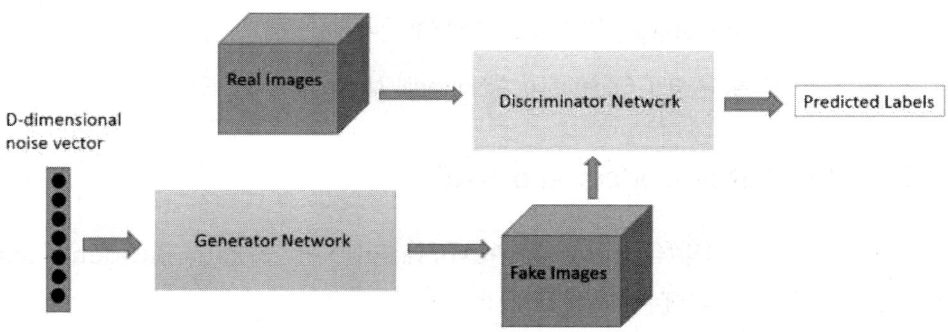

[그림 11-36] GAN의 동작 단계

Ian Goodfellow의 'Generative Adversarial Network(2014)' 논문에서 GANs을 지폐위조범과 경찰에 비유했다. 지폐위조범(Generator)은 더욱 교묘하

게 속이려고 하고 경찰(Discriminator)은 이렇게 위조된 지폐를 감별(Classify)하려고 한다. 때문에 양쪽 모두 점진적으로 변화하여 결국 두 그룹 모두 속이고 감별하는 서로의 능력이 발전하게 된다.

Discriminator 네트워크가 전달된 이미지를 실제 이미지인지 가짜 이미지인지를 판별할 수 있는 일반적인 컨볼루션 네트워크라면 Generator는 정반대의 컨볼루션 네트워크이다. 일반 컨볼루션 분류기는 이미지를 입력받아 확률을 예측하기 위해 이를 다운 샘플링하는 반면 Generator는 랜덤 노이즈 벡터를 입력받아 이미지를 만드는 업샘플링을 한다. 즉 일반적인 컨볼루션 네트워크는 Maxpooling과 같은 다운 샘플링 기술을 사용하여 데이터를 처리하고 Generator와 같은 inverse 컨볼루션 네트워크는 새로운 데이터를 생성한다.

두 네트워크 모두 제로섬 게임처럼 서로 반대되는 목적함수 또는 손실함수를 통해 최적화하려고 시도한다. 이것은 Actor-Critic Model과 비슷하다. Discriminator의 행동이 바뀌면 Generator의 행동도 변하고 그 반대의 경우도 마찬가지이다. 각 에러는 서로에게 전달된다.

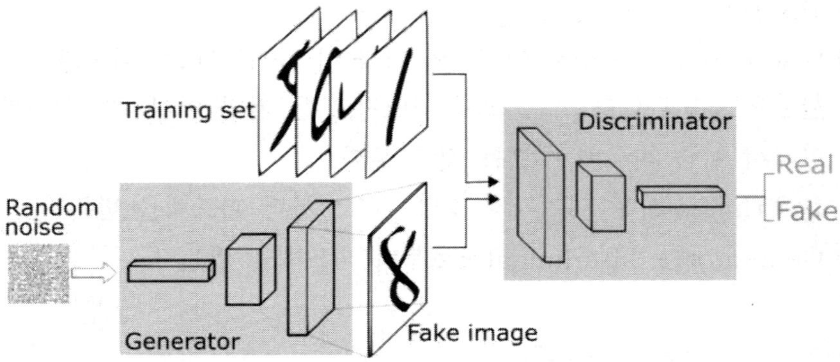

[그림 11-37] Generative Adversarial Network 프레임 워크.

4. GANs, Autoencoders and VAEs

생성적 적대 신경망(Generative Adversarial Networks)을 Autoencoders와 VAEs와 같은 신경망에 비교해보자.

AutOencoders는 입력 데이터를 벡터로 암호화(Encode) 한다. 미가공(Raw) 데이터를 잠재된 차원(Hidden Representation)으로 압축한다는 것이다. 즉 잠재된 차원의 벡터는 미가공 데이터를 훨씬 낮은 차원으로 축소한다. Autoencoders는 Decoder와 함께 사용되는데, Decoder는 Boltzmann 분포를 활용한

Restricted Boltzmann Machines(RBM)처럼 잠재된 차원의 입력 데이터를 재구성(Reconstruct)한다.

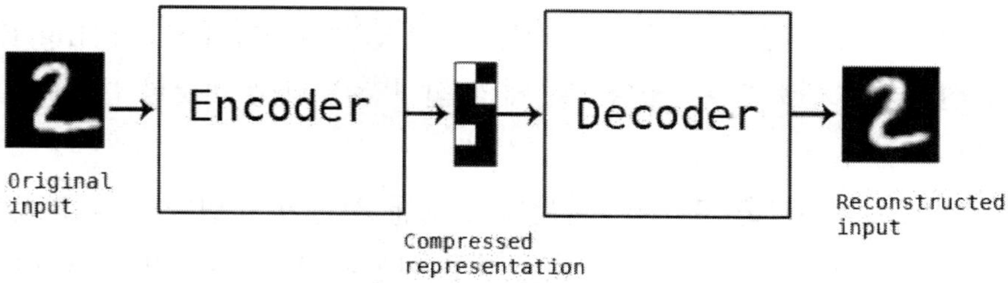

[그림 11-38] 자동 엔코더

Ariational Autoencoder는 입력 데이터 인코딩에 제약 조건을 추가하는 생성 알고리즘이다. 즉 잠재된 차원이 정규화 된다. Variational Autoencoder는 데이터를 압축하는 Autoencoder와 데이터를 생성하는 GAN, 두 가지 역할을 수행할 수 있다. 그러나 세부적인 데이터를 생성하는 GAN에 비해 VAE가 생성한 이미지는 더 흐린 경향이 있다. 상세한 구현은 Deeplearning의 autoencoders와 Variational Autoencoders 예제를 참고하기 바란다.

생성 알고리즘은 세 가지 유형으로 나뉜다.

① 레이블이 주어지면 관련 피쳐를 예측한다(Naive Bayes).
② 잠재된 차원(Hidden Representation)으로 관련 피쳐를 예측한다(VAE, GAN).
③ 주어진 피쳐들로 나머지(Inpainting, Imputation)를 예측한다.

1) GAN 트레이닝 팁

Discriminator를 트레이닝할 때 Generator의 파라미터 값을 고정시키고, Generator를 트레이닝할 때는 Discriminator의 파라미터 값을 고정시킨다. Discriminator와 Generator는 각각 고정된 상대 네트워크의 결과값을 통해 학습하게 된다. 예를 들어, 이로 인해 Generator가 반드시 학습해야 하는 Gradient를 더 잘 반영할 수 있게 된다.

다음으로 Generator 트레이닝을 시작하기 전에 Discriminator를 MNIST 데이터를 통해 미리 학습시키면 더 명확한 Gradient값을 얻을 수 있다.

GAN의 두 개의 네트워크를 트레이닝 하다 보면 다음과 같은 문제가 생길 수 있다. Discriminator가 너무 뛰어나면 0이나 1에 매우 가까운 Gradient값을 반환하게 되어, Generator가 Gradient값을 제대로 반영하기 어렵게 된다. Generator가 너무 뛰어나면 Discriminator가 진짜 데이터를 가짜 데이터로 판단할 확률이 높아진다. 이러한 문제는 두 신경망의 학습률(Learning Rates)을 각각 설정하여 완화할 수 있다. 두 개의 신경망은 항상 비슷한 '학습 수준' 1을 유지해야 한다.

일반적으로 GAN을 트레이닝하는데는 오랜 시간이 걸린다. 하나의 GPU에서는 몇 시간이 걸릴 수도, CPU에서는 하루 이상이 걸릴 수도 있다. 이러한 GAN의 학습과 사용의 어려움에도 많은 흥미로운 연구와 글이 계속되고 있다

5. GAN의 활용 및 발전

1) GAN의 3가지 한계점

① 기존 GAN으로만 훈련 성능이 좋지 않다.
② 사용된 생성자의 결과물 형태가 어떠한 연유와 과정을 통해 나왔는지 알 수 없다.
③ 새롭게 만들어진 데이터가 얼마나 정확한지 객관적으로 판단하기 어렵다.

2) GAN의 활용

GAN은 대부분 이미지 데이터를 생성하는 방향으로 많이 발전했으며 최근에는 단어를 생성하려는 시도도 있다. 최근에 이미지나 단어가 아닌 실제 기업데이터를 GAN과 임베딩(Embedding)을 통해 모델링에 필요한 데이터를 생성함으로써 모델의 성능을 높이려는 연구를 진행 중이다. 기업이 실제 머신러닝이 학습할 만한 데이터가 부족한 경우가 많고 중간중간 미싱 데이터가 많아 머신러닝을 도입하거나 운영하기 어려운 상황에서 획기적인 솔루션을 제공하게 될 것이다. 이를 Data Aesthetic 서비스로 부르고 있다

① Latent Vector
② Real-eye-Opender
③ Image Translation
④ 음성신호 및 자연어 처리

수행 내용

재료 · 자료

- 딥러닝의 기술활용 관련 자료

기기(장비 · 공구)

- 컴퓨터, 프린터, 주변기기

안전 · 유의사항

- 컴퓨터 및 주변기기의 전원을 관리한다.

수행 순서

01 인간의 두뇌 신경망에 대하여 분석하라.

[그림 11-39]처럼 뇌가 엄청난 수의 신경세포들과 그것들의 매우 복잡한 연결로 이루어져 있다는 것이나 신경망이 뇌의 신경세포를 단순화시켜 수학적으로 모델링한 인공 신경세포(Artificial Neuron) 것이다,

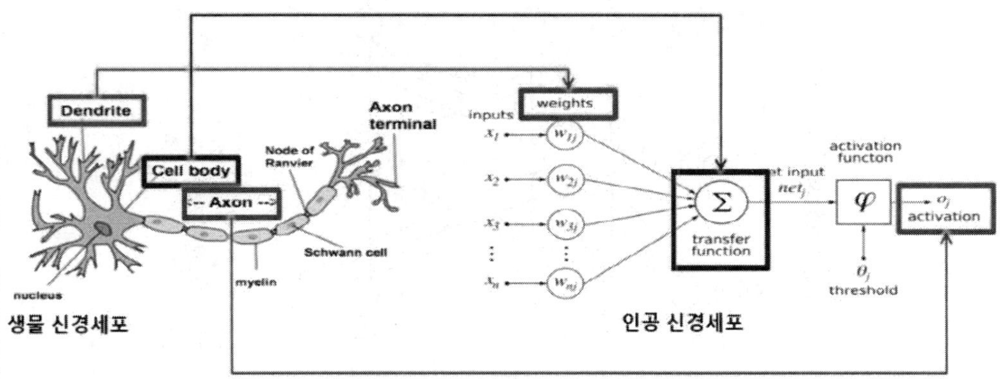

[그림 11-39] 인간의 두뇌 신경망을 수학적으로 모델링

일반적으로는 단순히 신경세포라는 용어가 사용되지만, 뇌의 신경세포와의 구분을 위해 신경망에서 사용되는 신경세포에 대해서는 반드시 인공 신경세포라는 용어를 쓰도록 하겠다.

인공 신경세포의 경우 문헌에 따라서 처리 단위(Processig Unit), 처리 요소(Processing Element), 뉴러노드(Neuronode)라는 용어가 쓰이기도 한다.

02 퍼셉트론에 대하여 분석하라.

퍼셉트론은 프랑크 로젠블라트가 1957년에 고안한 알고리즘으로 신경망(딥러닝)에 기원이 되는 다수의 신호를 입력으로 받아 하나의 신호를 출력을 갖춘 알고리즘이다. 퍼셉트론에서는 가중치와 편향을 매개변수로 설정한다.

퍼셉트론으로 AND, OR 게이트 등의 논리 회로를 표현 할 수 있고 XOR 게이트는 단층 퍼셉트론으로는 표현할 수 없다.

2층 퍼셉트론을 이용하면 XOR 게이트를 표현 할 수 있고 단층 퍼셉트론은 직선형 영역만 표현할 수 있고, 다층 퍼셉트론은 비선형 영역도 표현할 수 있다.

다층 퍼셉트론은 이론상 컴퓨터를 표현할 수 있다. 다층 퍼셉트론(Multilayer Perceptron)은 입력층과 출력층 사이에 하나 이상의 중간층이 존재하는 신경망으로 다음 [그림 11-40]에 나타낸 것과 같은 계층구조를 갖는다.

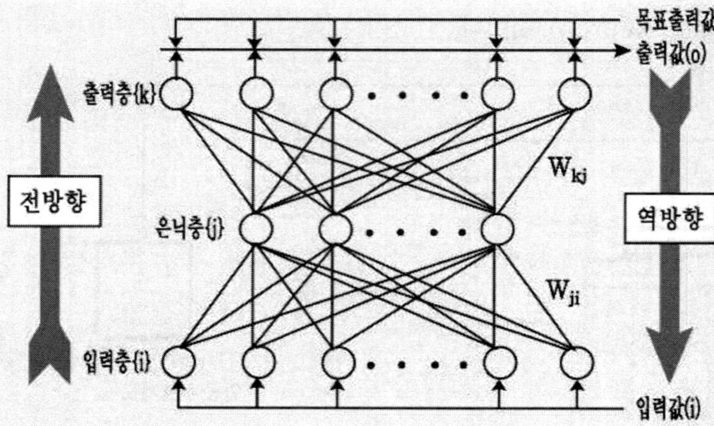

[그림 11-40] 다중 퍼셉트론 구조

이 때 입력층과 출력층 사이의 중간층을 은닉층(hidden layer) 이라 부른다. 네트워크는 입력층, 은닉층, 출력층 방향으로 연결되어 있으며, 각 층내의 연결과 출력층에서 입력층으로의 직접적인 연결은 존재하지 않는 전방향(Feedforward) 네트워크이다.

03 딥러닝의 학습모델 필요성과 과거 문제해결을 위한 혁신에 대하여 분석하라.

1. 딥러닝의 학습모델의 필요성

딥러닝과 같이 다층구조의 복잡한 신경망이 유용할 것이라는 것은 과거에도 알고 있었다. [그림 11-2]처럼 뉴런의 수를 증가하거나 층의 수를 증가시킴으로써 보다 복잡한 패턴 분류 경계면을 생성해 낼 수 있기 때문이다.

기존 얕은(Shallow)학습 알고리즘의 한계, 즉 기존 Shallow 알고리즘들은 계층적 구조 데이터를 학습하기에는 그 구조가 지나치게 간단함으로 따라서 자연 데이터의 복잡성을 따라갈 학습 능력이 안된다.

보통 수집할 수 있는 것은 가장 상층인 Level 1에 해당하는 데이터이고, 복잡한 자연 데이터를 학습하기 위해선 그에 상응하는 학습 능력을 갖춘 알고리즘이 필요하다. 1회 학습시키는 얕은 알고리즘보다 모델 여러 개를 계층적으로 학습시키는 깊은(Deep)학습의 능력이 필요하다.

과거에도 다층구조의 신경망을 활용하려는 시도가 없었던 것은 아니다. 그러나 실험적으로 층의 수를 늘림으로써 학습 시간은 늘어 나는데 반해서 성능 향상은 얻지 못하였었다.

또한 이론적으로 한 개의 은닉층만을 사용하여도 무한히 많은 수의 뉴런을 사용하면 임의의 복잡한 함수도 근사할 수 있다는 Universal Function Approximator정리가 1989년에 증명되었다. 또한 1990년대에 SVM이 등장하여 아주 빠른 학습이 가능한 Shallow Network으로 많은 문제를 해결할 수 있었다.

그렇다면 예전에는 성과를 내지 못하던 딥러닝 모델이 최근 들어 성능 향상을 이룩할 수 있는 이유는 무엇인가?

첫번째는 는 컴퓨팅 파워가 좋아져서 예전에 할 수 없었던 아주 고난도의 학습 실험을 수행할 수 있기 때문이다.

두번째로 가용한 학습 데이터가 무한히 많아져서 아주 많은 데이터를 학습시킴으로써 아무리 복잡한 모델구조도 과다학습을 하지 않게 만들 수 있기 때문이다.

세번째로 무엇보다도 대규모 데이터로 대규모 모델을 학습시키는 효율을 향상할 수 있는 여러 가지 학습 구조와 학습 알고리즘의 테크닉들이 개발되었다.

이러한 새로운 기술들이 차원수의 저주 문제, 과다학습 문제, 기우리 손실(Vanishing Gradient) 문제, Nonconvex 최적화 문제, 느린 학습 속도 등의 이슈를 일부 해결하였다.

2. 과거 문제해결 위한 개선 혁신

문제를 해결하는데 핵심적으로 기여한 혁신은 크게 세 가지를 들 수 있다.

1) 다층 신경망 학습 기술 개발

첫번째는 많은 수의 층으로 구성된 다층신경망을 학습할 수 있는 기술을 개발한 것이다. 다층망을 학습시키는 오류 역전파 알고리즘은 층이 많이 쌓으면 학습이 잘 되지 않았다. 출력에 가까운 층에서는 오류의 값이 커서 교정이 되지만 아래 층으로 오류가 역전파 되면서 에러의 값이 줄어들어 변경 효과가 희석되는 기울기 손실(Vanishing Gradient) 문제가 발생한다.

따라서 아주 많은 수의 층을 쓰는 딥 네트워크는 오류 역전파 알고리즘으로 학습이 어렵다. 최근에서야 이 문제를 극복하는 방안으로 층별 선처리(Layerwise Pre-training) 방법이 제안되었다.

[그림 11-41]처럼 이는 상위층을 학습하기 전에 먼저 하위층의 시냅스를 학습시켜 둔다.

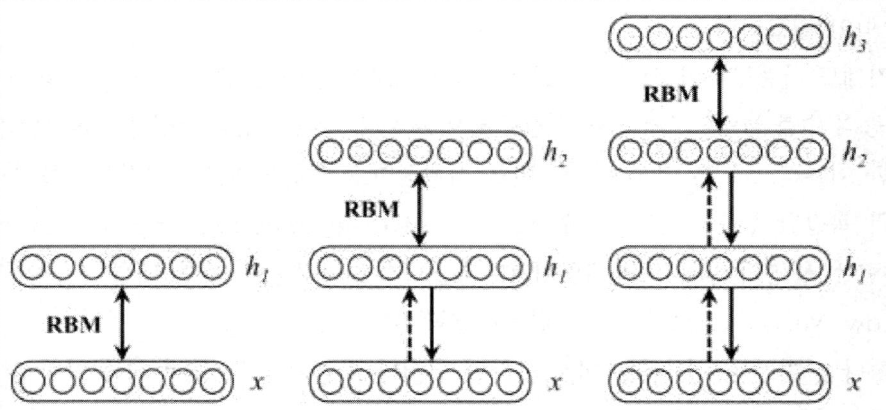

[그림 11-41] 층별 순차적 센 훈련의 과정

이렇게 순차적으로 하위층부터 학습시킴으로써 기울기 손실(Vanishing Gradient) 문제로 인해서 하위층의 시냅스 학습이 잘 되지 않는 문제점을 해결한다. 이 방법은 DBN에서 사용한다.

2) 컨볼루션 커널 도입

두번째는 영상과 같이 차원 수가 아주 높은 데이터로부터 유용한 특징과 표현을 자동으로 추출하기 위해 [그림 11-42]처럼 컨볼루션 커널(Convolution Kernels)을 도입한 것이다.

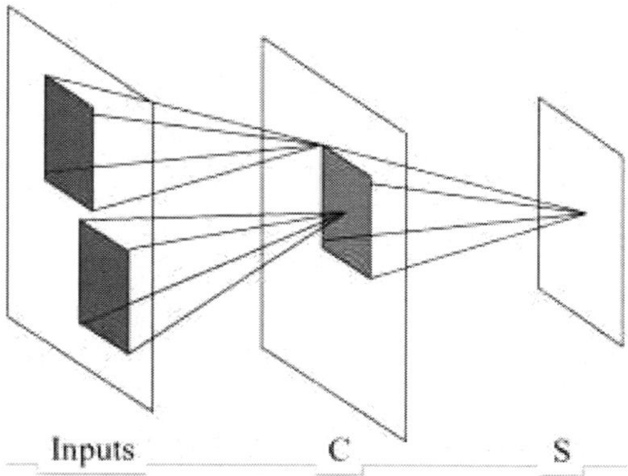

[그림 11-42] 컨볼루션 네트워크

이를 통해서 위치가 달라도 같은 파라메터 값을 갖도록 함으로써 파라메터의 수를 줄임으로써 학습해야 하는 차원의 수를 줄인다. 이 방법은 CNN에서 사용하는 방법이다. 이 방법은 과다학습을 방지하면서 유용한 특징을 추출할 수 있는 장점이 있다.

3) 정류 선형 유닛을 도입

세번째로, 학습 방법을 변경하는 대신 새로운 뉴런 활성화 함수를 가진 유닛을 도입한 것이다.

렐루(ReLU) 유닛(Rectified Linear Units), 즉 정류 선형 유닛은 뉴런이 선형적으로 활성화되어 큰 값을 가질 수 있게 하여 경사도가 상수가 되도록 함으로써 오류 역전파를 해도 경사도가 사라지지 않도록 하는 효과가 있다. [그림 11-43]은 시그모이드 유닛과 렐루(ReLU) 유닛의 특성을 비교하고 있다.

시그모이드 유닛은 0과 1 사이의 값으로 압축됨으로써 기울기 소실(Gradient Vanishing) 문제를 유발한다. 이에 반해서 정류선형유닛은 포화가 되지 않고 빠르게 수렴하는 특성이 있다.

깊은 인공신경망을 학습하다보면 역전파 과정에서 입력층으로 갈수록 기울기가 점차적으로 작아지는 현상이 발생할 수 있다. 입력층에 가까운 층들에서 가중치들이 업데이트가 제대로 되지 않으면 결국 최적의 모델을 찾을 수 없게 된다.

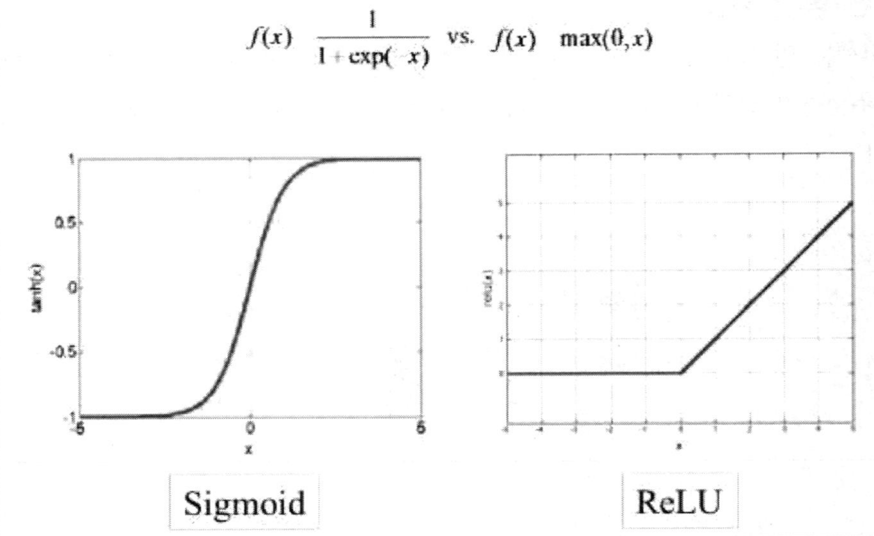

[그림 11-43] 시그모이드 함수와 정류 선형 유빗의 비교

이를 기울기 소실(Gradient Vanishing)이라고 한다.

반대의 경우는 기울기가 점차 커지더니 가중치들이 비정상적으로 큰 값이 되면서 결국 발산되기도 한다. 이를 기울기 폭주(Gradient Exploding)이라고 하며, 순환 신경망(RNN : Recurrent Neural Network)에서 발생할 수 있다.

04 합성곱 신경망에서 합성곱 연산과정에 대하여 분석하라.

1. 합성곱 연산

합성곱층은 합성곱 연산(Convolution Operation)을 통해서 이미지의 특징을 추출하는 역할을 한다. 우선, 합성곱 연산에 대해서 이해해보자.

합성곱은 영어로 컨볼루션이라고도 불리는데, 커널(Kernel) 또는 필터(Filter)라는 N×M 크기의 행렬로 높이(Height)×너비(Width) 크기의 이미지를 처음부터 끝까지 겹치며 훑으면서 n×m크기의 겹쳐지는 부분의 각 이미지와 커널의 원소의 값을 곱해서 모두 더한 값을 출력으로 하는 것이다. 이때, 이미지의 가장 왼쪽 위부터 가장 오른쪽까지 순차적으로 훑는다.

커널은 일반적으로 3×3 또는 5×5를 사용한다.

예를 통해 이해해 보자 아래는 3×3 크기의 커널로 5×5의 이미지 행렬에 합성곱 연산을 수행하는 과정을 보여준다. 한 번의 연산을 1 스텝(Step)이라고 하였을 때, 합성곱 연산의 네번째 스텝까지 이미지와 식으로 표현해봤다.

1) 첫번째 스텝

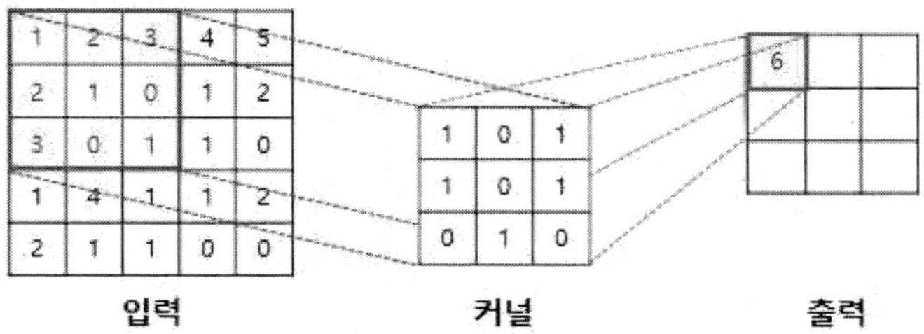

[그림 11-44] 첫번째 스텝

$$(1\times1)+(2\times0)+(3\times1)+(2\times1)+(1\times0)+(0\times1)+(3\times0)-(0\times1)+(1\times0)=6$$

2) 두번째 스텝

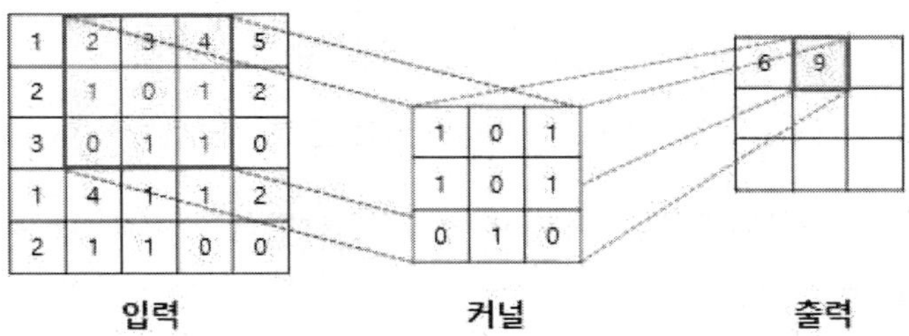

[그림 11-45] 두번째 스텝

$$(2\times1)+(3\times0)+(4\times1)+(1\times1)+(0\times0)+(1\times1)+(0\times0)+(1\times1)+(1\times0)\ =\ 9$$

3) 세번째 스텝

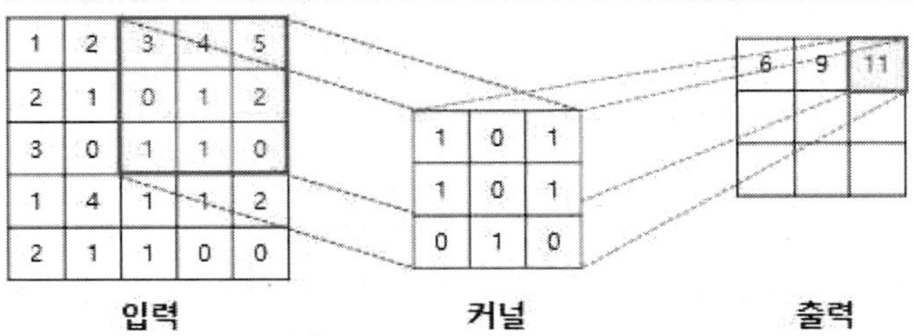

[그림 11-46] 세번째 스텝

$$(3\times1)+(4\times0)+(5\times1)+(0\times1)+(1\times0)+(2\times1)+(1\times0)+(1\times1)+(0\times0)=11$$

4) 네번째 스텝

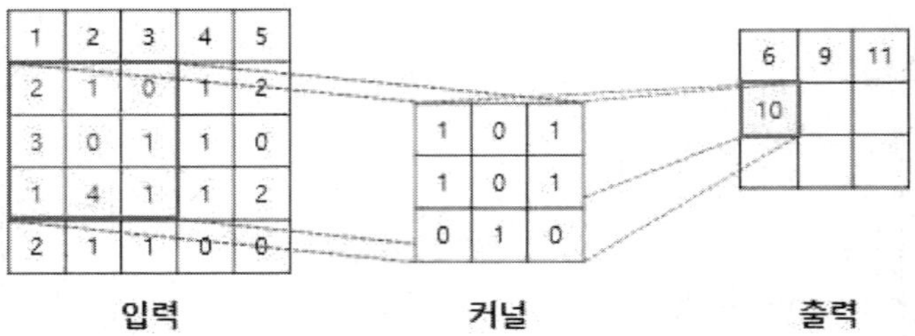

[그림 11-47] 네번째 스텝

$$(2\times1)+(1\times0)+(0\times1)+(3\times1)+(0\times0)+(1\times1)+(1\times0)+(4\times1)+(1\times0)=10$$

위 연산을 총 9번의 스텝까지 마쳤다고 가정하였을 때, 최종 결과는 아래와 같다.

6	9	11
10	4	4
7	7	4

[그림 11-48] 특성 맵

위와 같이 입력으로부터 커널을 사용하여 합성곱 연산을 통해 나온 결과를 특성 맵(Feature Map)이라고 한다.

위의 예제에서는 커널의 크기가 3×3이었지만, 커널의 크기는 사용자가 정할 수 있다. 또한 커널의 이동 범위가 위의 예제에서는 한 칸이었지만, 이 또한 사용자가 정할 수 있다. 이러한 이동 범위를 스트라이드(Stride)라고 한다.

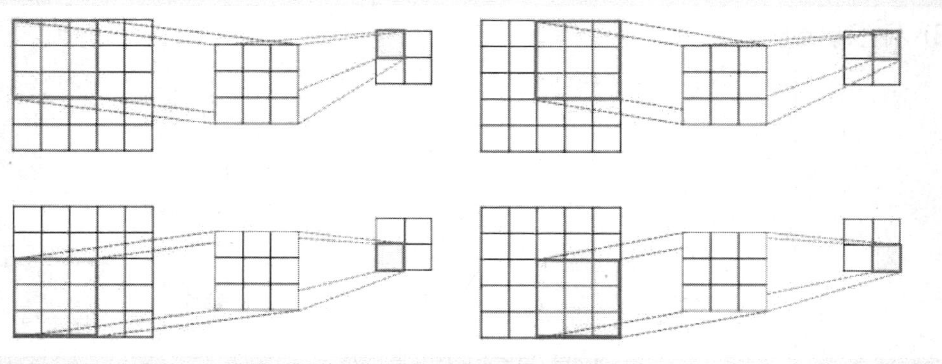

[그림 11-49] 5×5 이미지에 합성곱 연산

아래의 예제는 스트라이드가 2일 경우에 5×5 이미지에 합성곱 연산을 수행하는 3×3 커널의 움직임을 보여준다. 최종적으로 2×2의 크기의 특성 맵을 얻는다.

2. 패 딩

위의 예에서 5×5 이미지에 3×3의 커널로 합성곱 연산을 하였을 때, 스트라이드가 1일 경우에는 3×3의 특성 맵을 얻었다. 이와 같이 합성곱 연산의 결과로 얻은 특성 맵은 입력보다 크기가 작아진다는 특징이 있다. 만약, 합성곱 층을 여러개 쌓았다면 최종적으로 얻은 특성 맵은 초기 입력보다 매우 작아진 상태가 되버린다. 합성곱 연산 이후에도 특성 맵의 크기가 입력의 크기와 동일하게 유지되도록 하고 싶다면 패딩(Padding)을 사용하면 된다.

1	2	3	4	5
2	1	0	1	2
3	0	1	1	0
1	4	1	1	2
2	1	1	0	0

패딩 전

0	0	0	0	0	0	0
0	1	2	3	4	5	0
0	2	1	0	1	2	0
0	3	0	1	1	0	0
0	1	4	1	1	2	0
0	2	1	1	0	0	0
0	0	0	0	0	0	0

패딩 후

[그림 11-50] 패딩 전후

패딩(합성곱 연산을 하기 전에)은 입력의 가장자리에 지정된 개수의 폭만큼 행과 열을 추가해주는 것을 말한다. 좀 더 쉽게 설명하면 지정된 개수의 폭만큼 테두리를 추가한다. 주로 값을 0으로 채우는 제로 패딩(Zero Padding)을 사용한다. 위의 그림은 5×5 이미지에 1폭짜리 제로 패딩을 사용하여 위, 아래에 하나의 행을 좌, 우에 하나의 열을 추가한 모습을 보여준다.

커널은 주로 3×3 또는 5×5를 사용한다. 만약 스트라이드가 1이라고 하였을 때, 3×3 크기의 커널을 사용한다면 1폭짜리 제로 패딩을 사용하고, 5×5 크기의 커널을 사용한다면 2폭 짜리 제로 패딩을 사용하면 입력과 특성 맵의 크기를 보존할 수 있다.

예를 들어 5×5 크기의 이미지에 1폭짜리 제로 패딩을 하면 7×7 이미지가 되는데, 여기에 3×3의 커널을 사용하여 1 스트라이드로 합성곱을 한 후의 특성 맵은 기존의 입력 이미지의 크기와 같은 5×5가 된다.

3. 가중치와 편향

합성곱 신경망에서의 가중치와 편향을 이해하기 위해서 우선 다층 퍼셉트론을 이해한다.

05 딥러닝의 순환 신경망은 다른 신경망과 어떻게 다른가에 대하여 분석하라.

RNN은 이름에서 알 수 있는 것처럼 신경망(Neural Network)의 일종이다. 일반적인 신경망을 Feed-forward neural networks(FFNets)라고 한다.

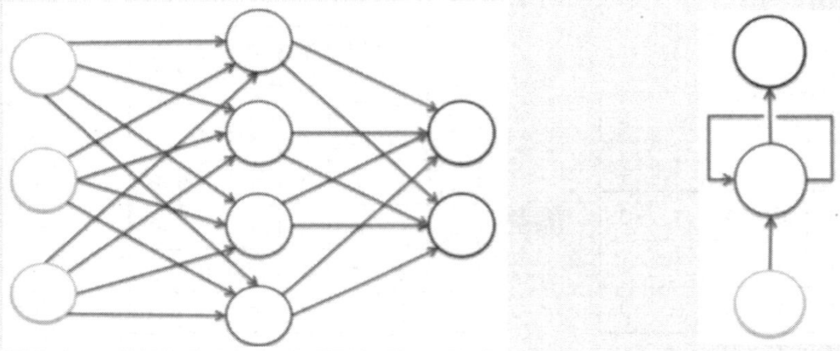

(a) 일반신경망　　(b) 순환신경만

[그림 11-51] 순환 신경망과 일반 신경망의 구조

FFNets에서는 데이터를 트레이닝 셋과 테스트 셋으로 나누어서 관리를 하고 트레이닝 셋을 통해서 신경망의 가중치를 학습시키고 이 결과를 테스트셋을 통해서 확인을 하는 방식이다.

FFNets에서는 데이터를 입력하면 입력층에서 은닉층까지 연산이 차근차근 진행되고 출력이 나가게 된다. 이 과정에서 입력 데이터는 모든 노드를 딱 한 번씩만 지나가게 된다.

데이터가 노드를 한 번만 지나가게 된다는 것은 데이터의 순서, 즉 시간적인 측면을 고려하지 않는 구조라는 의미이다. 데이터들의 시간 순서를 무시하고 현재 주어진 데이터를 통해서 독립적으로 학습을 한다.

하지만 RNN의 경우는 은닉층의 결과가 다시 같은 은닉층의 입력으로 들어가도록 연결되어 있다. 이런 특성이 RNN이 순서 또는 시간이라는 측면을 고려할 수 있는 특징을 가져다주게 된다. RNN에서 Recurrent는 '반복되는, 되풀이되는'이라는 의미를 가지고 있는데 이 이름은 은닉층의 결과가 다시 은닉층으로 들어가게 되는 특성에서 나온 듯하다.

[그림 11-51](b)의 RNN의 은닉층을 감싸고 있는 화살표의 의미는 RNN의 특성이 은닉층의 출력이 다시 은닉층에 입력되는 구조로 되어 있어서 Recurrent Neural Networks라는 이름이 붙었다. 은닉층의 출력이 다시 같은 은닉층으로 반복해서 (Recurrnt) 입력되는 것을 표현하고 있다.

06 딥러닝의 순환 신경망의 활용사례에 대하여 분석하라.

1. 이미지 캡션과 기계 번역 사례

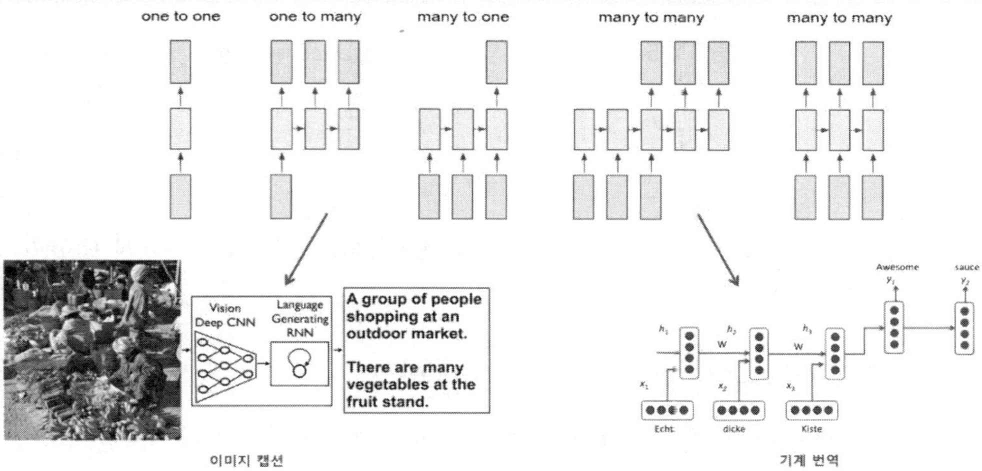

[그림 11-52] RNN의 이미지캡션과 기계번역 사례

2. 펜으로 필기하는 과정을 RNN으로 학습사례

항 목	입 력	출 력
인식	Doosan. Building your tomorrow today	Doosan. Building your tomorrow today
합성	Proud Global Doosan	Proud Global Doosan
생성	(none)	we are here for our customers

[그림 11-53] 필기하는과정을 RNN 학습과정

3. 구글 뉴럴 기계 번역기(2016)

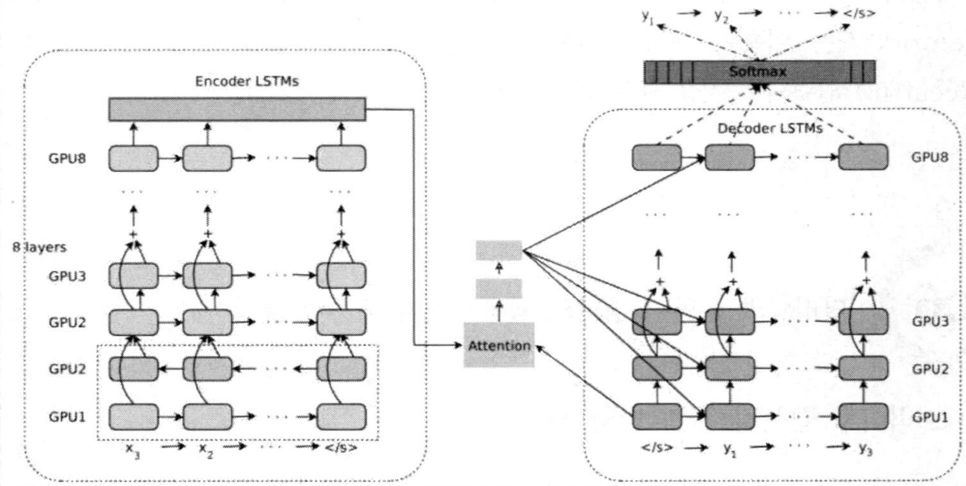

[그림 11-54] 구글 번역기의 Encoder와 Decoder 과정

07 최근 관심이 상승한 인공지능 기술(상용화 기간 5년 이내)에 대하여 분석하라.

1. 지속적 지능(Continuous Intelligence)

현재와 과거의 데이터를 처리해서, 현재 발생한 이벤트에 대응하는 행동을 정하고 의사결정을 자동화할 수 있게 하는 기술이다.

2. 에지 분석(Edge Analytics)

중앙 서버로부터 멀리 떨어져 있는 기기들로부터 발생한 데이터를 중앙 서버가 아니라, 기기들과 가까운 서버 또는 게이트웨이에서 처리하는 분석 기술이다.

3. 증강 분석(Augmented Analytics)

데이터 전처리부터 데이터 사이언티스트가 하던 피처 엔지니어링 과정까지의 일련의 과정을 사람의 판단이 아니라 기계 학습을 통해 자동으로 수행해서, 데이터 속에 숨겨진 패턴을 찾아내고, 이를 활용해서 미래를 예측하고, 예측에 따른 적절한 대안을 제시하는 기술이다.

4. 자동 기계학습(Auto ML)

레이블링된 학습 데이터를 입력으로 제공하면, 컴퓨터가 자동으로 최적화된 모델을 생성하는 기술이다.

08 최근 새롭게 등장한 인공지능 기술(상용화 기간 10년 이내)에 대하여 분석하라.

1. 연합 기계학습(Federated Machine Learning)

분산된 환경에서 사용자의 데이터를 중앙 서버에서 학습하지 않고 개인의 휴대폰에서 모델을 학습하고, 학습된 결과를 중앙 서버에서 취합 후 개선된 공통 모델을 생성하는 기술이다. 이를 통해서 개인 정보 보호 문제와 학습에 많은 시간이 소요되는 단점을 해결할 수 있는 방법이다.

2. AI 클라우드 서비스

AI와 머신러닝을 클라우드 서버에서 활용할 수 있게 공통된 API를 제공하는 호스팅 서비스 기술이다.

3. Adaptive Machine Learning

머신러닝 모델을 학습과 검증이라는 두 단계로 나누는 것이 아니라, 실제 데이터를 활용해서 동작하는 과정에서도 새롭게 다시 학습을 가능하게 하는 기술이다. 자율주행차 또는 스마트 로봇처럼 동작 환경이 변하거나 예측하지 못한 새로운 환경에 적응할 수 있는 강인한 학습 모델을 만드는 기술이다.

4. 적대적 생성 네트워크(Generative Adversarial Networks)

생성과 분류라는 상호 경쟁하는 신경망 모델을 구성하여 원본 데이터와 최대로 유사한 데이터를 생성하는 기술이다.

5. 학습된 모형 재사용 기술(Transfer Learning)

학습시간 단축을 위해서, 이전에 학습된 머신러닝 모델을 재사용하는 기술이다.

6. 합성 데이터(Synthetic Data)

측정을 통해서 획득한 데이터가 아니라 인공적으로 생성된 학습 데이터를 활용하여 인공지능 학습에 사용하는 기술이다. 합성 데이터로 인해서 모델이 한쪽으로 치우치는 바이어스(Bias) 현상이 발생하는 단점이 존재한다.

7. 설명 가능한 인공지능(eXplainable AI)

인공지능 알고리즘 결과를 사용자가 이해할 수 있게 만드는 방법으로, 기존의 학습 모델에 역산 과정을 추가하여 구현할 수 있게 만드는 기술이다.

09 설명 가능한 인공지능(eXplainable AI)에 대하여 분석하라.

머신러닝에 활용되는 기술은 예측, 추천, 또는 인식이나 새로운 데이터 합성 등에서 인간의 능력보다 더 뛰어난 결과를 보여주고 있지만, 알고리즘의 복잡도가 높아서 블랙박스로 여겨진다.

이러한 단점으로 인해서 머신러닝의 최종 결과에 대한 논리적인 근거나, 결과를 만들어내는 과정의 타당성을 제공하지 못한다는 단점이 존재한다. 이러한 단점은 인공지능시스템의 결과를 수용하는 데 큰 장벽이 된다.

[그림 11-55]는 기존 인공지능 방법과 설명 가능한 인공지능의 차이점을 보여준다. 기존의 인공지능시스템은 입력된 영상이 어느 정도 크기의 확률 값을 가지고 고양이인지 아닌지만 판단한다면, 설명 가능한 인공지능은 털과 수염이 있다는 근거와 같은 인간이 이해할 수 있는 판단 근거를 가지고, 고양이라고 판단한다.

이렇게 인공지능이 결정을 내리는 과정을 사용자에게 알려줌으로써, 사용자가 인공지능을 이해할 수 있게 하는 것이 설명 가능한 인공지능의 목표이다.

설명 가능한 인공지능(XAI)은 기존의 학습모델에 역산 과정을 추가하여 구현할 수 있다. 역합성곱 신경망(Deconvolutional Network)으로 불리는 역산 모형은 기존의 합성곱 신경망의 결과를 설명하는 역할을 한다.

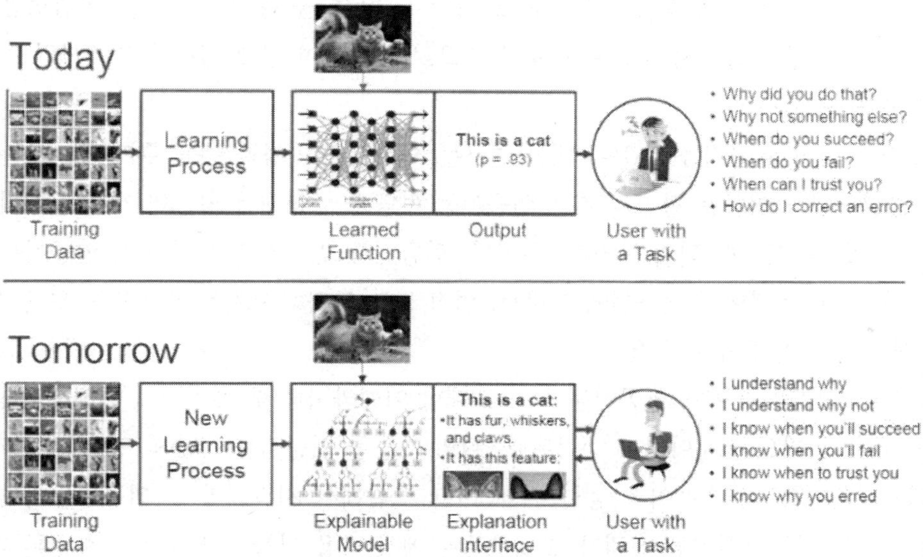

[그림 11-55] 기존 인공 지능과 설명 가능한 인공지능 비교

자료 : DARPA, DARPA XAI, 2016

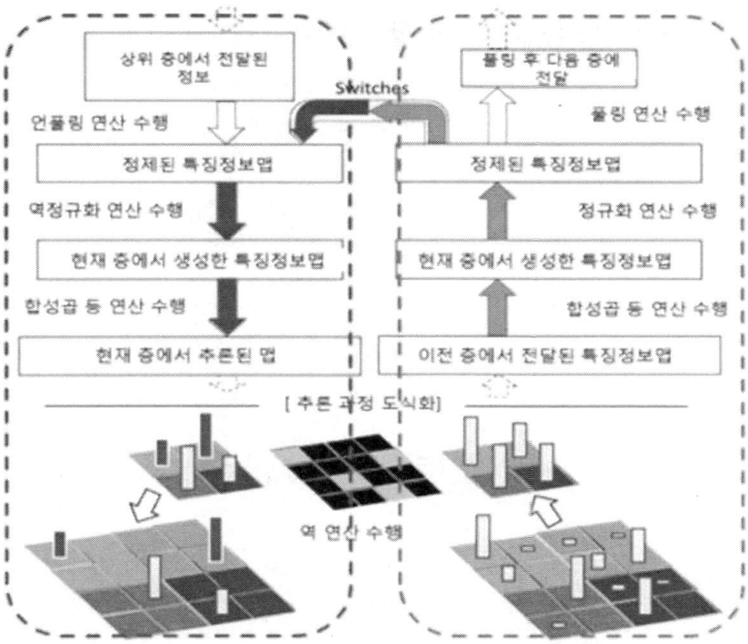

(a) 역합성곱 신경망 학습 과정]　　　(b) 합성곱 신경망 학습 과정

[그림 11-56] 역합성곱을 이용한 설명 가능한 인공지능 구현

자료 : 금융보안원, "설명 가능한 인공지능(eXplainable AI, XAI)," 2018.

학습 11

[그림 11-56]은 역합성곱 신경망을 보여준다. 합성 곱 층에 대응하는 역합성공 층을 추가하여, 합성곱 층에서 추론된 정보를 역으로 계산하여 현재 신경망 층에서의 추론 상태를 나타낸다.

설명 가능한 인공지능(XAI)에 대한 연구는 새로운 역합성곱 층을 추가해야 하는 이유로, 연산량이 늘어나는 단점과 기존 인공지능 모델과 비교해서 성능의 개선이 크지 않기 때문에 활발하게 연구되지 않았다. 하지만, 인공지능 연구가 활발해지고, 인공지능 연구결과가 사회 각 분야에 적용됨에 따라서, 법적 또는 도덕적 이유로 인공지능 모델의 결과에 대한 설명이 요구되고 있다.

사회 구성원 모두에게 인공지능 성능에 대한 이해와 신뢰를 제공하기 위해서 인공지능 연구에서 꼭 필요한 분야라고 생각된다. 설명 가능한 인공지능(XAI)의 경우, 인공지능의 결과가 사회적으로 수용이 가능한 지에 대한 고민에서 시작되었다. 인공지능의 결과가 금융과 보험 등 사회적인 신뢰가 필요한 분야에서 적용 가능하기 위해서는 추론 과정이 사회 구성원 모두에게 설명이 되어야 한다.

따라서 미래의 인공지능 연구는 인공지능의 기술 향상뿐만 아니라, 이러한 사회적 요구에 부응하는 방향으로 함께 진행되어야 할 것이고, 기업이 기술 개발 전략을 고민하는 단계에서 이러한 트렌드를 고려해야 할 것이다.

학습활동.11 교수 · 학습 방법

교수 방법

- 딥러닝의 기술활용에 대한 관련 용어, 구성, 방식 이해 정도를 파악한 후 수업을 진행한다.
- 교수자의 주도로 딥러닝의 기술활용 등의 내용을 PPT 자료로 제시한 후 설명한다.
- 가능하면 사전에 개인별 학습 자료를 준비하여 모든 학생이 참여할 수 있는 문제 해결식 수업, 협력 수업이 가능하도록 한다.
- 딥러닝의 기술활용 전 과정을 작업의 순서에 따라 단계적으로 실습이 이루어질 수 있도록 지도한다.
- 교재를 통해 수업을 준비하는데 있어서 필요한 모든 정보나 팁, 힌트 등 도움이 될 만한 내용들을 확인할 수 있다.
- 학생들이 만들게 될 각 모델들은 수업시간에 중점적으로 다뤄질 부분과 어휘, 질문, 답을 포함하고 있으며 또한 탐구할만한 추가적인 아이디어들도 포함하고 있다.

학습 방법

- 딥러닝의 기술활용에 대한 관련 용어를 숙지하고, 딥러닝의 기술활용에 대해 이해한다.
- 딥러닝의 기술활용의 각 단계별 중점 사항을 체계적으로 학습한다.
- 딥러닝의 기술활용의 수행순서의 전 과정을 실습한다.
- 딥러닝의 기술활용의 내용을 이해한다.
- 딥러닝의 기술활용을 이해하고 숙달이 될 때까지 학습한다.

학습활동.11 평가 및 피드백

평가 준거

- 평가자는 피평가자가 수행 준거 및 평가 내용에 제시되어 있는 내용을 성공적으로 수행할 수 있는 지를 평가해야 한다.

학습내용	평가항목	성취수준		
		상	중	하
딥러닝의 기술활용	딥러닝의 기술활용을 이해할 수 있다.			

평가 방법

• 작업 포트폴리오

학습내용	평가항목	성취수준		
		상	중	하
딥러링의 기술활용	딥러링의 기술활용을 이해할 수 있다.			

• 필기시험

학습내용	평가항목	성취수준		
		상	중	하
딥러링의 기술활용	딥러링의 기술활용을 이해할 수 있다.			

• 체크리스트를 통한 관찰

학습내용	평가항목	성취수준		
		상	중	하
딥러링의 기술활용	딥러링의 기술활용을 이해할 수 있다.			

• 피드백

1. 작업 포트폴리오
   - 제출한 보고서를 평가한 후 주요 사항에 대하여 표시하여 돌려준다.
2. 필기시험
   - 평가 결과 성적이 저조한 학생은 보고서 제출 기회를 부여한다.
3. 체크리스트를 통한 관찰
   - 실습 과정에서 평가한 후 개선해야 할 사항 등을 정리하여 돌려둔다.

참 | 고 | 문 | 헌

1. http://wiki.hash.kr.
2. Glenn McDonald, 〈현실로 다가온 영화 터미네이터 속 기술들〉, 《CIO코리아》, 2015.7.15.
3. Clint Boulton, 〈AI에 제동을 걸어야 하는 6가지 이유〉, 《CIO코리아》, 2018.4.11.
4. 블로터 채반석 기자, 〈인공지능 – '스카이넷'의 시대가 올까?〉, 《네이버 캐스트》, 2016.3.17.
5. 지재원, 〈인공지능의 장점과 한계〉, 《이글루시큐리티》, 2017.6.7.
6. 이은표 목사, 〈인공지능(AI.)의 전망과 기독교 세계관적 평가〉, 《네이버 블로그》, 2018.8.20.
7. 한국지식재산연구원, 인공지능(AI) 기술 및 정책 동향.
8. 정보통신기술진흥센터, 주간기술동향, 인공지능 기술 동향 및 발전 방향.
9. 소프트웨어정책연구소, 기계학습의 원리, 능력과 한계.
10. 데이터전문가 지식포털, 머신러닝 및 딥러닝.
11. 과학기술정책연구원, 인공지능 시대의 법적 · 윤리적 쟁점.
12. 연세대학교-정보대학원 UX Lab, 인공지능의 학습 어떻게 이뤄지나.
13. 휴넷, 메타인지의 정의.
14. https://namu.wiki/인공지능.
15. https://ko.wikipedia.org/wiki/인공지능.
16. 국경완, https://www.itfind.or.kr/인공지능 기술 및 산업분야별 적용사례, 정보통신기획평가원. 주간 기술동향, 2019.3.20.
17. 이승훈, "최근 인공지능 개발 트렌드와 미래의 진화방향", LG경제연구원, 2017.12. pp.30-31.
18. 김형철, "ICT표준화 전략맵", 한국정보통신기술협회(TTA), 2018.10. pp.19-21.
19. 주영대, "미국의 인공지능(AI) 개발전략과 시사점", 한국산업기술평가관리원(KIET), 2016.12. p.32.
20. 과기정통부, "데이터 · AI경제 활성화 계획", 관계부처일동, 2019.1. pp.2-3.
21. 과기정통부 보도자료, "데이터 · 인공지능(AI) 경제 활성화의 이정표 제시", 2019.1.
22. 아웃소싱타임스, "뛰는 중국 걷는 한국, 중국 인공지능(AI) 인재 한국의 7배", 2019.1.
23. AIBRIL, "건강을 지키는 인공지능 AI와 헬스케어의 만남", 2018.10.
24. "헬스케어에 인공지능을 더하다", 2018. 6., https://skccblog.tistory.com/3712.
25. 행정안전부, "2019년 지능형 정부를 주도할 핵심기술 선정", 2019.1.28.
26. 국경완, "4차 산업혁명 시대 인공지능을 활용한 군사적 적용방안", 합참지, 2018.12.
27. 박형근, "정보보안에서의 인공지능 도입 분야와 주요 사업자", 2018.8.
28. 윤장우, "인공지능 관련 기술과 정책동향 및 시사점", 한국전자통신연구원(ETRI). 2015.7. pp.13-14.
29. 최은수, "인공지능의 습격…인간을 어디까지 위협할까?", 매일경제, 2016.3.
30. 헤럴드경제신문, "중국의 AI 굴기, 미국도 추월했다", 2019.2.
31. 중소벤처기업부, "중소기업 기술로드맵(2018~2020, AI/빅데이터), 2017.1. pp.18-24.
32. 심혜정, "우리기업의 인공지능(AI)을 활용한 비즈니스 모델", 국제무역연구원, 2018.3.

학습 11

33. 경향신문, "군 AI는 워리어 플랫폼 · 드론봇 전투체계의 선행 핵심기술", 2018.12.
34. https://www.oss.kr/info_techtip/show/1fab4646-a266-47dc-a39f-aa58005ee84f.
35. https://happist.com/요즘 드고 있는 인공지능기술, 2017.2.2.
36. www.motherjones.com.
37. https://ellun.tistory.com/103 [Ellun's Library].
38. 박희경,〈밑바닥부터 시작하는 딥러닝 Chapter7. 합성공 신경망(CNN)〉, 《모두의 연구소 DeepLap》.
39. 〈합성공 신경망〉, 《위키백과》.
40. 김콜리, 〈#6-(1) 합성곱 신경망(CNN) : 소개 및 구조〉, 《'브콜리의 집' 티스토리 블로그》, 2018.3-16.
41. 〈합성곱신경망 CNN (Convolutional Neural Network)]〉, 《'Practical Understanding of Data& Dex' 티스토리 블로그》, 2017.6.2.
42. 불, 〈[머신러닝/딥러닝 합성곱 신경망 (Convolutional Neural Network, CNN)과 학습 알고리즘]]〉, 《'Untitled' 티스토리 블로그》, 2019.2.16.
43. Excelsior-JH,〈06. 합성곱 신경망 - Convolutional Neural Networks]〉, 《'EXCELSIOR' 티스토리 블로그》, 2018.10.19.
44. 김콜리,〈#6-(2) 합성곱 신경망(CNN) : 합성곱 계층]〉, 《'Broccoli's House' 티스토리 블로그》, 2018.3.18.
45. 김콜리,〈#6-(3) 합성곱 신경망(CNN) : 풀링 계층〉, 《'Broccoli's House' 티스토리 블로그》, 2018.3.18.
46. 〈〈머신러닝〉 #7 합성곱 신경망 (CNN)〉, 《돼지왕 왕돼지 놀이터》, 2018.7.9.
47. 〈콘볼루션 신경망〉, 《네이버 지식백과》.
48. 〈딥러닝_CNN(Convolution Neural Network)기초 - 개념 및 용어 정리〉, 《'딥상이동의 딥한 생각' 네이버 블로그》, 2019.3.29.
49. 〈밑바닥 딥러닝_7장 합성곱 신경망(CNN)〉, 《티스토리 블로그》, 2019.1.27.
50. 〈합성공 신경망 CNN〉, 《제타위키》.
51. 〈딥러닝(DeepLearning) - 합성곱 신경망(CNN)〉, 《코드몽키 조형준의 네이버 블로그》, 2018.10.23.
52. 〈5.1 합성곱 신경망(CNN) 소개〉, 《almond hater 네이버 블로그》, 2019.8.28.
53. 〈합성곱 신경망〉, 《한빛출판네트워크》, 2019.6.19.
54. 〈합성곱 신경망(CNN)〉, 《'astrod' 깃허브 페이지》, 2017.4.9.
55. 〈합성곱 신경망〉, 《텐서플로 커뮤니티》.
56. 장병탁. 딥하이퍼넷 모델, http://ocw.snu.ac.kr/sites/default/files/NOTE/IML_Lecture%20%2807%29.pdf.
57. https://bbangko.tistory.com/category/딥러닝.
58. https://sacko.tistory.com/.
59. https://wikidocs.net/36033.
60. https://bbangko.tistory.com/3?category=775929.
61. http://t-robotics.blogspot.com/2015/05/deep-learning.html#.XiPq9cgzaUk.

62.https://www.samsungsds.com/global/ko/support/insights/Gererative-adversarial-network-AI-2.html.
63. http://taewan.kim/post/cnn/.
64. https://laonple.blog.me/220608018546.
65. https://ujjwalkarn.me/2016/08/11/intuitive-explanation-convnets/.
66, Gartner, "Understanding Gartner's Hype Cycles," 2018. 8. 20.
67. Forbes, "What's New In Gartner's Hype Cycle For AI, 2019," 2019. 9. 25.
68. 블로그, "DML(Decentralized Machine Learning) ICO 분석해보자", 2018. 3. 26.
69. 블로그, "Federated Learning: Collaborative Machine Learning without Centralized Training Data," 2017. 4. 6.
70. Konečný, Jakub, et al. "Federated learning: Strategies for improving communication efficiency," arXiv preprint arXiv:1610.05492, 2016.
71. Goetz, Jack, et al. "Active Federated Learning." arXiv preprint arXiv:1909.12641, 2019.
72. 금융보안원, "설명 가능한 인공지능(eXplainable AI, XAI)", 2018.
73. DARPA, "Explainable Artificial Intelligence(XAI)," 2016. 8. 10.
74. Lipton, Zachary, "The mythos of model interpretability," arXiv preprint arXiv:1606.03490, 2016.

학습 11

학습 12 인공지능 시장현황

학습 목표

1. 인공지능 시장현황을 이해할 수 있다.

12-1 인공지능의 해외시장 동향

인공지능 기술은 IT 기술뿐만 아니라 자동차, 제조 등 산업 전반 적인 분야로 확산되어 차별적 부가가치를 창출하고 있으며 심층질의응답, 자율 로봇, 지능형 가상 비서 등이 시장을 이끌 것으로 전망이다.

① 자율주행 자동차, 공장 자동화, 에너지 효율화 등 지능형 융합 서비스로 기존 시장에서의 차별적 부가가치 창출한다.

㉠ 테슬라 오토파일럿 구현('16), 아디다스 신발 주문-제작까지 1일 소요('16), 구글 데이터 센터 냉각효율 40% 개선('16)

② 심층질의응답 서비스는 방대한 텍스트, 이미지 등에 대한 조사·분석 등의 지식노동을 보조함으로써 지식노동의 자동화가 2020년부터 시장이 형성되어 2025년부터 시장개화 전망(McKinsey)이다.

㉠ TechNavio와 BCC리서치는 향후 AI 분야 중 심층질의응답 시장규모를 1순위로 선정하였다.

③ 자율로봇 서비스는 최근 아마존, 소프트뱅크 등 글로벌 ICT 기업의 가세로 시장이 빠르게 확대될 전망이다.

㉠ AI와 로봇기술 접목에 의해 2022년 이후 자율로봇 시장이 본격적으로 형성될 것으로 전망(Frost&Sullivan, 2016), 2021년 산업용 로봇 시장을 추월(IFR, World Robotics 2016)

④ 지능형 가상비서 서비스는 글로벌 대기업 주도록 AI 스피커 형태의 제품인 아마존 에코, 구글 홈 등이 급속히 확산되는 추세이다.

㉠ 2017년 기준 미국 내 AI스피커 판매량은 약 5천만대이며 가구당 보급률은 2016년 약 7%, 2017년 17%, 2020년 약 75%로 전망된다.

㉡ 지능형 가상비서는 Forbes紙의 Top 17 Tech Trends for 2017, Business Insider의 11 Tech Trends for 2017 등에 선정하였다.

〈표 12-1〉 인공지능 해외시장 동향

(단위 : 세계시장은 백만달러)

구 분	2020	2021	2022	2023	CAGR
인공지능(세계)	17,267	25,995	37,987	53,231	49.2%

인공지능기술은 수많은 산업분야에 적용될 수 있어 전체적인 시장규모를 특정하기 어려우나, 대략 2017년 48억불에서 2023년 532억불 규모로 연평균 49.2%의 고도성장이 예상된다(출처 : Statistica 2018).

① AI SW 플랫폼 시장은 2017년 23억불 규모에서 2021년 84억불 규모로 연평균 약 40%의 고속 성장이 예상된다(출처 : IDC 2017).

② AI 개인비서(IVA : Intelligent Virtual Assistant) 시장은 AI 분야 중 급속히 확산되고 있는 분야로써, 2017년 25억불 규모에서 2023년 252억불 규모로 연평균 약 47%의 고속 성장이 예상된다(출처 : Research and Market 2018).

12-2 인공지능의 국내시장 동향

국내 인공지능 시장은 아직 본격 활성화되지 않은 상태이며 몇 몇 분야에서 세계 시장 트렌드를 추격하는 형태로 진행된다.

주요 국내기업의 투자동향을 보면 삼성은 세계 5개국에 7개 AI선터를 설립하고 네이버는 AI R&D를 위한 네이버랩스를 설립하고 주요통신업체인 KT, SK, U플레스는 AI스피커, 스마트 홈 등에 투자를 확대하고 있고 현대는 AI를 전략투자 분야로 선정, 투자 확대를 하고 있는 상황이다.

① 의료 · 법률 등 일부 응용산업 분야에서 분야별 특화 AI기술과 데이터를 바탕으로 글로벌 AI혁신기업이 등장하였다.

㉠ 루닛 인사이트의 의료영상 판독 서비스 , 코맥스 스마트홈 기기 관리 AI 음성비서 등

② ETRI에서 개발한 국산형 심층질의응답 서비스 '엑소브레인'은 일반에게 공개되어 기업에서 활용되고 있으며 법률, 특허, 금융 등 분야 활용 추진하고 있다.

㉠ 마인즈랩의 Maum AI 플랫폼 , 인터웍스미디어의 맞춤광고 플랫폼 등 적용

③ 지능형 가상비서 서비스는 삼성 빅스비, SKT 누구, KT 기가지니 등 대기업을 중심으로 활발히 시장에 확산되고 있다.

㉠ SKT 국내 최초 인공지능 스피커 NUGU를 출시('16.9), '17년 5월 기준 약 10만대 판매

〈표 12-2〉 인공지능 국내시장 동향

(단위 : 국내시장은 십억원)

구 분	2020	2021	2022	2023	CAGR
인공지능(국내)	11,100	13,320	15,984	19,180	20.1%

국내 시장은 현재 초기단계로써 2017년 6.4조에서 2023년 19.2조 규모로, 세계시장 연평균 성장률과는 차이가 있지만 그럼에도 연평균 20.1%의 고성장이 예측된다(출처 : '2017년 국가정보화에 관한 연차보고서'의 과기 정보통신부 자료 인용).

① 2020년 기준 음성인식 및 통번역 시장 4.2조원, 영상처리 및 영상인식 시장 3.5조원, 기타 SW 및 알고리즘 관련 시장 3.4조원으로 예상된다.

12-3 인공지능의 부문별 동향

인공지능은 기계학습 알고리즘과 컴퓨팅 능력, 그리고 빅데이터를 기반으로 하고 있으며, IoT, 자율주행, 헬스케어, 핀테크, 로봇산업 등 제4차 산업혁명의 핵심 기반 기술로 자리매김하고 있다.

세계 인공지능 시장 규모는 2018년 195억 달러로 전년 대비 56% 증가했으며, 2017년부터 연평균 55.4%로 가파르게 성장하면서 오는 2022년에는 1,132억 달러에 달할 것으로 전망된다.

이러한 세계 인공지능 시장의 성장에 발맞추어 국내에서도 음성인식 기술을 적용한 가전제품, 음성인식 쇼핑 등 다양한 제품과 서비스가 본격적으로 출시되고 있으며, 사용자층도 확대되고 있다.

〈표 12-3〉 인공지능 세계 시장 증감율

구 분	2020(E)	2021(E)	2022(E)	CAGR(2017~2022)
시장규모(증감율)	470(51.6)	730(55.3)	1,132(55.1)	55.4%

1. 인공지능 스마트스피커 시장

1) 해외 시장

아마존은 2014년 11월 음성인식 인공지능 비서인 '알렉사(Alexa)'를 탑재한 스마트 스피커인 '에코(Echo)'를 출시한 이후, '에코 탭(Tap)', '에코 닷(Dot)', '에코 쇼(Show)', '에코 룩(Look)' 등 다양한 에코 시리즈를 선보이면서 세계 스마트 스피커 시장을 주도하고 있다.

그러나 후발 주자인 구글이 2016년 10월 음성인식 인공지능 비서인 '구글 어시스턴트(Google Assistant)'를 탑재한 스마트 스피커인 '구글 홈(Google Home)'을 출시하면서 빠른 속도로 아마존 에코를 추격하기 시작했다.

구글은 스마트 스피커 외에 '스마트 디스플레이'를 미국에서 정식 출시하였는

학습 12

데, 이는 아마존의 스마트 디스플레이인 '에코 쇼'를 겨냥한 것으로 에코 쇼에서 가장 인기 있던 서비스인 유튜브를 삭제한 것은 자사 스마트 디스플레이만의 킬러 앱으로 유튜브를 제공하기 위한 사전 포석인 것으로 분석된다.

[그림 12-1] 구글의 홈미니 AI 스마트 스피커

애플은 음성인식 인공지능인 '시리(Siri)', 마이크로소프트는 '코타나(Cortana)'를 탑재한 스마트 스피커를 출시하였다. 애플은 스마트 스피커 시장에서는 후발주자로 인식되며, 2017년 6월 음성인식 인공지능의 대표격인 시리를 탑재한 '홈팟(Home Pot)'을 출시하였다. 또한 마이크로소프트는 에코와 구글 홈을 따라잡기 위해 자체 제품이 아닌 음향 전문업체인 하만카돈과 협력하여 코타나를 탑재한 '인보크(InVoke)'를 출시하였다.

2017년 3/4분기만 해도 글로벌 스마트 스피커 시장에서 아마존의 점유율은 74.7%로 압도적이었으나, 불과 1년 후인 2018년 3/4분기에는 아마존 31.9%, 구글이 29.8%의 점유율로 1위 자리를 놓고 아마존과 구글 간의 각축이 지속되는 양상이다.

세계시장에서 아마존의 점유율 감소와 아마존과 구글 간의 경쟁구도는 중국시장의 급성장과 알리바바와 샤오미 등 중국 업체들의 점유율이 빠르게 확대된 것에 영향을 받은 것으로 보인다.

중국의 경우, 알리바바와 샤오미는 2017년 3/4분기에는 점유율이 0%대였으나, 중국 시장의 성장에 힘입어 2018년 3/4분기에는 각각 11.1%와 9.7%의 시장 점유율을 기록하고 있다.

2) 국내시장

우리나라는 SKT가 2016년 8월 '누구(Nugu)'를 처음 선보인 이후, KT는 2017년 1월 IPTV 셋톱박스 일체형인 '기가지니(Giga Genie)'를 출시했으며, 네이버는 2017년 8월 자체 인공지능인 '클로바(Clova)'를 탑재한 '웨이브'와 '프렌즈'를, 카카오는 2017년 11월 자체 인공지능인 '카카오아이(Kakaoi)'를 탑재한 '카카오미니'를 출시하였다.

SKT는 T맵과 11번가 및 Btv, 멜론, KT는 올레TV와 지니뮤직, 네이버는 검색과 쇼핑 및 네이버 뮤직, 카카오는 카카오톡과 연계된 서비스와 멜론 등으로 인공지능 서비스를 확대하고 있다.

국내 스마트 스피커 업체들은 음악 스트리밍 서비스를 번들로 제공하거나 서비스 제휴 등을 통한 전략을 추진하면서 다른 분야로 제공 서비스를 확대 중이다.

초기에는 기존 통신사업자 위주의 시장주도 양상이었으나, 검색엔진을 기반으로 하는 네이버, 카카오 등 인터넷 사업자가 시장을 주도할 것으로 전망된다.

최근 국내 유통업체가 만든 화면 달린 인공지능(AI) 스피커가 출시된다.

롯데쇼핑은 최근 자사 임직원 가족과 VIP 고객을 대상으로 AI 스피커 '샬롯홈(Charlotte Home)'을 출시한다. 이는 테스트 베드 시장에서 실제 소비자와 맞닥뜨리며 최적화 과정을 거치려는 목적이다.

샬롯홈은 롯데쇼핑이 보유한 오프라인 경쟁력을 데이터 통합을 통해 온라인 상에서도 적극 활용하고자 하는 니즈에서 출발했다. e커머스 차원에서 경쟁력을 배가 시킬 수 있는 하나의 방안이 될 것으로 기대 중이다.

'터치에서 보이스로 이동하고 있는' 커머스 패러다임을 대비해 준비한 샬롯홈은 일반 AI 스피커와는 조금 다른 형태로 '디스플레이 기능'이 접목된 것이 특징이다. 아마존의 '에코쇼'나 SKT의 '누구 네모'처럼 AI 스피커에 보이는 화면이 달려있는 형식은 비슷하나, 국내 유통 업계에선 최초로 선보이게 됐다.

터치스크린이 적용된 샬롯홈은 6000mAh 배터리가 탑재돼 있어 이동성 측면도 고려했다. 충전 후에는 침실, 주방뿐 아니라 전원이 없는 곳에서도, 와이파이만 있다면 얼마든지 사용이 가능하다. 질 좋은 음악 감상을 위해 우퍼 스피커를 탑재한 것도 강점이다.

현재 샬롯홈에서는 롯데백화점을 비롯, 롯데슈퍼와 롯데홈쇼핑 그리고 롯데리아가 판매하고 있는 상품과 서비스는 모두 주문 및 이용이 가능하다. 터치 스크린과 보이스 스피커가 동시에 작동하기 때문에 정확도 면에서도 타 기기와 비교우위에 있다. 빠르면 상반기 내, 롯데시네마 예매기능도 추가 접목될 예정이다.

여기에 순수 국내 기술로 탄생한 스타트업들의 콘텐츠도 가미됐다.

'이지에이치엘디'가 제공하는 요리 레시피, '포워드퓨처'가 제공하는 교육 뉴스, '리니어허브'가 개발한 영상통화 서비스(예정) 등이 그렇다.

샬롯홈이 중소기업 동반성장 차원에서 실제로 국내 스타트업 기업과 기술제휴를 맺은 콘텐츠는 현재까지 총 18가지다. 날씨, 유튜브, 팟캐스트, 일정관리, 알람, 메모, 사전과 같은 콘텐츠 모두 샬롯홈의 보이스 인터페이스와 화면을 통해 사용이 가능하다.

롯데 보이스 플랫폼의 가장 큰 경쟁력은 지속 확장 가능한 콘텐츠에 있다. 쇼핑을 비롯해 날씨 확인, 메모, 스케줄 관리와 같은 똑똑하고 편리한 기능은 향후에도 계속 늘어날 전망이다.

2. 음성인식 인공지능 플랫폼(전자상거래 및 검색광고)

기존 전자상거래 업체는 인공지능 플랫폼을 통해 축적된 사용자 데이터베이스를 표적(Target) 마케팅을 위한 도구로 사용하면서 알고리즘에 기반한 추천 시스템 등을 전자상거래에 활용하고 있다. 아마존은 에코를 이용한 음성 주문 기능을 추가하면서 전자상거래에 이미 인공지능을 활용하고 있다.

구글, 네이버 등 인터넷 업체들과 통신사업자들도 인공지능을 통해 전자상거래 영역으로 사업영역을 확대하고 있다.

구글은 월마트, 이베이 등 글로벌 소매업체들과의 제휴를 통해 구글 홈의 전자상거래 기능을 강화하고 있으며, 네이버는 기존 스토어팜을 인공지능을 활용한 개인 맞춤형 쇼핑몰로 개편하면서 생필품을 시작으로 상품군을 확대하고 있고, 카카오미니도 음식 주문 및 장보기 서비스를 제공하고 있다.

가트너는 2020년까지 전자상거래 기업 중 최소 60%가 AI를 사용할 것이며, 전자상거래 매출의 30%는 AI 기술에 힘입어 성장할 것으로 전망하고 있다.

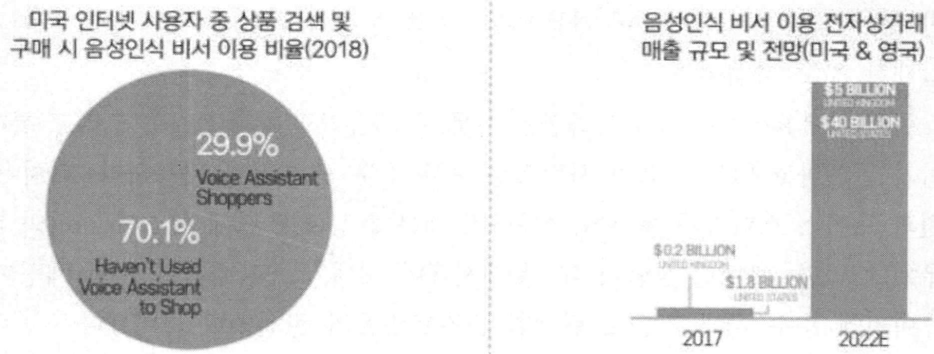

[그림 12-2] 음성인식 인공지능을 이용한 상품 검색 및 전자상거래 매출

출처 : RichRelevance(2018); OC&C(2018).

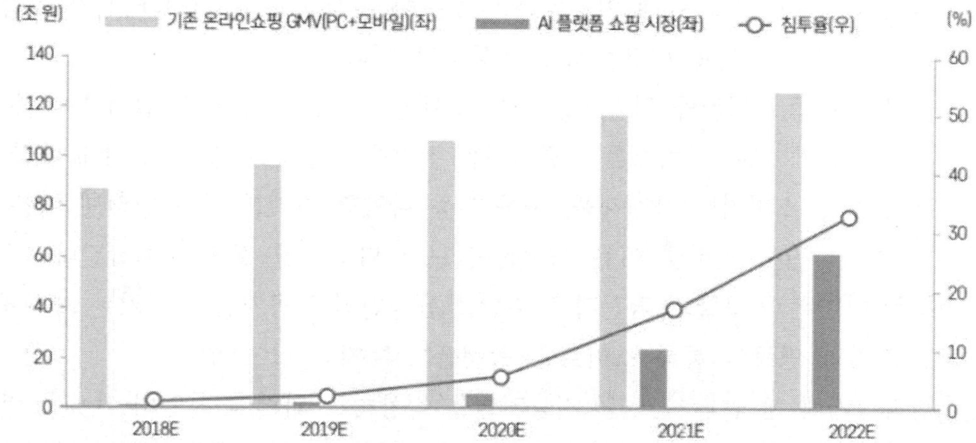

[그림 12-3] 국내 e-커머스 시장 내 AI 플랫폼 쇼핑의 침투율(Penetration) 전망 추이

출처 : 흥국증권(2018.3.), "AI 플랫폼 : 4차 산업혁명의 서막".

인공지능 플랫폼이 확대되면 기존 문자 기반 검색의 효용성이 줄어드는 대신, 음성 검색의 의존도가 높아지면서 검색 광고 시장에서 인공지능을 활용하는 비중이 높아질 것으로 예상된다. 특히, 스마트 스피커, 스마트 홈 등 자연스럽게 경험해 볼 수 있는 경로가 늘어남에 따라 전자상거래 시장에 새로운 마케팅 기회를 제공할 것으로 기대된다.

국내의 경우 검색 광고 시장이 2018년 2.2조 원에서 2022년 2.6조 원으로 증가할 것으로 예상되는데, 이 중 음성인식 인공지능 플랫폼을 통한 검색 광고 비중이 2018년 3%에서 2022년 26%까지 증가할 것으로 전망된다.

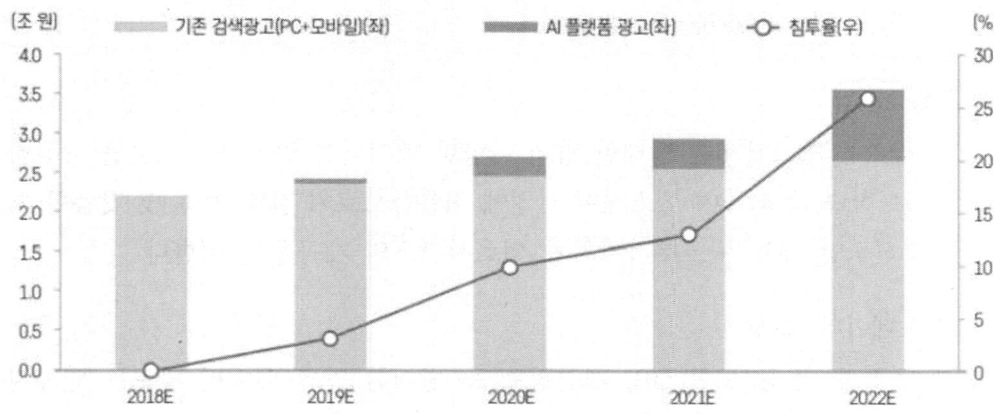

[그림 12-4] 국내 검색광고 시장에서 AI 플랫폼 광고의 침투율(Penetration) 전망 추이

출처 : 흥국증권(2018.3.), "AI 플랫폼 : 4차 산업혁명의 서막".

학습 12

기계학습의 발달로 인해 인공지능의 성능이 향상되고, 관련 생태계가 확장될수록 사용자의 인터넷 이용방식도 변화하고 있다.

또한 아마존, 구글 등 인공지능 선두 업체들은 최종 사용자와 접점 확대를 위해 인공지능에 모든 서비스를 연결시키는 전략을 추진하고 있으며, 이에 따라 향후 인공지능 스피커나 가전제품, 자동차 등 다양한 기기를 통한 인터넷 이용 비중이 증가하면서 인터넷 이용 플랫폼이 보다 다양해질 것으로 예상된다.

특히 아마존과 구글의 격전지로 부상한 음성인식 인공지능 스피커는 가정에서 IoT 기기와 연동을 통해 스마트홈 플랫폼으로 자리 잡고 있다.

전자상거래 분야에서는 인공지능기술을 적용하는 과제에 기업의 70%가 만족스럽다고 생각하고 있다. 그러나 스마트 스피커를 통해 쇼핑을 즐기는 고객들이 증가함에도 불구하고, 음성인식의 오류, 자연스러운 대화의 어려움, 외부소음으로 인한 음성 명령의 오인식 등 오히려 소비자의 불만을 제기하게 만드는 상황이 발생하기도 한다.

인공지능 기술을 활용하여 기존 제품과 서비스의 결합을 통해 새로운 영역으로 확장하고자 하는 기업들은 고객의 수요가 어디에 있는지를 파악하고, 어떻게 결합하여 고객의 만족도를 제고할 것인지를 전략적으로 분석할 필요가 있다. 또한 결과의 신뢰성과 활용의 용이성 등 고객의 만족도를 높이는 데 많은 역량을 투입해야 할 것이다.

2. 인공지능 헬스케어 시장

1) 인공 지능 헬스케어의 개념

(1) 개 념

인공지능 헬스케어는 방대한 양의 다양한 데이터를 인공지능 기술을 활용하여 스스로 학습, 분석하여 헬스케어 산업에 적용함으로써 질병 예측 및 맞춤형 치료 등 혁신적인 새로운 고부가가치형 의료서비스의 제공을 의미한다.

(2) 데이터 : 확보

의료정보, 건강 보험 DB, 개인정보 등 방대한 양의 데이터 확보는 인공지능 헬스케어 서비스 제공의 출발점이다.

※ 사물인터넷(IoT), 웨어러블 디바이스 등의 센서를 통해 개인의 생체정보 및

실시간 건강관련 데이터 확보가 가능해진다.

(3) 인공지능 시스템: 데이터 통합 · 분석

수집한 대규모의 데이터를 바탕으로 다양한 인공지능 기술을 이용하여 빅데이터 분석 수행한다.

(4) 활용 : 헬스케어

인공지능 기술을 통해 분석된 정보는 질병 예측 및 개인 맞춤질병 치료, 건강관리, 수술로봇, 보험상품 및 신약개발 등 헬스케어산업에 다양하게 활용됨으로써 새로운 가치창출을 견인한다.

[그림 12-5] 인공지능 헬스케어의 개념

출처 : 김문구, 인공지능 헬스케어의 산업생태계와발전방향, ETRI. 2016

2) 인공지능 헬스케어 시장의 개요

세계 인공지능 헬스케어 시장 규모는 '15년 71.3백만 달러(약 800억 원)에서 '20년 754.7백만 달러(약 8,475억 원)에 이를 것으로 예상된다. 국내 인공지능 헬스케어 시장 규모는 '15년 17.9억 원에서 '20년 256.4억 원에 달할 것으로 전망된다. 인공지능 기술이 헬스케어 산업에 혁신적인 가치를 창출할 것으로 전망됨에 따라 글로벌 기업들은 인공지능 헬스케어 분야에 경쟁적으로 투자하고 있다.

3) 인공지능 헬스케어 기술의 적용 분야

다량의 데이터를 인간수준의 지능을 활용하여 질병 진단, 예측 및 개인 맞춤형 치료를 할 수 있도록 개발된 기술이다. 인간의 지능 : 학습능력, 추론능력, 지각능력, 이해능력 등이다.

인공지능 헬스케어의 장점은 ① 신속 · 정확한 정밀 진단 및 치료, ② 일관성 있는 개인별 맞춤형 질병 예측 및 예방, ③ 시공간의 제약이 없는 측정 · 진료

인공지능 관련 기술은 다양한 헬스케어 분야에 다음과 같이 적용 가능하다.

〈표 12-4〉 인공지능 기술의 헬스케어 분야 적용 현황

기 업	적용형태	적용부문
딥러닝	스스로 학습하는 능력을 이용해 대량의 의료 영상기록을 처리함으로써 의료진의 치료 결정에서의 불확실성 감소 진단영상,	헬스케어 IT
영상처리	대규모 의료영상을 빠르게 처리해 질환 형태, 음성/양성 판단 등에 적용	
자연어 처리	진료 기록과 같은 긴 서술형 문자 묶음들을 해석할 수 있도록 변환	의료기기, 헬스케어 IT
음성인식	환자의 음성과 언어를 포착해 중요한 정보를 전자 기록함에 기록	
통계분석	대용량 환자의 의료데이터를 빠르게 조사하고 분석하여 환자의 치료 결과를 예측 가능	의약품, 헬스케어 IT
빅데이터 분석	헬스케어 기관들이 보유한 방대한 환자 의료데이터를 처리하고 환자와 치료제공자들에게 맞춤형 권고를 제공	
예측 모델링	위험 질환 예측 등과 같은 진료 결과를 예측하는데 수학 모델 적용	
로보틱스	수술 과정의 정밀함과 정확도를 높여 질 높은 치료를 제공	의료기기, 헬스케어 IT
디지털 개인 비서	환자의 상태를 알 수 있는 지표들을 지속적으로 모니터링하고 필요 상황에 간호사에게 알림을 줌으로써 골든타임 확보	
머신러닝	치료결과에 영향을 미치는 데이터를 기반으로 패턴 예측 및 분석	헬스케어 IT

4) 인공지능 헬스케어 생태계

(1) 벤처 생태계

해외에서는 인공지능 헬스케어 스타트업에 대한 투자가 매년 지속적으로 증가하고 있으며, 전체 인공지능 스타트업의 투자액 중에서 헬스케어 분야에 대한 투자 비중도 2011년 11%에서 2015년 15%로 꾸준히 증가함에 따라 안정적인 성장 구도가 형성 되었으며, 높은 기술력을 바탕으로 인공지능 헬스케어 분야 유망 스타트업의 등장으로 헬스케어 산업의 고부가가치 시장창출을 촉진

(2) 글로벌 메이저 사업자

인공지능 헬스케어 시장 선점을 위한 3대 메이저 회사인 IBM, 구글, 애플 등은 자사의 핵심역량과 강점을 바탕으로 치열한 경쟁을 전개하고 있으며 특히, 자사 중심의 생태계 조성, 부족한 역량 보완을 위한 파트너십 및 유망 스타트업에 대한 M&A를 통해 헬스케어 분야의 전문성을 강화

(3) 국내에의 시사점

인공지능 헬스케어의 새로운 혁신적인 서비스 및 시장 창출을 위한 스타트업·벤처 역할에 대한 중요성 인식과 국내 스타트업·벤처 활성화를 위한 생태계 환경조성이 시급히 요구됨

① 투자 중심의 스타트업에 대한 창업자금 지원, 창업 전주기에 대한 멘토링 지원 강화, 세제지원, 산학연 연계의 협력, 출연(연) 개발 기술의 스타트업으로의 기술이전 활성화, 스타트업과 메이저 사업자간 활발한 M&A 시장 환경 조성 등

3. 인공지능 반도체 시장

1) 인공지능 반도체의 개요

4차 산업혁명의 핵심 기술인 빅데이터, 인공지능 등의 산업적 적용이 확대되고 있으며 이를 구현하기 위한 기반기술인 인공지능 반도체가 시스템 반도체의 새로운 기회요인으로 대두된다.

(1) 빅데이터의 증가

인터넷, 스마트 폰을 통한 데이터 수가 급격히 증가하고, 이를 수집/분석하기 위한 빅데이터 처리 환경이 발전

(2) 인공지능 SW

기계학습 알고리즘(딥러닝 등) 기술의 진화로 인하여 인공지능의 정확도가 급격히 향상되고 있으며 자율주행차, IoT 등 타 산업의 적용이 확대되고 있음

이러한 상황에서, 4차 산업혁명이 불러온 新 기술의 발전과 함께 반도체 성능의 고도화를 요구하며 인공지능 반도체가 시스템 반도체의 새로운 기회 요인으로 각광받고 있음

인공지능 반도체는 학습·추론 등 인공지능 구현에 요구되는 대규모 데이터 처리를 위한 기존 반도체의 한계점을 극복하기 위해 고성능·저전력 기술 중심으로 발전 가속화

① 데이터 입력 순서에 따라 순차적으로 처리하는 기존 반도체(CPU)는 기계학습, 추론과 같은 대규모 데이터를 처리하기에는 연산 속도 및 전력 등의 한계가 존재

② CPU가 중앙에서 모든 데이터를 처리·제어하므로 연산량이 많아질수록 CPU와 메모리 사이의 병목현상이 발생하여 대규모 데이터를 처리 할 경우 속도 저하 및 막대한 전력 소모 발생

※ '16년 03월, '알파고 리'는 이세돌과의 대전에서 CPU 1,920개, GPU 176개를 사용하여 1MW에 달하는 전력을 소모한 반면, '17년 10월 '알파고 제로'는 TPU(인공지능 전용 반도체) 4개를 사용하여 전력 소모를 1/10 수준으로 대폭 감소

2) 시장 동향

글로벌 반도체 시장의 불확실성이 지속되는 가운데 인공지능 반도체 시장이 새로운 동력으로 성장할 것으로 기대된다.

(1) 연산 처리용 반도체

기관별 정의 및 범위에 따라 규모의 차이는 존재하나, '21년 기준, 트랙티카社는 39억 달러, Gartner社는 97억 달러, 투자은행 J.P.모건과 UBS는 각각 260억 달러, 302억 달러로 세계 인공지능 반도체 시장 규모가 급성장할 것으로 전망한다.

(2) 뉴로모픽 반도체

현재 상용화 이전 단계이나 '17년 12.3억 달러에서 '23년 42.1억달러로 연평균 24.5% 증가할 것으로 전망한다.

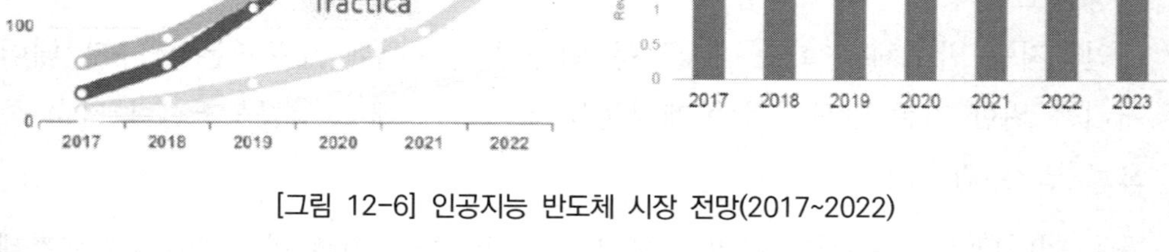

[그림 12-6] 인공지능 반도체 시장 전망(2017~2022)

출처 : 정보통신기술진흥센터(2018), Mordor Inteligence(2018)

인공지능 반도체가 시장 초기에는 데이터센터 서버에서 주로 사용되다가 점차 엣지 디바이스용으로 무게 중심이 옮겨가고, 학습용에서 추론용으로 비중이 점차 변화될 것으로 전망된다.

Gartner社는 스마트폰 등에 인공지능 연산용 반도체(AP)가 탑재되고, ASIC의 1/5 이상이 인공지능 연산 기능을 갖출 것으로 전망함으로써 엣지 디바이스용 인공지능 반도체 시장의 성장성을 매우 높게 평가한다.

이로 인해 전체 인공지능 반도체 시장에서 엣지 디바이스용 인공지능 반도체 시장 비중은 25%에서 72%까지 급격하게 높아질 것으로 전망한다.

엣지 디바이스에 대한 산업 수요가 증가함에 따라 데이터센터 중심의 학습용 시장의 비중은 87%에서 43%로 축소되는 반면, 추론용 시장의 비중은 13%에서 57%로 점차 비중이 확대되는 경향을 보일 전망이다.

수행 내용

재료 · 자료

- 인공지능 시장현황 관련 자료

기기(장비 · 공구)

- 컴퓨터, 프린터, 주변기기

안전 · 유의사항

- 컴퓨터 및 주변기기의 전원을 관리한다.

수행 순서

01 인공지능 플랫폼 산업시장에 대하여 분석하라.

주요 IT 기업들은 인공지능(AI)을 플랫폼화하여 다양한 산업에서 혁신을 만들며 산업 생태계를 주도하고자 하며, 각 산업 내 기업들은 IT 기업들의 인공지능 (AI) 플랫폼을 활용하여 새로운 기회를 만들 수 있는 생태계가 만들어지고 있다.

최근 국내 인공지능(AI) 시장에서도 대기업을 중심으로 일반 소비자(B2C)를 대상으로 한 음성지능 플랫폼 기반의 다양한 제품 · 서비스가 출시되면서 인공지능(AI) 플랫폼 시장 경쟁이 본격화되고 있다.

스마트폰 음성 분야에서는 삼성이 인공지능(AI) 플랫폼 '빅스비'를 개발하였으며, 홈 가상비서 분야에서는 통신3사(SKT, KT, LG U+)가 인공지능(AI) 플랫폼 전담조직을 꾸려 자체 서비스를 개발하거나 고도화를 추진 중에 있다.

〈표 12-5〉 국내 인공지능(AI) 플랫폼 사례

분 야	업 체	제품명(플랫폼명)	비 고
스마트폰 가상비서	삼성	빅스비	휴대폰 제조사
	LG	구글 어시스턴트	
스마트홈	SKT	누구	통신사
	KT	기가지니	
챗봇	네이버	쇼핑톡톡(아미카)	
	SK 플래닛	바로	포털
	카카오톡	카카오톡 플러스 친구	

출처 : 각 언론사

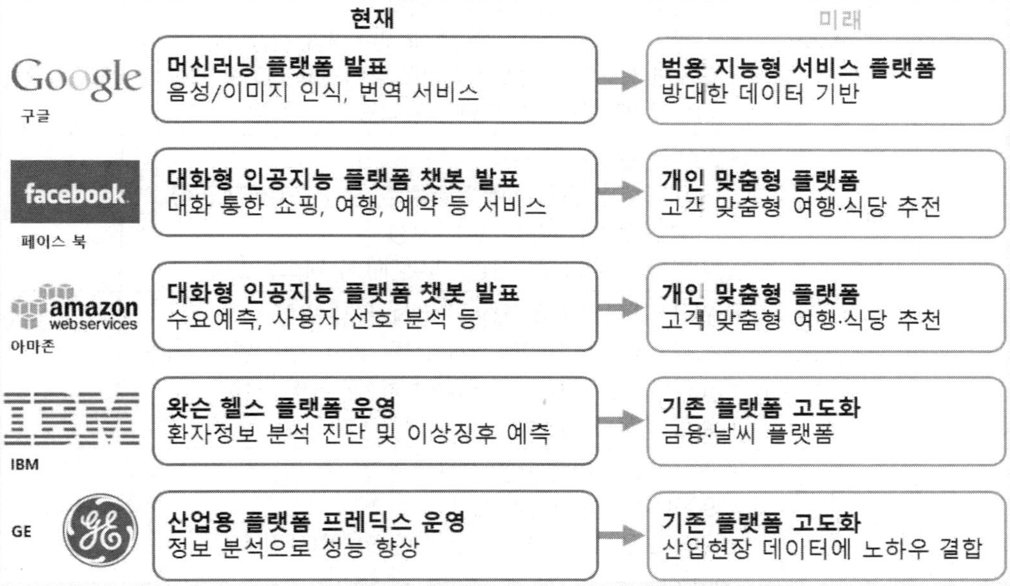

[그림 12-7] 해외 주요기업 인공지능(AI) 플랫폼

출처 : 한국일보(2016.5.13.)

학습 12

1. 구 글

구글의 Machine Learning Platform은 클라우드 서비스 형태로 이미 상용화된 서비스이며, 주요 구성은 Pre-Trained model, 인공신경망 기반의 기계학습 플랫폼, 이미지 검색, 음성검색, 번역 등을 제공한다.

구글은 인공지능(AI) 검색 알고리즘 Rank Brain, 바둑인공지능 프로그램 AlphaGo, 기계학습오픈소스 소프트웨어 Tensor Flow 개발 등 인공지능(AI) 분야의 선두주자로, 세계 최대 규모의 데이터 센터를 운영하고 있다.

구글의 Machine Learning Platform은 음성 인식, 이미지 분석, 번역 기능을 수행하는 플랫폼으로(2016년 3월 공개), 오랜시간과 높은 개발 역량이 요구되는 부분을 구글의 인공지능 플랫폼이 대신 처리해주고 있다.

구글은 이러한 인공지능(AI)을 제공하는 영역을 점차 다양한 영역으로 확대하는등 전 산업 영역을 포괄하는 범용 인공지능 플랫폼을 확산시킬 것으로 전망된다.

〈표 12-6〉 구글의 인공지능 플랫폼 서비스

Cloud Machine Learning Platform	• 대용량 정보를 효과적으로 학습할 수 있는 머신러닝 플랫폼 - TensorFlow로 개발한 코드를 바로 적용 - 인공신경망 학습 최적화 지원 • 구글의 Cloud Data 플랫폼과 연동하여 학습기능 • Cloud 형태의 서비스 제공으로 클러스터 제어에 대한 오버헤드가 적기 때문에 기계학습 모델링에 집중할 수 있음
Cloud Vision API	• 이미지 분석기술 제공 - 이미지에 있는 객체의 분류(수 천가지의 카테고리) - 얼굴 인식으로부터 감정 분석 • 이미지를 텍스트로 설명, 이미지에서 텍스트 인식
Cloud Speech API	• 인공신경망 기술을 활용한 음성-문자 변환 • 음성인식을 통한 어플리케이션의 명령-제어 인터페이스 • 소음이 있는 환경에서 정확한 음성인식를 보장 • 음성 기록 기술
Google Translate API	• 웹사이트나 어플리케이션에서 직접 사용가능한 번역 API • 90여 개 이상의 언어지원 • 외국어 인식 : 문자를 보고 어떤 언어인지 인식

출처 : Google Cloud platform에서 정리

2. 페이스북

챗봇(Chatbot) 기능을 도입한 기업용 메신저를 통해 별도의 앱을 실행하지 않고 채팅창에서 정보를 확인하고 처리할 수 있는 다양한 기능을 연결하는 플랫폼으로 활용한다.

대화형 인공지능 플랫폼인 챗봇은 사용자의 상황과 선호도를 정교하게 분석하여 정보검색, 쇼핑, 예약 등의 서비스에서 최적의 맞춤형 서비스를 제공하고 있다.

현재, 기업용 메신저에 도입된 챗봇은 입력된 알고리즘에 따라 정해진 답변을 제공

하는 수준이지만, 머신러닝을 통해 자연어 분석 및 처리 능력이 빠르게 향상되고 있어 AI가 다양한 변수를 고려한 최적의 대안을 제시하는 수준으로 발전할 것이라고 예측된다.

구글 대비 공공 데이터(Public Data)영역에서의 페이스북의 상대적인 경쟁력은 낮지만, 개별 사용자의 특성 및 성향을 분석할 수 있는 인공지능 플랫폼으로 가치가 높다. 페이스북의 10년 로드맵을 통해 인공지능을 연결성(Connectivity), VR/AR과 함께 10년 동안 개발할 핵심 기술로 언급한다.

3. 아마존

2014년 1월 사용자의 음성 명령을 인식해 동작하는 알렉사 기반의 '아마존 에코'를 공개하며 지능형 스피커 시장을 개척한다.

출시 이후 주력시장인 미국에서 아마존 에코의 판매량은 약 810만대로 집계된다.

기기 판매뿐 아니라 쇼핑 구매 증가, 스킬(에코 사용자가 원하는 대상(기기, 앱)에게 음성명령을 내릴 수 있는 단위기능) 유료화, 클라우드 서비스 등을 통해 2020년까지 관련 매출이 10억 달러로 전망된다(출처 : RBC Capital Markets, 2017.1).

하드웨어를 통한 쇼핑 접점 확대, 스마트홈 시장 선점, 알렉사 중심의 인공지능 생태계 조성이라는 전략적 의도를 가지고 있다.

4. IBM

의료 전문 인공지능(AI) 플랫폼인 'Watson Health'를 운영하며 다수의 헬스케어 서비스 기업들을 참여시켜 의료 분야 산업 생태계를 구성하고 있다.

방대한 정보를 조합하여 지식을 만들어 내는 Watson의 핵심 기술을 활용하여 의료, 금융 분야에 특화된 인공지능(AI)으로 발전시키고 있다.

〈표 12-7〉 IBM Watson 플랫폼 생태계 사례

의료(암진단)	법률(변호사)	금융(분석)	과학(게놈연구)
			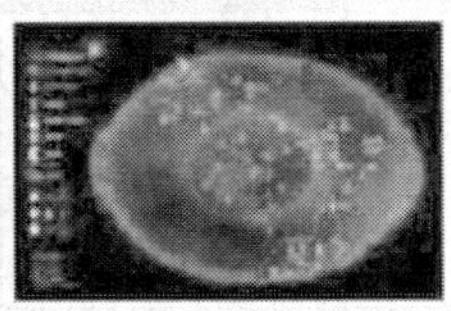
메모리얼 슬론 캐터링 암센터 암진단	인공지능 ROSS 파산 변호	싱가포르개발은행(DBS) 투자 및 자산 관리	뉴욕게놈센터 연구 활용

5. GE

산업용 클라우드 플랫폼인 'Predix Platform'을 통하여 산업 현장에 인공지능 플랫폼 적용을 확산시키며 4차 산업 혁명 시대를 주도하고자 한다.

'Predix'는 센서, 기계 간 통신, 데이터 분석과 같은 IoT 기술을 지원하는 클라우드 플랫폼이지만, 'Predix'를 인공지능 기반의 Inteligence Platform화하기 위해 머신러닝, 딥러닝 분야 역량을 확보하고 있다.

[그림 12-8] GE의 산업용 클라우드 플랫폼 'Predix Platform'

출처 : www.ge.com/digital/predix

02 음성인식 가상비서에 대하여 분석하라.

1. 음성인식 서비스 시장 개요

아마존의 '알렉사(Alexa)'와 구글의 'HeyGoogle'로 알려진 음성인식 가상비서(Voice Assistant) 플랫폼은 가전을 비롯한 IoT 디바이스들을 차지하기 위해 경쟁하고 있다.

인공지능 가상비서는 4차산업혁명의 대표기술 중 하나로 소비자와 만나는 접점이 되고 있다. 인공지능 기술의 등장으로 모라벡의 역설(Moravec's Paradox)은 점차 무너지고 있다. 대표적으로 궁금한 것을 말로 질문하면 바로 알려주고 쇼핑, 예매까지 가능한 음성인식 가상비서가 있다.

※ Moravec's Paradox : 인간에게 쉬운 것(손가락으로 물건집기, 의사소통 등)은 컴퓨터에게 어렵고, 인간에게 어려운 것(복잡한 수학 계산)은 컴퓨터에게 쉽다는 역설

음성인식 가상비서의 한 형태인 스마트스피커(Smart Speaker)는 음성인식 기술의 획기적인 향상과 글로벌 거대 혁신기업들이 뛰어들면서 영역을 넓혀가고 있다. 스마트스피커를 중심으로 [그림 12-9]와 같이 다양한 서비스 및 디바이스와 연결되고 있다.

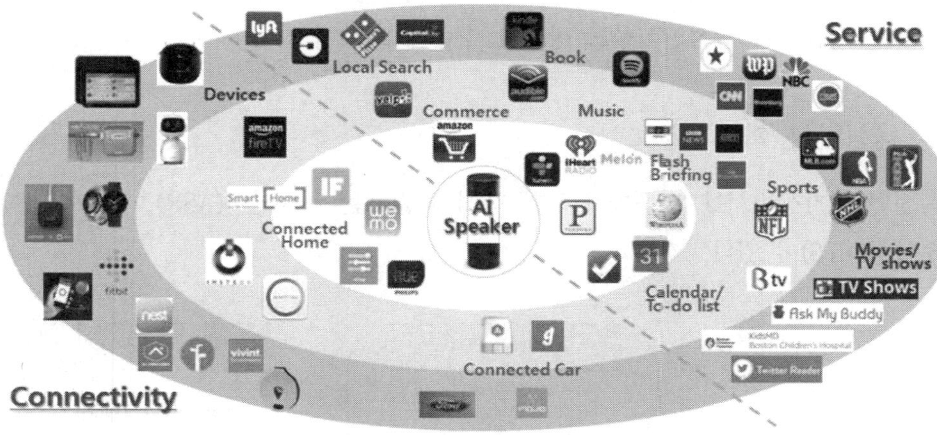

[그림 12-9] 스마트스피커 연계서비스 및 연동 디바이스

인공지능 가상비서는 내 친구에서, 스마트홈 연계, B2B 모델로 진화하고 있고, 스피커 형태에서 디스플레이(Display)형 제품으로 확장되고 있다.

음성인식 가상비서(Voice Assistant)는 스마트폰의 서비스 중 하나인 시리(Siri)로 시작되었다. 큰 반응을 보이지 않다가, 스마트스피커를 통해 구현된 아마존의 알렉사(Alexa)에서부터 폭팔적으로 성장하고 있다.

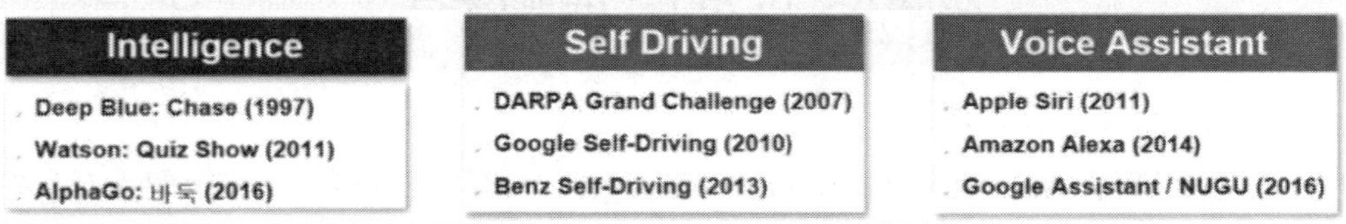

[그림 12-10] 인공지능 서비스의 유형

음성인식 가상비서는 음성인식 기술의 발달로 등장하였다.

1950년대부터 음성인식 기술은 꾸준히 연구되었으나, 음의 높낮이, 말하는 속도, 문장에 따른 발성의 차이, 사투리 등을 쉽게 구별하지 못하였다.

※ 1990년 Yahoo가 10년간 집중적으로 투자하여 인식율을 80% 수준까지 높였으나, 2010년까지도 그 수준을 넘지 못하였다.

2010년 중반에 들어서 구글을 중심으로 1,000억 개에 달하는 대규모 음성 데이터 축적과 Deep Learning 알고리즘(word2vec)이 접목되면서 비약적으로 개선되었다[2]. 2017년 인간의 소통 수준인 95%에 도달하였다

중국 바이두의 음성인식 기술 '딥스피치(DeepSppech)'는 인식율이 97%에 달하며, 우리나라도 한국어 음성인식율도 상당한 수준에 도달해 있다.

2. 음성인식 핵심기술

음성인식 가상비서를 제공하기 위한 핵심 기술로는 음성인식(ASR), 음성이해(NLU), 음성합성(TTS)이 있다.

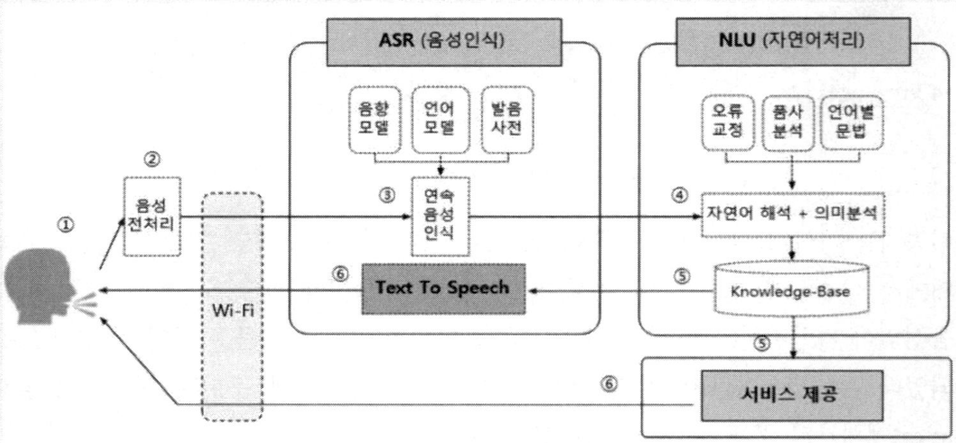

[그림 12-11] 음성인식 가상비서 구조도

1) 음성인식

음성인식(ASR : Automatic Speech Recognition)은 발화자의 명령어를 컴퓨터가 이해하는 언어(Text)로 자동 변화하는 기술로 인공신경망 엔진을 활용하여 단어와 문장을 학습한다.

2) 음성이해(NLU)

음성이해(NLU : Natural Language Understanding)는 주어진 Text를 어떤 의미 인지를 파악하는 기술이다. "기분 좋은 음악 들려줘" 하면 '기분 좋은 노래'로 지정되어있는 음악을 찾아 틀어달라는 의미로 분석하는 것이다. 발화자의 의도를 파악하기 위하여 다양한 유사패턴을 학습한다.

최근 Deep Learning 기술이 본격적용되면서, 이해능력이 급속도록 향상되고 있다.

2018년 10월 구글의 BERT모델은 인간의 수준을 능가하는 성능을 보여주었다.

3) 음성합성

음성합성(TTS : Text to Speech)는 Text 문장을 음성으로 변환하는 기술이다. 사람이 말하듯이 속도나 높낮이 조절하는 것이 기술력이다. 각각의 기술에 서비스를 구현키 위한 다양한 데이터가 유기적으로 결합되어 음성인식 가상비서 서비스가 가능해진다.

3. 음성인식 가상 서비스

1) 음성 UX의 장점을 기반으로 Q&A, 음악, 날씨, 스다트홈 서비스 활성화

스마트스피커는 스마트폰과 경쟁하기 시작하고 있다.

스마트스피커 소유자의 2/3가 스마트폰 사용량이 줄었다. 음악뿐만 아니라 정보검색, 온라인구매에서도 사용량이 감소하였다. 음성으로 명령하면 다양한 장점들이 발견된다. 스마트스피커의 사례를 보면, 태어날 때부터 몸에 밴 자연스러운 방식이라 학습이 쉽다. "이효리의 남편이 누구야?", "우리팀 프로야구 이겼어?" 와 같이 말하는 대로 서비스를 기획하고 실행할 수 있다.

원하는 명령을 복잡한 검색 단계를 거치지 않고 바로 실행할 수 있다. 음악사이트에서 BTS의 원하는 노래를 찾기 위해서는 여러 단계를 거쳐야 하지만 스마트스피커에서는 "BTS의 아이돌 들려줘" 하면 된다.

음악을 크게 듣고 싶을 때 손으로 볼륨버튼을 눌러야 했으나, 앉은 자리에서 "볼륨 올려줘" 하면 된다.

손과 눈이 자유로워져서 데이터를 쉽게 찾아볼 수 있다. 즉 요리할 때 파스타 만드는 법을 물어보거나, 운전할 때 고속도로가 막히고 있는지 물어볼 수가 있게 된다.

※ AI 전문가인 앤드류 응(Andrew Ng)박사에 따르면 음성명령이 Text입력 보다 2.8배 이상 빠르다고 하였다.

03 국내외 기업별 인공지능 헬스케어 적용형태에 대하여 분석하라.

〈표 12-8〉 국내외 기업별 인공지능 헬스케어 적용형태

구 분	국내외 기업		내 용
예측	해외	(美)마이크로소프트	• 애저 머신러닝(AZURE Machine Learning) 프로그램을 활용한 'MAIL(Motion capture and Artificial Intelligence assisted Liposuction)' 개발 • 지방흡입수술 시 집도의의 움직임을 분석, 동작을 저장하여 수술 결과 패턴 분석을 통해 지방흡입수술 시 발생할 수 있는 문제 최소화 및 응급상황 시 신속한 대처 가능
		(獨)지멘스	• 컴퓨터가 의사 대신 진단하는 '팀플레이' 개발 • CT, MRI 등 검사정보를 실시간으로 분석해 환자의 예상 질환 자동알림
	국내	셀바스AI	• 대상자가 향후 걸리게 될 성인병을 예측하는 시스템 '셀비체크업' 개발 • 국민건강보험을 보유한 51만 명의 데이터를 기반으로 심혈관, 당뇨, 6대암, 치매 등의 발병확률 제공
질병 진단	해외	(美)IBM	• 종양학 전문 인공지능 의사, '왓슨 포 온콜로지(Waston for Oncology) 개발 • 메모리얼 슬론 케터링(Memorial Sloan Kettering) 암센터에서의 학습을 기반으로 의사들이 암환자들에게 데이터에 근거한 개별화된 치료 옵션을 제공하도록 지원
		(美)구글	• 복수의 안과질환을 정확하게 판별 가능한 기술 개발 • 3차원 영상인 빛 간섭 단층촬영(OCT)으로부터 다양한 안과적 비정상 영역을 딥러닝 모델로 정확하게 분할하여 판별
		(美)Enlitic	• 딥러닝 기술을 적용하여 의료 데이터 분석을 통해 질병 판정 시스템 개발 • X-Ray, CT, MRI 등 이미지 데이터를 분석, 특정 환자의 예방 치료 및 진단에 활용
		(獨)에이다	• 입력된 정보와 환자의 증상을 활용하여 질병을 진단 및 치료하는 앱 개발
		(日)프론테오	• 인공지능 기술 'KIBIT' 개발 • 환자와 의료진의 음성 대화에서 추출된 데이터를 분석하여 객관적인 정신질환 여부 판단

구 분	국내외 기업		내 용
		(中)텐센트	• 의학 영상 분석 및 보조 진단 인공지능 '미잉(Mying)' 개발 • 중국 내 백여 개의 3급 대형병원과 협력을 거쳐 의사의 진단을 보조하여 700여 종의 질병 예측
	국내	삼성전자 및 삼성메디슨	• 기존의 S-Detect(영상의학과용 초음파 진단기기)에 딥러닝 기술 접목 • 단 한번의 클릭으로 유방 병변의 특성과 악성 · 양성 여부 제시 • 약 10,000개에 이르는 유방 조직 진단 사례가 수집된 빅데이터를 바탕으로 사용자의 최종 진단 지원
		루 닛	• 인사이트(https://insight.lunit.io/)를 통해 실시간 폐질환 진단 가능 • 딥러닝 기술을 통해 고정밀의 의료 영상 판독 서비스 제공 • 흉부 X-ray영상에서 폐암 결절, 결핵, 기흉 및 폐렴과 같은 주요 폐질환을 98%의 정확도로 진단
		뷰 노	• '뷰노-메드본에이지(VUNOmed BoneAge)'라는 골 연령 측정 소프트웨어 개발 • 성장기 자녀의 성장문제를 진단하기 위해 X-ray로 촬영된 수골(손뼈) 영상에 대해 정확하고 빠른 측정 지원
		제이엘케이 인스펙션	• 인공지능 기반의 뇌경색 MR영상 진단 시스템 개발 • 데이터를 기반으로 정량적 뇌경색 원인 분석정보를 제공하여 환자 개개인의 맞춤형 진단과 처방 가능
개인 맞춤형	해외	(美)센스리	• 퇴원 후 집에서 환자를 도와주는 음성인식 기술 활용 인공지능 간호사 서비스 '몰리(Molly)' 개발 • 인공지능 지원 방식의 원격의료 플랫폼 제공이 주요 특징이며, 혈압 측정 및 원격진료 일정관리 제공
		(和蘭)필립스	• 스마트폰으로 환자 정보를 연결하는 '디지털 헬스 플랫폼' 솔루션 개발 • 환자는 병원에서 받은 검사 정보를 스마트폰으로 확인, 건강관리에 활용 가능
		(日)엑사 위워즈	• 치매환자의 간병인에 대한 간호 데이터 분석 • 간병인이 환자와 어떻게 상호작용하는지를 분석하여 환자와 간병인의 관계를 개선하여 간호 비용 절감유도
		(中)아이카본 엑스	• 건강검진센터, 약국, 병원, 보험사들을 통해 수집한 유전체 정보를 고급 데이터 마이닝 및 기계학습 기술을 통해 개별 건강 상태를 분석 및 예측하여 맞춤형 웰빙 프로그램, 식이요법, 처방 의약품 추천
	국내	네오팩트	• 중추신경계 질환 환자의 재활을 돕는 솔루션 개발 • 치료사 없이 인공지능이 환자 맞춤형으로 강도를 조정해 재활훈련 보

학습 12

04 인공지능 반도체 기술에 대하여 분석하라.

1. 인공기능 반도체 기술의 개요

인공지능 알고리즘의 고도화 및 요구되는 데이터가 지속 증가함에 따라 신속한 데이터 연산 처리를 위한 반도체 기술의 발전이 가속화된다.

연산을 주목적으로 하는 가속기(AI Acceleration)를 탑재하여 CPU와의 분담을 통해 데이터 처리를 가속화하는 이기종 시스템 구조(HSA, Heterogeneous System Architecture) 기술이 등장하면서 인공지능 구현에 최적화된 반도체 개발의 움직임이 가속화되고 있다. 또한, 병목 현상 및 무어의 법칙2) 등 기존 반도체 구조의 한계를 돌파하고자 인간의 두뇌 (뉴런-시냅스 구조)를 모방하여 구현하는 뉴로모픽 반도체 기술이 등장하면서 인공지능 반 도체 기술의 새로운 변화 시기 도래되고 있다. 인공지능 반도체는 기술 성숙도, 사용 환경 및 기능에 따라 기술간 서로 대체되어 사용되기도 하나 공통적으로는 초고성능·초저전력 중심으로 진화할 전망이다. Gartner社('18)의 'Technology Hype Cycle'에 따르면 현재 인공지능 반도체 기술은 성숙도가 높은 순으로 'GPU' 〉 'FPGA' 〉 'ASIC' 〉 '뉴로모픽 반도체'로 나타나고 있다.

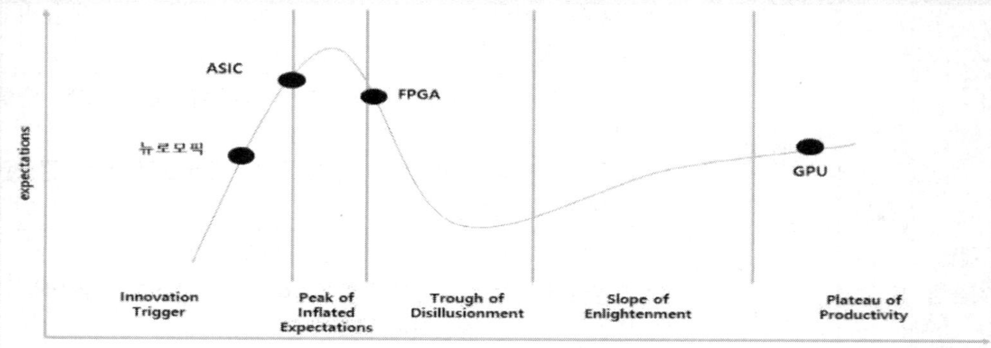

[그림 12-12] 인공지능 반도체 Technology Hype Cycle

출처 : Gartner(2018)

2. 인공지능 반도체 유형별 특징

인공지능 반도체는 활용 목적에 따라 용도가 다양하며 사용 환경 및 기술 발전에 따라 기술간 서로 대체 될 가능성이 높은 특성을 가진다.

〈표 12-9〉 인공지능 반도체 유형별 특징

유형	GPU	FPGA	ASIC
장점	• 병렬처리에 최적화된 프로세서로, CPU에 비해 빠른 가속 성능 • NVIDIA社의 CUDA 등 개발자 환경이 잘 갖춰져 있으며, 적용 사례가 많아 지원받기 용이	• ASIC보다 초기 개발 비용이 저렴 • CPU와 병렬 작동이 용이하여 전체 시스템 병목현상 발생 없음 • 회로 재구성이 가능, 개발 중인 AI 알고리즘을 유연하게 적용 가능 예 A라는 업무에 최적화하여 사용하다 반도체 회로 구성을 다 시 설정(재프로그래밍)하여 B라 는 업무에 맞춰 사용 가능	• GPU, FPGA 대비 매우 빠른 속도와 우수한 전력효율
단점	• FPGA, ASIC 대비 낮은 전력 효율 • 기존 x86 시스템(CPU)에 추가 구축 시, 확장성과 호환성에 한계 예 데이터 전송 병목문제, 시스템 호환문제 등	• ASIC보다 연산속도가 느리고 CPU나 GPU 같은 범용 프로세서 대비 프로그래밍 전문성을 요함	• 매우 비싼 초기 제작 비용, 장시 간의 개발 소요 시간 • 특정 연산에 최적화 되었기 때문에 응용분야가 한정

3. 인공지능 반도체 기술의 진화

인공지능 반도체가 병렬연산처리에 최적화된 GPU 중심에서 초고성능·초저전력 중심의 뉴로모픽 반도체로 기술이 진화할 것이라고 전망한다.

1) 1st Wave

현재의 인공지능 반도체는 GPU 중심으로 데이터 센터 및 엣지 디바이스에 탑재되어 주로 활용한다.

2) 2nd Wave

인공지능을 지원하는 저전력·고성능의 특화된 반도체인 ASIC 방식으로 변화될 전망이다.

3) 3nd Wave

최종적으로는 추론·학습, 데이터 센터·디바이스 등 인공지능 시스템의 多기능을 지원하는 초저전력·초고성능의 뉴로모픽 반도체 중심으로 진화 전망이다.

4. GPU 반도체 기술

1) 개 요

게임 산업의 3D 그래픽 등을 처리하기 위해 개발되었으나 대규모 데이터의 연산을 효율적으로 처리하는 병렬처리 기반 반도체로 각광을 받으면서 인공지능 구현을 위한 핵심 반도체로 부상하고 있다.

2) GPU와 CPU의 구성

직렬(순차) 처리 방식인 CPU는 한 개의 명령어에 의해 입력된 순서대로 데이터를 처리하는 반면, GPU는 여러 명령어를 동시에 처리할 수 있는 병렬 처리(Parallel Processing) 구조로 방대한 데이터의 연산을 지원하기 위한 반도체로 각광 받음 - CPU는 연산을 담당하는 ALU의 개수가 최적화된 소규모 코어로 구성되어있으며, GPU는 수천 개 코어로 구성되었다.

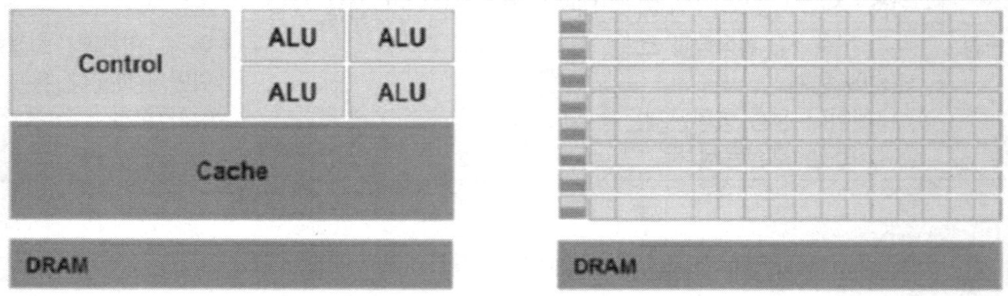

(a) CPU의 구성 (b) GPU의 구성

[그림 12-13] CPU와 GPU의 구성 차이점

GPU를 통해 기계학습(딥러닝 등)에 요구되는 복잡 · 고도화된 데이터 연산 처리의 성능 향상을 보여줌으로서 인공지능 구현의 발전을 견인하고 있다.

'10년 인공지능 분야 전문가인 스탠퍼드 대학의 앤드루 응 교수는 12개의 GPU가 무려 2,000개의 CPU에 맞먹는 딥러닝 성능을 발휘한다는 사실을 발견하였다.

'12년 이미지넷 대회에서 GPU 기반 딥러닝 기술을 활용해 우승을 차지하면서 인공지능 분야에서 GPU의 비약적인 발전 가능성을 보인다.

3) 인공지능 반도체의 활용

GPU 기술은 NVIDIA社가 시장 선두 기업으로 데이터센터, 자율주행차 등 적용 분야에서 인공지능 반도체로 활용하였다.

(1) 데이터 센터용

'16년 GTC(GPU Technology Conference)에서 데이터센터에 최적화된 '테슬라(Tesla) P100' GPU를 발표하였으며, '17년에는 GPU 컴퓨팅 아키텍처인 '볼타 (Volta)'에 기반한 최초의 프로세서인 '테슬라(Tesla) V100' GPU를 공개하였다.

볼타의 성능은 120 TFLOPS3)로 기존 버전인 파스칼 대비 5배, 2년 전 출시된 맥스웰 대비 15배 향상됐으며, CPU 100대와 같은 수준의 성능으로 딥러닝을 구현

※ 테슬라 V100은 Microsoft社, 바이두社, IBM社 등의 클라우드 서버(데이터센터)에 적용하였다.

(2) 자율주행차용

'17년 GTC에서는 자율 주행차를 위한 AI Supercomputer chip, Xavier를 발표하면서 엣지 디바이스에 최적화된 반도체 기술을 선보였다.

Xavier의 구성을 보면, 512개의 GPU, 8개의 Core로 구성된 ARM64 CPU, CVA(computer vision accelerator), Video Processor로 구성되어, 30W의 전력으로 30 TFLOPS 연산을 구현하였다.

자율주행 차량에서 수행해야 하는 주변 환경 감지, 차량 스스로의 위치 파악, 주변 사물의 행동과 위치 예측 등의 연산 등을 구현하였다.

05 인공지능 국내 스타트업 성공사례에 대하여 분석하라.

1. 국내 스타트업 M&A의 새 역사를 쓴 '수아랩'

수아랩은 AI 기반 제조업 무인 검사 솔루션 개발하고 美 코그넥스(머신비전 기업)가 국내 스타트업의 해외 M&A 중 최대 규모인 1억 9,500만 달러에 인수하였다.

2. 국내 대표 AI 종합 서비스 기업 '마인즈랩'

마인즈랩은 AI 기반의 고객 응대·상담원 자동 연결 서비스, AI 음성 생성, 차량흐름 관리 등 다양한 AI 기술·서비스 판매하고 있다. 연매출 110억원이고 투자유치 263억원이다.

학습 12

학습활동.12 교수 · 학습 방법

교수 방법

- 인공지능 시장현황에 대한 관련 용어, 구성, 방식 이해 정도를 파악한 후 수업을 진행한다.
- 교수자의 주도로 인공지능 시장현황 등의 내용을 PPT 자료로 제시한 후 설명한다.
- 가능하면 사전에 개인별 학습 자료를 준비하여 모든 학생이 참여할 수 있는 문제 해결식 수업, 협력 수업이 가능하도록 한다.
- 인공지능 시장현황 전 과정을 작업의 순서에 따라 단계적으로 실습이 이루어질 수 있도록 지도한다.
- 교재를 통해 수업을 준비하는데 있어서 필요한 모든 정보나 팁, 힌트 등 도움이 될 만한 내용들을 확인할 수 있다.
- 학생들이 만들게 될 각 모델들은 수업시간에 중점적으로 다뤄질 부분과 어휘, 질문, 답을 포함하고 있으며 또한 탐구할만한 추가적인 아이디어들도 포함하고 있다.

학습 방법

- 인공지능 시장현황에 대한 관련 용어를 숙지하고, 블록체인의 암호화폐 응용에 대해 이해한다.
- 인공지능 시장현황의 각 단계별 중점 사항을 체계적으로 학습한다.
- 의인공지능 시장현황의 수행순서의 전 과정을 실습한다.
- 인공지능 시장현황의 내용을 이해한다.
- 인공지능 시장현황을 이해하고 숙달이 될 때까지 학습한다.

학습활동.12 평가 및 피드백

평가 준거

- 평가자는 피평가자가 수행 준거 및 평가 내용에 제시되어 있는 내용을 성공적으로 수행할 수 있는 지를 평가해야 한다.

학습내용	평가항목	성취수준		
		상	중	하
인공지능 시장현황	인공지능 시장현황을 이해할 수 있다.			

평가 방법

- 작업 포트폴리오

학습내용	평가항목	성취수준		
		상	중	하
인공지능 시장현황	인공지능 시장현황을 이해할 수 있다.			

- 필기시험

학습내용	평가항목	성취수준		
		상	중	하
인공지능 시장현황	인공지능 시장현황을 이해할 수 있다.			

- 체크리스트를 통한 관찰

학습내용	평가항목	성취수준		
		상	중	하
인공지능 시장현황	인공지능 시장현황을 이해할 수 있다.			

- 피드백

1. 작업 포트폴리오
   - 제출한 보고서를 평가한 후 주요 사항에 대하여 표시하여 돌려준다.
2. 필기시험
   - 평가 결과 성적이 저조한 학생은 보고서 제출 기회를 부여한다.
3. 체크리스트를 통한 관찰
   - 실습 과정에서 평가한 후 개선해야 할 사항 등을 정리하여 돌려둔다.

참 | 고 | 문 | 헌

1. http://wiki.hash.kr.
2. Glenn McDonald, 〈현실로 다가온 영화 터미네이터 속 기술들〉,《CIO코리아》, 2015.7.15.
3. Clint Boulton, 〈AI에 제동을 걸어야 하는 6가지 이유〉,《CIO코리아》, 2018.4.11.
4. 블로터 채반석 기자, 〈인공지능 - '스카이넷'의 시대가 올까?〉,《네이버 캐스트》, 2016.3.17.
5. 지재원, 〈인공지능의 장점과 한계〉,《이글루시큐리티》, 2017.6.7.
6. 이은표 목사, 〈인공지능(AI.)의 전망과 기독교 세계관적 평가〉,《네이버 블로그》, 2018.8.20.
7. 한국지식재산연구원, 인공지능(AI) 기술 및 정책 동향.
8. 정보통신기술진흥센터, 주간기술동향, 인공지능 기술 동향 및 발전 방향.
9. 소프트웨어정책연구소, 기계학습의 원리, 능력과 한계.
10. 데이터전문가 지식포털, 머신러닝 및 딥러닝.
11. 과학기술정책연구원, 인공지능 시대의 법적 · 윤리적 쟁점.
12. 연세대학교-정보대학원 UX Lab, 인공지능의 학습 어떻게 이뤄지나.
13. 휴넷, 메타인지의 정의.
14. https://namu.wiki/인공지능.
15. https://ko.wikipedia.org/wiki/인공지능.
16. 국경완, https://www.itfind.or.kr/인공지능 기술 및 산업분야별 적용사례, 정보통신기획평가원. 주간 기술동향, 2019.3.20.
17. 이승훈, "최근 인공지능 개발 트렌드와 미래의 진화방향", LG경제연구원, 2017.12. pp.30-31.
18. 김형철, "ICT표준화 전략맵", 한국정보통신기술협회(TTA), 2018.10. pp.19-21.
19. 주영대, "미국의 인공지능(AI) 개발전략과 시사점", 한국산업기술평가관리원(KIET), 2016.12. p.32.
20. 과기정통부, "데이터 · AI경제 활성화 계획", 관계부처일동, 2019.1. pp.2-3.
21. 과기정통부 보도자료, "데이터 · 인공지능(AI) 경제 활성화의 이정표 제시", 2019.1.
22. 아웃소싱타임스, "뛰는 중국 걷는 한국, 중국 인공지능(AI) 인재 한국의 7배", 2019.1.
23. AIBRIL, "건강을 지키는 인공지능 AI와 헬스케어의 만남", 2018.10.
24. "헬스케어에 인공지능을 더하다", 2018. 6., https://skccblog.tistory.com/3712.
25. 행정안전부, "2019년 지능형 정부를 주도할 핵심기술 선정", 2019.1.28.
26. 국경완, "4차 산업혁명 시대 인공지능을 활용한 군사적 적용방안", 합참지, 2018.12.
27. 박형근, "정보보안에서의 인공지능 도입 분야와 주요 사업자", 2018.8.
28. 윤장우, "인공지능 관련 기술과 정책동향 및 시사점", 한국전자통신연구원(ETRI). 2015.7. pp.13-14.
29. 최은수, "인공지능의 습격…인간을 어디까지 위협할까?", 매일경제, 2016.3.
30. 헤럴드경제신문, "중국의 AI 굴기, 미국도 추월했다", 2019.2.
31. 중소벤처기업부, "중소기업 기술로드맵(2018~2020, AI/빅데이터), 2017.1. pp.18-24.
32. 심혜정, "우리기업의 인공지능(AI)을 활용한 비즈니스 모델", 국제무역연구원, 2018.3.

33. 경향신문, "군 AI는 워리어 플랫폼 · 드론봇 전투체계의 선행 핵심기술", 2018.12.
34. https://www.oss.kr/info_techtip/show/1fab4646-a266-47dc-a39f-aa58005ee84f.
35. https://happist.com/요즘 드고 있는 인공지능기술, 2017.2.2.
36. www.motherjones.com.
37. https://ellun.tistory.com/103 [Ellun's Library].
38. Rick Osterloh, 『The best hardware, software and AI—together』 (구글 블로그)
39. 강정수 외 9인, 『보이스 퍼스트 패러다임 슈퍼 플랫폼을 선점하라』.
40. 채반석 · 권도연, 『[블로터11th] 인공지능, 일상에 스며들다』 (블로터, 2017.09.05.).
41. 채반석, 『아마존 에코룩으로 본 기술 플랫폼 : 듣고 말하고 보다-일상으로 들어온 인공지능 비서들』 (신문과방송 2017년 6월호).
42. 박외진. 인공지능 플랫폼의 개념과 도입 전략.
43. 디지털타임즈, "'AI 플랫폼' 개방 세 확산-통신, 전자, 포털, 우군 확보 경쟁 가열", 2018.1.28.
44. KOTRA 해외시장뉴스, "AI 플랫폼, IT업계의 나아갈 길", 2017.10.17.
45. Vertical Platform, "다양한 방식의 AI 플랫폼 제공 방안 등장", 2017.1.17.
46. IT Trade Focus, "우리 기업의 인공지능(AI)을 활용한 비즈니스 모델", 2018.1.
47. 마셜 W. 밴 멜스타인외 3인, "플랫폼 레볼루션 : 4차 산업혁명 시대를 지배할 플랫폼 비즈니스의 모든 것", 부키(주), 2017.
48. 아이뉴스24, "[e돋보기] 인공지능 플랫폼", 2017.3.4
49. 네이버 지식백과.
50. 최상복, "산업안전대사전", 골드, 2004.5.
51. 노규성, "플랫폼이란 무엇인가", 커뮤니케이션북스(주), 2014.4.15.
52. 유기운 외 2인, "2050 미래사회보고서:, 라온북, 2017.
53. 유태준,"AI 서비스가 시작되는 AI 플랫폼에 주목하라", 통계청 통계의 창, 2017 Winter.
54. Marketsandmarkets, "Artificial Intelligence Platform Market by Component(Tools, Services), Deployment Mode(Cloud, On-Premises), Application(Forecasts & Precsriptive Models, Chatbots, Speech Recognition, Text Recognition), End-User, and Region - Global Forecast to 2022," 2017.11.
55. G2 Crowd, "Best AI Platforms Software", 2018.7.15.
56. 산업통상자원부, 제9차 산업핵심기술개발사업 RFP, "빅 데이터 기반 AI의 산업특화 활용을 위한 개발형 AI 클라우드 서비스 시스템 개발", 2016.12.27.
57. PAT Research, "Top 15 Artificial Intelligence Platform,," 2018.7.15.
58. 60 second marketer, "157 Artificial Intelligence Platform to Help You to Grow Your Business," 2018.1.24.
59. TechRadar, "5of the Best AI Platform for business," 2018.1.10.
60. 솔트룩스 홈페이지. http://www.saltlux.com/index.do.

61. 아크릴 홈페이지. http://www.iacryl.com.
62. 벤처스퀘어, "뷰노, 인공지능 의료기기로 국내 최초 식약처 인허가 취득", 2018.5.16.
63. ZDNet Koream "의료영상 AI로 승부 건 한국 스타트업 3총사", 2017.8.16.
64. Gartner, "The Road to the Enterprise AI," 2018.
65. 최병삼, 김창욱, 조원영(2014), 「플랫폼, 경영을 바꾸다」, 삼성경제연구소.
66. 김준연(2016), 전통 산업의 디지털 전환: 기회인가, 위기인가? 디지털 전환의 개념, 유형 그리고 조건, SPRI 컬럼.
67. 김민식 · 최주환 (2017), 산업 혁신의 관점에서 바라보는 제4차 산업혁명에 대한 이해, 정보통신방송정책, 제29권 8호 통권 645호.
68. 김민식 · 최주환(2016), 제4차 산업혁명과 Industrial IoT · Industrial Internet의 이해, 정보통신방송정책, 제28권 12호 통권 626호.
69. 김민식 · 손가녕(2017), 제4차 산업 혁명과 디지털 트랜스포메이션 (Digital Transformation)의 이해, 정보통신방송정책, 제28권 12호 통권 626호.
70. 김민식(2013), 플랫폼으로 진화하는 카카오의 사례 분석과 시사점, 방송통신정책지. 제25권 13호 통권 558호.
71. 김인숙 · 남유선(2016), 4차 산업혁명, 새로운 미래의 물결, 호이테북스.
72. 조병호(2013). "디지털 큐레이션 서비스 동향". 정보통신산업진흥원.
73. 한겨레 신문(2017. 1. 16), AI · 빅데이터 활용 '스마트공장' 제조업 생산방식 혁명 이끈다.
74. 이지효 (2016), 「대담한 디지털 시대」, 알에이치코리아.
75. A. T. Kearney(2016). Digital Transformation 방법론.
76. Capgemini(2016), Travelling to the future with Digital Platforms.
77. Gartner(2016a), Building a Digital Business Technology Platform.
78. Gartner(2016b), Every Organization Needs a Digital Platforms Strategy.
79. Gartner(2016C), Three Styles of Digital Business Platforms.
80. IDC(2015). Digital Transformation(DX): An Opportunity and an Imperative.
81. IBM(2011). Digital transformation Creating new business models where digital meets physical.
82. Laurie, Donald L., Yves L. Doz, and Claude P. Sheer (2006). "Creating new growth platforms." harvard business review 84.5 (2006): 80-90.
83. Parker, G. G., Van Alstyne, M. W., & Choudary, S. P. (2016). Platform revolution: How networked markets are transforming the economy and.
84. how to make them work for you. WW Norton & Comp.
85. WEF(2015). Industrial Internet of Things: Unleashing the Potential of Connected Products and Services.
86. WEF(2016), The fourth Industrial Revolution: what it means, how to respond.

87. http://www.idc.com/prodserv/3rd-platform/.
88. http://blog.goodelearning.com/it4it/it4it-and-digital.
89. www.canalys.com.
90. IDC에서는 모든 시장 데이터에 대해 전년도 기준 환율로 재환산하여 발표하므로, 매년 시장 규모는 기존 발표 데이터와 차이가 있다. 표에서 (E)는 전년 대비 결과로 해당 년도를 예측한 예측치(Predictive Estimate)의 의미이다.
91. "Amazon reclaims top spot in smart speaker market in Q3 2018". www.canalys.com.
92. "2020년 전자상거래 기업 60%가 AI 도입"(ZDNet, 검색일 : 2019.2.11.).
93. 2019년 디지털 마케팅 키워드 '5G · AI · 숏폼 동영상 · 음성검색 · VRAR'(IT조선, 검색일 : 2019.2.13.).
94. "가트너, '인공지능 도입한 전자상거래 업체 프로젝트, 70%가 성공적'"(데일리비즈온, 검색일: 2019.2.13.).
95. "쏟아져 나오는 AI 스피커, 소비자 반응은 왜 별로일까"(중앙일보, 검색일 : 2019.3.13.).
96. 이관용, 김진희, 김현철(2016). 의료 인공지능 현황 및 과제(보건산업브리프 Vol.219). 한국보건산업진흥원.
97. 양우진(2017). 가속화 되는 고령화 시대, 의료 인공지능 융합 현황 및 시사점(이슈리포트 2017-제5호). 정보통신산업진흥원.
98. MarketsandMarkets(2018). Artificial Intelligence in Healthcare Market by Offering (Hardware, Software, Services), Technology (Machine Learning, NLP, Context-Aware Computing, Computer Vision), End-Use Application, End User, and Geography - Global Forecast to 2025.
99. 박정우(2016). 인공지능 헬스케어 새로운 고부가 서비스 창출 기대(KISTI 마켓리포트 2016-10). 한국과학기술정보연구원.
100. 한국보건산업진흥원 의료기기산업팀(2018). 인공지능(AI) 기반 의료기기 현황 및 이슈(1). 한국보건산업진흥원.
101. 중소벤처기업부(2018). 중소기업 전략기술로드맵 2019-2021 인공지능. 중소벤처기업부.
102. 정규환(2018). 의료 인공지능 개발 및 사업화 사례. Technology and Innovation.
103. Hashi Consulting(2019.02.05). "Artificial Intelligence and the future of healthcare in Asia, https://hashi.biz/ai-and-the-future-of-healthcare-in-asia/.
104. Fronteo(2016.08.17). FRONTEO Healthcare, 일본 도쿄 'International Modern Hospital Show 2016' 출전, https://www.fronteo.co.kr/181.
105. 임솔(2016.03.02.). 지멘스 · 필립스 · GE '의료기기 빅3', 진단 정확성 높이고 건강관리 돕는 IT솔루션 경쟁. ChosunBiz, http://biz.chosun.com/site/data/html_dir/2016/ 03/02/2016030201144.html.
106. Emerj(2019.3.20). AI Healthcare Innovations in Europe - An Overview of Startups and In

학습 12

novation, https://emerj.com/ai-sector-overviews/aihealthcare-innovations-europe-overview-startups-innovation/.

107. 김규석(2018). 인공지능을 활용한 환자 맞춤형 재활치료(KHDI 전문가 리포트). 인간개발연구원.

108. 황선영(2018.3.21.). "강한 스타트업을 키워라"…발 벗고 나선 독일 사회. THEDAILYPOST. http://www.thedailypost.kr/news/articleView.html?idxno=61292.

109. 정보통신기술진흥센터(2017). 100만 명의 DNA와 건강정보 분석, 생명과학 강국으로 도약한 중국(최신 ICT 이슈). 정보통신기술진흥센터.

110. 심혜정 · 김건우(2018). 우리 기업의 인공지능(AI)을 활용한 비즈니스 모델(Trade Focus 2018년 3호). 한국무역협회 국제무역연구원.

저자약력

남 상 엽

- 공학박사
- 삼성종합기술원 정보시스템연구소 근무
- 모토로라반도체통신 기술연구소 근무
- 국제대학교 교수(현재)

이 규 대

- 공학박사(고려대학교 전자공학과)
- 미국 조지아텍 연구교수(2001)
- 전자통신연구원 초빙연구원(2003-2005)
- 공주대학교 교수(현재)

안 병 구

- 공학박사(New Jersey Institute of Technology : NJIT)
- 포항산업과학연구원(RIST) 선임연구원 근무
- 홍익대학교 소프트웨어융합학과 교수(현재)

강 민 구

- 공학박사(연세대학교 전자공학과)(1994)
- 삼성전자연구원(1985～1987)
- 국무총리실 산하 방송통신융합추진위원회 전문위원(2006～2007)
- 방송통신위원회 전파연구소 정보통신기술규격 심의위원(2007～현재)
- 한신대학교 교수(2000～현재)

인공지능기술

2020년 3월 20일 1판 1쇄 발행

저 자 남 상 엽 · 이 규 대
안 병 구 · 강 민 구

발행인 남 승 우

발행처 도서출판 상尙 학學 당堂

서울특별시 동작구 사당로9가길 6

TEL : 02) 595-1692~4

FAX : 02) 595-1394

E-mail : namdoo6@unitel.co.kr

신고 : 2-155호 (1968. 11. 29)

정가 33,000원

ISBN 978-89-6587-192-7 93000

〈디자인〉 편집 엄해숙 / 표지 토틀컴